全国高等教育自学考试指定教材

计算机网络与信息安全

（2024 年版）

（含：计算机网络与信息安全自学考试大纲）

全国高等教育自学考试指导委员会　组编

李全龙　编著

机 械 工 业 出 版 社

本书是根据全国高等教育自学考试指导委员会最新制定的《计算机网络与信息安全自学考试大纲》，为参加高等教育自学考试的考生编写的教材。本书针对计算机科学与技术、软件工程和信息安全等专业的人才培养需求，介绍了计算机网络与信息安全概述、网络应用与应用层协议、传输层服务与协议、网络层服务与协议、数据链路层服务与局域网、物理层、无线网络与移动网络、密码学基础、信息安全防护基本原理、网络安全协议与技术措施、信息安全管理与法律法规。

本书充分考虑自学考试的特点与要求，重点介绍计算机网络与信息安全的核心内容，详略得当，并力求简化或省略一些复杂的理论分析与推导过程。每章开头都给出了本章的学习目标、教师导读以及建议学时，便于学生自学或老师助学的目标控制以及重点与难点的掌握；在每章结尾的内容小结部分对本章主要内容进行了总结概括。每章均配有习题，以便读者检测相关知识的掌握程度以及进行知识运用能力的训练。

本书不仅可以作为高等教育自学考试中计算机网络与信息安全课程的指定教材，还可以作为普通高等学校相关专业的计算机网络与信息安全课程教材以及相关工程技术人员的参考书。

本书配有电子课件、习题解答等教辅资源，需要的读者可登录 www.cmpedu.com 免费注册，审核通过后下载，或扫描关注机械工业出版社计算机分社官方微信订阅号——身边的信息学，回复 76290 即可获取本书配套资源链接。

图书在版编目（CIP）数据

计算机网络与信息安全：2024 年版／全国高等教育自学考试指导委员会组编；李全龙编著．-- 北京：机械工业出版社，2024.8（2024.11 重印）．--（全国高等教育自学考试指定教材）．-- ISBN 978-7-111-76290-4

Ⅰ．TP393.08

中国国家版本馆 CIP 数据核字第 2024TJ6551 号

机械工业出版社（北京市百万庄大街 22 号　邮政编码 100037）

策划编辑：王　斌　　责任编辑：王　斌　马　超

责任校对：张爱妮　梁　静　　责任印制：刘　媛

涿州市京南印刷厂印刷

2024 年 11 月第 1 版第 2 次印刷

184mm×260mm · 28 印张 · 694 千字

标准书号：ISBN 978-7-111-76290-4

定价：99.00 元

电话服务

客服电话：010-88361066

010-88379833

010-68326294

网络服务

机　工　官　网：www.cmpbook.com

机　工　官　博：weibo.com/cmp1952

金　书　网：www.golden-book.com

机工教育服务网：www.cmpedu.com

组 编 前 言

21 世纪是一个变幻莫测的世纪，是一个催人奋进的时代。科学技术飞速发展，知识更替日新月异。希望、困惑、机遇、挑战，随时随地都有可能出现在每一个社会成员的生活之中。抓住机遇，寻求发展，迎接挑战，适应变化的制胜法宝就是学习——依靠自己学习、终身学习。

作为我国高等教育组成部分的自学考试，其职责就是在高等教育这个水平上倡导自学、鼓励自学、帮助自学、推动自学，为每一个自学者铺就成才之路。组织编写供读者学习的教材就是履行这个职责的重要环节。毫无疑问，这种教材应当适合自学，应当有利于学习者掌握和了解新知识、新信息，有利于学习者增强创新意识，培养实践能力，形成自学能力，也有利于学习者学以致用，解决实际工作中所遇到的问题。对于具有如此特点的书，我们虽然沿用了“教材”这个概念，但它与那种仅供教师讲、学生听，教师不讲、学生不懂，以“教”为中心的教科书相比，已经在内容安排、编写体例、行文风格等方面都大不相同了。希望读者对此有所了解，以便从一开始就树立起依靠自己学习的坚定信念，不断探索适合自己的学习方法，充分利用自己已有的知识基础和实际工作经验，最大限度地发挥自己的潜能，达到学习的目标。

欢迎读者提出意见和建议。

祝每一位读者自学成功。

全国高等教育自学考试指导委员会

2023 年 12 月

目 录

全国高等教育自学考试

计算机网络与信息安全
自学考试大纲

全国高等教育自学考试指导委员会　制定

大纲前言

为了适应社会主义现代化建设事业的需要，鼓励自学成才，我国在20世纪80年代初建立了高等教育自学考试制度。高等教育自学考试是个人自学、社会助学和国家考试相结合的一种高等教育形式。应考者通过规定的专业课程考试并经思想品德鉴定达到毕业要求的，可获得毕业证书；国家承认学历并按照规定享有与普通高等学校毕业生同等的有关待遇。经过40多年的发展，高等教育自学考试为国家培养造就了大批专门人才。

课程自学考试大纲是国家规范自学者学习范围、要求和考试标准的文件。它是按照专业考试计划的要求，具体指导个人自学、社会助学、国家考试，以及编写教材及自学辅导书的依据。

为更新教育观念，深化教学内容方式、考试制度、质量评价制度改革，更好地提高自学考试人才培养的质量，全国考委各专业委员会按照专业考试计划的要求，组织编写了课程自学考试大纲。

新编写的大纲，在层次上，本科参照一般普通高校本科水平，专科参照一般普通高校专科或高职院校的水平；在内容上，及时反映学科的发展变化以及自然科学和社会科学近年来研究的成果，以更好地指导应考者学习使用。

全国高等教育自学考试指导委员会

2023年12月

Ⅰ. 课程性质与课程目标

一、课程性质和特点

计算机网络与信息安全是高等教育自学考试信息安全（专升本）、计算机科学与技术（专升本）和软件工程（专升本）等专业的课程，是为满足信息安全、计算机科学与技术、软件工程等领域人才培养需求而设置的专业课程。设置本课程的目的是使学生通过本课程学习掌握计算机网络与信息安全的基本知识、基本原理和技术方法，具备计算机网络与信息安全问题分析和问题求解的基本能力，为后续相关专业课程的学习储备必需的基础知识，奠定坚实的理论基础。

计算机网络与信息安全课程是一门内容繁杂、兼具原理性与实践性特点的课程。考生不仅要掌握计算机网络与信息安全的基本概念、基本原理、网络体系结构、密码学等基础知识，而且要紧密结合实际网络与安全技术、网络与安全协议等内容，达到理论联系实际的目的。

二、课程目标

计算机网络与信息安全是高等教育自学考试信息安全专业（专升本）、计算机科学与技术专业（专升本）、软件工程专业（专升本）等考试计划中的专业课程。通过本课程的学习，应达到的目标如下。

1）掌握计算机网络、信息安全、网络协议、典型数据交换技术、网络性能评价指标、网络体系结构、信息安全体系结构等基本概念、基本原理与基本方法。

2）掌握应用层、传输层、网络层、数据链路层的基本功能与基本原理。

3）掌握可靠数据传输基本原理、停-等协议、滑动窗口协议、流量控制以及拥塞控制原理与基本方法。

4）掌握 HTTP、SMTP、POP3、FTP、DNS、TCP、UDP、IP、DHCP、ARP、CSMA/CD 等典型网络协议。

5）理解网络编址的目的与意义，掌握 MAC 地址、IP 地址、子网与子网划分、路由聚合等概念与方法。

6）了解网络互连方法，掌握典型路由算法与路由协议。

7）掌握差错编码基本原理、典型差错编码、典型 MAC 协议、局域网技术、以太网、交换机工作原理、VLAN 基本原理。

8）掌握数据通信技术基础、典型物理介质、信道与信道容量，理解基带传输基本概念与典型编码、频带传输基本概念与典型数字调制技术。

9）理解无线网络特性，掌握移动网络基本原理、IEEE 802.11 网络、CSMA/CA 协议。

10）掌握密码学基础、信息安全防护基本原理、典型网络安全协议与技术措施，了解信息安全管理、评估以及法律法规意义。

三、与相关课程的联系与区别

本课程的学习需要考生具备部分计算机组成原理、操作系统以及高级语言程序设计等基础知识。因此，考生在学习本课程之前最好先完成计算机组成原理、操作系统概论、高级语言程序设计（如C语言程序设计）等课程的学习。作为专业课程，本课程是后续相关专业课学习的基础。

四、课程的重点和难点

本课程的重点包括计算机网络与信息安全的基本概念、分组交换网络原理与性能评价、OSI参考模型、TCP/IP参考模型、信息安全体系结构、网络应用分类（C/S、P2P）、网络应用通信原理、DNS、Web应用与HTTP、电子邮件应用、FTP、停-等协议、滑动窗口协议、UDP、TCP、流量控制、拥塞控制、IP、IP地址、IP子网、NAT、DHCP、ICMP、路由算法、路由协议、差错编码、MAC协议、MAC地址、ARP、以太网、数据通信基础、信道容量、基带传输信号编码、物理层接口特性、物理介质、无线网络、IEEE 802.11、移动网络基本原理、密码学基础、信息安全防护基本原理、网络安全协议与技术措施等；难点包括分组交换网络工作原理及性能指标的计算、DNS、HTTP、P2P文件分发特点、滑动窗口协议、信道利用率的计算、TCP、IP地址与IP子网、路由表及路由聚合、路由算法、层次路由、以太网与CSMA/CD协议、信道容量、频带传输与调制技术、IEEE 802.11与CSMA/CA协议、密码学基础、信息安全防护基本原理、网络安全协议与技术措施等。

Ⅱ. 考核目标

本大纲在考核目标中，按照识记、领会和应用三个层次规定考生应达到的能力层次要求。三个能力层次是递升的关系，后者必须建立在前者的基础上。各能力层次的含义如下。

1）识记：要求考生能够识别和记忆本课程中有关计算机网络与信息安全的概念性内容（如计算机网络与信息安全相关的术语、定义、特点、分类、组成、协议、指标等），并能够根据考核的不同要求，做出正确的表述、选择和判断。

2）领会：要求考生能够领悟计算机网络与信息安全的基本概念、基本原理、典型网络、典型协议、典型措施等内涵、原理与技术，理解计算机网络与信息安全的相关问题、解决方法及技术原理，并能够根据考核的不同要求，做出正确的推断、描述和解释。

3）应用：要求考生根据已知的计算机网络与信息安全的基本概念、基本原理等基础知识，分析和解决应用问题，如分析、计算、评价简单网络或信息安全方案的设计与配置等。

Ⅲ. 课程内容与考核要求

第一章　计算机网络与信息安全概述

一、学习目的与要求

本章的学习目的是要求考生理解并掌握计算机网络、网络协议等基本概念；理解计算机网络的分类；理解计算机网络的组成；掌握电路交换、报文交换与分组交换的工作原理及其特点；掌握计算机网络主要性能指标与分组交换网络性能分析计算方法；理解网络体系结构概念，掌握 OSI 参考模型及 TCP/IP 参考模型；掌握信息安全基本概念；理解典型的信息安全威胁；了解互联网安全现状；掌握信息安全体系结构；了解计算机网络与信息安全的发展历史。

二、课程内容

1）计算机网络基本概念
2）计算机网络结构
3）数据交换技术
4）计算机网络主要性能指标
5）计算机网络体系结构
6）信息安全概述
7）互联网的安全性
8）信息安全体系结构
9）计算机网络与信息安全发展简介

三、考核知识点与考核要求

1. 计算机网络基本概念与网络结构

识记：计算机网络的概念；网络协议的概念；计算机网络的分类；计算机网络的结构：网络边缘、接入网络与网络核心。

领会：计算机网络的功能或作用；协议的三要素。

2. 数据交换技术与计算机网络主要性能指标

识记：数据交换基本概念。

领会：电路交换、报文交换、分组交换基本工作原理、特点；计算机网络主要性能指标：带宽、速率、时延、丢包率、吞吐量、时延带宽积；分组交换网络的时延（结点处理时延、排队时延、传输时延、传播时延）。

应用：报文交换与分组交换网络的传输时延、传播时延的计算；分组交换网络的吞吐量的计算；分组交换网络的时延带宽积的计算；分组交换网络丢包率的计算。

3. 计算机网络体系结构与参考模型

识记：计算机网络分层体系结构的基本概念；OSI 参考模型层次结构；TCP/IP 参考模型层次结构及主要协议；OSI 参考模型与 TCP/IP 参考模型的比较。

领会：服务、接口、SAP、协议、对等层、端到端层等概念；虚拟通信与物理通信过程；OSI 参考模型各层功能；TCP/IP 参考模型各层功能。

4. 信息安全基本概念与互联网的安全性

识记：信息安全的概念；信息安全的目的；互联网安全现状。

领会：信息安全威胁基本类型；信息安全威胁主要表现形式；互联网安全问题主要因素。

5. 信息安全体系结构

识记：信息安全体系结构概念。

领会：信息安全三个基本目标；面向应用的信息安全体系结构；OSI 安全体系结构。

四、本章重点、难点

本章的重点是掌握计算机网络与信息安全的基本概念、分组交换网络工作原理、计算机网络性能指标及其计算、OSI 参考模型与 TCP/IP 参考模型、信息安全基本概念、信息安全体系结构等内容；难点是分组交换网络的性能指标计算、分层网络体系结构的理解以及信息安全体系结构的理解。

第二章　网络应用与应用层协议

一、学习目的与要求

本章的学习目的是要求考生理解网络应用体系结构、特点以及网络应用通信基本原理；理解网络应用层协议以及与传输层协议的关系；掌握域名结构以及域名解析过程；掌握 Web 应用及 HTTP，电子邮件应用及 SMTP 协议、POP 协议，以及文件传输协议 FTP；理解 P2P 应用及 P2P 实现文件分发的优势；了解 Socket 编程技术。

二、课程内容

1）网络应用体系结构

2）网络应用通信基本原理

3）域名解析系统（DNS）

4）Web 应用

5）Internet 电子邮件

6）文件传输

7）P2P 应用

8）Socket 编程基础

三、考核知识点与考核要求

1. 网络应用体系结构

识记：网络应用体系结构与分类。

领会：C/S 结构网络应用、纯 P2P 结构网络应用以及混合结构网络应用的特点、区别与联系，B/S（浏览器/服务器）结构网络应用的本质。

2. 网络应用通信基本原理

领会：网络应用的基本通信过程；网络应用与传输层服务；应用编程接口 API 的概念；网络应用进程的标识；IP 地址与端口号。

3. 典型网络应用及应用层协议

识记：典型网络应用的作用、特点及应用层协议。

领会：域名解析系统 DNS 的域名结构；DNS 的主要功能；各类域名服务器；HTTP 及其特点；HTTP 交互过程；非持久连接的 HTTP 与持久连接的 HTTP；HTTP 报文；Cookie 工作原理；SMTP 及其特点；SMTP 邮件发送过程；邮件读取协议；POP3 邮件接收过程；FTP 及其特点；P2P 应用特点。

应用：DNS 域名解析过程；HTTP 交互过程响应时间分析；P2P 文件分发应用时间分析。

4. Socket 编程基础

识记：Socket 的基本概念；主要 Socket API 系统调用及其过程。

四、本章重点、难点

本章的重点是理解网络应用体系结构、特点与通信基本原理，掌握 DNS 功能与域名解析过程、HTTP、SMTP 协议、POP 协议、FTP 协议、P2P 应用，了解 Socket 编程基础，理解典型网络应用的安全威胁；难点是网络应用通信基本原理、典型应用层协议、P2P 文件分发以及 Socket 编程基础。

第三章　传输层服务与协议

一、学习目的与要求

本章的学习目的是要求考生理解传输层提供的基本服务；理解复用与分解的基本概念以及传输层协议实现复用与分解的基本方法；掌握 UDP 的特点、UDP 的数据报结构以及 UDP 校验和的计算；掌握可靠数据传输基本原理、停-等协议、典型滑动窗口协议（GBN 协议、SR 协议）；理解 TCP 的段结构，掌握 TCP 连接建立与断开过程；理解并掌握 TCP 序号以及确认序号；理解并掌握 TCP 可靠数据传输的机制；理解并掌握 TCP 的流量控制方法；理解并掌握 TCP 的拥塞控制方法。

二、课程内容

1）传输层的基本服务

2）传输层的复用与分解
3）停-等协议与滑动窗口协议
4）UDP
5）TCP

三、考核知识点与考核要求

1. 传输层的基本服务

识记：传输层功能。

领会：传输层寻址与端口；无连接服务与面向连接服务。

2. 传输层的复用与分解

领会：复用与分解的基本概念；UDP 与 TCP 实现复用与分解的方法。

3. 停-等协议与滑动窗口协议

领会：可靠数据传输基本原理；停-等协议工作原理；滑动窗口协议工作原理。

应用：停-等协议信道利用率计算；滑动窗口协议信道利用率计算；滑动窗口协议窗口大小与分组序号字段比特位数之间的约束关系。

4. UDP

识记：UDP 特点；UDP 数据报结构。

领会：UDP 校验和及其计算。

5. TCP

领会：TCP 特点；TCP 段结构；TCP 的可靠数据传输机制；TCP 报文段序号与确认序号；TCP 连接建立过程与连接拆除过程；TCP 计时器超时时间设置；TCP 的流量控制；拥塞控制基本概念；TCP 的拥塞控制。

应用：TCP 连接建立与断开过程；TCP 报文段序号与确认序号的变化；TCP 流量控制窗口、拥塞窗口、发送窗口的变化。

四、本章重点、难点

本章的重点是传输层复用与分解的基本原理、可靠数据传输的基本原理、停-等协议、典型滑动窗口协议（GBN 协议、SR 协议）、TCP 的段结构、TCP 连接建立与断开过程、TCP 报文段序号与确认序号、TCP 可靠数据传输的机制、TCP 拥塞控制方法等；难点是停-等协议与滑动窗口协议的理解与信道利用率的计算、TCP 的连接管理、TCP 报文段序号、TCP 的拥塞控制方法。

第四章　网络层服务与协议

一、学习目的与要求

本章的学习目的是要求考生理解网络层服务以及转发与路由概念；理解虚电路网络与数据报网络特点及其工作过程；理解网络互连、异构网络的概念、网络互连的主要技术方案，并掌握实现网络互连的设备——路由器的基本结构；理解网络拥塞产生的原因以及网络层进行拥塞控制的方法；掌握 Internet 网络层，包括 IPv4、ICMP、DHCP、NAT、IP 地址、子网划分、路由聚合以及路由表设置；理解路由基本原理与算法，掌握链路状态路由算法、距离向量路由算法，理解层次化路由；理解 Internet 路由，掌握 RIP、OSPF、BGP 特点及基本工作原理。

二、课程内容

1）网络层服务
2）虚电路网络与数据报网络
3）网络互连与网络互连设备
4）网络层拥塞控制
5）Internet 网络层
6）路由算法与路由协议

三、考核知识点与考核要求

1. 网络层服务

识记：网络层服务。

领会：网络层寻址；转发与路由的基本概念；转发和路由的区别与联系。

2. 虚电路网络与数据报网络

识记：虚电路网络特点；数据报网络特点。

领会：虚电路网络工作过程；数据报网络工作过程；虚电路网络的转发与路由；数据报网络的转发与路由；虚电路网络的转发表；数据报网络的转发表。

3. 网络互连与网络互连设备

领会：网络互连的必要性；网络互连的基本方法；典型网络互连设备；路由器体系结构。

4. 网络层拥塞控制

识记：网络层拥塞基本概念；拥塞控制基本策略。

领会：流量感知路由基本原理；准入控制基本原理；流量调节基本方法；负载脱落基本原理。

5. Internet 网络层

识记：Internet 网络层主要协议及其功能；IP 数据报结构。

领会：MTU 的基本概念；特殊 IP 地址；私有 IP 地址；ICMP；DHCP；默认网关；NAT 的原理。

应用：IP 数据报的分片；IP 地址；子网划分与子网掩码；CIDR；路由聚合；路由表。

6. 路由算法与路由协议

识记：路由选择基本原理；路由算法分类。

领会：链路状态路由算法基本原理；距离向量路由算法基本原理；层次化路由基本原理；RIP；OSPF 协议；BGP。

应用：基于链路状态路由算法的路由计算；基于距离向量路由算法的路由计算；距离向量路由算法的无穷计数问题分析。

四、本章重点、难点

本章的重点是转发与路由概念的理解、虚电路网络与数据报网络工作原理、IP 数据报结构、IP 数据报分片、IP 地址、子网划分、子网掩码、CIDR、路由聚合、路由表、ICMP、DHCP、NAT、链路状态路由算法、距离向量路由算法、层次化路由、RIP、OSPF 协议、BGP 基本工作过程；难点是 IP 数据报分片、IP 地址、子网划分、子网掩码、CIDR、路由聚合、路由表、路由计算、层次化路由、OSPF 协议、BGP。

第五章　数据链路层服务与局域网

一、学习目的与要求

本章的学习目的是要求考生理解数据链路层基本功能与服务；理解差错编码的基本原理；掌握典型的差错编码（奇偶校验码、Internet 校验和、汉明码、CRC 等）；理解多路访问技术作用与原理；掌握多路复用基本原理与 TDMA、FDMA、WDMA、CDMA；掌握 ALOHA、CSMA、CSMA/CD 协议；理解典型的受控接入 MAC 协议；理解数据链路层寻址，掌握 MAC 地址、ARP、以太网；掌握交换机工作原理；理解虚拟局域网（VLAN）基本原理；掌握 PPP 协议工作原理。

二、课程内容

1）数据链路层服务
2）差错控制
3）多路访问控制协议
4）局域网
5）点对点链路协议

三、考核知识点与考核要求

1. 数据链路层服务

识记：数据链路层功能。

领会：组帧，数据链路层流量控制概念及方法。

2. 差错控制

识记：差错控制基本概念。

领会：差错控制典型机制；差错编码基本原理；汉明距离的概念与意义；差错编码的检错或纠错能力。

应用：奇偶校验码；Internet 校验和；汉明码；CRC。

3. 多路访问控制（MAC）协议

识记：数据链路的分类；MAC 协议的作用；MAC 协议的分类。

领会：多路复用技术；信道划分协议 TDMA、FDMA、WDMA；随机访问协议 ALOHA、时隙 ALOHA、CSMA；受控接入 MAC 协议。

应用：CDMA 基本原理；CSMA/CD 特点以及最小帧长与结点间距离的约束关系。

4. 局域网

识记：局域网特点；局域网体系结构。

领会：局域网寻址；MAC 地址；ARP；以太网；以太网标准；冲突域与广播域的概念；VLAN 基本原理。

应用：以太网帧结构；以太网 CSMA/CD 协议；以太网指数退避算法；以太网通信过程；交换机工作原理。

5. 点对点链路协议

识记：点对点链路特点；点对点链路层协议功能需求；HDLC 协议。

领会：PPP 协议；点对点链路层协议实现透明数据传输的方法。

四、本章重点、难点

本章的重点是掌握组帧、信道划分协议（FDMA、TDMA、CDMA、WDMA）工作原理、ALOHA、CSMA、CSMA/CD 及轮询协议的工作原理、MAC 地址、ARP、以太网、交换机的特点及其工作原理、PPP 协议工作原理等内容；难点是 CDMA 工作原理、CSMA/CD 协议、以太网、交换机工作原理、VLAN 工作原理等。

第六章　物　理　层

一、学习目的与要求

本章的学习目的是要求考生了解数据通信相关概念与基本原理；掌握典型的网络传输介质特性；掌握信道容量的概念与计算方法；理解基带传输与频带传输的基本概念，掌握基带传输典型编码与频带传输的典型调制技术；掌握物理层接口特性。

二、课程内容

1）数据通信基础

2）物理介质

3）信道与信道容量

4）基带传输

5）频带传输

6）物理层接口规程

三、考核知识点与考核要求

1. 数据通信基础

识记：数据通信基本概念；数据通信系统模型。

领会：数据、信号概念与分类；通信方式（单工通信、半双工通信、全双工通信）；码元；波特率、比特率的概念。

应用：比特率与波特率之间的关系。

2. 物理介质

识记：物理介质分类；双绞线的分类与特性；同轴电缆的分类与特性；光纤的分类与特性；非导引型传输介质特性。

3. 信道与信道容量

识记：信道的概念；信道的分类。

领会：信道的传输特性；信噪比的概念；信道容量的概念。

应用：信道容量的计算，奈奎斯特公式和香农公式。

4. 基带传输

识记：基带传输基本概念；基带传输系统结构。

领会：基带传输的信号码型与传输码型；差分码、多元码；AMI 码、米勒码、CMI 码、nBmB 码。

应用：单极不归零码（NRZ）、双极不归零码、单极归零码（RZ）、双极归零码；曼彻斯特码；差分曼彻斯特码。

5. 频带传输

识记：频带传输的基本概念；频带传输系统基本结构。

领会：频带传输基本原理；调制与解调的概念；频带传输的二进制数字调制方法；QAM 基本原理。

6. 物理层接口规程

识记：DTE、DCE 概念；典型物理层接口规程。

领会：物理层接口规程基本特性。

四、本章重点、难点

本章的重点是数据通信基础、物理介质、信道容量、基带传输编码、频带传输调制技术、物理层接口规程特性；难点是信道容量的计算、基带传输编码、频带传输的基本原理与调制技术。

第七章　无线网络与移动网络

一、学习目的与要求

本章的学习目的是要求考生掌握无线网络基本结构以及无线链路与无线网络主要特性；理解移动网络基本概念与基本原理，掌握间接路由与直接路由过程；理解 IEEE 802.11 无线局域网体系结构，掌握 CSMA/CA 协议；了解移动通信网络体系结构、2G 网络、3G 网络、4G/LTE 网络以及 5G 网络特点；掌握移动 IP 网络基本原理及工作过程，了解移动通信网络的移动管理技术；了解 WiMax、蓝牙、ZigBee 等无线网络基本特性。

二、课程内容

1）无线网络

2）移动网络

3）无线局域网 IEEE 802.11 标准
4）蜂窝网络
5）移动 IP 网络
6）其他典型无线网络简介

三、考核知识点与考核要求

1. 无线网络

识记：无线链路特征；无线网络基本结构；无线网络模式。

领会：无线网络特点；隐藏站现象。

2. 移动网络

识记：移动网络基本概念与术语。

领会：移动网络基本原理；移动寻址；移动结点的路由；间接路由过程与直接路由过程。

3. 无线局域网 IEEE 802.11 标准

识记：典型 IEEE 802.11 无线局域网标准；IEEE 802.11 网络结构；IEEE 802.11 帧结构。

领会：IEEE 802.11 的 MAC 协议（CSMA/CA）；IEEE 802.11 地址。

4. 蜂窝网络

识记：蜂窝网络的体系结构；蜂窝网络的通信过程；3G、4G 和 5G 网络特点。

领会：蜂窝网络的移动性管理。

5. 移动 IP 网络

识记：移动 IP 网络主要组成。

领会：移动 IP 网络通信过程。

6. 其他典型无线网络简介

识记：WiMax、蓝牙、ZigBee 网络特点。

四、本章重点、难点

本章的重点是无线网络基本结构、无线网络特性、移动网络基本原理、间接路由与直接路由、IEEE 802.11、CSMA/CA 协议、移动 IP 网络；难点是 CSMA/CA 协议及其退避机制、IEEE 802.11 帧的地址字段。

第八章　密码学基础

一、学习目的与要求

本章的学习目的是要求考生了解信息安全的重要基础——密码学，包括理解加密技术对于信息安全的重要性；理解密码学基本概念，掌握加密通信模型，理解密码分析攻击基本形式；掌握传统数据加密方法，如简单替代密码、多表替代密码和换位（置换）密码；理解 Feistel 分组密码结构及其加解密过程特点；掌握对称密钥加解密过程与特点；掌握 DES 密码原理与加解密过程；理解 CBC 原理及其加解密过程；理解三重 DES 加解密过程及特点；了解 RC5、AES、IDEA 等分组密码的特点与性能；理解简单流密码的原理与加解密过程；理解 RC4 算法；理解公开密钥密码原理及其加解密模型；理解 Diffie-Hellman 密钥交换基本原理；掌握 RSA 密码加解密原理及过程；了解 Rabin、ElGamal、ECDLP、ECC 等公开密钥密码的特点；理解散列函数对于信息安全的意义、散列函数的健壮性需求；掌握 MD5、SHA-1 算法过程及其性能。

二、课程内容

1）密码学概述
2）传统加密算法
3）对称密钥加密算法
4）公开密钥加密算法
5）散列函数
6）密码学新进展

三、考核知识点与考核要求

1. 密码学概述

识记：密码学的概念；密码学主要内容；加密算法的分类；明文；密文；密钥。

领会：加密、解密基本过程；分组密码与流式密码；主要密码分析攻击形式。

2. 传统加密算法

识记：传统加密算法基本概念；换位密码；替代密码。

领会：简单替代密码；多表替代密码；换位密码。

应用：移位密码；凯撒密码；乘数密码；仿射密码；维吉尼亚（Vigenère）密码；周期置换密码；列置换密码；针对给定信息和要求进行换位或替代加密、解密。

3. 对称密钥加密算法

识记：对称密钥加密的概念；分组密码基本概念；流式加密的概念、特点。

领会：Feistel 分组密码特点、加解密过程；对称密钥加密的基本过程；DES 算法结构、加解密过程；RC5 特点；AES 算法的加解密基本过程；流式加密的基本过程；典型流式加密算法以及加解密过程；RC4 算法。

应用：DES 算法加解密过程；密码分组链接（CBC）加解密过程；三重 DES 模型及加解密过程；流式加密、解密的简单计算。

4. 公开密钥加密算法

识记：公开密钥密码的概念、特点；Rabin 密码、ECC 密码的概念、特点。

领会：公开密钥加解密的基本过程；单向陷门函数的概念、性质；Diffie-Hellman 密钥交换算法；RSA 密码算法基本原理；RSA 密码加解密过程；RSA 算法的安全性。

应用：RSA 算法原理及其简单计算。

5. 散列函数

识记：散列函数的概念、作用与特点。

领会：散列函数健壮性条件；散列值的安全长度；MD5 算法；SHA-1 算法。

四、本章重点、难点

本章的重点是密码学基本概念、密码学对于信息安全的重要性、加密算法分类、传统加密算法、对称密钥加密算法、Feistel 分组密码特点、DES 密码加解密过程、密码分组链接（CBC）加解密过程、三重 DES 模型及加解密过程、流式加密算法概念、典型流式加密算法、RC4 算法、非对称密钥加密算法、RSA 加密算法原理、散列函数在信息安全中的作用、MD5 算法和 SHA-1 算法等；难点是 DES 密码加解密算法的理解和应用、RSA 密码加解密过程和简单计算、MD5 算法和 SHA-1 算法。

第九章　信息安全防护基本原理

一、学习目的与要求

本章的学习目的是要求考生理解消息完整性的概念和意义，掌握报文认证和数字签名的基本原理与过程；掌握身份认证的基本原理与过程；理解密钥分发与证书认证的意义，掌握密钥分发和证书认证的基本原理与过程；掌握访问控制的概念、方法、技术、功能及应用；理解内容安全的概念与意义，掌握内容保护和内容监管的策略、技术与方法；了解物理安全的概念、意义、主要内容与防护措施。

二、课程内容

1）消息完整性与数字签名
2）身份认证
3）密钥管理与分发
4）访问控制
5）内容安全
6）物理安全

三、考核知识点与考核要求

1. 消息完整性与数字签名

识记：数据完整性基本概念；数据完整性的作用。

领会：密码散列函数的特性；数据完整性检测方法；报文认证；报文认证码 MAC；数字签名作用；报文摘要；数字签名方法。

2. 身份认证

识记：身份认证基本概念。

领会：基于共享对称密钥的身份认证；基于公开密钥的身份认证方法；一次性随机数的作用。

3. 密钥管理与分发

识记：密钥管理的重要性。

领会：密钥分发中心（KDC）的作用；基于 KDC 实现对称密钥分发的过程；证书认证

中心（CA）的作用；基于 CA 的公钥认证过程；基于 KDC 或 CA 避免身份认证的中间人攻击的基本原理；公钥基础设施（PKI）的概念、组成、功能、实施过程。

4. 访问控制

识记：访问控制基本概念；访问控制功能。

领会：访问控制与身份认证的区别；访问控制三要素；访问控制策略；基于角色的访问控制（RBAC）；访问控制的应用；访问控制与其他安全措施的关系。

5. 内容安全

识记：内容安全基本概念；内容安全的目的。

领会：数字版权管理（DRM）基本原理；数字水印的原理、特征、算法；内容监管系统模型与方法。

6. 物理安全

识记：物理安全的基本概念、目的、内容与方法。

四、本章重点、难点

本章的重点是理解消息完整性的概念和意义，掌握报文认证和数字签名的基本原理与过程；掌握身份认证的基本原理与认证过程；理解密钥分发和证书认证的意义，掌握密钥分发和证书认证的基本原理与过程，理解 KDC、CA、PKI 的概念及其作用；掌握访问控制的概念、方法、技术、功能及应用；理解内容安全的概念与意义，掌握内容保护与内容监管的策略、技术与方法；了解物理安全的概念、意义、内容与措施。本章的难点是报文认证、身份认证、数字签名、密钥分发、访问控制等技术的原理及其应用。

第十章　网络安全协议与技术措施

一、学习目的与要求

本章的学习目的是要求考生理解安全电子邮件基本原理，掌握 PGP 发送和接收安全邮件的原理与过程；理解 SSL 功能与特点，掌握 SSL 协议栈、SSL 基本原理、SSL 握手过程、TLS、HTTPS 等；理解 VPN 基本概念，掌握 IPSec 协议体系、安全关联（SA）、AH 协议、ESP 协议、IPSec 密钥交换（IKE）的基本原理与过程；理解防火墙的概念、功能、分类、体系结构，掌握防火墙的工作原理、部署与应用，了解分布式防火墙的概念、组成与特点；理解入侵检测的基本概念、功能、特点、检测过程与检测方法，掌握入侵检测系统的组成、分类与部署应用。

二、课程内容

1）安全电子邮件
2）SSL/TLS
3）虚拟专用网络（VPN）和 IP 安全协议（IPSec）
4）防火墙
5）入侵检测系统

三、考核知识点与考核要求

1. 安全电子邮件

识记：安全电子邮件需求。

领会：安全电子邮件基本原理；安全电子邮件协议 PGP；PGP 邮件加解密过程。

2. SSL/TLS

识记：SSL 与 TLS 基本概念。

领会：Web 安全解决方案；SSL 协议栈；SSL 使用的密码；SSL 握手过程；TLS；HTTPS。

3. 虚拟专用网络（VPN）和 IP 安全协议（IPSec）

识记：VPN 基本概念。

领会：VPN 关键技术；隧道协议类型；IPSec 安全体系；SA 的概念与关联过程；AH 协议与 ESP 协议；IKE 的功能与过程。

应用：SA 关联过程；AH 协议模式与数据报封装；ESP 协议模式与数据报封装。

4. 防火墙

识记：防火墙的概念；防火墙的功能；防火墙的局限性；自治代理防火墙的概念；个人防火墙的概念及应用。

领会：防火墙的分类；防火墙的设计原则；防火墙的基本原理；防火墙的基本技术；静态包过滤防火墙的原理与过滤规则；动态包过滤防火墙的原理与状态检测方法；代理型防火墙概念；应用层网关防火墙工作原理；电路级网关防火墙基本原理；Socks 功能与控制流模型；防火墙体系结构；DMZ 的概念与作用；分布式防火墙的概念与工作模式。

应用：包过滤防火墙的规则设置；防火墙的部署与应用。

5. 入侵检测系统

识记：入侵检测系统基本概念；入侵检测系统与防火墙的区别；入侵检测系统的优缺点。

领会：入侵检测的方法；入侵检测过程；入侵检测系统功能与功能结构；入侵检测技术原理；入侵检测系统的分类。

四、本章重点、难点

本章的重点是安全电子邮件基本原理、安全电子邮件协议 PGP、SSL 协议栈、SSL 握手过程、SSL 安全数据传输过程、TLS 协议、HTTPS、VPN 基本概念、IPSec 体系、SA、AH 协议、ESP 协议、IKE、防火墙基本概念、防火墙分类、防火墙实现原理、防火墙体系结构、防火墙部署与应用、入侵检测的概念与功能、入侵检测的过程与方法、入侵检测系统的组成与分类等内容；难点是网络安全协议（PGP、SSL、TLS、IPSec）的安全防护原理与交互过程，以及防火墙的分类、原理及部署应用。

第十一章　信息安全管理与法律法规

一、学习目的与要求

本章的学习目的是要求考生理解信息安全管理的意义、网络风险分析与评估基本概念、影响互联网安全的因素、网络安全的主要风险；理解网络风险评估要素的组成关系，以及网络风险评估的模式与意义；理解等级保护与测评基本概念，确定信息系统安全保护等级的一般流程，了解信息安全等级测评过程；了解信息安全的国际、国内标准；理解信息安全法律法规的基本原则，了解国外信息安全相关法律法规以及我国信息安全相关法律法规。

二、课程内容

1）网络风险分析与评估
2）等级保护与测评
3）信息安全相关标准
4）信息安全法律法规概述
5）国外信息安全相关法律法规
6）我国信息安全相关法律法规

三、考核知识点与考核要求

1. 网络风险分析与评估

识记：影响互联网安全的因素；网络安全的风险；网络风险评估的意义。

领会：网络风险评估要素的组成关系；网络风险评估的模式。

2. 等级保护与测评

识记：信息安全等级保护基本概念。

领会：信息安全保护等级及其定级要素、定级方法与流程；信息安全等级测评的作用、执行主体、风险、过程。

3. 信息安全相关标准

识记：国际信息安全标准；我国信息安全标准。

4. 信息安全法律法规概述

识记：信息安全法律法规的基本原则；信息安全法律法规的法律地位。

5. 国外信息安全相关法律法规

识记：美国信息安全法律法规；英国信息安全法律法规；日本信息安全法律法规。

6. 我国信息安全相关法律法规

识记：我国信息安全法律法规体系；我国信息安全法律法规。

四、本章重点、难点

本章的重点是理解网络风险分析与评估、信息安全法律法规的重要意义，理解网络风险评估要素及其组成关系、信息安全等级保护与测评方法、信息安全法律法规的基本原则与地位等内容；难点是国内外信息安全相关法律法规的理解。

Ⅳ. 关于大纲的说明与考核实施要求

一、自学考试大纲的目的和作用

课程自学考试大纲是根据专业自学考试计划的要求，结合自学考试的特点而确定的，其目的是对个人自学、社会助学和课程考试命题进行指导与规定。

课程自学考试大纲明确了课程学习的内容以及深、广度，规定了课程自学考试的范围和标准。因此，它是编写自学考试教材和辅导书的依据，是社会助学组织进行自学辅导的依据，是自学者学习教材、掌握课程内容知识范围和程度的依据，也是进行自学考试命题的依据。

二、课程自学考试大纲与教材的关系

课程自学考试大纲是进行学习和考核的依据，教材是学习掌握课程知识的基本内容与范围，教材的内容是大纲所规定的课程知识和内容的扩展与发挥。课程内容在教材中可以体现一定的深度或难度，但在大纲中对考核的要求一定要适当。

大纲与教材所体现的课程内容应基本一致；大纲里面的课程内容和考核知识点，教材里一般也要有。反过来，教材里有的内容，大纲里就不一定体现。（注：假如教材是推荐选用的，如果其中有些内容与大纲要求不一致，则应以大纲规定为准。）

三、关于自学教材

《计算机网络与信息安全》，全国高等教育自学考试指导委员会组编，李全龙编著，机械工业出版社出版，2024 年版。

四、关于自学要求和自学方法的指导

本大纲的课程基本要求是依据专业考试计划和专业培养目标而确定的。课程基本要求还明确了课程的基本内容，以及对基本内容掌握的程度。基本要求中的知识点构成了课程内容的主体部分。因此，课程基本内容掌握程度、课程考核知识点是高等教育自学考试考核的主要内容。

课程中各章的内容均由若干知识点组成，在自学考试命题中，知识点就是考核点。因此，课程自学考试大纲中所规定的考核内容是以分解为考核知识点的形式给出的。因为各知识点在课程中的地位、作用以及知识自身的特点不同，所以自学考试会对各知识点分别按三个认知层次确定其考核要求（认知层次的具体描述参见“考核目标”）。

按照重要性程度不同，考核内容分为重点内容和一般内容。为有效地指导个人自学和社会助学，本大纲已指明了课程的重点和难点。在各章的“本章重点、难点”中指明了本章内容的重点和难点。在本课程试卷中，重点内容所占分值一般不少于 60%。

本课程共 6 学分。

五、对考核内容的说明

本课程要求考生学习和掌握的知识点内容都作为考核的内容。课程中各章的内容均由若干知识点组成，在自学考试中成为考核知识点。因此，课程自学考试大纲中所规定的考试内容是以分解为考核知识点的方式给出的。由于各知识点在课程中的地位、作用以及知识自身的特点不同，自学考试将对各知识点分别按三个层次确定其考核要求。

六、关于考试方式和试卷结构的说明

1）考试方式为闭卷、笔试，考试时间为 150 分钟。

2）本课程在试卷中对不同能力层次要求的分数比例大致为：识记占 20%，领会占 40%，应用占 40%。

3）要合理安排试题的难易程度，试题的难度可分为易、较易、较难和难四个等级。每份试卷中不同难度试题的分数比例一般为 2∶3∶3∶2。必须注意试题的难易程度与能力层次有一定的联系，但二者不是等同的概念，在各个能力层次中对于不同的考生都存在着不同的难度。在大纲中要特别强调这个问题，应告诫考生切勿混淆。

4）课程考试命题的主要题型有单项选择题、填空题、简答题和综合应用题。

在命题工作中必须按照本课程大纲中所规定的题型命制，考试试卷使用的题型可以略少，但不能超出本课程对题型的规定。

V. 题型举例

一、单项选择题

1. 如下图所示，主机 H1 与 H2 通过两段带宽均为 10 Mbit/s、时延带宽积均为 0.1 Mbit 的链路与路由器互连。若 H1 采用分组交换方式向 H2 发送 1 个大小为 1 MB 的文件，分组长度为 1000 B，忽略分组头开销，则从 H1 开始发送时刻起，到 H2 收到文件为止，所用时间至少是（　）。

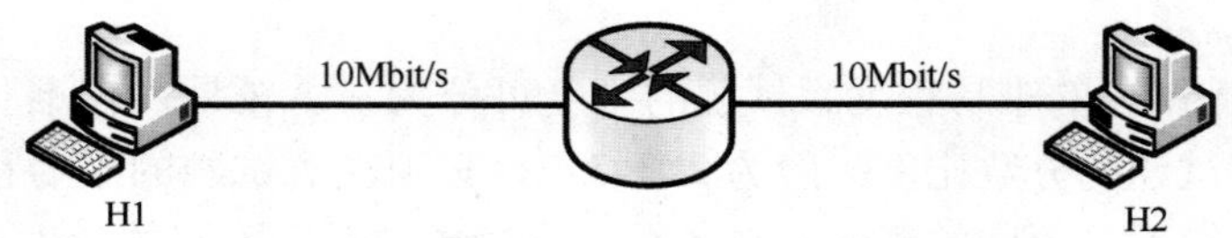

A. 800 ms　　B. 800.8 ms　　C. 810.8 ms　　D. 820.8 ms

2. 假设主机甲和主机乙之间已建立一个 TCP 连接，最大段长 MSS = 1 KB，甲一直有数据向乙发送，当甲的拥塞窗口为 16 KB 时，计时器发生了超时，则甲的拥塞窗口再次增长到 16 KB 所需的时间至少是（　）。

A. 4 RTT　　B. 5 RTT　　C. 11 RTT　　D. 16 RTT

3. 下列选项中，由 SSL 握手协议完成的功能是（　）。

A. 协商加密算法　　B. 终止当前连接

C. 封装 SSL 记录　　D. 更新当前连接的密钥组

二、填空题

1. 在 OSI 参考模型中，实现数据表示方式转换的层是________。

2. 在 Internet 中，实现自治系统间交换路由信息的路由协议是________，该协议的报文封装到________协议的报文段中进行传输。

3. IPSec 体系中进行自动协商建立安全关联和交换密钥的是________。

三、简答题

1. 简述 DNS 的迭代解析过程。

2. 简述 IEEE 802.11 无线主机与 AP 的主动关联过程。

3. 按照防火墙在网络协议栈进行过滤的层次分类，防火墙可以分为哪几类？它们分别主要工作在 OSI 参考模型的哪一层？

四、综合应用题

1. 假设 Alice 和 Bob 之间共享两个密钥（一个报文认证密钥 S1 和一个对称加密密钥 S2），以及散列函数 H。请利用图示方式设计一个通信方案，要求支持报文完整性和机密性。

2. 甲、乙主机通过一条链路连接，链路带宽为 100 Mbit/s，单向传播时延为 0.46 ms。甲在数据链路层采用回退 N 步（GBN）协议向乙发送数据，数据帧长度为 1000 B，乙向甲发送的确认帧的长度忽略不计。D_x 为甲向乙发送的数据帧，x 是帧序号，A_x 为乙向甲发送的确认帧，表示乙正确接收了序号为 x 的数据帧；数据帧的序号字段和确认帧的确认序号字段均为 3 bit，甲的发送窗口为最大窗口。下图给出了甲发送数据帧和接收确认帧的场景，其中 t_0为初始时刻，初始序号为 0。

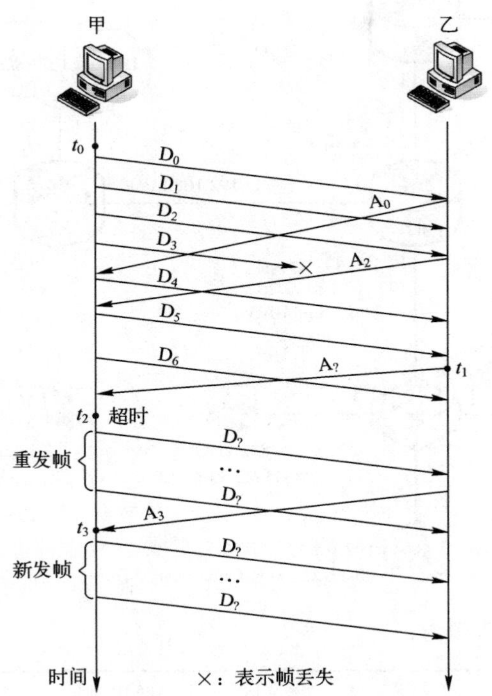

请回答下列问题。

1）连接甲和乙的链路的时延带宽积是多少？

2）甲发送一个数据帧的传输时延是多少？

3）在 t_1时刻，乙发送的确认帧的确认序号是多少？

4）甲的最大发送窗口是多少？

5）从 t_2时刻起，到 t_3时刻止，甲重传了哪些帧？（请用 D_x形式给出）

6）从 t_3时刻起，甲在不出现超时且未收到新的确认帧之前，最多还可以发送哪些帧？（请用 D_x形式给出）

7）甲可以达到的最大信道利用率是多少？

3. 某网络拓扑如下图所示，图中 R1、R2、R3 为路由器；Switch 为 100Base-T 以太网交换机。

R2 的路由表结构为：

目的网络	子网掩码	下一跳（IP 地址）	接口

请回答下列问题。

1）路由器 R1 的 L0 接口的 IP 地址是什么？

2）请给出 R2 的路由表，要求路由表项尽可能少。

3）若交换机 Switch 的交换表为空时，主机 H2 向 H1 发送一个封装 IP 数据报 P 的 IEEE 802. 11 帧，则该 IEEE 802. 11 帧的地址 1、地址 2 和地址 3 分别是什么？AP 向交换机 Switch

转发的封装 P 的以太网帧的目的 MAC 地址和源 MAC 地址分别是什么？

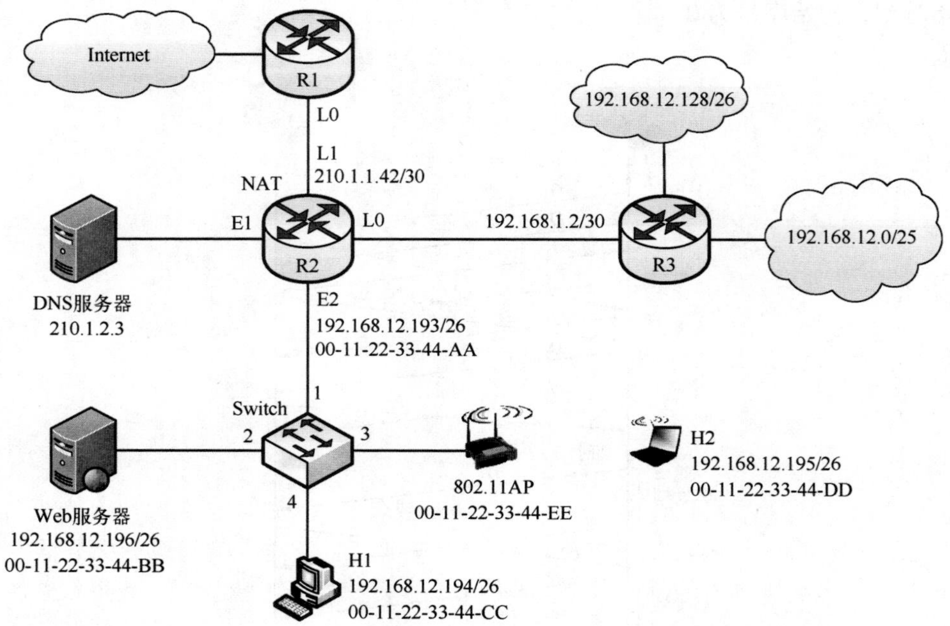

4）假设 NAT 转换表结构为：

公网 IP 地址	公网端口号	私网 IP 地址	私网端口号

如果期望外网可以通过默认端口号访问 Web 服务器，请给出一个可行的 NAT 转换表配置。

5）假设 R1 与 R2 之间链路的 MTU = 600 B，R2 在向 Internet 转发一个总长度为 1500 B、头部长度为 20 B 的 IP 分组时，进行了分片。若分片时尽可能分为最大片，则至少需要分为几个分片？每个分片的总长度字段和片偏移字段的值分别是多少？

Ⅵ. 参考答案

一、单项选择题

1. D；2. C；3. A。

二、填空题

1. 表示层；2. BGP，TCP；3. IKE。

三、简答题

1. DNS 迭代解析的一般过程：主机首先向本地域名服务器发送查询请求，本地域名服务器通常提供递归查询服务；本地域名服务器向根域名服务器发送查询请求，接收根域名服务器的响应报文，本地域名服务器解析响应报文，获得顶级域名服务器 IP 地址；本地域名服务器向顶级域名服务器发送查询请求，接收顶级域名服务器的响应报文，本地域名服务器解析响应报文，获得中间域名服务器 IP 地址；本地域名服务器向中间域名服务器发送查询请求，接收中间域名服务器的响应报文，本地域名服务器解析响应报文，获得权威域名服务器 IP 地址；本地域名服务器向权威域名服务器发送查询请求，接收权威域名服务器的响应报文，本地域名服务器解析响应报文，获得被查询主机域名对应的 IP 地址，本地域名服务器将查询结果发送给主机。

2. IEEE 802.11 无线主机与 AP 的主动关联过程：主机主动广播探测帧；接收到探测帧并允许接入的 AP 发送探测响应信标帧；主机获得周边 AP 列表；主机（或用户）选择一个 AP，向其发送关联请求帧；AP 向主机发送关联响应帧，完成关联。

3. 按照防火墙在网络协议栈进行过滤的层次分类，防火墙可以分为包过滤防火墙、电路级网关防火墙和应用层网关防火墙；包过滤防火墙主要工作在 OSI 参考模型的网络层和传输层，电路级网关防火墙主要工作在 OSI 参考模型的会话层，应用层网关防火墙主要工作在 OSI 参考模型的应用层。

四、综合应用题

1.

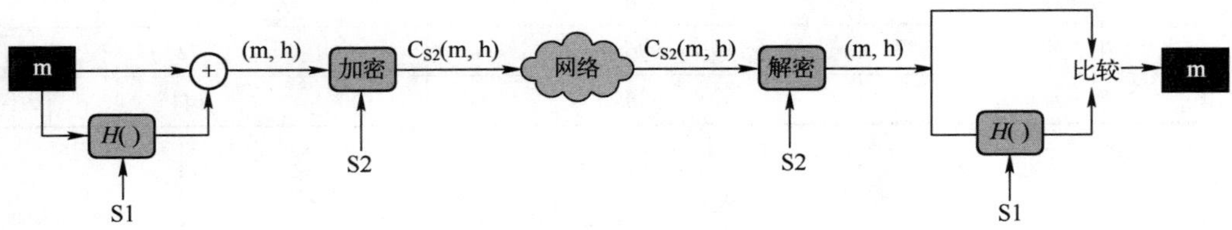

2.

1）连接甲和乙的链路的时延带宽积是：$100\times10^{6}\times0.46\times10^{-3}=4.6\times10^{4}$ bit。

2）甲发送一个数据帧的传输时延是：$(1000\times8)/(100\times10^{6})=80\ \mu s$。

3）在 t_1 时刻，乙发送的确认帧的确认序号是 2。

4）甲的最大发送窗口是 7。

5）从 t_2时刻起，到 t_3时刻止，甲重传的帧有：D_3、D_4、D_5、D_6。

6）从 t_3时刻起，甲在不出现超时且未收到新的确认帧之前，最多还可以发送的帧有：D_7、D_0、D_1、D_2。

7）甲可以达到的最大信道利用率是：

$$\frac{7\times\frac{1000\times8}{100\times10^6}}{2\times0.46\times10^{-3}+\frac{1000\times8}{100\times10^6}}=56\%$$

3.

1）路由器 R1 的 L0 接口的 IP 地址是 210.1.1.41。

2）R2 的路由表如下：

目的网络	子网掩码	下一跳（IP 地址）	接口
192.168.12.0	255.255.255.0	192.168.1.2	L0
192.168.12.192	255.255.255.192	—	E2
210.1.2.3	255.255.255.255	—	E1
0.0.0.0	0.0.0.0	210.1.1.41	L1

3）地址 1、地址 2 和地址 3 分别是 00-11-22-33-44-EE、00-11-22-33-44-DD、00-11-22-33-44-CC；目的 MAC 地址和源 MAC 地址分别是 00-11-22-33-44-CC 和 00-11-22-33-44-DD。

4）可行的 NAT 转换表配置为：

公网 IP 地址	公网端口号	私网 IP 地址	私网端口号
210.1.1.42	80	192.168.12.196	80

5）最大 IP 分片封装数据的字节数为$\lfloor(600-20)/8\rfloor\times8=576$；因此，至少需要的分片数为$\lceil(1500-20)/576\rceil=3$；3 个分片的总长度和片偏移的值如下表所示：

分片	总长度	片偏移
第一片	596	0
第二片	596	72
第三片	348	144

后　　记

《计算机网络与信息安全自学考试大纲》是根据《高等教育自学考试专业基本规范（2021 年）》的要求，由全国高等教育自学考试指导委员会电子、电工与信息类专业委员会组织制定的。

全国考委电子、电工与信息类专业委员会对本大纲组织审稿，根据审稿会意见由编者做了修改，最后由电子、电工与信息类专业委员会定稿。

本大纲由哈尔滨工业大学李全龙副教授负责编写；参加审稿并提出修改意见的有西安电子科技大学杨超教授和上海第二工业大学张博锋教授。

对参与本大纲编写和审稿的各位专家表示感谢。

全国高等教育自学考试指导委员会
电子、电工与信息类专业委员会
2023 年 12 月

全国高等教育自学考试指定教材

计算机网络与信息安全

全国高等教育自学考试指导委员会 组编

编 者 的 话

本书是根据全国高等教育自学考试指导委员会最新制定的《计算机网络与信息安全自学考试大纲》编写的自学考试指定教材。

本书是为了满足信息安全、计算机科学与技术、软件工程等专业的人才培养的新需求，反映计算机网络与信息安全技术的新发展，适应自学考试的新形势，提高自学考试人才培养的质量，而编写的高等教育自学考试“计算机网络与信息安全”课程的指定教材。考虑到课程的性质与定位，本书侧重计算机网络与信息安全的基本概念、基本原理、典型协议与网络、信息安全基本原理、网络安全协议与技术措施等内容的介绍。另外，为了适应自学考试的独特需求，本书着重介绍计算机网络与信息安全的核心内容，遵照强化基础、兼顾实用、详略得当、重点突出的思想进行内容的选择与论述，并且力求简化或省略一些复杂的理论分析与推导过程，直接给出结论或应用方法。

本书包含十一章内容。第一章为计算机网络与信息安全概述，主要介绍计算机网络与信息安全的基本概念、网络协议概念、数据交换技术、计算机网络主要性能指标、网络体系结构与参考模型、信息安全体系结构等内容；第二章为网络应用与应用层协议，主要介绍网络应用体系结构、网络应用通信基本原理、典型网络应用与应用层协议、Socket 编程基础等内容；第三章为传输层服务与协议，主要介绍传输层的基本服务、UDP、可靠数据传输基本原理、停-等协议、典型滑动窗口协议（GBN 协议、SR 协议）、TCP 等内容；第四章为网络层服务与协议，主要介绍网络层服务、虚电路网络与数据报网络、异构网络互连、网络层拥塞控制方法、IP 与 IP 地址、IP 子网划分与路由聚合、ICMP、DHCP、NAT、路由算法与路由协议等内容；第五章为数据链路层服务与局域网，主要介绍数据链路层基本服务、差错编码、多路复用技术、MAC 协议、MAC 地址、ARP、以太网、交换机、VLAN 基本原理、PPP 等内容；第六章为物理层，主要介绍数据通信基本概念、物理介质、信道与信道容量、基带传输与基带传输典型编码、频带传输与典型调制技术、物理层接口规程等内容；第七章为无线网络与移动网络，主要介绍无线网络结构、无线链路与无线网络特性、移动网络基本原理、IEEE 802.11 无线局域网、移动通信网络等内容；第八章为密码学基础，主要介绍传统加密算法、对称密钥加密算法、公开密钥加密算法、散列函数等内容；第九章为信息安全防护基本原理，主要介绍消息完整性与数字签名、身份认证、密钥管理与分发、访问控制、内容安全、物理安全等内容；第十章为网络安全协议与技术措施，主要介绍安全电子邮件与 PGP 协议、SSL/TLS、VPN 与 IPSec、防火墙、入侵检测系统等内容；第十一章为信息安全管理与法律法规，主要介绍网络风险分析与评估、等级保护与测评、信息安全相关标准、信息安全相关法律法规等内容。

本书建议助学学时不少于 80 学时，建议自学学时不少于 160 学时。每章开头都给出了本章的学习目标、教师导读及建议学时，在每章内容小结部分都对本章主要内容进行了总结概括，并在每章最后都给出了习题，便于学生自学与老师助学。

西安电子科技大学杨超教授和上海第二工业大学张博锋教授参与了本书的审稿工作，两位教授对本书进行了非常细致、认真的审校，并提出了许多宝贵的意见和建议，在此表示诚挚的感谢！另外，感谢宋卫平老师在本书编写过程中的高效管理与热心帮助！

由于编者水平有限，书中难免存在一些不足甚至错误，恳请广大读者批评指正。

李全龙

2024 年 1 月

第一章 计算机网络与信息安全概述

学习目标：

1. 理解计算机网络、网络协议、计算机网络的分类、计算机网络结构等基本概念；
2. 掌握电路交换、报文交换与分组交换网络工作原理及其特点；
3. 掌握计算机网络主要性能指标与分组交换网络性能分析方法；
4. 理解网络体系结构概念，掌握 OSI 参考模型及 TCP/IP 参考模型；
5. 掌握信息安全基本概念、信息安全体系结构；
6. 了解计算机网络与信息安全发展历史。

教师导读：

本章介绍计算机网络、网络协议、计算机网络的分类、计算机网络结构、电路交换、报文交换、分组交换、计算机网络主要性能指标与计算方法、网络体系结构、OSI 参考模型、TCP/IP 参考模型、信息安全基本概念、信息安全体系结构、计算机网络与信息安全发展历史等内容。

本章的重点是掌握计算机网络与信息安全的基本概念、分组交换网络工作原理、计算机网络性能指标及其计算、OSI 参考模型、TCP/IP 参考模型、信息安全基本概念、信息安全体系结构，难点是分组交换网络的理解及其性能指标计算、分层网络体系结构的理解、信息安全体系结构的理解。

本章学习的关键是深入理解分组交换网络基本原理、计算机网络分层体系结构以及信息安全的概念与体系结构。

建议学时：

8 学时。

计算机网络已经成为现代人类生活、工作、学习、娱乐等不可或缺的基础设施，已经将人类由“陆、海、空、天”的物理空间带入到一个同等重要的网络虚拟空间，并正在步入虚实空间融合的元宇宙。计算机网络正在与各行业进行全面的融合，“互联网+X”已经成为我们生活的新常态。网络化成为现代 IT 技术的重要特征以及未来的发展方向，近年来 IT 领域的创新与发展几乎都与网络相关。计算机网络技术的快速发展以及应用的普及，改变了人们的生活方式，但同时也带来了严峻的信息安全挑战。信息安全与计算机网络紧密相关，信息安全的重要内容就包含网络安全。

本章将概述计算机网络，帮助读者了解计算机网络相关概念、组成、体系结构，以及信息安全的基本概念与信息安全体系结构等内容。

第一节　计算机网络基本概念

一、计算机网络的定义

计算机诞生之初，每台计算机基本上都是在“自己范围”内处理信息，如果需要在不同计算机之间交换或分享信息，只能通过存储介质（如磁盘）进行。随着计算机技术的发展，越来越需要在计算机之间进行快速、大量的信息交换，于是人们便将计算机技术与通信技术进行结合，诞生了计算机网络。因此，从技术范畴来看，计算机网络是计算机技术与通信技术相互融合的产物。

计算机网络并没有一个统一的精确定义。计算机网络是利用通信设备与通信链路或者通信网络，互连位置不同、功能自治的计算机系统，并遵循一定的规则实现计算机系统之间信息交换的系统。更为简短、概括性的定义是：计算机网络是互连的、自治的计算机的集合。

“自治”是指互连的计算机系统彼此独立，不存在主从或者控制与被控制关系。因此，按此定义，早期的联机系统并不被认为是现代计算机网络，因为联机系统的终端不是自治的。另外，对于计算机网络定义中的“计算机”的理解不要太狭义，不能简单地认为只是通常意义上的个人计算机、笔记本电脑或者服务器计算机，而应该包括所有智能计算设备，比如智能手机、智能家电等。因此，定义中“计算机”应理解为“计算机设备”。计算机网络定义中的“自治计算机”通常称为“主机”（host）或“端系统”（end system），这两个概念在不加以特别说明的情况下是等价的。

“互连”是指利用通信链路连接相互独立的计算机系统。通信链路可以是双绞线、光纤、微波、通信卫星等。不同链路的传输速率不同，传输速率在计算机网络中也称为带宽，单位是 bit/s（或 bps、b/s）。

目前最大的、应用最广泛的计算机网络就是 Internet（或称因特网）。图 1-1 所示是 Internet 的部分网络示例。Internet 是由很多网络互连而构成的全球性网络，是“网络的网络”。个人计算机、笔记本电脑、服务器、智能手机等通过有线或无线方式连接 Internet 服务提供商（Internet Service Provider，ISP）网络，进而接入 Internet。随着 Internet 的发展，越来越多的具有计算、通信能力的设备都在接入 Internet，如智能家电、互联网汽车等。无论这些计算设备是传统的计算机还是新兴的智能设备，只要连接到 Internet 上，就称为主机或端系统。

随着移动互联网的发展，越来越多智能手机、车载设备、智能传感器等设备通过无线网络接入到 Internet。目前，Internet 移动用户数量已经超过非移动用户数量，已经成为 Internet 发展趋势。家庭用户端系统构成小型家庭网络，并借助电话网络、有线电视网络等接入本地或区域 ISP。企业网络、校园网等机构网络，通常构建成一定规模的局域网，然后接入本地或区域 ISP。

本地或区域 ISP 再与更大规模的国家级 ISP 互连，国家级 ISP 再互连其他国家级 ISP 或全球性 ISP，实现全球所有 ISP 网络的互连，从而实现全球性端系统的互连。ISP 网络由许多有线或无线通信链路互连分组交换设备而构成。分组交换设备可以实现数据分组的接收与转发，是构成 Internet 的重要基础，存在多种形式，典型的有路由器和交换机。

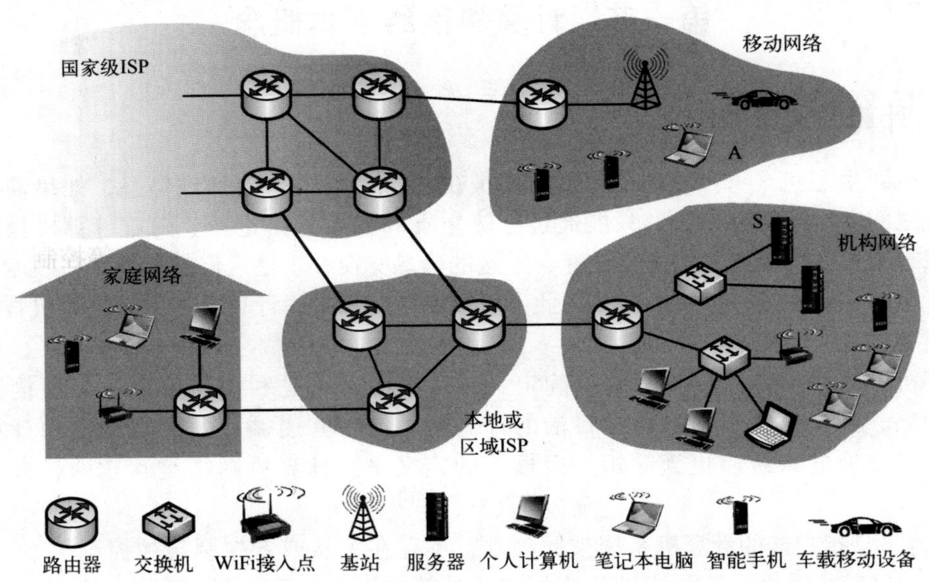

图 1-1　Internet 的部分网络示例

Internet 中互连的端系统、分组交换设备或其他网络设备在进行信息发送、接收或转发的过程中，都需要遵循一些规则或约定，即网络协议。

二、协议的定义

通过通信链路互连主机与网络设备是构建计算机网络的硬件基础，但仅仅实现了网络硬件设备的互连，还不足以确保通信实体间进行正常数据交换。如同道路交通系统，修好了道路，建好了路网，只是具备了硬件基础，为使道路交通系统顺畅运行，还必须有红绿灯，交通标志及交通规则，道路上行驶的车辆都需要遵循这些规则。计算机网络中的实体间在进行数据交换的过程中也必须遵循一些规则或约定，这些规则或约定就是网络协议。

协议是网络通信实体之间在数据交换过程中需要遵循的规则或约定，是计算机网络有序运行的重要保证。事实上，在日常生活中，人们在交流过程中也在有意或无意地遵循某种"协议"，只不过生活中通信的实体是"人"，而网络中通信的实体是"机器"或"软件程序"。人在不同场合、不同情境下与不同人交流沟通时可能会遵循不同的规则或约定，类似地，网络中的通信实体间进行数据交换时也可能会遵循不同的协议。事实上，计算机网络中的所有通信过程都会遵循某个或某些协议，或者说，计算机网络中的所有通信过程都是由某个或某些协议所控制的。计算机网络中存在很多协议，比如后续会介绍的 HTTP、TCP、IP、ARP 等协议，学习计算机网络的关键一点就是要学习典型的网络协议。

概括地说，协议约定了实体之间交换的信息类型、信息各部分的含义、信息交换顺序以及收到特定信息或出现异常时应采取的行为。不同协议，功能不同，作用不同，实现机制可能也不同，有些协议很简单，而有些协议很复杂。但是，协议都会显式或隐式地定义三个基本要素：语法（syntax）、语义（semantics）和时序（timing），它们称为协议三要素。

（1）语法

语法定义实体之间交换信息的格式与结构，或者定义实体（比如硬件设备）之间传输信号的电平等。

（2）语义

实体之间交换的信息，除了协议用户需要传输的数据之外，通常还包括其他控制信息，比如地址信息等。语义就是定义实体之间交换的信息中需要发送（或包含）哪些控制信息、这些信息的具体含义，以及针对不同的含义的控制信息，接收信息一端应如何响应。另外，有些协议还需要进行差错检测，这类协议通常会在协议信息中附加差错编码等控制信息。语义还需要定义彼此采用何种差错编码，以及采取何种差错处理机制等。

（3）时序

时序也称为同步，定义实体之间交换信息的顺序以及如何匹配或适应彼此的速度。

三、计算机网络的功能

计算机网络的目的是在不同主机之间实现快速的信息交换。通过信息交换，计算机网络可实现资源共享这一核心功能，包括硬件资源共享、软件资源共享和信息资源共享。

1. 硬件资源共享

通过计算机网络，一台主机可以共享使用另一台主机的硬件资源，包括计算资源（如CPU）、存储资源、I/O 设备（如打印机与扫描仪）等。事实上，云计算和云存储可以分别提供硬件计算资源与存储资源的共享，它们都是典型的硬件共享的实例。

2. 软件资源共享

网络上的主机可以远程访问、使用服务器计算机上运行的各类大型软件，比如大型数据库系统、大型行业专用软件等，实现软件的共享。软件资源的共享可以避免软件的重复投资、重复部署，有效节省成本。近年来，很多软件提供商改变了传统的软件销售模式，取而代之的是软件服务化，不再销售软件，而是通过互联网提供软件服务，从而诞生了软件即服务 SaaS（Software as a Service）。SaaS 是目前互联网环境下软件共享的典型形式，也代表了软件共享的主流趋势。

3. 信息资源共享

互联网已经成为人们获取信息的重要渠道，比如新闻阅读、信息检索等。事实上，目前各类信息（主要是非涉密公开信息）都是通过互联网进行发布分享的，包括政府的政策法规、企业的产品信息、社会热点新闻、高校研究成果等。在互联网时代，人们不仅时刻在通过网络共享他人或组织提供的信息，而且还经常通过网络分享个人的信息，比如通过个人主页发布个人信息、通过微信发朋友圈等。计算机网络所支持的信息交换就是典型的信息共享。

四、计算机网络的分类

计算机网络经历半个多世纪的发展，提出或建设了很多类型的网络，目前最大的计算机网络就是 Internet。按照不同的分类标准，可以将这些网络划分为不同的类型。

1. 按覆盖范围分类

计算机网络规模差异很大，小到一个家庭的网络，大到全球性 Internet。按网络覆盖范围分类，计算机网络可以分为以下 4 类。

（1）个域网

个域网（Personal Area Network，PAN）是近几年随着穿戴设备、便携式移动设备的快速发展而提出的网络类型。它通常是由个人设备通过无线通信技术构成小范围的网络，实现个人设备间的数据传输，比如通过蓝牙技术实现个人设备的互连等。个域网通常覆盖范围为 1~10 m。

（2）局域网

局域网（Local Area Network，LAN）通常部署在办公室、办公楼、厂区、校园等局部区域内，采用高速有线或无线链路连接主机，实现局部范围内高速数据传输。局域网通常覆盖范围为 10 m~1 km。

（3）城域网

城域网（Metropolitan Area Network，MAN）是指覆盖一个城市范围的网络，覆盖范围通常为 5~50 km。

（4）广域网

广域网（Wide Area Network，WAN）覆盖范围在几十到几千公里，通常跨越更大的地理空间，可以实现异地城域网或局域网的互连。

2. 按拓扑分类

网络拓扑是指网络中的主机、网络设备间的物理连接关系与布局。按照拓扑分类，计算机网络可以分为星形拓扑、总线型拓扑、环形拓扑、网状拓扑、树形拓扑和混合拓扑等，如图 1-2 所示。

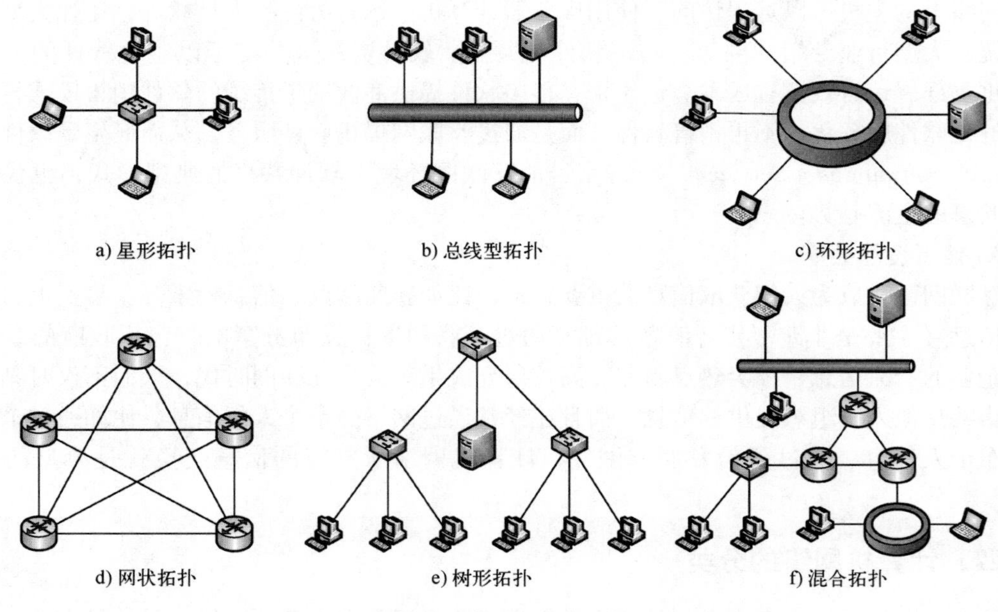

图 1-2　常见的网络拓扑

（1）星形拓扑

星形拓扑网络包括一个中央结点，网络中的主机通过点对点通信链路与中央结点连接，如图 1-2a 所示。中央结点通常是集线器、交换机等设备，主机之间的通信都需要通过中央结点进行。星形拓扑网络多见于局域网、个域网中。

星形拓扑网络的主要优点有易于监控与管理，故障诊断与隔离容易；主要缺点有中央结点是网络的瓶颈，一旦故障，全网瘫痪，网络规模受限于中央结点的端口数量。

（2）总线型拓扑

总线型拓扑网络采用一条广播信道作为公共传输介质，称为总线，所有结点均与总线连接，结点间的通信均通过共享的总线进行，如图 1-2b 所示。由于总线是一条广播信道，因此任一结点通过总线发送数据时，其他结点都会接收到承载这些数据的信号。如果有两个或两个以上的结点同时向共享信道中发送数据，就会产生干扰，导致任何一个结点的数据发送失败，这一现象称为冲突。总线型拓扑网络在早期的局域网中比较多见。

总线型拓扑网络的主要优点有结构简单，所需电缆数量少，易于扩展；主要缺点有通信范围受限，故障诊断与隔离较困难，容易产生冲突。

（3）环形拓扑

环形拓扑网络利用通信链路将所有结点连接成一个闭合的环，如图 1-2c 所示。环中的数据传输通常是单向（也可以双向）传输，每个结点可以从环中接收数据，并向环中进一步转发数据。如果某结点判断数据是发送给自己的，则复制数据。数据会沿特定方向绕环一周，回到发送数据的结点，发送数据的结点需要负责从环中清除其发送的数据，即“自生自灭”。环形拓扑网络多见于早期的局域网、园区网和城域网中。

环形拓扑网络的主要优点有所需电缆长度短，可以使用光纤，易于避免冲突；主要缺点有某结点的故障容易引起全网瘫痪，新结点的加入或撤出过程比较麻烦，存在等待时间问题。

（4）网状拓扑

网状拓扑网络中的结点通过多条链路与不同的结点直接连接，如图 1-2d 所示。如果网状拓扑网络的任一结点与其余所有结点均有直接链路连接，则称为完全网状拓扑网络，如图 1-2d 所示的网络就是完全网状拓扑网络；否则称为非完全网状拓扑网络。网状拓扑网络多见于广域网、核心网络等。

网状拓扑网络的主要优点有网络可靠性高，一条或多条链路故障时，网络仍然可连通；主要缺点有网络结构复杂，造价成本高，选路协议复杂。

（5）树形拓扑

树形拓扑网络可以看作总线型拓扑或星形拓扑的扩展。比较多见的是通过级联星形拓扑网络中的中央结点构建树形拓扑网络，如图 1-2e 所示。目前，很多局域网采用这种拓扑。

树形拓扑网络的主要优点有易于扩展，故障隔离容易；主要缺点有对根结点的可靠性要求高，一旦根结点故障，则可能导致网络大范围无法通信。

（6）混合拓扑

混合拓扑网络是由两种以上简单拓扑网络混合连接而成的网络，如图 1-2f 所示。绝大多数实际网络的拓扑都属于混合拓扑，比如 Internet。

混合拓扑网络的主要优点有易于扩展，可以构建不同规模网络，并可根据需要优选网络结构；主要缺点有网络结构复杂，管理与维护复杂。

3. 按交换方式分类

数据交换是指网络通过彼此互连的结点间的数据转接，实现将数据从发送结点送达目的结点的过程和技术。按网络所采用的数据交换技术，计算机网络可以分为电路交换网络、报文交换网络和分组交换网络。后续会展开讨论数据交换技术。

4. 按网络用户属性分类

按网络用户属性，计算机网络可以分为公用网和私用网。

（1）公用网

公用网（public network）是指由国家或企业出资建设，面向公众提供收费或免费服务的网络。比如电信企业建设的网络、Internet 等，都是面向公众开放的，用户只要按规定缴纳费用就可以接入网络，使用网络设施与服务。

（2）私用网

私用网（private network）是指由某个组织（如政府部门或企业等）出资建设，专门面向该组织内部业务提供网络传输服务，不向公众开放的网络。私用网不向组织外的人员提供服务，只用于支持组织内部业务，如军事专用网络、航空专用网络、银行专用网络、铁路专用网络等。

第二节　计算机网络结构

计算机网络规模不同，其结构复杂程度也有所不同。大规模现代计算机网络的结构包括网络边缘（network edge）、接入网络（access network）与网络核心（network core）三部分，如图 1-3 所示。

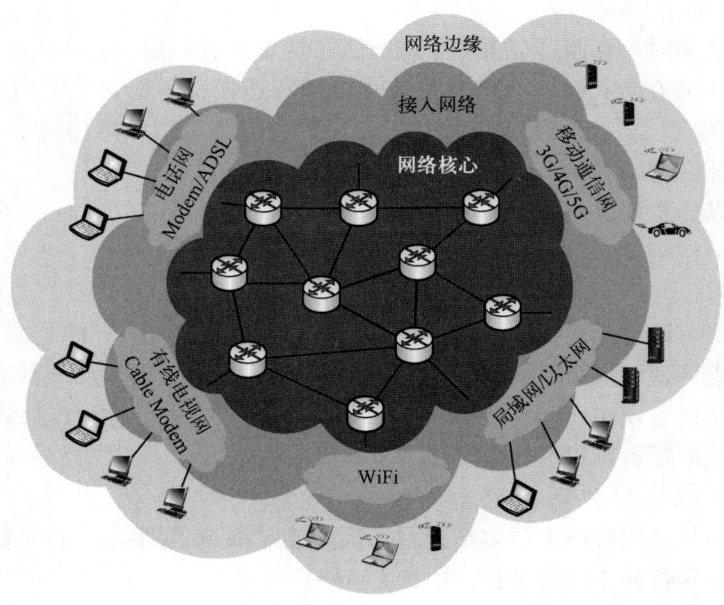

图 1-3　网络结构

一、网络边缘

回顾前文介绍的概念，连接到网络上的计算机、服务器、智能手机、智能传感器、智能家电等称为主机或端系统。这些端系统位于网络的边缘，因此，连接到网络上的所有端系统构成了网络边缘。网络边缘上的端系统运行分布式网络应用，在端系统之间进行数据交换，实现应用目标，如人们常用的 Web 应用、用户主机上运行浏览器软件、服务器主机上运行 Web 服务器软件。浏览器根据用户的输入或操作向 Web 服务器发送请求消息，Web 服务器根据请求，向浏览器发送响应消息，浏览器解释并显示收到的消息，比如 Web 页面等。

普通网络用户在使用网络时，就是在网络边缘中通过使用某网络应用，实现在网络边缘的端系统之间的信息交换。因此，可以说网络边缘为网络用户提供了网络应用服务。

二、接入网络

对于简单网络，比如简单的局域网或个域网，网络边缘中的端系统可以通过通信链路直接连接，此时的网络可以认为没有图 1-3 中的网络核心和接入网络。对于大规模、复杂网络，比如 Internet，因为大部分端系统相距遥远，可能位于两个不同的国家，所以这些端系统之间的网络连接和通信需要网络核心进行数据中继或转发。通常情况下，网络核心是由一些电信网络运营商等企业运营的 ISP 网络（参考图 1-1），不能直接延伸到用户区域，比如家中，这些用户就需要借助接入网络实现与 ISP 的连接。

接入网络是实现网络边缘的端系统与网络核心连接和接入的网络。常见的接入网络技术包括以下几类。

1. 电话拨号接入

电话拨号接入是利用电话网络，通过调制解调器（modem）将数字信号调制到模拟电话线路，通过电话网络的模拟话音信号作为载波传送到远端，再利用调制解调器将数字信号从模拟信号解调出来。这类接入方式在早期网络接入中主要用于家庭接入，利用了电话网络覆盖广的优点，能够方便地实现分散的家庭用户接入网络。但是这种接入方式的接入链路带宽有限，最大带宽通常为 56 kbit/s，对于现代 Internet 网络用户来说，显然带宽太低，所以这种接入方式现在已经很少使用。

2. ADSL

电话机连接电话端局的线路称为用户线路（subscriber line），ADSL（Asymmetric Digital Subscriber Line，非对称数字用户线路）是利用现有的电话网络的用户线路实现的接入网络。ADSL 是家庭用户接入网络中比较常见的一种接入方式。ADSL 基于频分多路复用（FDM）技术（后续章节会介绍）实现电话话音通信与数字通信（即网络数据传输）共享一条用户线路，在进行网络通信的同时可以进行电话语音通信，这与传统的拨号接入存在很大差异。之所以称为“非对称”数字用户线路，是因为在 ADSL 接入网络中，在用户线路上实现的上行（从用户端向网络上传数据）带宽比下行（从网络向用户端下传数据）带宽小。ADSL 存在很多标准，并且可以实现的上行和下行带宽与用户线路的长度有关系，当用户线路长度在 3~5 km 范围内时，典型的上行带宽为 512 kbit/s~1 Mbit/s，下行带宽为 1 Mbit/s~8 Mbit/s。当用户线路长度在 1.3 km 以内时，可以实现更高速率的 VDSL，其典型的下行带宽可以达到 55 Mbit/s，上行带宽可以达到 19.2 Mbit/s。

虽然 ADSL 接入方式主要用于家庭用户接入网络，但是也有一些小型商业用户选择这种接入方式，比如小型商业门店等。

3. HFC 接入网络

HFC（Hybrid Fiber-Coaxial，混合光纤同轴电缆）接入网络也称为电缆调制解调器（cable modem）接入，是利用有线电视网络实现网络接入的技术。HFC 接入网络的用户端使用电缆调制解调器连接有线电视网的入户同轴电缆，同轴电缆连接到光纤结点，再通过光纤链路连接电缆调制解调端接系统，进而连接网络，如 Internet。HFC 也是基于频分多路复用技术，利用有线电视网络的同轴电缆剩余的传输能力实现电视信号传输与网络数据传输的共享。HFC 也是“非对称”的，即上行带宽小于下行带宽，典型上行带宽为 30. 7 Mbit/s，下行带宽为 42. 8 Mbit/s。

显然，HFC 也是家庭用户接入网络的常见选择，在国内外都有很多有线电视网络运营商提供 HFC 网络接入服务。需要特别说明的是，HFC 接入是共享式接入，即连接到同一段同轴电缆上（比如同一栋住宅楼内）的用户共享上行和下行带宽。假设同一段同轴电缆的接入用户数为 10 个，上行带宽为 30 Mbit/s，下行带宽为 40 Mbit/s，如果所有用户都进行通信，则每个用户平均占有的上、下行带宽分别是 3 Mbit/s 和 4 Mbit/s。可见，当 HFC 共享用户数量较大时，每个用户获得的实际带宽可能并不高。因此，虽然 HFC 接入的上、下行带宽表面上看要比 ADSL 的带宽高，但是当用户数量较大时，HFC 接入的传输速率没有 ADSL 接入快，因为 ADSL 是独享式接入。

4. 局域网

企业、学校等机构会在组织范围内建设局域网，连接所有需要接入外部网络（如 Internet）的主机，然后通过企业网络或校园网的边缘路由器连接网络核心。典型的局域网技术有以太网、WiFi 等（后续章节会介绍）。事实上，除了企业、校园等机构网络在用局域网接入网络核心以外，现在随着光纤到户（FTTH，Fiber To The Home）的推广与普及，越来越多的住宅小区的家庭用户也采用局域网技术实现网络接入。

5. 移动接入网络

移动接入网络主要利用移动通信网络，如 3G、4G、5G 网络，实现智能手机、移动终端等设备的网络接入。随着移动通信技术以及移动互联网的发展，移动接入已成为 Internet 接入的重要途径，尤其对于个人移动设备的接入，移动接入是不可替代的，而且将成为个人设备接入网络首选途径。

三、网络核心

网络核心是由通信链路互连的分组交换设备构成的网络，其作用是实现网络边缘中的主机之间的数据中继与转发。比较典型的分组交换设备有路由器和交换机等。在大规模计算机网络中，相距遥远的主机之间不可能通过一条物理通信链路直接相连，而是各自通过接入网连接到网络核心上，彼此传输的数据都是通过网络核心进行中继与转发，最后送达目的主机。

在图 1-1 所示的网络中，ISP 网络就是网络核心。假如移动网络中的主机 A 要访问机构网络中的服务器 S，则 A 与 S 之间的数据传输都要通过网络核心来完成。显然，A 发往 S 的数据，在进入网络核心时，网络核心存在多条可能的路径将数据向 S 转发。对于网络核心中的每个路由器，必须能够为去往不同目的的数据做出合理的决策，选择如何转发数据，比如转发给哪个相邻的路由器，通过路由器之间的转发与中继，最终将数据送达正确的目的主机。

网络核心如何实现数据的中继与转发？答案就是数据交换（data exchange）。

第三节　数据交换技术

一、数据交换的概念

计算机网络的根本目的是在网络边缘的主机之间实现相互的数据传输、信息交换。一个主机为了同时与其他主机通信，可以选择通过通信链路直接连接所有主机，构成完全网状网络，如图 1-4a 所示。在这种网络中，如果主机数为 N，则每个主机需要同时建立 $N-1$ 条链路，整个网络共需要 $N(N-1)/2$ 条链路。显然，当 N 较大时，网络需要的链路数量很大，每个主机需要维护的链路数量也很大。这不仅会带来网络建设成本问题，也会带来许多技术问题，比如，主机如何同时维护众多通信链路以及如何灵活扩展网络等，因此，当网络规模较大（即 N 较大）时，通过通信链路直接连接所有通信终端是不可行的，于是，人们发明了交换设备。

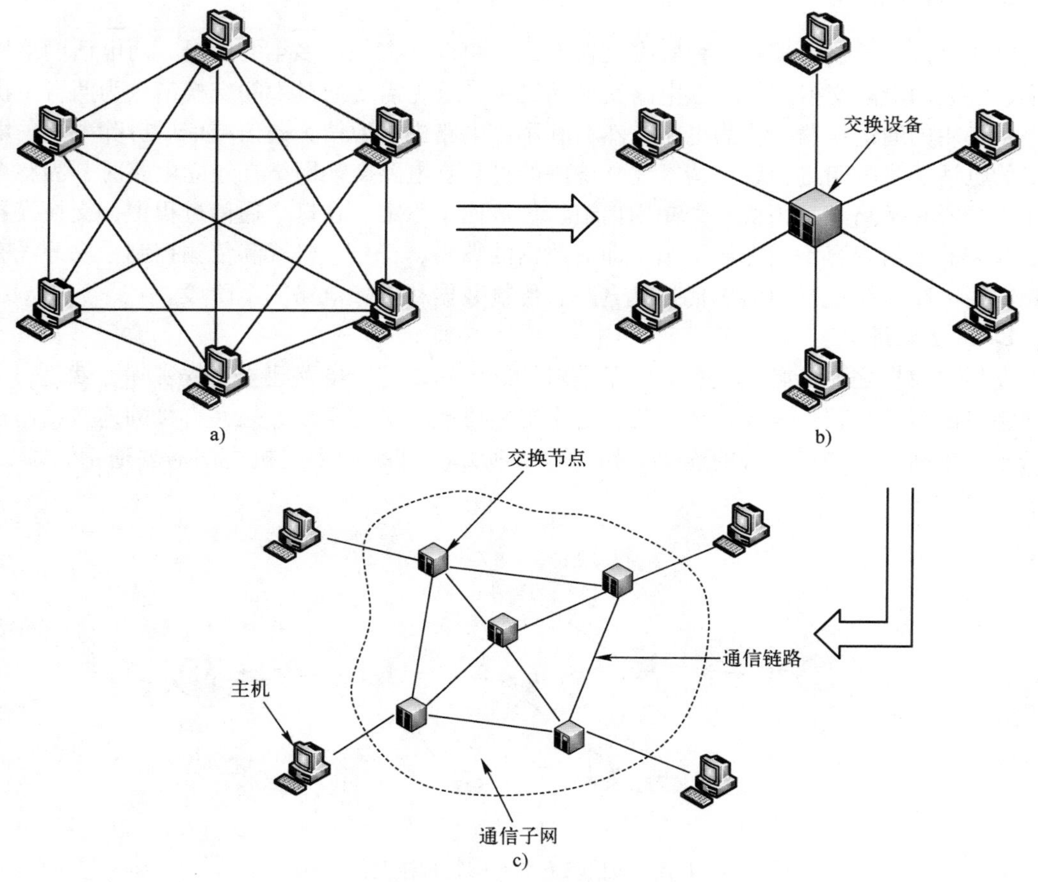

图 1-4　交换设备与交换网络的意义

交换设备具有多通信端口，可以同时连接多个通信结点（即主机或交换设备），实现通信端口间物理或逻辑上的动态、并行通信。通过交换设备，每个主机只需要一个通信链路与交换设备相连，即可实现与其他主机的通信，如图 1-4b 所示。

一个交换设备的端口数量是有限的，并且也无法通过一条通信链路直接连接距离遥远的主机或通信设备，因此，只有特殊情况，如小规模局域网，才有可能如图 1-4b 所示利用一个交换设备直接连接所有主机。为了连接更大范围、更多数量的主机，可以将许多交换设备互连，构成一个数据中继与转发的“中间网络”，然后将主机连接到距离较近的交换设备上，主机之间的数据传输通过“中间网络”实现中继与转发。这个中间网络不需要关心所传输数据的内容，而只是为这些数据从一个结点到另一个结点直至到达目的结点提供数据中继与交换的功能，因此，称之为数据交换网络，组成交换网络的结点（即交换设备）称为交换结点，交换结点和传输介质的集合称为通信子网，即网络核心，如图 1-4c 所示。

数据交换是实现在大规模网络核心上进行数据传输的技术基础。常见的数据交换技术有电路交换（circuit switching）、报文交换（message switching）和分组交换（packet switching）。基于不同交换技术构建的网络分别称为电路交换网络、报文交换网络和分组交换网络。

二、电路交换

电路交换是最早出现的一种数据交换方式，距今已有一百多年的历史，而电话网络则是最早、最大的电路交换网络。在电路交换网络中，首先需要通过中间交换结点为两台主机建立一条专用的通信线路，称为电路，然后利用该电路进行通信，通信结束后拆除电路。电话网络的电话拨号呼叫过程就是请求建立电路的过程。电路交换网络在建立电路时，为整个会话在沿线所有链路上都预留一个专用信道，传输速率恒定。在这个通信过程中，交换设备对通信双方的通信内容不做任何干预，即对数据的编码、符号、格式和传输控制顺序等没有影响。利用电路交换进行通信包括建立电路、传输数据和拆除电路三个阶段。

1. 建立电路

在传输数据之前，必须先建立一条端对端的电路，这个电路建立过程实际上就是一个个交换结点的接续过程。需要指出的是，这个电路可能不是通信双方之间直接的连接，而是通过若干个中间交换结点实现的连接。如图 1-5 所示，如果两个主机之间需要通信，那么发

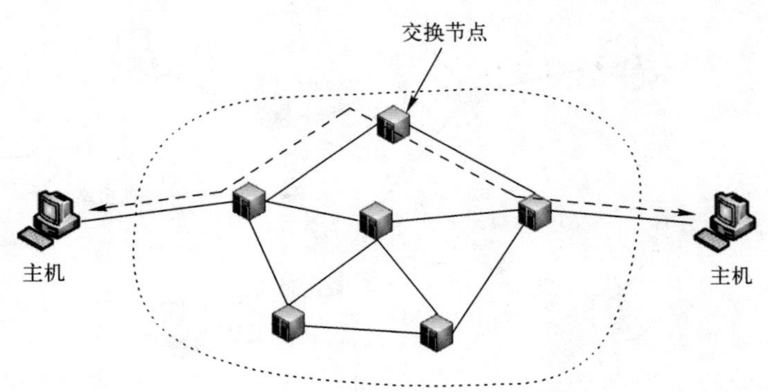

图 1-5　通信双方端到端物理链路的建立

送主机需要先发出呼叫请求信号给接收主机，然后经过若干结点，接通一条物理链路后，再由接收主机发出应答信号给发送主机，这样双方之间的电路连接就建立成功了。只有电路建立成功，才能进入数据传输阶段。其中，电路交换的这种“接续”过程所需的时间（电路建立时间）的长短与接续的中间交换结点的个数有关。

电路建立之后，在两个主机之间的每一段物理链路上都为双方的通信预留了相应的带宽，这个带宽在双方通信期间将一直保留并独占。为了充分利用物理链路的带宽，通常会采用相关的信道复用技术（第六章介绍），如频分多路复用、时分多路复用等，将交换结点之间的线路进行信道共享，也就是说，在交换结点之间通常包含 n 条电路，这些电路彼此之间是独立的，每条电路专门为某一对特定主机间的通信服务，而主机到交换结点之间的链路则通常为独占的。

2. 传输数据

在电路建立之后，主机之间就可以进行数据传输了。被传输的数据可以是数字数据，也可以是模拟数据，数据的传输可以是单工，也可以是全双工。在发送主机和接收主机之间存在一条“独占”的物理链路，它为双方的本次通信服务，这里的“独占”指的是交换结点之间的链路是相对独占的，因为是通过信道复用技术对一条物理信道进行的信道划分；而主机的交换结点之间的链路往往是绝对独占的。例如打电话时，通话双方此时均为“占线”状态，而同时可能会有多路通话在交换网络中同时进行。在本次通信结束之前，这条“独占”的物理链路上的所有资源不能被其他主机使用，即使某一时刻通信双方并没有数据进行传输。

3. 拆除电路

在数据传输结束后，要释放（拆除）该物理链路。该释放动作可由两个通信主机之间任何一方发起并完成。释放信号必须传送到电路所经过的各个结点，以便重新分配资源。

电路交换方式在传输数据之前需要先建立电路，电路建立时间存在延迟。电路建立后即为专用的电路，即使没有数据传输，也要占用资源，从而造成链路的利用率低。在传送数据期间，网络通常不对用户信息进行误码校正等处理，没有任何差错控制措施，不利于可靠性要求高的数据业务。但是，一旦电路建立，用户就可以使用固定的速率传输数据，传输实时性好。中间结点也不对数据进行其他缓冲和处理，不需要添加额外控制信息，即为“透明”传输，因此交换效率高。综上所述，电路交换的特点是有连接的，在通信时需要先建立电路连接，在通信过程中独占一个信道，通信结束后拆除电路连接。电路交换的优点是实时性高，时延和时延抖动都较小；缺点是对于突发性数据传输，信道利用率低，且传输速率单一。电路交换主要适用于语音和视频这类实时性强的业务。

三、报文交换

当主机间交换的数据具有随机性和突发性时，采用电路交换方法的缺点是信道容量和有效时间的浪费，于是提出了报文交换的方法。报文交换也称为消息交换，其工作过程为：发送方把要发送的信息附加上发、收主机的地址及其他控制信息，构成一个完整的报文（message）；然后以报文为单位在交换网络的各结点之间以存储-转发的方式传送，直至送达目的主机。一个报文在每个结点的延迟时间，等于接收报文所需的时间加上向下一个结点转发所需的排队延迟时间之和。

可以看出，报文交换事先不需要建立连接，发送方组装好报文之后即可向相邻的交换结点发出，交换结点收到整个报文并且检查无误后，暂时存储报文，然后利用路由选择找出需要转发的下一个结点的地址，再把整个报文转发给下一个结点。交换结点的这种接收-暂存-转发的工作方式，就称为“存储-转发”交换方式。只有报文被转发，才占用相应的信道，不存在电路交换当中通信双方空闲时信道也要被占用的情况，因此，相对电路交换信道而言，链路利用率高。报文交换网络中交换结点需要缓冲存储，报文需要排队，因此会导致报文经过网络的延迟时间变长并且不固定，对于实时通信而言，容易出现不能满足速度要求的情况。有时候结点收到的报文过多而存储空间不够或者输出链路被占用不能及时转发，就不得不丢弃报文，这也是报文交换的缺点。

图 1-6 展示了由两台报文交换机和 3 条链路构成的某条路径上的报文交换，在整个传输过程中，每个报文在穿越网络时都不会被分割。图 1-6 中的交换机是存储-转发报文交换机，它们必须接收下一个完整的报文，然后才可能开始把报文转发到某个输出链路上。

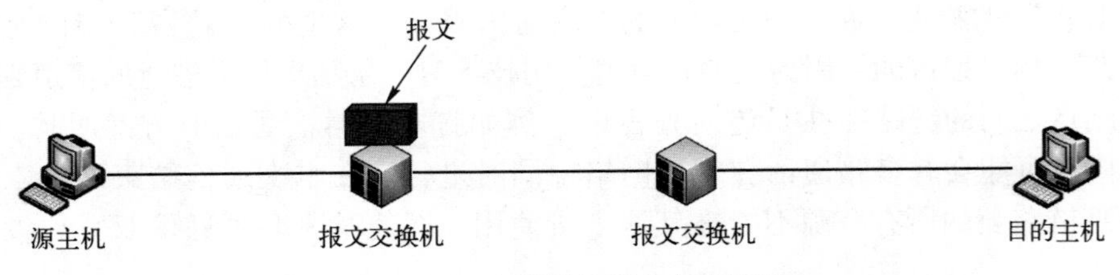

图 1-6　一个简单的报文交换网络

20 世纪 40 年代的电报通信，采用的就是基于存储-转发原理的报文交换，在报文交换中心，一份份电报被接收下来，并穿成纸带。操作员以每份报文为单位，撕下纸带，根据报文的目的站地址，利用相应的发报机转发出去。这种报文交换的时延较长，从几分钟到几小时不等。现代计算机网络没有采用报文交换技术。

四、分组交换

1. 分组交换基本原理

分组交换是目前计算机网络广泛采用的技术。分组交换需要将待传输数据（即报文）分割成较小的数据块，每个数据块附加上地址、序号等控制信息构成数据分组（packet），每个分组独立传输到目的地，目的地将收到的分组重新组装，还原为报文。分组传输过程通常也采用存储-转发交换方式。

1961 年，麻省理工学院（MIT）的研究生伦纳德·克兰罗克（Leonard Kleinrock）首次提出分组交换技术，并利用排队论证明了分组交换处理突发流量的网络传输的有效性。1964 年，兰德公司的保罗·巴兰（Paul Baran）开始研究应用分组交换技术，实现在军用网络上进行安全语音传输，得出的解决方法就是在计算机网络通信中把要发送的信息分割为“信息块”，每个信息块分别传输。与此同时，英国国家物理实验室（National Physical Laboratory，NPL）的唐纳德·戴维斯（Donald Davies）也在自己独立的研究中得出类似结论。巴兰提出的“信息块”概念在戴维斯的研究中被称为分组，相应地，这种通信技术被称作分组交换，目前世界上广泛使用的分组交换概念即由此而来。

分组交换是报文交换的一种改进，它将一个完整报文拆分成若干个分组，每个分组的长度有一个上限，有限长度的分组使得每个结点所需的存储能力降低了，分组可以存储到内存中，提高了交换速度。分组交换是计算机网络使用最广泛的一种数据交换技术，现代计算机网络几乎都是分组交换网络，因此，在下文中，若不加以特别说明，则默认提到的计算机网络都是分组交换网络。图 1-7 展示了与图 1-6 相同网络的分组交换的场景，但是最初的报文被分割成了 4 个分组。在图 1-7 中，第 1 个分组已经到达目的主机，第 2 个和第 3 个分组正在网络中传送，最后 1 个分组仍然在源主机。

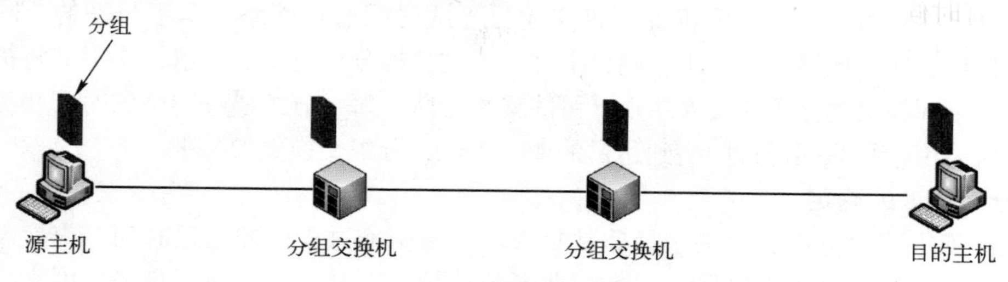

图 1-7　一个简单的分组交换网络

2. 分组交换的优点

分组交换与报文交换相比，两者都采用存储-转发交换方式，最主要的区别在于是否将报文拆分为更小的分组。分组交换在拆分与组装分组过程中，一方面会消耗一定的计算资源，另一方面，还需要附加更多的控制信息，这会在一定程度上降低有效数据传输效率。因此，从表面上来看，似乎报文交换更优于分组交换。但实质上，这个表面上的微小变化却大大地改善了交换网络的性能。与报文交换相比，分组交换主要有如下优点。

（1）交换设备存储容量要求低

作为存储-转发交换方式，报文交换需要缓存整个报文，当报文很大时，要求报文交换设备具有很大的存储容量；分组交换将大报文拆分为较小的分组进行传输，理论上讲，分组交换设备只要能缓存一个小分组，网络就可以工作。因此，分组交换可以大大降低对网络交换结点的存储容量的要求。

（2）交换速度快

报文交换在缓存大报文时，有可能需要将报文存储到速度较慢的外存储设备上，使得报文交换设备完成报文转发需要较长时间；由于分组交换设备只需要缓存一定数量的较小的分组，因此可以利用主存储器进行存储-转发处理，不需要访问外存，处理转发速度加快。另外，在分组交换网络中，多个分组可以在网络中的不同链路上进行并发传送，大大提高传输效率和线路利用率，将大幅缩短整个报文通过网络的时间。

（3）可靠传输效率高

网络通信通常需要确保可靠、无差错地实现数据从源向目的传输。实际通信链路不可能实现 100%无差错，对于传输过程出错的数据，纠正错误的最常见的措施之一是请求发送方重新发送出错的数据，直到接收方接收到正确的数据为止。对于报文交换网络，一个报文出现差错（哪怕 1 bit 出错），需要重传整个报文；对于分组交换网络，一个分组出现差错，只需要重传出错的分组，并不需要重传所有由同一报文拆分出来的分组。报文长度通常远大于分组长度，在相同差错概率的条件下，报文交换网络中的一个报文出现差错的概率大于分组交换网络中一个分组出现差错的概率，而重传一个报文的代价要远远大于重传一个分组的代价。因此，在存在差错可能的条件下，分组交换实现可靠传输的效率要高于报文交换。

（4）更加公平

在报文交换网络中，数据是以报文为单位进行存储-转发的，如果两个大小差异很大的报文沿相同路径向相同的目的传输，且大报文在缓存队列中排在前面，小报文排在后面，按照最常见的转发调度规则，即先到先服务，大报文在每个交换结点上总是在小报文之前转发，小报文只有等待大报文转发结束后才能转发。在这种场景下，小报文将经历更长的时间通过网络送达目的地。显然，报文交换不能确保小报文用更短的时间通过网络，是不公平的。同样的场景，对于分组交换，如果分组大小相同，那么大报文将拆分出更多的分组，小报文将拆分出较少的分组，不同报文的分组在交换结点上可能交替排队，每个分组通过网络的时间相当，总体上，小报文将用较短时间通过网络到达目的地。因此，分组交换更加公平。

3. 分组长度的确定

分组交换方式中分组长度的选择非常重要。它与交换过程中的延迟时间、交换设备存储容量、线路利用率、信道传输质量、数据业务统计特性以及交换机费用等诸多因素有关，比较复杂。下面简单讨论分组长度与延迟时间、误码率的关系。

（1）分组长度与延迟时间

分组长度与交换过程的延迟时间的关系可以利用排队论进行分析。分组交换网络的存储-转发过程可以抽象为一个排队系统，基于排队论的分析发现，当分组具有相同的长度时，分组在交换过程中的延迟时间较短。因此，把报文按一定的标准长度分割为“分组”，就能够使交换设备以分组为单位对信息进行处理，从而缩短信息在交换过程中的延迟时间，这正是产生分组交换方式的重要理论依据之一。

理论分析发现，在其他条件相同的情况下，分组长度越大，延迟时间越久。所以，对于实时交互式通信，要求延迟时间短，分组长度应该尽可能短；对于诸如文件传送类的非实时数据通信，延迟要求不高，即使分组长度较大，也不致影响正常通信，分组长度可以适当长些。当然，分组长度不宜太短，因为分组长度太短，就意味着一个报文需要拆分的分组数增加，而每个分组是需要附加控制信息的，额外开销会增加，有效数据传输效率会降低，因此，需要在延迟时间与开销之间进行平衡。另外，实际的分组交换网络的分组长度并不总是相同的，通常会规定一个分组长度范围，这样既具有灵活性，又尽可能优化网络延时。

（2）分组长度与误码率

通信链路的信道误码率是确定分组长度时另一个需要重点考虑的因素。这里只给出定性的分析。假设信道误码率一定，则发送越多的数据，出现一个比特位差错的可能性就越高，一旦某个分组出现哪怕 1 bit 的差错，在绝大多数分组交换网络中就会通过重发分组进行纠错。出错的分组数量增加会导致有效数据传输效率的降低。因此，分组长度的选取需要考虑信道误码率。理论分析可以证明，信道误码率越高，分组长度应该越小；信道误码率越低，分组长度可以越大。

例如，某信道的误码率为 10^{-5}，当分组长度为 100000 bit 时，平均发送 1 个分组就会有 1 bit 错，从而需要重传 1 个分组进行纠错，重传数据比例接近 100%，此时有效数据传输速率非常低；当分组长度为 10000 bit 时，平均发送 10 个分组会有 1 bit 错，从而需要重传 1 个分组进行纠错，重传数据比例约为 10%；当分组长度为 1000 bit 时，平均发送 100 个分组才会有 1 bit 错，从而需要重传 1 个分组进行纠错，重传数据比例约为 1%，此时有效数据传输速率相对就高了很多。

当然，分组长度太小，每个分组的首部开销相对增加，也会降低有效数据传输速率。例如，上述情形中，如果分组首部长度为 100 bit，则当分组长度为 100000 bit 时，首部长度开销比例为 1‰；当分组长度为 10000 bit 时，首部长度开销比例为 1%；当分组长度为 1000 bit 时，首部长度开销比例为 10%。

可见，信道误码率越小，分组长度可以 L_{opt} 越长；反之，分组长度应该越小。

目前，有关分组数据交换的规格和标准已由国际电信联盟（International Telecommunication Union，ITU）以建议的形式给出，分组长度以 16 B（1 B = 8 bit）到 4096 B 之间的 2^n B 为标准分组长度，如 32 B、64 B、256 B、512 B 和 1024 B 等。

第四节　计算机网络主要性能指标

任何一个系统都可以或需要不同的指标来度量系统的优劣、状态或特性。计算机网络是综合计算机技术与通信技术的复杂系统，可以通过许多指标对一个计算机网络的整体或局部、全面或部分、静态或动态等不同方面的性能进行度量与评价。

一、速率与带宽

速率（rate）是计算机网络中最重要的性能指标之一。速率是指网络单位时间内传送数据量，用以描述网络传输数据的快慢，也称为数据传输速率或数据速率（data rate）。计算机网络传输的数据是以比特（bit）为信息单位的二进制数据，速率的基本单位是 bit/s 或 bps（比特每秒），因此有时也称速率为比特率（bit rate）。在描述较高速率时，还常常使用其他速率单位，如 kbit/s、Mbit/s、Gbit/s、Tbit/s 等，其中 1 Tbit/s = 10^3 Gbit/s = 10^6 Mbit/s = 10^9 kbit/s = 10^{12} bit/s，可见，在用于描述速率时，T = 10^{12}、G = 10^9、M = 10^6、k = 10^3。通常给出的网络速率是指网络的额定速率或标称速率，网络在实际运行时的速率可能并不总能达到额定速率。

在计算机网络中，有时也会用“带宽”（bandwidth）这一术语描述速率。在通信或信号处理领域中，带宽原本是指信号具有的频带宽度，即信号成分的最高频率与最低频率之差，单位为 Hz（赫兹）。比如，在模拟电话线路上传输的话音信号的最高频率成分为 3.4 kHz，最低频率成分为 300 Hz，所以模拟话音信号的带宽是 3.1 kHz。类似地，一条链路或信道能够不失真地传播电磁信号的最高频率与最低频率之差，称为信道的带宽，单位也是 Hz。在计算机网络中，当描述一条链路或信道的数据传输能力时，经常使用“带宽”一词表示链路或信道的最高数据传输速率，单位也是 bit/s。由于带宽具有不同的含义与单位，因此有时需要明确说明或者根据上下文判断其具体含义和单位。

二、时延

时延（delay）是评价计算机网络性能的另一个重要的性能指标，也称为延迟。时延是指数据从网络中的一个结点（主机或交换设备等）到达另一结点所需的时间。对于存储-转发方式的分组交换网络，在每个分组从一个源结点传送到目的结点的过程中，都是首先发送给某个相邻的结点，相邻的结点再发送给其相邻结点，依次前往，最终送达目的结点。分组就像一个青蛙，从一个结点“跳到”下一个相邻的结点上，然后“跳到”相邻结点的相邻结点上，直到目的结点。因此，计算机网络中，通常将连接两个结点的直接链路称为一个“跳步”（hop），简称“跳”。如图 1-7 所示的分组交换网络，分组从源主机传送到目的主机的过程中，经过 3 个跳步，第一个跳步是分组从源主机发送到左侧分组交换机，第二个跳步是分组从左侧分组交换机发送到右侧分组交换机，第三个跳步是分组从右侧分组交换机发送到目的主机。显然，一个分组从源主机传送到达目的主机的时延是这 3 个跳步的时延之和。推而广之，在存储-转发方式的分组交换网络中，只要分析清楚分组在每一跳过程的时延，就可以求得任意情况下，分组从源结点到达目的结点的时延。

分组的每跳传输过程主要产生 4 种时延：结点处理时延（nodal processing delay）、排队时延（queueing delay）、传输时延（transmission delay）和传播时延（propagation delay），如图 1-8 所示。

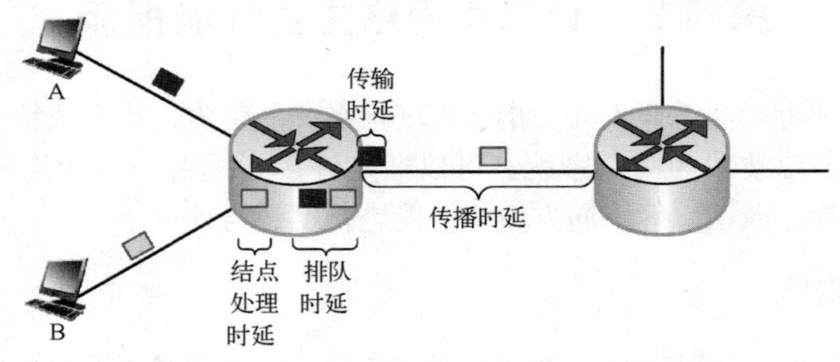

图 1-8　分组在每跳传输过程中的 4 种时延

1. 结点处理时延

每个分组到达交换结点（比如路由器）时，交换设备通常需要验证分组是否有差错，根据分组携带的信息（比如目的地址）检索转发表，确定如何转发该分组，还有可能修改分组的部分控制信息等。针对分组进行这些操作所消耗的时间总和，构成了结点处理时延，记为 d_c。结点处理时延通常很小，并且对不同分组的结点处理时延变化也非常小，因此，在讨论网络总时间延迟时常常被忽略。

2. 排队时延

当一个分组到达交换结点，经过处理并明确需要从哪个输出链路进行转发后，分组需要在交换结点内被交换到输出链路，等待从输出链路发送到下一个交换结点（或目的主机）。此时，在该分组之前很有可能还有其他分组正在或等待交换到相同的输出链路，或者交换到输出链路后在该分组之前还有其他分组在等待通过输出链路进行发送。这些情形都需要分组在交换结点进行暂时缓存（这也是存储-转发概念的由来），排队等待输出链路可用，分组在缓存中排队等待的时间就是排队时延，记为 d_q。显然，排队时延很不确定，也许该分组到达后无须等待任何时间，处理结束后直接通过输出链路进行发送，此时没有排队时延；也许该分组之前有很多分组在排队，则该分组的排队时延就会很长。

3. 传输时延

当一个分组在输出链路发送时，从发送第一个比特到发送完最后一个比特所用的时间称为传输时延，也称为发送时延，记为 d_t。假设分组长度为 L（单位为 bit），链路带宽（即传输速率）为 R（单位为 bit/s），则分组的传输时延为

$$d_t = L/R \tag{1-1}$$

显然，分组的传输时延取决于分组长度与链路带宽。类似地，在报文交换网络中，也可以计算在某链路上传输一个报文的传输时延，即 M/R，其中 M（单位为 bit）为报文长度。

4. 传播时延

分组中的每个比特在发送到物理介质上时，是利用物理信号的某种特征表示的（即编码），比如利用脉冲电信号的高电平表示“1”，低电平表示“0”。不同物理信号在不同介质内的传播速度不同，比如真空中的光信号传播速度约为 3×10^8 m/s，电信号在铜介质中的传播速度约为 2×10^8 m/s。信号从发送端发送出来，经过一定距离的物理链路到达接收端所需要的时间，称为传播时延，记为 d_p。显然，若物理链路长度为 D（单位为 m），信号传播速度为 V（单位为 m/s），则传播时延为

$$d_p = D/V \tag{1-2}$$

综上所述，一个分组经过一个跳步所需时间为

$$d_h = d_c + d_q + d_t + d_p \tag{1-3}$$

如果一个分组从源主机到达目的主机经过 n 个交换结点，即经过的跳步数为 $n+1$，则该分组从源主机到达目的主机所需时间总和为

$$T = \sum_{i=1}^{n+1} d_h^i \tag{1-4}$$

式中，d_h^i 为第 i 个跳步的时延。注意，不同跳步的时延通常是不同的。

三、时延带宽积

一段物理链路的传播时延与链路带宽的乘积，称为时延带宽积，记为 G，于是

$$G = d_p \times R \tag{1-5}$$

显然，时延带宽积 G 的单位是 bit。

时延带宽积的物理意义在于：如果将物理链路看作一个传输比特的管道，则时延带宽积表示一段链路可以容纳的比特数，也称为以 bit 为单位的链路长度。

四、丢包率

如前文所述，排队时延的大小取决于网络拥塞程度，网络拥塞越严重，平均排队时延就越大，反之就越小。当网络拥塞特别严重时，新到达的分组甚至已无缓存空间暂存该分组，此时交换结点会丢弃分组，就会发生“丢包”现象。可见，网络拥塞是影响网络性能的重要体现，必须加以预防或控制，后续章节会专门讨论拥塞控制策略与机制。

丢包率是常被用于评价和衡量网络性能的指标，在很大程度上可以反映网络的拥塞程度，因为引发网络丢包的主要因素是网络拥塞。丢包率可以定义为

$$\eta = N_l / N_s = (N_s - N_r) / N_s \tag{1-6}$$

式中，N_s 为发送分组总数，N_r 为接收分组总数，N_l 为丢失分组总数。

五、吞吐量

吞吐量（throughput）也称为吞吐率，表示在单位时间内源主机通过网络向目的主机实际送达的数据量，单位为 bit/s 或 B/s（字节每秒），记为 Thr。吞吐量经常用于度量网络的

实际数据传送（通过）能力，即网络实际可以达到的源主机到目的主机的数据传送速率。吞吐量受网络链路带宽、网络连接复杂性、网络协议、网络拥塞程度等因素影响。

对于分组交换网络，源主机到目的主机的吞吐量在理想情况下约等于瓶颈链路的带宽。如图 1-9 所示的网络，如果 S 到 C 只有一条路径，则 S 到 C 的最大吞吐量为

$$\mathrm{Thr}=\min(R_1,R_2,\cdots,R_i,\cdots,R_{N-1},R_N) \tag{1-7}$$

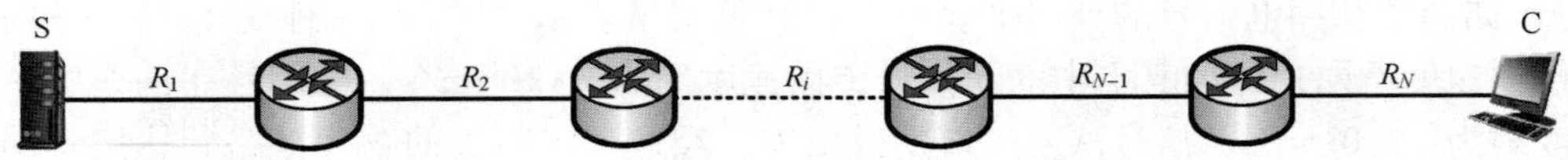

图 1-9　吞吐量与瓶颈链路示意图

如果能够确定两个主机之间的吞吐量，则可以利用吞吐量来计算从一个主机向另一个主机发送一定量数据所需的时间。

第五节　计算机网络体系结构

一、计算机网络分层体系结构

从计算机网络硬件设备角度来看，有了主机、链路和交换设备就能够使两个用户在硬件上建立连接，并实现数据交换。但是要顺利地进行信息交换，或者说让计算机网络正常运转，通信双方还必须遵循相同的协议。

计算机网络作为综合计算机技术与通信技术的复杂系统，显然不可能只要一个或少数几个协议就能约定网络通信过程中所要遵循的所有规则，实现所有功能。因此，在制定网络协议时经常采用的思路是将复杂的网络通信功能划分为由若干协议分别完成，然后将这些协议按照一定的方式组织起来，最终实现网络通信的所有功能。最典型的划分方式就是采用分层的方式来组织协议。分层的核心思路是上一层的功能建立在下一层的功能基础上，并且在每一层内均要遵守一定的通信规则，即协议。

按照分层的思想，计算机网络完成的所有功能可以划分为若干层次，每个层次完成一部分子功能，每个层在完成相应功能时与另一通信实体的相同层按照某种协议进行信息交换。这样，计算机网络所划分的层次以及各层协议的集合称为计算机网络体系结构。体系结构应当具有足够的信息，以便允许软件设计人员为每层编写实现该层协议的有关程序，即协议软件。需要注意的是，这种分层体系结构通常是按功能划分的，并不是按实现方式划分的。

早期许多计算机制造商开发了自己的计算机网络系统，例如，IBM 公司从 20 世纪 60 年代后期开始开发系统网络体系结构（System Network Architecture，SNA），并于 1974 年发布了 SNA 及其产品；数字设备公司（DEC）也发展了自己的数字网络体系结构（Digital Network Architecture，DNA）。各种网络体系结构的发展增强了系统成员之间的通信能力，但是，同时也产生了不同厂家之间的通信障碍，因此迫切需要制定全世界统一的网络体系结构标准。目前，典型的层次化体系结构有 OSI 参考模型和 TCP/IP 参考模型两种。

二、OSI 参考模型

负责制定国际标准的国际标准化组织（ISO）吸取了 IBM 的 SNA 和其他计算机厂商的

网络体系结构，提出了开放系统互连（Open System Interconnection）参考模型，简称 OSI 参考模型，按照这个标准设计和建成的计算机网络中的设备都可以互相通信。

1. OSI 参考模型的分层

OSI 参考模型采用分层结构化技术，将整个计算机网络的通信功能分为 7 层，由低层至高层分别是：物理层、数据链路层、网络层、传输层、会话层、表示层、应用层，如图 1-10 所示。每一层都有特定的功能，并且上一层利用下一层的功能所提供的服务，完成本层功能。

7:	应用层
6:	表示层
5:	会话层
4:	传输层
3:	网络层
2:	数据链路层
1:	物理层

图 1-10　OSI 参考模型

在 OSI 参考模型中，各层的数据并不是从一端的第 N 层直接送到另一端的对等层，第 N 层接收第 $N+1$ 层的协议数据单元（PDU），按第 N 层协议进行封装，构成第 N 层 PDU，再通过层间接口传递给第 $N-1$ 层……最后，数据链路层 PDU（通常称为数据帧）传递给底层的物理层。数据在垂直的层次中自上而下地逐层传递，直至物理层，在物理层的两个端点进行物理通信，这种通信称为实通信，如图 1-11 所示的实线箭头路径。由于对等层通信并不是直接进行的，因而称为虚拟通信。端系统，如图 1-11 中的主机 A 和 B，实现的是 OSI 参考模型的全部 7 个层次的功能，中间系统（比如路由器）通常只实现物理层、数据链路层和网络层功能。因此，OSI 参考模型的物理层、数据链路层和网络层称为结点到结点层，传输层、会话层、表示层和应用层称为端到端层。

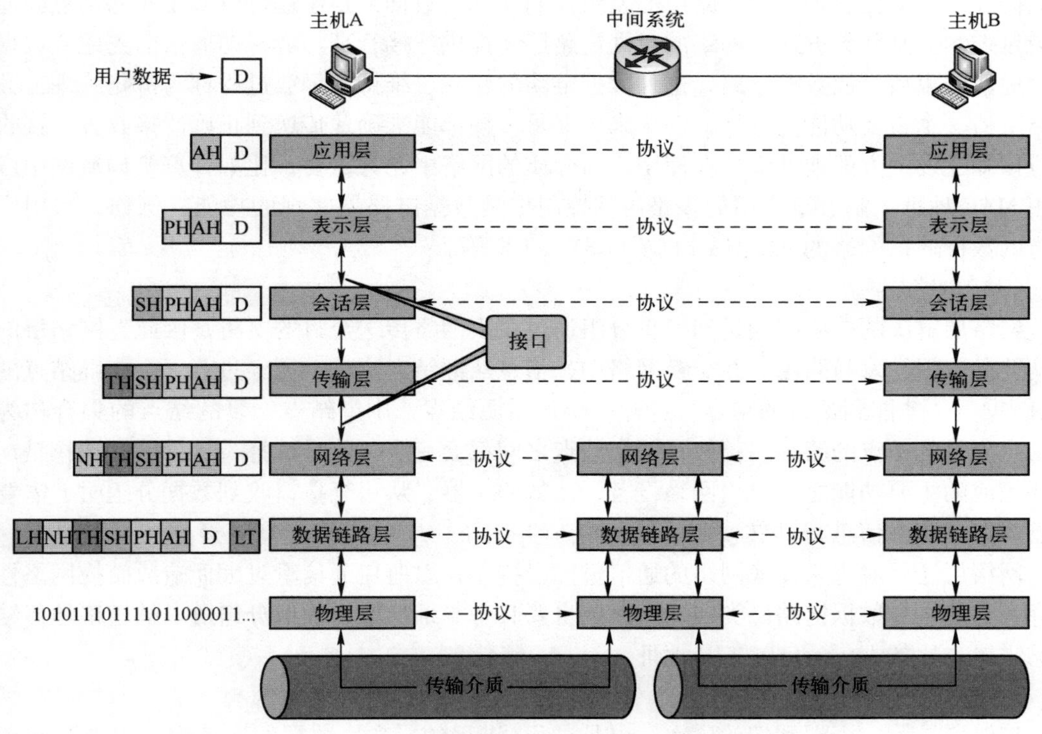

图 1-11　OSI 参考模型描述的数据封装与传输过程

（1）物理层

物理层主要功能是在传输介质上实现无结构比特流传输。所谓无结构比特流是指不关心比特流实际代表的信息内容，只关心如何将 0 和 1 这些比特以合适的信号传送到目的地，因此，物理层要实现信号编码功能。物理层的另一项主要任务就是规定数据终端设备（DTE）与数据通信设备（DCE）之间接口的相关特性，主要包括机械、电气、功能和规程四个方面特性。机械特性也叫物理特性，说明硬件连接接口的机械特点，如接口的形状、尺寸，以及插脚的数量和排列方式等；电气特性规定了在物理连接上，导线的电气连接及有关电路的特性，如信号的电平大小、接收器和发送器电路特性的说明、信号的识别、最大传输速率的说明等；功能特性说明物理接口各条信号线的用途，如接口信号线的功能分类等；规程特性指明利用接口传输比特流的全过程及各项用于传输的事件发生的合法顺序，包括事件的执行顺序和数据传输方式，即在物理连接建立、维持和交换信息时，收发双方在各自电路上的动作序列。这些功能都是由物理层的协议来完成的。典型的物理层协议包括 RS-232c、RS-449 以及其他网络通信标准中有关物理层的协议等。

（2）数据链路层

数据链路层主要功能是实现在相邻结点之间的数据可靠而有效的传输。数据在物理介质内传输过程中，不能保证没有任何错误发生。为了实现有效的差错控制，就采用了一种以“帧”为单位的数据块传输方式。要采用帧格式传输，就必须有相应的帧同步技术，这就是数据链路层的“成帧”（也称为“帧同步”）功能，包括定义帧的格式、类型、成帧的方法等。有了“帧”，就可以将差错控制技术应用在数据帧中，例如，在数据码后面附加一定位数的循环码，从而实现数据链路层的差错控制功能。数据链路层还可以实现相邻结点间通信的流量控制。某些数据通信网络的数据链路层还提供连接管理功能，即通信前先建立数据链路，通信结束后释放数据链路，这种数据链路的建立、维持和释放过程称为链路管理。数据链路层另一个重要功能是寻址，即用来确保每一帧都能准确地传送到正确的接收方，接收方也应该知道发送方的地址，这在使用广播介质的网络中尤为重要，比如计算机局域网中广泛采用 MAC 地址。第五章介绍的多路访问控制也是数据链路层实现的功能，例如，采用广播信道的数据通信网络的 ALOHA 协议、CSMA/CD 等。

（3）网络层

网络层解决的核心问题是如何将分组通过交换网络传送至目的主机，因此，网络层的主要功能是数据转发与路由。在交换网络中，信息从源结点出发，要经过若干个中继结点的存储-转发后，才能到达目的结点。这样一个包括源结点、中继结点、目的结点的集合称为从源结点到目的结点的路径。一般在两个结点之间都会有多条路径选择，这种路由选择是网络层要完成的主要功能之一。当网络设备，比如路由器，从一个接口收到数据分组时，需要根据已掌握的路由信息将其转发到合适的接口并向下一个结点发送，直至送达目的结点。此外，网络层还要对进入交换网络的通信量加以控制，以避免通信量过大而造成交换网络性能下降。当然，和数据链路层类似，网络层也要具备寻址功能，确保分组可以被正确地传输到目的主机，比如 Internet 中的 IP 地址。

（4）传输层

传输层是第一个端到端的层次，也是进程-进程的层次。数据的通信表面上看是在两台主机之间进行，但实质上是发生在两个主机上的进程之间。OSI 参考模型的前三层（自下而上）可组成公共网络，被很多设备共享，并且计算机-交换结点（典型的交换结点是路由器、交换机等）、交换结点-交换结点是按照“接力”方式传送的。为了防止传送途中报文的丢失，两个主机的进程之间需要实现端到端控制。因此，传输层的功能主要包括：复用/分解（区分发送和接收主机上的进程）、端到端的可靠数据传输、连接控制、流量控制和拥塞控制机制等。

（5）会话层

会话层是指用户与用户的连接，它通过在两台计算机间建立、管理和终止通信来完成对话。会话层的主要功能：在建立会话时核实双方身份以确认双方是否有权参加会话；确定双方支付通信费用；双方在各种选择功能方面（如是全双工还是半双工通信）取得一致；在会话建立以后，需要对进程间的对话进行管理与控制，例如，对话过程中某个环节出了故障，会话层在可能条件下必须保存这个对话的数据，使数据不丢失，如果不能保留，那么终止这个对话，并重新开始。在实际的网络中，会话层的功能已经被应用层所覆盖，很少单独存在。

（6）表示层

表示层主要用于处理应用实体间交换数据的语法，其目的是解决格式和数据表示的差别，从而为应用层提供一个一致的数据格式，从而使字符、格式等有差异的设备之间相互通信。除此之外，表示层还可以实现文本压缩/解压缩、数据加密/解密、字符编码的转换等功能。这一层的功能在某些实际数据通信网络中也是由应用层实现，表示层也不独立存在。

（7）应用层

应用层与提供给用户的网络服务相关，这些服务非常丰富，包括文件传送、电子邮件、P2P 应用等。应用层为用户提供了一个使用网络应用的“接口”。

在 OSI 参考模型的 7 层中，1～3 层主要完成数据交换和数据传输，称为网络低层；5～7 层主要完成信息处理服务的功能，称为网络高层；低层与高层之间由第 4 层衔接。

2. OSI 参考模型有关术语

OSI 参考模型中每一层的真正功能是为其上一层提供服务。例如，N 层的实体为 $N+1$ 层的实体提供服务，N 层的服务则需要使用 $N-1$ 层以及更低层提供的功能服务。下面介绍 OSI 参考模型中常用的几个术语。

（1）数据单元

在层的实体之间传送的比特组称为数据单元。在对等层之间传送数据单元是按照本层协议进行的，因此，这时的数据单元称为协议数据单元（PDU）。图 1-12 显示了层间数据单元的传送过程，其中 PDU 是协议数据单元，SDU 是服务数据单元，PCI 是协议控制信息，通常作为 PDU 的首部。$(N+1)$-PDU 在越过 $N+1$ 和 N 层的边界之后，变换为 N-SDU（N 层把$(N+1)$-PDU 看成 N-SDU）。N 层在 N-SDU 上加上 N-PCI，则成为 N-PDU。N-PDU 和$(N+1)$-PDU 之间并非是一一对应的关系。如果 N 层认为有必要，则可以把$(N+1)$-PDU 拆成几个单位，加上 N-PCI 后成为多个 N-PDU，或者可以把多个$(N+1)$-PDU 合并起来，形成一个 N-PDU。

到达目的站的 N-PDU，在送往 $N+1$ 层之前要把N-PCI去掉。在层间通信中，PCI 相当于报头，即首部，如图 1-12 所示。在源点逐层增加新的 PCI，到达目的地之后则逐层去掉，使得信息原来的结构得以恢复。值得指出的是，PDU 在不同层往往有不同的叫法，如在物理层称为位流或比特流，在数据链路层中称为帧，在网络层中称为分组或包，在传输层中称为数据段或报文段，在应用层中称为报文。

(2) 服务访问点

相邻层间的服务是通过其接口面上的服务访问点（Service Access Point，SAP）进行的，*N* 层 SAP 就是 *N*+1层可以访问 *N* 层的地方。每个 SAP 都有一个唯一地址号码。

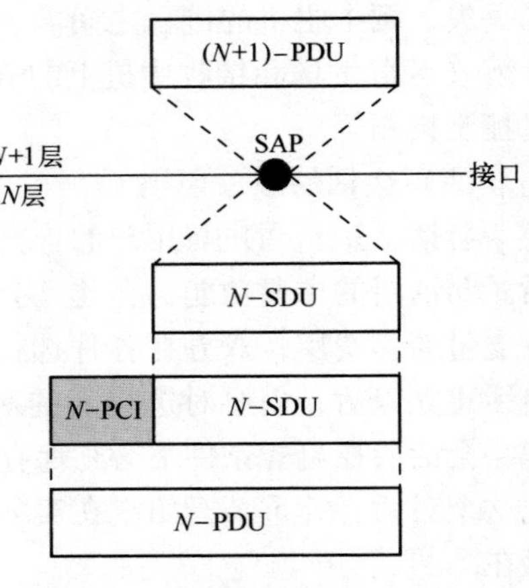

图 1-12　层间数据单元的传送

(3) 服务原语

第 *N* 层向第 *N*+1 层提供服务，或第 *N*+1 层请求第 *N* 层提供服务，都是用一组原语（primitive）描述的。OSI 参考模型的原语有以下 4 类。

- 请求（Request）：用户实体请求服务做某种工作。
- 指示（Indication）：用户实体被告知某件事发生。
- 响应（Response）：用户实体表示对某件事的响应。
- 证实（Confirm）：用户实体收到关于它的请求的答复。

这 4 类原语的图解形式如图 1-13 所示。在通信过程的 3 个阶段中，每个阶段都可能用到一些或全部原语。

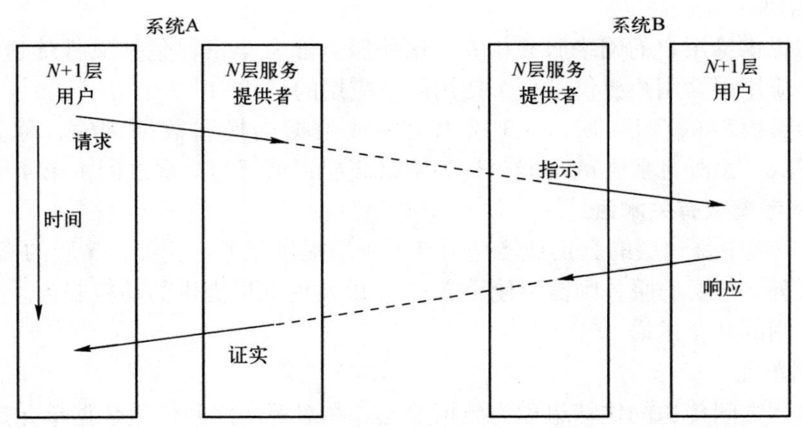

图 1-13　原语的图解形式

图 1-13 说明系统 A 中 *N*+1 层用户和系统 B 中 *N*+1 层用户之间建立通信联系时 4 种类型原语的应用。首先，系统 A 中 *N*+1 层用户发出请求原语，调用本系统 *N* 层服务提供者的一些程序，于是 *N* 层服务提供者向对方发送一个或一组 *N*-PDU。当系统 B 的 *N* 层服务提供者收到 *N*-PDU 之后，向本系统的 *N*+1 层用户发出指示原语，说明本系统的 *N*+1 层用户需要调用一些程序，或者 *N* 层服务提供者已经在同级服务访问点调用了一个程序。响应原语是由系统 B 的 *N*+1 层用户发出的，这个响应原语是对 *N* 层协议的一个指令，以完成原来由指示原语调用的程序。*N* 层协议产生一个 PDU，传送至系统 A 的 *N* 层。系统 A 的 *N* 层服务

提供者发出证实原语，表示在服务访问点已经完成了由请求原语调用的程序。证实和响应可以是确认，也可以是否认，这取决于具体情况。

（4）面向连接和无连接

在分层的体系结构中，下层向上层提供服务通常有两种形式：面向连接的服务和无连接的服务。

面向连接的服务以电话系统最为典型，要和某人通话，拿起电话—拨号码—接通—通话—挂断。网络中的面向连接服务类似打电话的过程。一方欲传送数据，首先给出对方的全称地址，并请求建立连接，当双方同意后，双方之间的通信链路就建立起来了；然后传送数据，通常以分组为单位，按序传送，不再标称地址，只标称所建立的链路号，并由收方对收到的分组予以确认，称为可靠传送方式，不确认则称为不可靠传送方式；最后，当数据传送结束后，拆除链路。

无连接服务没有建立和拆除链路的过程，例如，邮政系统的用户在发送信件之前不必与收信方进行任何消息交换。无连接服务又称为数据报（datagram）服务，要求每一个分组信息带有全称地址，独立选择路径，其到达目的地的顺序也是不定的，到达目的地后，还要重新对分组进行排序。

三、TCP/IP 参考模型

实际应用的网络中几乎没有严格按照 OSI 参考模型构建的。OSI 参考模型的重要意义在于它是一种计算机网络的理论体系结构，是目前学习、讨论计算机网络的一种工具，能够从理论上很好地解释网络概念、层次与通信过程。

作为最大、最重要的计算机网络——Internet 的体系结构，则可以用 TCP/IP 参考模型进行描述。

TCP/IP 参考模型包括 4 层，通常每一层封装的数据包采用不同的名称，如图 1-14 所示。

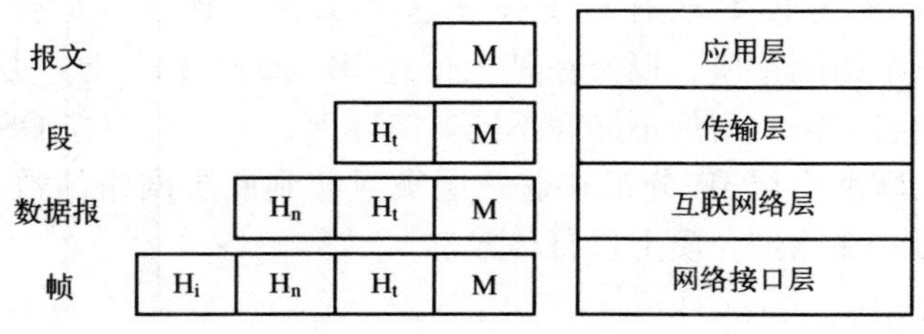

图 1-14　TCP/IP 参考模型

下面介绍 TCP/IP 参考模型各层的主要功能及主要协议。

（1）应用层

TCP/IP 参考模型将 OSI 参考模型中的会话层和表示层的功能合并到了应用层来实现。在 Internet 上常见的一些网络应用大多在这一层，用户通过应用层来使用 Internet 提供的各种服务，如 WWW 服务、文件传输、电子邮件等。每一种应用都使用了相应的协议来将用户的数据（网页、文件、电子邮件等）使用协议定义的格式进行封装，以便达到对应的控制功能，然后利用下一层（即传输层）的协议进行传输，如 WWW 服务的应用层协议为

HTTP、文件传输的应用层协议是 FTP、电子邮件的应用层协议包括 SMTP 和 POP3 等。每一个应用层协议一般都会使用两个传输层协议之一进行数据传输：面向连接的传输控制协议（TCP）和无连接的用户数据报协议（UDP）。

（2）传输层

当应用层的程序将用户数据按照特定应用层协议封装好后，接下来就由传输层的协议负责把这些数据传输到接收方主机上对等的应用层程序。传输层协议为运行在不同主机上的进程提供了一种逻辑通信机制，之所以称为逻辑通信，是因为两个进程之间的通信就像所在的两个主机存在直接连接一样。其实，两个主机可能相距很远，两者的物理连接可能经过了多个交换机/路由器，传输路径可能由不同类型的物理链路组成。利用这种逻辑通信机制，两个进程可以不用考虑两者之间的物理连接方式而实现发送/接收消息。传输层协议可以解决（如果需要）诸如实现端到端可靠性，保证数据按照正确的顺序到达等问题。实际上，传输层负责在互联网络层和应用层之间传递消息，丝毫不会涉及消息如何在网络中传输，这个任务交给下面的互联网络层完成。TCP/IP 参考模型的传输层主要包括面向连接、提供可靠数据流传输的传输控制协议（TCP）和无连接、不提供可靠数据传输的用户数据报协议（UDP）。

（3）互联网络层

互联网络层是整个 TCP/IP 参考模型的核心，主要解决把数据分组发往目的网络或主机的问题。在这个过程中，要为分组的传输选择相应的路径（路由选择），完成分组的转发，提供网络层寻址——IP 地址。互联网络层除了需要完成路由的功能以外，还可以完成将不同类型的网络（异构网）互连的任务。在 TCP/IP 参考模型中，互联网络层的核心协议是 IP，负责定义分组的格式和传输。IP 是无连接、不可靠网络协议，因此，IP 分组到达的顺序和发送的顺序可能不同，并且可能存在分组丢失现象。互联网络层还包括互联网控制报文协议（ICMP）、互联网组管理协议（IGMP），以及路由协议，如 BGP、OSPF 和 RIP 等。

（4）网络接口层

实际上，TCP/IP 参考模型没有真正描述这一层的实现，只是要求能够提供给其上层——互联网络层一个访问接口，以便在其上传递 IP 分组。由于这一层未被定义，因此其具体的实现方法将随着网络类型的不同而不同。实际上，这一层对应 OSI 参考模型中的数据链路层和物理层，互联网络层 IP 分组在这一层被封装到底层网络的数据链路层数据帧中，并最终以比特流的形式在物理介质上进行传输。

四、五层参考模型

对比 TCP/IP 参考模型与 OSI 参考模型，TCP/IP 参考模型缺少 OSI 参考模型中功能比较少的表示层与会话层，而 TCP/IP 参考模型的网络接口层则相当于合并了 OSI 参考模型中的数据链路层与物理层。结合这两个参考模型，可以提出综合理论需求并能较准确描述实际网络的网络参考模型，姑且称之为“五层参考模型”，包括物理层、数据链路层、网络层、传输层与应用层。与 OSI 参考模型相比，少了会话层和表示层，其他各层功能基本与 OSI 参考模型对应；与 TCP/IP 参考模型相比，相当于将 TCP/IP 参考模型的网络接口层展开为数据链路层和物理层。这也是近年来在描述计算机网络中最常用、最接近实际网络的参考模型。

基于五层参考模型描述网络通信过程示意图如图 1-15 所示。用户的数据在应用层以报文的形式开始向下一层进行封装，形成段、数据报、帧，最后以比特流的形式进行传输。在中间结点处，如路由器或交换机，分别从对应的数据报或帧中取出相应的路由或地址信息进行处理，并依据转发策略向正确的接口转发数据报或帧。当数据到达目的主机后，自下而上，逐层处理并去掉相应的头部信息，最终还原为最初的报文，交付给用户。

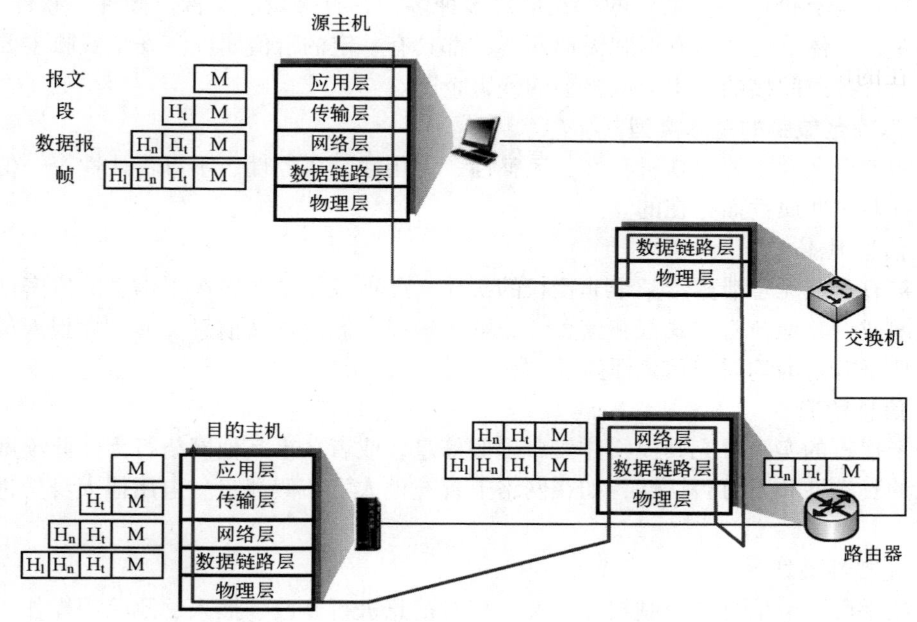

图 1-15　基于五层参考模型描述网络通信过程示意图

第六节　信息安全概述

一、信息安全基本概念

计算机网络技术的发展与广泛应用，突破了人类信息获取与信息分发的时空限制，极大地提升了信息传播的效率。人类对信息的认识越来越深刻，对信息的重视程度越来越高，各项活动也逐步变成以信息为核心展开。无论我们当前所处的信息化时代，还是未来可能到来的元宇宙世界，信息都如同物质和能量，日益成为当今人类生存和发展必不可少的宝贵资源。然而，随着信息化进程的深入和互联网的快速发展，信息安全问题日渐突出，已成为信息时代人类共同面临的挑战，信息安全问题不仅影响信息化发展的进程，甚至可能危及国家或地区的安全。因此，信息的安全性问题也越来越受到人们的关注。

信息安全的概念内涵丰富，不同领域对信息安全的理解和阐述都有所不同。建立在网络基础之上的现代信息系统，其安全定义较为明确，国际标准化组织（ISO）对信息安全的定义是："在技术和管理上为数据处理系统建立的安全保护，保护信息系统的硬件、软件及相关数据不因偶然或者恶意的原因遭到破坏、更改及泄露"。

信息安全的目的是："确保以电磁信号为主要形式的、在计算机网络化系统中获取、处理、存储、传输和应用的信息内容在各个物理及逻辑区域中安全存在，并不发生任何侵害行为"。

二、信息安全威胁

信息资产（有价值的信息）的存在形式多种多样，有书籍、文件、硬件、软件、代码、服务等形式，总体上可分为有形和无形两类，都具有一定的价值属性。安全威胁主要源于对信息资产的直接或间接的、主动或被动的侵害企图。

1. 信息安全威胁的基本类型

信息的安全属性主要包括机密性、完整性、可用性、可控性、不可否认性等。信息安全威胁也是针对这些属性而存在的。

（1）信息泄露

信息被有意或无意泄露给某个非授权的实体。此项威胁主要破坏了信息的机密性，如利用电磁泄漏或者其他窃听方式截获信息、破解传输或存储的密文信息、通过谍报人员直接得到对方的情报等行为均属于信息泄露。

（2）信息伪造

某个未授权的实体冒充其他实体发布虚假信息，或者从事其他网络行为。此项威胁主要破坏信息的真实性和不可否认性，如在网络上冒充他人发布假消息、盗用他人身份进行网络资源访问。

（3）完整性破坏

以非法手段窃取信息的控制权，未经授权对信息进行修改、插入、删除等操作，使信息内容发生不应有的变化。此项威胁主要破坏信息的完整性，如篡改电子文档、伪造图片、伪造签名等行为。

（4）业务否决或拒绝服务

攻击者通过对信息系统进行过量的、非法的访问操作使信息系统超载或崩溃，从而无法正常开展业务或提供服务。简单地讲，当一个实体的非法操作妨碍了其他实体完成其正当操作的时候，便发生服务拒绝（Denial of Service，DoS）。此项攻击主要破坏信息系统的可用性，如大量垃圾邮件会使邮件服务器无法正常为合法用户提供服务。

（5）未经授权访问

某个未经授权的实体非法访问信息资源，或者授权实体超越其权限访问信息资源。此项攻击主要破坏信息的可控性，如有意避开信息系统的访问控制，对信息资源进行非法操作；通过非法手段擅自提升或扩大权限，越权访问信息资源。

2. 信息安全威胁的主要表现形式

信息面临的威胁可能来自针对物理环境、通信链路、网络系统、操作系统、应用系统，以及管理系统等方面的破坏，一般与环境密切相关，其危险性随环境的变化而变化。下面列举一些常见的信息安全威胁。

（1）攻击原始资料

- 人员泄露：某个得到授权的人，为了利益或由于粗心将信息泄露给某个非授权的人。
- 废弃介质：信息被从废弃的磁盘、光盘或纸张等存储介质中恢复并获得。

- 窃取：重要的资料或安全物品（如身份卡等）被非授权的人盗用。

（2）破坏基础设施

- 破坏电力系统：电力系统的破坏可以导致现代信息系统完全失效。
- 破坏通信网络：可以使依赖于通信网络的信息系统无法进行信息交换和共享。
- 破坏信息系统场所：直接对信息中心建筑物进行攻击，彻底摧毁信息系统核心设备。

（3）攻击信息系统

- 物理侵入：入侵者绕过物理控制而获得对系统的访问能力。
- 特洛伊木马：它本质上是一种基于远程控制的黑客工具，具有很强的隐蔽性，当其运行时，会破坏用户主机的信息安全。
- 恶意访问：没有预先经过授权就使用网络或计算机资源。
- 服务干扰：以非法手段窃得对信息的使用权，或不断对网络信息服务系统进行干扰，使系统响应减慢甚至瘫痪。
- 旁路控制：攻击者利用系统的安全缺陷或安全性上的脆弱之处获得非授权的权利或特权来侵入到系统内部。
- 计算机病毒：可以隐蔽传播并运行在目标计算机系统上的特殊程序，对被感染的计算机系统实施破坏。一般通过文件复制、电子邮件、网页浏览、文件下载等途径传播，发作时会导致程序运行错误、死机甚至毁坏硬件。

（4）攻击信息传输

- 窃听：在信息传输过程中，用各种可能的合法或非法的手段窃取信息资源。
- 业务流分析：通过对系统进行长期监听，利用统计分析方法对诸如通信频度、通信流量等参数的变化进行研究，从中发现有价值的信息和规律。
- 重放：出于非法目的，将所截获的某次合法的通信数据进行复制，未来以伪造的合法身份向接收方重新发送。

（5）恶意伪造

- 业务欺骗：非法实体伪装成合法实体身份，欺骗合法的用户或实体自愿提供其敏感信息等。
- 假冒：通过欺骗通信系统，达到非法用户冒充成为合法用户，或者特权小的用户冒充成特权大的用户的目的。
- 抵赖：对实体本身实施过的行为予以否认，以达到规避某些责任的目的。例如，否认自己曾经发布过的某条消息等。

（6）自身失误

每个实体都拥有相应的权限，而这些权限均和其特定身份证明标志绑定在一起，如果这些特定的身份证明标志被其他非法实体得到，就会给某些重要信息资源带来重大损失。例如，网络管理员的操作口令泄露，导致攻击者可以进入信息系统中并控制重要的信息资源。

（7）内部攻击

被授权的合法实体出于某些目的利用其权限从事非法行为。要保证信息的安全就必须想办法在最大程度上应对种种威胁。需要指出的是，无论采取何种防范措施，都不能保证信息的绝对安全，因为安全是相对的。

第七节　互联网的安全性

近年来，作为信息的重要载体的计算机网络发展非常迅猛，特别是国际互联网的发展更是日新月异，网络服务极为丰富。同时，信息网络的蓬勃发展也带动了企业信息化、商业信息化、金融信息化、教育信息化、政务信息化以及国防信息化等，互联网已经成为国民经济的重要基础设施。

一、互联网的安全现状

随着互联网规模的膨胀，各种网络基础应用、计算机系统、Web 程序的漏洞层出不穷，加之普通网民安全意识及相关知识的匮乏，这些都为网络上不法分子提供了入侵和偷窃的机会。据国家计算机网络应急技术处理协调中心（CNCERT/CC）统计，2003 年接到国内外一般性安全事件的投诉数为 13295 件，到了 2013 年，报告数为 31655 件，截至 2023 年 6 月，2023 年上半年全国各级网络举报部门共受理举报 9652.1 万件，较 2022 年同期上升 12.2%，安全事件自 2003 年以来呈现增长趋势。据中国互联网络信息中心（CNNIC）统计，截至 2023 年 6 月，62.4%的网民表示过去半年在上网过程中未遭遇过网络安全问题。从网民遇到各类网络安全问题的情况来看，遭遇个人信息泄露的网民比例最高，为 23.2%；遭遇网络诈骗的网民比例为 20.0%；遭遇设备中病毒或木马的网民比例为 7.0%；遭遇账号或密码被盗的网民比例为 5.2%，如图 1-16 所示。

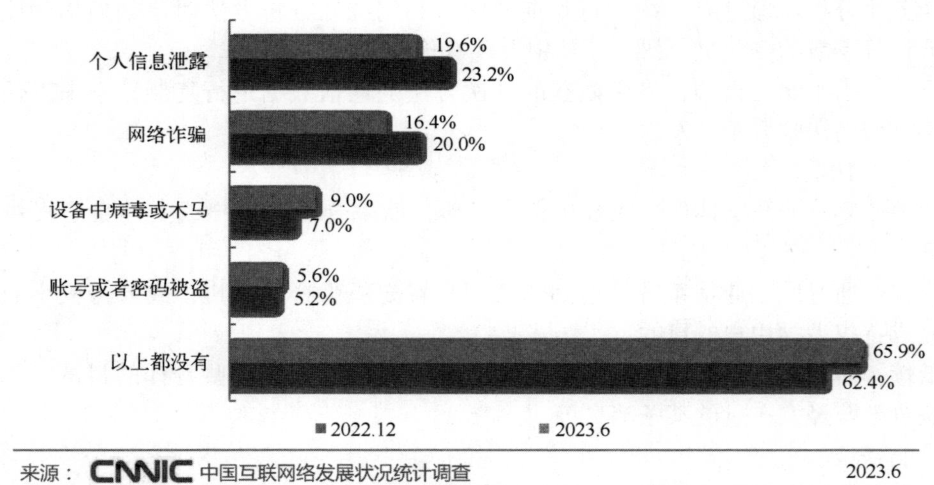

图 1-16　网民遭遇各类网络安全问题的比例

通过对遭遇网络诈骗网民的进一步调查发现，虚拟中奖信息诈骗、网络兼职诈骗、冒充好友诈骗和钓鱼网站诈骗的比例均有所下降。其中，虚拟中奖信息诈骗仍是网民最常遭遇的网络诈骗类型，占比为 38.0%，但较 2022 年 12 月下降 6.0 个百分点；遭遇网络兼职诈骗的比例为 26.2%，较 2022 年 12 月下降 1.7 个百分点；遭遇冒充好友诈骗的比例为 21.1%，较 2022 年 12 月下降 4.4 个百分点，如图 1-17 所示。

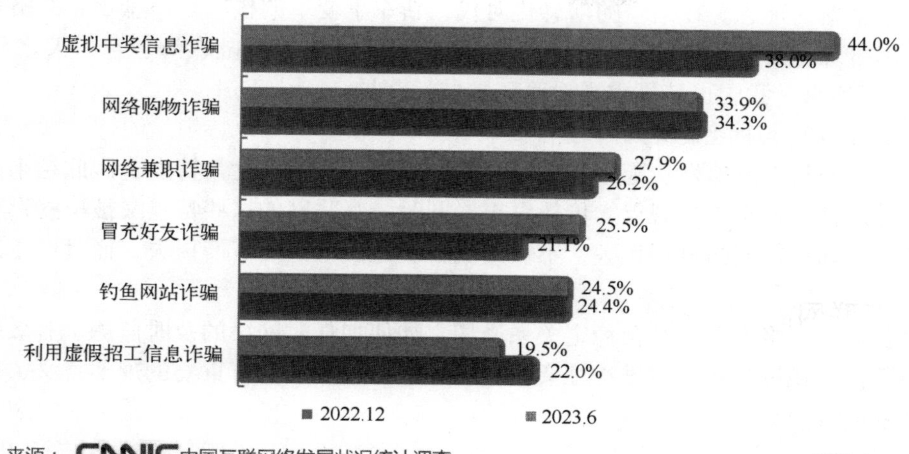

图 1-17　网民遭遇各类网络诈骗问题的比例

近年来，网络安全问题发生非常频繁，影响了网民的正常生活，甚至给社会发展造成了一定的损失。另外，对普通网民的安全威胁也出现一些新的变化，计算机病毒、黑客攻击和系统漏洞等曾经构成威胁普通网民的最大隐患，而当前对普通网民威胁最大的则是各类网络诈骗。

互联网安全成为信息安全最重要的内容之一，不仅影响普通网民的信息和数据的安全性，而且全面渗透到国家的政治、经济、军事、社会稳定等各个领域，严重影响一个国家的健康发展。

（1）网络安全与政治

网络发展迅速，国家的电子政务工程也在全国启动，网络已经成为各国政府的重要业务平台，政府网站已经成为国家形象代表的组成部分。目前，影响国家政治安全的网络行为主要包括在互联网上散布谣言、伪造世界热点地区的现场照片、发表言论煽动民族纠纷、非法组织在网上组党结社、进行各种违法的秘密联络以及通过网络遥控指挥恐怖行为等，可以看出，互联网已经成为一些别有用心的人进行违法活动的重要场所及秘密联络的重要途径。

（2）网络安全与经济

一个国家越发达，信息化程度越高，整个国民经济对信息资源和信息基础设施的依赖程度也越高。然而，随着信息化的发展，计算机病毒、网络攻击、垃圾邮件、系统漏洞、网络窃密、虚假有害信息和网络违法犯罪等问题也日渐突出，如果应对不当，就会给国家经济安全带来严重的影响。

另外，涉及计算机和网络的经济犯罪的增长速度超过了传统的犯罪，而且涉及的金额巨大。美国计算机犯罪平均每件案件所造成的损失高达 45 万美元，大大高于传统的银行诈骗案、侵占案和抢劫案。有资料显示，全球每年因计算机犯罪被直接盗走的资金达 20 多亿美元。

（3）网络安全与军事

随着军事信息化的不断深入，信息网络技术在军事上越来越受到重视，同时也赋予了军事战争一个全新的理念。在当今的信息化时代，新军事变革的核心是信息化、网络化，新军事变革的思维理念是系统集成和技术融合。互联网已经成为继陆、海、空、天之后的“第五疆域”，近年来，我国也特别重视对第五疆域的守护。

（4）网络安全与社会稳定

由于互联网具有虚拟性、隐蔽性、发散性、渗透性和随意性等特点，因此越来越多的网民乐于通过这种渠道来表达观点、传播思想。同时，互联网的这些特点又被一些别有用心的人加以利用，如利用网络进行诈骗，不仅给受害者造成重大的资产损失，而且严重影响社会稳定。

可以看出，网络安全与社会稳定关系密切，如何加强对网络的及时监测、有效引导，以及对网络危机的积极化解，对维护社会稳定、促进国家发展具有重要的现实意义，也是创建和谐社会的应有内涵。

二、互联网的安全性分析

互联网的安全问题由来已久，并且已经非常严重，究其根源，是因为互联网设计之初就没有考虑安全问题。

1. 互联网的设计原始背景

互联网最初是在5个科研教育服务超级计算机中心互连的基础上建立起来的，其总体架构及其所使用的TCP/IP栈的设计，均是在基于可信环境的前提下完成的，缺乏安全措施考虑。但互联网的发展已经远远超过最初的设想，网络规模、用户类型、应用多样性、对人类生活的影响深度等，均发生了巨大的改变，人们对网络安全的需求越来越迫切，网络安全已经成为亟待解决的首要问题。因此，因特网工程任务组（Internet Engineering Task Force，IETF）历经三年研究，于1998年形成了关于IPv6的第一个协议RFC 2460。在IPv6系列协议中，安全被提到了一个前所未有的高度，人们希望下一代互联网能够很好地解决现有互联网遇到的安全性问题。

2. 网络传输的安全性

互联网的安全性问题不仅源于其开放性，而且与TCP/IP族的设计缺乏安全性考虑有很大关系。在网络层，由于IP缺乏安全认证和保密机制，因此容易受到各种攻击；在传输层，虽然TCP在建立连接时有“三次握手”，但只是简单的应答，其连接能被欺骗、截取及操纵，而UDP易受到IP源路由和拒绝服务的攻击；在应用层，传统的HTTP、FTP、Telnet、SMTP、POP3、DNS、SNMP等应用层协议均缺乏可认证性、完整性和保密性，几乎没有安全性可言。

为了获得安全性，网络应用开发者不得不在应用层开发一些新的安全应用协议，以保证传输的安全性。

3. 信息系统的安全性

信息系统作为网络服务的提供者，其安全性是互联网络安全的基础，各种网络安全威胁事件均以控制各个信息系统为最终目的。对信息系统的威胁主要源自以下三个方面。

首先，基础网络应用成为黑客及病毒的攻击重点。网络应用越丰富，可供病毒传播利用的途径越多、越复杂。例如网络音视频类应用、即时通信类应用、网络游戏类应用、网络交易类应用等，都可能成为病毒传播渠道或被攻击对象。

其次，系统漏洞带来的安全问题异常突出。漏洞是在硬件、软件、协议的具体实现或系统安全策略上存在的缺陷，它可以使攻击者能够在未授权的情况下访问或破坏系统。漏洞会影响到很多软、硬件设备，包括操作系统本身及其支撑软件、网络客户端和服务器软件，以及网络路由器和安全防火墙等。

最后，Web 程序安全漏洞愈演愈烈。由于 Web 程序员的疏漏，存在代码注入漏洞的网站越来越多，这也成为当前入侵者入侵服务器的主要途径。入侵 Web 服务器并窃取机密信息、利用控制的 Web 服务器来“挂马”的行为大多通过代码注入攻击来完成。

此外，社会工程学攻击也更加引起人们的关注。所谓“社会工程学攻击”就是利用人类的心理弱点，骗取网络使用者的信任，获取机密信息及系统设置等机密资料，为黑客攻击和病毒感染创造“有利”条件。

第八节　信息安全体系结构

信息安全体系结构可以描述信息安全相关组成要素及其相互关系，以便更好地理解信息安全内涵，对学习研究信息安全领域知识、技术、方法、措施等有极大的帮助。

一、面向目标的体系结构

信息安全的三个基本目标是机密性（Confidentiality）、完整性（Integrity）和可用性（Availability），即信息安全 CIA 三元组，如图 1-18 所示。

机密性是指信息在存储、传输、使用过程中，不会泄露给非授权用户或实体；完整性是指信息在存储、使用、传输过程中，不会被非授权用户篡改或防止授权用户对信息进行不恰当的篡改；可用性涵盖的范围最广，凡是为了确保授权用户或实体对信息资源的正常使用不会被异常拒绝，允许其可靠、及时地访问信息资源的相关理论技术均属于可用性研究范畴。

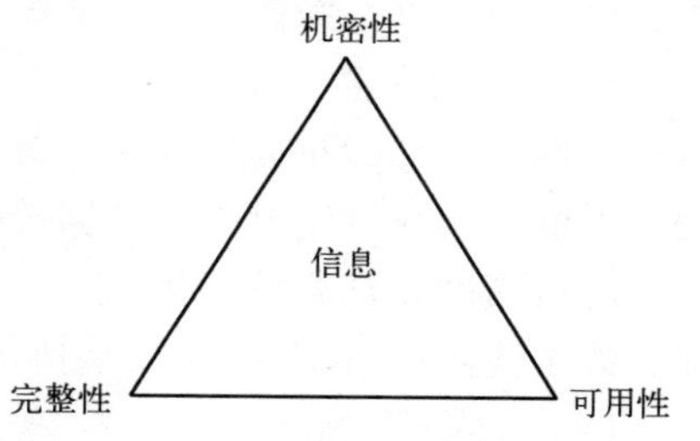

图 1-18　信息安全的三个基本目标

除了 CIA 三元组，信息安全还有其他一些原则，包括可追溯性（accountability）、抗抵赖性（non-repudiation）、真实性（authenticity）、可控性（controllability）等，这些都是对 CIA 原则的细化、补充或加强。

二、面向应用的层次型技术体系结构

信息安全的核心目标是保证信息系统安全。对于信息系统，可以有不同的解释，从广义上来说，凡是提供信息服务，使人们获得信息的系统均可称为信息系统；从狭义上来说，信息系统仅指基于计算机的系统，是人、规程、数据库、软件和硬件等各种设备、工具的有机集合，它突出的是计算机、网络通信及信息处理等技术的应用。由于现代信息系统绝大多数都是基于计算机与网络等 IT 技术的信息产生、存储、传输、处理及应用的软硬件集合，因此本书关于信息系统的解释属于上述狭义范畴。信息安全技术应用是围绕保证信息系统安全的核心目标展开的，讨论信息安全技术体系结构是为了搞清楚各种信息安全技术与维护信息系统安全的关系，有利于信息安全技术的理解与研究。

信息系统基本要素包括人员、信息、系统，这三个部分对应五个安全层次，分别为系统部分对应物理安全和运行安全，信息部分对应数据安全和内容安全，人员部分对应管理安全，如图 1-19 所示。五个层次存在着一定的顺序关系，每个层次均为其上层提供基础安全保障，同时，各个安全层次均依靠相应的安全技术来提供保障，这些技术从多角度全方位保证信息系统安全，如果某个层次的安全技术处理不当，则信息系统的安全性会受到严重威胁。

人员 管理安全
信息 内容安全 数据安全
系统 运行安全 物理安全

图 1-19　面向应用的层次型技术体系结构

(1) 物理安全

物理安全是指对网络及信息系统物理设施的保护，主要涉及网络及信息系统的机密性、可用性、完整性等。物理安全主要涉及的安全技术包括灾难防范、电磁泄漏防范、故障防范及接入防范等。灾难防范包括防火、防盗、防雷击、防静电等，电磁泄漏防范主要包括干扰处理、电磁屏蔽等，故障防范涵盖容错、容灾、备份和生存型技术等内容，接入防范则是为了防止通信线路的直接接入或无线信号的插入采取的相关技术及物理隔离等。

(2) 运行安全

运行安全是指对网络及信息系统的运行过程和运行状态的保护，主要涉及网络及信息系统的真实性、可控性、可用性等。运行安全主要涉及的安全技术包括身份认证、访问控制、防火墙、入侵检测、恶意代码防治、容侵技术、动态隔离、取证技术、安全审计、预警技术、反制技术以及操作系统安全等。

(3) 数据安全

数据安全是指对数据收集、处理、存储、检索、传输、交换、显示、扩散等过程的保护，保证数据在上述过程中依据授权使用，不被非法冒充、窃取、篡改、抵赖。它主要涉及信息的机密性、真实性、完整性、不可否认性等，主要包括密码、认证、鉴别、完整性验证、数字签名、PKI、安全传输协议及 VPN 等技术。

(4) 内容安全

内容安全是指依据信息的具体内涵判断其是否违反特定安全策略，并采取相应的安全措施，对信息的机密性、真实性、可控性、可用性进行保护，主要涉及信息的机密性、真实性、可控性、可用性等。内容安全主要包含两个方面：一方面是指针对合法的信息内容加以安全保护，如对合法的音像制品及软件的版权保护；另一方面是指针对非法的信息内容实施监管，如对网络色情信息的过滤等。内容安全的难点在于如何有效地理解信息内容，并甄别判断信息内容的合法性。它主要涉及的技术包括文本识别、图像识别、音视频识别、隐写术、数字水印以及内容过滤等技术。

(5) 管理安全

管理安全是指通过针对人的信息行为的规范和约束，提供对信息的机密性、完整性、可用性以及可控性的保护。时至今日，“在信息安全中，人是第一位的”已经成为被普遍接受的理念，对人的信息行为的管理是信息安全的关键所在，主要涉及的内容包括安全策略、法律法规、技术标准、安全教育等。

三、OSI 安全体系结构

1989 年，国际标准化组织（ISO）正式颁布了《信息处理系统、开放系统互连、基本参考模型　第 2 部分：安全体系结构》，即 ISO 7498-2:1989。在这个标准中描述的开放系统互连安全体系结构是一个普遍适用的安全体系结构，提供了解决开放互连系统中的安全问题的一致性方法，对网络信息安全体系结构的设计具有重要的指导意义。

在 ISO 7498-2:1989 中给出了基于 OSI 参考模型的信息安全体系结构，为了保证异构计算机进程与进程之间远距离交换信息的安全，定义了五大类安全服务和对这五大类安全服务提供支持的八类安全机制，以及相应的开放式系统互连的安全管理，如图 1-20 所示。

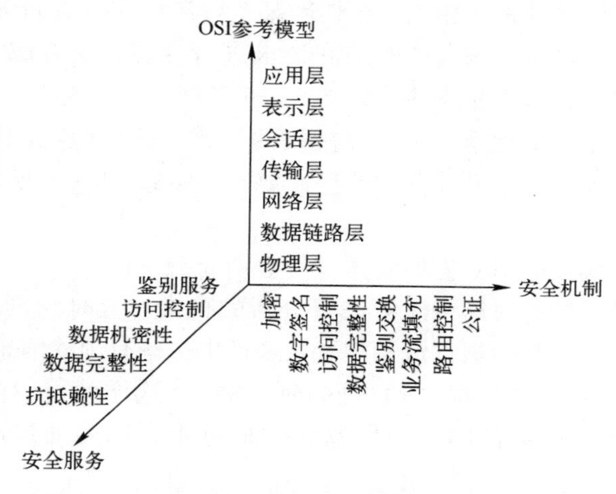

图 1-20　ISO 7498-2:1989 安全体系结构三维图

（1）安全服务

安全服务（security service）是指计算机网络提供的安全防护措施。国际标准化组织定义的安全服务包括鉴别服务、访问控制、数据机密性、数据完整性和抗抵赖性。

- 鉴别服务：也称认证服务，用于确保某个实体身份的可靠性。鉴别服务可分为两种类型：一种是鉴别实体本身的身份，确保其真实性，称为实体鉴别；另一种是证明某个信息是否来自于某个特定的实体，这种鉴别称为数据源鉴别。
- 访问控制：访问控制的目标是防止对任何资源的非授权访问，确保只有经过授权的实体才能访问受保护的资源。
- 数据机密性：确保只有经过授权的实体才能理解受保护的信息。它主要包括数据机密性服务和业务流机密性服务。数据机密性服务主要是采用加密手段使得攻击者即使窃取了加密的数据也很难推出有用的信息，业务流机密性服务则要使监听者很难从网络流量的变化中推出敏感信息。
- 数据完整性：防止对数据的未授权修改和破坏。完整性服务使消息的接收者能够发现消息是否被修改，是否被攻击者用假消息替换。
- 抗抵赖性：也称为不可否认性，用于防止对数据源以及数据提交的否认。有两种可能，即数据发送的不可否认性和数据接收的不可否认性。

（2）安全机制

安全机制（security mechanism）是用来实施安全服务的机制。安全机制既可以是具体的、特定的，又可以是通用的。国际标准化组织定义的安全机制有加密、数字签名、访问控制、数据完整性、鉴别交换、业务流填充、路由控制和公证。

- 加密：用于保护数据的机密性。依赖于现代密码学理论，一般来说，加、解密算法都是公开的，加密的安全性主要依赖于密钥的安全性和强度。
- 数字签名：保证数据完整性及不可否认性的一种重要手段。数字签名在网络应用中的作用越来越重要。它可以采用特定的数字签名机制生成，也可以通过某种加密机制生成。
- 访问控制：与实体认证密切相关。要访问某个资源的实体，首先应该成功通过认证，然后通过访问控制机制对该实体的访问请求进行处理，查看该实体是否具有访问所请求资源的权限，并做出相应的处理。
- 数据完整性：用于保护数据免受未经授权的修改。该机制可以通过使用一种单向的不可逆函数——散列函数来计算出消息摘要（message digest），并对消息摘要进行数字签名来实现。
- 鉴别交换：用于实现通信双方的实体身份鉴别（身份认证）。
- 业务流填充：针对的是对网络流量进行分析的攻击。有时攻击者会对通信双方的数据流量的变化进行分析，根据流量的变化来推出一些有用的信息或线索。
- 路由控制：可以指定数据报文通过网络的路径。这样就可以选择一条路径，这条路径上的节点都是可信任的，确保发送的信息不会因为通过不安全的结点而受到攻击。
- 公证：由通信各方都信任的第三方提供。由第三方来确保数据完整性，以及数据源、时间及目的地的正确性。

第九节　计算机网络与信息安全发展简介

一、计算机网络发展简介

计算机网络是随着分组交换技术的提出以及因特网的出现逐渐发展起来的。

MIT、兰德公司与NPL推动了分组交换技术的研究与发展，而分组交换技术奠定了因特网的基础。作为伦纳德·克兰罗克同事的劳伦斯·罗伯茨领导了美国高级研究计划局（ARPA）的一项计算机科学计划，并于1967年发布了一个称为ARPANET的总体计划。ARPANET是第一个分组交换计算机网络，也是当今因特网的“祖先”。到1969年底，ARPANET已建成了由4个分组交换机互连的网络，4个结点分别位于美国加州大学洛杉矶分校（UCLA）、斯坦福研究院（SRI）、美国加州大学圣巴巴拉分校（UCSB）和犹他大学（UU）。该网络的最先应用是从UCLA向SRI进行远程注册（但导致了系统崩溃）。

1972年，ARPANET已经发展到15个交换结点，并向公众进行了演示。在此期间，为ARPANET设计开发了第一个主机到主机的协议，即网络控制协议（NCP），并在1972年，雷·汤姆林森为ARPANET编写了第一个电子邮件程序。

20 世纪 70 年代早期与中期，除了 ARPANET 之外，还陆续诞生了许多其他分组交换网络，如 ALOHAnet、Telenet 等。诺曼·艾布拉姆森在研制分组无线电网络 ALOHAnet 时，设计了第一个多路访问控制协议 ALOHA。鲍勃·梅特卡夫与大卫·博格斯研制了基于有线共享广播链路的以太网，奠定了当今局域网技术的基础。

随着网络数目与类型的增加，促进了网络互连的需求，并开始寻求实现网络互连的体系结构。得到美国国防部高级研究计划局（DARPA）支持的温顿·瑟夫与罗伯特·卡恩提出了互联网体系结构，即构建网络之网络，并发展了 3 个因特网核心协议，即 TCP、UDP 和 IP，奠定了因特网的协议基础。20 世纪 70 年代末期，ARPANET 已连接大约 200 台主机，公共因特网已现雏形。20 世纪 80 年代，公共因特网上连接的主机数量达到 10 万台。1986 年，创建了 NSFNET（国家科学基金会网络）。在此期间，TCP/IP 族逐渐成熟，并于 1983 年 1 月 1 日正式部署，替代了 NCP 协议。

进入 20 世纪 90 年代，因特网“祖先”ARPANET 已不复存在。1991 年，NSFNET 解除了用于商业目的限制，并于 1995 年退役，因特网主干流量正式转由商业因特网服务提供商（ISP）负责承载。这期间最具有代表性的事件之一就是万维网（WWW）应用的诞生，它将因特网带入到普通家庭与各行各业，对因特网的普及功不可没。20 世纪 90 年代后 5 年是因特网快速发展与变革时期，众多大企业、高校甚至个人开始接入因特网，并且陆续出现了很多受欢迎的网络应用，如电子邮件、WWW、即时通信、FTP 等。

从 2000 年开始，因特网进入爆发式发展时期。接入因特网用户数每年都在高速增长，接入方式更加灵活，接入带宽逐步增加，新兴网络应用层出不穷，比如微博、脸书等。因特网已经渗透到各个领域，“互联网+”几乎成为妇孺皆知的名词，基于因特网的新兴企业如雨后春笋般涌现，如谷歌、百度、腾讯、阿里等。基于因特网的新技术也已进入我们的工作、学习与生活中，比如云计算、云存储等。

随着因特网与移动通信技术的结合，诞生了移动互联网，使得因特网的接入方式更加灵活，应用更加丰富。未来随着技术的发展，计算机网络将更加深入地延伸到我们生存空间的每个角落，并带领我们进入一个和物理世界同样重要的网络空间。

互联网的确创造了一个奇迹，但在奇迹背后，也存在着日益突出的问题，给人们带来了极大的挑战。网络的开放性和全球化促进了人类知识的共享与经济的全球化，然而网络带来信息的全球性流通，也加剧了文化渗透，各国都在为捍卫自己的网络文化而努力，网络的竞争已发展成为国家间和企业间高技术的竞争与人才的竞争，这些竞争以及良莠不齐的网络使用者给网络安全和信息安全带来了一系列严峻的挑战。

二、信息安全发展简介

信息安全是一个古老的话题，其发展经历了漫长的历史演变，从某种意义上来说，从人类开始进行信息交流，就涉及了信息安全问题，从古老的凯撒密码到第二次世界大战时期的谍报战，从《三国演义》中的蒋干盗书到当今的网络攻防，只要存在信息交流，就存在信息的窃取、破坏及欺骗等信息安全问题。

信息安全的发展是与信息技术的发展和用户的需求密不可分的。目前，信息安全领域的主流观点是：信息安全的发展大致分为通信安全（COMSEC）、信息安全（INFOSEC）和信息保障（Information Assurance，IA）三个阶段，即保密、保护和保障发展阶段。

1. 通信安全

20 世纪 90 年代以前，通信技术还不发达，面对电话、电报、传真等信息交换过程中存在的安全问题，人们强调的主要是信息的保密性，对安全理论和技术的研究也只侧重于密码学，这一阶段的信息安全可以简单称为通信安全，其主要目的是保证传递的信息安全，防止信源、信宿以外的对象查看信息。

2. 信息安全

20 世纪 90 年代以后，半导体和集成电路技术的飞速发展推动了计算机软、硬件的发展，计算机与网络技术的应用进入实用化和规模化阶段，人们对安全的关注已经逐渐扩展到以保密性、完整性和可用性为目标的信息安全阶段，具有代表性的成果有美国的 TCSEC 和欧洲的 ITSEC 测评标准。同时，出现了防火墙、入侵检测、漏洞扫描及 VPN 等网络安全技术，这一阶段的信息安全可以归纳为对信息系统的保护，主要保证信息的机密性、完整性、可用性、可控性和不可否认性。

3. 信息保障

1996 年，美国国防部提出了信息保障的概念，标志着信息安全进入一个全新的发展阶段。随着互联网的飞速发展，信息安全不再局限于对信息的静态保护，而需要对整个信息和信息系统进行保护与防御。信息保障主要包括保护（protect）、检测（detect）、反应（react）、恢复（restore）四个方面，其目的是动态地、全方位地保护信息系统。

我国也对信息保障给出了相关解释：“信息保障是对信息和信息系统的安全属性及功能、效率进行保障的动态行为过程。它运用源于人、管理、技术等因素所形成的预警能力、保护能力、检测能力、反应能力、恢复能力和反击能力，在信息和系统生命周期全过程的各个状态下，保证信息内容、计算环境、边界与连接、网络基础设施的真实性、可用性、完整性、保密性、可控性、不可否认性等安全属性，从而保证应用服务的效率和效益，促进信息化的可持续健康发展。”由此可见，信息保障是主动的、持续的。

在信息保障的概念中，人、技术和管理被称为信息保障三大要素。人是信息保障的基础，信息系统是人建立的，同时也是为人服务的，受人的行为影响。因此，信息保障依靠专业知识强、安全意识高的专业人员。技术是信息保障的核心，任何信息系统都势必存在一些安全隐患，因此，必须正视威胁和攻击，依靠先进的信息安全技术，综合分析安全风险，实施适当的安全防护措施，达到保护信息系统的目的。管理是信息保障的关键，没有完善的信息安全管理规章制度及法律法规，就无法保证信息安全。每个信息安全专业人员都应该遵守有关的规章制度及法律法规，保证信息系统的安全；每个使用者同样需要遵守相关制度及法律法规，在许可的范围内合理地使用信息系统，这样才能保证信息系统的安全。

总之，信息安全不是一个孤立静止的概念，具有系统性、相对性和动态性，其内涵随着人类信息技术、计算机技术以及网络技术的发展而不断发展，如何有效地保证信息安全是一个长期的发展的话题。

内容小结

本章介绍计算机网络、网络协议、计算机网络的分类、计算机网络的组成、电路交换、报文交换、分组交换、计算机网络主要性能指标与计算方法、网络体系结构、OSI 参考模型、TCP/IP 参考模型、计算机网络发展历史等内容。

计算机网络是互连的、自治的计算机的集合。协议是网络通信实体之间在数据交换过程中需要遵循的规则或约定，是计算机网络有序运行的重要保证。协议三要素包括语法、语义和时序。计算机网络通过信息交换可以实现资源共享这一核心功能，包括硬件资源共享、软件资源共享和信息资源共享。计算机网络可以根据不同分类标准进行分类，最典型的是按网络覆盖范围进行分类，可以分为个域网、局域网、城域网和广域网等。

大规模现代计算机网络的结构包括网络边缘、接入网络与网络核心。网络边缘是接入网络的所有端系统的集合，运行各种分布式网络应用。接入网络是实现网络边缘的端系统与网络核心连接和接入的网络。评价接入网络的主要技术指标有接入带宽与带宽占有方式（是独占还是共享）。网络核心是由通信链路互连的分组交换设备构成的网络，作用是实现网络边缘中的主机之间的数据中继与转发。比较典型的分组交换设备有路由器和交换机等。实现网络核心数据中继与转发的关键技术是数据交换。典型数据交换包括电路交换、报文交换与分组交换。电路交换通信之前需要先建立电路，通信结束后需要拆除电路，电路交换为每条电路分配通信资源（如带宽），并且在电路拆除之前，其所占用资源不能被共享。因此，电路交换不适用于突发性数据通信网络，如计算机网络。在报文交换网络中，发送方将待发送信息附加上发、收主机的地址及其他控制信息，构成一个完整的报文，以报文为单位在交换网络的各结点之间以存储-转发的方式传送，直至送达目的主机。分组传输过程通常也采用存储-转发交换方式。但是，分组交换需要将待传输数据（即报文）分割成较小的数据块，每个数据块附加上地址、序号等控制信息以构成数据分组，每个分组独立传输到目的地，目的地将收到的分组重新组装，还原为报文。分组交换与报文交换相比，具有交换结点缓存容量需求小、速度快、公平等优点；与电路交换相比，具有资源利用率高、更适用于突发通信流量等优点。因此，现代计算机网络普遍采用分组交换技术。

评价计算机网络的性能指标有很多，主要包括速率、带宽、时延、时延带宽积、丢包率和吞吐量等。

计算机网络体系结构是指网络按功能划分的层次以及各层包含的协议。典型网络参考模型包括 OSI 参考模型、TCP/IP 参考模型以及五层参考模型。OSI 参考模型将网络划分为物理层、数据链路层、网络层、传输层、会话层、表示层、应用层，共 7 层；TCP/IP 参考模型分为网络接口层、互联网络层、传输层、应用层，共 4 层；五层参考模型包括物理层、数据链路层、网络层、传输层、应用层。

信息安全的定义是："在技术和管理上为数据处理系统建立的安全保护，保护信息系统的硬件、软件及相关数据不因偶然或者恶意的原因遭到破坏、更改及泄露"。信息安全的目的是："确保以电磁信号为主要形式的、在计算机网络化系统中获取、处理、存储、传输和应用的信息内容在各个物理及逻辑区域中安全存在，并不发生任何侵害行为"。互联网面临严重的安全威胁，主要是由于最初设计时就没有考虑安全性。信息安全的三个基本目标是机密性、完整性和可用性，即信息安全 CIA 三元组。信息系统基本要素包括人员、信息、系统，这三个部分对应五个安全层次，分别为系统部分对应物理安全和运行安全，信息部分对应数据安全和内容安全，人员部分对应管理安全。在基于 OSI 参考模型的信息安全体系结构中，定义了五大类安全服务和对这五大类安全服务提供支持的八类安全机制，以及相应的开放式系统互连的安全管理。五大类安全服务包括：鉴别服务、访问控制、数据完整性、数据机密性和抗抵赖性。八类安全机制包括：加密、数字签名、访问控制、数据完整性、鉴别交换、业务流填充、路由控制和公证。

习　题

1. 什么是计算机网络？

2. 网络协议的三要素是什么？每个要素的含义分别是什么？

3. 计算机网络的功能是什么？

4. 按网络覆盖范围划分，主要有哪几类计算机网络？它们各有什么特点？

5. 按网络拓扑划分，主要有哪几类计算机网络？它们各有什么特点？

6. 计算机网络结构主要包括哪几部分？每部分的主要功能分别是什么？

7. 简述你了解的接入网络，以及这些接入网络的特点。你经常使用的是哪类接入网络？

8. 简述电路交换工作过程以及电路交换的特点。

9. 什么是报文交换？什么是分组交换？试比较二者的优劣。

10. OSI 参考模型包括几层？每层的主要功能分别是什么？

11. TCP/IP 参考模型包括几层？每层主要包括哪些协议？

12. 主机 A 和主机 B 由一条带宽为 R、长度为 D 的链路互连，信号传播速率为 V。假设主机 A 从 $t=0$ 时刻开始向主机 B 发送分组，分组长度为 L。试求：

1）传播延迟（时延）d_p；

2）传输延迟 d_t；

3）若忽略结点处理延迟和排队延迟，则端到端延迟 T 是多少？

4）若 $d_p>d_t$，则 $t=d_t$时刻，分组的第一个比特在哪里？

5）若 $V=250000$ km/s，$L=512$ bit，$R=100$ Mbit/s，则使时延带宽积刚好为一个分组长度（即 512 bit）的链路长度 D 是多少？

13. 假设主机 A 向主机 B 以存储-转发的分组交换方式发送一个大文件。主机 A 到达主机 B 的路径上有 3 段链路，其传输速率分别是 R1 = 500 kbit/s，R2 = 2 Mbit/s，R3 = 1 Mbit/s。试求：

1）假设网络没有其他流量，则该文件传送过程的吞吐量是多少？

2）假设文件大小为 4 MB，则传输该文件到主机 B 需要多少时间？

14. 假设主机 A 向主机 B 发送一个 $L=1500$ B 的分组，主机 A 到达主机 B 的路径上有 3 段链路、两个分组交换机，3 段链路长度分别为 $D_1=5000$ km、$D_2=4000$ km、$D_3=1000$ km；每段链路的传输速率均为 $R=2$ Mbit/s，信号传播速率为 $V=250000$ km/s，分组交换机处理每个分组的时延为 $d_c=3$ ms。试求：

1）若采用存储-转发的分组交换方式，则该分组从主机 A 到达主机 B 的端到端时延是多少？

2）若 $d_c=0$，且不采取存储-转发的分组交换方式，而是分组交换机直接转发收到的每个比特（即直通交换），则该分组从主机 A 到达主机 B 的端到端时延是多少？

15. 如下图所示网络。A 在 $t=0$ 时刻开始向 C 发送一个 2 Mbit 的文件；B 在 $t=0.1+e$ 秒

（e 为无限趋近于 0 的小正实数）向 D 发送一个 1 Mbit 的文件。忽略传播延迟和结点处理延迟。（注：$k=10^3$，$M=10^6$）

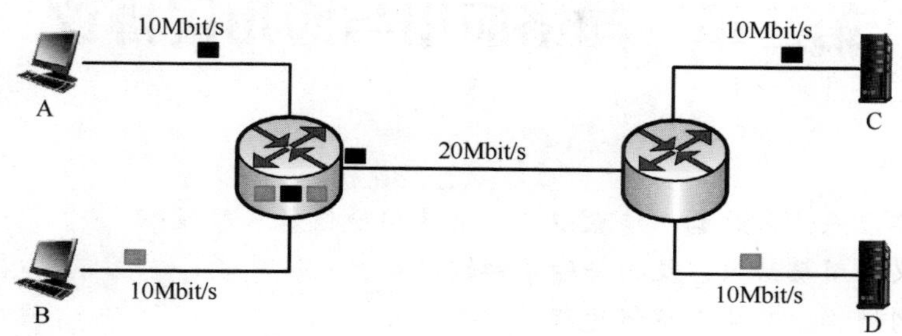

请回答下列问题：

1）如果图中网络采用存储-转发的报文交换方式，则 A 将 2 Mbit 的文件交付给 C 需要多长时间？B 将 1 Mbit 的文件交付给 D 需要多长时间？

2）如果图中网络采用存储-转发的分组交换方式，分组长度为等长的 1 kbit，且忽略分组头开销以及报文的拆、装开销，则 A 将 2 Mbit 的文件交付给 C 需要多长时间？B 将 1 Mbit 的文件交付给 D 需要多长时间？

3）报文交换与分组交换相比，哪种交换方式更公平？

16. 互联网主要安全威胁有哪些？

17. 面向目标的信息安全体系结构包括哪些内容？

18. 面向应用的层次信息安全体系结构包括哪些内容？

19. 基于 OSI 参考模型的信息安全体系结构定义了哪些安全服务？

20. 基于 OSI 参考模型的信息安全体系结构定义了哪些安全机制？

第二章　网络应用与应用层协议

学习目标：

1. 理解网络应用体系结构、特点以及网络应用通信基本原理；
2. 理解网络应用层协议以及与传输层协议的关系；
3. 掌握域名结构以及域名解析过程；
4. 掌握 Web 应用及 HTTP，电子邮件应用及 SMTP、POP，FTP；
5. 理解 P2P 应用及 P2P 实现文件分发的优势；
6. 了解 Socket 编程技术。

教师导读：

本章介绍计算机网络应用体系结构、网络应用通信基本原理、应用层协议、域名解析系统（DNS）、Web 应用与 HTTP、电子邮件系统与 SMTP、FTP、P2P 应用以及 Socket 编程基础等内容。

本章的重点是理解网络应用体系结构、特点与通信基本原理，掌握 DNS 功能与域名解析过程、HTTP、SMTP、POP、FTP、P2P 应用，了解 Socket 编程基础，理解典型网络应用的安全威胁；难点是网络应用通信基本原理、典型应用层协议、P2P 文件分发以及 Socket 编程基础。

本章学习的关键是深入理解网络应用的实际通信过程以及应用层协议的作用，掌握典型网络应用的应用层协议的交互过程。

建议学时：

8 学时。

人们通过各种网络应用使用计算机网络，比如使用 Web 应用浏览新闻、使用邮件系统收发电子邮件、使用 QQ 视频聊天等。网络应用是普通网络用户使用网络服务的直接途径与“界面”。网络应用是计算机网络发展最快也是最丰富的层，人们不仅可以使用各种经典的网络应用，而且随时可以根据需要开发新的网络应用。事实上，几乎每天都有新的网络应用被开发出来，部分应用在未来就有可能被更广泛的人群所接受和使用，甚至成为标准应用。应用层是普通用户最关心的层，因为在应用层提供的网络应用越丰富，用户越有可能选择使用合适的应用，并且用户也可以根据需要开发针对特定需求的网络应用，支持特定的业务。

本章将介绍网络应用的体系结构与特点、网络应用通信的基本原理、典型网络应用与应用层协议以及 Socket 编程基础等内容。

第一节　网络应用体系结构

计算机网络应用是运行在计算机网络环境下的分布式软件系统，计算机网络应用很多，从体系结构角度可以分为：客户/服务器（C/S）结构、纯 P2P（Peer to Peer）结构和混合结构三种类型。

一、客户/服务器结构网络应用

客户/服务器结构网络应用是最典型、最基本的网络应用。网络应用的通信双方区分服务器程序和客户程序，服务器程序需要先运行，做好接受通信的准备，客户程序后运行，主动请求与服务器进行通信，如图 2-1 所示。人们平时使用的许多网络应用都属于这类应用，比如 WWW 应用、文件传输 FTP、电子邮件等。

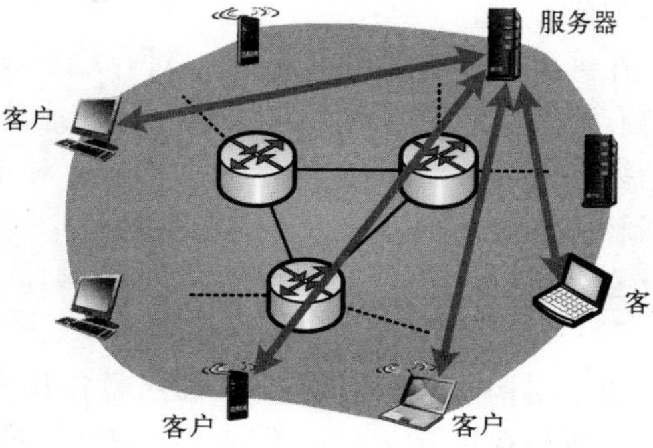

图 2-1　客户/服务器结构网络应用示意图

客户/服务器网络应用中，服务器通常运行在高性能的服务器计算机上。服务器计算机通常也称为服务器，所以对于“服务器”一词，需要根据上下文来区分理解，有时说的是客户/服务器网络应用中的服务器软件，有时说的是服务器计算机。服务器计算机一般具有固定的网络地址（比如 IP 地址），长期运行，以便服务器软件能够随时被请求服务。客户软件通常运行在普通用户的计算机或其他计算设备上，可能使用动态的网络地址，是通信的主动发起方。

客户/服务器网络应用的最主要特征是通信只在客户与服务器之间进行，客户与客户之间不进行直接通信。事实上，在现代计算机网络中，网络应用程序之间通信的基本模式就是客户/服务器方式。在客户/服务器通信过程中，主动发起通信的一方就是客户，被动接受通信的一方就是服务器。显然，服务器为了能被动接受通信，必须先运行，做好通信准备。

需要说明一点，经常被提到的浏览器/服务器结构网络应用并不是独立的一种，其本质就是客户/服务器结构网络应用，只是其客户端是通用浏览器，应用层协议是 HTTP。

二、纯 P2P 结构网络应用

P2P 网络应用是近年来网络上发展比较快，并且表现出许多优良性能，深受用户青睐的一类网络应用，在文件分发、文件共享、视频流服务等应用中，P2P 应用表现出优越的性能，如 Gnutella 等。在纯 P2P 网络应用中，没有一直在运行的传统服务器，所有通信都是在对等的通信方之间直接进行的，通信双方没有传统意义上的客户与服务器之分，“地位”对等，如图 2-2 所示。

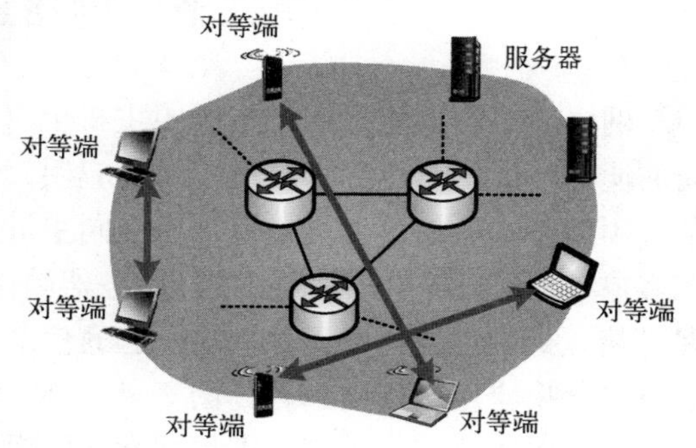

图 2-2　纯 P2P 结构网络应用示意图

对等端软件通常运行在普通用户的计算机设备上，可以动态地直接与其他对等端进行通信。任何一个对等端既可以主动地请求另一个对等端的服务，又可以被动地为其他对等端提供服务。因此，纯 P2P 结构网络应用中的每个对等端都同时具备客户/服务器结构网络应用的客户与服务器的特征，是一个服务器与客户的结合体。事实上，纯 P2P 结构网络应用中的对等端软件包括服务器软件与客户端软件。

在纯 P2P 结构网络应用中，对等端都是动态加入或离开应用的，新加入的对等端需要知道有哪些对等端在线、在线对等端的地址以及在线对等端提供的服务等，这是纯 P2P 结构网络应用需要解决的关键问题之一。对于纯 P2P 结构网络应用，因为没有中心服务器，所以解决这些问题就更为困难与复杂。

三、混合结构网络应用

混合结构网络应用将客户/服务器结构网络应用与纯 P2P 结构网络应用相结合，既有中心服务器的存在，又有对等端（客户）间的直接通信，如图 2-3 所示。

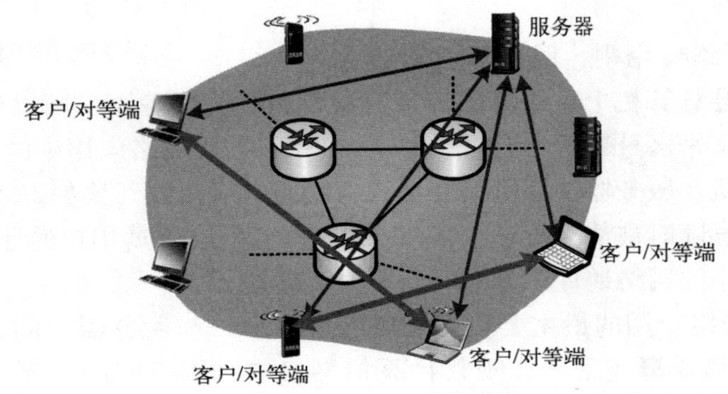

图 2-3　混合结构网络应用示意图

在混合结构网络应用中，存在客户（即对等端）与服务器之间的传统客户/服务器结构的通信，也存在客户之间直接通信。通常每个客户通过客户/服务器方式向服务器注册自己的网络地址、声明可共享的资源或可提供的服务，并通过中心服务器发现其他在线的客户，检索其他客户可以共享的资源等信息。当一个客户希望获取另一个客户拥有的资源或服务时，便直接向该客户发起通信，请求其提供服务。

第二节　网络应用通信基本原理

网络应用的本质是运行在不同主机上（当然也可以运行在同一主机上）的应用进程之间的通信。无论上述哪种类型的网络应用，基本通信方式都是客户/服务器通信，因此，网络应用的基本通信过程就是运行在不同主机上的应用进程间以客户/服务器方式进行的通信。在客户/服务器结构网络应用中，服务器端运行的是服务器进程，被动地等待客户请求服务；客户端运行的是客户进程，主动发起通信，请求服务器进程提供服务。应用进程间遵循应用层协议交换应用层报文 M，如图 2-4 所示。

应用层协议定义了应用进程间交换的报文类型、报文构成部分具体含义以及交换时序等内容，即语法、语义与时序等协议三要素内容。从应用层角度来看，应用进程之间遵照应用层协议就可以直接实现端到端的报文 M 的交换，如图 2-4 中的虚线所示。但是，实质通信过程并非如此。无论是服务器进程还是客户进程，当其遵循应用层协议组织好应用层报文后，需要通过层间接口（如应用编程接口，即 API）将报文传递给相邻的传输层，请求传输层协议提供的端到端传输服务，如图 2-4 所示的实线表示的报文 M 通过接口传递给传输层（或从传输层接收 M）。

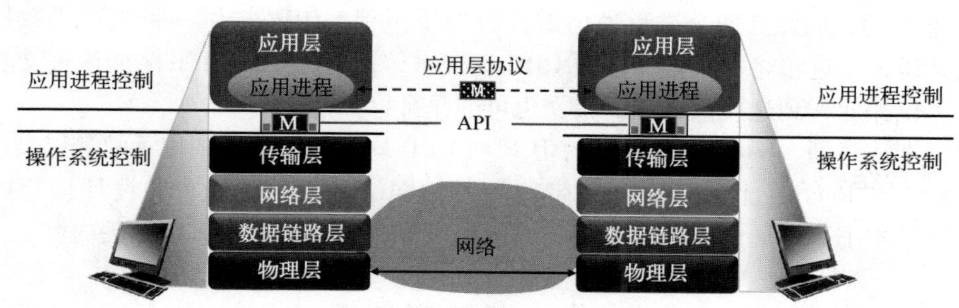

图 2-4　网络应用通信原理

典型的网络应用编程接口是套接字（Socket），这种网络应用编程接口在网络应用开发过程中，尤其是在 Internet 环境下被广泛采纳。应用进程可以通过创建套接字来实现与底层协议的接口，并可以进一步通过套接字实现应用进程与底层协议之间的报文交换。因此，套接字是每个应用进程与其他应用进程进行网络通信时，真正收发报文的通道。

一个应用进程可以创建多个套接字来与同一个或不同的传输层协议进行接口。对于一个传输层协议，需要为与其接口的每个套接字分配一个编号，标识该套接字，该编号称为端口号（port number）。通常服务器进程套接字会分配特定的端口号，而客户进程的套接字会绑定一个随机的唯一端口号。尤其是标准化应用，标准为不同的服务器分配了不同的默认端口号，比如 Web 服务器的默认端口号是 80，这部分端口号称为熟知端口（well-known port number）。一个主机上可能同时运行多个网络应用进程，每个应用进程通过一个或多个套接字与传输层协议进行接口，因此，通过进程运行的主机 IP 地址以及其套接字所绑定的端口号，可以标识应用进程。IP 地址是 Internet 的网络层地址，用于唯一标识一个主机或路由器接口，后续章节会详细介绍。

网络应用需要使用传输层提供的端到端传输服务，不同应用对传输层服务有不同的服务性能需求，有些应用期望传输层提供可靠数据传输服务，有些应用期望传输层提供时延保障服务等。但是，传输层通常并不总能满足所有网络应用的服务需求，尤其是对性能保障的需求。事实上，在实际网络中，传输层通常能够提供的服务类型以及服务性能都是有限的，比如 Internet 传输层能提供的服务只有两类：面向连接的可靠字节流传输服务和无连接的不可靠数据报传输服务，分别对应传输层的 TCP 和 UDP。这两类服务都不能提供时延保障或带宽保障服务。

TCP 服务模型包括面向连接服务和可靠数据传输服务。当某个应用程序调用 TCP 作为其传输协议时，该应用程序就能获得来自 TCP 的这两种服务。

- 面向连接服务：在应用层报文开始传送之前，TCP 客户和服务器互相交换传输层控制信息，完成握手，在客户进程与服务器进程的套接字之间建立一条逻辑的 TCP 连接。这条连接是全双工的，即连接双方的进程可以在此连接上同时进行报文收发。当应用程序结束报文发送时，必须拆除该连接。

➢ 可靠数据传输服务：应用进程能够依靠 TCP，实现端到端的无差错、按顺序交付所有发送数据的服务。当应用程序的一端将字节流通过本地套接字传送时，它能够依靠 TCP 将相同的字节流交付给接收方的套接字，而没有字节的丢失和冗余。

UDP 是一种不提供传输服务保障的轻量级传输层协议，仅提供最小的“尽力”服务。UDP 是无连接的，因此在两个进程通信前没有握手过程。UDP 提供一种不可靠数据传送服务，也就是说，当进程将一个报文通过 UDP 套接字传送时，UDP 并不保证该报文将到达接收进程。不仅如此，到达接收进程的报文也可能是乱序到达的。

需要特别注意到，Internet 传输层的 TCP 和 UDP 均不能提供端到端吞吐量以及时延保障服务。因此，在 Internet 上实现时间或带宽敏感的网络应用，需要一些设计技巧或解决方案。这一问题本书不再展开讨论，有兴趣的读者可以参阅网络多媒体等相关内容。

第三节　域名解析系统

用户通常利用客户端软件来使用某个网络应用，比如浏览器、邮件收发软件等，这些软件称为用户代理（user agent）。用户通过用户代理软件使用网络应用时，需要指定期望访问服务器的 IP 地址与端口号。但是，普通用户并不习惯或愿意记忆和直接使用 IP 地址来标识一个主机，而是更喜欢为服务器主机起个人更容易读懂、有一定自然语言含义的名字，这个名字就是主机的域名（domain name）。大多数情况下，用户在使用网络应用时，都是在用户代理软件中输入服务器域名来指定要访问的服务器主机，如图 2-5 所示。然而，网络协议在通信时必须使用 IP 地址，如何将用户喜欢使用的域名映射为协议使用的 IP 地址呢？这就是域名解析系统（DNS）的任务。

图 2-5　用户使用网络应用场景示例

DNS 是一个重要的基础应用，因为任何一个需要使用域名进行通信的网络应用，在应用通信之前首先需要请求 DNS 应用，将域名映射为 IP 地址。实现将域名映射为 IP 地址的过程，称为域名解析。

DNS 为了实现域名解析，需要建立分布式数据库，存储网络中域名与 IP 地址的映射关系数据，这些数据库存储在域名服务器上，域名服务器根据用户的请求提供域名解析服务。

DNS 作为分布式数据库，域名服务器分布在整个互联网上，每个域名服务器只存储了部分域名信息。为了完成域名解析，通常需要在多个域名服务器之间进行查询，因此 DNS 也必须定义相应的应用层协议。

一、层次化域名空间

DNS 为了实现域名的有效管理与高效查询，将 DNS 服务器按层次结构进行组织，并且该层次结构与域名的结构相对应。因特网采用了层次结构的命名方法。任何一个连接到因特网上的主机或路由器，都可以有一个唯一的层次结构的域名（当然，也可以不命名）。域名的结构由标号序列组成，各标号之间用点隔开："…. 三级域名 . 二级域名 . 顶级域名"，各标号分别代表不同级别的域名，如图 2-6 所示。

- 国家或地区顶级域名 nTLD：如 us 表示美国、uk 表示英国等。
- 通用顶级域名 gTLD：最早的通用顶级域名有 com（公司和企业）、net（网络服务机构）、org（非营利性组织）、edu（美国专用的教育机构）、gov（美国专用的政府部门）、mil（美国专用的军事部门）、int（国际组织）。
- 基础结构域名（infrastructure domain）：这种顶级域名只有一个，即 arpa，用于反向域名解析，因此又称为反向域名。

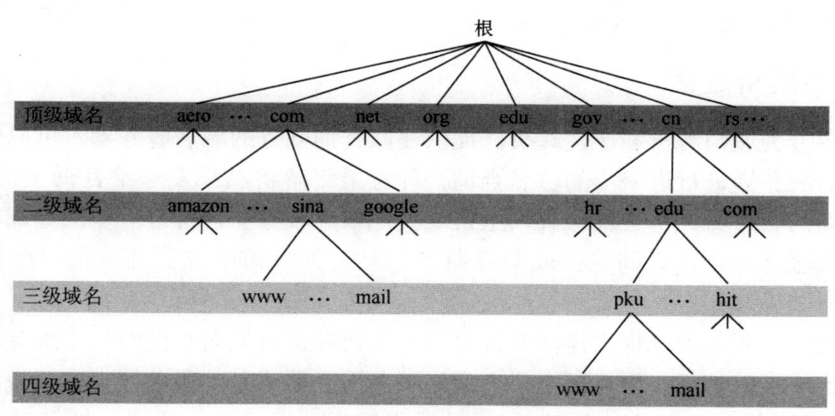

图 2-6 域名结构

二、域名服务器

一个服务器所负责管辖的（或有权限的）范围称为区（zone）。每一个区设置相应的权威域名服务器，用来保存该区中的所有主机的域名到 IP 地址的映射。DNS 服务器的管辖范围不是以"域"为单位，而是以"区"为单位。域名服务器根据其主要保存的域名信息以及在域名解析过程中的作用等，可以分为根域名服务器、顶级域名服务器、权威域名服务器、中间域名服务器四类。另外，任何一台主机在网络地址配置时，都会配置一个域名服务器作为默认域名服务器，这样这台主机任何时候需要进行域名解析，都会将域名查询请求发送给该服务器，该服务器如果保存了被查询域名的信息，则直接做出响应，如果没有，则代理查询其他域名服务器，直到查询到结果，最后将查询结果发送给查询主机。这个默认域名服务器通常称为本地域名服务器，是主机进行域名查询过程中首先被查询的域名服务器。

根域名服务器是最重要的域名服务器。全球互联网中部署了有限的几个根域名服务器，每个根域名服务器都知道所有的顶级域名服务器的域名和 IP 地址。不管是哪一个本地域名服务器，若要对因特网上任何一个域名进行解析，只要自己无法解析，就首先求助于根域名服务器。在因特网上共有 13 个不同 IP 地址的根域名服务器，它们是用一个英文字母命名的，从 a~m（前 13 个字母），如 a. rootservers. net、b. rootservers. net…m. rootservers. net。

顶级域名服务器（即 TLD 服务器）负责管理在其上注册的所有二级域名。顶级域名服务器的名称对应一个域名的最后一个名字是对一个组织或行业的命名，如 com、org 等，或对一个区域的命名，如 cn、us 等。

权威域名服务器，负责一个区的域名服务器，保存该区中的所有主机的域名到 IP 地址的映射。任何一个拥有域名的主机，其域名与 IP 地址的映射关系等信息都存储在所在网络的权威域名服务器上。在进行域名解析时，只要查询到被查询域名主机注册的权威域名服务器，就可以获得该域名对应的 IP 地址信息。

在层次域名结构中，有时还存在一些不属于根域名服务器、顶级域名服务器和权威域名服务器的域名服务器，这些域名服务器通常称为中间域名服务器。例如，某主机域名为 www. abc. xyz. com，则可能存在的域名服务器包括：顶级域名服务器 com，中间域名服务器 xyz. com，权威域名服务器 abc. xyz. com。

三、域名解析过程

域名解析分为递归解析和迭代解析。提供递归查询服务的域名服务器，可以代替查询主机或其他域名服务器进行进一步的域名查询，并将最终解析结果发送给查询主机或服务器；提供迭代查询的服务器，不会代替查询主机或其他域名服务器进行进一步的查询，只是将下一步要查询的服务器告知查询主机或服务器（当然，如果该服务器拥有最终解析结果，则直接响应解析结果）。

通常本地域名服务器都提供递归查询服务。主机在进行域名查询时，本地域名服务器如果没有被查询域名的信息，则代理主机查询根域名服务器或其他服务器，直到得到被查询域名的 IP 地址（当然，也可能查询不到），最后将解析结果发送给主机。域名解析的递归查询过程如图 2-7 所示。

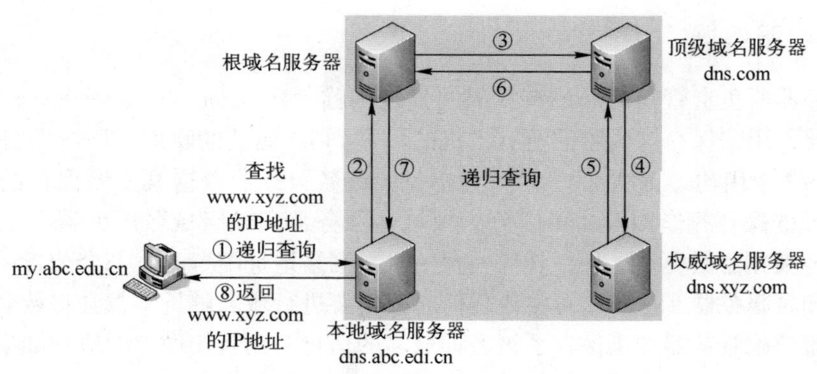

图 2-7　域名解析的递归查询过程示意图

仅提供迭代查询服务的域名服务器不会代理客户的查询请求，而是将最终结果或者下一步要查询的域名服务器直接响应给查询客户。根域名服务器通常只提供迭代查询服务，当根域名服务器收到本地域名服务器的迭代查询请求报文时，要么给出所要查询的 IP 地址（这种情况并不多见），要么在响应报文中告诉本地域名服务器下一步应当查询哪一个域名服务器，本地域名服务器则继续查询下一个域名服务器，直到查询到被查询域名主机的权威域名服务器为止。迭代查询过程如图 2-8 所示。

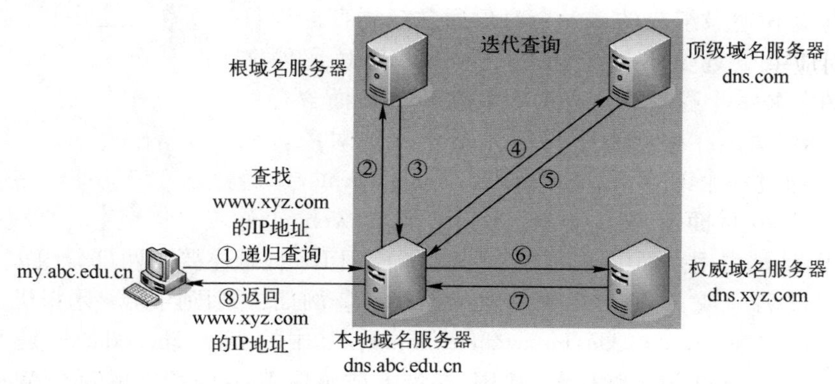

图 2-8　迭代查询过程示意图

无论是递归解析还是迭代解析，在上述的查询过程中，只要本地域名服务器不能直接响应解析结果，就都需要从根域名服务器开始查询。整个互联网上的根域名服务器数量很有限，如果每次查询都去查询根域名服务器，则根域名服务器的压力很大，会严重影响查询响应时间和查询效率，所以需要一些策略和方案来提升域名系统的查询效率。典型策略之一是域名服务器增加缓存机制，即每个域名服务对于在域名解析过程中解析到的结果，在为客户做出响应的同时，会将这些结果存储到域名数据库中，当再次收到相同域名信息的查询请求时，便可利用缓存的信息直接做出查询响应，从而可以大大缩短域名查询响应时间。另外，还可以通过在本地域名服务器中存储顶级域名服务器信息，使得在域名解析过程中直接查询顶级域名服务器，即跳过根域名服务器的查询，这也可以提高域名查询效率。

第四节　Web 应 用

一、Web 应用结构

20 世纪 90 年代初，诞生了万维网（World Wide Web，WWW）应用，也称为 Web 应用。Web 应用的操作简单、按需浏览、图形化界面等特点深受用户的喜爱，很快便被人们广泛接受与使用，并逐渐成为人们最常使用的网络应用之一。目前，Web 应用不仅是人们获取新闻资讯的主要途径，而且为许多网络应用提供了平台，成为很多业务系统的寄生环境与主要操作方式，如微博、Gmail 和淘宝等。Web 应用极大地改变了人们使用网络的习惯。

Web 应用主要包括 Web 服务器、浏览器与超文本传输协议（HTTP）等部分，如图 2-9

所示。浏览器就是 Web 应用的客户端软件，即 Web 应用的客户代理，运行在用户计算机上。Web 服务器是 Web 应用的服务器软件，存储并管理供用户请求浏览的 Web 页面（Web page）。Web 页面又称为 Web 文档。Web 应用是典型的客户/服务器网络应用，客户与服务器之间的交互基于应用层协议 HTTP。浏览器向 Web 服务器发送 HTTP 请求报文，服务器向浏览器送回 HTTP 响应报文，其中包含客户所要的 Web 页面，浏览器对其中的 Web 页面进行解析并显示。

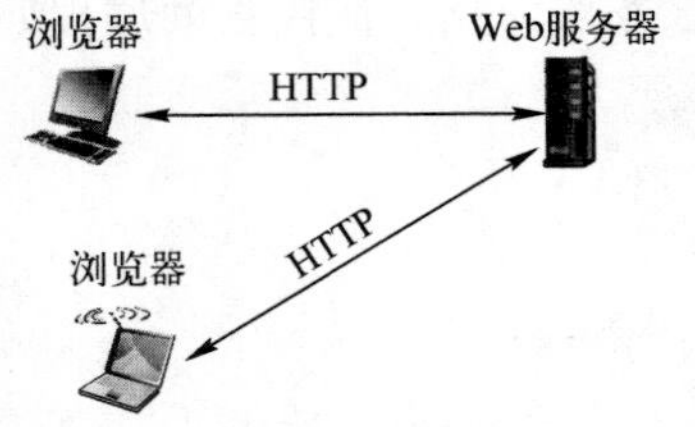

图 2-9　Web 应用结构

Web 页面是由对象组成的。一个对象通常分别存储为一个文件，如 HTML（超文本标记语言）文件、JPEG 图像文件、视频文件、Java 小程序等。通常，多数 Web 页面含有一个基本的 HTML 页面，基本页中再引用若干其他对象。在 Web 应用中，通过一个 URL（Universal Resource Locator）地址来寻址一个 Web 页面或 Web 对象，HTML 基本 Web 页面也是通过 URL 地址引用页面中的其他对象的。每个 URL 地址主要由两部分组成：存放对象的服务器主机域名（或 IP 地址）和对象的路径名。例如，某国内大学计算机系的主页的 URL 地址为 http://www.abc.edu.cn/cs/index.html，其中的 www.abc.edu.cn 是 Web 服务器主机名，/cs/index.html 就是路径名。URL 寻址方式确保 Web 应用上的每个 Web 页面或对象都有一个唯一的标识符。

二、HTTP

1. HTTP 概述

HTTP 是 Web 应用的应用层协议，定义浏览器如何向 Web 服务器请求对象以及 Web 服务器如何向浏览器进行响应。HTTP 经历了多个版本的演变，目前主要使用的是 HTTP/1.0 和 HTTP/1.1 两个版本，尤其以 HTTP/1.1 为主流。

HTTP 在 1991 年发布的原型版本称为 HTTP/0.9。该版本的 HTTP 的设计初衷是为了获取简单的 HTML 对象，只支持 GET 方法，没有定义任何首部，不支持多媒体内容的 MIME 类型和协议版本号。由于设计的缺陷，HTTP/0.9 只在早期短时使用，很快被 HTTP/1.0 所取代。

HTTP/1.0 是第一个得到广泛应用的 HTTP 版本。HTTP/1.0 增加了协议版本号、各种首部行、额外的方法以及对多媒体对象的支持。HTTP/1.0 使 Web 页面增添了生动的多媒体内容以及表单，增加了交互能力，因此被人们广泛接受。但是，HTTP/1.0 的规范定义并不好。在 20 世纪 90 年代中叶，很多流行的 Web 客户端和服务器都在向 HTTP 中添加新的特性，以满足不同需求。其中很多特性，比如持久的 keep-alive 连接、虚拟主机支持以及代理连接支持等，都被增加到 HTTP 中，并成为非官方的事实标准。这种非正式的 HTTP/1.0 扩展版本通常被称为 HTTP/1.0+。

HTTP/1.0 的新版本是 HTTP/1.1，是目前 Web 应用最广泛的 HTTP 版本。HTTP/1.1 与 HTTP/1.0 相比，支持更多的请求方法，扩展了一些首部，增加了响应状态码，改进了对缓存的支持等。HTTP/1.1 的重点是校正了 HTTP 设计中的结构缺陷，明确了语义，引入了重要的性能优化措施，并删除了一些不良特性。HTTP/1.1 还包含了 20 世纪 90 年代末正在发展中的更复杂的 Web 应用程序部署方式的支持（如 WebDAV）。

最新版本的HTTP是HTTP/2.0，但是该协议目前尚未得到广泛应用。HTTP/2.0最初称为HTTP-NG，是HTTP/1.1后继结构的原型建议，重点关注性能优化以及强大的服务逻辑远程执行框架。HTTP-NG的研究工作终止于1998年。但是，后期某些技术的提出与发展还是推动了HTTP/2.0的探索与实践，其中最典型的就是SPDY。SPDY（SPDY是Speedy的昵音，意为更快）是Google开发的基于TCP的应用层协议。SPDY协议的目标是优化HTTP的性能，通过压缩、多路复用和优先级等技术，缩短网页的加载时间并提高安全性。SPDY协议的核心思想是尽量减少TCP连接数，而对于HTTP的语义未做太大修改（比如，HTTP的GET和POST消息格式保持不变），基本上兼容HTTP。SPDY正是Google在HTTP即将从1.1向2.0过渡之际推出的协议，长期以来一直被认为是HTTP/2.0的可行选择。

2. HTTP连接

HTTP基于传输层的TCP传输报文。浏览器在向服务器发送请求之前，首先需要建立TCP连接，然后才能发送HTTP请求报文，并接收HTTP响应报文。根据HTTP在使用TCP连接的策略不同，可以分为非持久连接的HTTP和持久连接的HTTP。

（1）非持久连接

非持久连接是指HTTP客户与HTTP服务器建立TCP连接后，通过该连接发送HTTP请求报文，接收HTTP响应报文，然后断开连接。HTTP/1.0默认使用非持久连接，每次请求传输一个对象都需要新建立一个TCP连接。为了对比非持久连接与持久连接的特点，下面通过一个例子来估算HTTP的响应时间。

假设用户在浏览器中输入了URL地址http://www.abc.edu.cn/cs/index.html，请求浏览一个引用3个JPEG图片的Web页面。如果基于默认模式的HTTP/1.0，则从用户请求index.html页面开始，直到接收到完整的内容为止，请求传输过程如图2-10所示。

1）HTTP客户进程向服务器www.abc.edu.cn的80号端口请求建立TCP连接。80号端口是HTTP服务器的默认端口。从客户进程发送连接请求到收到服务器的连接确认，用时为1个往返时间（Round Trip Time），记为RTT。显然RTT并不是一个精确时间，而且每次的RTT可能是变化的，但在估算响应时间时可以作为一个时间单位来使用。

2）HTTP客户进程基于已建立的TCP连接向服务器发送一个HTTP请求报文。请求报文中包含了路径名/cs/index.html。

3）HTTP服务器进程接收该请求报文，从指定的路径中检索出index.html文件，并封装到一个HTTP响应报文中，发送给客户进程。

4）HTTP服务器进程通知TCP断开该TCP连接。

5）HTTP客户接收响应报文，断开TCP连接。浏览器从响应报文中提取出HTML文件，进行解析显示，并获知还有3个JPEG图片的引用。

6）对每个引用的JPEG图片，重复前5个步骤。

非持久连接的HTTP/1.0协议每请求传输一个对象（Web页面或图像文件），都需要新建一条TCP连接，对象传输结束，马上断开连接。如果忽略HTTP请求报文和响应报文的传输延时（即忽略报文长度），则HTTP/1.0使用非持久连接请求传输Web页面以及3个JPEG图片，共需要约8个RTT（往返时间）。另外，以这种串行方式请求每个对象时，每次都要新建TCP连接，因此都要经历TCP拥塞控制的慢启动阶段（本书第三章将介绍），使得TCP连接工作在较低的吞吐量状态，延迟会更加明显。

显然，为了提高或改善 HTTP 的性能，需要对 HTTP/1.0 的这种默认的非持久连接使用方式进行优化。典型的优化技术如下。

➢ 并行连接。通过建立多条并行的 TCP 连接，并行发送 HTTP 请求和并行接收 HTTP 响应。

➢ 持久连接。重用已建立的 TCP 连接来发送新的 HTTP 请求和接收 HTTP 响应，从而消除新建 TCP 连接的时间开销。

通过并行连接加速或优化 HTTP 是比较典型的技术手段，目前几乎所有的浏览器都支持并行连接，当然支持的并行连接数是有限制的。仍然以请求引用 3 个 JPEG 图片的 Web 页面为例，使用并行连接传输过程如图 2-11 所示。当客户端接收到 Web 页面后，可以并行建立 3 条 TCP 连接，然后分别利用一个连接来请求一个 JPEG 图片，在忽略请求报文和响应报文长度的情况下，获取 Web 页面以及 3 个 JPEG 图片的总时间延迟约为 4 个 RTT。可见，通常情况下，并行连接可以有效提高 HTTP 性能，减少 Web 页面加载时间。

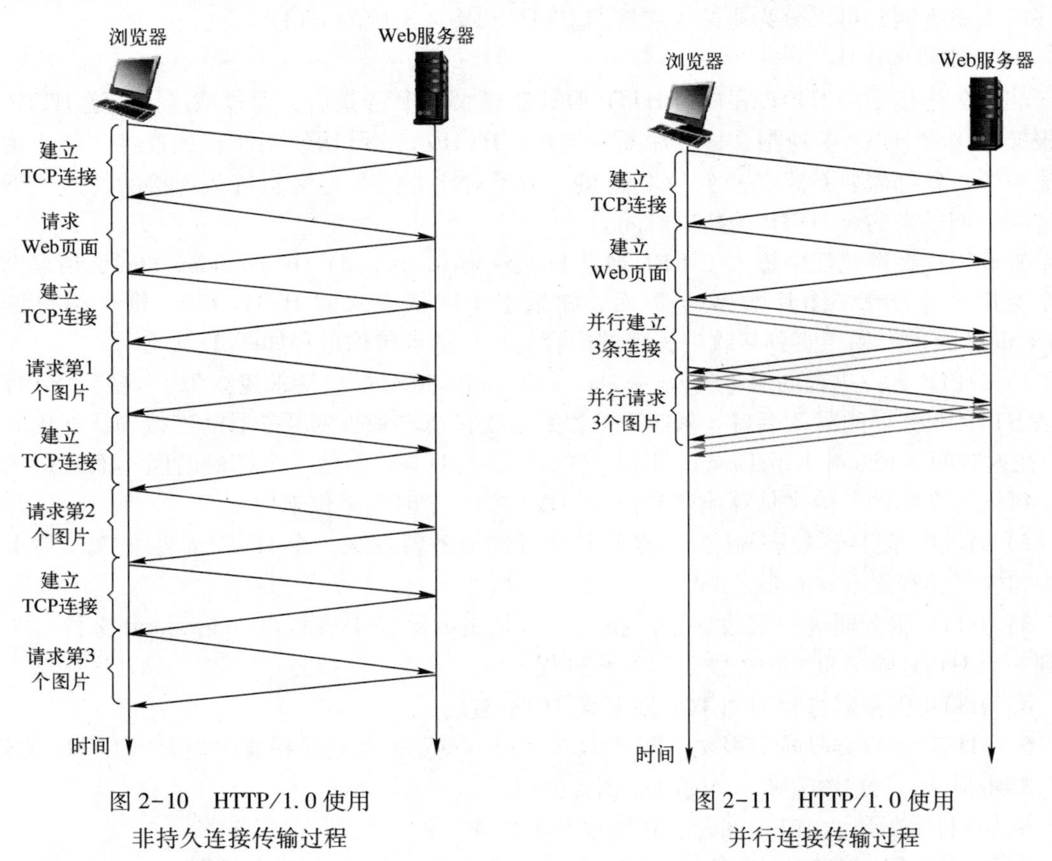

图 2-10　HTTP/1.0 使用非持久连接传输过程

图 2-11　HTTP/1.0 使用并行连接传输过程

并行连接并不一定总能减小延迟，加快网页加载速度，比如客户主机接入链路带宽受限。另外，并行连接会增加客户端主机的资源开销，比如内存开销，因此系统通常对同时建立的并行 TCP 连接数有限制。同样，服务器通常也会对来自同一客户的并行 TCP 连接数有所限制。

（2）持久连接

客户端请求 Web 页面后，继续传输引用的图像文件时，这些图像文件多数情况下位于与 Web 页面所在的服务器相同的服务器，即具有站点局部性特点。这种情况下，可以不断开已建立的 TCP 连接，而是利用该连接继续请求传输后续的 JPEG 图片，这种 TCP 连接称为持久连接。进一步，根据使用持久连接传输多个对象的策略不同，持久连接又区分为两种工作方式：非流水方式持久连接和流水方式持久连接。

- 非流水方式持久连接：也称为非管道方式持久连接，客户端在通过持久连接收到前一个响应报文后，才能发出对下一个对象的请求报文。与非持久连接相比，连续请求多个对象时（比如，Web 页内引用多个图像），只需要建立一次 TCP 连接，这样，每获取一个对象只需要 1 个 RTT。
- 流水方式持久连接：也称为管道方式持久连接，客户端在通过持久连接收到前一个对象的响应报文之前，连续依次发送对后续对象的请求报文，然后通过该连接依次接收服务器发回的响应报文。在使用流水方式持久连接时，获取一个对象的平均时间远小于 1 个 RTT，如果忽略对象传输时间，连续请求多个对象只需要 1 个 RTT。

HTTP/1.1 默认情况下使用流水方式持久连接。HTTP/1.1 的持久连接是默认激活的，除非特别声明，否则 HTTP/1.1 假定所有连接均是持久的。如果希望结束持久连接，可以在报文中显式地添加 connection:close 首部行。也就是说，若 HTTP/1.1 客户端在收到的响应报文中没有包含 connection:close 首部行，则继续维持连接为打开状态。当然，不在响应报文中发送 connection:close 首部行，并不意味着服务器就承诺永久将连接保持在打开状态，比如超过一定时间，就可能主动关闭。HTTP/1.1 使用持久连接的主要约束与规则如下。

- 如果客户端不期望在连接上发送其他请求，则应该在最后一条请求报文中包含 connection:close 首部行。
- 如果客户端在收到的响应报文中包含 connection:close 首部行，则客户端不能再在这条连接上发送更多的请求。
- 每个持久连接只适用于一跳传输，HTTP/1.1 代理必须能够分别管理与客户端和服务器的持久连接。
- HTTP/1.1 代理服务器不应该与 HTTP/1.0 客户端建立持久连接。

使用非流水方式持久连接请求传输引用 3 个 JPEG 图片的 Web 页面过程如图 2-12 所示，传输所有对象需要的总时间约为 5 个 RTT。HTTP/1.1 使用流水方式持久连接请求传输引用 3 个 JPEG 图片的 Web 页面过程如图 2-13 所示，总时间需求约为 3 个 RTT。

3. HTTP 报文

HTTP 报文由四部分组成：起始行（start line）、首部行（header line）、空白行（blank line）、报文主体（entity body），起始行与首部行是行分隔的 ASCII 文本，每行由 CRLF（回车换行）终止，空白行中只有 CRLF，主体（或称报文主体）可以是文本或二进制数据。HTTP 报文起始行和空白行不可缺少，首部行可以为零行、一行或多行，报文主体会根据报文类型、功能等可有可无。

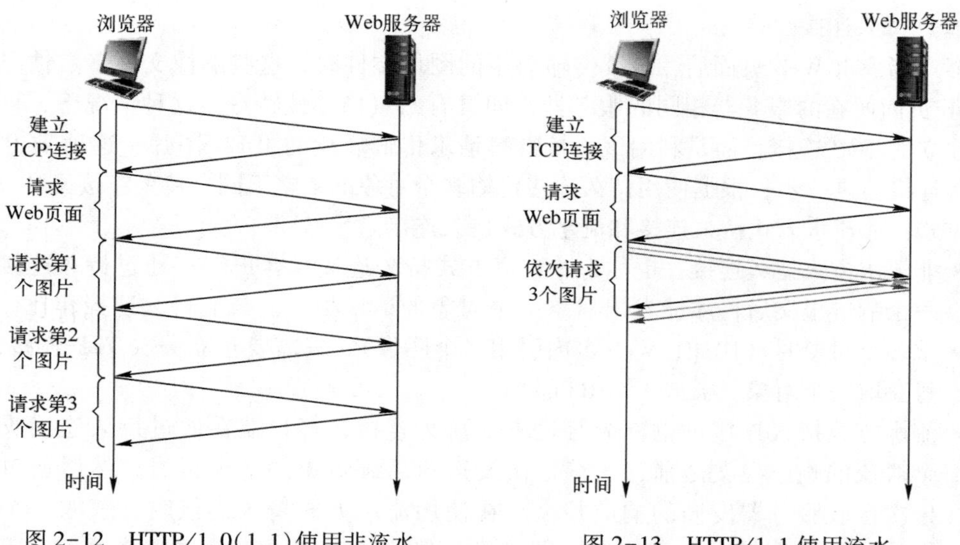

图 2-12　HTTP/1.0(1.1)使用非流水方式持久连接传输过程

图 2-13　HTTP/1.1 使用流水方式持久连接传输过程

HTTP 报文可以分为两类：请求报文和响应报文，请求报文由浏览器（客户端）发送给 Web 服务器，响应报文由 Web 服务器发送给浏览器。

HTTP 请求报文结构如图 2-14 所示。

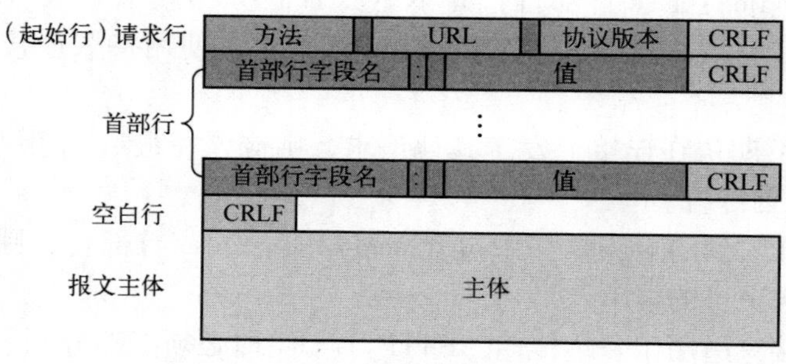

图 2-14　HTTP 请求报文结构

HTTP 响应报文结构如图 2-15 所示。

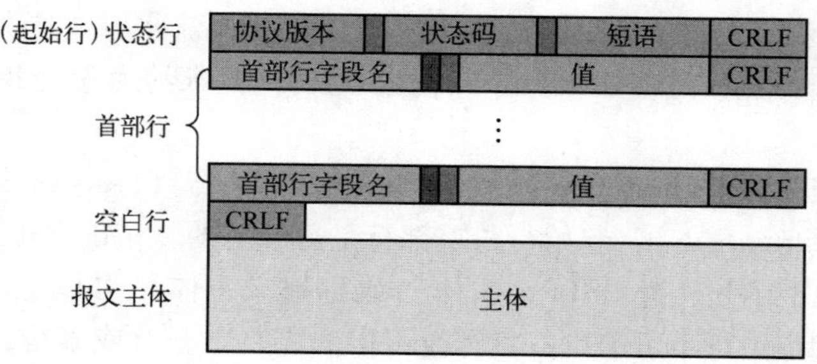

图 2-15　HTTP 响应报文结构

请求报文与响应报文的最主要区别是起始行不同，请求报文起始行为：

<方法> <URL> <协议版本>

响应报文起始行为：

<协议版本> <状态码> <短语>

每部分之间由空格分隔，起始行最后是 CRLF。

HTTP 报文的首部行用于携带附加信息，可以有零行、一行或者多行。每个首部行包括一个首部行字段名，后面跟一个英文冒号（:），然后是一个可选的空格，紧接着是对应的值，最后是 CTLF。不同首部行携带不同类别信息，用于不同目的。有些首部行只能用于请求报文，称为请求首部；有些首部行只能用于响应报文，称为响应首部；有些首部行既可用于请求报文，又可用于响应报文，称为通用首部；有些首部行专门用于描述实体相关属性信息，比如实体长度，称为实体首部；除此之外，还有一些由应用程序开发人员创建，尚未添加到 HTTP 规范中的非标准专用首部行，称为扩展首部。

首部行结束后，必须有一个空白行，用于分隔首部行（或请求行）与实体主体。

实体主体也称为报文主体或主体，是请求报文的负荷，可以是文本、图片、视频、HTML 文档、应用程序、电子邮件等。有些请求报文会带主体，有些不带主体（可能很多请求报文不带主体）。

HTTP 请求报文的起始行也称为请求行。请求行中的“方法”实际上就是命令，表示客户端希望服务器对 URL 指定的资源执行的操作（或动作），即表示希望服务器做什么；URL 定位所请求的资源；协议版本用于通告服务器客户端所使用的 HTTP 版本号，格式为：HTTP/<主版本号>. <次版本号>，目前典型的版本有 HTTP/1.0 和 HTTP/1.1。请求行中的方法、URL 和协议版本由空格分隔，最后是 CRLF。

HTTP 典型的请求方法有 GET、HEAD、POST、OPTION、PUT 等。

➢ GET：请求读取由 URL 所标识的信息，是最常见的方法之一。

➢ HEAD：请求读取由 URL 所标识的信息的首部，即无须在响应报文中包含对象。

➢ POST：给服务器添加信息（如注释）。

➢ OPTION：请求一些选项的信息。

➢ PUT：在指明的 URL 下存储一个文档。

HTTP 响应报文中的起始行也称为状态行。其中的协议版本的意义和格式与请求报文中的协议版本相同，用于声明服务器所用的 HTTP 版本号；状态码是用于通告客户端对请求的响应情况，由 3 位十进制数组成，不同状态码具有不同含义；短语是对状态码的进一步文本解释，只对人类有意义，对于相同的状态码，即便短语不同，协议的解释与处理结果也是相同的。响应报文中首部行、实体等的格式和作用与请求报文中的相同。另外，响应报文也不一定都携带实体。

状态码用于服务器向客户端通告响应情况。客户端向 HTTP 服务器发送请求时，可能发生很多种情况，如成功完成、出错、需要转移请求等。HTTP 响应报文的状态码就是用于向客户端通告响应情况，HTTP 客户端在收到响应报文时，将根据状态码判断服务器对请求的响应情况，以及决策如何处理响应报文等。HTTP 状态码由 3 位十进制数组成，并利用第一位十进制数字区分为 5 类状态码，见表 2-1。

表 2-1 HTTP 状态码分类

状态码类别	取值范围	作　用	说　明
1××	100~199	信息提示	通告信息，可能还需要进一步交互
2××	200~299	成功	成功完成客户请求的操作，并进行响应
3××	300~399	重定向	表示资源已移走，需要向新 URL 发送请求
4××	400~499	客户端错误	由于客户端请求错误，因此无法成功响应
5××	500~599	服务器端错误	由于服务器端错误，因此无法成功响应

当前的 HTTP 版本只对每类状态码定义了几个状态码，见表 2-2。如果收到了超出当前协议版本定义状态码范围（可能是人为扩展）的状态码，则作为对应类别的普通状态码处理。

表 2-2 常见的 HTTP 状态码

状态码	短　语	含　义
100	Continue	表示已成功收到了请求的初始部分，请客户端继续
200	OK	成功，所请求信息在响应报文中
301	Moved Permanently	重定向，所请求对象被永久移走，在响应报文的首部行“Location:”中会给出新的 URL，通常浏览器会自动再向新 URL 发送请求
400	Bad Request	客户端请求错误，即服务器不能正确理解客户请求
401	Unauthorized	未授权，需要输入用户名和密码
404	Not Found	客户端请求的对象在服务器上不存在
451	Unsupported media type	不支持的媒体类型，可能被服务器拒绝请求，或者是请求方法或参数与服务器要求不匹配
505	HTTP Version Not Supported	请求使用的 HTTP 版本，服务器不支持

三、Cookie

HTTP 服务器在向客户发送被请求的文件后，不保存任何关于该客户的状态信息。假如某个客户在短时间内连续两次请求同一个对象，HTTP 服务器并不会因为刚刚为该客户提供了该对象就不再做出反应，而是重新发送该对象，就像服务器已经完全忘记不久之前所做过的事一样。因为 HTTP 服务器并不保存关于客户的任何信息，所以 HTTP 被称为无状态协议（stateless protocol）。

由于 HTTP 是一种无状态协议，因此，客户与服务器之间一旦数据交换完毕，客户端和服务器端的连接就会关闭，再次进行数据交换时需要建立新的连接，这就意味着服务器端无法跟踪用户的会话。例如，用户每次登录论坛、社交网站等万维网网站时，都需要重新输入用户名和密码；顾客进行网络购物时，选购了一件商品并放入购物车内，当他选择其他商品时，服务器无法识别该次选择是否还是这位顾客的行为，因此需要每购买一件商品就立即结账。为了解决这些问题，Web 应用引入了 Cookie 机制，用于用户跟踪。

Cookie 的中文名称为小型文本文件，是指某些网站为了辨别用户身份、进行会话跟踪而存储在用户本地终端上的数据。Cookie 最早是网景公司的 Lou Montulli 在 1994 年发明的。

Cookie 由服务器端生成，发送给 User-Agent（一般是浏览器），浏览器会将 Cookie 的 key/value 保存到某个目录下的文本文件内，下次请求同一网站时就发送该 Cookie 给服务器（前提是浏览器设置为启用 Cookie）。目前，主流的商业网站均使用 Cookie 技术。Cookie 技术主要包括以下 4 部分内容。

1）HTTP 响应报文中的 Cookie 头行：Set-Cookie。使用 Cookie 技术的网站，在给用户发送的 HTTP 响应报文中，通过 Set-Cookie 头行，发送大小通常不超过 4 KB 的 Cookie 信息，包括为其用户分配的 ID、用户对网站的访问偏好等。

2）用户浏览器在本地存储、维护和管理的 Cookie 文件。浏览器每当获得新的 Cookie 信息，便会在 Cookie 文件中追加一行 Cookie 信息，包括网站的域、路径、内容（如用户 ID、访问偏好、商品选择等）、有效期和安全 5 个字段。

3）HTTP 请求报文中的 Cookie 头行：Cookie。当用户向已经访问过且已经获得 Cookie 信息的网站发送 HTTP 请求报文时，浏览器会自动检索本地的 Cookie 文件，并在每个请求报文中通过 Cookie 头行，携带上网站为该用户分配的 Cookie 信息。网站可以基于用户请求报文中的 Cookie 值，实现对用户的跟踪、偏好统计、会话关联等功能。

4）网站在后台数据库中存储、维护 Cookie 信息，包括已分配给用户 ID、每个 ID 用户在本网站的访问特征等。

Cookie 工作基本原理如图 2-16 所示。

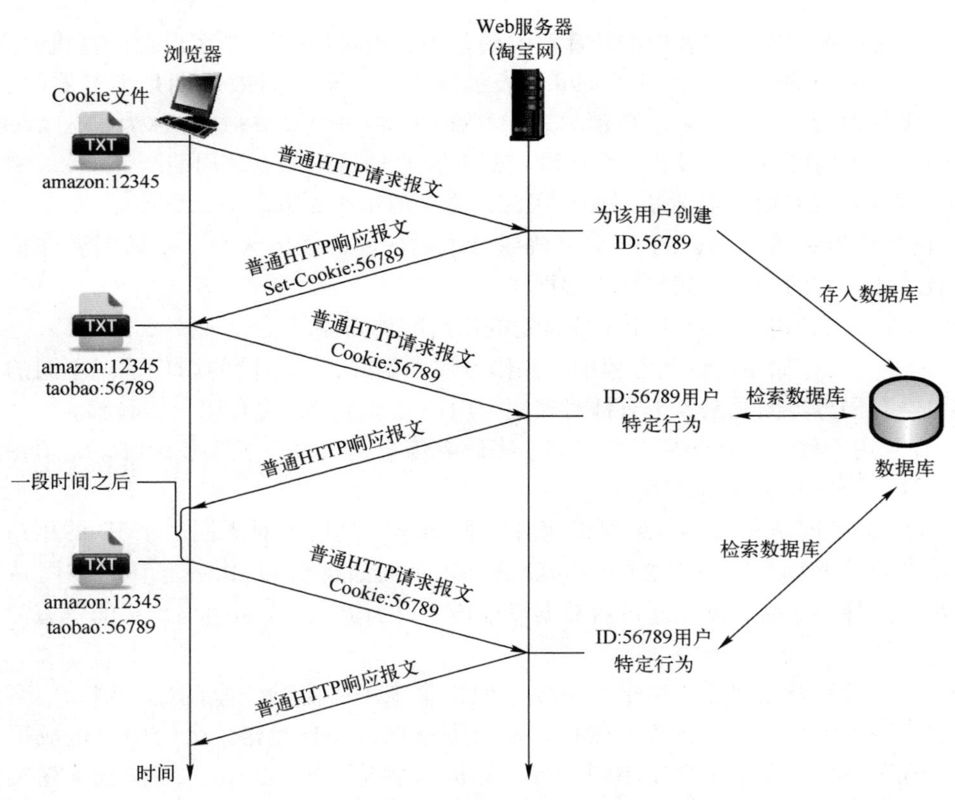

图 2-16　基于 Cookie 实现用户跟踪

假设某用户以前访问过亚马逊（Amazon. com）网站，现在第一次使用IE浏览器访问淘宝网。此时，该用户的Cookie文件中没有存储与淘宝网相关的Cookie数据，因此浏览器向淘宝服务器发送普通HTTP请求报文，当请求报文到达该淘宝Web服务器时，该Web站点将为该用户创建一个唯一ID识别码56789，并以此作为索引在服务器的后端数据库中产生一个表项。接下来，淘宝Web服务器向该用户的浏览器发送HTTP响应报文，其中包含Set-Cookie:56789首部行，将网站为该用户分配的ID发送给用户浏览器。浏览器收到响应报文后，从Set-Cookie:56789首部行中解析到网站为其分配的Cookie ID，于是浏览器在其管理的Cookie文件中增加关于淘宝网的Cookie信息，包括淘宝网的主机名、ID等。当该用户继续浏览淘宝网或者过一段时间再次访问淘宝网时，浏览器会从该Cookie文件中获取淘宝网站为其分配的ID识别码，并在每个发送给淘宝Web服务器的HTTP请求报文中增加Cookie:56789首部行。当淘宝Web服务器收到包含首部行Cookie:56789的请求报文后，提取该用户ID，检索数据库获取该用户在本网站上的以往活动信息，并对该用户的每次访问进行跟踪。进一步，Web服务器可以根据对该用户的跟踪，做出有针对性的响应，比如发送包含有针对性广告的Web页面等。

Cookie可以用于实现在无状态的HTTP之上建立用户会话。例如，当用户向一个基于Web的电子邮件系统（如Hotmail）注册时，浏览器向服务器发送Cookie信息，允许该服务器在用户与应用程序会话的过程中标识该用户，从而跟踪整个会话过程中用户对邮箱中邮件的操作。

Cookie文件可以保存在客户端计算机的硬盘中，也可以保存在客户端计算机的内存中。保存在内存中的Cookie称为会话Cookie，表示这个Cookie的有效周期是浏览器的会话期，只要关闭浏览器窗口，Cookie就会消失。保存在硬盘中的Cookie通常称为永久Cookie，此Cookie的有效周期可以进行设置，关闭浏览器不影响Cookie的有效周期。

Web网站利用Cookie技术进行用户跟踪，常见的用途如下。

1）网站可以利用Cookie的ID来准确统计网站的实际访问人数、新访问者和重复访问者的人数对比、访问者的访问频率等数据。

2）网站可以利用Cookie限制某些特定的用户的访问。

3）网站可以存储用户访问过程中的操作习惯和偏好，对不同的用户呈现不同的显示内容、颜色、布局等界面元素，更有针对性地为用户提供服务，提升用户体验感。

4）记录用户登录网站使用的用户名、密码等信息，当用户多次登录时，无须每次都从键盘输入这些烦琐的字符和数字。

5）电子商务网站利用Cookie可以实现“购物车”功能。对于同一个ID的用户，网站可以跟踪其向“购物车”中添加的不同商品，每个商品都会和ID一起存储在网站数据库中。当用户选择结账时，网站通过对数据库中该ID的检索，找到用户购买的所有商品，一起实现结账功能。

Cookie技术使万维网的使用更加方便，但也带来了一定的安全问题。例如，网站利用Cookie跟踪每个用户的访问行为、账户、密码等信息，一旦泄露，会给用户造成很大的损失；对于在公共场所多个用户使用同一台计算机的情况，使用Cookie可能会暴露某个用户的网络操作行为，如登录过哪些网站、购买过哪些商品等信息。

如果在一台计算机中安装多个浏览器，每个浏览器都会以独立的空间存放Cookie，因为

Cookie 中不但可以确认用户，还能包含计算机和浏览器的信息，所以一个用户用不同的浏览器或者不同的计算机登录，都会得到不同的 Cookie 信息。另外，对于在同一台计算机上使用同一浏览器的多用户群，Cookie 不会区分他们的身份，除非他们使用不同的用户名登录。

第五节 Internet 电子邮件

电子邮件是最早在 Internet 上流行起来的网络应用之一，实现了用户之间的电子化邮件的异步传输。随着 Internet 的发展，电子邮件应用日臻完善，已经成为当今 Internet 上最重要、最实用的网络应用之一。与传统邮政系统相比，电子邮件更加快捷、方便、便宜，电子邮件改变了人们信件沟通的习惯和效率。电子邮件已经成为现代人日常不可或缺的网络应用，在工作、学习、情感沟通等领域都发挥着重要的作用。

一、电子邮件系统结构

电子邮件系统主要包括邮件服务器、简单邮件传输协议（SMTP）、用户代理和邮件读取协议等部分，如图 2-17 所示。

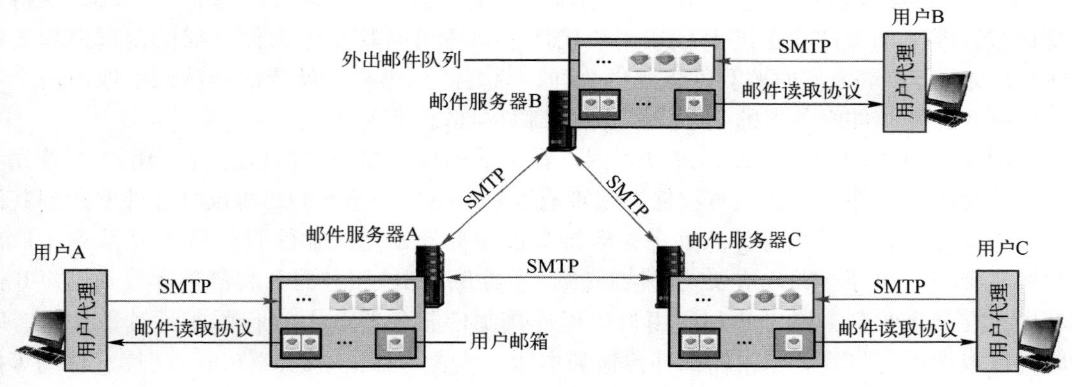

图 2-17　电子邮件系统结构

邮件服务器的功能是发送和接收邮件，同时还要向发信人报告邮件传送的情况（已交付、被拒绝、丢失等），是电子邮件系统结构的核心。每个电子邮件用户在使用电子邮件系统之前，需要向某个邮件服务器申请注册一个邮箱，邮件服务器为邮箱分配一定的存储空间，用于存储发送给该用户的邮件。邮件服务器收到发送给某用户的邮件时，如果没有异常，邮件服务器会将邮件存放到该用户的邮箱之中。每个用户的邮箱都有一个唯一的电子邮件地址，格式为：*收件人邮箱名@邮箱所在主机的域名（或 IP 地址）*，其中符号“@”读作“at”，表示“在”的意思，如电子邮件地址 user_a@ mail. hit. edu. cn，表示邮件服务器域名为 mail. hit. edu. cn，该用户的邮箱名为 user_a。

邮件服务器维护管理一个外出邮件队列，队列中暂存注册用户等待向外发送的邮件。例如，当用户 A 向用户 B 发送邮件时，该邮件首先被发送到邮件服务器 A 的外出邮件队列中，邮件服务器 A 依次从队列中取出邮件，并基于 SMTP 协议发送邮件。当发送用户 A 的邮件时，邮件服务器 A 首先从收件人邮箱地址中解析出接收邮件服务器（即邮件服务器 B）的域名或IP地址，然后将邮件发送给邮件服务器B，邮件服务器B将接收到的邮件存放到用户B的邮箱中。如果邮件服务器A已成功将用户A的邮件发送给邮件服务器B，则从队列中清除用户A的邮件；否则将用户A的邮件继续保存在外出邮件队列中，并且通常每隔30分钟左右进行一次发送尝试；如果几天后仍不能发送成功，邮件服务器A则删除该邮件，并以电子邮件的形式通知用户A邮件发送失败。

用户代理（user agent）是电子邮件应用的客户端软件，为用户提供使用电子邮件的接口。用户代理的主要功能是支持用户撰写、显示、处理和收发邮件，为用户阅读、回复、转发、保存和撰写邮件等提供编辑与操作环境。典型的电子邮件用户代理有微软的Outlook、Apple Mail和Foxmail等。

邮件服务器之间发送和接收邮件时按照客户/服务器方式工作。实现邮件服务器间发送邮件的应用层协议是SMTP，另外，用户代理向注册邮件服务器发送邮件时，通常也是基于SMTP协议。应当注意，从客户/服务器通信方式来看，一个邮件服务器既可以作为客户，又可以作为服务器。例如，邮件服务器A主动向邮件服务器B发送邮件时，邮件服务器A就是客户（主动通信方），邮件服务器B就是服务器（被动通信方）。显然，一个邮件服务器通常至少包含两个进程（或线程）：邮件发送进程（mail sender）和邮件接收进程（mail receiver）。邮件接收进程实现SMTP协议的服务器端，通常绑定默认熟知端口号25，等待其他邮件服务器（的邮件发送进程）或用户代理主动请求向其发送邮件；邮件发送进程实现SMTP协议的客户端，实时监测外出邮件队列，只要队列不空，就依次从队列中取出一个邮件，向接收方的邮件服务器的25号端口（即邮件接收进程）发送。

下面以用户A向用户B发送邮件为例，看一下邮件的发送与接收过程：用户A首先利用用户代理撰写邮件，包括填写收件人邮箱地址等，然后基于SMTP协议将邮件发送到其注册的邮件服务器A的外出邮件队列中，等待邮件服务器发送；邮件服务器A从队列中取出用户A的邮件，基于SMTP协议发送给邮件服务器B；邮件服务器B将邮件存放到用户B的邮箱中；在某个时刻，用户B利用用户代理连接邮件服务器B上运行的邮件读取服务，基于邮件读取协议，将其邮箱中的邮件传输到本地，或者对邮箱中的邮件进行阅读、移动等操作。这里需要注意，邮件读取协议不是SMTP，而是支持接收邮件的用户主动连接服务器，对其邮箱中的邮件进行操作或申请向本地传输的应用层协议。邮件读取协议通常也是客户/服务器通信方式，用户代理运行邮件读取协议的客户端，邮件服务器运行邮件读取协议的服务器端。因此，通常情况下，邮件服务器除了运行SMTP服务器以外，还会运行一个或多个邮件读取服务器，以便支持用户访问邮箱和下载邮件等操作。典型的邮件读取协议有POP协议、IMAP协议等。

二、SMTP

SMTP是Internet电子邮件中核心应用层协议，实现邮件服务器之间或用户代理到邮件服务器之间的邮件传输。SMTP使用传输层TCP实现可靠数据传输，从发送方（客户端）向接收方（服务器端）发送邮件。在发送邮件时，SMTP客户端首先请求与服务器端的25号端口建立TCP连接，连接一旦建立，便开始进行SMTP应用层交互，实现邮件的发送。当TCP连接建立成功后，SMTP通过3个阶段的应用层交互完成邮件的传输，分别是握手阶段、邮件传输阶段和关闭阶段。握手阶段类似于两个人通信之前的寒暄，彼此声明自己的身份；邮件传输阶段，客户端首先向服务器端通告邮件发送者与邮件接收者的邮箱地址，然后开始邮件数据的传输；关闭阶段声明邮件传输结束，并关闭 TCP 连接。

SMTP 的基本交互方式是 SMTP 客户端发送命令，命令后面可能携带参数，SMTP 服务器对命令进行应答。SMTP 定义了 14 条命令和 21 种应答信息，每条命令由 4 个字母组成，而每一种应答信息一般只有一行信息，由一个 3 位数字的代码开始，后面附上（也可不附上）简单的文字说明。下面是 SMTP 客户（标记为 C）与 SMTP 服务器（标记为 S）之间实现一封简单邮件传输的交互过程示例。假设客户的主机名为 xyz. hit. edu. cn，服务器的主机名为 mail. abc. com。以“C:”开头的 ASCII 码文本行是 SMTP 客户通过 TCP 连接发送给 SMTP 服务器的内容，以“S:”开头的 ASCII 码则是服务器发送给客户的。SMTP 客户首先主动请求与 SMTP 服务器（25 号端口）建立 TCP 连接，一旦 TCP 连接建立成功，就开始了下列交互过程。

```
S:220 mail. abc. com
C:HELO xyz. hit. edu. cn
S:250 Hello xyz. hit. edu. cn, pleased to meet you
C:MAIL FROM:< user_a@ xyz. hit. edu. cn >
S:250 user_a@ xyz. hit. edu. cn … Sender ok
C:RCPT TO:< user_b@ mail. abc. com >
S:250 user_b@ mail. abc. com … Recipient ok
C:DATA
S:354 Enter mail, end with "." on a line by itself
C:Are you available tonight?
C:How about going to the cinema together?
C:.
S:250 Message accepted for delivery
C:QUIT
S:221 mail. abc. com closing connection
```

在上述例子中，客户从邮件服务器 xyz. hit. edu. cn 向邮件服务器 mail. abc. com 发送了一封简单邮件。在 TCP 连接建立成功后，服务器首先发送 220 mail. abc. com 消息以作为对客户连接请求的应答，开启 SMTP 的握手阶段，接下来，客户通过 HELO 命令，向服务器发送自己的域名，服务器以 250 类型的消息进行应答，至此完成握手。在 SMTP 的邮件传输阶段，客户通过 MAIL FROM 和 RCPT TO 命令，向服务器通告邮件发送者（邮箱地址）和邮件接收者，服务器分别进行响应，接下来，通过 DATA 通知服务器准备开始发送邮件内容，当客户收到服务器对 DATA 命令的响应后，开始传输邮件内容（“Are you available tonight? How about going to the cinema together?”），最后，客户向服务器发送“CRLF. CRLF”以通知服务器邮件内容发送结束，进入 SMTP 的关闭阶段。在 SMTP 的关闭阶段，客户通过向服务器发送 QUIT 命令来通告服务器没有邮件需要继续传输了，并请求结束本次 SMTP 会话，关闭 TCP 连接；服务器针对 QUIT 命令，发送 221 类型应答，同意结束 SMTP 会话，并断开 TCP 连接（TCP 断开连接需要一个过程，下一章会介绍）。

SMTP 作为电子邮件系统的核心应用层协议，具有以下多个特点。

1）SMTP 只能传送 7 位 ASCII 码文本内容，包括 SMTP 命令、应答消息以及邮件内容。因此，SMTP 不能直接传送可执行文件或其他的二进制对象（如图像、声音、视频等），许多非英语的文字（如中文、俄文，以及带重音符号的法文和德文等）都无法通过 SMTP 直接传送。在通过 SMTP 传送这类内容时，必须将这些内容转换为 7 位 ASCII 码文本形式，接收邮件一方再将这些内容还原。

2）SMTP 传送的邮件内容中不能包含“CRLF. CRLF”，因为该信息用于标识邮件内容的结束。如果在邮件内容中包含该内容，则 SMTP 在传输时，需要进行转义。

3）SMTP 是“推动”协议。当客户端有邮件发送给服务器时，客户主动向服务器（25 号端口）请求建立 TCP 连接，然后将邮件“推送”给服务器。这与 HTTP 的“拉动”协议有很大区别。

4）SMTP 使用的 TCP 连接是持久的。在 SMTP 协议的邮件传输阶段，在客户完成一封邮件传输后，并不要求必须进入关闭阶段。如果客户还有邮件需要继续向同一个服务器发送，则可以利用已建立的 TCP 连接继续发送后续的邮件，直到没有邮件需要发送为止。

三、电子邮件格式与 MIME

大部分邮件本身并不是简单的一段文本内容，而是按照一定格式进行组织的。RFC 822 标准就规定了邮件内容的基本格式，一份邮件包括首部、空白行、主体三部分。邮件内容首部包括一个或多个首部行，每个首部行包括一个关键字，后面加上英文冒号，冒号后面是首部值。邮件中常见的首部行如下。

- “To:” 后面填入一个或多个收件人的电子邮件地址。用户只需要打开地址簿，单击收件人名字，收件人的电子邮件地址就会自动地填入到合适的位置上。
- “Subject:” 是邮件的主题。它反映了邮件的主要内容，便于用户查找邮件。
- “Cc:” 表示应给某人发送一个邮件副本。
- “From:” 表示发信人的电子邮件地址。
- “Date:” 为发信日期。
- “Reply-To:” 是对方回信所用的地址。如果要求对方回复信件时使用不同于发信人的邮件地址，就需要填写该首部行。

上述首部行中，“To:” 首部行必须填写，其他首部行均为可选，而且很多首部行的内容并不需要用户在撰写邮件时填写，大多数用户代理会自动填写。

由于 SMTP 协议只能传输 7 位 ASCII 码文本内容，因此在传输非 7 位 ASCII 码文本内容时，必须依据一个标准将非 7 位 ASCII 码文本内容转换为 7 位 ASCII 码文本内容，然后利用 SMTP 协议进行传输。解决这一问题的具体方案就是多用途互联网邮件扩展（Multipurpose Internet Mail Extensions，MIME）。MIME 已经广泛应用于互联网的邮件之中。

MIME 的基本思想不是改动或取代 SMTP，而是继续使用 RFC 822 定义的邮件格式标准。但是，MIME 定义了将非 7 位 ASCII 码内容转换为 7 位 ASCII 码的编码规则，并在邮件首部增加 MIME 首部行，说明主体内容原本的数据类型以及采用的编码标准等。这样，在发送方发送邮件之前，先将邮件主体按照 MIME 标准转换为 7 位 ASCII 码，在邮件首部增加必要的 MIME 首部行，然后通过 SMTP 协议将邮件发送给接收方。收件人的用户代理在读取邮件时，根据邮件首部中的 MIME 首部行信息，可以获知邮件主体内容采用了哪种编码、原本的数据类型等，然后对主体内容进行解码，还原数据，并调用相应解释程序显示邮件主体内容。

MIME 主要包括以下三个部分。

1）新增 5 个 MIME 邮件首部字段，可包含在邮件首部中。这些字段提供了有关邮件主体的信息。

- MIME-Version：标识 MIME 的版本。目前 MIME 的版本号是 1.0。如果邮件首部中没有这一首部行，则邮件为普通 7 位 ASCII 码文本邮件。
- Content-Description：这是可读字符串，用于对邮件内容的概括性描述，以便收件人对邮件内容的初步判断。
- Content-Id：邮件的唯一标识符。
- Content-Transfer-Encoding：说明在传送时邮件主体是如何编码的。最简单的编码就是 7 位 ASCII 码，而每行不能超过 1000 个字符，MIME 对这种由 ASCII 码构成的邮件主体不进行任何转换；另一种编码称为 quoted-printable，这种编码方法适用于所传送的数据中只有少量的非 ASCII 码的情况；对于任意的二进制文件（如图像文件、可执行程序等），典型的做法是采用 Base64 编码。
- Content-Type：说明邮件主体内容的类型和格式，如文本、图像、视频等。MIME 标准规定 Content-Type 说明必须含有两个标识符，即内容类型（type）和子类型（subtype），中间用“/”分开。MIME 标准定义了 7 个基本内容类型和 15 个子类型。

下面是一封传输一张 JPEG 图片的邮件示例。

```
From:user_a@xyz.hit.edu.cn
To:user_b@mail.abc.com
Subject:Landscape.
MIME-Version:1.0
Content-Transfer-Encoding:base64
Content-Type:image/jpeg

base64 encoded data .....
........................
......base64 encoded data
```

其中，“MIME-Version:1.0”首部行说明该邮件遵循 MIME 1.0 标准，“Content-Type:image/jpeg”说明邮件主体是经过 Base64 编码后的数据，“Content-Type:image/jpeg”说明邮件主体原数据类型是一张 JPEG 图片。

2）定义了多种邮件内容的格式，对多媒体电子邮件的表示方法进行了标准化。

3）定义了邮件传送编码，可对任何内容格式进行转换，从而适合通过 SMTP 协议进行传送。

四、邮件读取协议

由于 SMTP 是“推动”协议，因此不能用于用户从自己邮箱中读取邮件的操作。当用户需要访问自己的邮箱，读取其中的邮件时，所使用的应用层协议是邮件读取协议。显然，邮件读取协议需要以“拉动”方式运行，客户端运行在用户代理中，服务器运行在邮件服务器上（或者用户邮箱所在主机上）。邮件读取服务器主要功能有用户身份鉴别（需要登录用户名和密码）、访问用户邮箱、根据用户请求对邮箱中的邮件进行操作等。目前 Internet 邮件系统中比较流行的邮件读取协议有第三版的邮局协议（Post Office Protocol Version 3，POP3）、互联网邮件访问协议（Internet Mail Access Protocol，IMAP）和 HTTP，其中 HTTP 在当今比较流行的 Web Mail 系统中被用作邮件读取协议。

1. POP3

POP3 是一个简单的邮件读取协议，因此其功能很有限。为了读取邮件过程的可靠性，POP3 协议使用传输层 TCP。POP3 客户端运行在用户代理中，POP3 服务器运行在邮件服务器上，默认熟知端口号为 110。用户读取邮箱中的邮件时，用户代理中的 POP3 客户首先请求与 POP3 服务器（端口 110）建立 TCP 连接，TCP 连接建立成功后，用户代理则基于 POP3 协议与 POP3 服务器进行交互，实现对邮箱中邮件的操作。POP3 协议交互过程可以分为三个阶段：授权（authorization）、事务处理以及更新。在授权阶段，用户代理需要向服务器发送用户名和口令（以明文形式，即非加密），服务器鉴别用户身份，授权用户访问邮箱。因为用户名和口令是明文传输的，所以其安全性并不高。在事务处理阶段，用户代理向服务器发送 POP3 命令，实现邮件读取、为邮件做删除标记、取消邮件删除标记以及获取邮件的统计信息等操作。在更新阶段，客户发出 quit 命令，结束 POP3 会话，服务器删除那些被标记为删除的邮件。授权阶段主要有两个命令：user < user name >和 pass < password >，分别向服务器发送用户名和口令。在 POP3 的交互过程中，用户代理向服务器发送一些命令，服务器对每个命令做出应答。服务器的应答很简单也很简短，主要有两种：+OK，表示前面的命令是正常的，服务器已完成相应操作；-ERR，表示前面的命令出现了某些差错。

下面是用户代理与 POP3 服务器建立 TCP 连接后，客户与服务器之间的 POP3 交互过程示例。

```
S:+OK POP3 server ready
C:user liquanlong
S:+OK
C:pass niceguy
S:+OK user successfully logged on
C:list
S:1578
S:21267
S:.
C:retr 1
S:<message 1 contents>
S:.
C:dele 1
C:retr 2
S:<message 1 contents>
S:.
C:dele 2
```

```
C:quit
S:+OK POP3 server signing off
```

TCP 连接一旦建立，服务器便利用“+OK POP3 server ready”进行应答，接下来，客户利用 user 和 pass 命令完成授权。在事务处理阶段，客户发送 list 命令，请求服务器发送邮件列表，服务器应答的邮件列表内容很简单，包括邮件序号和邮件长度（字节数），如第 1 封邮件长度为 578 字节。客户发送 retr 1 命令请求服务器传送第 1 封邮件，发送 dele 1 命令请求服务器为第 1 封邮件做删除标记。在事务处理阶段，可以对多个邮件进行下载或标记删除等操作，当然也可以下载后不标记删除，则这些邮件将继续保存在邮箱中。服务器在传送每封邮件内容之后，也是以 CRLF. CRLF 作为邮件内容的结束标志。在更新阶段，客户发送 quit 命令，服务器真正删除已标记删除的邮件，并断开 TCP 连接。

用户在使用 POP3 读取邮件时，可以通过在用户代理中设置“下载并删除方式”使用户代理在通过 retr 命令下载邮箱中每封邮件后，都分别发送 dele 命令以对每封已下载邮件做删除标记，这样，在更新阶段，服务器会删除所有已下载（即已标记删除）的邮件。相反，如果用户只希望下载邮箱中邮件的一份副本，邮件将继续保存在邮箱中，则可以在用户代理中设置“下载并保留方式”。

2. IMAP

用户使用 POP3 协议读取邮件时，一旦将邮件下载到本地主机，就可以在本地建立邮件文件夹，并将下载的邮件存放到该文件夹中。用户可以在本地对邮件进行操作，如查询、移动、删除等。但是，这种在本地对邮件的存储与操作，并不能很好地满足移动用户的需求。移动用户通常更喜欢在远程服务器上的文件夹中存储和管理邮件，这样用户便可以从任何一台机器上对所有邮件进行访问。POP3 协议不具备支持用户创建远程文件夹并为邮件指派文件夹的功能，而 IMAP 支持这一特性。IMAP 和 POP3 一样，都是邮件读取协议，但是 IMAP 比 POP3 具有更多的特性，也比 POP3 更复杂。

IMAP 服务器将邮件与文件夹进行关联，即当邮件第一次到达服务器时，与收件人的 lNBOX 文件夹相关联。通过 IMAP 协议，收件人可以在服务器上创建新的文件夹，并可以对邮件进行移动、查询、阅读、删除等操作。与 POP3 不同，IMAP 服务器维护了 IMAP 会话的用户状态信息，如文件夹的名字，以及哪些邮件与哪些文件夹相关联等。IMAP 的另一个重要特性是允许用户代理只读取邮件的部分内容，如一个用户代理可以只读取一个邮件的首部等。当用户代理访问 IMAP 服务器的网络带宽比较低，或者想先看一下邮件主题再决定是否要下载整个邮件时，这个特性就非常有用。

3. HTTP

在本章第四节论述过，HTTP 是 Web 应用的应用层协议。当使用基于 Web 的邮件时，HTTP 便被用于邮件的读取，此时 HTTP 也作为邮件读取协议使用。基于 Web 的电子邮件（简称 Web 邮件，Web Mail）目前很流行，人们越来越喜欢使用 Web 浏览器收发电子邮件。20 世纪 90 年代中期，Hotmail 率先采用了基于 Web 的电子邮件，时至今日，谷歌、网易以及几乎所有大学或者大型企业等也都提供了基于 Web 的电子邮件服务。Web 邮件的优点之一是用户代理就是普通的 Web 浏览器，用户无须为了使用邮件而安装专用的电子邮件的用户代理软件，并且基于用户熟悉的 Web 操作方式收发邮件，用户体验更好。在 Web 邮件系统中，当收件人想从他的邮箱中读取一封邮件时，该电子邮件报文从其邮件服务器发送到浏览器的过程中，使用的是 HTTP，而不是 POP3 或者 IMAP，即 HTTP 是 Web 邮件系统的邮件读取协议。需要强调一点，当发件人要发送一封电子邮件时，电子邮件报文从浏览器发送到邮件服务器的过程中，使用的也是 HTTP，而不是 SMTP。当然，Web 邮件与普通电子邮件系统的主要区别在于用户代理和邮件服务器之间的邮件收发的不同，而一个邮件服务器与其他的邮件服务器之间的发送和接收过程并没有区别，仍然使用 SMTP。

第六节　文 件 传 输

文件传输应用是在互联网的两个主机间实现文件互传的网络应用，其应用层协议称为文件传输协议（File Transfer Protocol，FTP）。FTP 可以减少或消除在不同操作系统下处理文件的不兼容性，屏蔽各计算机系统的细节，适合在网络中任意异构计算机之间传送文件。FTP 是典型客户/服务器网络应用协议，采用客户/服务器方式实现客户与服务器之间的双向文件传输。FTP 的客户与服务器之间的交互以及文件传输过程均使用 TCP 的可靠传输服务。用户通过 FTP 用户代理使用 FTP 应用，用户代理通过 FTP 客户与 FTP 服务器进行交互。FTP 服务器运行在 FTP 服务器主机上，通常管理一定量的共享文件。FTP 的服务器进程由两大部分组成：一个主进程，负责接受新的客户请求；另外有若干个从属进程，负责处理单个客户请求，与具体客户进行交互。这样，FTP 服务器便可以同时为多个客户进程提供服务。FTP 应用结构如图 2-18 所示。

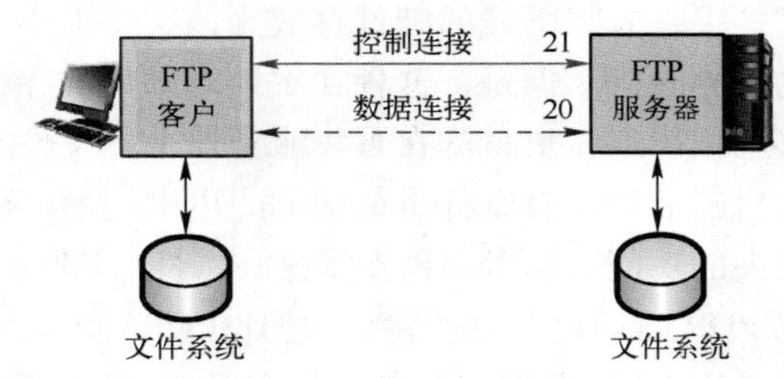

图 2-18　FTP 应用结构

用户在使用 FTP 服务时，首先客户进程需要请求与 FTP 服务器的 21 号端口建立一条 TCP 连接，称为控制连接，然后开始 FTP 会话。FTP 会话之初，用户需要通过控制连接向 FTP 服务器发送用户名和口令，进行系统登录，通过服务器的授权后，客户才可以通过其他命令与服务器交互，包括请求将本地文件系统中的一个或者多个文件上传（或称上载）到远程文件系统（服务器），或者请求将服务器文件系统中的文件下载到本地。

FTP 的一个显著特点是在传输文件内容时，需要新建一个数据连接，专门用于文件传输，文件传输结束后，数据连接即关闭。也就是说，FTP 应用使用两个“并行”的 TCP 连接：控制连接和数据连接。控制连接在整个会话期间一直保持打开，是持久的，FTP 客户发出的传送请求通过控制连接发送给服务器端的控制进程的熟知端口（21），但控制连接不用来传送文件。实际用于传输文件的是数据连接，服务器端的控制进程在接收到 FTP 客户发送来的文件传输请求后就创建数据传送进程和数据连接，用来连接客户端和服务器端的数据传送进程。数据传送进程实际完成文件的传送，在传送完毕后关闭数据传送连接，数据连接是临时的，非持久的。服务器进程用自己传送数据的熟知端口（20）与客户进程所提供的端口号建立数据连接。控制连接用于在客户与服务器之间传输控制信息，如用户标识、口令，以及改变远程目录、上传文件、下载文件等命令；数据连接用于实际传送文件内容。由于 FTP 专门使用一个独立的控制连接传输命令等控制信息，与传输文件信息进行分离，因此将 FTP 这种控制信息的传送方式称为带外控制（out-of-band control）。与之对应，那些命令、数据都是通过一个 TCP 连接传输的应用层协议称为带内控制（in-band control）协议，比如 HTTP。另外，服务器必须将特定用户账户与控制连接关联起来，随着用户在远程目录树上的切换，服务器必须追踪用户在远程目录树上的当前位置，对每个进行中的用户会话的状态信息进行追踪，因此，FTP 服务器必须在整个会话期间保留用户的状态，即 FTP 是有状态的（stateful）协议。

FTP 会话形式是客户向服务器发送命令，服务器发送状态码和短语作为应答。从客户到服务器的命令和从服务器到客户的应答，都是以 7 位 ASCII 码格式在控制连接上传送的，因此，FTP 协议的命令与应答都是人可读的。每个 FTP 命令都是由 4 个大写字母的 ASCII 字符组成的，有些命令还带有可选参数。一些较为常见的命令如下。

➢ USER usename，用于向服务器传送用户标识。

➢ PASS password，用于向服务器发送用户口令。

➢ LIST，用于请求服务器回送当前远程目录中的所有文件列表。该文件列表是经一个数据连接传送的，而不是在控制连接上传送的。

➢ RETR filename，用于从 FTP 服务器的当前目录下载文件。该命令将使服务器发起一个数据连接，并经该数据连接向客户发送所请求的文件。

➢ STOR filename，用于向 FTP 服务器的当前目录上传文件。

每个 FTP 命令都对应一个从服务器发向客户的应答。每个应答由一个 3 位数字的状态码，后跟一个可选的短语信息构成。一些典型的应答消息如下。

➢ 331 Usemame OK ，Password required

➢ 125 Data connection already open；transfer starting

➢ 425 Can't open data connection

第七节　P2P 应用

前面介绍的网络应用都是典型的客户/服务器体系结构应用，本节将对 P2P 体系结构的网络应用（简称 P2P 应用）加以分析。正如本章第一节所述，客户/服务器体系结构应用的关键在于服务器，所有的客户都只与服务器通信，服务器必须一直处于运行状态，一旦服务器出现故障，则整个应用即瘫痪，这就是所谓的单点故障问题。客户/服务器体系结构应用中的服务器性能、服务器接入网络带宽等，在很大程度上决定了应用性能、应用规模以及用户体验。P2P 体系结构的网络应用则不同，对服务器的依赖很小，甚至对于纯 P2P 来说，整个应用几乎不依赖某个集中服务器，应用都是动态地在对等方之间进行。在 P2P 应用中，对等方随时可能加入应用，也随时可能离开应用，具有很强的应用规模伸缩性。P2P 应用的对等方通常并不属于服务提供商，而是用户控制的桌面计算机或笔记本电脑等。P2P 应用充分聚集并利用了端系统（对等方主机）的计算能力以及网络传输带宽（对等方接入网络的带宽），代表了全新的网络应用架构与理念。P2P 应用在很多应用场景中的表现优于传统客户/服务器体系结构的网络应用，近年来很多性能表现优异，深受用户喜爱的 P2P 应用层出不穷。

下面通过对比文件分发应用的客户/服务器实现与 P2P 实现，展示 P2P 应用的优势。假

设网络上有 n 个用户（即 C/S 应用中的客户，P2P 应用中的对等方），都期望得到文件 F（文件大小为 f）的一份副本。文件分发应用就是实现每个用户都获得 F 的一份副本的过程。这一应用场景在网络上是非常常见的，比如很多用户都想下载一个开源软件，或者都想下载一个免费的 MP3 音乐文件等。显然，文件分发既可以通过客户/服务器体系结构的网络应用来实现，又可以通过 P2P 体系结构的网络应用来实现。下面通过分析分发时间的下界来对比两种应用的实现。文件分发问题示意图如图 2-19 所示，其中，u_s 为服务器接入网络链路的上行带宽；$u_{i,i\in[1,n]}$ 为第 i 个用户主机接入网络链路的上行带宽；$d_{i,i\in[1,n]}$ 为第 i 个用户主机接入网络链路的下行带宽。另外，假设互联网带宽足够大，即忽略互联网上数据传输时间，并假设服务器和客户没有参与任何其他网络应用，因此它们的所有上行和下行接入带宽被全部用于分发文件。

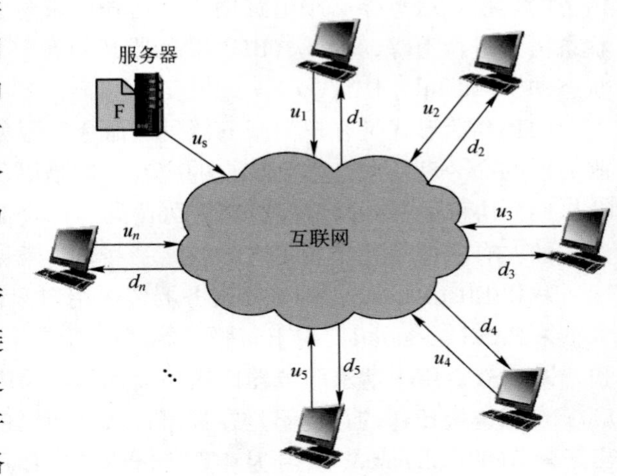

图 2-19　文件分发问题示意图

首先分析采用客户/服务器体系结构实现文件分发的时间。在客户/服务器体系结构中，每个客户都需要请求服务器为其发送一个文件副本，因此，服务器上传数据总量为 nf，所需时间至少为 nf/u_s。另外，令 $d_{\min}$ 表示具有最小下行带宽的客户的下行带宽，即 $d_{\min}=\min\{d_i \mid i\in[1,n]\}$，则具有最小下行速率的对等方不可能在少于 $f/d_{\min}$ 时间内获得文件 F。时间 nf/u_s 和 $f/d_{\min}$ 可以近似看作并行发生的，于是，采用客户/服务器体系结构实现文件分发的最小分发时间至少为

$$D_{CS}=\max\{nf/u_s, f/d_{\min}\} \tag{2-1}$$

式（2-1）为采用客户/服务器体系结构实现文件分发的最小分发时间的下界，可以看作文件分发的最快时间。显然，在 f、u_s 和 $d_{\min}$ 一定的前提下，这个时间随 n 的增加而线性增加，当 n 大于某个阈值后，D_{CS} 便取决于 n 的大小，n 越大，所需的最快时间也越大。

接下来，再分析一下采用 P2P 体系结构实现文件分发的时间。在 P2P 体系结构中，每个对等方在接收到文件的部分数据后，马上可以将其拥有的数据向其他对等方分发，即每个对等方既是数据的需求方，又是数据的提供方。每个对等方获得的文件 F 的完整数据，大部分都来自于其他对等方。当然，由于文件分发之初只有服务器上有文件 F，因此理想情况下，服务器只需要上传 1 份文件 F，用时为 f/u_s。类似地，具有最小下行速率的对等方获得 1 份文件 F 的时间不少于 $f/d_{\min}$。n 个用户共获取 n 份文件 F，总数据量为 nf，理想情况下，这些数据是由服务器和所有的对等方共同上传的，至少用时

$$\frac{nf}{u_s+\sum_{i=1}^{n}u_i} \tag{2-2}$$

因此，采用 P2P 体系结构实现文件分发的最快时间为

$$D_{\mathrm{P2P}} = \max\left\{\frac{f}{u_{\mathrm{s}}},\frac{f}{d_{\min}},\frac{nf}{u_{\mathrm{s}} + \sum_{i=1}^{n} u_i}\right\} \tag{2-3}$$

式（2-3）是 P2P 体系结构实现文件分发的最小分发时间的下界。特别地，如果 $u_{\mathrm{s}} = u_{i(i\in[1,n])} = u$，则式（2-3）可以写成

$$D_{\mathrm{P2P}} = \max\left\{\frac{f}{u},\frac{f}{d_{\min}},\frac{n}{n+1}\times\frac{f}{u}\right\} \tag{2-4}$$

从式（2-4）可以很直观地看出，在这种条件下，P2P 体系结构实现文件分发的最快时间几乎不会随着对等方数量的增加而显著增加，当 n 足够大时，D_{P2P}趋近于一个常量。

通过前面的分发时间的分析与对比可以看出，在实现文件分发这一应用中，P2P 体系结构网络应用远远优于客户/服务器体系结构网络应用。究其原因，主要是在 P2P 应用中，每个对等方既是数据的获取者（消费者），又是数据的提供者（服务器）。P2P 应用充分聚集和利用了每个对等方接入链路的上行带宽以及每个对等方的处理能力。这正是大部分 P2P 应用的理念："人人为我，我为人人"。正是 P2P 在文件分发、文件共享等类型应用中表现出来的优异性能，所以近年来 P2P 应用大量出现，并深得用户喜爱。

第八节　Socket 编程基础

前面几节介绍了一些重要的网络应用，本节探讨如何编写网络应用程序。在本章第二节讲过，典型的网络应用是由一对程序（即客户程序和服务器程序）组成的，分别位于两个不同的端系统中。当运行这两个程序时，便创建了一个客户进程和一个服务器进程，同时它们通过从套接字读出或向其写入数据，完成彼此之间的通信。开发者创建一个网络应用时，其主要任务就是编写客户程序和服务器程序的代码。网络应用程序有两类：实现标准协议的网络应用和专用网络应用。实现标准协议的网络应用的应用层协议遵循某个或某些标准，如 RFC 定义的标准或某种其他标准，客户程序和服务器程序必须遵守标准所规定的规则。这类网络应用的客户程序和服务器程序可以分别由不同组织或人员开发，一个开发者编写的客户程序可以与另一个开发者编写的服务器程序进行正常通信，因为两者都遵守同一标准的各种规则。例如，一个组织开发的 Web 浏览器，可以与另一个组织开发的 Web 服务器进行正常通信与交互，因为彼此共同遵守 HTTP 标准。事实上，大多数实现标准协议的网络应用的客户程序和服务器程序通常都是由不同的程序员甚至不同组织单独开发的。专用网络应用则是针对某组织或个人的特殊需求编写的网络应用程序。这类应用的应用层协议是专门设计的，没有公开发布在 RFC 中，没有成为标准，只在小范围内甚至某个网络应用中使用。这类应用的开发通常要求开发者（或开发团队）同时完成应用的客户程序和服务器程序的编写，因为这类应用没有实现一个开放（或标准）的应用层协议，其他开发者将不能开发出和该应用程序交互的代码。显然，想要了解网络应用程序是如何编写的，需要同时理解客户程序和服务器程序的编写过程。

如本章第二节所述，网络应用进程通信时需要通过 API 接口请求底层协议的服务，如传输层服务，目前在 Internet 中应用最广泛的网络应用编程接口就是 Socket API。无论是客户进程还是服务器进程，都需要创建 Socket，实现与底层协议的接口，从而可以通过 Socket

将数据发送出去或接收进来。应用进程可以根据需要，创建不同类型的 Socket，与不同的底层协议接口，当然也就使用了不同底层协议提供的不同类型的服务。应用进程面向 TCP/IP 栈的 Socket 接口模型如图 2-20 所示。

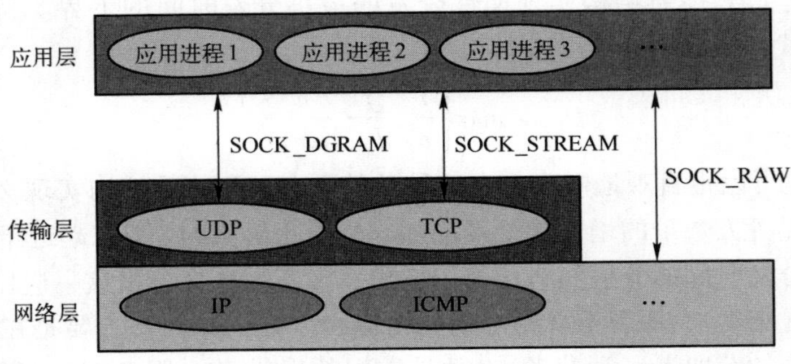

图 2-20　应用进程面向 TCP/IP 栈的 Socket 接口模型

网络应用进程可以创建 3 种类型的 Socket：数据报类型套接字 SOCK_DGRAM、流式套接字 SOCK_STREAM 和原始套接字 SOCK_RAW。其中，SOCK_DGRAM 面向传输层 UDP 接口；SOCK_STREAM 面向传输层 TCP 接口；SOCK_RAW 面向网络层协议（如 IP、ICMP 等）接口。前两类套接字均是面向应用层相邻的传输层接口，比较容易理解，而原始套接字比较特殊，“绕”过了传输层，面向网络层接口。原始套接字的创建有权限限制，比如在 Linux 操作系统中，具有 root 权限的用户才能创建原始套接字。通过原始套接字，应用进程可以实现一些特殊的功能，比如收、发 ICMP 报文等。对原始套接字编程比较感兴趣的读者可以参考专门的 Socket 编程书籍或资料，本书不再对此展开叙述。

Socket 为开发人员提供了开发客户/服务器结构网络应用的途径与架构，具体形式为一组 Socket API 函数。在编写客户程序和服务器程序时，需要调用不同的 Socket API 函数，实现创建套接字、发送数据、接收数据等功能。Linux 操作系统的典型 Socket API 函数如下。

（1）函数：int socket(int family, int type, int protocol)

1）功能：创建套接字。

2）参数：family 为协议族，通常取值为 PF_INET 或 AF_INET，表示面向 IPv4 协议栈；type 为套接字类型，可选值有 SOCK_STREAM、SOCK_DGRAM、SOCK_RAW，分别表示流式套接字、数据报类型套接字、原始套接字；protocol 为协议，比如取值 IPPROTO_TCP、IPPROTO_UDP 分别表示 TCP 和 UDP。

3）返回：成功，返回非负整数，为套接字描述符；失败，返回-1（或 SOCKET_ERROR）。

4）说明：创建指定类型的套接字。

（2）函数：int close(int sockfd)

1）功能：关闭一个描述符为 sockfd 的套接字。

2）参数：sockfd 为本地套接字的描述符。

3）返回：成功，返回 0；失败，返回-1。

4）说明：如果多个进程共享一个套接字，则调用 close()将套接字引用计数减 1，减至 0 才关闭该套接字；一个进程中的多线程对一个套接字的使用不存在计数，如果进程中的某个线程调用 close( )将一个套接字关闭，则该进程中的其他线程也将不能访问该套接字了。

（3）函数：int bind(int sockfd, const struct sockaddr *myaddr, socklen_t addrlen)

1）功能：绑定套接字的本地端点地址。

2）参数：sockfd 为本地套接字的描述符；myaddr 为指向结构体 sockaddr_in 的指针，存储本地端点地址（包含 IP 地址和端口号）；addrlen 为端点地址长度。

3）返回：成功，返回 0；失败，返回-1。

4）说明：服务器程序需要调用该函数，为服务器套接字绑定特定端口号；客户程序一般不必调用该函数，因为操作系统会自动为客户套接字绑定端口号。

（4）函数：int listen(int sockfd, int backlog)

1）功能：置服务器端的流式（TCP）套接字 sockfd 为监听状态。

2）参数：sockfd 为本地（服务器）套接字的描述符；backlog 为连接请求队列大小。

3）返回：成功，返回 0；失败，返回-1。

4）说明：该函数只用于服务器端，且仅用于面向连接的流式套接字，即 TCP 服务器套接字。

（5）函数：int connect(int sockfd, const struct sockaddr *servaddr, socklen_t addrlen)

1）功能：将客户套接字 sockfd 与服务器连接。程序调用 connect 函数来使客户套接字（sd）与特定计算机的特定端口（saddr）的套接字（服务）进行连接。

2）参数：sockfd 为本地套接字（客户）的描述符；servaddr 为指向结构体 sockaddr_in 的指针，存储服务器端点地址。

3）返回：成功，返回 0；失败，返回-1。

4）说明：该函数仅用于客户端；不仅可以用于 TCP 客户端，还可以用于 UDP 客户端；对于 TCP 客户端，该函数真正建立与服务器的 TCP 连接，而对于 UDP 客户端，只是指定服务器端点地址。

（6）函数：int accept(int sockfd, struct sockaddr *cliaddr, socklen_t addrlen)

1）功能：从监听状态的流式套接字 sockfd 的客户连接请求队列中，取出排在最前面的一个客户请求，并且创建一个新的套接字来与客户套接字建立 TCP 连接。

2）参数：sockfd 为本地（服务器）流式套接字的描述符；cliaddr 为指向结构体 sockaddr_in 的指针，用于存储客户端点地址。

3）返回：成功，返回非负整数，为新建与客户连接的套接字描述符；失败，返回-1。

4）说明：该函数仅用于服务器端 TCP 套接字，真正与客户连接的是新创建的套接字，即该函数返回的套接字描述符所标识的套接字。

（7）函数：ssize_t send(int sockfd, const void *buff, size_t nbytes, int flags)

1）功能：发送数据。

2）参数：sockfd 为本地套接字描述符；buff 为指向存储待发送数据的缓存指针；nbytes 为数据长度；flags 为控制比特，通常取 0。

3）返回：成功，返回发送的字节数；失败，返回-1。

4）说明：TCP 套接字（客户与服务器）调用 send( )函数发送数据；send( )函数也可以用于调用了 connect( )函数的客户端 UDP 套接字。

（8）函数：ssize_t sendto(int sockfd, const void *buff, size_t nbytes, int flags, const struct sockaddr ＊to, socklen_t addrlen)

1）功能：发送数据。

2）参数：sockfd 为本地套接字描述符；buff 为指向存储待发送数据的缓存指针；nbytes 为数据长度；flags 为控制比特，通常取 0；to 为远端（数据接收端）端点地址结构指针。

3）返回：成功，返回发送的字节数；失败，返回-1。

4）说明：sendto( )函数用于 UDP 服务器端套接字或未调用 connect( )函数的 UDP 客户端套接字。

（9）函数：ssize_t recv(int sockfd, void ＊buff, size_t nbytes, int flags)

1）功能：接收数据。

2）参数：sockfd 为本地套接字描述符；buff 为指向存储接收数据的缓存指针；nbytes 为缓存长度；flags 为控制比特，通常取 0。

3）返回：成功，返回接收到的字节数；失败，返回-1。

4）说明：recv( )函数用于从 TCP 套接字接收数据，也可以用于从调用了 connect( )函数的 UDP 客户端套接字接收服务器发来的数据。

（10）函数：ssize_t recvfrom(int sockfd, const void ＊buff, size_t nbytes, int flags, struct sockaddr ＊from, socklen_t addrlen)

1）功能：接收数据。

2）参数：sockfd 为本地套接字描述符；buff 为指向存储接收数据的缓存指针；nbytes 为缓存长度；flags 为控制比特，通常取 0；from 为存储远端（数据发送端）端点地址结构体的指针。

3）返回：成功，返回接收到的字节数；失败，返回-1。

4）说明：recvfrom( )函数用于从 UDP 服务器端套接字或未调用 connect( )函数的 UDP 客户端套接字接收数据。

（11）函数：int setsockopt(int sockfd, int level, int optname, const void ＊optval, socklen_t addrlen)

1）功能：设置套接字选项。

2）参数：sockfd 为本地套接字描述符；level 为选项级，如 IPPROTO_IP 为 IPv4 选项；optname 为选项名，如 IP_TTL 为 IP 数据报存活时间选项；optval 用于存储选项值。

3）返回：成功，返回 0；失败，返回-1。

（12）函数：int getsockopt(int sockfd, int level, int optname, void ＊optval, socklen_t addrlen)

1）功能：读取套接字选项。

2）参数：optval 用于存放选项读取值。

3）返回：成功，返回 0；失败，返回-1。

4）说明：getsockopt( )函数用于获取任意类型、任意状态套接字的选项当前值，并把结果存入 optval。

在开发客户/服务器结构网络应用程序时，根据应用特点和需求等选择使用传输层 TCP 或 UDP。TCP 提供面向连接、可靠的字节流传输服务，选择使用 TCP 的网络应用程序，无须处理数据丢失等问题，从而使得应用程序设计相对简单。基于 TCP 的客户程序与服务器程序的典型 Socket API 函数调用过程如图 2-21 所示。

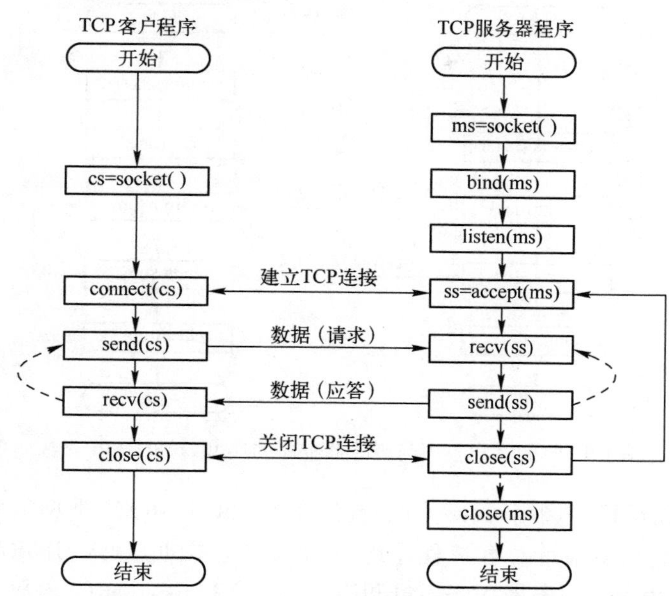

图 2-21　基于 TCP 的客户程序与服务器程序的典型 Socket API 函数调用过程

服务器程序需要首先运行，调用 socket( ) 函数创建 SOCK_STREAM 类型的主套接字 ms；调用 bind( ) 函数绑定本地端点地址；调用 listen( ) 函数置主套接字 ms 为监听模式；调用 accept( ) 函数，通过主套接字 ms 接收客户连接请求，并阻塞服务器进程，直到有客户连接请求到达，accept( ) 函数调用成功，返回（创建）连接套接字 ss。

客户程序在服务器程序运行后执行，创建本地 SOCK_STREAM 类型的套接字 cs 后，调用 connect( ) 函数请求与服务器建立 TCP 连接，connect( ) 函数调用成功，表明 TCP 连接建立成功。接下来，客户程序与服务器程序通过调用 send( ) 和 recv( ) 函数，实现数据发送与接收。通信结束后，客户程序通过调用 close( ) 函数，释放套接字 cs；服务器程序通过调用 close( ) 函数，释放套接字 ss，从而关闭 TCP 连接。服务器程序继续调用 accept( ) 函数，通过主套接字 ms 接收下一个客户连接请求。通常情况下，服务器程序不会关闭主套接字 ms，因为服务器还要继续为其他客户提供服务。

服务器端在调用 accept( ) 函数时，通常阻塞服务器进程，等待客户的连接请求，一旦有客户连接请求到达，accept( ) 函数会返回（创建）一个新的套接字 ss，ss 是会真正与客户建立 TCP 连接的。服务器在与客户通信过程中，是通过与特定客户连接的 ss 进行的，当与该客户通信结束后，即可调用 closes( ) 函数关闭与客户通信的 ss。服务器通常通过无限循环机制，继续调用 accept( ) 函数以等待新的客户连接请求，周而复始。当然，服务器也可以通过并发机制，比如多线程机制，实现并发的服务器，实现在与某个（些）客户通信的同时继续接收新的客户连接请求。

UDP 提供无连接、不可靠的数据报传输服务，选择使用 UDP 的网络应用程序，不能依靠 UDP 实现可靠数据传输。应用程序或者允许 UDP 的不可靠数据传输（比如，多媒体应用可以允许一定比例的数据丢失），或者应用程序在应用层自己解决可靠性问题。基于 UDP 的客户程序与服务器程序的典型 Socket API 函数调用过程如图 2-22 所示。

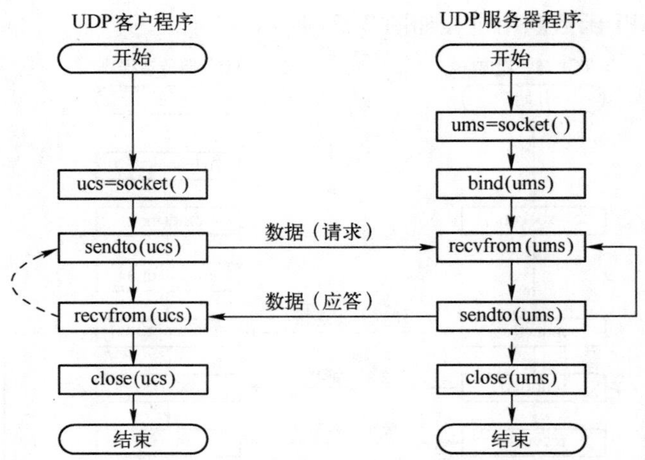

图 2-22　基于 UDP 的客户程序与服务器程序的典型 Socket API 函数调用过程

服务器程序首先运行，调用 socket( ) 函数创建 SOCK_DGRAM 类型的套接字 ums；调用 bind( ) 函数绑定本地端点地址。客户程序运行后，创建本地 SOCK_DGRAM 类型的套接字 ucs。接下来，客户程序与服务器程序通过调用 sendto( ) 和 recvfrom( ) 函数，实现数据发送与接收。通信结束后，客户程序通过调用 close( ) 函数，释放套接字 ucs；服务器程序继续调用 recvfrom( ) 函数，通过套接字 ums 接收下一个客户发送过来的数据报。通常情况下，服务器程序不会关闭套接字 ums。

下面是一个简单的客户/服务器结构网络应用程序，应用功能是客户向服务器发送一条短消息 "Hello Alice, I am Bob."，服务器收到该条短消息后，给客户发送短消息 "Hello Bob, nice to meet you!" 作为应答。代码清单 2-1 与代码清单 2-2 分别是基于 TCP 实现该应用的服务器程序代码和客户程序代码；代码清单 2-3 与代码清单 2-4 分别是基于 UDP 实现该应用的服务器程序代码和客户程序代码。

代码清单 2-1　TCP 服务器程序代码

```
/* TCP 服务器程序 */
/*****************************************************/

#include <stdlib.h>
#include <stdio.h>
#include <string.h>
#include <sys/socket.h>
#include <netinet/in.h>
#include <arpa/inet.h>

#define BUFFER_SIZE 1024
#define SERVER_PORT 11121

void extract_name(char * buffer)
{
    unsigned long len = strlen(buffer);
```

```
        int i = (int) len - 1;
        for( ; i >= 0; i--)
        {
            if(buffer[i] == ' ')
            {
                break;
            }
        }
        for(int j = 0; j < len - i; j++)
        {
            buffer[j] = buffer[i + j + 1];
        }
        char temp[64];
        strcpy(temp, buffer);
        strcpy(buffer, "Hello, ");
        strcat(buffer, temp);
        strcat(buffer, ", nice to meet you.");
}

int main()
{
        int                     server_sockfd;
        int                     client_sockfd;
        long                    recv_len;
        struct sockaddr_in      server_addr;
        struct sockaddr_in      client_addr;
        socklen_t               sin_size = sizeof(struct sockaddr_in);
        char                    buffer[BUFFER_SIZE];
        memset(&server_addr, 0, sizeof(server_addr));
        server_addr.sin_family = AF_INET;
        server_addr.sin_addr.s_addr = INADDR_ANY;
        server_addr.sin_port = htons(SERVER_PORT);

        if((server_sockfd = socket(AF_INET, SOCK_STREAM, 0)) < 0)
        {
            printf("Failed to create socket.\n");
            return -1;
        }
        if(bind(server_sockfd, (struct sockaddr *)&server_addr, sizeof(struct sockaddr_in)) < 0)
        {
            printf("Failed to bind socket.\n");
            return -1;
        }
        if(listen(server_sockfd, 5) < 0)
        {
            printf("Failed to listen socket\n");
}
```

```
        while(1)
        {
            client_sockfd = accept(server_sockfd, (struct sockaddr *)&client_addr, &sin_size);
            while((recv_len = recv(client_sockfd, buffer, BUFFER_SIZE, 0)) > 0)
            {
                buffer[recv_len] = 0;
                printf("Recieve message from client: %s\n", buffer);
                extract_name(buffer);
                char temp[BUFFER_SIZE] = "Hello, ";
                strcat(temp, buffer);
                send(client_sockfd, temp, strlen(temp), 0);
            }
        }
        return 0;
    }
```

代码清单 2-2　TCP 客户程序代码

```
/* TCP 客户程序 */
/*********************************************************************/
#include <stdlib.h>
#include <stdio.h>
#include <string.h>
#include <sys/socket.h>
#include <netinet/in.h>
#include <arpa/inet.h>

#define BUFFER_SIZE 1024
#define SERVER_PORT 11121

int main()
{
    int                         client_sockfd;
    long                        recv_len;
    struct sockaddr_in          server_addr;
    char                        buffer[BUFFER_SIZE];

    memset(&server_addr, 0, sizeof(server_addr));
    memset(&buffer, 0, sizeof(buffer));

    server_addr.sin_family = AF_INET;
    server_addr.sin_addr.s_addr = inet_addr("127.0.0.1");
    server_addr.sin_port = htons(SERVER_PORT);

    if((client_sockfd = socket(AF_INET, SOCK_STREAM, 0)) < 0)
    {
        printf("Failed to create socket.\n");
```

```
            return -1;
        }

        if(connect(client_sockfd, (struct sockaddr * ) &server_addr, sizeof(struct sockaddr)) < 0)
        {
            printf("Failed to connect remote socket. \n");
            return -1;
        }

        strcpy(buffer, "Hello Alice, I am Bob");
        send(client_sockfd, buffer, strlen(buffer), 0);

        recv_len = recv(client_sockfd, buffer, BUFFER_SIZE, 0);
        buffer[recv_len] = 0;
        printf("Recieve message from server: %s\n", buffer);

        close(client_sockfd);
}
```

代码清单 2-3　UDP 服务器程序代码

```
/* UDP 服务器程序 */
/*************************************************************/

#include <stdlib.h>
#include <stdio.h>
#include <string.h>
#include <sys/socket.h>
#include <netinet/in.h>
#include <arpa/inet.h>

#define BUFFER_SIZE 1024
#define SERVER_PORT 11122

void extract_name(char * buffer)
{
    unsigned long len = strlen(buffer);
    int i = (int) len - 1;
    for( ; i >= 0; i--)
    {
        if(buffer[i] == ' ')
        {
            break;
        }
    }
    for(int j = 0; j < len - i; j++)
    {
```

```
            buffer[j] = buffer[i + j + 1];
        }

        char temp[64];
        strcpy(temp, buffer);
        strcpy(buffer, "Hello, ");
        strcat(buffer, temp);
        strcat(buffer, ", nice to meet you.");
}

int main()
{
        int                     server_sockfd;
        int                     client_sockfd;
        long                    recv_len;
        struct sockaddr_in      server_addr;
        struct sockaddr_in      client_addr;
        socklen_t               sin_size = sizeof(struct sockaddr_in);
        char                    buffer[BUFFER_SIZE];

        memset(&server_addr, 0, sizeof(server_addr));

        server_addr.sin_family = AF_INET;
        server_addr.sin_addr.s_addr = INADDR_ANY;
        server_addr.sin_port = htons(SERVER_PORT);

        if((server_sockfd = socket(AF_INET, SOCK_DGRAM, 0)) < 0)
        {
            printf("Failed to create socket.\n");
            return -1;
        }

        if(bind(server_sockfd, (struct sockaddr *)&server_addr, sizeof(struct sockaddr_in)) < 0)
        {
            printf("Failed to bind socket.\n");
            return -1;
        }

        while(1)
        {
            if((recv_len = recvfrom(server_sockfd, buffer, sizeof(buffer), 0, (struct sockaddr *)
&client_addr, &sin_size)) > 0)
            {
                buffer[recv_len] = 0;
                printf("Recieve message from client: %s\n", buffer);

                extract_name(buffer);
```

```
                sendto( server_sockfd, buffer, sizeof( buffer) , 0, ( struct sockaddr * ) &client_addr,
sin_size) ;
            }
        }

    return 0;
}
```

代码清单 2-4　UDP 客户程序代码

```
/ * UDP 客户程序 * /
/ ****************************************************** /

#include <stdlib. h>
#include <stdio. h>
#include <string. h>
#include <sys/socket. h>
#include <netinet/in. h>
#include <arpa/inet. h>

#define BUFFER_SIZE 1024
#define SERVER_PORT 11122

int main( )
{
    int                         client_sockfd;
    long                        recv_len;
    struct sockaddr_in          server_addr;
    socklen_t                   sin_size = sizeof( struct sockaddr_in) ;
    char                        buffer[ BUFFER_SIZE] ;

    memset( &server_addr, 0, sizeof( server_addr) ) ;
    memset( &buffer, 0, sizeof( buffer) ) ;

    server_addr. sin_family = AF_INET;
    server_addr. sin_addr. s_addr = inet_addr( " 127. 0. 0. 1" ) ;
    server_addr. sin_port = htons( SERVER_PORT) ;

    if( ( client_sockfd = socket( AF_INET, SOCK_DGRAM, 0) ) < 0)
    {
        printf( " Failed to create socket. \n" ) ;
        return -1;
    }

    strcpy( buffer, " Hello Alice, I am Bob" ) ;
```

```
        sendto(client_sockfd, buffer, strlen(buffer), 0, (struct sockaddr *)&server_addr, sizeof
    (server_addr));

        recv_len = recvfrom(client_sockfd, buffer, sizeof(buffer), 0, (struct sockaddr *) &server_ad-
    dr, &sin_size);
        buffer[recv_len] = 0;
        printf("Recieve message from server: %s\n", buffer);

        close(client_sockfd);
    }
```

上述服务器代码中，在定义服务器 IP 地址时，使用了 INADDR_ANY，它是一个符号常量，可以看作 IP 地址通配符，表示服务器接收任何合法目的地址的 IP 数据报，这对于服务器运行在具有多个 IP 地址的服务器主机（也称为多宿主主机）尤为重要。

内容小结

本章主要介绍了网络应用体系结构、网络应用通信基本原理、应用层协议、DNS、Web 应用、电子邮件、FTP、P2P 应用以及 Socket 编程等内容。

网络应用从体系结构角度可以分为客户/服务器结构应用、纯 P2P 结构应用以及混合结构应用三大类。客户/服务器结构网络应用是最传统、最基本的网络应用，通信过程只发生在客户与中心服务器之间，客户与客户之间不会进行直接通信。纯 P2P 结构网络应用中没有传统的中心服务器，通信在对等的对等方之间进行。纯 P2P 结构网络应用的规模伸缩性很强，随时会有对等方加入，也随时有对等方离开，对等方之间的通信具有很强的动态性。每个对等方既包括客户进程，又包括服务器进程，主动发起通信的对等方表现为客户，而被动通信的对等方表现为服务器。混合结构网络应用融合了纯 P2P 结构网络应用与传统的客户/服务器结构网络应用，即在纯 P2P 结构网络应用中引入了传统的中心服务器，解决了纯 P2P 结构网络应用的查找问题。在混合结构网络应用中，每个对等方采用传统的客户/服务器通信方式与中心服务器通信，进行注册、信息发布、查找等操作，在信息共享或通信时又以 P2P 方式在对等方之间直接进行。

无论哪种体系结构的网络应用，其通信过程的本质仍然是客户/服务器通信方式，即在客户进程与服务器进程之间的通信。客户进程和服务器进程都是通过应用编程接口（API）与底层协议直接交互的，典型的 API 是 Socket API。网络应用进程使用 IP 地址和套接字绑定的端口号来标识网络中通信的进程。

域名系统（DNS）是非常重要的一种网络应用。DNS 实现了主机域名与 IP 地址之间的映射。为此，DNS 实现为一个庞大的分布式数据库，域名与 IP 地址的映射数据就存储在这个分布式数据库中。每个域名服务器只存储部分域名映射信息，域名服务器按域名构成关系构成一个层次结构，进而有根域名服务器、顶级域名服务器以及权威域名服务器的职责之分。域名解析过程就是在这些层次化域名服务器之间的查询过程。每台主机都会配置一个默认域名服务器，当这台主机进行域名查询时，总是首先将查询发送给该默认域名服务器，该域名服务器也称为本地域名服务器。域名查询过程又分为递归查询和迭代查询两种基本类型。支持递归查询服务的域名服务器会代理查询，最后将查询结果返回给查询用户，本地域名服务器通常都支持递归查询。只支持迭代查询服务的域名服务器，不会代理用户进行进一步查询，而是直接向查询用户响应结果或下一步查询的服务器。

Web 应用是 Internet 热点应用之一。Web 应用的应用层协议是 HTTP。HTTP 使用传输层 TCP，服务器端默认端口号为 80。HTTP 客户首先请求与 HTTP 服务器（80 端口）建立 TCP 连接，然后 HTTP 客户向 HTTP 服务器发送 HTTP 请求报文，HTTP 服务器向客户发送 HTTP 响应报文。HTTP 根据使用 TCP 连接的策略或方式的不同，分为非持久连接的 HTTP 和持久连接的 HTTP。非持久连接的 HTTP 每传输一个对象都新建一个 TCP 连接，对象传输结束则断开连接；持久连接的 HTTP 则可以通过已建立的 TCP 连接传输多个对象。持久连接又进一步区分为非流水方式持久连接和流水方式持久连接。HTTP/1.0 默认情况下是非持久连接的 HTTP，HTTP/1.1 默认情况下是流水方式持久连接。HTTP 是无状态协议。Cookie 是克服 HTTP 无状态特性，实现服务器对客户状态的跟踪的典型技术。

电子邮件是 Internet 中一个被广泛应用的网络应用。电子邮件系统主要包括邮件服务器、SMTP、用户代理和邮件读取协议等。邮件服务器为每个注册用户创建一个邮箱，存放该用户接收到的邮件，管理一个外出邮件队列，并从队列中取出邮件进行发送。邮件服务器之间发送邮件时使用的应用层协议是 SMTP。SMTP 使用传输层 TCP，在 SMTP 客户与服务器（默认为 25 号端口）之间建立 TCP 连接后，经历握手阶段、邮件发送阶段和关闭阶段，完成邮件传送。SMTP 协议只能传输 7 位 ASCII 文本，如果传输非 7 位 ASCII 码内容，需要根据 MIME 将非 7 位 ASCII 码内容编码转换为 7 位 ASCII 文本，然后通过 SMTP 进行传输。SMTP 是“推动”协议，发送邮件的服务器（或用户代理）主动请求与接收邮件的邮件服务器建立连接，然后将邮件发送（“推送”）过去。邮件读取协议是用户主动访问自己的邮箱，读取邮箱中邮件时使用的应用层协议，包括 POP3、IMAP 和 HTTP，其中 HTTP 是 Web 邮件系统的邮件读取协议。

FTP 是 Internet 中实现文件传输的典型应用。FTP 使用传输层 TCP。FTP 客户与服务器（21 号端口）建立一条 TCP 连接，称为控制连接，用于传输命令。控制连接是持久的。在传输文件等数据时，客户与服务器的 20 号端口之间建立一条临时的 TCP 连接，用于传输数据，数据传输结束便断开连接，该连接称为数据连接。FTP 这种使用两条 TCP 连接分别传输控制命令与数据的方式，称为带外控制协议。另外，FTP 是有状态协议。

P2P 应用中没有中心服务器，通信在对等方之间直接进行。以文件分发应用为例，C/S 体系结构实现文件分发时，最快分发时间随用户数量的增加而线性增加；P2P 体系结构实现文件分发时，最快分发时间几乎不随用户数量的增加而增加。

利用 Socket 编程技术可以开发客户/服务器网络应用程序。客户程序和服务器程序通过创建不同类型的套接字，使用传输层不同协议，SOCK_STREAM 类型套接字面向 TCP 接口，SOCK_DGRAM 类型套接字面向 UDP 接口。客户程序和服务器程序创建套接字后，需要进一步调用其他 Socket API 函数，完成端点地址绑定，以及发送数据和接收数据等功能。有些函数只能用于服务器端，如 listen( ) 函数、accept( ) 函数等，而有些函数只能用于客户端，如 connect( ) 函数等。

习　题

1. 计算机网络应用可以分为哪几种体系结构的应用类型？各种类型应用的特点分别是什么？

2. 为什么说客户/服务器通信方式是网络应用通信的基本方式？

3. 在网络应用通信过程中，需要用哪些信息标识一个应用进程？

4. 简述 DNS 的层次结构。

5. 举例说明 DNS 递归查询过程，以及 DNS 迭代查询过程。

6. 什么是本地域名服务器？主机是如何确定本地域名服务器的？

7. 简述 HTTP/1.0 请求浏览一个引用 10 张小 JPEG 图片的 Web 页面的通信过程。

8. 什么是非持久连接的 HTTP？什么是非流水方式持久连接？什么是流水方式持久连接？简述交互过程。

9. 假设你在浏览某网页时点击了一个超链接，URL 为“http://www.kicker.com.cn/index.html”，且该 URL 对应的 IP 地址在你的计算机上没有缓存；文件 index.html 引用了 8 张小 JPEG 图片。域名解析过程中，无等待的一次 DNS 解析请求与响应时间记为 RTTd，HTTP 请求传输 Web 对象过程的一次往返时间记为 RTTh。请回答下列问题。

1）你的浏览器解析到 URL 对应的 IP 地址的最短时间是多少？最长时间是多少？

2）若浏览器没有配置并行 TCP 连接，则基于 HTTP/1.0 获取 URL 链接 Web 页面完整内容（包括引用的图片，下同）需要多长时间（不包括域名解析时间，下同)？

3）若浏览器配置 5 个并行 TCP 连接，则基于 HTTP/1.0 获取 URL 链接 Web 页面完整内容需要多长时间？

4）若浏览器没有配置并行 TCP 连接，则基于非流水方式持久连接的 HTTP/1.1 获取 URL 链接 Web 页面完整内容需要多长时间？基于流水方式持久连接的 HTTP/1.1 获取 URL 链接 Web 页面完整内容需要多长时间？

10. 电子邮件系统主要由哪几部分构成？

11. 简述 SMTP 协议发送邮件过程。

12. FTP 协议的“带外控制”特性是什么？控制连接和数据连接各有什么特点？它们的用途分别是什么？

13. 考虑向 N 个对等方（用户）分发大小为 $F=15$ Gbit 的一个文件。该服务器具有 $u_s=30$ Mbit/s 的上传速率；每个对等方的下载速率 $d_i=2$ Mbit/s，上传速率为 u。请分别针对客户/服务器分发模式和 P2P 分发模式，对于 $N=10$、100 和 1000 以及 $u=500$ kbit/s、1 Mbit/s 和 2 Mbit/s 的每种组合，绘制最小分发时间图表。（注：$k=10^3$、$M=10^6$、$G=10^9$）

14. 简述 TCP 客户程序与 TCP 服务器程序的 Socket API 基本函数调用过程。

15. 简述 UDP 客户程序与 UDP 服务器程序的 Socket API 基本函数调用过程。

第三章　传输层服务与协议

学习目标：

1. 理解传输层提供的基本服务；
2. 理解复用与分解的基本概念以及典型传输层协议实现复用与分解的基本方法；
3. 掌握 UDP 的特点以及 UDP 的数据报结构；
4. 掌握可靠数据传输的基本原理、停-等协议、典型滑动窗口协议（GBN、SR 协议）；
5. 理解 TCP 的段结构，掌握 TCP 连接建立与断开过程，理解并掌握 TCP 报文段序号及确认序号，理解并掌握 TCP 可靠数据传输的机制；
6. 理解拥塞控制基本原理与方法，掌握 TCP 拥塞控制方法。

教师导读：

本章的重点是传输层复用与分解的基本原理、可靠数据传输的基本原理、停-等协议、典型滑动窗口协议（GBN、SR 协议），TCP 的段结构、TCP 的连接建立与断开过程、TCP 序号以及确认序号、TCP 可靠数据传输的机制、TCP 拥塞控制方法，难点是停-等协议与滑动窗口协议的理解与信道利用率的计算、TCP 的连接管理、TCP 报文段序号、TCP 的拥塞控制。

建议学时：

8 学时。

传输层为网络应用进程之间的通信提供了端到端的报文传输服务。在五层参考模型中，传输层位于应用层和网络层之间，向下使用网络层提供的分组传输服务，向上为各种网络应用提供端到端的报文传输服务。传输层是除应用层以外唯一的端到端层，是支持应用进程之间端到端通信的重要一层，绝大多数网络应用都直接使用传输层提供的端到端报文传输服务。传输层在网络层提供的主机间分组传输服务的基础上，扩展到运行在不同主机上的进程之间的报文传输，并且实现了进程间的端到端传输服务，从而使得网络应用只需要关注进程间的端到端的通信，而不必关注底层网络采用了什么技术、底层网络如何传输数据等，为网络应用使用网络提供了抽象模式，简化了网络应用开发过程。

本章将重点介绍传输层提供的服务、可靠数据传输基本原理、停-等协议、滑动窗口协议、UDP 以及 TCP 等内容。

第一节　传输层的基本服务

一、传输层功能

传输层的核心任务是为应用进程之间提供端到端的逻辑通信服务。为此，传输层主要实现如下功能：传输层寻址；对应用层报文进行分段和重组；对报文进行差错检测；实现进程间的端到端可靠数据传输控制；面向应用层实现复用与分解（multiplexing/demultiplexing）；实现端到端的流量控制；拥塞控制等。当然，并不是所有传输层协议都要实现所有这些功能，通常大部分传输层协议只实现其中一部分功能。不同传输层协议提供的服务不同，比如，Internet 的传输层主要有两个协议：面向连接的 TCP 和无连接的 UDP，前者提供可靠数据传输服务，而后者则不提供可靠数据传输服务。

传输层协议为运行在不同主机或不同端系统上的进程提供了逻辑通信服务。从应用程序的角度来看，基于传输层提供的逻辑通信，运行在不同主机上的进程好像直接相连一样，彼此之间直接就可以通信，直接交换应用层报文。实际上，这些主机也许相距遥远，通过很多路由器以及多种不同类型的链路相连。应用进程使用传输层提供的逻辑通信服务彼此发送报文，而无须考虑承载这些报文的底层网络设施细节，如图 3-1 所示。显然，作为向上层应用提供端到端逻辑通信服务的传输层协议，只需要在端系统中实现，而在路由器等网络设备中理论上无须实现传输层协议。因此，当网络边缘中的两台主机通过网络核心进行端到端的通信时，只有主机的协议栈中才有传输层协议，而网络核心部分中的路由器在转发分组时都只用到下三层的功能，即不需要使用传输层协议。在发送端，传输层将从发送应用程序进程接收到的报文切分并封装成传输层数据包，在 Internet 中称为传输层报文段（segment），然后，在发送端系统中，传输层将这些报文段传递给网络层，网络层将其封装成网络层分组（即数据报）并向目的地发送。值得注意的是，网络核心中的路由器通常只对数据报的网络层字段进行操作，而不检查封装在该数据报中的传输层报文段的字段。在接收端，网络层从数据报中提取传输层报文段，并将该报文段向上交付给传输层，传输层则处理接收到的报文段，提取报文段中的应用层数据，交付给接收应用进程。

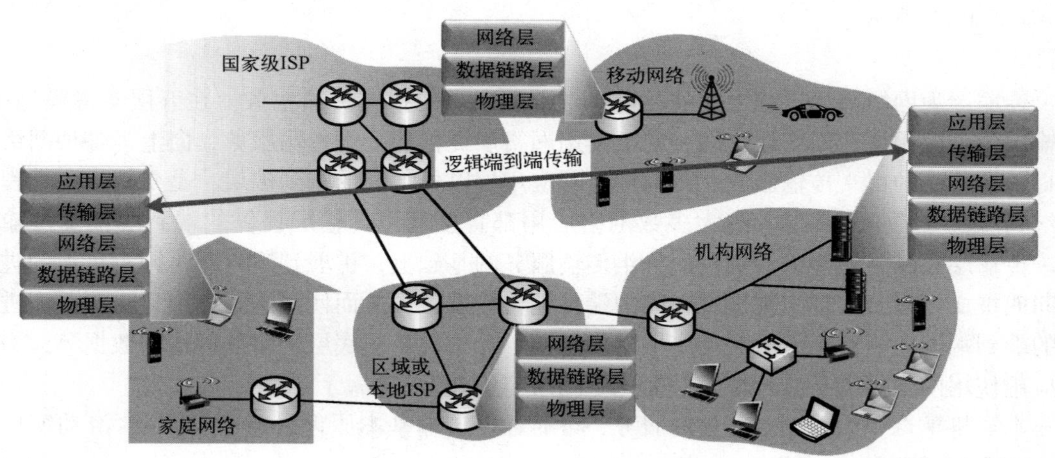

图 3-1　传输层为应用进程提供的逻辑通信服务

从传输层的角度来看，通信的真正端点并不是主机，而是主机中运行的应用进程，也就是说，端到端的通信是应用进程之间的通信。在一个主机中经常有多个应用进程同时分别和另一个或多个主机中的多个应用进程进行通信，例如，某用户在使用浏览器浏览网页时，还通过电子邮件用户代理收发电子邮件，那么该用户的主机此时在应用层就同时运行了浏览器客户进程和电子邮件的客户进程。此时，传输层必须要确保浏览的网页数据交付给浏览器客户进程，而电子邮件数据要交付给邮件客户进程，不能出现差错。这一功能就是传输层协议要实现的一个很重要的基本功能：复用与分解，将在本章第二节介绍。

大部分计算机网络的传输层都设计实现了多种传输层协议，实现不同功能，提供不同类型或不同性能的服务，满足不同网络应用对不同传输层服务质量（QoS，Quality of Service）的需求。例如，Internet 网络有两种传输层协议，即 TCP 和 UDP，TCP 提供面向连接的、可靠的、有序的字节流传输服务，UDP 则提供无连接、不可靠的数据报传输服务，在开发网络应用程序时，可以根据需要选择合适的传输层协议。

二、传输层寻址与端口

如上所述，传输层在应用进程之间提供端到端的逻辑通信服务。众所周知，在单个计算机中，进程是用进程标识符（即进程 ID）来标识的。但在网络环境下，用计算机操作系统所指派的进程标识符来标识各种网络应用进程是不可行的，因为在网络上使用的计算机操作系统种类繁多，而不同操作系统通常可能使用不同格式的进程标识符。另外，把一个计算机上运行的进程指明为通信的端点也是不可行的，因为进程的创建和撤销都是动态的，通信的一方几乎无法识别对方机器上的进程。为了使运行在不同操作系统中的网络应用进程能够互相通信，就必须使用统一的方法对网络应用进程进行标识，而这种方法必须与特定的操作系统无关。下面以 TCP/IP 体系结构网络为例来解释如何解决这一问题。

传输层为了支持运行在不同主机、不同操作系统上的应用进程之间互相通信，必须用统一的寻址方法对应用进程进行标识。TCP/IP 体系结构网络的解决方法就是在传输层使用协议端口号（protocol port number），或通常简称为端口（port），在全网范围内利用“IP 地址+端口号”唯一标识一个通信端点。IP 地址唯一标识进程运行在哪个主机上，同一主机上传输层协议端口号则可以唯一对应一个应用进程。

需要注意的是，这种在应用层与传输层间抽象的协议端口是软件端口，与路由器或交换机上的硬件端口是完全不同的概念。硬件端口是不同硬件设备进行交互的接口，而软件端口是应用层的各种应用协议进程与传输层协议实体进行层间交互的一种地址。另外，不同的操作系统具体实现端口的方法可能不同。

传输层端口号为 16 位整数，其中 0~1023 为熟知端口号；1024~49151 为登记端口号，为没有熟知端口号的应用程序（服务器）使用，必须在 IANA（Internet Assigned Numbers Authority，因特网编号分配机构）登记，以防止重复；49152~65535 为客户端口号或短暂端口号，留给客户进程或用户开发的非标准服务器暂时使用。另外，端口号只在本地有效，只是标识了本计算机应用层中的各应用进程在与传输层交互时的层间接口，在 Internet 不同计算机中运行的网络应用进程可能使用相同的端口号。16 位的端口号可以编号 65536 个，这个数目对一个计算机来说是足够的，不会出现运行应用进程太多导致端口号不够用的现象。

基于上述机制，两个计算机中的网络应用进程要互相通信，不仅必须知道对方的 IP 地址（标识对方运行的计算机），而且要知道对方的端口号（标识对方计算机中的传输层与应用进程的接口）。上一章我们已经介绍过，Internet 上的网络应用通信基本过程是客户-服务器通信方式，客户在发起通信请求时，必须先知道服务器的 IP 地址和端口号。因此，传输层的端口号又分为服务器端使用的端口号与客户端使用的端口号两大类。服务器端使用的端口号包括上面提到过的熟知端口号和登记端口号，IANA 将熟知端口号指派给 TCP/IP 重要的一些应用程序（通常也称为标准服务），作为这些应用的服务器默认端口号，便于用户熟记，如 FTP 服务器默认端口号是 21，HTTP 服务器默认端口号是 80，SMTP 服务器默认端口号是 25，DNS 服务器默认端口号是 53，等等。客户端使用的端口号仅在客户进程运行时才动态选择，具有临时性，通常在客户进程运行时由操作系统随机选取唯一的未被使用的端口号。作为客户-服务器通信方式，通信总是由客户发起，当服务器进程接收到客户进程的报文时，就可以获得客户进程所使用的端口号，因而可以把数据发送给客户进程。当通信结束后，刚才已使用过的客户端口号就可以释放了，这个端口号就可以供其他客户进程以后使用了。

三、无连接服务与面向连接服务

传输层提供的服务可以分为无连接服务和面向连接服务两大类。无连接服务是指数据传输之前无须与对端进行任何信息交换（即“握手”），直接构造传输层报文段，直接向接收端发送；面向连接服务是指在数据传输之前，需要在双方之间交换一些控制信息，建立逻辑连接，然后传输数据，数据传输结束后还需要拆除连接。无连接服务类似于邮政系统的信件通信，邮寄信件之前无须与收件人交换任何信息，直接写好信件，交给邮递员投递就可以了；面向连接服务类似于电话通信，必须首先拨号，建立电话连接，对方接起电话后，才可以进行话音交互通信，通信结束后还需要挂断电话，拆除连接。当然，电话通信建立的是电路连接，传输层提供面向连接服务时，建立的是逻辑连接，这还是有区别的。Internet 提供无连接服务的传输层协议是 UDP，提供面向连接服务的传输层协议是 TCP，将在本章后面详细讲解。

第二节　传输层的复用与分解

支持众多应用进程共用同一个传输层协议，并能够将接收到的数据准确交付给不同的应用进程，是传输层需要实现的一项基本功能，称为传输层的多路复用与多路分解，简称为复用与分解，也称为复用与分用。事实上，复用与分解不仅在传输层进行，其他层协议（比如 IP 等）也需要完成这一功能。在同一主机上，多个应用进程同时利用同一个传输层协议（比如 UDP 或 TCP）进行网络通信，此时该传输层协议就被多个应用进程复用；另外，传输层协议接收到的报文段中，可能封装了不同应用进程的数据，传输层协议需要（通过正确的端口）将数据交付给正确的应用进程，即实现分解。实现复用与分解的关键是传输层协议能够唯一标识一个套接字。

一个网络应用进程通过一个或多个套接字，实现与传输层之间的数据传递，即发送数据和接收数据。因此，在接收主机中的传输层实际上并没有直接将数据交付给进程，而是将数据交付给了与接收进程相关联的一个中间套接字。在任一时刻，接收主机上都可能有不止一个套接字，所以每个套接字都必须有唯一的标识符，这样传输层协议才能基于这一唯一标识将数据交付给正确的套接字，进而交付给正确的进程，实现分解。为此，每个传输层报文段中必须设置若干个字段，用于携带这些信息，比如 Internet 传输层协议的报文段中都有源端口号和目的端口号字段。在接收端，传输层协议读取报文段中的此字段，标识出接收套接字，进而通过该套接字，将传输层报文段中的数据交付给正确的套接字，这一过程就是多路分解。在源主机，传输层协议从不同套接字收集应用进程（可能是不同的网络应用）发送的数据块，并为每个数据块封装首部信息（包括用于分解的信息）以构成报文段，然后将报文段传递给网络层，这一过程就是多路复用。例如，图 3-2 所示的场景，主机 B 的传输层必须将从网络层收到的来自主机 A 和主机 C 的报文段分解后，分别交付给其上层的 P_2 和 P_3 进程，这一过程就是通过将到达的报文段数据定向到对应进程的套接字来完成的。当然，主机 B 的传输层也必须收集从这些套接字发送的数据，封装成传输层报文段，然后向下传递给网络层，并分别发送给主机 A 和主机 C。

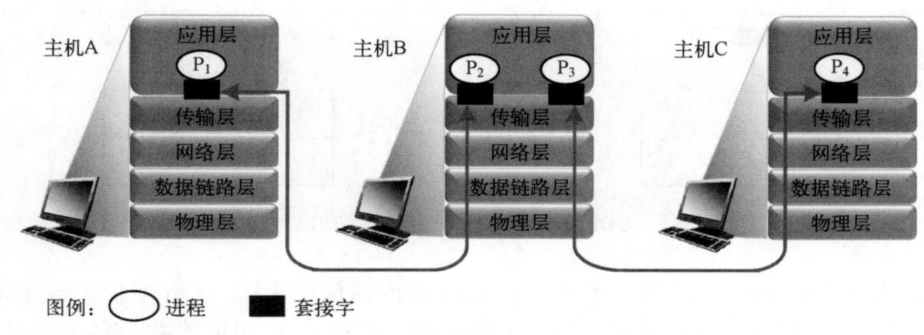

图 3-2　传输层的复用与分解

一、无连接的多路复用与多路分解

Internet 传输层提供无连接服务的传输层协议是 UDP。为 UDP 套接字分配端口号有两种方法：一种方法是，在创建一个 UDP 套接字时，传输层自动地为该套接字分配一个端口号（通常从 1024~65535 范围内分配一个端口号），该端口号当前未被该主机中任何其他 UDP 套接字使用；另一种方法是，在创建一个 UDP 套接字后，通过调用 bind( ) 函数为该套接字绑定一个特定的端口号。

UDP 套接字的端口号是 UDP 实现复用与分解的重要依据。下面结合图 3-3 所示的例子来解释 UDP 是如何实现分解的。假设在主机 B 上同时运行两个服务器进程 P1 和 P2，P1 和 P2 均使用无连接服务，P1 的 UDP 套接字端口号是 37568，P2 的 UDP 套接字端口号是 26478；在主机 A 上运行两个客户进程，分别与 P1 和 P2 通信，在主机 C 上运行一个客户进程，与 P2 通信。当客户进程向服务器进程发送一个应用程序数据块时，主机 A 或主机 C 中的 UDP 将应用层数据块封装成一个 UDP 报文段，其中包括应用数据、源端口号、目的端口号等，然后，将得到的报文段传递给网络层。网络层将报文段封装到一个 IP 数据报中，并传送给主机 B（当然，IP 并不能确保 IP 数据报被送达）。如果 IP 数据报到达主机 B，则主机 B 的网络层（IP）提取 IP 数据报中封装的 UDP 报文段，交付给主机 B 的传输层协议（即 UDP），主机 B 传输层检查报文段中的目的端口号（37568 或 26478）。如果报文段的目的端口号为 37568，则将其封装的应用层数据通过 37568 号套接字交付给 P1；如果报文段的目的端口号为 26478，则将其封装的应用层数据通过 26478 号套接字交付给 P2。显然，尽管主机 B 可能同时运行多个使用传输层无连接服务的应用进程，但每个进程都有自己的 UDP 套接字及相应的（唯一）端口号，当主机 B 的传输层从网络层接收到 UDP 报文段时，通过检索该报文段中的目的端口号，便可以将每个报文段分解（交付）到相应的套接字，从而将应用数据交付给正确的应用进程。

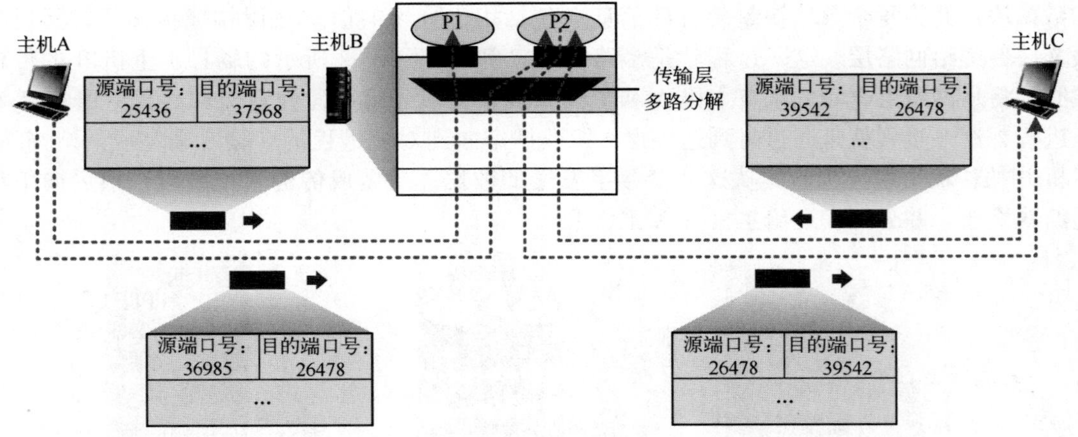

图 3-3　UDP 的复用与分解以及源端口号的作用

需要特别注意的是，虽然上述例子中，主机 B 传输层的 UDP 仅依据报文段中的目的端口号检索套接字，从而实现了分解，但是，真正唯一标识一个 UDP 套接字的是一个二元组：<目的 IP 地址，目的端口号>。因此，如果传输层接收到两个 UDP 报文段，两个报文段分别具有不同的源 IP 地址（在封装 UDP 报文段的 IP 数据报的首部中，下同）和（或）源端口号，但具有相同的目的 IP 地址和目的端口号，那么这两个报文段将通过相同的目的套接字向相同的目的应用进程交付应用层数据，例如，图 3-3 中的主机 A 和主机 C 都在向主机 B 上的 P2 发送 UDP 报文段，这些报文段的目的端口号均是 26478。也就是说，使用无连接 UDP 服务的应用进程，可以接收到来自任何一个主机、使用任意一个端口号的应用进程发送的具有相同目的 IP 地址和目的端口号的 UDP 报文段。

既然 UDP 实现分解时依据的是目的 IP 地址和目的端口号，那么为什么要在报文段中携带源端口号呢？接下来，仍然结合图 3-3 所示的例子解释源端口号的作用。如图 3-3 所示，在主机 C 发送给主机 B 的报文段中的源端口号，起到了“返回地址”的作用，即当主机 B 收到主机 C 发送的报文段后，如果需要向主机 C 发送一个报文段作为响应（大部分网络应用都是类似的交互场景），则主机 B 从主机 C 的报文段中提取源端口号（39542），作为发送给主机 C 的报文段的目的端口号（39542），将主机 B 到主机 C 的报文段交付给网络层 IP，封装为 IP 数据报（目的 IP 地址是主机 C 的 IP 地址），发送给主机 C。

二、面向连接的多路复用与多路分解

Internet 传输层提供面向连接服务的是 TCP。为了理解 TCP 是如何实现多路分解的，必须先搞清楚 TCP 套接字和 TCP 连接是如何创建与使用的。与 UDP 套接字不同，TCP 套接字是由一个四元组：<源 IP 地址，源端口号，目的 IP 地址，目的端口号>来唯一标识的。实质上，TCP 通过这样一个四元组唯一标识一条 TCP 连接。当一个 TCP 报文段从网络层到达一台主机时，该主机使用全部 4 个值来将报文段分解到相应的套接字。特别地，当 TCP 接收到两个具有不同的源 IP 地址或源端口号的 TCP 报文段时，即便两个报文段的目的 IP 地址和目的端口号相同，TCP 也会将两个报文段分解到两个不同的套接字。显然，这与 UDP 完全不同。

TCP 服务器可以同时支持多个 TCP 套接字，每个套接字与一个进程（或线程）相关联，并由一个四元组来标识每个套接字。当一个 TCP 报文段到达主机时，所有 4 个字段被用来将报文段分解到相应的套接字。需要再次说明的是，四元组中的源端口号和目的端口号是 TCP 报文段首部字段，而源 IP 地址和目的 IP 地址则是封装 TCP 报文段的 IP 数据报的首部字段。图 3-4 为运行在主机 B 的 Web 服务器实现 TCP 多路分解的例子。图 3-4 中主机 C 向主机 B 发起了两个 HTTP 会话（需要建立两条 TCP 连接），主机 A 向主机 B 发起了一个 HTTP 会话。主机 A、主机 B 和主机 C 都有自己唯一的 IP 地址，分别是 A、B、C（在此姑且用字母表示 IP 地址，IP 地址的详细论述在第 4 章）。主机 C 为其两个 HTTP 连接（即 TCP 连接）的客户端套接字分别分配了不同的源端口号：7532 和 26145。由于客户端套接字端口号的选择原则通常是确保本地唯一、随机选择，因此，主机 A 选择源端口号时也可能将源端口号 26145 分配给其 HTTP 连接（如图 3-4 所示场景）。但这并不会产生问题，即主机 B 的传输层（即 TCP）仍然能够正确分解这两个具有相同源端口号的连接，因为这两条连接的源 IP 地址不同。

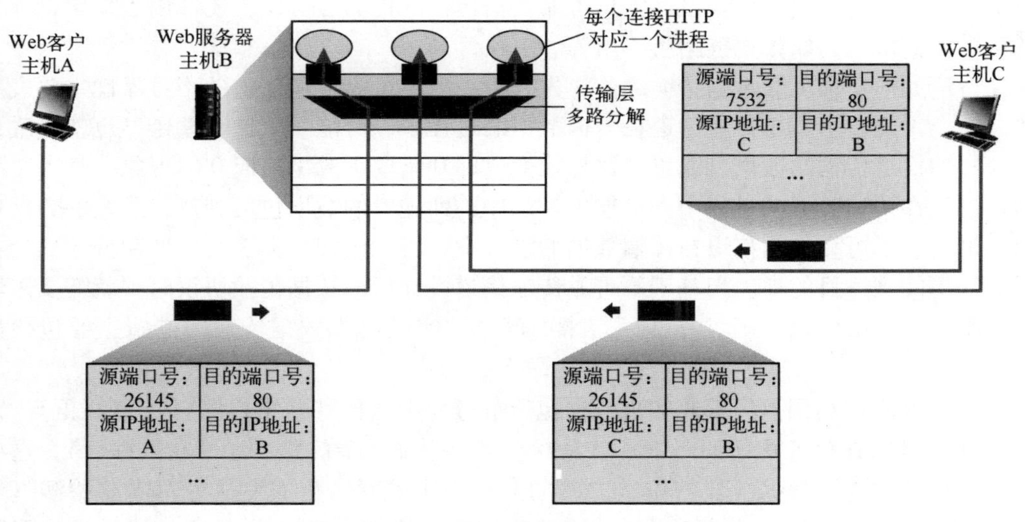

图 3-4　TCP 实现多路分解的一个例子

概括来说，在 Internet 中，唯一标识套接字的基本信息是 IP 地址和端口号。UDP 基于目的 IP 地址和目的端口号二元组唯一标识一个 UDP 套接字，从而实现精确分解；TCP 则需要基于源 IP 地址、目的 IP 地址、源端口号和目的端口号四元组唯一标识一个 TCP 套接字（即一个 TCP 连接），从而实现精确分解。

第三节　停-等协议与滑动窗口协议

很多网络应用都希望传输层能够提供可靠数据传输服务，比如 Internet 中的 Web 应用、电子邮件应用等，因此，大部分网络在传输层都会设计提供可靠数据传输服务的传输层协议来满足这些网络应用的需求。Internet 传输层主要有两个协议：TCP 和 UDP，其中 TCP 就可以提供可靠数据传输服务。但是，TCP 发送的报文段都是交给 IP 传送的，而 IP 只能提供

“尽力”（best effort）服务，也就是不可靠的数据报传输服务。显然，TCP 必须采取适当的措施才能使其在提供不可靠数据传输服务的网络层的基础上，实现可靠数据传输，为应用层提供可靠报文传输服务。那么采用哪些措施才能在底层信道不可靠的情况下实现可靠数据传输呢？本节我们来讨论这个问题，并详细介绍可以实现可靠数据传输的停-等协议和滑动窗口协议。

一、可靠数据传输基本原理

理想传输信道是不产生差错（即比特跳变）并提供按序交付服务的物理或逻辑信道。如果一个协议，比如传输层协议，直接使用这种理想传输信道的服务，则该协议不需要采取任何措施就能够实现可靠数据传输。然而，大部分传输信道，如实际的网络传输服务，都不是理想传输信道。需要特别注意的是，这里所说的传输信道可以是网络层提供的主机到主机的逻辑通信服务，可以是传输层提供的进程到进程的端到端逻辑通信服务，也可以是提供信号传输的物理链路服务等，因此，本节讨论的可靠数据传输基本原理、停-等协议以及滑动窗口协议等，不仅适用于指导设计支持可靠数据传输的传输层协议，还适用于指导设计其他层的可靠传输协议，如数据链路层协议等。

在讨论如何实现可靠数据传输之前，先分析一下不可靠传输信道的不可靠性主要表现在哪些方面。首先，不可靠传输信道在传输数据的过程中，可能发生比特差错，也就是说，交付给这样的信道传输的数据可能出现比特跳变，即 0 错成 1 或 1 错成 0 的现象。其次，不可靠传输信道在传输数据的过程中，可能出现乱序，即先发的数据包后到达，后发的数据包先到达。最后，不可靠传输信道在传输数据的过程中，可能出现数据丢失，即部分数据会在中途丢失，不能到达目的地。当基于不可靠传输信道设计可靠数据传输协议时，就需要采取一些措施来应对底层信道的不可靠性所带来的问题。实现可靠数据传输的措施主要包括如下几项。

- 差错检测：利用差错编码实现数据包传输过程中的比特差错检测（甚至纠正）。差错编码（将在第五章详细介绍）就是在数据上附加冗余信息（通常在数据后），这些冗余信息建立了数据（比特位）之间的某种逻辑关联。数据发送方对需要检测差错的数据，如协议数据单元，进行差错编码，然后将编码后的数据（包括差错编码附加的冗余信息）发送给接收方；接收方依据相同的差错编码规则（或算法），检验数据传输过程中是否发生比特差错。
- 确认：接收方向发送方反馈接收状态。基于差错编码的差错检测结果，如果接收方接收到的数据未发生差错，并且是接收方期望接收的数据，则接收方向发送方发送 ACK 数据包，称为肯定确认（positive acknowledgement），表示已正确接收数据；否则发送 NAK 数据包，称为否定确认（negative acknowledgement），表示没有正确接收数据。
- 重传：发送方重新发送接收方没有正确接收的数据。如果发送方收到接收方返回的 ACK 数据包，则可以确认接收方已正确接收数据，可以继续发送新的数据；如果发送方收到接收方返回的 NAK 数据包，表明接收方没有正确接收数据，则发送方将出错的数据重新向接收方发送，纠正出错的数据传输。
- 序号：确保数据按序提交。由于底层信道不可靠，可能出现数据乱序到达的情况，因此对数据包进行编号，这样，即便数据包不是按序到达的，接收方也可以根据数据包的序号纠正数据顺序，实现向上层按序提交数据。另外，在数据包中引入序号，还可以避免由于上述重传可能引起的重复数据被提交的问题。

➢ 计时器：解决数据丢失问题。虽然上述措施在应对数据差错时已经足够有效，但是仍无法解决数据丢失问题，因为当出现数据丢失时，接收方不会收到相应的数据包，自然也就不会对丢失的数据包进行确认，发送方也就不会重发丢失的数据包来纠正这一错误。引入计时器就可以解决这一问题，发送方在发送数据包后就会启动计时器，如果在计时器出现超时时还没有收到接收方的确认，就主动重发数据包，从而可以纠正数据丢失问题。当然，如果计时器的超时时间设置太短，则可能导致原本没有丢失的数据包也被重发了，从而可能导致接收方收到两份（甚至多份）相同的数据包副本。这种状况虽然不是理想状态（因为浪费了网络传输能力），但是接收方可以根据重复数据包的序号判断出其是重复数据包，这样就可以将重复的数据包丢弃，只向其上层提交一份数据，因此可靠数据传输的目标并未被破坏。

有效、合理地综合应用上述措施，就可以设计出实现可靠数据传输的协议。基于这些措施设计的、具有代表性的可靠数据传输协议包括停-等协议和滑动窗口协议。下面以传输层可靠数据传输为例来讨论停-等协议和滑动窗口协议，事实上，这些协议同样适用于其他层。

二、停-等协议

实现可靠数据传输的基本策略就是综合利用上文讨论的各种措施，当发送方向接收方发送一个报文段后，就停下来等待接收方的确认，如果收到 ACK，则可以发送新的报文段；如果收到 NAK 或者超时，则重发刚发送的报文段，直到收到 ACK 为止。接收方在正确接收到报文段时，利用 ACK 进行确认；如果接收方收到的报文段存在差错，则利用 NAK 进行确认，请求发送方重发出错的报文段。这样，接收方通过使用肯定确认 ACK 与否定确认 NAK，可以让发送方知道哪些内容已被正确接收，哪些内容未被正确接收而需要重传。基于这种重传机制的可靠数据传输协议称为自动重传请求（Automatic Repeat reQuest，ARQ）协议。最简单的 ARQ 协议就是停-等协议。

停-等协议的最主要特点就是每发送一个报文段就停下来等待接收方的确认，这也是该协议名称的基本含义。停-等协议的基本工作过程是：发送方发送经过差错编码和编号的报文段，等待接收方的确认；如果接收方正确接收报文段，即差错检测无误且序号正确，则接收报文段，并向发送方发送 ACK，否则丢弃报文段，并向发送方发送 NAK；如果发送方收到 ACK，则继续发送后续报文段，否则重发刚刚发送的报文段。停-等协议虽然简单，但在应用实现可靠数据传输的各种措施时，仍然存在不同的变化或细节需要讨论。

1）关于差错检测。在底层传输信道可能产生比特差错的情况下，不仅报文段的传输可能发生比特差错，ACK 或 NAK 数据包在通过底层信道传输时同样可能会发生比特差错，因此对报文段和 ACK 或 NAK 数据包均需要进行差错编码以便进行差错检测。

2）关于序号。对于停-等协议，序号字段只需要 1 位，因为在停-等协议中，只需要利用报文段的序号区分是新发的报文段还是重传的报文段。接收方根据报文段的序号就可以知道发送方是正在重传前一个报文段（即接收到的报文段序号与最近收到的报文段序号相同)，还是发送一个新报文段（即序号变化了，用模 2 运算“前向”移动了）。

3）关于 ACK 和 NAK。如前所述，在停-等协议中，接收方可以利用 ACK 进行肯定确认，利用 NAK 进行否定确认。但在实际的协议设计过程中，通常不使用 NAK，而只使用 ACK 进行确认，这样可以减少数据包的种类，降低协议的复杂性。这会带来一个新的问题，那就是当接收方接收到的报文段出现差错时，如何向发送方进行确认呢？显然，如果只简单地发送 ACK，则肯定是不行的，因为发送方会误解接收方已经正确接收了刚刚发送的报文段。为此，需要对 ACK 做细微的改进，即在 ACK 数据包中带上所确认的报文段序号。例如，接收方当前正期望接收 0 号报文段，接收方收到报文段后首先进行差错检测，如果未发生差错，且报文段序号为 0，则接收报文段，并向发送方发送 ACK0，对 0 号报文段进行确认；如果检测到报文段有差错，或报文段不是 0 号报文段（如 1 号报文段，为重复报文段），则丢弃该报文段，并向发送方发送 ACK1，进行确认，相当于对上一个正确接收的 1 号报文段再次进行肯定确认。当发送方再次收到 ACK1 时，即收到重复的 ACK1，则表明刚刚发送的 0 号报文段没有被接收方正确接收，所以需要重发。也就是说，利用重复 ACK 替代了 NAK。

4）关于 ACK 或 NAK 差错。在 ACK 或 NAK 数据包中增加差错编码后，发送方可以检测 ACK 或 NAK 是否发生差错。虽然发送方检测出 ACK 或 NAK 差错，但不能准确判断接收方是否已正确接收报文段。在这种情况下，为了确保可靠传输，发送方采取“有错推断”原则，即推断接收方没有正确接收相应的报文段。因此，当发送方检测到收到的 ACK 或 NAK 有差错时，便重传刚刚发送的报文段。当然，这可能带来一个新问题，就是接收方可能重复接收到同一个报文段，但接收方可以通过报文段的序号判断是否是重复的报文段，对于重复到达的报文段，进行丢弃并确认即可。

下面以一个只使用 ACK（即不使用 NAK）的停-等协议为例，通过发送方与接收方的数据包的发送与确认交互时序图，展示停-等协议在典型情景下是如何确保可靠传输的，如图 3-5 所示。在图 3-5 中，PKT0 和 PKT1 分别表示序号为 0 和 1 的报文段；ACK0 和 ACK1 分别表示对序号为 0 和 1 的报文段的确认。

图 3-5a 所示的是没有发生任何差错和数据包丢失的情景。图 3-5b 所示的是发生了数据包丢失的情景。发送方由于计时器超时，主动重发了丢失的数据包，从而纠正了数据包丢失错误。图 3-5c 所示的是发生 ACK 丢失的情景。这种情况下，发送方也会由于超时而重发数据包；接收方则根据数据包序号，可以判断出数据包重复，所以丢弃重复数据包，并进行确认。因此，ACK 丢失并未破坏停-等协议的可靠数据传输。图 3-5d 所示的是接收方收到了数据包，但通过差错检测，发现数据包在传输过程中发生了比特差错的情景。接收方会丢弃出错的数据包，而对上一次正确接收的数据包序号进行确认，在图 3-5d 中发送了 ACK0。发送方则由于再次收到 ACK0，即收到重复的 ACK0，则重发刚刚发送的 PKT1。需要说明的是，图 3-5d 的情景同样适用于接收方收到数据包序号不正确的情况。例如，接收方期望接收的数据包序号为 1，但收到的数据包（差错校验并没有错）序号为 0，此时接收方也会丢弃该（重复的）数据包，并发送 ACK0 进行确认。图 3-5e 所示的是发送方收到的 ACK 经过差错检测发现错误的情景。此时，发送方重发刚刚发送的数据包（PKT1），接收方收到重复的数据包，丢弃并确认。图 3-5f 所示的是比较特殊的情景。这种情况下，并没有发生任何数据包与 ACK 的差错或丢失，但由于计时器超时时间过短，导致在接收方没有收到 ACK 前

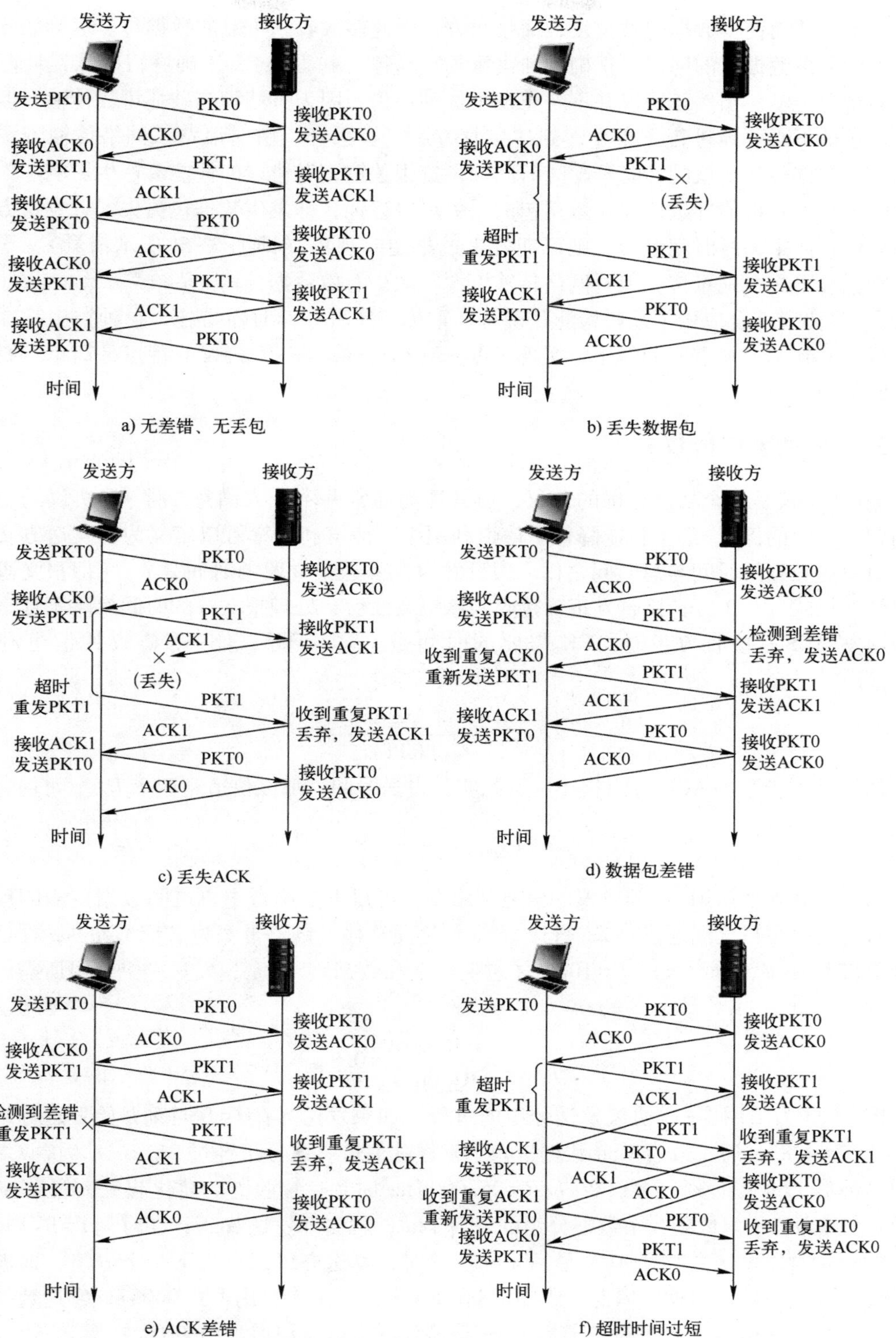

图 3-5　停-等协议无丢包情况的时序图

就超时了，从而使得数据包被重发，而接收方也因此多次收到重复的数据包。尽管如此，接收方可以根据数据包的序号，正确判断出重复数据包（并丢弃），正确进行确认，从而保证了可靠数据传输。当然，协议并不希望发生这种现象，因为虽然没有破坏可靠传输，但是很多数据包被不必要地进行了重发，到达接收方后又被丢弃，白白浪费了网络传输资源。可见，可靠数据传输协议的计时器超时时间的设置很关键，对协议的性能会产生影响。如果超时时间过长，则可能导致协议对数据包的丢失反应迟钝，即发生数据包丢失了，发送方却迟迟不重传；如果超时时间过短，则可能发生过早超时现象（即图 3-5f 所示情景），导致大量数据包被不必要地重传，浪费网络传输资源，减少有效数据传输的吞吐量。

停-等协议综合应用了差错检测、确认、重传、序号和计时器措施，每种措施都在协议的运行中起到了至关重要的作用，实现了可靠数据传输。停-等协议的特点是简单、所需缓冲存储空间小。

三、滑动窗口协议

停-等协议是一个功能正确的协议，但其性能通常并不令人满意。停-等协议的主要性能问题在于它的停止-等待机制降低了信道利用率。信道利用率可以定义为：发送方实际利用信道发送数据的时间与总时间之比。假设发送方发送报文段的时间是 t_{Seg}（即报文段的传输时延，见式（1-1））；接收方正确接收到该报文段后，处理报文段的时间忽略不计，同时立即回发 ACK；接收方发送 ACK 需要的时间是 t_{ACK}。于是，停-等协议的信道利用率 U_{Sender} 为

$$U_{\text{Sender}}=\frac{t_{\text{Seg}}}{t_{\text{Seg}}+\text{RTT}+t_{\text{ACK}}} \tag{3-1}$$

如果进一步假设 ACK 分组很小，可忽略其发送时间，那么信道利用率 U_{Sender} 可简化为

$$U_{\text{Sender}}=\frac{t_{\text{Seg}}}{t_{\text{Seg}}+\text{RTT}} \tag{3-2}$$

为了更直观地认识停-等协议的信道利用率，可以考虑两台主机之间数据传输的理想场景。假设两台主机之间通过一条很长的光通信链路连接，链路带宽为 $R=1\ \text{Gbit/s}$，往返传播时延 $\text{RTT}=50\ \text{ms}$，分组长度 $L=100\ \text{B}$（包括首部和数据）。于是，发送一个分组所需的传输时延为

$$t_{\text{Seg}}=\frac{L}{R}=\frac{100\times 8\ \text{bit}}{10^9\ \text{bit/s}}=0.8\ \mu\text{s} \tag{3-3}$$

图 3-6a 为采用停-等协议发送分组的过程。如果发送方在 $t=0$ 时刻开始发送分组，则在 $t=L/R=0.8\ \mu\text{s}$ 后，最后 1 bit 数据进入了发送端信道。该分组经过 25 ms 到达接收端，该分组的最后 1 bit 在时刻 $t=\text{RTT}/2+L/R=25.0008\ \text{ms}$ 时到达接收方。简化起见，假设 ACK 分组很小，接收方一旦收到一个数据分组的最后 1 bit，就立即发送 ACK；在时刻 $t=\text{RTT}+L/R=50.0008\ \text{ms}$ 时，发送方收到 ACK 最后 1 bit。此时，发送方可以发送下一个分组，即进入另一个发送分组与确认周期。因此，在 50.0008 ms 内，发送方只用了 0.0008 ms 发送数据，其他时间则处于等待确认的状态。于是，停-等协议的发送方信道利用率 U_{Sender} 为

$$U_{\text{Sender}}=\frac{L/R}{\text{RTT}+L/R}=\frac{0.0008}{50.0008}\approx 0.000016 \tag{3-4}$$

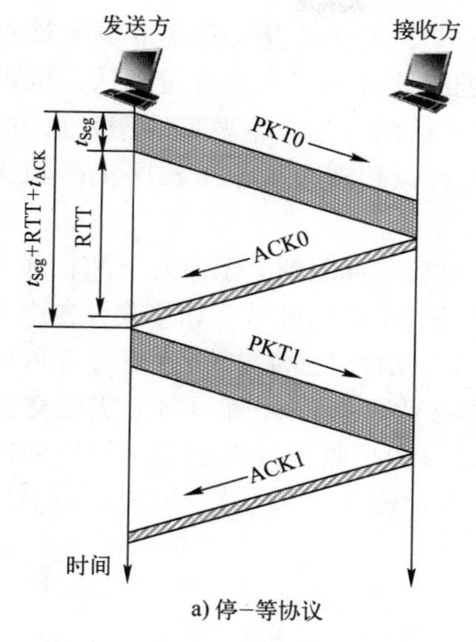

a) 停-等协议

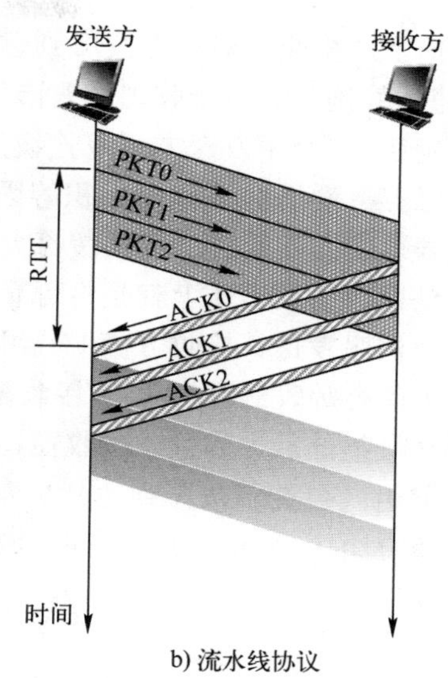

b) 流水线协议

图 3-6　停-等协议与流水线协议的信道利用率

可见，在这一场景下停-等协议的信道利用率是很低的。况且，我们还忽略了在发送方和接收方的底层协议处理时间，以及可能出现在发送方与接收方之间的任何中间路由器上的处理与排队时延。如果考虑到这些因素，将进一步增加时延，使其性能更加糟糕。

解决这种特殊性能问题的一个简单方法是：不使用停-等协议的停止-等待运行方式，允许发送方在收到确认前连续发送多个分组，如图 3-6b 所示场景。这样，如果发送方可以在等待确认之前连续发送 3 个分组，则协议的信道利用率相对于停-等协议就会提高到 3 倍。在这种可靠数据传输协议中，从发送方向接收方传送的系列分组填充到一条流水线（或一条管道）中，故称这种协议为流水线协议或管道协议。

相对于停-等协议，流水线协议实现可靠数据传输时，需要做如下改进。

- 必须增加分组序号范围。必须确保每个正在传送中、未被确认的分组有一个唯一的序号（重传的分组除外），以便准确区分每一个未被确认的分组。因此，在流水线协议中，分组中的序号字段需要多位（bit），而不能像停-等协议那样只使用 1 bit 序号。
- 协议的发送方和（或）接收方必须缓存多个分组。发送方最低应当能缓存那些已发送但没有确认的分组，一旦其中任何一个或多个分组丢失或错误，发送方就可以从缓存中取出相应的分组，重发这些分组以进行纠错。类似地，接收方或许也需要缓存那些已正确到达但不是按序到达的分组，以便等缺失的分组到达后一并按序向上层提交数据。

最典型的流水线可靠传输协议是滑动窗口协议。滑动窗口协议对分组连续编号，发送方按流水线方式依序发送分组；接收方接收分组，按分组序号向上有序提交，并通过“确认”向发送方通告正确接收的分组序号（也可以利用“否定确认”通告出现差错的分组序号）。发送方根据收到 ACK 的序号以及计时器等，或者向接收方继续发送新的分组，或者重发已发送的某个（或某些）分组。在滑动窗口协议中，发送方对于已经发送但还没有收到确认的分组，必须缓存，以便必要时提取缓存中的分组重发，纠正出错或丢失（即超时）的分组。接收方则要确保按序向上层提交正确的分组，对于按序到达的无差错分组进行接收确认，并向上层提交；对于未按序到达的无差错分组，或者缓存或者丢弃（取决于接收方缓存能力），并确认；对于收到的差错分组，进行合理的确认（可以采用肯定确认，也可以采用否定确认）。至于发送方可以连续发送多少个未被确认的分组，主要取决于发送方缓存、接收方缓存、网络的带宽时延积等因素；至于接收方可以缓存多少个未按序正确到达的分组，主要取决于接收方的接收缓存大小等因素。

滑动窗口协议实质上就是将可靠数据传输的工作过程，抽象到分组序号空间，即发送方确保分组按序发送，接收方确保分组按序提交。滑动窗口协议的发送方和接收方各维护一个窗口，分别称为发送窗口 W_s 和接收窗口 W_r，如图 3-7 所示。发送窗口表示发送方可以发送未被确认分组的最大数量，接收窗口表示接收方可以接收并缓存（暂不向上层提交）的正确到达分组（可能未按序到达）的最大数量。发送窗口和接收窗口在分组序号空间的当前位置，将分组序号空间分为不同区域，代表从发送方和接收方“观察”（维护）的对应序号分组的状态。

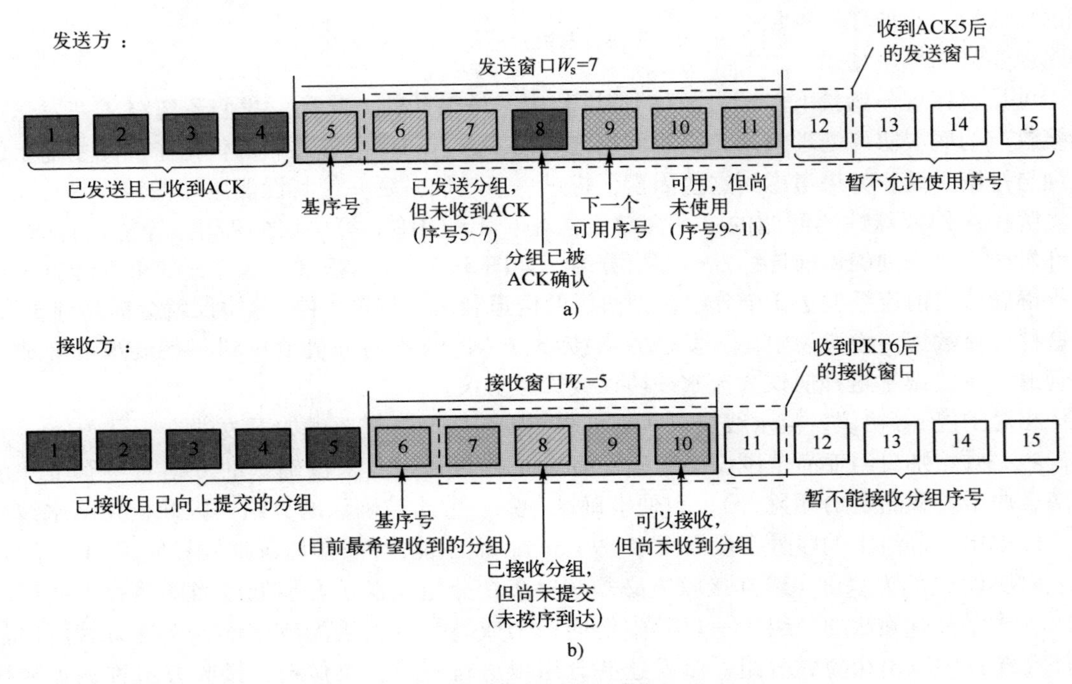

图 3-7　滑动窗口协议示例

如图 3-7 所示，发送方的发送窗口为序号 7（$W_s=7$），接收方的接收窗口为序号 5（$W_r=5$）。发送窗口的当前位置是[5,11]，其中窗口中的最小序号（5）称为发送窗口的基序号，也称为发送窗口下沿。发送窗口内的序号，可能存在以下三种状态。

- 第一种状态序号是已用但未被确认序号，即该序号已经用于编号分组，并且该分组已经发送，但当前未收到该序号的 ACK，如图 3-7a 中的序号 5~7。显然，如果发送窗口中存在这类序号，则基序号一定处于这种状态。
- 第二种状态序号是已用且已被确认序号，即该序号编号的分组已被 ACK 确认（未来无须重发），如图 3-7a 中的序号 8。显然，这类序号不可能是当前发送窗口的基序号，因为如果基序号由第一种状态序号转换为第二种状态序号，发送窗口便可以在序号空间向右滑动，当前窗口的基序号（5）会滑出发送窗口，当前发送窗口右侧的第1个序号（12）会滑入发送窗口，这也是滑动窗口协议的名称由来。

➢ 第三种状态序号是可用但尚未使用的序号，即这些序号还未被使用，但是如果发送方有分组要发送，则可以立即依次利用这些序号编号分组并发送。“下一个可用序号”指向的就是这类序号中的最小序号（9）。

发送窗口左侧的序号为已确认序号，这些序号已滑出发送窗口，表示这些分组已经被接收方正确接收，如图3-7a中的序号1~4。发送窗口右侧的序号为暂不可使用的序号。如果当前发送窗口已满，即当前发送窗口中无上述第三种状态序号，“下一个可用序号”指向窗口右侧的第1个序号（12），此时，即便发送方的上层（应用或协议）请求发送数据，发送方暂时也不能发送，直到窗口滑动，“下一个可用序号”滑入窗口内，才可以利用该序号编号一个分组并发送。

当前接收窗口从接收方的角度，将分组序号分为不同区域，代表对应分组的不同状态。当前接收窗口中的序号，可能存在两种状态：第一种状态序号是期望接收但未收到的序号，即对应序号的分组如果无差错到达，接收方可以接收，如图3-7b中的序号6、7、9、10；另一种状态序号是已接收序号，即对应序号的分组已无差错到达，接收方已接收这些分组（可能已确认），并暂存到接收缓存之中，如图3-7b中的序号8。显然，接收窗口中的基序号一定是第一种状态序号，否则接收窗口将向右滑动。接收窗口左侧的序号表示这些分组已经被接收方正确接收，并已向上提交给协议用户（应用或上层协议），如图3-7b中的序号1~5。接收窗口右侧的序号表示这些分组暂不接收（没有空间缓存），如图3-7b中的序号11~15。

滑动窗口协议根据采用的确认、计时以及窗口大小等机制的不同，可以有不同类型的滑动窗口协议的设计。例如，对于确认机制，可以选择同时采用肯定确认ACK和否定确认NAK，也可以只使用肯定确认ACK；可以采用独立确认，也可以采用累积确认等。两种具有代表性的滑动窗口协议是：回退N步（Go-Back-N，GBN）协议和选择重传（Selective Repeat，SR）协议。下面就以仅采用肯定确认ACK，而不使用否定确认NAK的设计，介绍这两个典型的滑动窗口协议。

1. GBN协议

GBN协议的发送端缓存能力较强，可以在未得到确认前连续发送多个分组，因此，GBN协议的发送窗口 $W_s \geqslant 1$。GBN接收端缓存能力很低，只能接收1个按序到达的分组，不能缓存未按序到达的分组，通常称GBN协议的接收端无缓存能力。因此，GBN协议的接收窗口 $W_r = 1$。

GBN发送方必须响应下列三种类型的事件。

1）上层调用。当上层调用GBN协议时，发送方首先检查发送窗口是否已满，即是否有 W_s 个已发送但未被确认的分组。如果窗口未满，则用“下一个可用序号”编号新的分组并发送，更新“下一个可用序号”（加1）；如果窗口已满，发送方则暂不响应上层调用，拒绝发送新的数据。

2）收到1个ACKn。GBN协议采用累积确认（cumulative acknowledgement）方式，即当发送方收到ACKn时，表明接收方已正确接收序号为n以及序号小于n的所有分组。如果n在当前发送窗口范围内，则表明至少1个已发送但未被确认分组得到了确认，发送窗口滑动到“基序号”为 $n+1$ 位置；窗口滑动后，如果还有未被确认的分组，则重新启动计时器，否则停止计时。当 GBN 协议只使用肯定确认 ACK 时，发送方可能会收到对同一个序号的多次重复确认，被重复确认的序号在当前发送窗口的左侧，即 n 小于当前窗口的“基序号”。在收到重复 ACK 确认时，发送方可以不予理会。

3）计时器超时。GBN 协议发送方只使用 1 个计时器，且只对当前发送窗口的“基序号”指向的分组进行计时。如果出现超时，则发送方重传当前发送窗口中所有已发送但未被确认的分组，这也是将 GBN 协议称为“回退 N 步”协议的原因。实质上，GBN 协议之所以“回退 N 步”，是因为 $W_r=1$，即接收方无缓存能力。如果发送方收到一个 ACK，窗口滑动后仍有已发送但未被确认的分组，则计时器重新启动；如果没有已发送但未被确认的分组，则该计时器终止。

GBN 协议的接收方的操作也很简单。因为 $W_r=1$，所以 GBN 接收方只能接收当前接收窗口中序号（即“基序号”）所指向的分组。假设当前接收窗口中的序号为 n，如果接收方正确接收到序号为 n 的分组，则接收方发送一个 ACKn，将该分组中的数据部分交付到上层，接收窗口滑动到序号 $n+1$；在所有其他情况下，如收到的分组序号不为 n 或分组差错等，接收方丢弃该分组，并为最近按序接收的分组重新发送 ACK，即 ACK$n-1$。GBN 协议的接收方一次交付给上层一个分组，如果分组 k 已接收并交付，则所有序号比 k 小的分组也已经交付，因此，使用累积确认是 GBN 协议一个合理的选择。GBN 协议的接收方丢弃所有失序分组。虽然丢弃一个正确接收但失序的分组有点浪费，但这样做是“不得已而为之”。因为接收方无缓存能力（即 $W_r=1$），而接收方必须按序将数据交付给上层，所以对于未按序到达的分组，只能丢弃。这种设计的优点是接收缓存简单，即接收方不需要缓存任何失序分组，只需要维护唯一的“下一个可用序号”。当然，丢弃一个正确到达的失序分组的缺点是随后对该分组的重传会浪费网络资源，并也许会丢失或出错，因此可能需要更多的重传。

图 3-8 所示为一个 GBN 协议某时刻发送窗口示例。基序号（6）指向的是当前最早发送但未被确认分组；“下一个可用序号”（11）指向的是最小的未使用序号，即下一个待发分组的序号；序号为 2~5 的分组是已经发送并被确认的分组，即发送方已经明确获知接收方正确按序接收了这些分组；序号为 6~10 的分组是已经发送但未被确认的分组，即发送方目前还不知道接收方是否已经接收到这些分组；序号 11、12 可以用于编号待发送的分组，即还未被使用；序号 13~15 是目前不可使用的序号。对于图 3-8 所示状态，如果发送方收到对序号 6~10 的确认，则发送窗口便可滑动，如果此时计时器超时，则发送方重发 6~10 号分组，共 5 个分组。

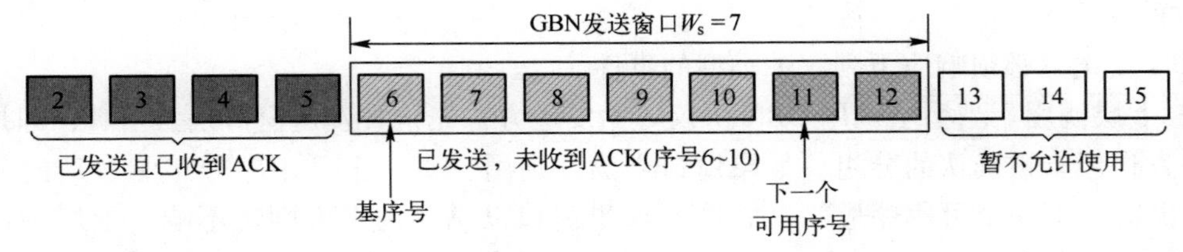

图 3-8　GBN 协议发送窗口示例

虽然前面提到的分组序号是连续的自然数，但是在实际协议中，分组序号通常是分组首部的一个固定长度的字段，因此，分组序号的编号空间取决于序号字段长度（即位数）。如果分组序号字段的位数是 k，则分组序号范围是$[0,2^k-1]$。这样一个有限的序号范围，会对发送窗口的大小产生约束，稍后再讨论这一问题。

在差错率较低的情况下，GBN 协议的信道利用率会得到很大的提高。但是，如果信道误码率或丢包率较高，则会导致大量分组的重发（包括那些正确到达接收方的失序分组），造成大量信道传输能力的浪费。GBN 协议比较适合低误码率、低丢包率、高带宽时延积信道，且接收方缓存能力要求低的场景。

2. SR 协议

GBN 协议发送方可以基于流水线方式连续发送多个分组，通常情况下，可以提高信道利用率。然而，GBN 协议也存在其自身的不足。当发送窗口长度和带宽时延积都很大时，在“流水线”中会有很多在传输的“途中”分组，如果其中的某个分组差错，就会引起 GBN 发送方重发该分组及其之后的所有分组，然而许多分组根本没有必要重传（因为都可能正确到达接收方）。如果改进 GBN 协议的设计，则可令接收方增加缓存能力（即令 $W_r \geq 1$），缓存那些正确到达但失序的分组，等缺失分组到达后一并向上层按序提交。当然，这同时需要改进确认方式，使发送方及时获知哪些分组已经被正确接收（未必是按序接收），以免发送方超时重传这些已经被接收方正确接收的分组。这种设计可以在信道差错率或丢包率增加的情况下，减少不必要的分组重传，改进协议的性能。基于这种设计思想的滑动窗口协议就是选择重传（SR）协议。

顾名思义，选择重传（SR）协议通过让发送方仅重传那些未被接收方确认（出错或丢失）的分组，而避免了不必要的重传。为此，SR 协议的接收方会对每个正确接收的分组进行确认。SR 协议的发送窗口和接收窗口都大于 1，虽然理论上发送窗口和接收窗口可以不相等，但很多 SR 协议设计都取相同的发送窗口和接收窗口。图 3-9 所示为 SR 协议某时刻发送方与接收方的状态。

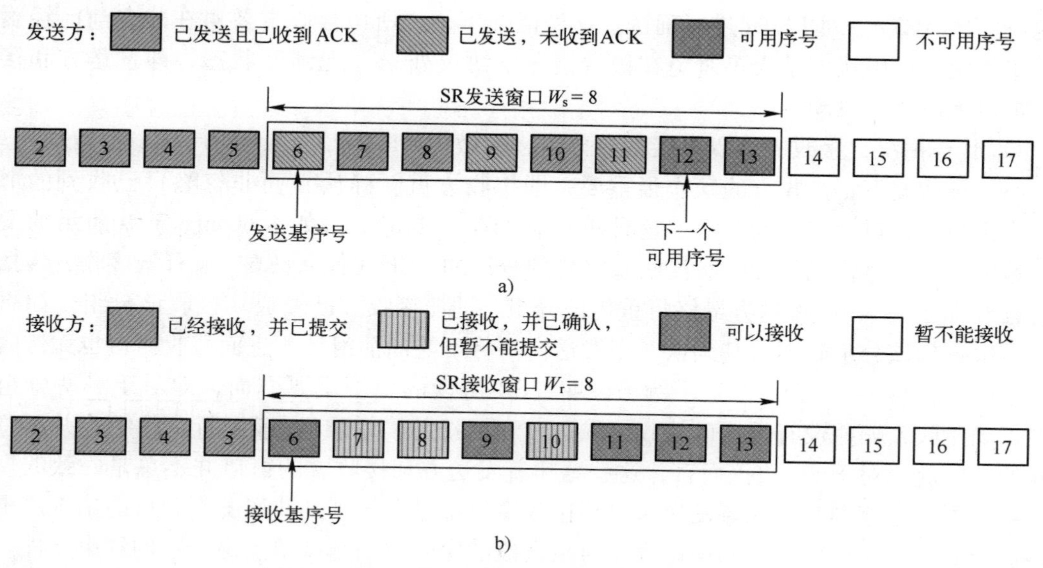

图 3-9　SR 协议发送方与接收方的滑动窗口示例

SR 协议的发送方可以连续发送多个分组，每个分组在当前发送窗口中必须有唯一的编号。SR 发送方主要响应下列三个事件，并完成相应操作。

1）上层调用请求发送数据。当从上层收到数据后，SR 发送方检查“下一个可用序号”是否位于当前发送窗口内。如果“下一个可用序号”位于发送窗口内，则将数据封装成 SR 分组，并用“下一个可用序号”进行编号，发送给接收方；否则，或者将数据缓存，或者返回给上层以便以后传输。

2）计时器超时。与 GBN 不同的是，SR 协议在发送方对每个已发送分组进行计时。当某个已发送但未被确认分组的计时器超时时，发送方重发该分组。

3）收到 ACKn。发送方收到 ACK 后，需要对确认的序号 n 进行判断。若 n 在当前发送窗口范围内，如图 3-9a 中的序号 6、9 或 11，则 SR 发送方将该序号标记为已接收；进一步，若 n 等于发送基序号，如图 3-9a 中的序号 6，则发送窗口向右移动到具有最小序号的未被确认的分组对应序号处，如图 3-9a 中的序号 9。如果发送窗口滑动后，有未发送分组待发送，那么发送方利用“下一个可用序号”编号分组，并发送给接收方。对于其他情形，发送方可以不做响应。

SR 协议接收方的主要操作分以下三种情况。

1）正确接收到序号在接收窗口范围内的分组 PKTn。分组序号 n 落在接收窗口序号空间内，接收方则向发送方发送 ACKn，如在图 3-9b 中，接收方收到的分组序号在 6~13 之间。如果 $n\neq$“接收基序号”且分组是第一次被接收到，则缓存该分组；如果 $n=$“接收基序号”，则该分组及原来收到的、序号与 n 连续的分组一并向上层交付，并将接收窗口的“接收基序号”滑动到当前未正确接收到的最小序号。如图 3-9b 所示，如果序号 6 的分组被成功接收，则接收方将 6~8 号分组依次向上层交付，接收窗口的“接收基序号”滑动到序号 9。

2）正确接收到序号在接收窗口左侧的分组 PKTn。此时，分组序号 $n<$“接收基序号”，这些分组在此之前已经正确接收并向上层提交，因此接收方丢弃 PKTn（重复分组），并向发送方发送 ACKn，对 PKTn 进行确认。这种情况下，之所以接收方要对在此之前已经确认的分组再次进行确认，是为了避免在极端情况下协议处于“死锁”状态，即发送方和接收方的窗口无法继续滑动。

3）其他情况，接收方可以直接丢弃分组，不做任何响应。

第二种情况下，接收方的动作很重要，即接收方重新确认（而非忽略）已收到的那些序号小于当前窗口基序号的分组。这种重新确认是必要的。例如，对于图 3-9 所示的发送方和接收方的序号空间，如果有接收基序号的分组的 ACK（如 ACK6）没有从接收方传播回发送方（即丢失），则发送方最终将重传该分组，即使接收方已经成功接收该分组。如果接收方再次收到该分组时不对其确认，则发送窗口将不能向前滑动，进而接收窗口也无法向前滑动，协议将最终“死锁”。这个例子说明，SR 协议的一个重要方面，即对于哪些分组已经被正确接收，哪些没有被正确接收，发送方和接收方“观察”（或推断）的结论并不总是相同的。因此，对于 SR 协议而言，这就意味着发送方和接收方的窗口并不总是一致的。当考虑到有限序号范围时，如果发送窗口和接收窗口都过大，则某些情况下还可能出现严重的错误。因此，滑动窗口协议的窗口大小与报文段的序号空间都需要满足一定的约束条件。

假设报文段的序号采用 k bit 二进制位串进行编号，则其编号空间为 $0\sim2^k-1$，共 2^k 个编号。滑动窗口协议的窗口大小与报文段的序号空间都需要满足的约束条件为

$$W_s+W_r\leqslant2^k \tag{3-5}$$

在特殊情况下，对于 GBN 协议，$W_r=1$，则有

$$W_s \leqslant 2^k-1 \tag{3-6}$$

对于典型的 $W_s=W_r=W$ 的 SR 协议，有

$$W_s \leqslant 2^{k-1} \tag{3-7}$$

对于停-等协议，可以将其看作特殊的滑动窗口协议，即 $W_s=W_r=1$，于是有 $k \geqslant 1$。这个结论也说明了停-等协议分组序号只需要使用 1 bit 编号的原因。

下面再次对停-等协议、GBN 协议、SR 协议的信道利用率进行总结。事实上，无论是停-等协议、GBN 协议，还是 SR 协议，它们的信道利用率均可以统一表示为滑动窗口协议的信道利用率

$$U_{\text{Sender}}=\frac{W_s \times t_{\text{Seg}}}{t_{\text{Seg}}+\text{RTT}+t_{\text{ACK}}} \tag{3-8}$$

显然，当 $W_s=1$ 时，就是式（3-1），即停-等协议的信道利用率。

对于滑动窗口协议，信道利用率与发送窗口的大小有关，当 W_s 足够大时，可以使 $W_s \times t_{\text{Seg}} \geqslant (t_{\text{Seg}}+\text{RTT}+t_{\text{ACK}})$ 成立，此时信道利用率为 100%。

四、流量控制

停-等协议和滑动窗口协议不仅可以实现可靠数据传输，还可以用于解决网络中另外一个重要的问题——流量控制。流量控制（flow control）的目的是协调协议发送方和接收方的数据发送与接收速度，避免因发送方发送数据太快，超出接收方接收和处理数据的能力，导致接收方被数据“淹没”，即数据到达速度超出接收方的接收、缓存或处理能力，致使数据在接收方被丢弃。流量控制问题不仅存在于端到端的传输层，还存在于数据链路层。因此，某些传输层协议（比如 TCP）和数据链路层协议都可能进行流量控制。实现流量控制的方法有很多，如前面介绍的停-等协议、滑动窗口协议。在基于滑动窗口协议实现流量控制时，发送窗口的大小反映了接收方接收、缓存和处理数据的能力，发送窗口较大，表明允许发送方以较高的平均传输速率向接收方发送数据，反之，限制发送方以较低传输速率发送数据。

第四节　UDP

UDP（用户数据报协议）是 Internet 传输层协议，提供无连接、不可靠、数据报尽力传输服务。UDP 是一种轻量级传输层协议，只提供最基本的传输层服务。UDP 是无连接的，因此在支持两个进程间通信时，没有握手过程。UDP 提供一种不可靠数据传送服务，也就是说，当应用进程将一个报文发送到 UDP 套接字时，UDP 并不保证将该报文送达到目的接收进程。不仅如此，对于发送方依次发送的报文段，UDP 即便将这些报文段送达接收进程，也可能是乱序到达的。UDP 没有拥塞控制机制，所以 UDP 发送端可以用任意传输速率向其下层（即网络层）注入数据。当然，实际端到端吞吐量可能小于这种速率，这可能是因为中间链路的带宽受限或网络拥塞造成的。

现在设想，如果设计一个只提供最基本传输服务的简单传输层协议，如何做呢？显然，在发送方，可能会考虑将来自应用进程的数据直接交给网络层；在接收方，可能会考虑将从网络层到达的报文直接交给应用进程。但是这种“最简单”的设计是不可行的，因为传输

层协议必须至少做一件事情，即必须提供一种复用/分解服务，这样才能在网络层与正确的应用进程之间传递数据。

UDP 就是只实现了传输层协议需要完成的最少功能的协议，除了复用/分解功能以及简单的差错检测以外，几乎没有对网络层的 IP 增加任何功能。实际上，如果应用程序开发人员选择的是 UDP 而不是 TCP，则该应用程序几乎相当于直接与 IP 打交道。UDP 从应用进程得到数据，附加上用于实现多路复用/分解服务的源和目的端口号字段，以及其他两个字段，然后将生成的报文段交付给网络层（IP）。网络层将该传输层报文段封装到一个 IP 数据报中，然后尽力将此报文段交付给接收主机。如果该报文段到达接收主机，则 UDP 使用目的端口号将报文段中封装的应用层数据交付给正确的应用进程。值得注意的是，使用 UDP 时，在发送报文段之前，发送方和接收方的传输层实体之间没有握手，正因为如此，UDP 才被称为无连接的传输层协议。

DNS 是一个通常使用 UDP 的应用层协议的例子。当一台主机中的 DNS 应用程序想要进行一次域名查询时，它构造一个 DNS 查询报文并将其交给 UDP。UDP 为此报文添加首部字段以生成 UDP 报文段，然后将报文段交给网络层。网络层将 UDP 报文段封装进一个 IP 数据报中，然后将其发送给一个域名服务器。查询主机中的 DNS 应用程序则等待域名服务器对该查询的响应。如果没有收到响应（可能是由于底层网络丢失了查询或响应），则要么试图向另一个域名服务器发送该查询，要么通知调用的应用程序不能获得响应。

我们可能会产生一个疑问，既然 UDP 提供的是不可靠传输服务，那么，为什么应用开发人员宁愿在 UDP 之上构建应用，而不选择在可靠的 TCP 上构建应用呢？这是因为有许多应用更适合使用 UDP，主要表现为以下几点。

- 应用进程更容易控制发送什么数据以及何时发送。采用 UDP 时，只要应用进程将数据传递给 UDP，UDP 就会将此数据打包进 UDP 报文段并立即将其传递给网络层。TCP 有一个拥塞控制机制（后面会介绍），以便当源和目的主机间的一条或多条链路变得极度拥塞时来遏制 TCP 发送方发送数据（的速率和量）。另外，为实现可靠数据传输，TCP 将重新发送丢失的（或超时的）报文段，直到目的主机收到此报文段并加以确认为止，而不管可靠交付需要多长时间。因此，TCP 相较于 UDP 会带来更大的时间延迟。实时性网络应用，如实时网络多媒体应用，通常要求端到端吞吐量大于等于最小发送速率，不希望过分地延迟报文段的传送，且能容忍一些数据丢失，TCP 服务模型显然不是特别适合这类应用，而 UDP 则适合。
- 无须建立连接。与 TCP 需要三次握手建立连接过程不同（后面将要讨论），UDP 不需要任何准备即可进行数据传输。因此，UDP 不会引入建立连接（根本就无连接）的时延。这也许是 DNS 通常运行在 UDP 上的主要原因。
- 无连接状态。TCP 需要在端系统中维护连接状态，包括接收和发送缓存、拥塞控制参数以及序号与确认序号的参数等；而 UDP 是无连接的，因此无须维护连接状态。因此，TCP 系统资源开销大，UDP 系统开销小。通常情况下，某些服务器当运行在 UDP 之上而不是 TCP 上时，一般都能支持更多的活跃客户。
- 首部开销小。每个 TCP 报文段都至少有 20 B 的首部开销，而 UDP 仅有 8 B 的开销。

需要说明的一点是，虽然 UDP 提供不可靠传输服务，但使用 UDP 的应用仍然可以实现可靠数据传输。这可以通过在应用程序自身中建立可靠传输机制来完成，如前面介绍的停-

等协议、滑动窗口协议等。也就是说，应用进程可以在使用 UDP 的同时进行可靠通信，只是需要在应用层上设计可靠传输机制而已。

一、UDP 报文段结构

UDP 报文段结构如图 3-10 所示。应用层数据占用 UDP 报文段的数据字段。例如，对于 DNS 应用，数据字段要么包含一个查询报文，要么包含一个响应报文。对于流式音频应用，音频抽样数据填充到数据字段。UDP 报文段首部只有 4 个字段，每个字段由两个字节组成。源和目的端口号用于 UDP 实现复用与分解。长度字段指示了在 UDP 报文段中的字节数（首部和数据的总和）。接收方使用“校验和”来检测报文段是否出现了差错。实际上，计算校验和时，除了 UDP 报文段以外，还包括了 IP 数据报首部的一些字段。下面讨论校验和的计算。

二、UDP 校验和

UDP 校验和提供了差错检测功能。也就是说，UDP 的校验和用于检测 UDP 报文段从源到目的地传送过程中，其中的比特是否发生了改变（由于链路噪声干扰等引起）。

UDP 在计算校验和时，对所有参与运算的内容（包括 UDP 报文段）按 16 bit 字（16 位对齐）求和，求和过程中遇到的任何溢出（即进位）都被回卷（即进位与和的最低位再加）。最后将得到的和取反码，就是 UDP 的校验和，它会填入 UDP 报文段的校验和字段。UDP 在生成校验和时，校验和字段取全 0。参与 UDP 校验和计算的内容包括三部分：UDP 伪首部、UDP 报文段首部和数据，如图 3-11 所示。

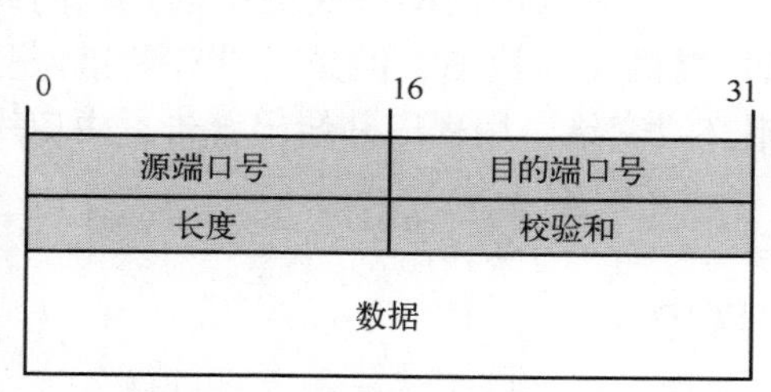

图 3-10　UDP 报文段结构

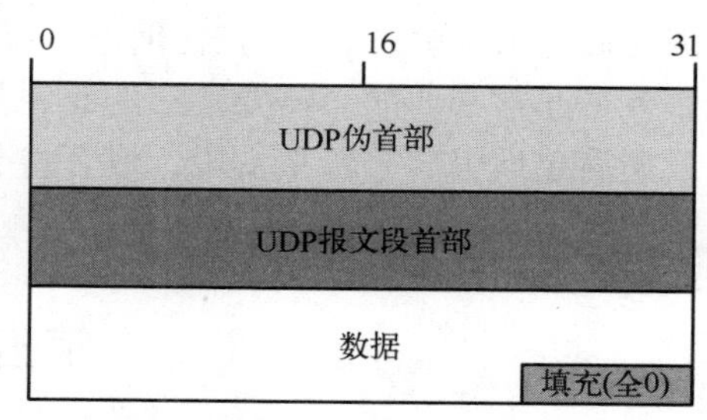

图 3-11　UDP 校验和计算的三部分内容

其中，填充部分为 8 位全 0，可能有，也可能没有，目的是确保 16 位对齐。UDP 伪首部结构如图 3-12 所示。

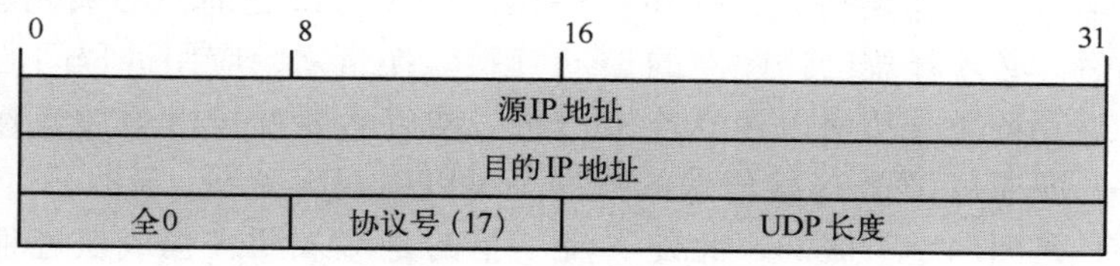

图 3-12　UDP 伪首部结构

其中，源 IP 地址、目的 IP 地址和协议号均是封装对应 UDP 报文段的 IP 分组的对应字段；UDP 长度字段是该 UDP 报文段的字段，也就是说，该字段会参与计算两次。对于

UDP，协议号的值为 17。

下面是 UDP 计算校验和的简单数值示例。假设下面 3 个 16 bit 字：

0110011001100000
0101010101010101
1000111100001100

前两个 16 bit 字的和是：

0110011001100000
0101010101010101
1011101110110101

再将上面的和与第三个字相加，得出：

1011101110110101
1000111100001100
1 0100101011000001

注意，最后一次加法有溢出，需要将最高位进位 1 加到和的最低位，于是得到：0100101011000010。取其反码，得到最后的校验和结果是 1011010100111101。

为什么 UDP 会提供校验和呢？原因是不能保证源和目的之间的所在链路都提供差错检测；也就是说，这些链路中的某条可能使用没有差错检测的数据链路层协议。此外，即使报文段经过链路正确传输，当报文段存储在某路由器的内存中时，也可能引入比特差错。在既无法确保链路的可靠性，又无法确保内存中的差错检测的情况下，如果端到端数据传输服务需要提供差错检测，那么 UDP 就必须提供端到端的差错检测服务。

因为假定 IP 是可以运行在任何第二层协议之上的，所以传输层协议提供端到端的差错检测服务是非常必要的。需要注意的是，虽然 UDP 提供差错检测，但是它没有差错恢复能力，只是简单地丢弃差错报文段，或者将受损的报文段交给应用程序并给出警告，由应用程序决策如何处理差错报文段。

第五节 TCP

TCP（传输控制协议）是 Internet 中一个重要的传输层协议。TCP 提供面向连接、可靠、有序、字节流传输服务。为了提供可靠数据传输，TCP 采用了前面所讨论的许多措施，其中包括差错检测、重传、累积确认、计时器，以及序号和确认序号等。

TCP 是面向连接的传输层协议，应用程序在使用该协议之前，必须先建立 TCP 连接。在传送数据完毕后，必须释放已经建立的 TCP 连接。换言之，应用进程间的通信与“打电话”非常类似：通话前要先拨号以建立连接，通话结束后要挂机以释放连接。TCP 提供可靠数据交付服务，即通过 TCP 连接传送的数据，可以确保无差错、不丢失、不重复且按序到达。另外，TCP 是面向字节流的，此处“流”指的是流入到进程或从进程流出的字节序列。“面向字节流”的含义是：虽然应用程序和 TCP 的交互是一次一个数据块，但 TCP 把应用程序交付的数据看成一连串的无结构的字节流。TCP 并不知道所传送的字节流的含义（也无须知道）。TCP 不保证接收方应用程序每次所收到的数据块和发送方应用程序每次所发出的数据块具有对应大小的关系。但接收方应用程序收到的字节流必须和发送方应用程序发出的字节流是完全一样的。当然，接收方的应用程序必须有能力识别收到的字节流，把它还原成有意义的应用层数据。

TCP 提供全双工通信服务，即 TCP 允许通信双方的应用进程在任何时候都能发送数据和接收数据。TCP 连接的两端都设有发送缓存与接收缓存，用来临时存放双向通信的数据。在发送时，应用程序在把数据传送给 TCP 的缓存后，就可以去做自己的事了，而 TCP 会在合适的时候把数据发送出去。发送缓存是在三次握手初期设置的缓存之一，TCP 可从缓存中取出并放入报文段中的数据数量受限于最大报文段长度（Maximum Segment Size，MSS）。MSS 通常根据最初确定的由本地主机发送的最大数据链路层帧长度来设置，设置该 MSS 要保证一个 TCP 报文段（封装在一个 IP 数据报中）加上 TCP 报文段首部长度与 IP 数据报首部长度（通常共 40 字节）将适合单个数据链路层帧。注意，MSS 是指在报文段中封装的应用层数据的最大长度，而不是指包括 TCP 报文段首部的 TCP 报文段的最大长度。在接收时，TCP 把收到的数据放入接收缓存，上层应用进程会在合适的时候读取接收缓存中的数据。

TCP 为每块客户数据都配上一个 TCP 报文段首部，从而形成多个 TCP 报文段。这些报文段被交付给网络层，网络层将它们封装在网络层 IP 数据报中。然后，这些 IP 数据报被发送到网络中，最终送达目的主机。

一、TCP 报文段结构

TCP 报文段由首部字段和数据字段组成。如前所述，MSS 限制了报文段数据字段的最大长度。当 TCP 发送一个大文件时，TCP 通常将该文件划分成长度为 MSS 的若干块（最后一块除外），每个数据块封装为一个 TCP 报文段后分别发送。TCP 报文段的结构如图 3-13 所示。

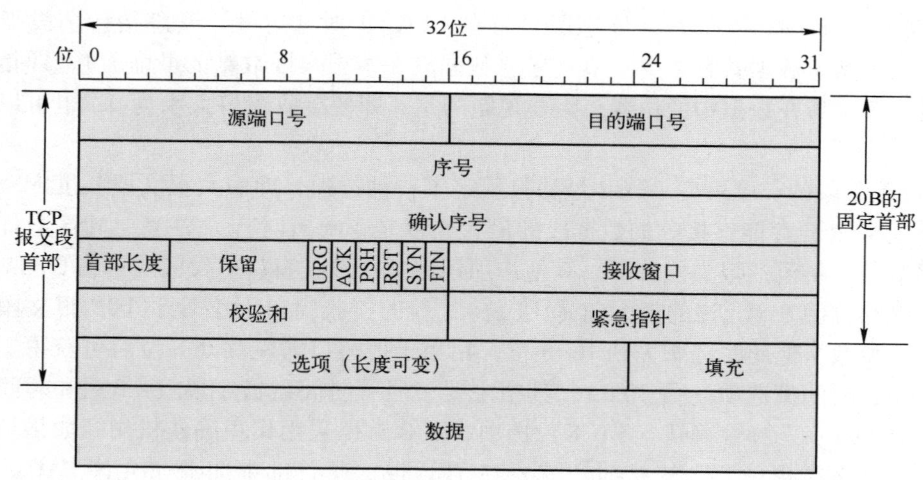

图 3-13　TCP 报文段的结构

其中：

1）源端口号与目的端口号字段各占 16 位，分别标识发送该报文段的源端口和目的端口，用于多路复用/分解来自或送到上层应用的数据。

2）序号字段与确认序号字段分别占 32 位。TCP 的序号是对每个应用层数据的每个字节的编号，因此每个 TCP 报文段的序号是该报文段所封装的应用层数据的第一个字节的序号。确认序号是期望从对方接收数据的字节序号，即该序号对应的字节尚未收到，该序号之前的字节已全部正确接收，也就是说，TCP 采用累积确认机制。

3）首部长度字段占 4 位，指出 TCP 报文段的首部长度，以 4 B 为计算单位，如该字段值为 5 时，表示 TCP 报文段的首部长度为 20 B。由于 TCP 报文段的选项字段的原因，TCP 报文段首部的长度是可变的。当该字段取最大值 15 时，表示 TCP 报文段的最大首部长度，即 60 B。可见，TCP 报文段的选项字段最多为 40 B。

4）保留字段占 6 位，保留为今后使用，目前值为 0。

5）URG、ACK、PSH、RST、SYN 和 FIN 字段各占 1 位，共占 6 位，为 6 位标志位（字段）。当 URG=1 时，表明紧急指针字段有效，通知系统此报文段中有紧急数据（相当于高优先级的数据），应尽快传送；当 ACK=1 时，表示确认序号字段有效，当 ACK=0 时，表示确认序号字段无效；当 TCP 收到 PSH=1 的报文段时，就会尽快将报文段中数据交付接收应用进程，而不再等到整个缓存都填满后再向上交付；当 RST=1 时，表明 TCP 连接中出现严重差错（如主机崩溃或其他原因），必须释放连接，然后重新建立 TCP 连接；当 SYN=1 时，表示该 TCP 报文段是一个建立新连接请求控制段或者同意建立新连接的确认段（此时 ACK=1）；FIN 用来释放一个 TCP 连接，当 FIN=1 时，表明该 TCP 报文段的发送端的数据已发送完毕，并请求释放 TCP 连接。

6）接收窗口字段占 16 位，用于向对方通告接收窗口大小（单位为字节），表示接收方愿意（或还可以）接收的应用层数据字节数量，其值是本端接收对方数据的缓存剩余空间，用于实现 TCP 的流量控制。

7）校验和字段占 16 位，该字段检验的范围类似于 UDP，包括 TCP 伪首部、TCP 报文段首部和数据三部分，计算方法与 UDP 校验和的计算方法相同。

8）紧急指针字段占 16 位，该字段只有在 URG=1 时才有效。紧急指针字段指出在本 TCP 报文段中紧急数据共有多少字节（紧急数据放在本报文段数据的最前面），即指出紧急数据最后一个字节在数据中的位置。需要说明的是，即使接收窗口大小为 0，也可以发送紧急数据。

9）选项字段的长度可变。TCP 最初只规定了一种选项，即最大报文段长度 MSS，用于对方 TCP 通告其缓存能够接收的数据段的最大长度是 MSS 个字节。注意，MSS 只计数应用层数据字节数，不包括报文段首部。其他选项还包括：接收窗口扩大选项（占 3 B），其中 1 个字节表示移位值 S（允许的最大值是 14 位），新的接收窗口大小等于 TCP 报文段首部中的接收窗口位数，但此时已增大到 $16+S$ 位，相当于把窗口向左移动 S 位后可获得实际的接收窗口大小；时间戳选项（占 10 B），其中主要字段有时间戳值字段（4 B）和时间戳回送回答字段（4 B）；选择性确认（SACK）选项，TCP 默认采用累积确认机制，如果要使用选择性确认，那么在建立 TCP 连接时，就要在 TCP 报文段首部中加上“允许 SACK”选项，而双方必须事先商定好，然而该选项基本不用。

10）填充字段，长度为 0~3 B，取值全 0，其目的是使整个首部长度是 4 B 的整数倍。

二、TCP 连接管理

TCP 连接管理包括连接建立与连接拆除。TCP 连接建立通过“三次握手”过程。假设主机 A 上的一个进程想与主机 B 上的一个进程建立一条 TCP 连接，主机 A 应用进程应该首先通知主机 A 的 TCP，它想建立一个与主机 B 上某个进程的连接，主机 A 中的 TCP 会通过以下过程与主机 B 中的 TCP 建立一条 TCP 连接。

1）主机 A 的 TCP 向主机 B 发出连接请求段（第一次握手）。该报文段中不包含应用层数据，其首部中的同步位 SYN=1，并选择初始序号 seq=x，表明传送数据时的第 1 个数据字节的序号是 x。这个特殊的报文段称为 SYN 报文段（或简称 SYN 段），该报文段会被封装在一个 IP 数据报中，发送给主机 B 的 TCP。需要特别注意的是，虽然 SYN 报文段不包含应用层数据，但是 SYN 要消耗 1 个序号（即初始序号 x），相当于 SYN 报文段发送了 1 个字节的“空”数据。

2）一旦包含 SYN 报文段的 IP 数据报到达主机 B，SYN 报文段将被从该数据报中提取出来。主机 B 的 TCP 收到连接请求段后，如果同意，则发回确认报文段（第二次握手）。该同意建立连接的报文段常被称为 SYNACK 报文段（或简称 SYNACK 段）。SYNACK 报文段也不包含应用层数据，但在其首部包含 3 个重要信息。主机 B 在 SYNACK 报文段中应使 SYN=1，ACK=1，其确认序号 ack_seq=x+1，自己选择的初始序号 seq=y。SYNACK 报文段表明：主机 B 收到了主机 A 发起建立连接的 SYN 报文段，该段的初始序号为 x，且主机 B 同意建立该连接，主机 B 的初始序号是 y。与 SYN 报文段类似，SYNACK 报文段不包含应用层数据，但是也要消耗 1 个序号，即初始序号 y。

3）主机 A 收到 SYNACK 报文段后，也要给该连接分配缓存和变量，并向主机 B 发送确认报文段（即 ACK 报文段，第三次握手），该报文段是对主机 B 的同意连接报文段（即 SYNACK 报文段）进行确认，其中 ACK=1，SYN=0（因为连接已建立），seq=x+1，ack_seq=y+1。第三次握手的 ACK 报文段可以携带从主机 A 到主机 B 的应用层数据。

第一次握手和第二次握手的 TCP 报文段不携带数据，第三次握手的 TCP 报文段可以携带数据。也就是说，主机 A 给主机 B 发送的应用层数据的第 1 个字节的序号为 x+1，同理，主机 B 给主机 A 发送的应用层数据的第 1 个字节的序号为 y+1，即 SYN=1 的报文段会空耗 1 个序号（初始序号）。

一旦完成“三次握手”，主机 A 和主机 B 就可以相互发送包含数据的报文段了。在此后的每一个报文段中，SYN 都被置为 0。

至此，我们不免会有一个疑问，为什么 TCP 不采用二次握手来建立连接，而一定要通过三次握手来建立连接呢？TCP 之所以采用三次握手来建立连接，是为了确保连接双方彼此完全清楚对方状态（比如初始序号和接收窗口大小等），从而保证可靠、稳定地建立连接。同时，通过三次握手来建立连接还可以有效预防过期、失效的连接请求到达后，导致无效连接的建立。三次握手缺一不可，下面举例说明两次握手建立连接是不可行的。因为网络存在数据丢失，所以第二次握手控制段可能丢失，这样主动发起连接的一方由于没有收到第二次握手控制段，则无法建立连接，而接受连接建立的一方则认为连接已建立，从而出现无效链接。另外，二次握手建立连接也无法避免失效连接请求。采用二次握手建立连接示意图如图 3-14 所示。

第一次握手时客户向服务器发送连接请求，服务器发送第二次握手的连接确认，此时服务器确认连接建立，客户收到第二次握手的连接确认后也确认连接建立。如果采用二次握手建立 TCP 连接，那么当出现第二次握手控制段丢失时，连接无法真正建立，因为客户并不清楚服务器的初始状态。另外，没有第三次握手，服务器也无法确认客户是否已经清楚自己的初始状态，如果此时服务器就开始给客户发送数据，则可能出现差错。另外，二次握手无法预防无效连接请求，如图 3-15 所示。如果客户由于超时重发了连接请求 Req_conn(x)，而之前发送的连接请求并没有丢失，那么，当服务器收到第一个 Req_conn(x)时，发送 Ack_conn(x)，并确认连接建立，当客户收到 Ack_conn(x)时，也确认连接建立。如果第二次发送的 Req_conn(x)被阻塞在网上，但没有丢失，并最终在 x 连接断开后，到达了服务器，那么此时服务器会理解为新的连接请求，并发送 Ack_conn(x)，确认连接建立。这一连接并非有效连接，属于半连接（即只有一方建立“连接”），但是服务器已为该连接分配了资源，甚至还可能通过该连接接收错误的数据。这类半连接的存在会无谓地消耗服务器的资源，降低服务器性能，甚至导致拒绝服务。

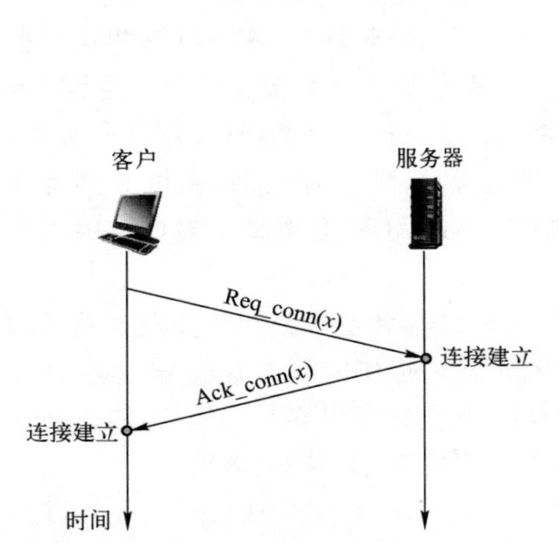

图 3-14　采用二次握手建立连接示意图

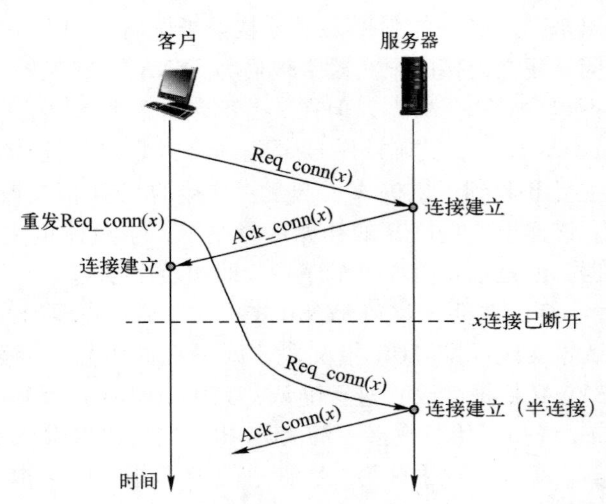

图 3-15　二次握手建立连接导致半连接示意图

TCP 连接建立成功后，便为使用该连接的双方应用进程提供了一条端到端全双工的可靠字节流逻辑通信信道，双方应用进程可以使用该连接收发数据。当通信结束时，使用 TCP 连接的两个进程中的任何一方都可以首先请求终止该连接，即断连。当连接断开后，主机中的分配给该连接的“资源”将被释放。TCP 释放连接过程为“四次挥手过程”（对称断连）。主机 A 和主机 B 之间断开一条 TCP 连接的过程可以概括如下。

1）主机 A 向主机 B 发送释放连接报文段，其首部的 FIN=1，序号 seq=u，等待主机 B 的确认（第一次挥手）。

2）主机 B 向主机 A 发送确认段，ACK=1，确认序号 ack_seq=u+1，序号 seq=v（第二次挥手）。

3）主机 B 向主机 A 发送释放连接报文段，FIN=1，seq=w，ack_seq=u+1（第三次挥手）。

4）主机 A 向主机 B 发送确认段，ACK=1，seq=u+1，ack_seq=w+1（第四次挥手）。主机 B 收到该确认段后，可以马上释放连接；主机 A 在发出该确认段后，延迟一段时间后会释放连接。

TCP 采用四次挥手断开连接的主要原因是为了确保断开连接过程的可靠，这样就不会由于不可靠断开连接而破坏 TCP 的可靠数据传输；TCP 的四次挥手断开连接是对称断开连接，要求两端都主动提出断开连接请求（发送 FIN 段），这样可以确保双方均能确认是否已全部收到对方的数据，达到可靠数据传输的目的。

下面通过三次握手和四次挥手过程的具体例子来说明建立连接与释放连接的详细过程及主要 TCP 状态。假设客户主动发起连接，则 TCP 连接建立过程如图 3-16 所示。

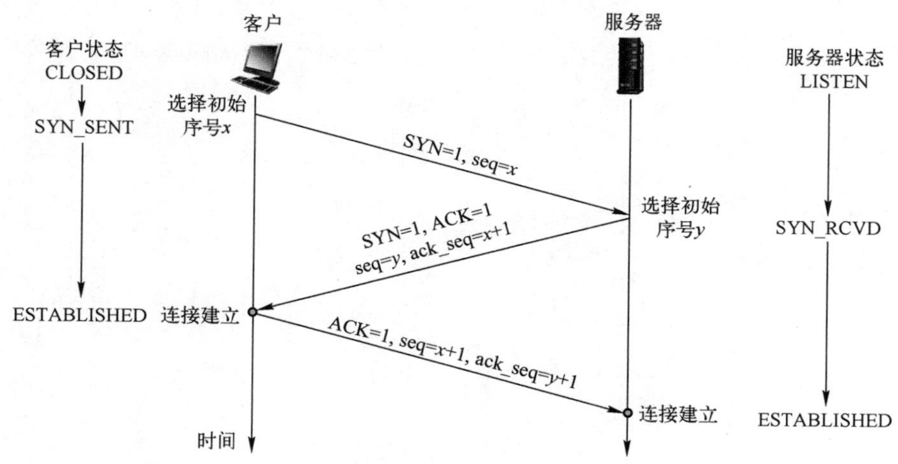

图 3-16　TCP 三次握手建立连接过程

第一次握手：客户作为连接建立发起端，选择客户初始序号 x，向服务器发送 SYN = 1，seq = x 的 SYN 段。客户状态由 CLOSED 转换为 SYN_SENT，等待服务器确认。

第二次握手：服务器收到客户发送的 SYN 段后，选择服务器初始序号 y，向客户发送 SYN = 1，ACK = 1，seq = y，ack_seq = x+1 的 SYNACK 段。同时，服务器状态由 LISTEN 转换为 SYN_RCVD。

第三次握手：客户收到服务器的 SYNACK 段后，向服务器发送 ACK = 1，seq = x+1，ack_seq = y+1 的 ACK 段，同时，客户状态进入 ESTABLISHED，客户确认连接已建立；当服务器收到 ACK 段后，它也进入 ESTABLISHED 状态，也确认连接已建立。至此，双方均确认连接建立成功。

连接建立过程客户状态及其含义如下：CLOSED 为关闭状态，处于初始状态；SYN_SENT 为同步已发送状态；ESTABLISHED 为已建立连接状态，表示可以传送数据。

连接建立过程服务器状态及其含义如下：CLOSED 为关闭状态，处于初始状态；LISTEN 为监听状态；SYN_RCVD 为同步收到状态；ESTABLISHED 为已建立连接状态，表示可以传送数据。

TCP 连接建立过程中的第一次握手与第二次握手发送的 SYN 段和 SYNACK 段，均不封装应用层数据，即数据字段为空，但这两个段均需要消耗一个序号。也就是说，客户的初始序号 x 被 SYN 段用掉，服务器的初始序号 y 被 SYNACK 段用掉。客户向服务器发送的应用层数据的第一个字节序号是 x+1，服务器发送给客户的应用层数据的第一个字节序号是 y+1。另外，第三次握手的 ACK 段是可以封装应用层数据的，而单纯的 ACK 段（即未封装应用层数据）是不消耗序号的。

假设客户首先请求断开 TCP 连接，则 TCP 断开连接过程（四次挥手过程）如图 3-17 所示。

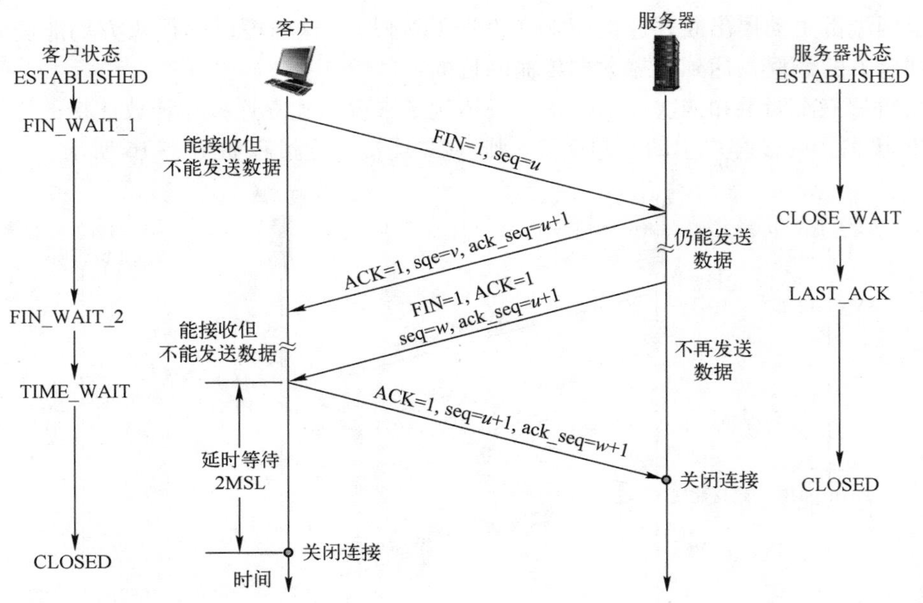

图 3-17　TCP 断开连接过程

TCP 断开连接采用四次挥手的对称断连机制。

1）当客户向服务器发送完最后一个数据段后，可以发送一个 FIN 段（FIN=1，seq=u），请求断开客户到服务器的连接，其状态由 ESTABLISHED 转换为 FIN_WAIT_1，在这一状态下，只能接收服务器发送过来的数据，而不再发送数据。需要注意的是，FIN 段不封装应用层数据，但是也要消耗 1 个序号（类似于 SYN 段）。

2）服务器收到客户的 FIN 段后，向客户发送一个 ACK 段（ACK=1，seq=v，ack_seq=u+1），ACK 段可以封装应用层数据（如果有）。服务器状态由 ESTABLISHED 转换为 CLOSE_WAIT，在这一状态下，服务器仍然可以发送数据，但不再接收数据。当客户收到 ACK 段后，其状态由 FIN_WAIT_1 转换为 FIN_WAIT_2，仍然可以接收来自服务器的数据。此时的 TCP 连接已经关闭了客户向服务器方向的数据传输，故也称为半关闭。

3）当服务器向客户发送完最后一个数据段后，服务器向客户发送 FIN 段（FIN=1，ACK=1，seq=w，ack_seq=u+1），同样，该 FIN 段也不携带应用层数据。服务器状态则由 CLOSE_WAIT 转换为 LAST_ACK，此时服务器也不再发送数据。

4）当客户收到服务器发送的 FIN 段后，向服务器发送 ACK 段（ACK=1，seq=u+1，ack_seq=w+1），其状态由 FIN_WAIT_2 转换为 TIME_WAIT，等待 2MSL（Maximum Segment Lifetime）时间，然后进入 CLOSED 状态，最终释放连接；服务器在收到最后一次 ACK 段后，其状态由 LAST_ACK 转换为 CLOSED，最终释放连接。

在断开连接过程中，客户状态及其含义如下：ESTABLISHED 表示处于数据传送状态；FIN_WAIT_1 表示终止等待 1 状态，等待服务器的确认；FIN_WAIT_2 表示终止等待 2 状态，等待服务器发出的连接释放报文段；TIME_WAIT 为时间等待状态，表示在等待 2 倍 MSL 时间后进入关闭状态（CLOSED）。

在断开连接过程中，服务器状态及其含义如下：ESTABLISHED 表示连接已建立状态；

CLOSE_WAIT 表示关闭等待状态；LAST_ACK 表示最后确认状态；CLOSED 表示关闭状态。

为什么要有 TIME_WAIT（时间等待）状态呢？主要是为了保证客户发送的最后一个 ACK 段能够到达服务器。该 ACK 段可能丢失，而服务器得不到已发送的 FIN 段+ACK 段的确认，会超时重传。如果客户没有 TIME_WAIT 状态，而是发送完 ACK 段后立即释放连接，那么就无法收到服务器重传的 FIN 段+ACK 段，当然也不会再发送一次 ACK 段，如此服务器就无法按照正常步骤进入 CLOSED 状态。TIME_WAIT 状态的作用是保证在 2MSL 期间，该连接的本地端点地址（IP 地址+端口号）不被再次使用，避免可能的较早连接请求到达后被误解为新连接请求。

MSL 是最大段生存时间，是任何 TCP 报文段被丢弃前在网络内“存活”的最长时间。TCP 规范（RFC 793）规定的 MSL 是 2 分钟，但实际系统在实现 TCP 时设定的时间有所不同，比如 Windows 操作系统设置的 MSL 默认值为 120 秒、Linux 操作系统设置的 MSL 默认值为 60 秒。

另外，如果服务器收到客户发送的 FIN 段（第一次挥手），刚好服务器向客户发送的最后一个数据段也发送完了，那么此时第二次挥手的 ACK 段和第三次挥手的 FIN 段可以合并为一个段发送。注意，这个段是不封装应用层数据的，但是作为 FIN 段，仍然要消耗一个序号。

三、TCP 可靠数据传输

TCP 在提供不可靠尽力服务的 IP 之上实现端到端的可靠数据传输。TCP 的可靠数据传输服务确保一个进程从其接收缓存中读出的数据流是无差错、无缺失、无冗余以及无乱序字节流，该字节流与连接的另一方端系统发送出的字节流是完全相同的。

TCP 的可靠数据传输实现机制包括差错编码、确认、序号、重传、计时器等。序号是每个字节编号；确认序号为期望接收字节序号，TCP 通常采用累积确认机制；通常采用单一的重传计时器，计时器超时时间采用自适应算法设置；重传数据段主要针对两类事件：计时器超时和三次重复确认。

TCP 的可靠数据传输是基于滑动窗口协议的，但是发送窗口大小动态变化。TCP 的发送窗口取决于流量控制的接收端通告的窗口大小和实现拥塞控制（后面会介绍）的拥塞窗口大小，任一时刻 TCP 发送窗口都会取这两个窗口的最小值。这两个窗口在 TCP 连接建立后的整个通信过程中一直动态变化。假设某时刻流量控制（接收端通告的接收窗口）大小为 RcvWin，拥塞控制窗口为 CongWin，则此刻 TCP 的发送窗口 $W_s = \min(\text{RcvWin}, \text{CongWin})$。

TCP 能够提供可靠的数据传输服务，这是通过以下工作机制来实现的。

1）应用数据被分割成 TCP 认为最适合发送的数据块（通常是 MSS），封装成 TCP 报文段，传递给 IP。

2）当 TCP 发出一个报文段后，启动一个计时器，等待目的端确认收到这个报文段。如果不能及时收到一个确认，则认为该报文段丢失，将重发这个报文段。当 TCP 收到发自 TCP 连接另一端的数据时，将发送一个确认报文段。

3）TCP 首部中设有“校验和”字段，用于检测数据在传输过程中是否发生差错。如果收到的报文段通过“校验和”检测，发现有差错，则 TCP 将丢弃这个报文段和不确认收到此报文段（希望发送端超时并重发），而将已连续接收到的应用层数据的最后一个字节的序号加 1，作为确认序号，向发送方发送确认报文段。

4）由于 TCP 报文段封装到 IP 数据报中传输，而 IP 数据报的到达可能会因经过不同的路径而造成顺序的错乱，因此 TCP 报文段的到达也可能会失序。如果必要，那么 TCP 将根据序号对收到的数据进行重新排序，将收到的数据以正确的顺序交给应用层。

5）由于存在网络延迟和重传机制，TCP 的接收端有可能会收到多个重复的报文段，因此接收端需要根据序号把重复的报文段丢弃。

6）TCP 能够提供流量控制。TCP 连接的每一方都在建立连接时分配一定大小的接收缓存空间。TCP 的接收端只允许另一端发送接收端缓存所能接纳的数据。这可以防止较快主机发送数据太快，致使较慢主机的缓存溢出。

下面将循序渐进地讨论 TCP 是如何提供可靠数据传输的。在此给出一个简化的 TCP 发送方描述，发送方有 3 个与发送和重传有关的主要事件：

1）从上层应用程序接收数据。

2）计时器超时。

3）收到 ACK。

一旦第一个主要事件发生，发送方就需要先判断发送窗口是否已满，如果发送窗口已满，则只缓存数据，暂不能发送；如果发送窗口未满，则 TCP 从应用程序接收数据，将数据封装在一个报文段中，并把该报文段交给 IP。每一个报文段都包含一个序号，即报文段中第一个数据字节编号。如果计时器还没有为某些其他报文段运行，则当该报文段被传送给 IP 时，TCP 就会启动计时器。

计时器的超时时间设置的合理与否对 TCP 性能影响较大。显然 RTT 是一个重要的参考数值，直观的想法是超时时间要比 RTT 大一些，以允许一个报文段能在超时时间内发出并被确认，否则会引起不必要的重传。但 RTT 是多大呢？比 RTT 大多少来设置超时时间才是合适的呢？超时时间设置得过短，会造成许多不必要的报文段重传；超时时间设置得过长，会对报文段的丢失反应迟钝，影响 TCP 性能。为此，可以采用报文段的 RTT 采样（SampleRTT），即从某报文段发出到对该报文段的确认收到的时间间隔来估计 RTT 的大小。大多数 TCP 的实现仅在某时刻做一次 SampleRTT 测量，而不是为每个发送的报文段测量一个 SampleRTT，而且 TCP 决不采用被重传的报文段计算 SampleRTT，只利用传输一次（未重传）的报文段测量 SampleRTT。显然，SampleRTT 的值会随着路由器的拥塞和端系统的负载变化而波动，那么任意时刻测量的 SampleRTT 也许都不具有一般性。因此，为了估计一个典型的 RTT，采取式（3-9）所示的指数加权移动平均的方法来计算一个 SampleRTT 均值（EstimatedRTT）。

$$\text{EstimatedRTT}=(1-\alpha)\times\text{EstimatedRTT}+\alpha\times\text{SampleRTT} \tag{3-9}$$

式中，α 是指数加权系数，典型值是 0.125。式（3-9）是一个迭代公式，越新的 RTT 采样在计算 EstimatedRTT 新值时所占权重越大，时间越久的 RTT 采样所占权重越小。基于计算得到的最新 EstimatedRTT 值，便可以设置一个合理的超时时间阈值了。

那么，超时时间比 RTT 大多少合适呢？这需要考虑 RTT 的变化，RTT 变化剧烈，表明网络不稳定；RTT 变化小，表明网络很平稳。因此，RTT 的变化范围大，则超时时间设置为 EstimatedRTT 加一个较大的安全边界值；RTT 的变化范围小，则超时时间设置为

EstimatedRTT 加一个较小的安全边界值。为此，定义 RTT 偏差 DevRTT 表示 RTT 变化程度

$$DevRTT=(1-\beta)\times DevRTT+\beta\times|SampleRTT-EstimatedRTT| \tag{3-10}$$

可以看出，DevRTT 是一个 SampleRTT 与 EstimatedRTT 之间差值的指数加权移动平均。加权系数 β 的推荐值是 0.25。

有了 EstimatedRTT 和 DevRTT，就可以设置计时器的超时时间为

$$TimeoutInterval=EstimatedRTT+4DevRTT \tag{3-11}$$

通常情况下，TimeoutInterval 初始值为 1 s。当出现超时后，TimeoutInterval 值加倍，以免即将被确认的后继报文段过早出现超时。无论如何，一旦报文段收到并更新 EstimatedRTT，TimeoutInterval 就又通过上述式（3-9）~式（3-11）更新计算。

TCP 响应第二个主要事件（计时器超时）的方式很简单。当计时器超时时，TCP 重传引起超时的报文段，即发送窗口基序号（SendBase）指向的 TCP 段，然后重启计时器，重新计时。

TCP 发送方必须处理的第三个主要事件是收到 ACK。如果收到的是对此前未确认过的报文段的 ACK，确认序号为 ack_seq=y，则 TCP 用 y 更新发送窗口的发送基序号变量 SendBase=y，即将发送窗口滑动到序号 y。显然，SendBase−1 是接收方已正确按序接收到的数据的最后一个字节的序号。

下面给出几个 TCP 发送数据、确认与重传的典型例子，如图 3−18 所示。图 3−18a 描述了由于 ACK 丢失而引起的重传的情形；图 3−18b 描述了利用累积确认（ack_seq=212 的报文段）来避免第一个报文段（seq=180 的报文段）重传的情形；图 3−18c 描述了 seq=200 的报文段未被重传的情形，因为在计时器超时时，该报文段不是当前发送窗口的 SendBase（当前为 180）指向的报文段。

接下来讨论一下 TCP 在实现中关于计时器超时时间的设置策略。在 TCP 实现中，每当超时事件发生时，TCP 都会重传具有最小序号的还未被确认的报文段（即 SendBase 指向的报文段），并且每次重传时 TCP 都会将下一次的超时时隔设置为原来值的两倍，而不是通过 EstimatedRTT 和 DevRTT 计算出来的值。因此，超时时间在每次重传后会呈指数式增长。但是，每当 TCP 因收到上层应用数据或收到 ACK 两个事件之一而启动计时器时，超时时间还是由最新的 EstimatedRTT 与 DevRTT 计算得到。这种超时时间设置策略，在一定程度上起到了拥塞控制的作用。

如果 TCP 仅仅依赖超时触发重传，则存在一定的问题。当超时时间较长时，一个报文段丢失后，发送方会等待较长时间才重传丢失报文段，从而增加了端到端时延，降低了端到端有效吞吐量。事实上，发送方通常在超时事件发生之前就可能收到对同一个序号的多次 ACK 确认，称为重复 ACK。重复 ACK 就是再次确认了某个报文段的 ACK，即发送方在这之前收到过对该报文段的确认。因此，发送方可以通过重复 ACK 情况来推断报文段丢失情况。那么，发送方为什么会收到重复 ACK 呢？这与接收方的确认策略有关。

TCP 接收方生成 ACK 的策略主要有 4 种。

第一种情况：具有所期望序号的报文段（即接收窗口基序号指向的报文段）按序到达，所有在期望序号之前的报文段都已被确认。此时，TCP 接收方延迟发送 ACK，最多等待 500 ms。如果下一个按序报文段在这个时间段内没有到达，则发送 ACK，对收到的报文段进行确认。

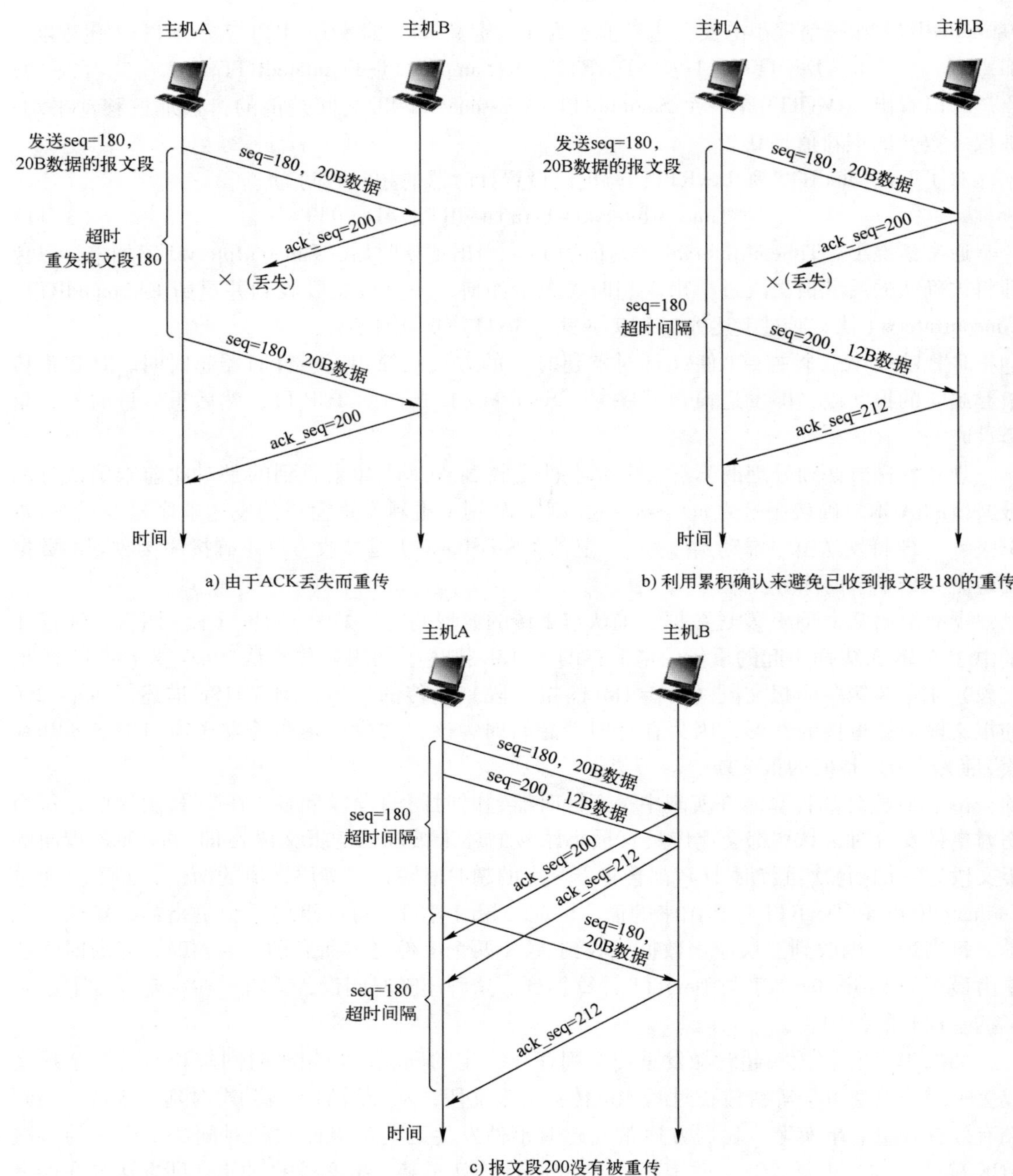

图 3-18　TCP 发送数据、确认与重传的典型例子

第二种情况：具有所期望序号的报文段按序到达，且另一个按序报文段在等待 ACK 传输，TCP 接收方立即发送单个累积 ACK，以确认以上两个按序到达的报文段。

第三种情况：拥有序号大于期望序号的失序报文段到达，TCP 接收方立即发送重复 ACK，即对当前接收窗口基序号进行确认，然后指向下一个期待接收字节的序号。

第四种情况：收到一个报文段，部分或完全填充接收数据间隔（缺失）。如果收到的

TCP 报文段的序号等于接收窗口基序号，则立即发送累积 ACK，确认序号是当前期望接收但未收到的字节序号的最小值，即将接收窗口滑动到该序号。当 TCP 接收方收到一个未按序到达的报文段（即其序号大于下一个所期望的、按序的报文段）时，接收方便检测到了数据流中的一个间隔（缺失），这就说明可能发生了报文段的丢失或者延迟到达。因为 TCP 不使用否定确认，所以接收方不能向发送方发送一个显式的"否定确认"，而只能对已经接收到的最后一个按序字节数据进行重复确认。需要注意的是，上述 ACK 生成策略中，允许接收方不丢弃失序报文段，当然，也可以丢弃失序报文段，这取决于 TCP 的具体实现。

可见，发送方通常一个接一个地发送大量的报文段，如果一个报文段丢失，就很可能引起许多重复 ACK。发送方显然可以根据重复 ACK 情况，推断报文段是否丢失。具体做法是，如果 TCP 发送方接收到对相同序号的 3 次重复 ACK，就相当于隐式的"否定确认"，说明被重复确认的报文段已丢失。因此，TCP 一旦收到 3 次重复 ACK，被重复确认的报文段即便没有超时，TCP 也立即重发该报文段，这就是 TCP 的快速重传。TCP 的快速重传可以在一个报文段的计时器超时之前，由于被 3 次重复 ACK 确认而主动重传，在一定程度上弥补了计时器超时时间设置过长带来的不利影响，改善了 TCP 性能。需要注意的是，3 次重复 ACK 不是第 3 次 ACK，而是第 4 次，因为第 1 次确认是正常确认。例如，如果发送方第 1 次收到 ack_seq=x 的 ACK 段，是对序号 x 的正常确认，第 2 次收到 ack_seq=x 的 ACK 段时，是对序号 x 的第 1 次重复 ACK，以此类推，第 4 次收到 ack_seq=x 的 ACK 段时，是对序号 x 的第 3 次重复 ACK，此时发送方立即重发序号为 x 的报文段。

快速重传算法的基本思想是：接收端每收到一个失序的报文段就立即发出重复确认，以便更早地通知发送端有丢包情况发生。如图 3-19 所示的某个 TCP 数据传输过程，发送端依次发送了 seq=180、seq=200、seq=212、seq=240 和 seq=256 报文段，接收端依次接收到除 seq=200 以外的报文段，因而多次发送 ack_seq=200 的确认段来进行重复确认。发送端会在第 4 次（即 3 次重复）收到 ack_seq=200 的确认段时，认为 seq=200 报文段发生了丢失，需要立即向接收端重传 seq=200 报文段，而不需要等待计时器超时。

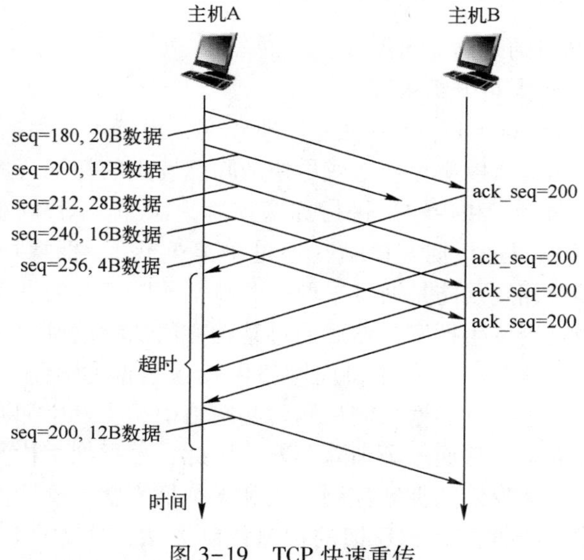

图 3-19　TCP 快速重传

四、TCP 流量控制

TCP 实现流量控制也是利用窗口机制，但不是简单的滑动窗口协议。TCP 连接建立时，收、发双方都为之分配了固定大小的缓存空间。TCP 的接收端只允许另一端发送接收端缓存所能接纳的数据，TCP 报文段首部的接收窗口字段占 16 位，用于向对方通告接收窗口大小（单位为字节），其值是本端接收对方数据的缓存剩余空间，防止本端的缓存溢出。接收端（注意，接收端与发送端是相对的，因为 TCP 是全双工的）在给发送端发送数据段（ACK=1）或单独确认段时，通告将剩余接收缓存空间作为接收窗口，发送端在接下来发送数据段时，控制未确认段的应用层数据总量不超过最近一次接收端通告的接收窗口大小，从而确保接收端不会发生缓存溢出。

当该 TCP 连接收到正确、按序的字节后，它就将数据放入接收缓存。相关联的应用进程会从该缓存中读取数据，但未必是数据刚一到达就立即读取。事实上，接收方应用也许正忙于其他任务，甚至要过很长时间后才去读取该数据。如果某应用程序读取数据时相对缓慢，而发送方发送得太多、太快，发送的数据就会很容易地使该连接的接收缓存溢出。

描述了 TCP 的流量控制服务以后，在此简单地提一下 UDP，而 UDP 并不提供流量控制服务。考虑一下从主机 A 上的一个进程向主机 B 上的一个进程发送一系列 UDP 报文段的情形。对于一个典型的 UDP 实现，UDP 会将这些报文段添加到相应套接字“前面”的一个有限大小的缓存中。进程每次从缓存中读取一个完整的报文段。如果进程从缓存中读取报文段的速度不够快，那么缓存将会溢出，并且将丢失报文段，这也是 UDP 不提供可靠性传输保障的一个原因。

五、TCP 拥塞控制

拥塞是指太多主机以太快的速度向网络中发送太多的数据，超出了网络处理能力，导致大量数据分组“拥挤”在网络中间设备（如路由器）队列中等待转发，网络性能显著下降的现象。拥塞的直接后果如下。

1）数据分组通过网络的时延显著增加。

2）由于队列满而导致大量分组被丢弃。

拥塞控制（congestion control）就是通过合理调度、规范、调整向网络中发送数据的主机数量、发送速率或数据量，以避免拥塞或尽快消除已发生的拥塞。拥塞控制可以在不同层实现，比较典型的是在网络层和传输层进行拥塞控制，比如，ATM 网络是在网络层进行拥塞控制，Internet 是在传输层进行拥塞控制（通过 TCP 实现）。拥塞控制策略可以分为拥塞预防与拥塞消除两大类：拥塞预防是通过采取一些技术预防拥塞的发生；拥塞消除是利用拥塞检测机制检测网络中是否发生拥塞，然后通过某种方法消除已发生的拥塞。拥塞预防策略可以采用诸如流量整形技术等，规范主机向网络中发送数据的流量，预防或避免拥塞的发生。拥塞消除策略需要基于某种拥塞检测机制检测网络中是否发生拥塞，然后调整主机向网络中发送数据的速率和数量，从而逐渐消除拥塞。因此，根据拥塞检测机制的不同，拥塞控制又可以分为基于拥塞状态反馈的拥塞控制方法和无须拥塞状态反馈的拥塞控制方法。网络层的拥塞控制大多采用基于拥塞状态反馈的拥塞控制方法，这类方法尤其适用于虚电路网络，比如 ATM 网络，实现拥塞状态反馈方法包括警告位、丢弃分组等。无须进行拥塞状态反馈的拥塞控制方法是在主机（即端系统）推断网络是否发生拥塞，如果推断网络已发生拥塞，则主动调整向网络中发送数据的速率和数据量，以便消除拥塞。传输层的拥塞控制，如 TCP 的拥塞控制，通常采用这类拥塞控制方法，通过是否发生报文段的超时（或 3 次重复确认）来推断网络是否发生拥塞。

TCP 的拥塞控制是从端到端的角度，推测网络是否发生拥塞，如果推断网络发生拥塞，则立即将数据发送速率降下来，以便缓解网络拥塞。TCP 的拥塞控制采用的也是窗口机制，通过调节窗口的大小实现对发送数据速率的调整。窗口调节的基本策略是网络未发生拥塞时，逐渐“加性”增大窗口大小，当网络拥塞时，“乘性”快速减小窗口大小，即 AIMD（Additive Increase, Multiplicative Decrease）。通常，TCP 新建立连接时，可用网络带宽可能较大，可以较快速率传输数据，所以窗口增长可以快些，当窗口增长到一定程度后，为了避免过快出现拥塞，使其尽可能长时间运行在较大窗口状态，则将窗口增长速度降下来。于是，TCP 拥塞控制窗口的调节分为慢启动（slow start）阶段和拥塞避免（congestion avoidance）阶段，慢启动阶段窗口从一个 MSS 快速增长，达到某个阈值后转为拥塞避免阶段；拥塞避免阶段的窗口增长放慢。

TCP 的发送端维持一个称为拥塞窗口的变量 CongWin，单位为字节，用于表示在未收到接收端确认的情况下，可以连续发送的数据字节数。CongWin 的大小取决于网络的拥塞程度，并且动态地发生变化。拥塞窗口调整的原则是：只要网络没有出现拥塞，就可以增大拥塞窗口，以便将更多的数据发送出去，相当于提高发送速率；一旦网络出现拥塞，拥塞窗口就减小一些，减少注入网络的数据量，从而缓解网络的拥塞。发送端推断网络发生拥塞的依据是发生计时器超时或对某个报文段的 3 次重复确认。TCP 的拥塞控制算法包括慢启动、拥塞避免、快速重传（fast retransmit）和快速恢复（fast recovery）四部分。

TCP 连接新建立时，按慢启动拥塞控制算法调整拥塞窗口。当 TCP 开始发送数据时，因为不知道网络中的负载情况，所以，如果立即发送大量的数据，则有可能会引起网络的拥塞。因此，TCP 采用试探的方法，逐渐增大拥塞窗口。通常在刚开始发送数据报文段时，先将拥塞窗口 CongWin 设置为一个 TCP 最大报文段长度 MSS 的值。每收到一个数据报文段的确认，CongWin 就增加一个 MSS 的数值。这样就可以逐渐增大发送端的拥塞窗口，使数据注入网络的速率逐渐加快。如果定义从发送端发出一个报文段到收到对这个报文段的确认的时间间隔为往返时间 RTT，并且在 1 个 RTT 时间内，CongWin 中的所有报文段都可以发送出去，则在慢启动阶段，每经过 1 个 RTT，CongWin 的值就加倍。但是，要特别注意，对于在慢启动阶段“每经过 1 个 RTT，CongWin 的值就加倍”的结论，不要误解。CongWin 不是“跳跃”式增长的，而是连续增长的，即每次收到 1 个 ACK，CongWin 便加 1 个 MSS。图 3-20 为一个慢启动的例子。

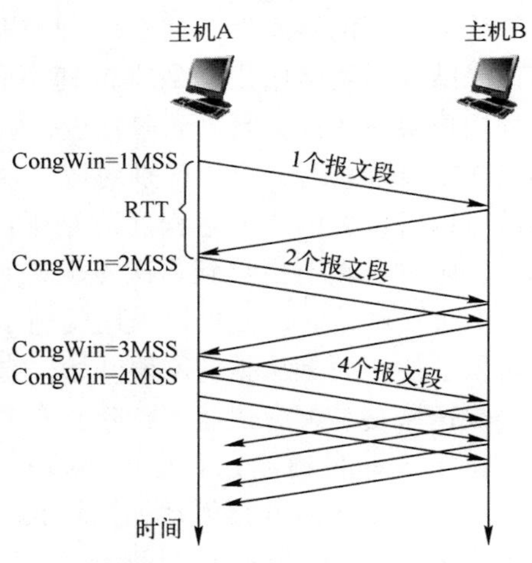

图 3-20　TCP 拥塞控制的慢启动示例

为了防止拥塞窗口增长过快而引起网络拥塞，TCP 设置一个拥塞窗口阈值 Threshold，“分割”慢启动阶段和拥塞避免阶段。当拥塞窗口小于

Threshold 时，拥塞窗口按慢启动方式增长，当拥塞窗口大于或等于 Threshold 时，拥塞窗口切换为按拥塞避免方式增长，即减缓拥塞窗口的增长速度。具体的做法是每经过一个 RTT，CongWin 的值加 1（单位为 MSS），即当前拥塞窗口中的所有报文段全部发送并且都被成功确认，则 CongWin 的值加 1。这样，就可以使 CongWin 按线性规律缓慢增长，即“加性增加”，这个阶段称为拥塞避免阶段。

通常情况下，CongWin 的初始值为 1，Threshold 的初始值为 16。当拥塞避免算法执行到某个时刻时，若发送端发生了计时器超时，则意味着网络发生了拥塞。此时，发送端首先将新的阈值设置为 Threshold = CongWin/2，即当前拥塞窗口值的一半，同时，将新的拥塞窗口设置为 CongWin = 1，即重新执行慢启动算法。这样做的好处是，当网络频繁出现拥塞时，Threshold 下降得很快，可以大大减少注入网络中的数据报文段，即“乘性减小”。图 3-21 所示为 TCP 慢启动与拥塞避免过程示例。

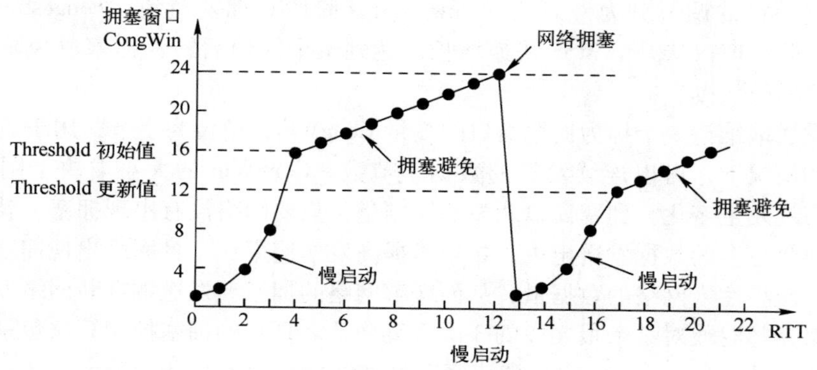

图 3-21 TCP 慢启动与拥塞避免过程示例

慢启动和拥塞避免是在 1988 年提出的拥塞控制算法，1990 年在此基础上又增加了快速重传和快速恢复两个算法。快速重传的基本思想是接收端收到 3 次重复确认时，则推断被重复确认的报文段已经丢失，于是立即发送被重复确认的报文段。也就是说，对于计时器超时和 3 次重复确认，TCP 的发送端都解读为报文段丢失，而在 TCP 的拥塞控制策略中，报文段的丢失表明网络发生了拥塞。当 TCP 的发送端推断网络已发生拥塞时，便通过缩减拥塞窗口来减少向网络中发送数据的速率和数量，以便缓解网络拥塞。因此，TCP 在拥塞控制过程中也要对 3 次重复确认事件进行响应，即缩减拥塞窗口。但是，TCP 在响应计时器超时和 3 次重复确认时，可以区别对待。计时器超时可以解读为网络拥塞程度很严重；3 次重复确认可以解读为网络拥塞程度不是很严重，因为至少还有多个失序报文段被成功送达目的地，否则发送端不会收到多次重复确认。基于这样的考虑，TCP 在拥塞控制过程中，当发生 3 次重复确认时，便可以采用区别于计时器超时的拥塞窗口缩减的做法，不再重新从慢启动阶段开始，而是从新的阈值开始，直接进入拥塞避免阶段，这就是快速恢复的基本思想。

快速恢复是配合快速重传使用的算法，具体做法是：当发送端连续收到 3 次重复确认时，将 Threshold 减半，并且将 CongWin 的值置为减半后的 Threshold，然后开始执行拥塞避免算法，使 CongWin 缓慢地加性增长。快速恢复是 TCP 推荐的算法，而不是必需的。一种称为 TCP Tahoe 的 TCP 早期版本，无论是发生超时表示的丢包事件，还是 3 次重复确认表示的丢包事件，都将其拥塞窗口减至 1 个 MSS，并重新进入慢启动阶段。TCP 的较新版本 TCP

Reno 则综合进了快速恢复，区别对待计时器超时和 3 次重复确认。图 3-22 所示为两个版本 TCP 拥塞窗口的变化情况。

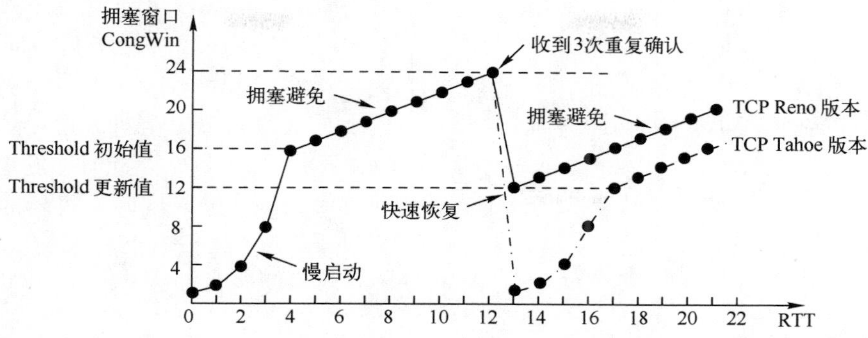

图 3-22　TCP Tahoe 和 TCP Reno 版本拥塞窗口的变化情况

综上所述，TCP 拥塞控制算法可以描述如下：

```
SlowStartPhase()                        //慢启动
{
    CongWin=1;                          //MSS
    while (CongWin<Threshold && 无数据丢失)
    {
        for each ACK
            CongWin++;
    }
    if (CongWin>=Threshold) then
        CongestionAvoidancePhase();
    if (数据丢失) then
        DataLoss();
}
CongestionAvoidancePhase()
{
    while (无数据丢失)
    {
        for each ACK
            CongWin=CongWin+MSS/CongWin;
    }
        DataLoss();
}
DataLoss()
{
    if (计时器超时) then
    {
        Threshold=CongWin/2;
```

```
            CongWin=1;
            SlowStartPhase();
        }
        if (3次重复确认) then
        {
            if (TCP Tahoe版本) then
            {
                Threshold=CongWin/2;
                CongWin=1;
                SlowStartPhase();
            }
            if (TCP Reno版本) then
            {
                Threshold=CongWin/2;
                CongWin=CongWin/2;
                CongestionAvoidancePhase();
            }
        }
    }
```

从算法描述来看，在慢启动阶段，每收到1个确认段，拥塞窗口增加1个MSS。通常RTT相对较大，在1个RTT时间之内可以将窗口允许的所有报文段全部发送出去，并且当忽略报文段传输时延时，在慢启动阶段，每经过1个RTT，拥塞窗口增长1倍。在拥塞避免阶段，将拥塞窗口内的所有报文段全部发送，且全部得到确认后，拥塞窗口才增加1个MSS。

内容小结

传输层在网络应用进程之间提供端到端的逻辑通信服务。传输层主要功能包括：传输层寻址；对应用层报文进行分段和重组；对报文进行差错检测；实现进程间的端到端可靠数据传输控制；实现多路复用与多路分解；实现端到端的流量控制；拥塞控制等。传输层寻址依据IP地址与端口号。传输层提供的服务可以分为无连接服务和面向连接服务，Internet传输层提供无连接服务的是UDP，提供面向连接服务的是TCP。

传输层协议依据IP地址和端口号实现多路复用与多路分解。UDP依据二元组<目的IP地址，目的端口号>来唯一标识一个UDP套接字；TCP依据四元组<源IP地址，源端口号，目的IP地址，目的端口号>来唯一标识一个TCP套接字，即标识一条TCP连接。

实现可靠数据传输的主要措施包括差错检测、确认、重传、序号以及计时器等。实现可靠数据传输的理论协议有停-等协议和滑动窗口协议等，停-等协议只需要使用1 bit编号分组，每次发送一个分组，只有等收到确认后才能发送新的分组。滑动窗口协议可以连续发送多个未被确认的分组。典型的滑动窗口协议有GBN协议和SR协议。GBN协议的发送窗口大于1，接收窗口等于1；GBN协议的发送方如果超时，则重发所有已经发送但未收到确认的分组；GBN 采用累积确认机制。SR 协议采用每个分组独立确认机制；每个已发送分组需要独立计时，如果某个分组超时，只需要重发该分组；SR 协议的发送窗口和接收窗口都大于 1。滑动窗口协议的窗口大小与序号空间需要满足一个约束条件，即发送窗口大小与接收窗口大小之和不大于分组序号空间大小。

UDP 是 Internet 传输层协议，提供无连接、不可靠、数据报尽力传输服务。UDP 报文段首部中的“校验和”字段可以提供差错检测功能（但没有纠错机制）。参与 UDP“校验和”计算的内容包括伪首部、UDP 首部以及数据三部分。

TCP 是 Internet 中一个重要的传输层协议，提供面向连接、可靠、有序、字节流传输服务。TCP 通过三次握手建立连接，通过四次挥手断开连接。建立连接过程中的 SYN 段和 SYNACK 段，以及断连过程的 FIN 段，均不携带数据，但要空耗一个序号。TCP 对应用层数据的每个字节进行编号，TCP 采用累积确认机制，并且 TCP 报文段中的确认序号是期望序号。TCP 的可靠数据传输综合利用了差错检测、确认、重传、序号和计时器等措施，采用了滑动窗口机制。TCP 利用接收窗口字段向对方通告剩余缓存空间，实现流量控制。TCP 拥塞控制的基本思想是 AIMD。拥塞窗口的调节主要分为慢启动阶段和拥塞避免阶段。在慢启动阶段，每收到 1 个确认段，拥塞窗口增加 1 个 MSS，每经过 1 个 RTT，拥塞窗口增长 1 倍；在拥塞避免阶段，每经过 1 个 RTT，拥塞窗口才增加 1 个 MSS。

习　题

1. 实现可靠数据传输的主要措施有哪些？这些措施主要用于解决哪些问题？
2. UDP 与 TCP 是分别如何实现复用与分解的？
3. 请画出 TCP 报文段结构，并简要说明各个字段的主要作用。
4. TCP 为何采用三次握手来建立连接？采用二次握手可以吗？为什么？
5. 请分别说明 TCP 建立连接与断开连接的过程，并给出主要状态转移过程。
6. TCP 是如何保证可靠数据传输的？
7. 请分别简述 GBN 协议和 SR 协议的工作过程。
8. 请说明 TCP 滑动窗口机制，并对比 TCP 滑动窗口与 GBN 协议的异同。
9. TCP 与 UDP 的主要区别是什么？
10. TCP 是如何实现拥塞控制的？
11. 假设甲、乙双方采用 GBN 协议发送报文段，甲已经发送了编号为 0~7 的报文段。当计时器超时时，若甲只收到 0 号和 3 号报文段的确认，则甲需要重发的报文段有哪些？
12. 主机甲、乙通过 128 kbit/s 卫星信道互连，采用滑动窗口协议发送数据，链路单向传播时延为 250 ms，分组长度为 1000 B。不考虑确认分组的开销，为使信道利用率不小于 80%，分组序号字段的位数至少要达到多少？
13. 若甲、乙之间已建立一条 TCP 连接，拥塞控制处于拥塞避免阶段，阈值为 8MSS，当甲的拥塞窗口大小为 24MSS 时发生了超时，则甲的拥塞窗口和阈值将分别调整为多少？
14. 主机甲与主机乙之间已建立一条 TCP 连接，主机甲向主机乙发送了两个连续的 TCP 报文段，分别包含 300 B 和 500 B 的有效载荷，第一个报文段的序号为 200，主机乙正确接收两个报文段后，发送给主机甲的确认序号是多少？

15. 主机甲与主机乙之间已建立一条 TCP 连接，主机甲向主机乙发送了 3 个连续的 TCP 报文段，分别包含 300 B、400 B 和 500 B 的有效载荷，第 3 个报文段的序号为 900。若主机乙仅正确接收到第 1 和第 3 个报文段，则主机乙发送给主机甲的确认序号是多少？

16. 主机甲与主机乙之间已建立一条 TCP 连接，双方持续有数据传输，且数据无差错与丢失。若甲收到 1 个来自乙的 TCP 报文段，该报文段的序号为 1913、确认序号为 2046、有效载荷为 100 B，则甲立即发送给乙的 TCP 报文段的序号和确认序号分别是多少？

17. 主机甲和主机乙已建立 TCP 连接，甲始终以 MSS = 1 KB 大小的报文段发送数据，并一直有数据发送；乙每收到一个报文段都会发出一个接收窗口大小为 10 KB 的确认段。若甲在 t 时刻发生超时时拥塞窗口大小为 8 KB，则从 t 时刻起，不再发生超时的情况下，经过 10 个 RTT 后，甲的发送窗口大小是多少？

18. 主机甲和主机乙之间已建立一条 TCP 连接，TCP 最大报文段长度为 1000 B。若主机甲的当前拥塞窗口大小为 4000 B，它向主机乙连续发送两个最大报文段后，成功收到主机乙发送的对第一个报文段的确认，确认段中通告的接收窗口大小为 2000 B，则随后主机甲还可以继续向主机乙发送的最大字节数是多少？

第四章 网络层服务与协议

学习目标：

1. 理解网络层服务模型以及转发与路由概念；
2. 理解虚电路网络与数据报网络特点及其工作过程；
3. 理解网络互连、异构网络的概念，并掌握实现网络互连的设备——路由器的基本结构；
4. 理解网络拥塞产生的原因以及网络层进行拥塞控制的方法；
5. 掌握 Internet 网络层，包括 IPv4、ICMP、DHCP、NAT、IP 地址、子网划分、路由聚合等，了解 IPv6；
6. 掌握典型的路由算法以及典型的路由选择协议（RIP、OSPF、BGP）。

教师导读：

本章介绍网络层服务、虚电路网络、数据报网络、网络互连、网络互连设备、网络层拥塞控制、网际协议、IPv4 编址、动态主机配置协议、网络地址转换、IPv6、链路状态路由选择算法、距离向量路由选择算法、层次路由、路由选择协议等内容。

本章的重点是掌握数据报网络和虚电路网络的特点、网络层拥塞控制方法、IPv4 协议、DHCP、ICMP、NAT、IPv4 地址、子网划分、路由聚合、路由选择算法和路由选择协议等，难点是子网划分、路由聚合、路由协议。

建议学时：

10 学时。

在计算机网络体系结构中，网络层位于数据链路层之上、传输层之下，位于提供端到端传输层服务的协议栈底层。网络层是网络核心的最高层，是实现大型网络互连的关键，是网络体系结构中最重要的一层。本章将介绍网络层的基本功能、典型分组交换网络、网络互连、网络层拥塞控制、Internet 网络层、路由算法与路由协议等内容。

第一节 网络层服务

网络层介于传输层和数据链路层之间，传输层提供端到端的进程间通信服务，数据链路层的功能则是实现物理链路直接相连的两个结点之间的数据帧传输服务，网络层关注的是如何将承载传输层报文段的网络层数据报从源主机送达目的主机。在大部分网络环境下，绝大多数的数据报都要经过多跳中间路由器，才能从源主机到达目的主机。为此，网络层需要实现两项重要功能：转发（forwarding）和路由选择（routing）。

- 转发。当通过一条输入链路接收到一个分组后，路由器需要决策通过哪条输出链路将分组发送出去，并将分组从输入接口转移到输出接口。
- 路由选择。当分组从源主机流向目的主机时，必须通过某种方式决定分组经过的路由或路径，计算分组所经过的路径的算法称为路由选择算法，或称为路由算法。

以驾驶汽车出行类比，现今很多人驾车时都会选择使用地图应用来进行导航，在驾驶者选定出发地（源主机）和目的地（目的主机）之后，地图应用会通过某种方法（路由选择算法）来为驾驶者规划出若干条较优的行驶路线（路由），驾驶者会从中选择一条，这类似于网络层的路由选择过程。当驾驶者驾车来到一个十字路口时，驾驶者能够知道应该往哪个方向继续行驶，这类似于转发过程。

路由选择可通过相应的路由选择算法来实现，而路由器是如何知道该将分组转发至哪条链路上呢？一般来说，每个路由器上都有一张转发表（也称为路由表），其表结构类似于一种键值对的形式。当一个分组到达路由器时，路由器会以该分组的网络层首部地址字段的值（比如目的 IP 地址）作为键，去转发表中查询相应的表项，从而获知该分组应转发至哪条链路上。图 4-1 为转发与路由的示例。

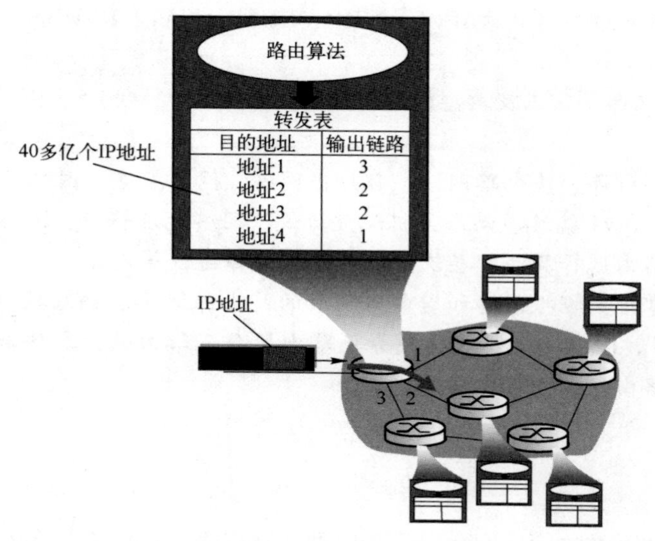

图 4-1　转发与路由的示例

转发表中的内容可以很好地帮助路由器在分组到达时决定应该将这个分组转发至哪一条链路上。路由选择和转发之间是相互作用的，路由器运行路由协议在网络上交换或收集计算路由所需的信息（比如网络拓扑信息等），并基于某种路由选择算法计算路由，然后将路由信息存储到路由器转发表中。路由器在转发分组时，查询转发表，决策如何转发分组。目前常见的路由器都会提供静态路由配置的功能，在极端情况下，网络中所有的路由器都可以由网络工作人员进行静态路由配置，此时不需要任何路由选择协议。但需要认识到，由大量路由器组成的大规模网络（如 Internet），其网络状态可能不断快速变化，仅靠人工配置转发表是远远不能对网络变化进行快速响应的。

网络层除了实现转发与路由选择功能以外，一些提供面向连接服务的网络还提供另外一个重要的网络层功能：连接建立。与上一章介绍的 TCP 的端到端连接不同，网络层连接是从源主机到目的主机所经过的一条路径，这条路径所经过的每个路由器等网络层设备都要参与网络层连接的建立。根据是否在网络层提供连接服务，分组交换网络可以分为仅在网络层提供连接服务的虚电路（Virtual Circuit，VC）网络和仅在网络层提供无连接服务的数据报网络（datagram network）。

第二节　虚电路网络与数据报网络

一、数据报网络

按照目的主机地址进行路由选择的网络称为数据报网络。由于因特网的 IP 都是按照目的地址进行路由选择的，因此因特网是一个数据报网络。数据报分组交换是分组交换的一个业务类型，属于“无连接”业务。在用数据报方式传送数据时，将每个分组作为一个独立的数据包进行传送。数据报方式中每个分组被单独处理，每个分组称为一个数据报，每个数据报都携带源主机地址和目的主机地址信息。在双方开始通信之前，不需要先建立连接，因此被称为“无连接”。当一个分组到达某台分组交换机（如路由器）时，该分组交换机检查该分组的目的地址，然后把它转发给某台邻近的分组交换机。更确切地说，每台分组交换机有一个把目的地址（或者部分目的地址）映射到某个输出链路的转发表，每当有一个分组到达某台分组交换机时，该分组交换机就检查其目的地址，并以该地址检索自己的转发表，决策合适的输出链路，然后将该分组发送到这个输出链路上。

在数据报网络中，无连接的发送方和接收方之间不存在固定的连接（或路径），所以发送的分组和接收的分组次序不一定相同，每个分组被传送的路径也可能不一致。接收方收到分组后要根据相应的协议，对分组重新进行排序，从而生成原始的完整报文，这个任务通常由传输层来完成。如果分组在网络传输的过程中出现了丢失或者差错，数据报网络本身也不做处理，可以由通信双方的传输层协议（如 TCP）来解决。虽然数据报网络不维护任何连接状态信息，但仍然需要在转发表中维护转发信息，相比于虚电路网络中的连接状态信息，这些转发信息更新频率要慢很多，转发表中转发状态信息的更新是根据在网络中运行的路由选择算法来进行的，通常需要 1~5 分钟。图 4-2 展示了一个简单的数据报网络。

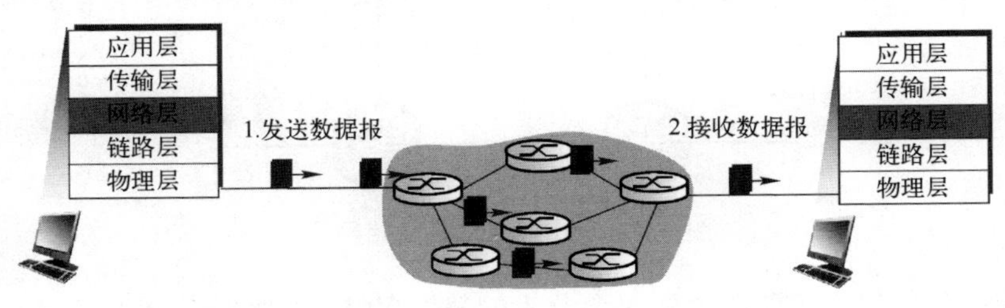

图 4-2　数据报网络示意图

二、虚电路网络

虚电路网络在网络层提供面向连接的分组交换服务。通信之前，双方需要先建立虚电路，通信结束后再拆除虚电路。虚电路是在源主机到目的主机的一条路径上建立的一条网络层逻辑连接，为区别于电路交换中的电路，称之为虚电路。电路交换网络在建立每条电路时，网络会为电路分配独享资源，沿某条电路传输的数据（比如电话网中的话音数据），只占用分配给该电路的资源（比如频带或时隙等）。虚电路网络是一种分组交换网络，虚电路只是标识了从源到目的的一条网络层逻辑连接，并不需要为每条虚电路分配独享资源。虚电路网络的某条虚电路分组，在通过某链路（经过该链路，可能存在多条虚电路）传输时，通常使用该链路的全部带宽，这是完全有别于电路交换的。每条虚电路都有虚电路号，称为虚电路标识（VCID），沿某条虚电路传输的分组中包含所属虚电路的 VCID。虚电路网络设备根据分组所携带的 VCID 判断其所属的虚电路，从而决策如何转发分组，并确保分组沿对应的虚电路送达目的。虚电路分组交换技术较多用于数据通信网络，例如 X. 25 网络、帧中继（Frame Relay）网络以及异步传输模式（Asynchronous Transfer Mode，ATM）网络等。

由于虚电路确定了一条从源到目的的路径，因此沿同一条虚电路顺序传输的系列分组，一定可以按同样的顺序到达目的（丢失除外），也就是说，虚电路网络可以保证分组传输顺序，接收端无须对分组重新排序。一条虚电路（简称 VC）由 3 个要素构成。

➢ 从源主机到目的主机之间的一条路径（即一系列的链路和分组交换机）。
➢ 该路径上的每条链路各有一个虚电路号（VCID）。
➢ 该路径上每台分组交换机的转发表中记录虚电路号的接续关系。

一旦在源与目的之间建立了一条虚电路，就可以用对应的 VCID 沿该虚电路发送分组。因为同一个 VC 在其路径上的各个链路上有不同的 VCID，所以，虚电路网络设备的转发表需要记录或建立邻接链路的 VCID 间的接续关系。举例说明虚电路分组交换的工作原理，如图 4-3 所示。假设主机 A 请求与主机 B 之间建立一个 VC，该网络选定的路径为 A—PS1—PS2—B，为该 VC 在三条链路上分配的 VCID 分别为 12、22 和 32。这样，当沿该 VC 传输的某个分组离开主机 A 时，其 VCID = 12；当它离开 PS1 时，VCID = 22；当它离开 PS2 时，VCID = 32。图 4-3 中 PS1 的各个链路上就近标注的数字是接口号。

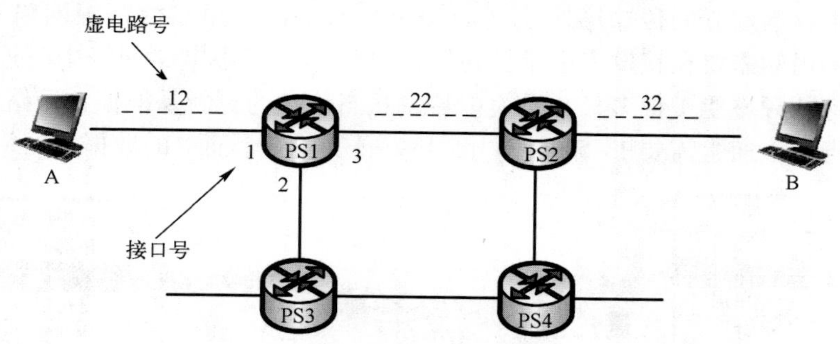

图 4-3　一个简单的虚电路网络

分组交换机是如何确定所转发的每个分组的替换 VCID 的呢？实际上，每台分组交换机都维护一个 VCID 转换表。例如，交换机 PS1 中的 VCID 转换表可能如表 4-1 所示。

表 4-1　PS1 中的 VCID 转换表

输入接口	输入 VCID	输出接口	输出 VCID
1	12	3	22
2	63	1	18
3	7	2	17
1	97	3	87
…	…	…	…

显然，只要建立一条经过某台分组交换机的新 VC，就需要在其 VCID 转换表中添加一个新表项。类似地，只要拆除一条已建立的 VC，沿其路径的各台分组交换机的 VCID 转换表中的相应表项也都被删除。

至此，我们自然会有一个疑问：为什么一条 VC 不在其路径上的每条链路上都使用同一个 VCID 呢？主要有两方面原因：一方面，通过从一个链路到另一个链路替换 VCID，VCID 字段的长度缩短了；更为重要的另一方面是，通过允许沿一个 VC 路径的各个链路使用不同的 VCID，网络管理功能简化了。因为该路径上的每个链路可以独立于其他链路选择一个 VCID。若强求沿同一路径的所有链路使用一个相同的 VCID，那么该路径上的各台分组交换机，为了给相应 VC 分配一致的 VCID，将不得不互相交换并处理大量的信息。

虚电路交换与电路交换类似，两者都是面向连接的，即数据按照正确的顺序发送，并且在连接建立阶段都需要额外开销。但是，电路交换提供稳定的传输速率和延迟时间，而虚电路是分组交换，通常提供的是统计多路复用传输服务。

虚电路分组交换有永久型和交换型两种。永久型虚电路（Permanent Virtual Circuit，PVC）是一种提前建立、长期使用的虚电路，虚电路的建立时间开销基本上可以忽略。交换型虚电路（Switch Virtual Circuit，SVC）是根据通信需要而临时建立的虚电路，通信结束后立即拆除，虚电路的建立和拆除时间开销有时相对影响较大。

虚电路交换与数据报交换的主要差别表现在是将顺序控制、差错控制和流量控制等功能交由网络来完成，还是由端系统来完成方面。虚电路网络（如 ATM 网络）通常由网络完成这些功能，向端系统提供无差错数据传送服务，而端系统则可以很简单；数据报网络（如因特网）通常由网络实现的功能很简单，如基本的路由与转发，顺序控制、差错控制和流量控制等功能则由端系统来完成。

可以看出，两种分组交换方式各有优缺点。表 4-2 给出了虚电路交换和数据报交换的比较。

表 4-2　虚电路交换和数据报交换的比较

项　　目	虚电路交换	数据报交换
端到端连接	需要先建立连接	不需要建立连接
地址	每个分组含有一个短的虚电路号	每个分组包含源和目的端地址
分组顺序	按序发送，按序接收	按序发送，不一定按序接收
路由选择	建立 VC 时需要路由选择，之后所有分组都沿此路由转发	对每个分组独立选择
转发结点失效的影响	所有经过失效结点的 VC 终止	除崩溃时丢失分组以外，无其他影响
差错控制	由通信网络负责	由端系统负责
流量控制	由通信网络负责	由端系统负责
拥塞控制	若有足够的缓冲区分配给已经建立的 VC，则容易控制	由端系统负责
状态信息	建立的每条虚电路都要求占用经过的每个结点的表空间	网络不存储状态信息
通信类型	传输质量要求高的通信	数据通信，非实时通信
典型网络	X. 25、帧中继、ATM	因特网

第三节　网络互连与网络互连设备

一、异构网络互连

在真实的网络拓扑下，存在着许多不同类型网络，如 WAN（Wide Area Network，广域网）、LAN（Local Area Network，局域网）等，网络层的下一层——数据链路层使用了多种不同的协议，如以太网、802.11 等，在网络的各个层次广泛应用着大量协议，由此可见，网络之间是异构的。

异构网络主要是指两个网络的通信技术和运行协议的不同。实现异构网络互连的基本策略主要包括协议转换和构建虚拟互联网络。协议转换机制采用一类支持异构网络之间的协议转换的网络中间设备，实现异构网络之间数据分组的转换与转发。从理论上讲，这种中间设备可以在除物理层之外的任何一层实现协议转换，例如，支持协议转换的网桥或交换机、多协议路由器和应用网关等。通过构建虚拟互联网络机制的异构网络互连是在现有异构网络基础上，构建一个同构的虚拟互联网络，异构网络均只需要封装、转发虚拟互联网络分组，同时引入虚拟互联网中间设备互连异构网络，实现在异构网络间转发统一的虚拟互联网的数据分组。IP 网络就是此类虚拟互联网，因特网是利用 IP 网络实现的全球最大的互联网络，是典型的网络层实现的网络互连。因特网采用同构的网络层协议（IP）与网络寻址（IP 地址），引入网络互连设备（IP 路由器）。除了异构网络互连以外，还有同构网络互连，如两个异地以太网的互连，实现这类同构网络互连的典型技术是隧道技术。

用来连接网络的设备多种多样，包括中继器、集线器、交换机、网桥、路由器和网关等。这里，我们主要关注在网络层实现网络互连的设备，即路由器。接下来，以一个例子来说明路由器如何在网络层实现多个异构网络之间的互连。如图 4-4 所示，源主机连接在 802.11 网络上，目的主机连接在以太网上，这两个网络是异构的网络，同时这两个网络之间还存在着运行 MPLS（Multiple Protocol Label Switching，多协议标记交换）协议的网络。

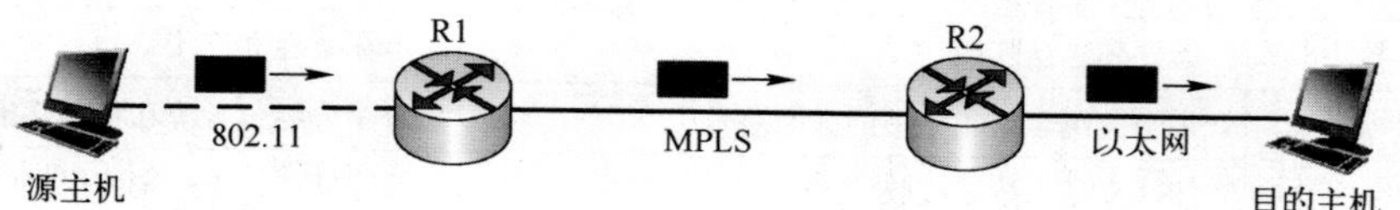

图 4-4　异构网络下数据报的流动

首先，源主机的传输层报文段被封装进 IP 数据报中，在数据报中封装了目的主机的 IP 地址，然后数据报被封装进 802.11 帧中，并发送至第一个路由器（通过路由选择算法建立的转发表，源主机可以知道发往目的地的数据报应先发往第一个路由器）。当第一个路由器接收到帧时，路由器将数据报从 802.11 帧中提取出来，根据数据报中的目的 IP 地址信息查询其转发表，并将该数据报通过某条链路发送出去。由于在这一段链路上运行着 MPLS 协议，因此该路由器需要建立到第二个路由器的虚电路，并将该数据报封装进 MPLS 帧中。同样，当第二个路由器接收到 MPLS 帧时，对其中的数据报进行提取，进行在第一个路由器上发生的相似的过程。下一跳便是目的主机，其中的链路上运行着以太网，但由于 MTU（Maximum Transmission Unit，最大传输单元）的限制，因此该数据报无法一次发送完毕，于是需要对该数据报进行分片（后面会介绍），对每个分片根据原数据报设置其 IP 首部，并将其封装进以太网帧后发送至目的主机。目的主机对接收到的分片进行重组，至此，数据报从源主机开始，经过三个异构网络后到达目的主机。

二、路由器

路由器是一种具有多个输入端口和多个输出端口的专用计算机，主要任务是获取与维护路由信息以及转发分组。路由器是典型的网络层设备。从功能体系结构角度，路由器可以分为输入端口、交换结构、输出端口与路由处理器。

1. 输入端口

路由器输入端口接收与处理数据过程如图 4-5 所示。输入端口负责从物理接口接收信号，还原数据链路层帧，提取 IP 数据报（或其他网络层协议分组），根据 IP 数据报的目的 IP 地址检索路由表，决策需要将该 IP 数据报交换到哪个输出端口。实际上，通常路由器每个输入端口内都会存有转发表的一份副本，转发表由路由处理器进行计算和更新，并通过某种方式复制到每个输入端口。这相当于将集中式路由查询转换为在每个输入端口分布式路由查询，不仅降低了路由处理器的压力，而且提高了查询效率。

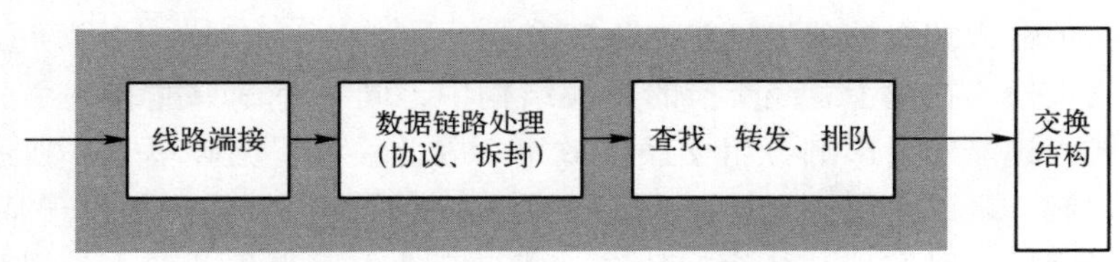

图 4-5　输入端口处理过程

当确定输入端口接收的分组要转发至哪个输出端口之后，分组需要交给交换结构来进行转发。假设输入端口接收分组的速率超过了交换结构对分组进行交换的速率，如果不对输入端口到达的分组进行缓存，那么将导致大量丢包情况的发生，所以输入端口除了需要提供查找、转发的功能以外，还需要提供对到达分组的缓存排队功能。

2. 交换结构

当分组到达路由器后，通过在输入端口上的处理，分组将会被转发至哪个输出端口上已经确定，具体的转发工作则由交换结构来完成。交换结构对分组的转发有多种实现方式，如图 4-6 所示。

交换结构将输入端口的 IP 数据报交换到指定的输出端口。交换结构主要包括基于内存交换、基于总线交换和基于网络交换的三种类型。

- 基于内存交换。早期的路由器就像传统的计算机，在路由处理器的直接控制下，输入端口和输出端口就像操作系统中的 IO 设备。当分组到达输入端口时，通过中断方式将分组由输入端口送至内存，路由处理器对内存中的分组首部进行解析，获取其目的地址，并根据目的地址查找转发表，确定将该分组转发至哪个端口，进而将分组由内存复制到相应的输出端口。
- 基于总线交换。在基于总线交换的交换结构中，路由器的输入端口与输出端口同时连接到一条数据总线上，到达输入端口的分组首先经过查询转发表，确定要转发至的输出端口，然后分组经由数据总线传输至指定输出端口，这类似于计算机 IO 中的

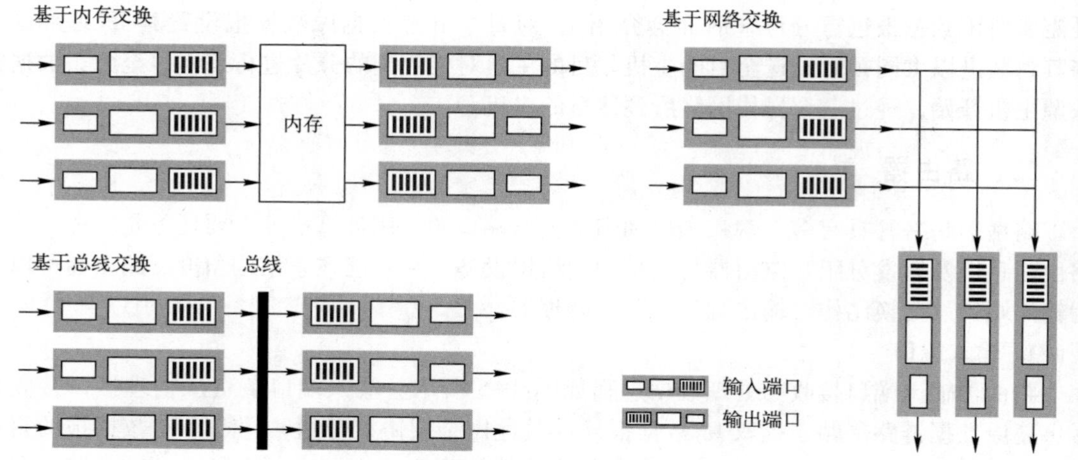

图 4-6　三种类型交换结构

DMA 方式，无须路由处理器介入即可实现交换功能。由于总线具有独占性特征，因此，当多个输入端口有分组到达时，只有一个分组能够通过总线传输到相应输出端口，而其他输入端口的分组只能排队等待。

➢ 基于网络交换。在基于总线交换的交换结构中，同一时刻只能有一个分组通过总线进行传输，这显然会影响分组交换的效率。因此，为了突破单一、独占式的总线所带来的限制，可以使用一个复杂的互联网络来实现交换结构。相比于基于总线交换，基于网络交换可以实现并行交换传输，使得交换效率得到了较大的提高。需要注意的是，若两个分组经由不同的输入端口到达，且均需要转发到相同的输出端口，则在同一时刻只能转发其中一个分组，而另一个需要等待。

交换结构的性能在很大程度上决定了路由器的性能，上述三种交换结构中，基于内存交换的交换结构的性能最低，相应的路由器通常最便宜，基于网络交换的交换结构的性能最好，通常这类路由器比较昂贵。

3. 输出端口

输出端口处理数据过程如图 4-7 所示。输出端口首先提供一个缓存排队功能，排队交换到该端口的待发送分组，并从队列中不断取出分组以进行数据链路层数据帧的封装，通过物理线路端接发送出去。

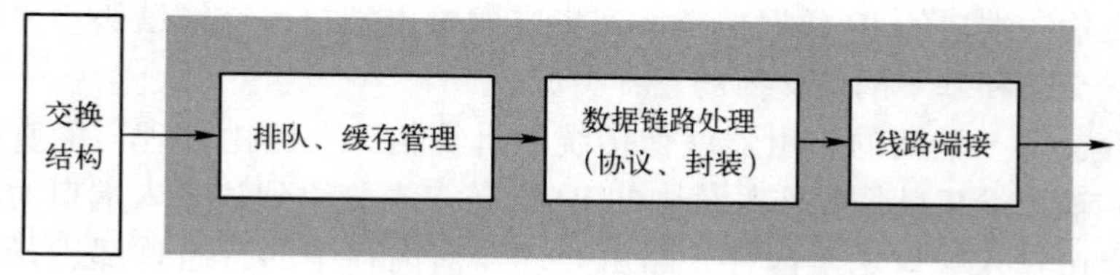

图 4-7　输出端口处理数据过程

路由器在输入端口和输出端口都设置了缓存，排队到达的分组，那么什么情况下会出现排队呢？如果输入端口接收分组的速率与输出端口发送分组的速率相同，同时交换结构的交换速率足够快，那是不是就不会出现排队了呢？答案是否定的，即便在这种情况下，仍然有可能出现排队。虽然输入与输出的速率相同，但若每个输入端口的分组都转发至同一个输出端口，输出端口同一时刻只能处理一个分组并将其发送至链路上，因此到达的分组除了其中一个正在被发往链路以外，其余分组都需要等待，而在这些分组等待期间，又有可能有新的分组到达，从而出现输出端口排队长度无限制增长的情况。由于缓存大小是固定的，因此当排队长度到达一定大小之后，其后到达的分组都会被丢弃，从而使得大量丢包现象发生，进而影响整个网络的吞吐量。

输出端口通常对队列中的分组执行 FCFS（先到先服务）的调度策略，当然，也可以执行其他调度策略，比如按优先级调度、按 IP 数据报的 TOS（Type Of Service，服务类型）类型调度等。

4. 路由处理器

路由处理器就是路由器的 CPU，负责执行路由器的各种指令，包括路由协议的运行、路由计算以及路由表的更新维护等。

转发与路由选择是路由器两项重要的基本功能。静态（人工方式）或者动态（运行路由协议）获取的路由信息被保存在路由表（即转发表）中，供分组转发时使用。路由表是以路由项来存储路由信息的，每个路由项也称为一个“入口”（entry），每个路由项包括很多字段，表示不同信息。

路由器在收到 IP 数据报时，会利用 IP 数据报的目的 IP 地址检索匹配路由表，如果路由表中没有匹配成功的路由项，则通过默认路由对应的接口转发该 IP 数据报；如果除默认路由以外，有一条路由项匹配成功，则选择该路由项对应的接口，转发该 IP 数据报；如果除默认路由以外，有多条路由项匹配成功，则选择网络前缀匹配成功位数最长的路由项，通过该路由项指定的接口转发该 IP 数据报，这就是路由转发过程的“最长前缀匹配优先原则”。

第四节　网络层拥塞控制

一、网络拥塞

在分组交换网中，由于众多用户随机地将信息送入网络，使网络中需要传输的信息总量经常大于其传输能力，以致某些网络结点（如路由器）因缓冲区已满，无法接收新到达的分组，此时就发生了拥塞现象。拥塞是一种持续过载的网络状态，此时用户对网络资源（包括链路带宽、存储空间和处理器处理能力等）的总需求超过了网络固有的容量。

网络拥塞可以用图 4-8 所示的曲线来解释。当网络负载较小时，吞吐量的增长和负载相比基本呈线性关系，分组平均延迟增长缓慢；当负载超过膝点之后，吞吐量随负载增长的速率放缓，分组平均延迟增长较快；当负载超过崖点之后，吞吐量随负载的增加不仅不再增长，反而急剧下降，分组平均延迟急剧上升。可以看出，网络负载在膝点附近时，吞吐量和分组平均延迟达到理想的平衡，网络的使用效率最高。

拥塞控制就是端系统或网络结点，通过采取某些措施来避免拥塞的发生，或者对已发生的拥塞做出反应，以便尽快消除拥塞。拥塞控制可以在端系统进行，通常是传输层协议，比如上一章介绍的 TCP；也可以在网络层进行，比如一些虚电路网络等。无论是传输层在端系

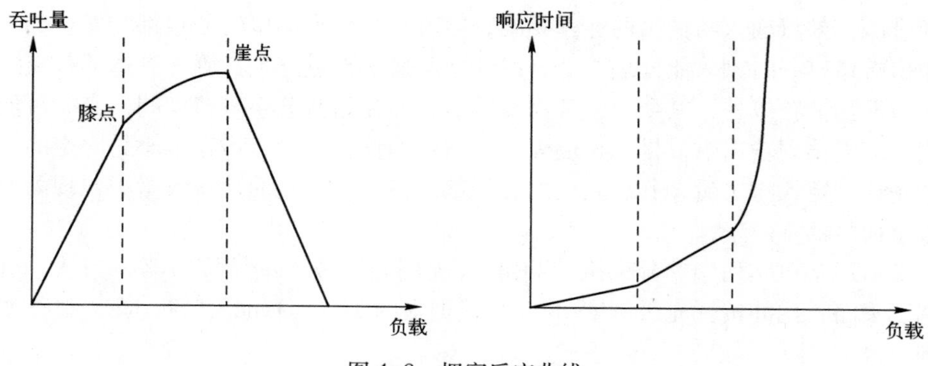

图 4-8　拥塞反应曲线

统进行的拥塞控制，还是网络层在网络核心进行的拥塞控制，所采取的拥塞控制措施，很多情况下可能会通过约束、限制或降低端系统向网络发送数据的速率或数量来避免拥塞或者消除已发生的拥塞。这很容易让我们想起流量控制，因为流量控制也是要约束、限制或降低端系统发送数据的速率或者数量。那么，流量控制是否能解决拥塞问题？或者说，如果有了流量控制，是否还需要再采取拥塞控制措施呢？

流量控制是发送数据一方根据接收数据一方的接收数据的能力，包括接收缓存、处理速度等，调整数据发送速率和数据量，以避免接收方被数据“淹没”；拥塞控制则是根据网络的通过能力或网络拥挤程度来调整数据发送速率和数据量。也就是说，拥塞控制主要考虑端系统之间的网络环境，目的是使网络负载不超过网络的传送能力；而流量控制主要考虑接收端的数据接收与处理能力，目的是使发送端的发送速率不超过接收端的接收能力。另外，拥塞控制的任务是确保网络能够承载所达到的流量；而流量控制只与特定的发送方和特定的接收方之间的点到点流量有关。做一个类比，假设从 A 地向 B 地放行一列车队。如果为了适应 B 地停车场的停车能力，调整或约束 A 地车辆的放行速率，这就是流量控制；如果为了避免 A 地到 B 地经过的路网出现塞车，或者为了消除已发生的塞车现象，而约束 A 地放行车辆的速率，这就是拥塞控制。显然，虽然流量控制和拥塞控制都可能需要约束或调整端系统发送数据的速率或者数量，但两者的目标和解决的问题不同，调整速率的依据也不同，因此，二者不可能互相取代。

在分组交换网中，一个结点收到待转发分组后，先存储在结点缓冲区中，然后按照分组中的目的地址选择一条转发路径，将该分组交换到所选输出端口的输出队列中等待发送。若一个结点剩余缓冲区空间不足，则无法接收分组，只能将分组丢弃。一般来说，发生拥塞的原因主要有如下 4 种。

➢ 缓冲区容量有限。
➢ 传输线路的带宽有限。
➢ 网络结点的处理能力有限。
➢ 网络中某些部分发生了故障。

网络出现拥塞就意味着负载暂时大于网络资源的处理能力，因此对拥塞问题的解决一般可从两个方面进行：增加网络资源和减小网络负载。增加网络资源，就是在网络出现拥塞前为网络中的各个结点分配更多可用的资源，从而降低拥塞出现的可能性，即拥塞预防；而减小网络负载，一般是指在网络中已经出现负载大于资源的情况下（即拥塞），通过减小当前网络的负载来实现对拥塞的消除，这种策略一般被称作拥塞消除。

下面会介绍几种通常在网络层采用的拥塞控制措施。

二、流量感知路由

网络经常被抽象为一张带权无向图，网络设备（比如路由器）抽象为图的结点，链路抽象为图的边，链路费用抽象为边的权值。如果网络图的权值是固定的，比如代表传输时延等，则这种抽象可以很好地适应网络拓扑结构的变化，但是无法适应网络负载的变化。例如，在图 4-9 所示的网络中，链路 CD 是连接两个区域的“最短”通信链路（如带宽较大或传播延迟较小等），于是两个区域间的用户通信流量都会选择此链路。这样，这条链路的带宽将在极短的时间内被耗尽，进而使得通信延迟增大。假设还有另一条非“最短”通信链路 BE，同样连接两个区域。如果此时两个区域间的一部分通信流量被转移至链路 BE 上，那么整个网络的吞吐量将得到提升。可见，如果图中权值能够根据网络负载动态调整，则可以将网络流量引导到不同的链路上，均衡网络负载，从而延缓或避免拥塞的发生，这就是流量感知路由在拥塞控制中起到的作用。

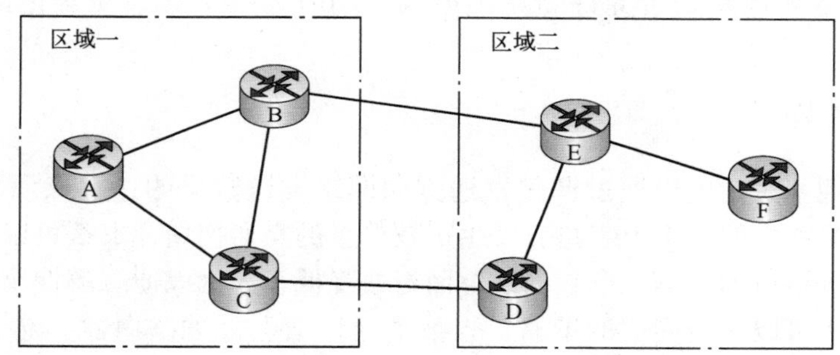

图 4-9　两个区域网络互连示意图

比较容易想到的方法是，将网络中链路的权值设置为以链路带宽、传输延迟、链路负载等为变量的函数，那么当网络中的链路上的负载、延迟发生变化时，链路的权值同样会得到更新，进而通过路由选择算法逐步使网络中各结点的路由表得到更新。这样，在某条链路负载过大的时候，此链路上的流量会被转移至其他链路上。当然，这种方法也存在不足，以图 4-9 为例，若采用这种方法，两个区域间的通信流量首先会大量经过链路 CD，当链路 CD 上的负载大到一定程度以后，经过动态调整，使得大量流量转移至链路 BE，而当链路 BE 上的负载再次增加后，又会使得链路 CD 承载更多的流量，从而使得整个网络出现振荡。

解决这种振荡现象问题的方法主要有两种：一是多路径路由，即两个区域间流量的传输分散到两条不同的链路上，从而使得其中任一链路上的负载都不会太大；二是将负载过大的链路上的流量缓慢地转移至另一条链路上，而不是一次性将全部流量从一条链路转移到另一条链路上。

流量感知路由是一种拥塞预防措施，可以在一定程度上缓解或预防拥塞的发生。

三、准入控制

准入控制是一种广泛应用于虚电路网络的拥塞预防技术。准入控制的基本思想是对新建虚电路审核，如果新建立的虚电路会导致网络变得拥塞，那么网络拒绝建立该新虚电路。对于一个处于拥塞边缘的虚电路网络，任何新虚电路的建立都会使得整个网络变得拥塞，因此，当判断网络处于即将发生拥塞的边缘时，拒绝新虚电路的建立将有效避免网络发生拥塞。

准入控制实现的关键在于，当建立一条新虚电路会导致整个网络发生拥塞时，应该如何反应。显然，需要某种方法来对网络中的流量、拥塞状况进行量化。常用的方法是基于平均流量和瞬时流量来判断是否有能力接受新虚电路而不会发生拥塞。

假设每条虚电路上可能产生的最高瞬时流量为 1 Mbit/s。如果仅考虑最高瞬时流量，则经过一条 10 Mbit/s 的物理链路，只允许建立 10 条虚电路。当经过这条物理链路建立的虚电路连接数目达到这一个数字后，便拒绝新的虚电路的建立。这种方式的问题就在于会使得网络带宽被浪费，因为虽然每条虚电路连接上可能产生的最高瞬时流量高达 1 Mbit/s，但假设95%的时间内，虚电路上的流量都不会超过 500 kbit/s，那么这条 10 Mbit/s 物理链路上可以容纳的虚电路连接数实际上可以达到 10~20，而预先设定的虚电路连接数只有 10 条，这便导致大部分时间内，物理链路的带宽都处于低利用率状态。因此，准入控制不能仅基于每条虚电路的瞬时流量来判断是否允许新建虚电路，同时还要考虑每条虚电路的平均流量等因素。

四、流量调节

在网络发生拥塞时，可以通过调整发送方向网络发送数据的速率来消除拥塞。举个例子，假设城市道路网中的某个十字路口发生了较严重的交通拥堵，那么可以逐步地通知处于这个十字路口附近路口的车辆，令它们绕道而行或降低车速，以便缓解拥堵程度，并逐渐消除拥堵。在网络中可以采用同样的策略，当某个网络结点（如路由器）感知到当前网络发生了拥塞时，可以通知其上游网络结点（或端系统）降低发送速率，从而逐渐消除拥塞。为此，需要解决两个基本问题。

第一个问题就是，网络结点如何能够感知到网络已经发生了拥塞呢？对路由器而言，很容易想到的一种方式就是通过输出端口的排队延迟来对网络拥塞状况进行感知。在网络正常的情况下，路由器内部的排队延迟不会很高，而某个突发的瞬时流量会使得短时间内排队延迟增加。如果只用排队延迟来对网络拥塞情况进行估计，就很有可能会产生误判，所以一般通过过去一段时间内的排队延迟以及当前的瞬时排队延迟的加权组合来对当前的排队延迟进行估计，从而对网络拥塞状况进行较为准确的评判。

第二个问题就是，当路由器感知到网络发生拥塞时，应该如何将这个拥塞信息通知给其上游结点，从而使之降低发送速率。解决这个问题的方法有以下几种。

1. 抑制分组

通知拥塞上游的最直接的方式是直接告知发送方。感知到拥塞的路由器选择一个被拥塞的数据报，给该数据报的源主机返回一个抑制分组，抑制分组的目的地址会从被拥塞数据报的源地址得到。同时，需要对选择的被拥塞数据报（该数据报可能继续向目的传送）的头部进行修改，即修改其首部中的一个标志位，从而使得该数据报在后续传输的过程中，不会被后续的路由器再次选择来发送抑制分组。

2. 背压

如果因发送速率过快而导致网络拥塞的网络结点与感知到拥塞发生的网络结点之间的距离（或跳数）较远，那么，在抑制分组到达源结点的过程中，实际上又有很多新的分组进入网络，从而进一步加重了网络的拥塞程度。在这种情况下，需要另外采取某种策略来对网络中的拥塞进行消除。一种可行方案就是，让抑制分组在从拥塞结点到源结点的路径上的每一跳都发挥抑制作用。当抑制分组从拥塞结点传输到上游的第一跳时，接收到抑制分组的结点便会立即降低其向拥塞结点发送分组的速率，从而在极短的时间内使得拥塞结点的拥塞状况得到缓解。但是，由于上游的第一跳的上游结点并没有降低发送速率（因为还没有收到抑制分组），而其向链路输出数据的速率却降低了，因此需要在其输出端口分配更多的缓冲区，当抑制分组到达拥塞结点上游的第二跳时，又能使得第一跳的拥塞状况立即得到改善，以此类推。最终，直到抑制分组到达源结点（如某端系统），才使得造成网络拥塞的过快发送方的发送速率真正降低下来。

使抑制分组逐跳发挥作用的背压方式，可以使拥塞结点的拥塞状况很快得到缓解，但其代价是抑制分组途径的每一跳都需要分配更大的缓冲区。

五、负载脱落

负载脱落是消除拥塞的另一种方法，即通过有选择地主动丢弃一些数据报，减轻网络负载，从而缓解或消除拥塞。当路由器中的数据报得不到及时处理，可能面临被丢弃的危险时，路由器就主动将该数据报丢弃。

在实施负载脱落时，应该丢掉哪些数据报成为首要关心的问题。例如，在文件传输应用中，一个大文件通常被分割为若干个小数据报来进行传输，此时序号较小的数据报就比序号较大的数据报更有价值。假设文件传输应用的传输层使用 UDP，在应用层采用 GBN 协议实现可靠数据传输。显然，每个小数据报一定会编号。进一步，假设接收方已经接收了前 10 号分组，如果某个中间路由器丢掉了第 11 号分组，那么，即使接收方接收到了后续的 12 号或者其他分组，按照 GBN 工作原理，这些分组仍然会被丢弃，后续仍然需要进行重传。相反，如果中间路由器选择丢弃第 12 号分组，而保留第 11 号分组，则将不会产生这些问题。因此，在这种情况下，选择丢弃较新的数据报的结果更好。但是，并不是在所有的场景下，选择丢弃较新的数据报都是更好的选择。例如，对于诸如实时视频流应用（如网络直播），则选择保留较新的分组，而丢弃较老的分组却是更好的选择。

因此，当网络发生拥塞，需要采取负载脱落时，选择丢弃哪些数据报是关键，这通常与上层应用有关。

第五节　Internet 网络层

Internet 是目前世界上最大、最重要的计算机网络。本节以 Internet 为例，介绍 Internet 的网络层。Internet 网络层主要包括网际协议（Internet Protocol，IP）、路由协议以及互联网控制报文协议（Internet Control Message Protocol，ICMP）等内容。

一、IPv4 协议

IP 目前主要有两个版本：IPv4 和 IPv6。到目前为止，Internet 仍然以 IPv4 为主，因此，在不加以特别说明的情况下，在提到 IP 时，就是指 IPv4。IP 定义了如何封装上层协议（如 UDP、TCP 等）的报文段，定义了 Internet 网络层寻址（IP 地址）以及如何转发 IP 数据报等内容，是 Internet 网络层的核心协议。

1. IP 数据报格式

Internet 是典型的数据报网络，IP 数据报也称为 IPv4 数据报。IPv4 数据报格式如图 4-10 所示。

32位

<table>
<tr><td>版本(4)</td><td>首部长度(4)</td><td colspan="2">区分服务(8)</td><td colspan="2">数据报长度(16)</td></tr>
<tr><td colspan="4">标识(16)</td><td>标志(3)</td><td>片偏移(13)</td></tr>
<tr><td colspan="2">生存时间(8)</td><td colspan="2">上层协议(8)</td><td colspan="2">首部校验和(16)</td></tr>
<tr><td colspan="6">源IP地址(32)</td></tr>
<tr><td colspan="6">目的IP地址(32)</td></tr>
<tr><td colspan="6">选项（可选，长度可变）</td></tr>
<tr><td colspan="6">数据</td></tr>
</table>

图 4-10　IPv4 数据报格式

下面对 IPv4 数据报各个字段的作用进行说明。

（1）版本

该字段占 4 位，给出的是 IP 的版本号。路由器根据该字段确定按哪个版本的 IP 来解析数据报。

（2）首部长度

该字段占 4 位，给出的是 IP 数据报的首部长度，包括可变长度的选项字段，以 4 字节为单位。4 位可表示的最大数值是 15，因此 IP 数据报的首部长度的最大值是 60 字节。注意，版本号与首部长度两个字段分别占据一个字节的高 4 位和低 4 位，在实际 IP 数据报中对应一个字节。例如，一般情况下，一个 IP 数据报首部不包含选项字段（下面如无特殊说明，默认为这种情况），则一个实际 IP 数据报的第 1 个字节是 45H（十六进制），表示 IPv4，首部长度为 5×4=20 字节。通常，路由器在对 IP 数据报解析时，只需要对其首部进行解析，而首部长度却不是固定的，因为首部中可能包含了一些可选的首部选项，所以首部长度字段用来说明 IP 数据报的首部长度为多少，进而能告诉路由器从哪里开始就是数据报中所承载的传输层数据（或其他协议报文）。

（3）区分服务

该字段占 8 位，在旧标准中称为服务类型（Type Of Service，TOS）字段，用来指示期望获得哪种类型的服务。只有在网络提供区分服务（DiffServ）时，该字段才有效。提供区分服务的路由器根据 IP 数据报的区分服务字段的不同取值，为 IP 数据报提供不同类型的服务。目前的 IP 网络大部分情况下基本不使用该字段，很多实际的 IP 数据报的区分服务字段（IP 数据报的第 2 个字节）的值为 00H。

（4）数据报长度

该字段也称为总长度字段，占 16 位，给出 IP 数据报的总字节数，包括首部和数据部分。16 位可以表示的最大 IP 数据报的总长度为 65535 字节，除去最小的 IP 数据报首部的 20 字节，最大 IP 数据报可以封装 65535-20=65515 字节的数据。实际上，IP 数据报需要进一步封装到链路层数据帧中以进行传输，而几乎没有如此大 MTU 的链路，因此实际网络中不会有这么大的 IP 数据报。

（5）标识

该字段占 16 位，用于标识一个 IP 数据报。IP 利用一个计数器，每产生一个 IP 数据报，计数器加 1，作为该 IP 数据报的标识（ID）。该字段容易被误解为是 IP 数据报的唯一标识，其实，由于 IP 产生标识的机制，不同主机产生的 IP 数据报完全有可能具有相同的标识，因此单靠标识字段是无法唯一标识一个 IP 数据报的。实际上，IP 是依靠标识字段、源 IP 地址、目的 IP 地址及协议等字段共同唯一标识一个 IP 数据报的。标识字段最重要的用途是，在 IP 数据报分片和重组过程中，用于标识属于同一原 IP 数据报。

（6）标志

该字段占 3 位，其结构如图 4-11 所示。

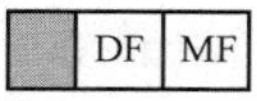

	DF	MF

图 4-11　IPv4 数据报首部的标志

其中，最高位保留，DF 是禁止分片（Don't Fragment）标志，MF 是更多分片标志（More Fragments）标志。DF=0 表示允许路由器将 IP 数据报分片，DF=1 表示禁止路由器将 IP 数据报分片。如果路由器在转发一个 DF=1 的 IP 数据报时，其总长度超过输出链路的 MTU，那么路由器不会对该 IP 数据报进行分片，而会丢弃该分组。MF=0 表示该 IP 数据报是一个未被分片的 IP 数据报或者被分片 IP 数据报的最后一片，具体是哪种情况，要结合片偏移字段确定。MF=1 表明该 IP 数据报一定是一个 IP 数据报的分片，并且不是最后一个分片，同样，到底是哪个分片，要结合片偏移字段确定。

（7）片偏移

该字段占 13 位，表示一个 IP 数据报分片封装原 IP 数据报数据的相对偏移量，即封装的数据从哪个字节开始，但片偏移字段以 8 字节为单位。当该字段值为 0 时，其含义还要结合 MF 标志位来确定，如果 MF=0，则表示这是一个未被分片的 IP 数据报；如果 MF=1，则表示这是一个 IP 分片，且是第一个分片。

（8）生存时间（Time-To-Live，TTL）

该字段占 8 位，表示 IP 数据报在网络中可以通过的路由器数（或跳数）。该字段用来确保一个 IP 数据报不会永远在网络中“游荡”（如路由选择算法错误地为其选择了一个环形路由）。源主机在生成 IP 数据报时设置 TTL 初值，每经过路由器转发一次，TTL 减 1，如果 TTL=0，则路由器丢弃该 IP 数据报，并向源主机发送 Type=11，Code=0 的 ICMP 报文。TTL 字段占 8 位，因此，一个 IPv4 数据报最多能够经过 256 跳。另外，利用 TTL 还可以实现一些有趣的应用，例如 Linux 操作系统中的 traceroute 命令，它利用 TTL 来实现数据传输路径的跟踪。

（9）上层协议

该字段占 8 位，指示该 IP 数据报封装的是哪个上层协议的报文段，例如，6 为 TCP，表示封装的为 TCP 报文段；17 为 UDP，表示封装的是 UDP 数据报。事实上，IP 可利用该字段实现 IP 的多路复用与多路分解。

（10）首部校验和

该字段占 16 位，利用校验和实现对 IP 数据报首部的差错检测。在计算校验和时，该字段置全 0，然后整个首部以 16 位对齐，采用与 UDP 校验和相同的计算方法，即采用反码算术运算（算术加的过程是将最高位的进位“卷回”到和的最低位再加）求和，将最后得到的和取反码以作为首部校验和字段。在接收 IP 数据分组时，将整个首部按同样算法求和，结果为 16 位 1，表示无差错，只要有一位不为 1，就表示首部有差错，丢弃该分组。首部校验和字段在路由器每次转发分组时需要重新计算后重置，因为 IP 数据报首部某些字段在转发过程中会发生改变，如 TTL，必须重新计算首部校验和。所以，首部校验和是逐跳校验、逐跳计算的。

（11）源 IP 地址

该字段占 32 位，是发出 IP 数据报的源主机的 IP 地址。当网络中的某台主机接收到来自传输层的报文段后，需要在网络层对该报文段进行封装，在 IPv4 数据报中，需要将发送主机的 IP 地址填充至源 IP 地址字段。

（12）目的 IP 地址

该字段占 32 位，是 IP 数据报需要送达的主机的 IP 地址，路由器将依据该地址检索匹配路由表，决策如何转发该 IP 数据报。用户在源主机上使用某网络应用时，或者直接给出目的主机的 IP 地址，或者给出目的主机的域名，如果利用域名指定欲访问的目的主机，则源主机会通过 DNS 来将目的主机域名解析成对应的 IP 地址，最后在封装 IP 数据报时，目的主机的 IP 地址被填入数据报的目的 IP 地址字段。

（13）选项

选项字段长度可变，范围为 1~40 字节，取决于选项内容。选项字段用来对 IP 首部进行扩展，可以携带安全、源选路径、时间戳和路由记录等内容。事实上，选项字段之后还可能有一个填充字段，长度为 0~3 字节，取值全 0。填充字段的目的是补齐整个首部，符合 32 位对齐，即保证首部长度是 4 字节的倍数。绝大多数 IP 数据报的首部中没有选项字段和填充字段。

（14）数据

数据字段存放 IP 数据报所封装的传输层的报文段，在目的主机会将其所承载的数据交付给相应的上层协议（依据上层协议字段）。不过，IPv4 数据报承载的并不总是上层协议报文段，也可能封装其他协议的报文，比如 ICMP 报文。

2. IP 数据报分片

Internet 是目前全球最大的互联网络，一个 IP 数据报在从源主机到目的主机的传输过程中，可能经过多个运行不同数据链路层协议的网络，如以太网、IEEE 802.11 无线局域网等。不同数据链路层协议所能承载的网络层数据报的最大长度不尽相同，以太网帧可以承载的数据最大长度为 1500 字节，而有一些数据链路层协议所能承载的数据最大长度远小于这个值。一个数据链路层协议帧所能承载的最大数据量称为该链路的最大传送单元（Maximum Transmission Unit，MTU）。网络层数据报作为数据链路层协议帧的有效载荷，其总长度显然受数据链路的 MTU 限制，这就是虽然 IP 数据报总长度最大可达 65535 字节，而实际 IP 数据报总长度很少超过 1500 字节的原因。那么，当路由器要将一个 IP 数据报转发至某个输出端口，而该数据报总长度大于该输出端口所连接链路的 MTU 时，路由器如何处理该 IP 数据报呢？答案是路由器将 IP 数据报进行分片（DF=0 时），或者将其丢弃（DF=1 时）。接下来，介绍路由器如何将 IP 数据报进行分片。

每一个 IP 分片的各首部字段应如何设置呢？由于这些 IP 分片都属于同一个数据报，因此这些 IP 分片的协议版本、标识、源 IP 地址、目的 IP 地址等直接继承原 IP 数据报对应字段的值即可。注意，路由器只负责 IP 数据报分片，不进行 IP 分片重组，IP 分片的重组任务由最终目的主机的 IP 来完成。当 IP 分片陆续到达目的主机后，目的主机将这些分片重组后，还原成原 IP 数据报，提取上层协议报文段并交给上层协议处理。目的主机在重组分片时，首先根据各分片首部的标识字段来判断这些分片是否属于同一个 IP 数据报，即同一个 IP 数据报分出来的 IP 分片具有相同的标识字段；其次，目的主机通过各分片首部的标志字段（MF）可以判断某个分片是否是最后一个分片；最后，目的主机根据各分片的片偏移字段，判断各 IP 分片的先后顺序，并结合每个 IP 分片首部的数据报长度字段，还可以判断是否缺少 IP 分片（比如某个 IP 分片丢失）。

下面给出 IP 数据报分片的相关计算方法。假设原 IP 数据报总长度为 L，待转发链路的 MTU 为 M。若 $L>M$，且 DF=0，则该 IP 数据报可以且需要分片。分片时，每个分片的标识（ID）字段复制原 IP 数据报的标识字段；MF 标志位，除了最后一个分片为 0 以外，其他分片全部为 1。通常，分片时会将原 IP 数据报分成尽可能少的 IP 分片，即除最后一个分片以外，其他分片均分为 MTU 允许的最大分片。一个最大分片可封装的数据应该是 8 的倍数（读者可以思考一下原因。提示：IP 数据报长度字段比片偏移字段多 3 位），因此，最大分片可封装的数据为

$$d=\left\lfloor\frac{M-20}{8}\right\rfloor\times 8 \tag{4-1}$$

式中，20 是指假设 IP 数据报首部长度为 20 字节。需要的 IP 分片总数为

$$n=\left\lceil\frac{L-20}{d}\right\rceil \tag{4-2}$$

每个 IP 分片的片偏移字段取值为

$$F_i=\frac{d}{8}\times(i-1),\quad 1\leqslant i\leqslant n \tag{4-3}$$

式中，F_i为第 i 个 IP 分片的偏移量。每个 IP 分片的总长度字段为

$$L_i=\begin{cases}d+20, & 1\leqslant i<n\\ L-d\times(n-1), & i=n\end{cases} \tag{4-4}$$

每个 IP 分片的 MF 字段为

$$\mathrm{MF}_i=\begin{cases}1, & 1\leqslant i<n\\ 0, & i=n\end{cases} \tag{4-5}$$

下面给出一个 IP 分片的实例。在这个例子中，通过 PingPlotter 工具发送了一个总长度为 3400 字节的 IP 数据报，通过 MTU=1500 字节的链路转发，该 IP 数据报被分为 3 个 IP 分片。利用 Wireshark 对这次发送过程进行了抓包，抓取结果分别如图 4-12～图 4-14 所示。注意，图中每个 IP 分片的片偏移已经被换算为以字节为单位，即已经将片偏移字段的值乘以 8。3 个 IP 分片的主要信息见表 4-3。

```
▶ Frame 46544: 1514 bytes on wire (12112 bits), 1514 bytes captured (12112 bits) on interface 0
▶ Ethernet II, Src: Apple_2e:0a:77 (a8:60:b6:2e:0a:77), Dst: Tp-LinkT_09:4a:24 (d8:15:0d:09:4a:24)
▼ Internet Protocol Version 4, Src: 192.168.2.131, Dst: 219.217.226.
    0100 .... = Version: 4
    .... 0101 = Header Length: 20 bytes (5)
  ▶ Differentiated Services Field: 0x00 (DSCP: CS0, ECN: Not-ECT)
    Total Length: 1500
    Identification: 0x69f1 (27121)
  ▼ Flags: 0x01 (More Fragments)
      0... .... = Reserved bit: Not set
      .0.. .... = Don't fragment: Not set
      ..1. .... = More fragments: Set
    Fragment offset: 0
    Time to live: 255
    Protocol: ICMP (1)
    Header checksum: 0x0000 [validation disabled]
    [Header checksum status: Unverified]
    Source: 192.168.2.131
    Destination: 219.217.226.
    [Source GeoIP: Unknown]
    [Destination GeoIP: Unknown]
    Reassembled IPv4 in frame: 46546
▶ Data (1480 bytes)
```

图 4-12　IP 数据报分片（第 1 片）

```
▶ Frame 46545: 1514 bytes on wire (12112 bits), 1514 bytes captured (12112 bits) on interface 0
▶ Ethernet II, Src: Apple_2e:0a:77 (a8:60:b6:2e:0a:77), Dst: Tp-LinkT_09:4a:24 (d8:15:0d:09:4a:24)
▼ Internet Protocol Version 4, Src: 192.168.2.131, Dst: 219.217.226.
    0100 .... = Version: 4
    .... 0101 = Header Length: 20 bytes (5)
  ▶ Differentiated Services Field: 0x00 (DSCP: CS0, ECN: Not-ECT)
    Total Length: 1500
    Identification: 0x69f1 (27121)
  ▼ Flags: 0x01 (More Fragments)
      0... .... = Reserved bit: Not set
      .0.. .... = Don't fragment: Not set
      ..1. .... = More fragments: Set
    Fragment offset: 1480
    Time to live: 255
    Protocol: ICMP (1)
    Header checksum: 0x0000 [validation disabled]
    [Header checksum status: Unverified]
    Source: 192.168.2.131
    Destination: 219.217.226.
    [Source GeoIP: Unknown]
    [Destination GeoIP: Unknown]
    Reassembled IPv4 in frame: 46546
▶ Data (1480 bytes)
```

图 4-13　IP 数据报分片（第 2 片）

```
▶ Frame 46546: 454 bytes on wire (3632 bits), 454 bytes captured (3632 bits) on interface 0
▶ Ethernet II, Src: Apple_2e:0a:77 (a8:60:b6:2e:0a:77), Dst: Tp-LinkT_09:4a:24 (d8:15:0d:09:4a:24)
▼ Internet Protocol Version 4, Src: 192.168.2.131, Dst: 219.217.226.
    0100 .... = Version: 4
    .... 0101 = Header Length: 20 bytes (5)
  ▶ Differentiated Services Field: 0x00 (DSCP: CS0, ECN: Not-ECT)
    Total Length: 440
    Identification: 0x69f1 (27121)
  ▼ Flags: 0x00
      0... .... = Reserved bit: Not set
      .0.. .... = Don't fragment: Not set
      ..0. .... = More fragments: Not set
    Fragment offset: 2960
    Time to live: 255
    Protocol: ICMP (1)
    Header checksum: 0x0000 [validation disabled]
    [Header checksum status: Unverified]
    Source: 192.168.2.131
    Destination: 219.217.226.
    [Source GeoIP: Unknown]
    [Destination GeoIP: Unknown]
  ▶ [3 IPv4 Fragments (3380 bytes): #46544(1480), #46545(1480), #46546(420)]
▶ Internet Control Message Protocol
```

图 4-14　IP 数据报分片（第 3 片）

表 4-3　IP 分片的主要信息

片	ID	总长度/B	片偏移	标志	封装原 IP 数据报中的字节
第 1 片	0x69f1（27121）	1500	0	1	0~1479（共 1480 B）
第 2 片	0x69f1（27121）	1500	185	1	1480~2959（共 1480 B）
第 3 片	0x69f1（27121）	440	370	0	2960~3379（共 420 B）

二、IPv4 编址

主机在发送应用层数据时，经过层层封装，在网络层会将源主机 IP 地址以及目的主机 IP 地址填充到 IP 数据报的首部中。路由器依据目的 IP 地址查询转发表，转发 IP 数据报，并最终将其送达目的主机。那么，一台主机只能有一个 IP 地址吗？答案是否定的，一台主机可能会同时具有多个 IP 地址。例如，某主机同时通过以太网和 IEEE 802.11 无线局域网连接因特网，这台主机就可能同时具有两个不同的 IP 地址。路由器通常有多个网络接口（主机或路由器与物理链路的连接边界），每个接口都具有一个 IP 地址。因此，严格地说，IP 地址是与接口相关联的，而并不是与某台主机或路由器一一对应的。但考虑到很多主机（比如台式 PC），在通常情况下只有一个网络接口（即网卡）连接网络，也只有这一个接口的 IP 地址，所以我们还是习惯使用“某主机的 IP 地址”这样的叙述。

IPv4 地址长度为 32 位，共有 2^{32}个不同的 IP 地址，这个数目约为 43 亿（4294967296）。IPv4 地址有三种常用标记法，即二进制标记法、点分十进制标记法、十六进制标记法，见表 4-4。最常用的为点分十进制标记法，即将 IPv4 地址划分为 4 个 8 位组，每个 8 位组分别转换为十进制数，然后利用小数点分隔这 4 个十进制数，该标记法也是人们最为熟悉的 IPv4 地址形式。

表 4-4　IP 地址 192.168.1.101 的三种标记方式

标记方式	表示方式
二进制标记法	11000000 10101000 00000001 01100101
点分十进制标记法	192.168.1.101
十六进制标记法	0xC0A80165

因特网中的路由器和主机的网络接口都必须具有唯一的 IP 地址。但是，这些 IP 地址不能随机或随意分配。在如图 4-15 所示的网络中，具有 3 个接口的路由器，通过两台交换机，互连了 6 台主机。可以注意到，对于左侧的 3 台主机以及与这 3 台主机所连接的路由器接口，其 IP 地址都具有 203.1.1.×××的形式，这 3 台主机以及与其相连的路由器接口组成了一个网络（不包含整个路由器），这个网络是通过一个交换机相连接而组成的一个 LAN。

将图 4-15 中互连左侧 3 台主机与路由器左侧接口的网络称为一个 IP 子网。在 IP 编址中，会为每一个 IP 子网分配一个子网地址，对应于图 4-15 中的左侧子网，其子网 IP 地址为 203.1.1.0/24。注意，这种写法（接下来会介绍）有别于传统的 IP 地址，其中/24（即 24 位前缀，对应于子网掩码）对子网的地址进行了定义。子网 203.1.1.0/24 由 3 台主机（203.1.1.2、203.1.1.3、203.1.1.4）以及一个路由器接口（203.1.1.1）组成。

IP 子网的概念相当于为网络地址引入了层次。举个例子，每个人都有其户籍所在城市信息，在其户籍所在城市中，如果要寻找某个人，那么还需要其更进一步的住址信息才可

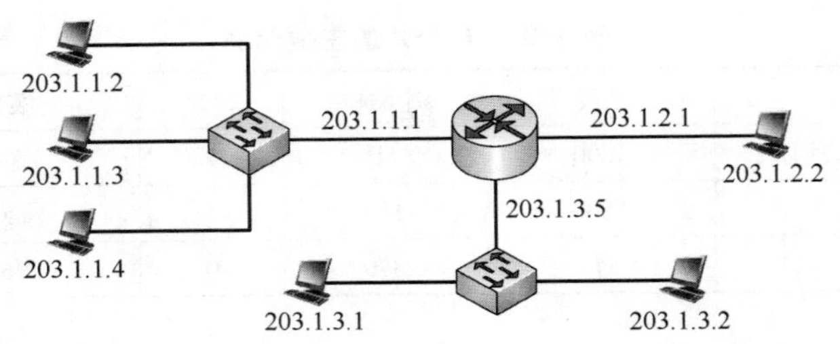

图 4-15　IP 地址与接口相对应

以。对于 IP 地址，也是如此。基于 IP 子网的概念，可以将主机 IP 地址划分为两个部分：一部分是前缀（Prefix），即网络部分（NetID），用于描述主机归属的网络；另一部分是后缀（Postfix），即主机部分（HostID），用于表示主机在网络内的唯一地址。对于用于表示主机所处网络地址的前缀，其长度可以是定长的，也可以是变长的。早期的 IP 地址被设计为定长前缀，这种方式被称作分类地址，而目前所使用的主流方式则是无类地址，在无类地址中，网络地址前缀的长度是可变的。

1. 分类地址

在因特网发展早期，IPv4 地址被设计为定长前缀，但考虑到不同组织所需的地址数量是不同的，因此设计了三种长度的前缀，分别为 8、16、24 位，整个地址空间被分为五类，即 A、B、C、D 及 E 类，并规定 A、B、C 三类可以分配给主机或路由器使用，D 类地址作为组播地址，E 类地址保留，该方案被称作分类寻址。具体分类方法是，依次从最高位逐步“二分”，如图 4-16 所示。

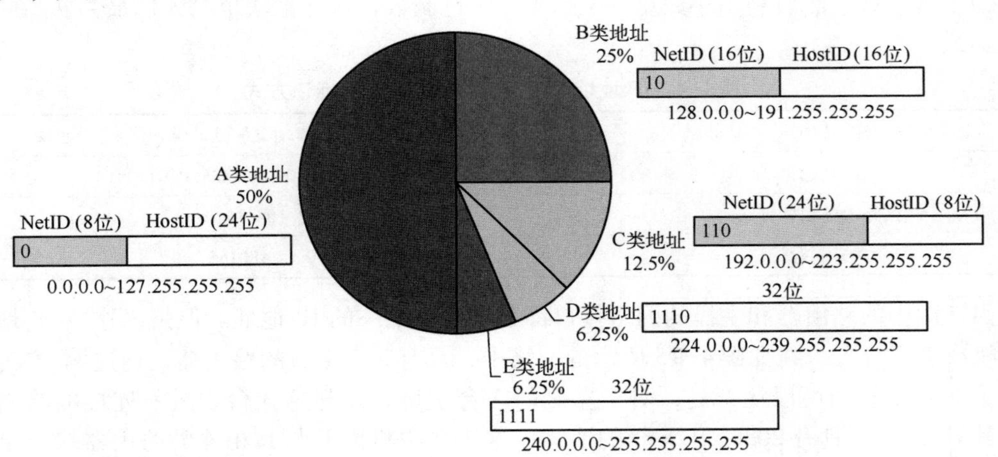

图 4-16　IPv4 地址分类划分

分类寻址中各类地址空间见表 4-5。

表 4-5　分类地址划分

类	前缀长度	前　缀	首字节
A	8	0×××××××	0~127
B	16	10×××××× ××××××××	128~191

（续）

类	前缀长度	前　　缀	首字节
C	24	110××××× ×××××××× ××××××××	192~223
D	不可用	1110×××× ×××××××× ×××××××× ××××××××	224~239
E	不可用	1111×××× ×××××××× ×××××××× ××××××××	240~255

对于 A 类地址，其前缀长度为 8 位，其中第一位为 0，前缀中的后 7 位用来表示网络地址，即总共有 $2^7=128$ 个 A 类网络，每个 A 类网络的 IP 地址总数为 $2^{24}=16777216$。

对于 B 类地址，其前缀长度为 16 位，其中前两位为 10，前缀中的后 14 位用来表示网络地址，即总共有 $2^{14}=16384$ 个 B 类网络，每个 B 类网络的 IP 地址总数为 $2^{16}=65536$。

对于 C 类地址，其前缀长度为 24 位，其中前三位为 110，前缀中的后 21 位用来表示网络地址，即总共有 $2^{21}=2097152$ 个 C 类网络，每个 C 类网络的 IP 地址总数为 $2^8=256$。

2. 特殊地址

除了 D 类和 E 类地址以外，占 IP 地址空间 87.5%的 A、B、C 类地址可以用于标识网络中的主机或路由器，但是并不是所有地址都可用，因为有些地址有特殊用途，不能分配给主机或路由器。网络中一些常见的特殊地址介绍如下。

➢ 本地主机地址：0.0.0.0/32。当主机需要发送一个 IP 数据报时，需要将自己的地址作为源地址，但是在某些情况下（比如新加入到网络中还未通过 DHCP 请求获取到 IP 地址的主机），主机还不知道自己的 IP 地址，于是此时会使用本地主机地址来填充 IP 数据报的源地址字段。另外，在路由表中，0.0.0.0/0 用于表示默认路由。

➢ 有限广播地址：255.255.255.255/32。当主机或者路由器某接口，需要向其所在网络中的所有设备发送数据报时，用该地址作为 IP 数据报的目的 IP 地址。但需要注意，使用有限广播地址的广播数据，只限于发送数据报的主机所在的子网范围内。

➢ 回送地址：127.0.0.0/8。如果 IP 数据报的目的地址位于这个地址块中，那么该数据报将不会被发送到源主机之外，比如常见的 127.0.0.1。

典型的特殊地址见表 4-6。

表 4-6　特殊 IP 地址

NetID	HostID	作为 IP 数据报源地址	作为 IP 数据报目的地址	用　　途
全 0	全 0	可以	不可以	在本网范围内表示本机；在路由表中用于表示默认路由
全 0	特定值	可以	不可以	表示本网内某个特定主机
全 1	全 1	不可以	可以	本网广播地址（路由器不转发）
特定值	全 0	不可以	不可以	网络地址，表示一个网络
特定值	全 1	不可以	可以	直接广播地址，对特定网络上的所有主机进行广播
127	非全 0 或非全 1 的任何数	可以	可以	用于本地软件环回测试，称为环回地址

除此之外，还有一部分地址保留，用于内部网络，称为私有地址。这部分地址可以在内网使用，但不能在公共互联网上使用，因为如果以这部分地址为目的地址的 IP 数据报出现

在公共互联网上，则公共互联网会丢弃这些 IP 数据报，而不会进行转发。私有地址空间见表 4-7。

表 4-7 私有 IP 地址

私有地址类别	范 围
A 类	10.0.0.0~10.255.255.255（或 10.0.0.0/8）
B 类	172.16.0.0~172.31.255.255（或 172.16.0.0/12）
C 类	192.168.0.0~192.168.255.255（或 192.168.0.0/16）

在分类寻址方案中，A 类地址网络数量少，但每个 A 类网络规模很大，如果将一个 A 类地址网络分配给一个组织使用，很容易导致 IP 地址浪费；C 类地址网络数量大，但每个 C 类地址网络规模却很小，往往一个组织分配一个 C 类地址却不满足需求。事实上，由于 IPv4 地址早期分配的粗放性，以及分类地址的固有不足，因此早期 IP 地址的分配和使用过程中存在很大的浪费，目前 IPv4 地址已经分配殆尽。为了改善 IPv4 地址空间的利用率，缓解或应对 IPv4 地址空间不足问题，提出了一系列相关解决方案。

3. 无类地址

为了彻底解决地址空间不足问题，可以增加 IP 地址的长度，这就是之后要讨论的 IPv6 的解决方案。但是，在 Internet 全面 IPv6 化之前，32 位的 IPv4 地址还将长时间被使用，因此需要一些解决方案来提高 IPv4 地址的利用率，缓解或应对 IPv4 地址空间不足问题。针对这一问题，首先被提出的解决方案就是无类地址。

在无类寻址方案中，不存在诸如分类寻址中的网络类别，网络前缀不再被设计为定长的 8、16 或 24，而变成可以是 0~32 之间的任意值。在无类寻址中，网络地址形式为 *a.b.c.d/x*，其中，*a.b.c.d* 为点分十进制形式 IP 地址，*x* 为网络前缀长度，显然 $x\in[0,32]$，这种地址形式称为 CIDR（Classless Inter-Domain Routing，无类域间路由）地址。例如，前面提到过的 192.168.1.0/24。

4. 子网划分

为了缓解地址空间不足问题，提高 IP 地址空间利用率，另外两种策略分别是子网化与超网化。子网化是指将一个较大的子网划分为多个较小子网的过程。较大子网具有较短的网络前缀，较小子网具有稍长的前缀。在将较大子网划分为较小子网后，可以将较小子网分别分配给不同组织或网络，从而避免 IP 地址的浪费。例如，可以将一个 A 类地址网络划分为 1024 个子网，每个子网 IP 地址总数为 16384，然后将一个子网分配给一个组织，这样在一定程度上提高了地址空间的利用率。当然，前提是某个组织（比如 ISP）愿意将其 IP 地址空间分给更多的组织来使用。超网化是指将具有较长前缀的相对较小的子网合并为一个具有稍短前缀的相对较大的子网，可见，超网化可以看作子网化的逆过程。超网化在地址分配过程中的意义在于，可以将多个小的有类地址网络合并为一个大的超网并分配给某个组织。例如，4 个地址连续的 C 类地址网络，可以合并为一个地址前缀为 22 的超网，该超网的 IP 地址总数为 1024。

有了子网化与超网化概念后，如果单单给出一个子网的子网地址，那么是无法准确描述一个子网的规模的。例如，如果给出一个子网地址 213.111.0.0，那么这时是无法准确判断该子网的规模的。因此，在准确描述一个子网时，需要同时给出该子网的网络前缀或者该子网的子网掩码。例如，子网 213. 111. 0. 0/24，就是一个 C 类地址网络；子网 213. 111. 0. 0/23，就是一个超网，包括 213. 111. 0. 0/24 和 213. 111. 1. 0/24 两个 C 类地址网络。

子网掩码同样可以用来定义一个子网的网络前缀长度，等价于 CIDR 地址中的前缀长度，但形式不同。子网掩码与 IP 地址相同，也是一个 32 位数，其取值规则是：对应网络前缀的位，全部为 1，其余位（主机部分）全部为 0。常见的子网掩码也写成点分十进制形式。例如，子网 213. 111. 0. 0/24 的子网掩码是 255. 255. 255. 0，子网 213. 111. 0. 0/23 的子网掩码是 255. 255. 254. 0。也就是说，子网“213. 111. 0. 0/24”，等价于“子网地址为 213. 111. 0. 0，子网掩码是 255. 255. 255. 0”。可见，只有给出子网地址和子网掩码或网络前缀，才能准确描述一个子网的规模。这也是计算机在 IP 地址配置时，除了要设置 IP 地址以外，还要设置子网掩码的原因。若已知子网中某主机的 IP 地址和子网掩码，就可以计算出一个子网的网络地址、广播地址、IP 地址总数和可分配 IP 地址数量等。例如，假设某子网内的一个地址为 192. 168. 1. 45，子网掩码为 255. 255. 255. 128，那么通过将该地址与子网掩码做按位“与”运算，就可以得到该子网的子网地址为 192. 168. 1. 0，或者说该子网为 192. 168. 1. 0/25。如果利用子网掩码的反码与该地址做按位“或”运算，就可以得到该子网的直接广播地址，即 192. 168. 1. 127。

【例 4-1】假设某子网中一个主机的 IP 地址是 203. 123. 1. 135，子网掩码是 255. 255. 255. 192，那么该子网的子网地址是什么？直接广播地址是什么？该子网 IP 地址总数是多少？该子网的可分配 IP 地址数是多少？可分配 IP 地址范围是什么？

【解】将 203. 123. 1. 135 与 255. 255. 255. 192 按位“与”运算，得到：203. 123. 1. 128，为该子网的子网地址，即该子网为 203. 123. 1. 128/26；该子网的直接广播地址是 203. 123. 1. 191；该子网 IP 地址总数是 64；该子网的可分配 IP 地址数是 64-2=62；可分配 IP 地址范围是：203. 123. 1. 129~203. 123. 1. 190。

例 4-1 中的可分配 IP 地址是指可以分配给主机或路由器接口使用的 IP 地址，因此要从子网的 IP 地址总数中减去子网地址和广播地址，这两个地址是不能分配给主机或路由器接口的。

负责全球 Internet 的 IP 地址分配的机构是因特网名称和编号分配组织（Internet Corporation for Assigned Names and Numbers，ICANN）。ICANN 并不会为每一个网络中的每个用户分配地址，而是给一个 ISP（Internet Service Provider，因特网服务提供商）分配一块较大的连续地址空间（即一个子网），再由 ISP 将其分配到的地址空间划分为相对更小的子网，再进一步分配给 ISP 的客户（比如某企业）。网络地址块的分配通常满足两个条件：地址块中的地址总数量是 2 的整数次幂；地址块中的地址是连续的。

下面给出子网划分的一般性方法。对于一个给定的 IP 网络 $a.b.c.d/x$（IPv4 网络），如果需要将其划分为多个子网，则可以利用其主机域（HostID）的 $32-x$ 位中的部分位加以区分。如果利用 r 位划分子网（$r\in[1,30-x]$），则可以将原网络 $a.b.c.d/x$ 划分为 2^r 个等长的子网，每个子网 IP 地址空间（总数）为 2^{32-x-r}，其中每个子网中除了 $a.b.c.d/x$ 的网络前缀的 x 位与区分子网的 r 位以外，剩余位全为 0 和全为 1 的地址，分别作为对应子网的子网地址和子网直接广播地址，因此，每个子网可分配 IP 地址空间为 $2^{32-x-r}-2$。可见，r 越大，可区分的子网数越多，但每个子网可分配 IP 地址空间越小，即每个子网可分配给主机或路由器接口的 IP 地址数越少。应该选择多大的 r 来划分子网？要根据实际网络的子网数以及子网规模来定。另外，具体从 32-x 位中选择哪几位区分子网，理论上来讲，任选 r 位均可，但是如果这 r 位随便选择，就可能导致划分出来的子网地址不连续，给网络管理、地址分配等带来极大的不便。因此，在实际划分子网时，会从 32-x 位中的高位连续选择 r 位。上述子网划分过程通常称为等长子网划分，划分出来的子网大小相同，即各子网的网络前缀相同，或者说各子网的子网掩码相同。如果需要将一个 IP 网络划分为多个不同规模的子网，就需要进行不等长子网划分。基本方法就是先进行等长划分，再将划分出来的子网的其中一个或多个进行进一步等长划分，从而可以得到多个不同规模的子网。

准确描述一个子网可以通过两种形式，一种是 CIDR 形式，子网地址形如 $a'.b'.c'.d'/(x+r)$，另一种形式就是子网地址（每个子网的 $x+r$ 位前缀是特定值，剩余 32-x-r 位全为 0 的地址）加子网掩码。子网掩码的取值是对应子网的 $x+r$ 位全取 1，剩余 32-x-r 位全为 0 的地址。

【例 4-2】 请将 IP 网络 12. 34. 56. 0/24 划分为 3 个子网，要求：第一个子网的可分配 IP 地址不少于 50 个，第二个子网的可分配 IP 地址不少于 60 个，第三个子网的可分配 IP 地址不少于 120 个。

【解】 采用不等长子网划分。网络 12. 34. 56. 0/24 的可分配 IP 地址数是 254，根据 3 个子网的可分配 IP 地址数的需求，首先将 12. 34. 56. 0/24 划分为两个子网，分别是 12. 34. 56. 0/25 和 12. 34. 56. 128/25。将 12. 34. 56. 128/25 作为第三个子网，则该子网的子网地址是 12. 34. 56. 128，子网掩码是 255. 255. 255. 128，广播地址是 12. 34. 56. 255，可分配 IP 地址数为 126，可分配 IP 地址范围是：12. 34. 56. 129/25～12. 34. 56. 254/25，显然满足题目要求。接下来，进一步将子网 12. 34. 56. 0/25 再划分为两个子网，分别是 12. 34. 56. 0/26 和 12. 34. 56. 64/26，并将它们分别作为题目要求的第一个子网和第二个子网。于是，第一个子网的子网地址是 12. 34. 56. 0，子网掩码是 255. 255. 255. 192，广播地址是 12. 34. 56. 63，可分配 IP 地址数为 62，可分配 IP 地址范围是：12. 34. 56. 1/26～12. 34. 56. 62/26；第二个子网的子网地址是 12. 34. 56. 64，子网掩码是 255. 255. 255. 192，广播地址是 12. 34. 56. 127，可分配 IP 地址数为 62，可分配 IP 地址范围是：12. 34. 56. 65/26～12. 34. 56. 126/26，也满足题目要求。

5. 路由聚合

通常，子网划分后，会利用路由器等第三层网络互连设备互连这些子网，通过路由器实现子网间的 IP 数据报转发。路由器将路由信息存到转发表（即路由表）中，当收到 IP 数据报时，利用 IP 数据报的目的 IP 地址匹配转发表的表项，并将 IP 数据报沿最优的匹配成功表项描述的路径进行转发。转发表包含的主要信息有：网络地址、子网掩码、下一跳地址以及路由器接口，其中，网络地址和子网掩码可以分开给出，也可以合并后以 CIDR 形式给出。

路由器中的转发模块在一个 IP 数据报到达后逐行查找转发表。将 IP 数据报的目的 IP 地址与路由表的每个路由表项的子网掩码按位“与”运算，再将结果与该路由表项的网络地址进行匹配，如果相同，则匹配成功。如果整个路由表全部查找完毕，只匹配成功一条路由表项（默认路由除外），则选择该路由表项描述的路径来转发 IP 数据报，即通过该路由表项中的路由器接口转发 IP 数据报；如果匹配成功的路由表项不止一条，则选择匹配成功的网络前缀最长的那条路由项，即最长前缀匹配优先原则；如果没有一条路由表项匹配成功，则通过默认路由表项描述的路径转发 IP 数据报。一个简单的例子如图 4-17 所示。

网络地址	下一跳地址	接口
15.65.154.0/26	—	E1
15.65.154.64/26	—	E2
15.65.154.128/26	—	E3
15.65.154.192/26	—	E4
0.0.0.0/0	15.65.153.2	S0

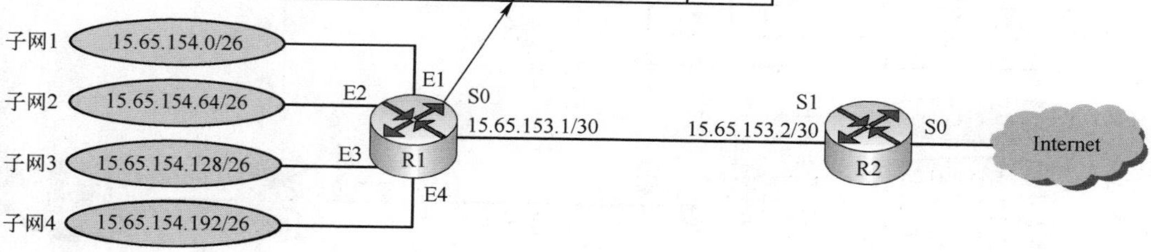

图 4-17　路由器的转发表

在图 4-17 所示路由器 R1 的路由表，到达子网 1～4 的路由表项中，下一跳地址为“—”，表示“直接到达”。表示这些子网与路由器 R1 直接相连，R1 可以将到达这些子网的 IP 数据报直接发送给目的主机，而无须再经由其他路由器转发。R1 路由表的最后一项“0.0.0.0/0”，为默认路由，即网络地址为 0.0.0.0，子网掩码为 0.0.0.0 的路由表项就是默认路由。当一个 IP 数据报的目的 IP 地址与路由表中除默认路由以外，其他都匹配不成功的时候，就沿默认路由进行转发。在图 4-17 所示的例子中，默认路由 0.0.0.0/0 相当于到达 Internet 的路由。

接下来，仍然以图 4-17 所示的网络为例，进一步分析一下路由器 R2 的路由表中到达子网 1～4 的路由表项。很容易想到的是，R2 的路由表会像 R1 的路由表一样，分别描述到达子网 1～4 的路由，如图 4-18 中路由聚合前 R2 的路由表。虽然这样的路由表在逻辑上并没有错误，但是表项较多，查找效率低。如果仔细观察这 4 条路由，就会发现，去往这 4 个子网的路由具有相同的下一跳地址和接口，而且这 4 个子网合在一起又刚好是一个大的子网 15.65.154.0/24。于是，可以通过路由聚合将 R2 中关于 4 个子网的路由聚合为 1 条路由，得到聚合后的路由表，如图 4-18 所示。聚合后的路由表中的路由表项大幅缩减，可以大大提高路由表的查找效率。事实上，Internet 骨干网络上的路由器，利用路由聚合技术缩减了路由表的大小，有效提高了路由查找效率。

在图 4-18 所示路由聚合前 R2 的路由表中，到达子网 1～4 的 4 条路由刚好具有相同的下一跳地址和接口，路由聚合后的子网也刚好完整覆盖 4 个子网。如果 4 个子网不都与 R1 相连接，而是如图 4-19 所示，子网 4 与 R2 直接连接，那么这种情况下 R2 的路由表还能使用路由聚合技术吗？答案是肯定的。路由聚合后 R2 的路由表如图 4-19 所示。在路由聚合后 R2 的路由表中，第一行网络地址描述的子网 15.65.154.0/24 包含了子网 15.65.154.192/26。也就是说，当一个目的 IP 地址在子网 15.65.154.192/26 内的 IP 数据报到达 R2 时，R2 查找路由表，会匹配成功两条路由表项（第一行和第二行），但是按照最长前缀匹配优先原则，R2 会选择第二行路由。因此，在这种情况下，并不会产生路由错误。

另外，如果在路由表中描述到达某个特定主机（该主机 IP 地址为 $a^*.b^*.c^*.d^*$）的路由，则利用 $a^*.b^*.c^*.d^*$/32 或（目的网络：$a^*.b^*.c^*.d^*$，子网掩码：255.255.255.255）来表示该特定主机。

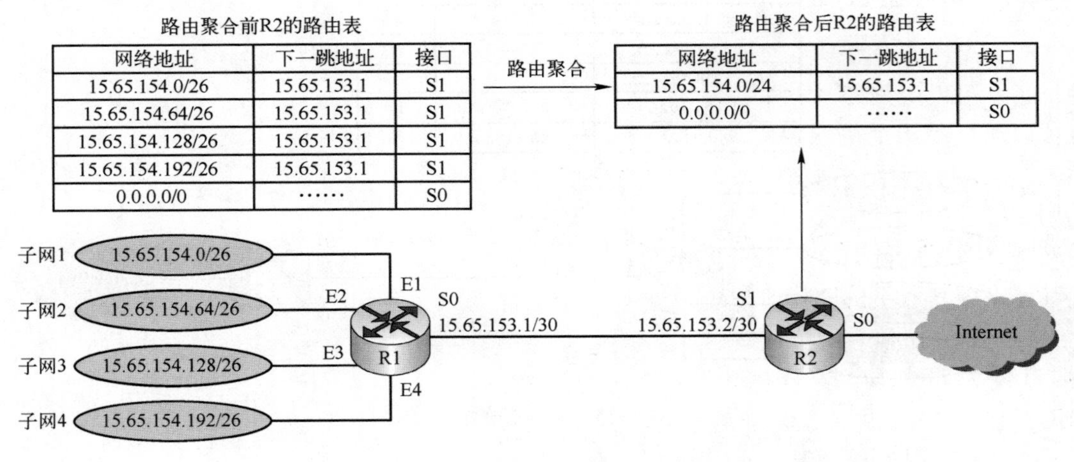

图 4-18　路由聚合

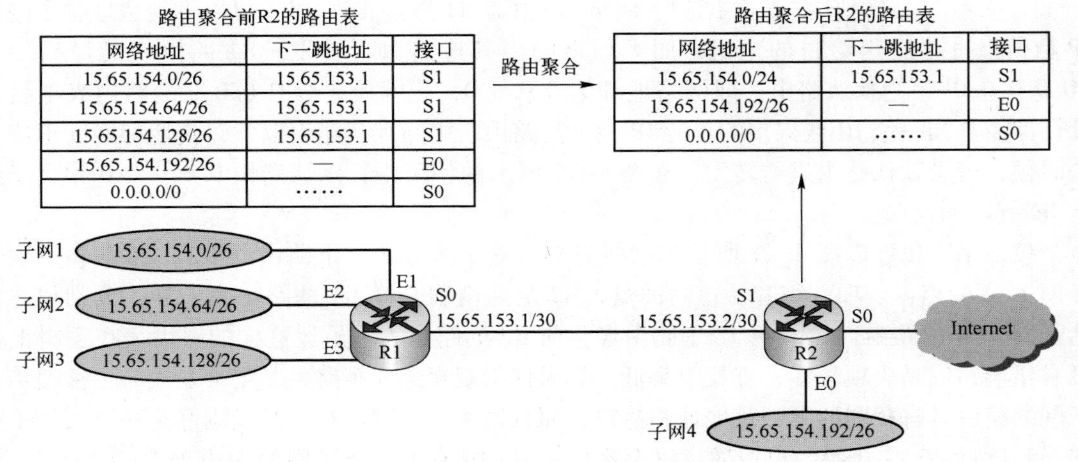

图 4-19　路由聚合与最长前缀匹配优先

综上所述，路由聚合是为了提高路由效率，尽可能减少路由表项数，尽可能将能够聚合在一起的子网聚合成一个大的子网。路由聚合可以视为子网划分的逆过程，通常 2^n 个前缀长度为 x 的子网，如果这些子网具有 $x-n$ 位长度的共同网络前缀，则这些子网可以聚合为一个网络前缀长度为 $x-n$ 位的大子网。在路由表中，满足这个基本条件的子网是否要（或能）聚合为一个大子网，还要看它们是否有相同的路由“路径”，即“下一跳地址”和“接口”是否相同，相同才能聚合，否则不能聚合。

在路由聚合过程中，可能存在将一个聚合在一起的大子网中的某个（或某几个）小子网单独分出去的情况（如图 4-19 所示情形），这样就会导致出现大子网不包含这些小子网的现象。为了充分利用路由聚合带来的高效路由的好处，又需要避免出现路由错误，可以在同一个路由器中并列关于到达大子网和小子网的路由。显然，小子网的网络前缀比大子网的网络前缀长。在这种情况下，在使用 CIDR 进行路由查找时，有可能会得到不止一个的匹配结果，这时，根据最长前缀匹配优先原则，即可避免路由错误。

三、动态主机配置协议

当一个组织分配到一个网络地址块后，就可以为该组织内的主机和路由器接口分配 IP 地址了。可以由网络管理员进行手动配置（静态分配），也可以通过动态主机配置协议（DHCP）来动态分配。事实上，很多实际网络都选择动态 IP 地址分配。DHCP 是在应用层实现的，传输层使用 UDP。提供动态 IP 地址分配的网络，需要运行 DHCP 服务器（端口号为 67），并且配置其可以为其他主机进行动态地址分配的 IP 地址范围等。

当一台主机接入网络或新启动时，便运行 DHCP 客户（端口号为 68），申请 DHCP 服务器为其分配 IP 地址。DHCP 工作过程如图 4-20 所示。

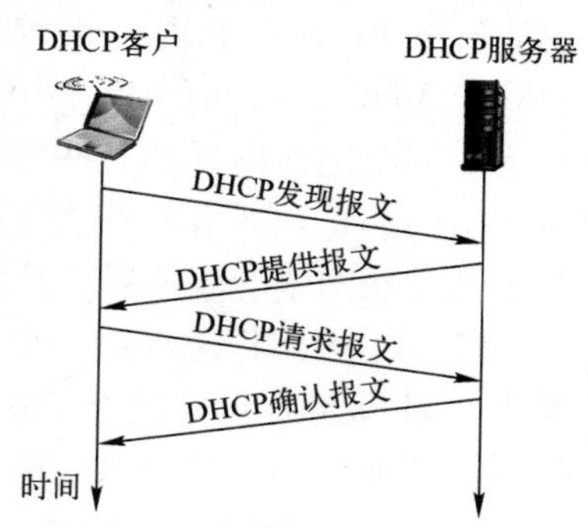

图 4-20　DHCP 工作过程

- DHCP 服务器发现。新到达主机的首要任务便是运行 DHCP 客户，并发送 DHCP 发现报文（DHCP Discover），以便发现 DHCP 服务器。主机使用 UDP 向 67 端口发送 DHCP 发现报文，UDP 报文段进一步封装到 IP 数据报中。显然，此时主机并不知道 DHCP 服务器的 IP 地址，自己也没有分配到 IP 地址，所以主机会在 IP 数据报的目的 IP 地址字段中填入 255.255.255.255，表明这是一次广播，在源 IP 地址字段中填入 0.0.0.0。将 IP 数据报封装完成之后，交付给下一层，即数据链路层，数据链路层负责将数据帧广播到与该主机相连的子网内的所有主机与路由器接口。
- DHCP 服务提供。当某台服务器（或路由器）在端口 67 上提供 DHCP 服务，并且接收到 DHCP 发现报文后，会发送一个 DHCP 提供报文（DHCP Offer），以向主机进行响应。由于新接入到网络中的主机此时仍不具有可用的 IP 地址，因此 DHCP 提供报文仍通过广播方式发送出去。DHCP 提供报文中包含了 DHCP 服务器为新加入网络的主机分配的 IP 地址、用于标识一次 DHCP 过程的标识符、子网掩码、默认网关、本地域名服务器 IP 地址以及 IP 地址的租期等信息。
- DHCP 请求。当新加入网络的主机收到一个或多个 DHCP 服务器的 DHCP 提供报文之后，选择其中一个发送 DHCP 请求报文（DHCP Request）。需要注意的是，此时仍使用广播方式来发送 DHCP 请求报文，因为当前网络中可能存在多个 DHCP 服务器，当多个 DHCP 服务器都对新加入网络中的主机做出响应时，这台主机要从中选择一个，而对于未被选中的 DHCP 服务器，该主机也需要将它们为其分配的 IP 地址未被使用的消息广而告之，所以仍然使用广播来发送这个报文。
- DHCP 确认。被选定的 DHCP 服务器以 DHCP 确认报文（DHCP ACK）来对 DHCP 请求报文进行响应。当客户主机收到 DHCP ACK 报文后，开始正式使用该服务器为其分配的 IP 地址。注意，客户主机在通过 DHCP 服务器动态分配 IP 地址过程中，DHCP 不仅为主机分配 IP 地址，还包括子网掩码、默认网关、本地域名服务器 IP 地址等重要信息。

四、网络地址转换

目前，IPv4 地址已分配殆尽，很多连接到 Internet 上的主机都无法获得合法的公共 IP 地址，只能使用私有地址。私有地址在公共 Internet 上是无效的，那么使用私有地址的主机又是如何在 Internet 上进行正常通信的呢？解决这一问题的方案之一就是网络地址转换（Network Address Translation，NAT）。NAT 通常运行在私有网络的边缘路由器（或专门服务器）上，同时连接内部私有网络和公共互联网，拥有公共 IP 地址（非私有地址）。NAT 通过对进出内部私有网络的 IP 数据报的 IP 地址与端口号的替换，支持使用私有地址的内部主机与公共互联网中的服务器或其他主机进行通信。

NAT 的一般工作原理：对于从内网出去，进入公共互联网的 IP 数据报，将其源 IP 地址替换为 NAT 服务器拥有的合法的公共 IP 地址，同时替换源端口号，并将替换关系记录到 NAT 转换表中；对于从公共互联网返回的 IP 数据报，依据其目的 IP 地址与目的端口号检索 NAT 转换表，并利用检索到的内部私有 IP 地址与对应的端口号替换目的 IP 地址和目的端口号，然后将 IP 数据报转发到内部网络。

如图 4-21 所示的 NAT 示例，图中的路由器支持 NAT 功能，内部网络使用私有地址 10. 0. 0. 0/24。当内部主机 10. 0. 0. 1 访问互联网上的某 Web 服务器时，发送的 IP 数据报的源 IP 地址为 10. 0. 0. 1，源端口号为 3456，目的 IP 地址为 123. 111. 56. 78，目的端口号为 80（图 4-21 中的①）。当该 IP 数据报到达路由器后，路由器将该 IP 数据报的源 IP 地址替换为路由器的公网 IP 地址 205. 35. 12. 3，源端口号替换为 6789，通过公网接口转发 IP 数据报（图 4-21 中的②），并在 NAT 转换表中记录对应的替换关系。当 Web 服务器发送回封装 HTTP 响应报文的 IP 数据报时（图 4-21 中的③），路由器查询 NAT 转换表，将 IP 数据报的目的 IP 地址替换为 10. 0. 0. 1，目的端口号替换为 3456，并通过连接内网的接口转发 IP 数据报（图 4-21 中的④），最终 10. 0. 0. 1 成功接收到 Web 服务器的响应。

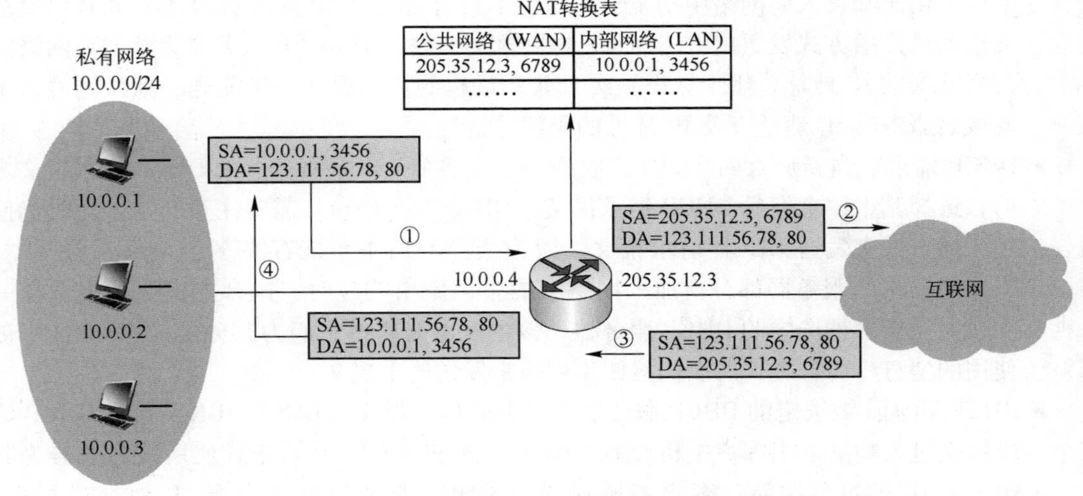

图 4-21　NAT 示例

NAT 可以有效支持使用私有地址的内网主机主动发起于公共互联网的通信，但是却不能被动接受外网主机主动与内网主机的通信，因为如果 NAT 转换表中没有外网到内网的映射，内网主机对外网来说是不可见的。在现实的网络应用中，有些情况下需要外网主机能够主动与内网主机发起通信，比如需要在内网主机上运行面向外网提供服务的服务器，或者内网主机上运行 P2P 应用等。那么，如何解决 NAT 对内网的“屏蔽”问题，使外网能够访问内网的服务呢？解决这一问题的就是 NAT 穿透技术。

显然，NAT 穿透技术就是在外网主机主动与内网主机发起通信之前，先在 NAT 转换表中建立好内网到外网的映射，使内网运行的服务以 NAT 公网地址的“合法”身份“暴露”出去。这样，在外网主机看来，它们是在与 NAT 公网地址上运行的服务器进行通信。接下来的问题就是，如何事先建立 NAT 映射呢？主要方法有静态配置和动态配置。静态 NAT 配置就是通过人工配置 NAT 转换表，建立内网与外网的映射。例如，假设现需要在图 4-21 中的主机 10. 0. 0. 1 上运行 Web 服务器，向外网用户提供 Web 服务。于是，可以通过静态配置 NAT 转换表，添加一条记录：(205. 35. 12. 3,80; 10. 0. 0. 1,80)，实现 NAT 穿透，将 10. 0. 0. 1 上的 Web 服务“暴露”出去。这样，在外网用户看来，它们访问的是运行在 205. 35. 12. 3 上的 Web 服务器。通过动态配置 NAT 实现穿透的方法是内网主机主动发现 NAT，并请求 NAT 完成穿透配置。比较典型的是基于 UPnP（Universal Plug and Play）协议实现 NAT 穿透配置。基于 UPnP 协议的动态 NAT 穿透配置，要求内网主机与 NAT 都支持 UPnP 协议。内网主机上运行的网络应用可以基于 UPnP 协议，请求 NAT 配置一项内网到公网的映射，从而将内网主机上运行的服务以 NAT 的公网地址身份“暴露”给外网用户。事实上，有很多 P2P 应用都采用这种技术，例如 BitTorrent。

五、ICMP

主机或路由器在处理或转发 IP 数据报的过程中，由于种种原因，可能导致异常发生，此时主机或路由器就可能需要将这些异常情况及时地反馈给其他主机或路由器，而 IP 本身并没有这种功能。ICMP（Internet Control Message Protocol，互联网控制报文协议）的主要目的就是，在这种情况下，在主机或路由器间实现差错信息报告。另外，通过主动发送 ICMP 询问请求报文，并通过接收 ICMP 响应报文，可以实现网络可达性（如 ping）或特定信息（如时间戳请求）的探询。因此，ICMP 主要用于主机或路由器间的网络层差错报告与网络探测。通常，ICMP 被认为是 IP 的一部分，但从体系结构角度看，ICMP 在 IP 之上，因为 ICMP 的消息需要封装在 IP 数据报中。

ICMP 通过发送 ICMP 报文，实现差错报告或网络探询功能，因此 ICMP 报文分为差错报告报文和询问报文两大类。每个 ICMP 报文都包括类型（type）和代码（code）两个重要字段，type 和 code 取值不同，代表的含义或作用也不同，定义一种具体的 ICMP 报文，对应一种具体功能。例如，type = 11、code = 0 的 ICMP 报文为“时间超时”报文，表示 TTL = 0 的 IP 数据报被丢弃。

ICMP 报文的前 4 个字节是统一格式，包括三个字段：类型、代码和校验和，如图 4-22 所示。ICMP 差错报告报文共有五种：终点不可达、源点抑制、时间超时、参数问题和路由重定向；ICMP 询问报文有：回声（Echo）请求/应答、时间戳（Timestamp）请求/应答，见表 4-8。

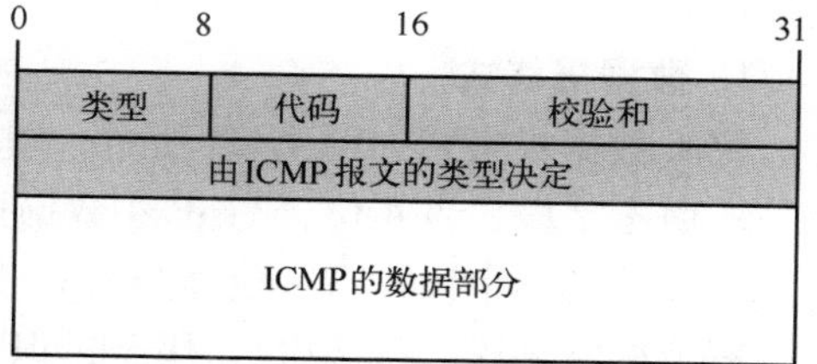

图 4-22　ICMP 报文格式

表 4-8 ICMP 报文类型

ICMP 报文类型	类型	代码	用途描述
差错报告报文	3	0	目标网络不可达
		1	目的主机不可达
		2	目标协议不可达
		3	目的端口不可达
		4	IP 数据报需要分片，但设置为禁止分片（标志位 DF=1）
		6	目的网络未知
		7	目的主机未知
	4	0	源点抑制（Source quench）
	5	0	路由重定向（Redirect）
	11	0	时间超时（TTL expired）
	12	0	参数问题（IP header bad）
询问报文	0/8	0	回声（Echo）请求/应答
	13/14	0	时间戳（Timestamp）请求/应答

如果路由器由于拥塞导致丢弃了 IP 数据报，则可以通过向 IP 数据报的源主机发送“源点抑制”ICMP 报文，反馈该异常情况，告知其拥塞现象。如果默认网关路由器认为主机向某目的网络发送的 IP 数据报应该选择其他更好的路由，则向主机发送“路由重定向”ICMP 报文，主机收到该报文后，会将更好的路由信息更新到路由表中，后续发送的 IP 数据报则选择更好的路由。当路由器或主机不能将 IP 数据报成功交付到目的网络、主机、端口（应用）时，会丢弃该 IP 数据报，并向源主机发送“终点不可达”ICMP 报文，当然，通过不同代码值，可以区分网络不可达、主机不可达和端口不可达等。当路由器收到 IP 数据报的 TTL 为 1，减 1 后变为 0 时，路由器不再继续转发该 IP 数据报，而将其丢弃，同时向该 IP 数据报的源主机发送“时间超时”报文。另外，许多网络工具软件也利用了 ICMP 的功能，如网络探询软件 Ping 及路由跟踪软件 Traceroute 等。

六、IPv6

NAT 缓解了 IPv4 地址即将耗尽的问题，使得没有公共 IP 地址的设备也能成功上网。虽然在 NAT 技术的支持下，Internet 一直平稳运行，并没有因为 IPv4 地址即将耗尽而导致瘫痪，但是 NAT 终究是一个过渡技术，并不能彻底解决 IPv4 的问题。IPv6 才是解决 IPv4 问题的理想方案。除在地址长度上进行了扩展以外，IPv6 还在其他方面对 IPv4 协议进行了增强。

1. 数据报格式

IPv6 数据报格式如图 4-23 所示，图中只包含 IPv6 数据报的基本首部。

➢ 版本字段，占 4 位，与 IPv4 数据报相同，给出协议版本号。

➢ 流量类型字段，占 8 位，与 IPv4 数据报中的 TOS 字段具有相似的含义。

➢ 流标签字段，占 20 位，用于标识一系列数据报的流。

➢ 有效载荷长度字段，占 16 位，用于说明 IPv6 数据报中数据（有效载荷）的字节数量。

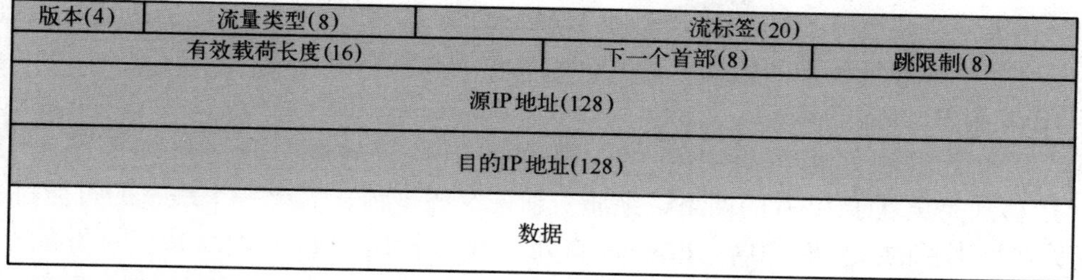

图 4-23　IPv6 数据报格式

- 下一个首部字段，占 8 位，用于标识数据报中承载的数据应该交付给哪一个上层协议，比如 UDP 或 TCP 等；或者指向其他选项首部。
- 跳限制字段，占 8 位，与 IPv4 数据报中的 TTL 具有相同的含义。
- 源 IP 地址和目的 IP 地址字段，各占 128 位，意义与 IPv4 数据报源 IP 地址和目的 IP 地址字段相同。IPv6 数据报中的地址字段由 IPv4 中的 32 位扩展到了 128 位，相应地，IPv6 地址数量也扩展到了 2^{128} 个。这个数目可谓巨大，在相当长的一段时间内，这个地址空间不会再被耗尽。
- 数据字段，为 IPv6 数据报中承载的有效载荷，上层协议报文段。

IPv6 基本首部长度为固定的 40 字节，与 IPv4 对比，IPv4 首部中的某些字段在 IPv6 中已经被删除。首先，IPv4 首部中与分片相关的字段已经不见，如果 IPv6 数据报无法通过一条具有较小 MTU 的链路，则路由器直接将其丢弃，并向该数据报的源发送方发送一个"分组太大"的 ICMP 差错报文。当发送主机收到 ICMP 报文后，会以更小的数据长度来重新发送 IPv6 数据报。IPv6 这种改进的优点是，避免了数据报的分片与重组，从而加快了 IP 转发的速度。其次，首部"校验和"字段也没有出现在 IPv6 数据报中，因为 IPv4 的首部"校验和"每经过一跳都需要进行重新计算，这无疑增加了数据报发送的端到端时延，带来的益处却很小。最后，选项字段也不再是 IPv6 数据报基本首部的一部分了，但并不是说 IPv6 数据报中不再提供额外选项，而是通过"下一个首部"字段指向专门的选项首部，如果没有选项首部，则"下一个首部"字段指向上层协议首部，例如，TCP 或 UDP 首部。

2. IPv6 地址

IPv6 地址长度为 128 位，通常采用以冒号分隔的 8 组十六进制数地址形式表示，例如，5000:0000:00A1:0128:4500:0000:89CE:ABCD。由于 IPv6 地址空间巨大，因此分配给主机的 IPv6 地址，可能包含连续的多组"0000"，例如 8000:0000:0000:0000:4321:0501:AB96:56CD。对于具有这一特点的 IPv6 地址，可以采用压缩格式表示，即对于连续的多组"0000"，可以利用连续的两个":"（即"::"）代替，例如 8000:0000:0000:0000:4321:0501:AB96:56CD，可以压缩表示为 8000::4321:0501:AB96:56CD，但在一个 IPv6 地址中只能用一次"::"。IPv6 地址的另外一种形式是在 IPv6 地址中嵌入 IPv4 地址，即 IPv6 地址的低 32 位写成点分十进制形式，例如 6700::89A1:0321:206.36.45.19。

IPv6 地址包括单播地址、组播地址和任播地址三种地址类型。单播地址唯一标识网络中的一个主机或路由器网络接口，可以作为 IPv6 数据报的源地址和目的地址；组播地址标识网络中的一组主机，只能用作 IPv6 数据报的目的地址，向一个组播地址发送 IP 数据报，该组播地址标识的多播组的每个成员都会收到该 IP 数据报的一个副本；任播地址也是标识网络中的一组主机，也只能用作 IPv6 数据报的目的地址，但当向一个任播地址发送 IP 数据报时，只有该任播地址标识的任播组的某个成员才能收到该 IP 数据报。

3. IPv4 到 IPv6 的迁移

虽然 IPv6 能够很好地解决 IPv4 的地址空间不足等问题，但是将现今基于 IPv4 的 Internet 迁移到完全基于 IPv6 的网络，绝非一朝一夕的事情，需要一个缓慢的过渡过程。可以预见，在相当长的一段时间内，Internet 将处于 IPv4 网络与 IPv6 网络共存的局面之中。

一种实现 IPv4 与 IPv6 共存的有效方案是采用双协议栈，即支持 IPv6 的网络结点同时也支持 IPv4，同时具备发送 IPv4 数据报与 IPv6 数据报的能力。当该结点与只提供 IPv4 网络层服务的结点通信时，发送 IPv4 数据报；当与提供 IPv6 网络层服务的结点通信时，发送 IPv6 数据报。这种方法要求一个双协议栈结点，能够感知到另一结点是否提供 IPv6 服务。结点本身是支持 IPv4 与 IPv6 的，同时具有 IPv4 与 IPv6 两种地址，那么该结点如何感知通信的另一结点提供什么版本的网络层服务呢？这个问题可以通过 DNS 来解决。当另一结点提供 IPv4 服务时，DNS 查询会返回 IPv4 地址，于是，当前结点就只能传输 IPv4 数据报；当另一结点提供 IPv6 服务时，DNS 查询返回 IPv6 地址，这时传输的就是 IPv6 数据报。

还有一个问题需要考虑，虽然通信的源端与目的端都能够提供 IPv6 服务，但是 IPv6 数据报途经的路由器，并不全是能够提供 IPv6 服务的结点，怎么办呢？如图 4-24 所示的场景，若 IPv6 数据报流经一个 IPv4 结点，即使该结点能够执行 IPv6 到 IPv4 的转换，但由于 IPv6 首部与 IPv4 首部中的字段并不是一一对应的，因此执行 IPv6 到 IPv4 的转换时，会出现信息丢失，这样在后面执行 IPv4 到 IPv6 的转换时，这些丢失的信息也无法恢复。

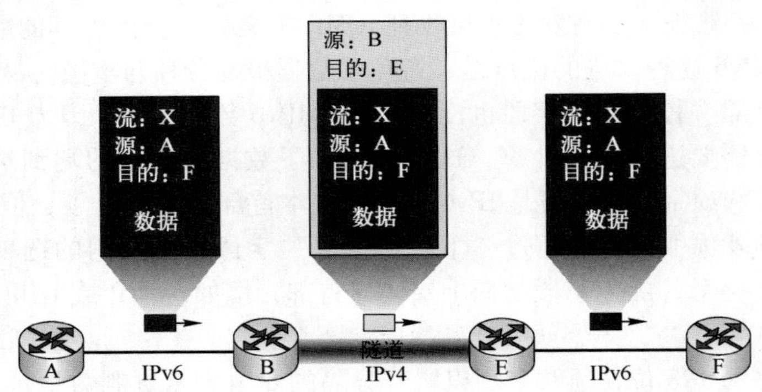

图 4-24　IPv6 中的隧道技术

为了解决上述问题，提出了另一种解决方案——隧道。在隧道方案中，通信源端与目的端都提供 IPv6 服务，但途经一段 IPv4 网络，为了使 IPv6 数据报成功通过 IPv4 网络，可以在 IPv4 网络上建立 IPv6 隧道。在 IPv6 数据报进入隧道前的最后一个 IPv6 路由器上，该路由器将整个 IPv6 数据报封装进一个 IPv4 数据报中（即作为 IPv4 数据报的有效载荷部分），并将该 IPv4 数据报的目的地址修改为隧道的末端（即隧道后的第一个 IPv6 路由器）。该 IPv4 数据报在隧道中进行转发，并最终到达隧道的出口，在隧道出口的 IPv6 路由器上，IPv6 数据报被从 IPv4 数据报的有效载荷中提取出来，并继续转发至通信目的主机。通过使用隧道技术，可以很好地解决 IPv6 通信中经过 IPv4 路由器的问题，同时也不会出现上述信息丢失的问题。

第六节　路由算法与路由协议

到目前为止，我们讨论的内容主要集中在网络层所提供的功能之一：转发，从本节开始，将讨论网络层需要完成的另一项重要功能：路由选择。我们知道，当分组到达一台路由器时，在 Internet 中，需要根据分组的目的 IP 地址进行转发，在虚电路网络中，需要根据分组的 VCID 进行转发，而转发的决策依据是存储在路由器上的转发表中的路由选择信息。路由器运行某种路由协议，与其他路由器交换信息，然后基于某种路由选择算法计算最佳路由，存储到转发表中，作为路由器转发网络分组时的决策依据。可见，网络层实现路由选择功能的关键是如何为网络分组从源端到目的端的传输确定最佳路径。

在实际网络中，一台主机通常通过局域网（如以太网或 IEEE 802. 11 无线局域网等）与一台路由器直接相连，这台路由器称为该主机的默认路由器，连接该主机所在子网的路由器接口就是该主机的默认网关，例如，图 4-21 所示网络中的主机 10. 0. 0. 1 的默认网关的 IP 地址就是 10. 0. 0. 4。当主机要与所处子网之外的主机进行通信时，分组首先被传送到其默认路由器，然后再转发到网络核心。显然，路由选择的关键就是，从源主机的默认路由器到目的主机的默认路由器的路径优选。于是，路由选择问题就可以简化为在路由器之间选择最佳路径问题。路由选择算法的目的就是，在给定一组网络中的路由器以及路由器间的连接链路的情况下，寻找一条从源路由器到目的路由器的最优路径。

基于上述考虑，在讨论路由选择问题时，可以将网络抽象为一个带权无向图 $G=(N,E)$，其中 N 是结点的集合，E 是边的集合，网络中的路由器抽象为图 G 的结点，连接两个路由器的网络链路抽象为 G 的边，网络链路的费用（比如带宽、时延等）抽象为 G 中边的权值。例如，图 4-25 为一个简单的计算机网络的抽象图。

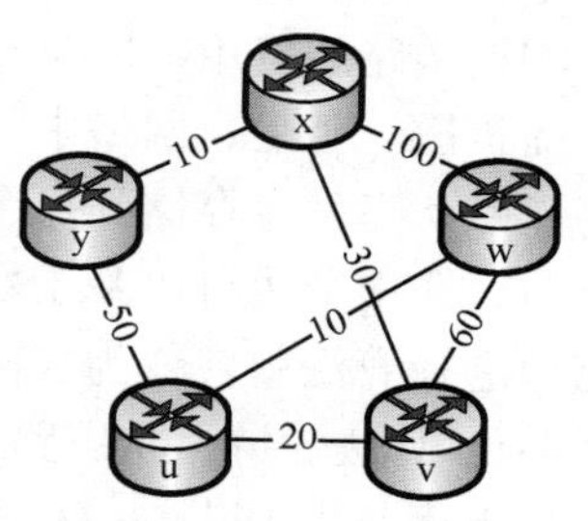

图 4-25　简单计算机网络的抽象图

在抽象的网络图中，边的权值是链路的费用，可以代表实际物理链路的传播时延、传输速率等，有时也广义地称之为距离。两个结点（即路由器）x 和 y 之间的边的权值（即直接链路费用），用 c(x，y)来表示。如果 x 和 y 之间存在边，则 c(x，y)等于边的权值，否则，c(x，y)= ∞ 。例如，图 4-25 中的网络，c(x，y)= 10，c(x，u)= ∞ 。同理，可以定义一条路径的费用（或距离）为从源结点到目的结点所经过的每段链路的权值之和。例如，图 4-25 中的网络，路径{x，y，u，v}的费用是 80。不失一般性，假设路由选择算法要解决的问题就是在与之对应的无向图中寻找最短路径。

随着计算机网络的发展，提出了很多路由选择算法，有些算法也得到了广泛应用。根据不同的分类标准，路由选择算法可以分为不同的类别。一种分类标准就是，根据路由算法是否基于网络全局信息计算路由，将路由选择算法分为全局式路由选择算法和分布式路由选择算法。

➢ 全局式路由选择算法。这类路由选择算法，需要根据网络的完整信息（即完整的网络拓扑结构），计算最短路径。全局式路由选择算法并不是指路由计算只在某个路由器上进行，而是指每个路由器在计算路由时，都要获取完整的网络拓扑信息。最具代表性的全局式路由选择算法是链路状态路由选择算法，简称 LS 算法。

➢ 分布式路由选择算法。在分布式路由选择算法中，结点不会（也不需要）尝试获取整个网络拓扑信息，结点只需要获知与其相连的链路的“费用”信息，以及邻居结点通告的到达其他结点的最短距离（估计）信息，经过不断的迭代计算，最终获知经由哪个邻居可以具有到达目的结点的最短距离。最具代表性的分布式路由选择算法是距离向量路由选择算法，简称 DV 算法。

路由选择算法的第二种分类标准是，依据算法是静态的还是动态的来分类。静态路由选择算法，通常是指由人工进行网络配置。当网络状况出现变化时，如果不进行人工干预，那么经过静态路由选择算法所选择的路由是无法与当前网络中的状态相匹配的。动态路由选择算法，能够在网络状态发生变化时，自动计算最佳路由，从而反映网络变化，因此具有更好的自适应性。上述链路状态路由选择算法和距离向量路由选择算法都是动态路由选择算法。

还有一种路由选择算法的分类标准，就是根据路由选择算法是否负载敏感来进行分类。负载敏感的路由选择算法能够在网络发生拥塞时较好、迅速地对路由做出调整；而负载迟钝的路由选择算法无法对这种变化做出快速响应。

一、链路状态路由选择算法

链路状态路由选择算法是一种全局式路由选择算法，每个路由器在计算路由时需要构建出整个网络的拓扑图。为了构建整个网络的拓扑图，每个路由器周期性地检测、收集与其直接相连链路的费用，以及与其直接相连的路由器 ID 等信息，构造链路状态分组，并向全网广播扩散。于是，网络中每个路由器都会周期性地收到其他路由器广播的链路状态分组，并将链路状态信息存储到每个路由器的链路状态数据库中。当数据库中收集足够的链路状态信息后，路由器边可以基于数据库中的链路状态信息，构建出网络拓扑图。接下来，链路状态路由选择算法就转变为在网络拓扑图上求最短路径问题。在图中求最短路径的典型算法就是 Dijkstra 算法。链路状态路由选择算法就是利用 Dijkstra 算法求最短路径的。

下面给出 Dijkstra 算法求最短路径的算法描述。在 Dijkstra 算法中，需要记录以下信息。

➢ D(v)：到本次迭代为止，源结点（计算结点）到目的结点 v 的当前路径距离。初始化时，如果结点 v 和源结点直接相连，那么 D(v)就是其链路上的权值，否则就是∞。

➢ P(v)：到本次迭代为止，源结点到目的结点 v 的当前路径上，结点 v 的前序结点。

➢ c(x, y)：结点 x 与结点 y 之间直接链路的费用，如果 x 和 y 之间没有直接链路相连，则 c(x, y)=∞。

➢ S：结点的集合，用于存储从源结点到该结点的最短路径已求出的结点集合，初始值只有源点本身。

Dijkstra 算法的形式化描述见算法 4-1。

算法 4-1　Dijkstra 算法

输入：无向图 G，源结点 u

输出：源结点 u 到无向图 G 所有结点的最短路径

```
1.    Dijkstra(G, u)
2.        S = {u}
```

（续）

```
    for i = 2 to n
        D[i]=G[u][i]
        P[i]=u
    for i=1 to n-1
        选择不在集合 S 中且使得 D[w] 最小的结点 w
        将结点 w 加入集合 S
        for v not in S
            if D[w]+c(w,v)<D[v]
                D[v]=D[w]+c(w,v)
                P[v]=w
```

以图 4-25 为例，x 结点按 Dijkstra 算法求最短路径的过程见表 4-9。

表 4-9　Dijkstra 算法运行过程

循环	S	每轮选择的结点	D[y]，P[y]	D[u]，P[u]	D[v]，P[v]	D[w]，P[w]
初始化	{x}	—	10，y	∞	30，v	100，w
1	{x，y}	y		60，y	30，v	100，w
2	{x，v}	v		50，v		90，v
3	{x，v，u}	u				60，u
4	{x，v，u，w}	w				

在算法运行结束后，x 结点便得到到达网络中任意目的结点的最短路径，接下来 x 就可以以此构建其转发表，见表 4-10。

表 4-10　路由器 x 上的转发表

目　的	链　路
y	(x，y)
u	(x，v)
v	(x，v)
w	(x，v)

二、距离向量路由选择算法

距离向量路由选择算法是一种异步的、迭代的分布式路由选择算法。在距离向量路由选择算法中，没有任何一个结点掌握整个网络的完整信息。每个结点可以测得与所有邻居结点之间的直接链路代价，并将其到达每个目的结点的最短距离（可能是最短距离估计），以（目的，最短距离）的距离向量形式交换给所有的邻居结点。每个结点基于其与邻居结点间的直接链路距离，以及邻居交换过来的距离向量，计算并更新其到达每个目的结点的最短距离，然后将新的距离向量通告给其所有邻居，直到距离向量不再改变。在距离向量路由选择算法中，每个路由器的路由迭代计算是异步的，多个路由器之间并不需要以某种同步的时序来执行计算，而是每当收到来自邻居的一个新的距离向量，或者本地链路费用发生变化时，路由器才需要执行计算，如果计算之后自己的距离向量发生了变化，则将新的距离向量通告给所有邻居，否则无须通告距离向量。在距离向量路由选择算法中，每个路由器的迭代计算次数是不确定的，一个结点可能需要迭代很多次才收敛，而另一个结点可能很快就收敛了。

距离向量路由选择算法的基础是 Bellman-Ford 方程（简称 B-F 方程）。令 $d_x(y)$ 表示结点 x 到结点 y 的路径的最低费用（即广义最短距离），根据 Bellman-Ford 方程，有如下公式成立：

$$d_x(y)=\min_{v\in\{x的邻居\}}\{c(x,v)+d_v(y)\}$$

式中，$c(x,v)$ 是结点 x 与邻居结点 v 之间的直接链路距离（费用），$d_v(y)$ 为邻居结点 v 通告给结点 x 的其到达结点 y 的最短距离。显然，从源结点 x 出发到达目的结点 y 的最短距离由两部分组成，即从 x 到达一个相邻结点 v 的距离，以及结点 v 到目的结点 y 的最短距离。这是因为分组要从 x 到达 y，那么分组一定会首先被转发给 x 的某个邻居（除非 x 与 y 是同一台设备），再从该个邻居出发经具有最低费用的路径到达 y。

距离向量路由选择算法的基本思想是：网络中的每个结点 x，估计从自己到网络中所有结点 y 的最短距离（注意，这里只是估计），记为 $D_x(y)$，称为结点 x 的距离向量，即该向量维护了从 x 出发到达网络中所有结点的最短距离（即最低费用）的估计；每个结点向其邻居结点发送它的距离向量的一个副本；当结点收到来自邻居的一个距离向量或者观察到相连的链路上的费用发生变化后，根据 Bellman-Ford 方程对自己的距离向量进行计算更新；如果结点的距离向量得到了更新，那么该结点会将更新后的距离向量发送给它的所有邻居结点。实践表明，距离向量路由选择算法，可以使 $D_x(y)$ 最终收敛到真实的最短距离 $d_x(y)$。距离向量路由选择算法描述见算法 4-2。

算法 4-2　距离向量路由选择算法

输入：结点 x 与任意邻居结点 v 相连的链路的费用 c(x,v)

输出：x 到达无向图 G 中所有结点的最低费用估计，以及经过的邻居

```
DV(G, x)
    for y ∈ G
        if y ∈ {x 的邻居}
            Dx(y) = c(x,y)
        else
            Dx(y) = ∞
    forw ∈ {x 的邻居}
        向 w 发送 x 的距离向量
    while true
        等待来自邻居的距离向量或监测到连接的链路费用发生变化
            for y ∈ G
                根据 Bellman-Ford 方程更新自己的距离向量
            if  Dx发生了变化
                向其所有邻居发送更新后的距离向量
```

图 4-26 展示了一个基于距离向量路由选择算法计算路由的例子。初始状态时，x、y、z 仅依据直接链路估计到达邻居的最短距离，得到初始化距离向量（DV），此时，邻居结点

间还没有彼此交换 DV。在邻居结点彼此交换距离向量后，x、y、z 结点分别基于 B-F 方程计算到达每个结点的最短距离，结果是结点 x 的距离向量由（0，2，7）更新为（0，2，5），z 的距离向量由（7，3，0）更新为（5，3，0），而 y 的距离向量未发生改变，因此结点 x 和 z 需要将新的距离向量通告给各自的所有邻居结点，而 y 无须通告其距离向量。接下来，结点 x、y、z 都分别收到了邻居结点通告的新的距离向量，因此需要再次基于 B-F 方程，计算到达每个结点的最短距离，计算结果是各结点的距离向量均未发生改变，各结点均收敛。至此，每个结点都获得了到达网络其他结点的最短距离，并且知道具有最短距离的路径经由哪个邻居，于是基于这些信息各结点便可以更新设置各自的转发表了，例如 x 结点可以在其转发表中，设置去往 z 的路由的下一跳是 y。

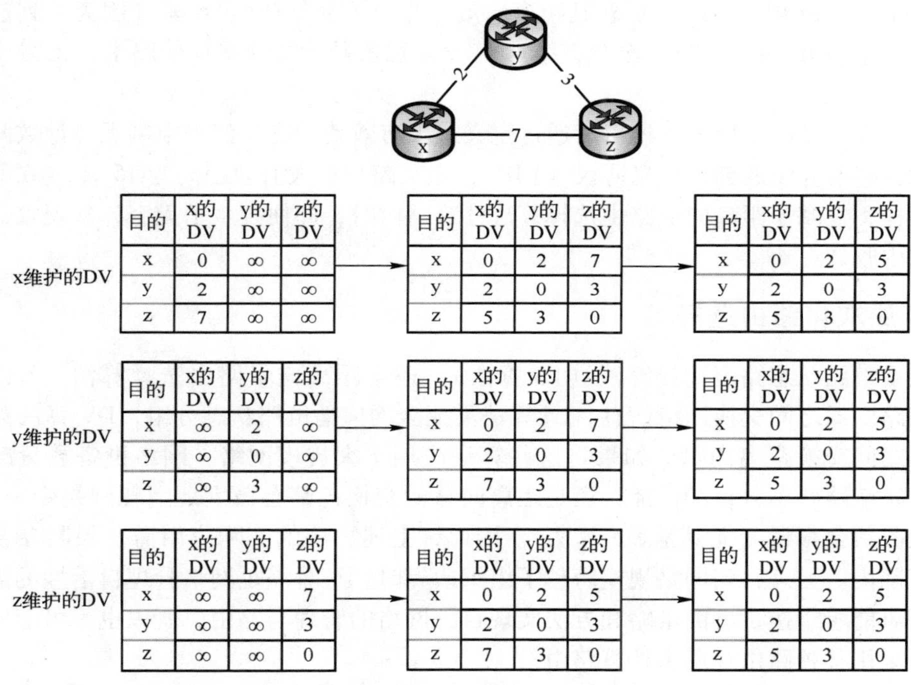

x维护的DV：

目的	x的DV	y的DV	z的DV
x	0	∞	∞
y	2	∞	∞
z	7	∞	∞

目的	x的DV	y的DV	z的DV
x	0	2	7
y	2	0	3
z	5	3	0

目的	x的DV	y的DV	z的DV
x	0	2	5
y	2	0	3
z	5	3	0

y维护的DV：

目的	x的DV	y的DV	z的DV
x	∞	2	∞
y	∞	0	∞
z	∞	3	∞

目的	x的DV	y的DV	z的DV
x	0	2	7
y	2	0	3
z	7	3	0

目的	x的DV	y的DV	z的DV
x	0	2	5
y	2	0	3
z	5	3	0

z维护的DV：

目的	x的DV	y的DV	z的DV
x	∞	∞	7
y	∞	∞	3
z	∞	∞	0

目的	x的DV	y的DV	z的DV
x	0	2	5
y	2	0	3
z	7	3	0

目的	x的DV	y的DV	z的DV
x	0	2	5
y	2	0	3
z	5	3	0

图 4-26　距离向量路由选择算法工作过程

下面对距离向量路由选择算法的一个典型问题进行讨论。以图 4-27 为例，在 xy 链路的费用变化之前，$D_y(x)=4$，$D_z(x)=5$。当 xy 链路的费用增加到 50 时，y 更新其到 x 的最低费用估计为 $D_y(x)=6$，由于在此之前 y 收到的 z 通告的距离向量中，z 声明到达 x 的最短距离是 5，因此，基于 B-F 方程计算 $D_y(x)=\min\{50,1+5\}=6$。因为 y 的距离向量发生了变化（y 到 x 的最短距离估计由 4 变为 6），所以结点 y 将新的距离向量发送给邻居结点（包括 z）。z 收到 y 的新距离向量后，也会基于 B-F 方程计算 $D_z(x)=\min\{40,1+6\}=7$。进一步，z 再将新的距离向量通告给它的邻居（包括 y），这样循环下去，直至循环 34 次后，z 才会“意识”到选择直接链路 zx 的费用更低。显然，如果图 4-27 中的 xz 链路费用很大，xy 链路费用也变得很大，那么在上述情景中，结点 y、z 在很长时间内都在使用虚

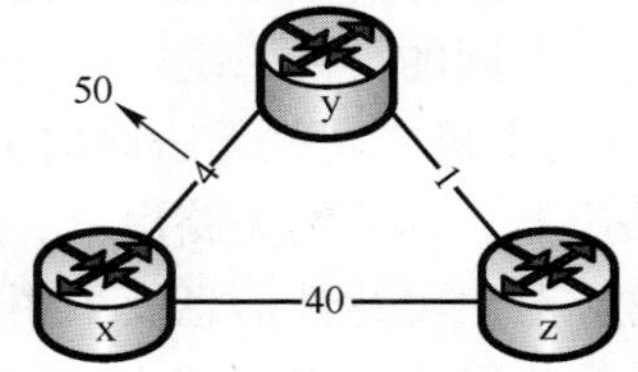

图 4-27　距离向量路由选择算法的无穷计数问题

假的到达 x 的“最佳”路由，这种现象称为距离向量路由选择算法的无穷计数问题。

解决无穷计数问题的方案之一是毒性逆转技术。毒性逆转的基本思想是，如果一个结点 x 获得到达某目的结点 y 的最短距离估计 $D_x(y)$，利用了 x 的邻居结点 v 的距离向量值，那么 x 在向 v 交换距离向量时，声明 $D_x(y)=\infty$，从而“善意欺骗” v，将来不要再反过来依赖自己。以图 4-27 为例，xy 链路费用在增长为 50 之前，z 到达 x 的最短距离是通过 y 得到的，因此 z 在通告给 y 的距离向量中，会令 $D_z(x)=\infty$。这样，当 xy 链路费用由 4 变为 50 时，y 基于 B-F 方程计算 $D_y(x)=\min\{50,1+\infty\}=50$，y 的距离向量发生了变化，所以 y 将新的距离向量发送给 z。于是，z 基于 B-F 方程计算 $D_z(x)=\min\{40,1+50\}=40$，z 接下来将 $D_z(x)=40$ 交换给 y（因为这个最短距离估计不是经过 y 得到的），y 则基于 B-F 方程计算 $D_y(x)=\min\{50,1+40\}=41$，y 更新其距离向量，并向 z 通告 $D_y(x)=\infty$（因为 y 到达 x 的最短距离估计是通过 z 获得的）。至此，结点 y、z 均已收敛，并获得最佳路由，无穷计数问题得以避免。

除了毒性逆转技术以外，还可以通过定义最大有效费用度量值来限制无穷计数问题的影响。例如，将要介绍的路由信息协议（RIP），定义路径最大有效距离为 15 跳，16 即表示无穷大，这样，在基于距离向量路由选择算法计算路由时，即便发生了无穷计数现象，也会在有限时间内收敛。

三、层次化路由选择

无论是链路状态路由选择算法（LS 算法），还是距离向量路由选择算法（DV 算法），都需要在路由器之间交换网络信息，LS 算法需要全网广播链路状态分组，DV 算法需要在邻居路由器之间交换距离向量。如果将这些算法应用于大规模网络，网络设备数量庞大，那么，无论是链路状态分组的广播，还是距离向量的交换，都会极大地消耗网络带宽与时间，并且算法收敛会很慢（尤其是 DV 算法）。因此，上述算法的实际应用需要限制在合理的网络规模范围内。另外，当网络规模跨越了组织边界时，很难满足网络管理自治性的需求，每个组织都可能希望按自己的策略和方法实现自己网络的管理与路由，所以也不可能要求所有网络统一采用某种路由算法来计算路由。

实现大规模网络路由选择的最有效的、可行的解决方案就是层次化路由选择。为此，将大规模的互联网按组织边界、管理边界、网络技术边界或功能边界划分为多个自治系统（AS），每个自治系统由一组运行相同路由协议和路由选择算法的路由器组成。由于 AS 的规模相比于整个网络要小得多，因此无论是 LS 算法还是 DV 算法，都可以在 AS 中运行，而不会产生性能问题。在同一个自治系统内，路由器运行相同的路由协议，按照相同的路由选择算法，计算自治系统内的路由，这类路由协议称为自治系统内路由协议。不同自治系统可以选择不同的自治系统内路由协议和路由选择算法。显然，AS 之间一定是互连的，不然跨越 AS 的主机之间就无法通信了。所以，每个自治系统都存在至少一个与其他自治系统互连的路由器，称为网关路由器，负责与其他自治系统交换跨越自治系统的路由可达性信息，交换这类路由可达性信息所采用的路由协议，称为自治系统间路由协议。由 3 个自治系统互连的计算机网络示例如图 4-28 所示。

通过在自治系统内部运行某种路由选择算法，可以很容易确定到达自治系统内部目的网络的路由。当自治系统内的分组要转发到自治系统外时，如果源自治系统只有一个网关路由

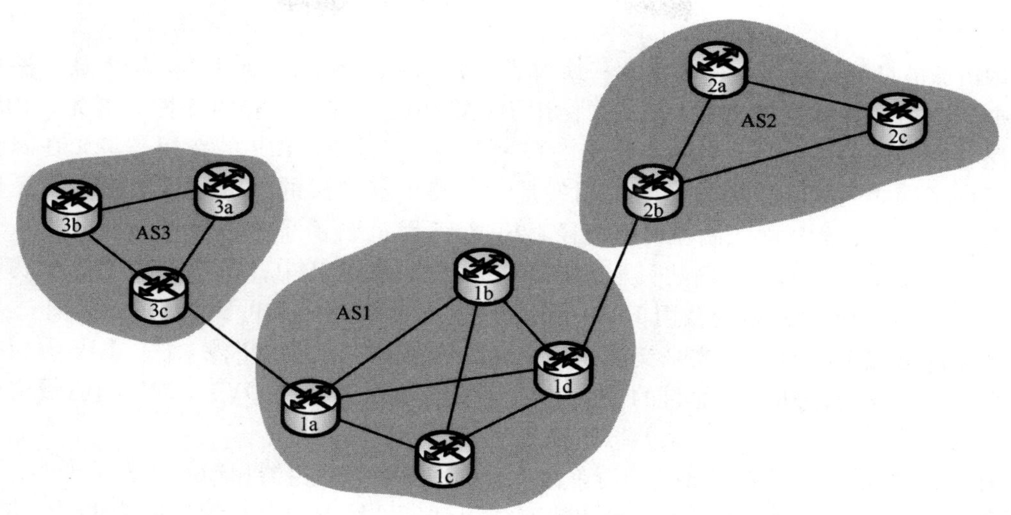

图 4-28 具有自治系统的简单网络

器，如图 4-28 中的 AS3，那么位于自治系统内部的一台路由器（如 3a），只需要基于自治系统内路由选择算法，选择一条到达网关路由器（如 3c）的最低费用路径，将分组转发到网关路由器，网关路由器再根据其转发表将分组转发至其他自治系统（如 AS1）。当一个自治系统通过多个网关路由器（如图 4-28 中的 AS1）与多个其他的自治系统相连时，情况会变得稍复杂些，对于当前 AS 来说，它要知道经过与其相邻的 AS 能够到达哪些子网，在获知这些信息后，需要将这些信息告知 AS 内部的所有路由器，使得这些路由器能够配置转发表，这些工作都是由自治系统间路由选择协议来完成的。

综上所述，层次化路由选择将大规模互联网的路由划分为两个层：自治系统内路由选择和自治系统间路由选择。在层次化路由选择网络中，路由器的转发表由自治系统内路由选择协议和自治系统间路由选择协议共同设置。路由器运行自治系统内路由选择协议，在一个自治系统范围内，基于所在自治系统采用的路由选择算法，计算到达自治系统内的目的网络的路由，并存储到转发表中。每个自治系统的网关路由器，运行自治系统间路由选择协议，负责与其他自治系统交换跨越自治系统的路由可达性信息，并基于自治系统间路由选择协议，将跨自治系统的网络可达性信息，交换给其所在自治系统内的其他路由器，这些路由器进一步将这些路由信息也存储到转发表中。这样，自治系统内的路由器，收到一个网络层分组时，无论该分组去往的目的网络是在自治系统内，还是在自治系统外，路由器都可以通过查找转发表，知道如何转发分组。

四、Internet 路由选择协议

本节将以 Internet 为例，介绍 Internet 路由选择协议。Internet 路由就是层次化路由选择，Internet 的自治系统内路由选择协议称为内部网关协议（Interior Gateway Protocol，IGP），Internet 的自治系统间路由选择协议称为外部网关协议（Exterior Gateway Protocol，EGP）。典型的 IGP 有路由信息协议（Routing Information Protocol，RIP）和开放最短路径优先协议（Open Shortest Path First，OSPF）等，典型的 EGP 是边界网关协议（Border Gateway Protocol，BGP）。下面对这几个典型的路由选择协议进行简要介绍。

1. RIP

RIP 是最早的自治系统内路由选择协议之一，目前仍然被广泛使用。RIP 是一种基于距离向量路由选择算法的 IGP。RIP 在使用 DV 算法时，有其独有的特性。首先，RIP 在度量路径时采用的是跳数，即每条链路的费用都为 1。其次，RIP 的费用是定义在源路由器和目的子网之间的，最短路径的费用就是从源路由器到目的子网的最短路径所经过的子网数量。第三，RIP 被限制在网络直径不超过 15 跳的自治系统内使用，即分组从一个子网到另一个子网穿越的子网数目不超过 15，因此，在 RIP 中，一条路径的最大费用不会超过 15。在 RIP 中，路径费用 16 表示无穷大，即目的网络不可到达。在 RIP 中，相邻的路由器间通过 RIP 响应报文来交换距离向量，交换频率约为 30 秒 1 次，RIP 响应报文中包含了从该路由器到达其他目的子网的估计距离的列表（即 DV），RIP 响应报文也称为 RIP 通告。

图 4-29 展示了一个使用 RIP 的简单自治系统，图中与路由器相连的线表示子网，其中虚线表示子网的其他部分未画出，因此需要认识到，虽然图中只给出了路由器 A、B、C、D、E、F 以及子网 w、x、y、z，但实际上该自治系统可能要复杂得多。在自治系统内的每个路由器上，都具有路由向量表（相当于 DV）与转发表。下面以一个例子来说明 RIP 中路由器转发表的结构以及 RIP 的工作过程。

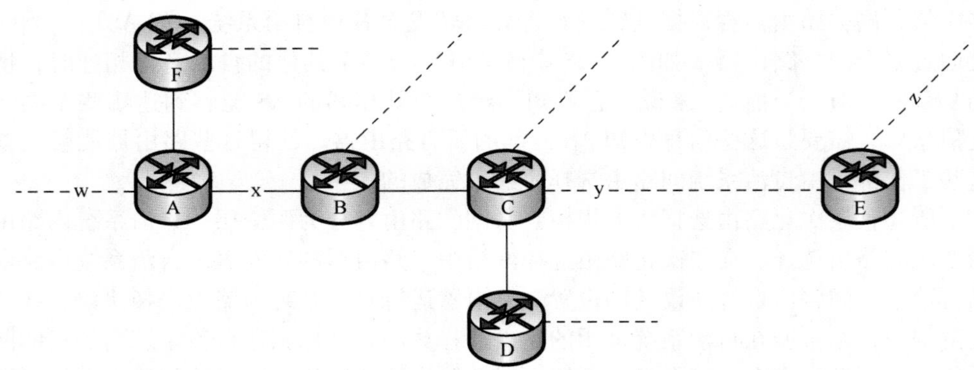

图 4-29　使用 RIP 的简单自治系统示例

图 4-29 中的路由器 B 上的转发表（主要信息）见表 4-11。如果在某一时刻，路由器 B 收到了路由器 A 的 RIP 通告，通告内容见表 4-12，那么路由器 B 将根据 DV 算法计算更新其转发表，更新的结果见表 4-13。

表 4-11　路由器 B 上的转发表

目的子网	下一跳路由器	到目的子网的跳数
w	A	2
x	—	1
y	C	2
z	C	10
…	…	…

表 4-12 来自路由器 A 的 RIP 通告

目的子网	下一跳路由器	到目的子网的跳数
w	—	1
x	—	1
z	F	3
…	…	…

表 4-13 路由器 B 根据路由器 A 的 RIP 通告更新后的转发表

目的子网	下一跳路由器	到目的子网的跳数
w	A	2
x	—	1
y	C	2
z	A	4
…	…	…

通过表 4-12 可以观察到，RIP 在邻居路由器间通告的路由向量表与理论上的 DV 算法稍有不同，在表 4-12 的路由向量表中多了下一跳信息，这一措施有助于消除无穷计数现象。事实上，RIP 规定的最大有效跳数为 15，也有利于减轻可能的无穷计数现象的影响。另外，RIP 规定，若超过 180 秒仍未从某个邻居接收到任何 RIP 响应报文，那么将认为该邻居已经不可达，修改本地的转发表，并将此信息通过 RIP 响应报文通告给其邻居。

RIP 是应用进程实现的，所以 RIP 报文的传输也需要封装到传输层报文段中。具体来说，RIP 使用传输层的 UDP 来封装传输 RIP 报文。需要说明的是，虽然 RIP 是由应用进程实现的，但仍然称 RIP 为网络层协议，因为 RIP 完成的是网络层功能。事实上，网络的分层是按功能划分的，并不是依据具体的实现形式。

2. OSPF

另一个广泛应用于 Internet 的 IGP 是 OSPF。RIP 主要应用于较小规模的 AS，如更接近用户的 ISP 或企业网络，而 OSPF 则更多地应用于较大规模的 AS，如骨干 ISP 网络等。OSPF 基于链路状态选择算法，使用 Dijkstra 算法求解最短路径。无论是 RIP 还是 OSPF，都是将网络抽象成无向图，但 RIP 将无向图中边的权值（即费用）固定为跳数，而 OSPF 对权值表示的意义没有限制，可以是跳数，也可以是链路的带宽等，OSPF 只关心如何在给定的结点、边和边的权值的集合中求解最短路径。

在运行 OSPF 的自治系统内，每台路由器需要向与其同处一个自治系统内的所有路由器广播链路状态分组。为了使路由能够更好地适应网络拓扑以及流量的变化情况，路由器需要在其相连链路上的费用发生变化时，及时广播链路状态分组。事实上，即使链路上的费用没有发生变化，路由器也需要周期性地广播链路状态信息，增加算法的健壮性。

OSPF 具有许多优点，主要包括以下几个方面。

➢ 安全：所有 OSPF 报文（如链路状态分组）都是经过认证的，这样可以预防恶意入侵者将不正确的路由信息注入到路由器的转发表中。
➢ 支持多条相同费用路径：OSPF 允许使用多条具有相同费用的路径，这样可以防止在具有多条从源到目的的费用相同的路径时，所有流量都发往其中一条路径。这一特性有利于实现网络流量均衡。

➢ 支持区别化费用度量：OSPF 支持对于同一条链路，根据 IP 数据报的 TOS 不同，设置不同的费用度量，从而可以实现不同类型网络流量的分流。

➢ 支持单播路由与多播路由：OSPF 综合支持单播路由与多播路由，多播路由只是对 OSPF 的简单扩展，使用 OSPF 的链路状态数据库就可以计算多播路由。

➢ 分层路由：OSPF 支持在大规模自治系统内进一步进行分层路由。

一个 OSPF 自治系统，可以配置成多个区域，每个区域内路由器仅在其所在区域范围内运行 OSPF 链路状态路由选择算法，这相当于限制了链路状态分组的广播范围。如图 4-30 所示，一个 OSPF 自治系统，被分为 1 个主干区域（阴影部分）和 3 个局部区域，其中的路由器可以分为以下几类。

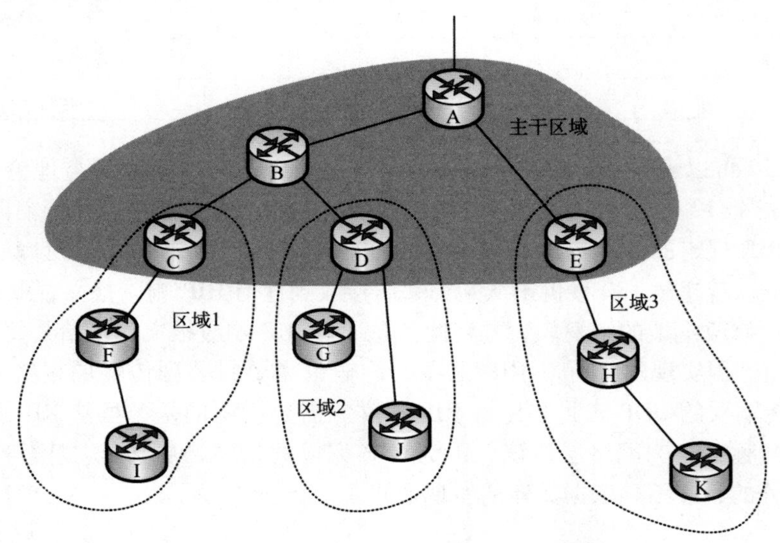

图 4-30　具有分层结构的 OSPF 自治系统

➢ 区域边界路由器，如图 4-30 中的路由器 C、D、E。区域边界路由器主要负责为发送到区域之外的分组进行路由选择。

➢ 主干路由器。在主干区域中运行 OSPF 路由算法的路由器称为主干路由器，如图 4-30 中的路由器 B。

➢ AS 边界路由器，负责连接其他 AS，如图 4-30 中的路由器 A。

OSPF 与 RIP 都是 IGP，RIP 报文封装到 UDP 报文段中传输，而 OSPF 报文则直接封装到 IP 数据报中进行传输。

3. BGP

RIP 和 OSPF 等 IGP 可以实现一个自治系统内的路由计算与路由选择。实现跨自治系统的路由信息交换，则需要 EGP，BGP 就是 Internet 事实上的标准 EGP，目前典型版本为 BGP-4。每个 AS 可以通过 BGP 实现如下功能。

➢ 从相邻 AS 获取某子网的可达性信息。

➢ 向本 AS 内部的所有路由器传播跨 AS 的某子网可达性信息。

➢ 基于某子网可达性信息和 AS 路由策略，决定到达该子网的最佳路由。

正因为有 BGP，才使得 Internet 中的众多 AS 互连在一起，成为全球性的互联网，也才使得一个主机无论位于世界哪个角落的子网中，都可以成功地访问远隔重洋的服务器。BGP 解决了 Internet 大规模路由选择中的“大”问题。

BGP 也是由应用进程实现的，传输层使用 TCP。如果一个路由器需要与另一个路由器通过 BGP 交换跨自治系统的网络可达性信息，就通过使用 179 号端口建立的半永久 TCP 连接交换 BGP 报文来实现。BGP 建立的 TCP 连接的两端路由器称为 BGP 对等方，沿着 TCP 连接发送 BGP 报文的过程称为 BGP 会话。进一步细分，BGP 对等方位于同一自治系统内的 BGP 会话，称为内部 BGP 会话（记为 iBGP），BGP 对等方位于不同自治系统间的 BGP 会话，称为外部 BGP 会话（记为 eBGP）。图 4-31 显示了不同类型的 BGP 会话。在 BGP 会话过程中，通过交换 BGP 报文完成 BGP 功能。BGP 主要有以下 4 种类型报文。

➢ OPEN（打开）报文，用来与 BGP 对等方建立 BGP 会话。

➢ UPDATE（更新）报文，用来通告某一路由可达性信息，或者撤销已有路由。

➢ KEEPALIVE（保活）报文，用于对打开报文的确认，或周期性地证实会话的有效。

➢ NOTIFICATION（通知）报文，用来通告差错。

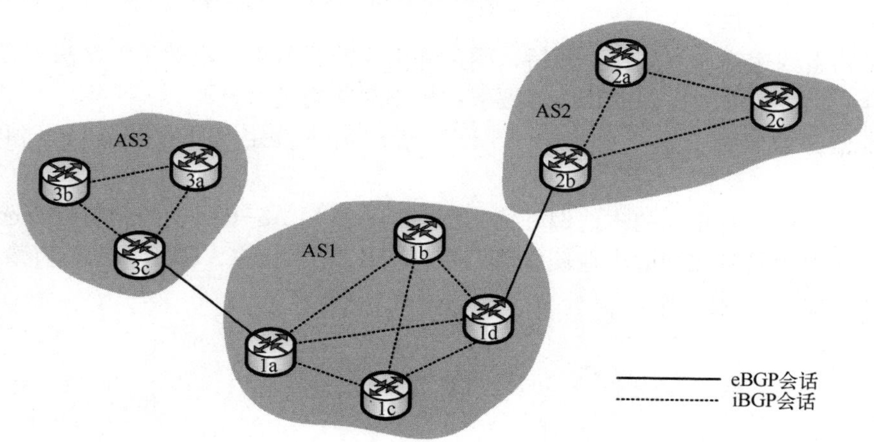

图 4-31　BGP 结构及 BGP 会话

通过 BGP，一个 AS 可以知道经其相邻 AS 可以到达哪些子网。在 BGP 的路由选择信息中，用于表示目的子网的是进行了地址聚合后的网络前缀。例如，假设在图 4-31 中有 4 个子网与 AS2 相连，分别是：156.12.32.0/24、156.12.33.0/24、156.12.34.0/24 及 156.12.35.0/24，那么在 AS2 向 AS1 发送的路由选择交换信息中，经 AS2 可达的前缀则是 156.12.32.0/22。位于不同 AS 的网关路由器（如 3c、1a、2b），通过 eBGP 会话来互相通告经其所在 AS 可达的前缀。在网关路由器得到了经其他 AS 的子网可达性信息（即前缀）后，则通过 iBGP 会话，向其所在的自治系统内的所有路由器传播这些路由信息，从而使得每个路由器都能够在其转发表中设置相应的转发项。

在使用 BGP 的网络中，每个 AS 都有一个全局唯一的自治系统号 ASN，作为该 AS 的标识。当一台路由器通过 BGP 会话向另一台路由器通告一个前缀时，前缀中还包含一些重要属性，在 BGP 术语中，包含属性的前缀通常称为一条路由。比较重要的路由属性是 AS-

PATH 和 NEXT-HOP。

- AS-PATH。AS 路径，即到达前缀需要经过的 AS 路径，该属性包含一条路由已经通知过的 AS。当一条路由到达一个 AS 的网关路由器时，网关路由器就会将其所属 AS 的 ASN，添加到这条路由的 AS-PATH 中。仍然以图 4-31 所示的网络为例，与 AS2 相连的 4 个子网的聚合前缀为 156.12.32.0/22，由 AS2 的网关路由器 2b 发出，于是该条路由的初始 AS-PATH 值为（AS2）；当该条路由到达 AS1 时，如果 AS1 继续向 AS3 通告这条路由，那么 AS1 的网关路由器将其所属自治系统的 ASN 添加到 AS-PATH 中，所以当该条路由到达 AS3 时，AS-PATH 的值将会是（AS1，AS2）。使用 AS-PATH 属性，可以有效预防重复通告。
- NEXT-HOP。NEXT-HOP 是一个开始某 AS-PATH 的路由器接口。假设图 4-31 中的 AS3 向 AS1 通告一条路由，那么这条路由中的 NEXT-HOP 就是 3c 与 1a 相连接的链路在 3c 一侧的接口地址。当这条路由到达 AS1 的网关路由器 1a 时，1a 通过 iBGP 会话，将该条路由传播到 AS1 内的所有路由器。当路由器 1c 得到这条路由后，会在其转发表中建立相应的转发项，其中目的子网就是这条路由中所包含的前缀，而接口则是通过自治系统内部路由选择算法所决定的 1c 去往 1a 的接口（路由器 1c 去往 1a 的最佳路径接口）。

当一条路由到达一台网关路由器后，网关路由器需要基于一定的策略来决定是接受该路由还是丢弃它。一般来说，网关路由器按下列规则对路由进行过滤。

- 本地偏好值属性。这个属性由 AS 网络管理员来设定，具有最高偏好值的路由被选择。
- 若多条路由具有相同的本地偏好值，那么具有最短 AS-PATH 的路由将被选择。
- 若多条路由具有相同的本地偏好值以及相同长度的 AS-PATH，那么具有最近 NEXT-HOP 的路由将被选择。

内容小结

网络层提供的服务主要包括转发、路由以及连接管理。根据是否提供面向连接的网络层服务，分组交换网络分为虚电路网络和数据报网络。在虚电路网络中，数据传输之前需要先建立虚电路，数据传输结束后再拆除虚电路。虚电路是在源和目的之间建立的一条网络层逻辑连接。虚电路网络分组携带虚电路号（VCID），网络设备依据该 VCID 转发分组，同一对源和目的主机之间的分组都会途经相同的路径传输，不会出现乱序。在数据报网络中，分组携带完整的目的网络地址，网络设备依据分组的目的地址进行转发，同一对源和目的主机之间的分组可能经由不同的路由器，到达目的地的顺序可能乱序。

异构网络主要是指两个网络的通信技术和运行协议不同。实现异构网络互连的策略主要包括协议转换和构建虚拟互连网络。Internet 是利用 IP 网络实现的全球最大的互连网络，是典型的网络层实现的网络互连。网络互连设备包括中继器、集线器、交换机、网桥、路由器和网关等，其中路由器是最重要的网络层互连设备之一。路由器体系结构主要包括输入端口、输出端口、交换结构以及路由处理器。

拥塞是一种持续过载的网络状态，此时用户对网络资源的总需求超过了网络固有的容量。拥塞控制就是端系统或网络结点，通过采取某些措施来避免拥塞的发生，或者对已发生的拥塞做出反应，以便尽快消除拥塞。网络层典型的拥塞控制方法有流量感知路由、准入控制、流量调节和负载脱落等。

Internet 网络层主要包括 IP、路由协议以及 ICMP 等内容。IP 是 Internet 网络层核心协议。IPv4 地址采用 32 位编址，与网络接口相关联。在分类 IP 地址中，IPv4 地址分为 A、B、C、D、E 类地址，其中 A、B、C 三类地址可以分配给主机或路由器使用。有些特殊地址，如网络地址和广播地址等，不能分配给主机使用。私有地址只能在私有的内网中使用，不能在公网上使用，解决使用私有地址上网的技术是 NAT。CIDR 地址是无类地址，地址形式为 $a.b.c.d/x$。准确描述一个子网的地址的或者是 CIDR 地址形式，或者是网络地址+子网掩码。子网划分就是利用原 IP 网络主机部分（HostID）的若干位，将原 IP 网络划分为多个相对较小的子网。每个子网有其子网地址、广播地址、子网掩码、可分配 IP 地址范围等。路由聚合就是将多个满足条件的子网合并表示成一个大的子网，从而减少路由表项数，提高路由效率。DHCP 用于实现主机动态 IP 地址配置。ICMP 主要功能是支持主机或路由器进行差错报告和网络探寻。IPv6 是新版 IP，最大变化是采用 128 位的 IPv6 地址，地址空间巨大，几乎不再会有 IP 地址空间不足问题。

路由选择是网络层的重要功能。路由选择算法通常都是将网络抽象成一张带权无向图来计算最佳路径。典型路由算法包括链路状态路由选择算法和距离向量路由选择算法，以及层次化路由策略。层次化路由解决了大规模网络路由选择问题。层次化路由将网络路由选择分为自治系统内路由选择和自治系统间路由选择两个层，分别有自治系统内路由选择协议和自治系统间路由选择协议。Internet 中典型的路由协议有自治系统内路由选择协议 RIP 和 OSPF，以及自治系统间路由选择协议 BGP。RIP 基于距离向量路由选择算法，OSPF 基于链路状态路由选择算法，BGP 可以看作路径向量路由选择算法。RIP 报文封装到 UDP 报文段中传输，OSPF 报文封装到 IP 数据报中传输，BGP 报文封装到 TCP 报文段中传输。

习　题

1. 网络层提供的主要功能是什么？
2. 转发和路由的含义是什么？它们之间有什么区别和联系？
3. 简述虚电路网络和数据报网络各自的优缺点。
4. 虚电路网络如何建立虚电路？虚电路网络分组转发的依据是什么？
5. 实现异构网络互连的主要方法有哪些？实现异构网络互连的典型网络设备是什么？
6. 路由器有哪些部分组成？各部分的主要功能是什么？
7. 网络层出现拥塞的原因是什么？有哪些网络层拥塞控制策略？
8. 请将 IP 网络 183.164.128.0/17 划分为等长的 8 个子网，并分别给出每个子网的子网地址、广播地址、子网掩码、IP 地址总数、可分配 IP 地址数和可分配 IP 地址范围。
9. 某 ISP 拥有一个网络地址块 201.123.16.0/21，现在该 ISP 要为 4 个组织分配 IP 地址，它们需要的地址数量分别为 985、486、246 及 211，请给出一个合理的分配方案，并说明各组织所分配子网的子网地址、广播地址、子网掩码、IP 地址总数、可分配 IP 地址数和可分配 IP 地址范围。

10. 现有一个总长度为3800的IP数据报，要通过MTU为1500的链路传输，在IPv4下应如何分片？每片的DF、MF标志的值是什么？片偏移的值是什么？

11. 一个新加入到网络中的主机需要发送DHCP请求来获取一个可用的IP地址，为什么DHCP请求要以广播的形式发送出去？当某台DHCP服务器接收到一台主机的DHCP请求时，会返回一个DHCP响应，为什么DHCP响应也要以广播的形式发送出去？

12. 简述ICMP的主要功能。

13. 某网络拓扑如下图所示，路由器R1通过接口E1、E2分别连接局域网1、局域网2，通过接口L0连接路由器R2，并通过路由器R2连接域名服务器与互联网。R1的L0接口的IP地址是202.118.2.1；R2的L0接口的IP地址是202.118.2.2，L1接口的IP地址是130.11.120.1，E0接口的IP地址是202.118.3.1；域名服务器的IP地址是202.118.3.2。

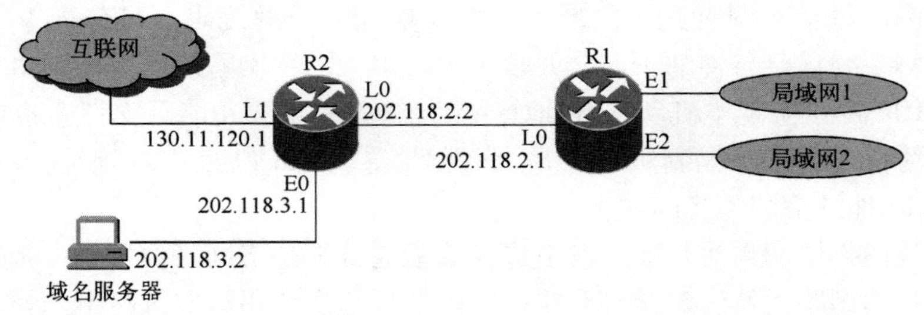

R1和R2的路由表结构为：

目的网络	子网掩码	下一跳	接口
…	…	…	…

请回答下列问题。

（1）将IP地址空间202.118.1.0/24分配给局域网1、局域网2，每个局域网需要分配的IP地址数不少于120个。请给出分配结果，并分别写出局域网1、局域网2的子网地址、广播地址、子网掩码、IP地址总数、可分配IP地址数和可分配IP地址范围。

（2）请给出R1的路由表，使其明确包括到局域网1的路由、到局域网2的路由、到域名服务器的主机路由和到互联网的路由。

（3）请采用路由聚合技术，分别给出R2到局域网1、局域网2的路由。

14. 说明NAT的工作原理。如何实现NAT穿透？

15. IPv6提出的动机是什么？相比于IPv4，IPv6的数据报格式有什么特点？

16. 简述链路状态路由选择算法与距离向量路由选择算法的实现过程。

17. 为什么距离向量路由选择算法可能产生无穷计数问题？请举例说明。可以采取哪些措施来避免这一问题？

18. 简述RIP、OSPF、BGP的异同。

第五章　数据链路层服务与局域网

学习目标：

1. 理解数据链路层的基本功能与服务；
2. 理解差错编码的基本原理，掌握典型的差错编码；
3. 理解多路访问控制协议的作用与原理，掌握典型的 MAC 协议；
4. 理解多路复用的概念与技术，掌握 CDMA 的基本原理；
5. 掌握 MAC 地址、ARP、以太网、CSMA/CD 协议；
6. 理解虚拟局域网（VLAN）的基本原理；
7. 掌握交换机的特点及其工作原理；
8. 掌握 PPP 协议的工作原理，了解 HDLC 协议。

教师导读：

本章主要介绍数据链路层的基本功能与服务，差错编码的基本原理与技术，多路访问控制协议的作用与原理，TDMA、FDMA、WDMA、CDMA 工作原理，ALOHA、CSMA、CSMA/CD 及受控接入 MAC 协议工作原理，数据链路层寻址、MAC 地址、ARP、以太网、典型网络互连设备的特点及其工作原理，HDLC 协议与 PPP 协议工作原理等内容。

本章重点是掌握典型的差错编码，CDMA 工作原理，ALOHA、CSMA、CSMA/CD 及受控接入 MAC 协议的工作原理，MAC 地址、ARP、以太网、交换机的特点及其工作原理，PPP 协议工作原理等内容；难点是 CDMA 工作原理，CSMA/CD 协议，以太网、交换机工作原理，VLAN 工作原理等。

本章学习的关键是深入理解差错编码、MAC 协议、ARP、以太网、交换机、VLAN 和 PPP 协议等内容。

建议学时：

8 学时。

数据链路层负责通过一条链路，从一个结点向另一个物理链路直接相连的相邻结点传送网络层数据报，中间通常不经过任何其他交换结点。网络层数据报被封装到数据链路层的帧中传送。数据链路是在物理线路之上，基于通信协议来控制数据帧传输的逻辑数据通路。实现数据链路层（协议）功能的典型硬件实体是网络适配器（NIC，即网卡），网络适配器实质上需要实现数据链路层和物理层的功能。本章将介绍数据链路层的主要功能、差错编码、多路访问控制协议（MAC 协议）、以太网、交换机等内容。

第一节　数据链路层服务

从数据链路层来看，无论是主机还是路由器等网络设备，都可以统称为结点，因为它们通常都是一条数据链路的端点。沿着通信链路连接的相邻结点的通信信道称为链路，数据链路层传输的数据单元称为帧。数据链路层通常提供的服务如下。

1）组帧。数据链路层传输的帧的构成示意图如图 5-1 所示。数据链路层一般会将要传输的数据封装成帧，称为组帧或成帧。在组帧过程中，会在数据（如网络层数据报）的基础上增加帧头（或称帧首）和帧尾，帧头中通常包含发送结点和接收结点的地址等信息，帧尾通常包含用于差错检测的差错编码。组帧过程增加的帧头和帧尾中还有一部分信息，用于帧定界，即确保接收结点从物理层收到的比特流中，能够依据帧头和帧尾中的定界字符或定界比特串，成功识别一个帧的开始和结束。例如，有些数据链路层协议组帧时，帧头的第一个字节和帧尾的最后一个字节都是 01111110，以此来作为帧的定界。

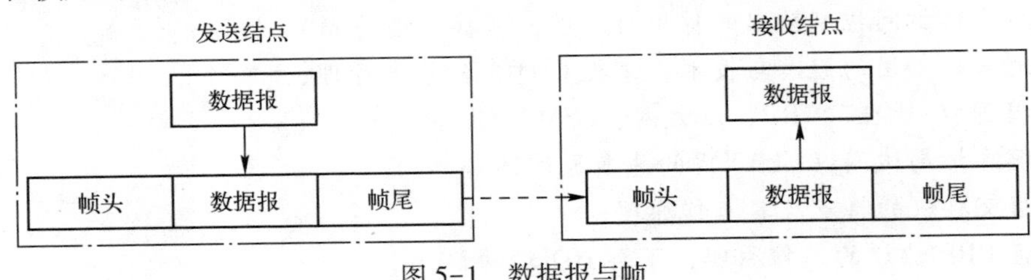

图 5-1　数据报与帧

2）链路接入。物理链路可以分为点对点链路和广播链路两大类。在点对点链路中，发送结点和接收结点独占通信链路，只要链路处于空闲状态，就可以随时使用链路发送和接收帧，因此链路的接入控制很简单（甚至可以说无须专门控制）。在广播链路中，通信链路被多个结点共享，任意两个结点同时通过链路发送帧时都会彼此干扰，导致帧传输失败。因此，对于广播链路，各个结点必须运行媒介访问控制（Medium Access Control，MAC）协议，协调各结点使用共享的物理传输媒介，实现帧的成功传输。

3）可靠交付。数据链路层协议也可能提供可靠交付的服务，即在相邻结点间经数据链路实现数据报的可靠传输。第三章介绍的可靠数据传输原理、停-等协议和滑动窗口协议等，都适用于数据链路层可靠数据传输协议的设计，在此不再赘述。需要说明的是，并不是所有的数据链路层协议都需要设计成可靠传输协议。事实上，支持可靠数据传输的数据链路层协议多应用于高出错率的链路中，如无线链路。对于低出错率的链路，如光纤、双绞线链路等，实施可靠传输保证似乎没有太大必要，因此，通常有线链路的数据链路层协议不提供可靠传输服务。

4）差错控制。数据链路层帧在物理媒介上传播过程中，可能会产生比特翻转的差错。在一段时间内，传输过程出现差错的比特（位）数占所传输比特总数的比例，称为误比特率。误比特率与线路的信噪比有很大的关系。为了保证帧传输的可靠性，或者为了确保出现差错的帧不再被处理和继续传输，数据链路层协议通常都采用不同的差错控制措施，或者通过确认重传纠正差错，或者直接丢弃差错帧。

5）流量控制。数据链路层需要实现的另一个重要功能就是流量控制，即协调两个相邻结点间帧的发送和接收处理速度，避免接收方被数据淹没。通常，实现流量控制的方法或原理就是第三章介绍的停-等协议和滑动窗口协议。

第二节　差错控制

差错控制就是通过差错编码技术，实现对信息传输差错的检测，并基于某种机制进行差错纠正和处理，是计算机网络中实现可靠传输的重要技术手段，并在许多数据链路层协议中应用。

信号在信道传输过程中，会受到各种噪声的干扰，从而导致传输差错。噪声可以大致分为随机噪声和冲击噪声两大类。随机噪声包括热噪声、传输介质引起的噪声等，具有典型的随机特征；冲击噪声是指突然发生的噪声，如雷击、电机启停等，具有很强的突发性，并且容易造成一段时间的传输差错。随机噪声引起的传输差错称为随机差错或独立差错，具有独立性、稀疏性和非相关性等特点，对于二进制信息传输，通常呈现为随机的比特差错；冲击噪声引起的差错称为突发差错，通常是连续或成片的信息差错，差错之间具有相关性，差错通常集中发生在某段信息上。突发错误发生的第一位错误与最后一位错误之间的长度称为突发长度。

一、差错控制的基本方式

不同网络对数据传输速率、实时性、可靠性、信道特性等需求不尽相同，通常对于差错的处理，则可以选择不同的差错控制方式。典型的差错控制方式包括检错重发、前向纠错、反馈校验和检错丢弃 4 种基本方式。

（1）检错重发

检错重发是一种典型的差错控制方式，在计算机网络中应用广泛。在检错重发方式中，发送端对待发送数据进行差错编码，编码后的数据通过信道传输，接收端利用差错编码检测数据是否出错，对于出错的数据，接收端请求发送端重发数据加以纠正，直到接收端接收到正确数据为止。第三章介绍的停-等协议和滑动窗口协议实现的都是这类差错控制方式。

（2）前向纠错

前向纠错（Forward Error Correction，FEC）是接收端进行差错纠正的一种差错控制方法。前向纠错机制需要利用纠错编码，即这类编码不仅可以检测数据传输过程中是否发生了错误，而且可以定位错误位置并直接加以纠正。在前向纠错机制中，发送端首先对数据进行纠错编码，然后发送包含纠错编码信息的帧，接收端收到帧后利用纠错编码进行差错检测，对于发生错误的帧，直接进行纠错。前向纠错机制比较适用于单工链路或者对实时性要求比较高的应用。

（3）反馈校验

利用反馈校验方式的接收端将收到的数据原封不动地发回发送端，发送端通过比对接收端反馈的数据与发送的数据，可以确认接收端是否正确无误接收了已发送的数据。如果发送端发现有不同，则认为接收端没有正确接收到发送的数据，则立即重发数据，直到收到接收端反馈的数据与已发数据一致为止。反馈校验方式的优点是原理简单，易于实现，无须差错编码，缺点是需要相同传输能力的反向信道，传输效率低，实时性差。

（4）检错丢弃

不同网络应用对可靠性的要求不同，某些应用（如实时多媒体播报应用）可以采用一种简单的差错控制策略，不纠正出错的数据，而是直接丢弃错误数据，这种差错控制方式就是检错丢弃。显然，这种差错控制方式通常允许一定比例的差错存在，只适用于实时性要求较高的系统。

除了上述基本的差错控制机制以外，还可以设计其他差错控制方式，比如检错重发与前向纠错相结合的混合差错控制方式等。

二、差错编码的基本原理

香农信道编码定理指出：对于一个给定的有干扰信道，只要发送端以低于信道容量 C 的数据传输速率 R 发送信息，则一定存在一种编码方法，使得编码错误概率 P 随着码长 n 的增加而按指数下降至任意小的值。也就是说，理论上可以通过编码使得数据传输过程不发生错误，或者将错误概率控制在很小的数值之下。

香农信道编码定理论证了这一编码的存在，但并未说明如何找到这样的编码或者如何设计这样的编码。在实际网络系统中，如果需要提高数据传输的可靠性，通常都是采用差错编码来实现。差错编码的基本原理就是在待传输（或待保护）数据信息的基础上，附加一定的冗余信息，该冗余信息建立起数据信息的某种关联关系，将数据信息以及附加的冗余信息一同发送到接收端，接收端可以检测冗余信息表征的数据信息的关联关系是否还存在，如果存在，则没有错误，否则就有错误。例如，如果发送端向接收端发送 2 bit 数据信息，如果不进行差错编码，则接收端收到的 2 bit 信息可能是 00、01、10 或 11，这 4 个码字均是发送端可能发送的数据，因此接收端无法判断数据传输过程中是否发生错误。如果对 2 bit 的数据信息进行差错编码，比如增加 2 bit 的冗余信息，该冗余信息是对数据的复制，则经过差错编码后的 4 个码字分别为 0000、0101、1010、1111。这样，如果编码后的码字在传输过程中发生 1 bit 差错，则接收端一定可以判断出来。例如，如果接收端收到的码字为 1011，那么，由于数据信息 10 与冗余信息 11 不满足复制关系，因此接收端可以断定，数据传输过程中发生了错误。但是，至于是哪个（或哪些）位发生了错误，还无法判断，因此该差错编码无法实现纠错。

差错编码进行差错检测的一般性原理可以概括为如图 5-2 所示过程。

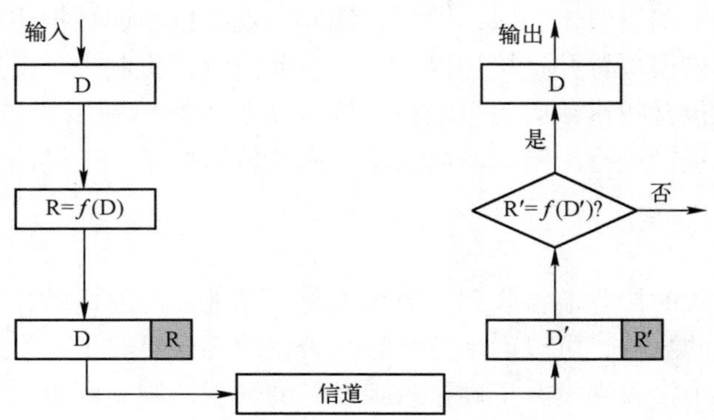

图 5-2　差错编码检错原理示意图

三、差错编码的检错与纠错能力

不同差错编码的检错或纠错能力是不同的。差错编码的检错或纠错能力与编码集的汉明距离有关。两个等长码字之间，对应位不同的位数，称为两个码字的汉明距离，记为 d_c。例如，码字 01100101 与码字 10011101 之间的汉明距离 $d_c=5$。类似地，可以定义一个编码集的汉明距离为该编码集中任意两个码字之间汉明距离的最小值，记为 d_s。例如，编码集

{10000111,10010110,10100101,10110100}的汉明距离 $d_s=2$。差错编码的所有有效码字的集合称为该差错编码的编码集。差错编码的检错或纠错能力与该差错编码的编码集的汉明距离有关。

1）对于检错码，如果编码集的汉明距离 $d_s=r+1$，则该差错编码可以检测 r 位的差错。

例如，如果差错编码采取一次重复码，即冗余信息是数据的一次复制（重复），则编码集的汉明距离 $d_s=2$，因此可以检测 1 bit 差错。如果数据为 2 bit，则采用一次重复差错编码的编码集为{$00\underline{00}$,$01\underline{01}$,$10\underline{10}$,$11\underline{11}$}（下画线部分为冗余信息），显然该编码集的汉明距离 $d_s=2$，如果发生 1 bit 差错，则可以 100%被检测出来。

2）对于纠错码，如果编码集的汉明距离 $d_s=2r+1$，则该差错编码可以纠正 r 位的差错。

例如，如果差错编码采取二次重复码，即冗余信息是数据的两次复制（重复），则编码集的汉明距离 $d_s=3$，因此可以纠正 1 bit 差错。如果数据为 2 bit，则采用二次重复差错编码的编码集为{$00\underline{0000}$,$01\underline{0101}$,$10\underline{1010}$,$11\underline{1111}$}，显然该编码集的汉明距离 $d_s=3$，如果发生 1 bit 差错，则错码（即无效码字）距离发生错误的有效码字的汉明距离最近，可以恢复为该有效码字。例如，如果接收端收到的码字为 100010，则码字 100010 与码字 000000 之间的汉明距离为 2，与 010101 之间的汉明距离为 5，与 101010 之间的汉明距离为 1，与 111111 之间的汉明距离为 4。显然，无效码字 100010 与有效码字 101010 之间的汉明距离最小，因此将 100010 恢复为 101010。事实上，因为有效码字 101010 错成无效码字 100010 的概率最大，所以恢复为 101010。

差错编码的检错与纠错能力可以利用图 5-3 直观解释。对于编码集汉明距离 $d_s=r+1$ 的检错码，任意两个码字 C_i 和 C_j 之间的汉明距离 $d_c\geqslant r+1$。当 C_i 发生 r bit 错，错成码字 C' 时，C' 和 C_j 之间的汉明距离 $d_c\geqslant 1$，即 C' 一定是一个无效码字，所以一定会被检测出来。类似地，对于编码集汉明距离 $d_s=2r+1$ 的纠错码，任意两个码字 C_i 和 C_j 之间的汉明距离 $d_c\geqslant 2r+1$。当 C_i 发生 r bit 错，错成无效码字 C' 时（此时一定能检测出差错），C' 和 C_j 之间的汉明距离 $d_c\geqslant r+1$，大于 C_i 和 C' 之间的汉明距离 r，根据概率最大化原则，C' 可以纠正为 C_i，得到正确恢复，而没有错误地恢复为其他码字。

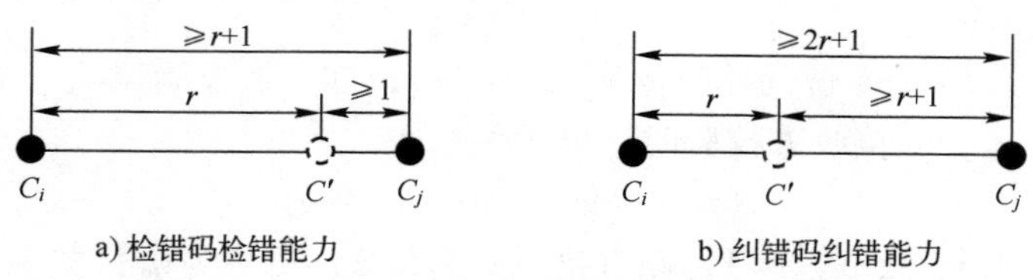

图 5-3　差错编码的检错与纠错能力示意图

四、典型的差错编码

先简单介绍一下按位异或（XOR）运算操作。异或运算操作等价于模 2 算术操作，用符号“⊕”表示。如果参与运算的两个位值相同，则结果为 0，否则为 1，相当于算术加法没有进位，减法没有借位，而长除法与二进制中的除法运算一样，只不过减法按模 2 运算进行。

接下来，介绍几个典型的差错编码：奇偶校验码、汉明码以及循环冗余码（CRC）。

1. 奇偶校验码

奇偶校验码包括奇校验码和偶校验码，是一种最简单的检错码。奇偶校验码利用 1 bit 冗余信息实现差错检测，可以表示为$(n,n-1)$。在奇校验码编码过程中，1 位冗余位的取值为“0”或“1”，使得编码后的码字中“1”的个数为奇数，即满足式（5-1）

$$a_{n-1}\oplus a_{n-2}\oplus\cdots\oplus a_1\oplus a_0=1 \tag{5-1}$$

式中，a_0 为冗余位，$a_1\cdots a_{n-1}$为数据位。

【例 5-1】 对于数据 10110111，采用奇校验码编码后的码字为 101101111。

在偶校验码编码过程中，1 位冗余位的取值为“0”或“1”，使得编码后的码字中“1”的个数为偶数，即满足式（5-2）

$$a_{n-1}\oplus a_{n-2}\oplus\cdots\oplus a_1\oplus a_0=0 \tag{5-2}$$

式中，a_0 为冗余位，$a_1\cdots a_{n-1}$为数据位。

【例 5-2】 对于数据 10110111，采用偶校验码编码后的码字为 101101110。

对于采用奇偶校验的码字，如果在传输过程中发生奇数个位（包括数据位和冗余位）错误，那么奇偶校验码可以检测出错误的发生，但是如果是偶数个位错误，则无法被检测出来。因此，奇偶检验码可以实现 50%的检错率，当然漏检率也高达 50%。依据式（5-1）和式（5-2）构建的奇偶校验码是一种检错码，无法进行错误校正。奇偶校验码通过简单的“异或”操作即可完成编/解码，因此奇偶校验码的优点是编码简单、编码效率高，它是开销最小的检错码，但缺点是检错率不高。

由于奇偶校验码简单，因此它常应用于低速串行通信链路中。通常编码格式是 7 位数据位、1 位校验位、1~2 位停止位，或者 8 位数据加上 1 位校验位，可以传输任意的 8 位数据或者 ASCII 字符。

2. 汉明码

汉明码（Hamming Code）是典型的线性分组码[㊀]，可以实现单个比特差错纠正，在数据通信以及数据存储系统中得到广泛应用。1950 年，理查德·卫斯里·汉明在美国贝尔实验室工作过程中，为了解决读卡机错误检测与纠正问题，设计了著名的汉明码。当信息位足够长时，它的编码效率很高。

若一个信息位为 $k=n-1$ 位的比特流 $a_{n-1}a_{n-2}\cdots a_1$，加上偶校验位 a_0，就会构成一个 n 位的码字 $a_{n-1}a_{n-2}\cdots a_1a_0$。在接收方校验时，可按关系式

$$S=a_{n-1}\oplus a_{n-2}\oplus\cdots\oplus a_1\oplus a_0 \tag{5-3}$$

来计算，若 $S=0$，则无错；若 $S=1$，则有错。式（5-3）可称为监督关系式，S 称为校正因子。在奇偶校验情况下，只有一个监督关系式，一个校正因子，其取值只有两种（0 或 1），分别代表无错和有错两种情况，而不能指出差错所在的位置。

不难推断，若增加冗余位，也相应地增加监督关系式和校正因子，就能区分更多的情况。例如，若有两个校正因子，则其取值就有 4 种可能：00、01、10 和 11，就能区分 4 种不同的情况。若其中一种表示无错，另外三种不但可以用来指出有错，还可以用来区分错误的情况，如指出是哪一位错等，就可能使得这种编码实现纠错。

一般来说，信息位为 k 位，增加 r 位冗余位，构成 $n=k+r$ 位码字。若希望用 r 个监督关

㊀ 线性分组码是通过一组线性方程建立信息位与监督位的约束关系，从而确定监督位取值的差错编码。

系式产生的 r 个校正因子来区分无错和在码字中 n 个不同位置的一位错，则要求

$$2^r \geq n+1 \tag{5-4}$$

或者

$$2^r \geq k+r+1 \tag{5-5}$$

以 $k=4$ 为例来说明，要满足上述不等式，则 $r\geq3$。现取 $r=3$，则 $n=k+r=7$。也就是说，在 4 位信息位 $a_6a_5a_4a_3$ 后面，加上 3 位冗余位 $a_2a_1a_0$，构成 7 位码字 $a_6a_5a_4a_3a_2a_1a_0$。其中 a_2、a_1 和 a_0 分别由 4 位信息位中某几位“异或”运算得到，那么在校验时，a_2、a_1 和 a_0 就分别与这些位进行“异或”运算，构成三个不同的监督关系式。在无错时，这三个关系式的值 S_2、S_1 和 S_0 全为0；若 a_2 错，则 $S_2=1$，而 $S_1=S_0=0$；若 a_1 错，则 $S_1=1$，而 $S_2=S_0=0$；若 a_0 错，则 $S_0=1$，而 $S_2=S_1=0$。$S_2S_1S_0$ 这三个校正因子和其他 4 种编码的值可用来区分 a_3、a_4、a_5 或 a_6 哪一位错。该对应关系可按表 5-1 所示来执行（也可以规定成另外的对应关系）。

表 5-1　$S_2S_1S_0$ 值与错码位置的对应关系

$S_2S_1S_0$	000	001	010	100	011	101	110	111
错码位置	无错	a_0	a_1	a_2	a_3	a_4	a_5	a_6

由表 5-1 可见，a_2、a_4、a_5 或 a_6 的一位错都应使 $S_2=1$，由此可以得到监督关系式

$$S_2=a_2\oplus a_4\oplus a_5\oplus a_6 \tag{5-6}$$

同理，还有

$$S_1=a_1\oplus a_3\oplus a_5\oplus a_6 \tag{5-7}$$

$$S_0=a_0\oplus a_3\oplus a_4\oplus a_6 \tag{5-8}$$

在发送端编码时，信息位 a_3、a_4、a_5 或 a_6 的值取决于输入信号，是随机的。冗余位 a_2、a_1 和 a_0 的值应根据信息位的取值按监督关系式来决定，使上述三式中的 S_2、S_1 和 S_0 的取值为 0，即

$$\begin{cases} a_2\oplus a_4\oplus a_5\oplus a_6=0 \\ a_1\oplus a_3\oplus a_5\oplus a_6=0 \\ a_0\oplus a_3\oplus a_4\oplus a_6=0 \end{cases} \tag{5-9}$$

由此可求得

$$\begin{cases} a_2=a_4\oplus a_5\oplus a_6 \\ a_1=a_3\oplus a_5\oplus a_6 \\ a_0=a_3\oplus a_4\oplus a_6 \end{cases} \tag{5-10}$$

已知信息位，按式（5-10）即可算出各冗余位。根据各种信息位算出的冗余位见表 5-2。

表 5-2　由信息位算出的冗余位

信 息 位 $a_6a_5a_4a_3$	冗 余 位 $a_2a_1a_0$	信 息 位 $a_6a_5a_4a_3$	冗 余 位 $a_2a_1a_0$
0000	000	0100	110
0001	011	0101	101
0010	101	0110	011
0011	110	0111	000

（续）

信息位 $a_6a_5a_4a_3$	冗余位 $a_2a_1a_0$	信息位 $a_6a_5a_4a_3$	冗余位 $a_2a_1a_0$
1000	111	110	001
1001	100	1101	010
1010	010	1110	100
1011	001	1111	111

在接收方收到每个码字后，按监督关系式算出 S_2、S_1 和 S_0，若全为“0”，则认为无错；若不全为“0”，在一位错的情况下，可通过查表 5-2 来判定哪一位错，从而纠正之。例如，码字 0010101 在传输中发生一位错，接收方收到的为 0011101，代入监督关系式可算得 $S_2=0$、$S_1=1$ 和 $S_0=1$，由表 5-1 可查得 $S_2S_1S_0=011$ 对应于 a_3 错，因而可将 0011101 纠正为 0010101。

上述汉明码的编码效率为 4/7。若 $k=7$，按 $2^r \geqslant k+r+1$ 可算得 r 至少为 4，此时编码效率为 7/11。信息位长度越长，编码效率越高。汉明码只能纠正一位错，若用于纠正传输中出现的突发性差错，可采用下述方法：将连续 P 个码字排成一个矩阵，每行一个码字。如果发生突发长度 $\leqslant P$ 的突发错误，那么在 P 个码字中每个码字最多有一位有差错，正好由汉明码纠正。

3. 循环冗余码

在现今的计算机网络，尤其数据链路层协议中，广泛应用的差错编码是循环冗余检测（Cyclic Redundancy Check，CRC）编码，简称循环冗余码，或称 CRC 编码。CRC 编码是一类重要的线性分组码，也称为多项式编码（polynomial code），因为该编码可以将要发送的位串看作一个系数为 0 或 1 的多项式，对位串的操作被解释为多项式算术运算。

CRC 编码的基本思想是：将二进制位串看成系数为 0 或 1 的多项式的系数。一个 k 位二进制数据可以看成一个 $k-1$ 次多项式的系数列表，该多项式共有 k 项，从 x^{k-1} 到 x^0。这样的多项式被认为是 $k-1$ 阶多项式。高次（最左边）位是 x^{k-1} 项的系数，接下来的位是 x^{k-2} 项的系数，以此类推。例如，100101 有 6 位，因此代表一个有 6 项的多项式，其系数分别是 1、0、0、1、0 和 1，即 $1x^5+0x^4+0x^3+1x^2+0x^1+1x^0=x^5+x^2+1$。

在使用 CRC 编码时，发送方和接收方必须预先商定一个生成多项式 $G(x)$。生成多项式的最高位和最低位系数必须是 1。假设一帧数据有 m 位，对应多项式 $M(x)$，为了计算它的 CRC 编码，该帧必须比生成多项式长。基本思想是在帧的尾部附加一个校验和，使得附加校验和之后的帧所对应的多项式能够被 $G(x)$ 除尽。当接收方收到带校验和的帧之后，用 $G(x)$ 去除它，如果余数不为 0，则表明传输过程中有错误，否则无错。

假设 $G(x)$ 的阶为 r（即对应的位串为 $r+1$ 位），则 CRC 编码过程如下：

- 在帧的低位端加上 r 个 0 位，使该帧扩展为 $m+r$ 位（相当于左移 r 位），对应的多项式为 $x^rM(x)$；
- 用 $G(x)$ 系数对应的位串，去除（模 2 除法）$x^rM(x)$ 系数对应的位串，求得 r 位余数 R；
- 用 $x^rM(x)$ 系数对应的位串，减（模 2 减法）去余数 R，结果就是完成 CRC 编码的帧。

【例 5-3】 假设 CRC 编码采用的生成多项式为 $G(x)=x^4+x+1$，请为位串 10111001 进行 CRC 编码。

【解】$G(x)=x^4+x+1$ 对应的位串为 10011，在待编码位串 10111001 后添加 0000，得到 101110010000。按如下计算过程求余数 R：

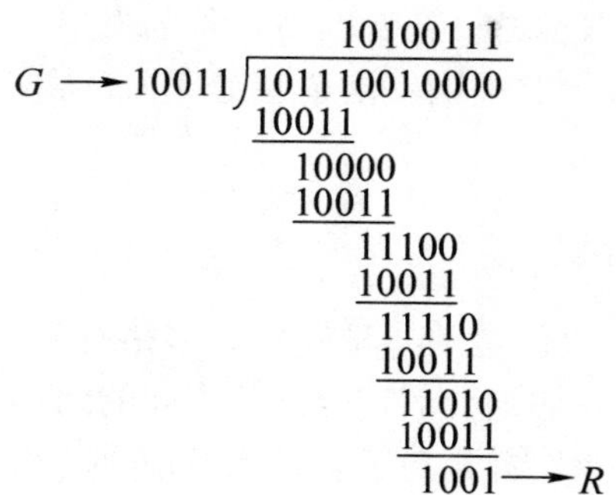

于是，得到 CRC 编码后的结果为 101110011001。

CRC 编码的检错算法很简单，接收端利用发送端编码时使用的相同的 $G(x)$，当收到经过编码的数据时，利用 $G(x)$ 系数对应的位串，去除（模 2 除法）收到的数据，如果余数为 0，则数据传输过程中未发生错误，否则判断有错。

CRC 编码的检错性能与选择的 $G(x)$ 有很大的关系。经过优选的典型 $G(x)$ 见表 5-3。

表 5-3　常见 CRC 编码的生成多项式

名　称	生成多项式
CRC-12	$x^{12}+x^{11}+x^3+x^2+x+1$
CRC-16	$x^{16}+x^{15}+x^2+1$
CRC-CCITT	$x^{16}+x^{12}+x^5+1$
CRC-32-IEEE 802.3	$x^{32}+x^{26}+x^{23}+x^{22}+x^{16}+x^{12}+x^{11}+x^{10}+x^8+x^7+x^5+x^4+x^2+x+1$
CRC-64-ISO	$x^{64}+x^4+x^3+x+1$

CRC 编码具有优良的性能，很适合用于差错检测。一方面，CRC 编码具有很强的检错能力。例如，采用 CRC-16 或 CRC-CCITT 的 CRC 编码，可以检测全部单位错、双数位错、奇数位错，全部 16 位及 16 位以下的突发错，99.97%的 17 位突发错以及 99.998%的 18 位错或更长的突发错。另一方面，CRC 的编码、解码实现简单，通过简单的移位与“异或”运算即可实现。另外，CRC 编码效率高。CRC 编码附加的冗余校验和（R）的长度，只取决于 $G(x)$，与数据位数无关，当数据远大于 R 的位数时，CRC 编码的开销就很小。因此，CRC 编码在计算机网络的数据链路层协议中得到了广泛应用，如以太网、IEEE 802.11 无线局域网和 PPP 协议等。

另外，校验和也是网络（尤其是 Internet 网）使用比较广泛的差错检测编码。例如，Internet 校验和是 TCP/IP 栈中很多协议使用的检错码，Internet 校验和的编码方法已经在第三章第四节中进行了介绍，在此不再赘述。

第三节　多路访问控制协议

数据链路层使用的信道主要有以下两种类型：点对点信道和广播信道。点对点信道使用一对一的通信方式，信道被通信双方独享。广播信道使用一对多的广播通信方式，广播信道上连接的结点很多，信道被所有结点共享，必须使用多路访问控制（Multiple Access Control，MAC[⊖]）协议来协调结点的数据发送。随着网络技术的发展，很多MAC协议被提出。概括起来，MAC协议可以分为3种主要类型：信道划分MAC协议、随机访问MAC协议及受控接入MAC协议。

一、信道划分MAC协议

MAC协议的根本任务是解决信道的共享问题。多路复用技术是实现物理信道共享的经典技术，其基本思想是将信道资源划分后，分配给不同的结点，各结点通信时只使用其分配到的资源，从而实现了信道共享，并避免了多结点通信时的相互干扰。这种采用多路复用技术实现信道共享的MAC协议，称为信道划分MAC协议。多路复用是在物理线路的传输能力远远超过单一信道所需的传输能力时，可以将多条信道复合在一条物理线路上的技术，在通信网络中被广泛使用。

多路复用主要包括频分多路复用（Frequency Division Multiplexing，FDM）、时分多路复用（Time Division Multiplexing，TDM）、波分多路复用（Wave Division Multiplexing，WDM）和码分多路复用（Code Division Multiplexing，CDM）。下面简要介绍一下这几类多路复用技术。

1. 频分多路复用

频分多路复用（FDM）简称频分复用，是频域划分制，即在频域内将信道带宽划分为多个子信道，并利用载波调制技术，将原始信号调制到对应某个子信道的载波信号上，使得同时传输的多路信号在整个物理信道带宽允许的范围内频谱不重叠，从而共用一个信道。FDM为每路信号分配一个子信道，因此，信道带宽以及每个子信道的带宽决定了FDM的容量，即同时可以传输多少路信号。另外，为了防止多路信号之间的相互干扰，往往使用隔离频带来隔离每个子信道。在接收端，利用带通滤波器对信号进行分离、复原。FDM常用于模拟传输的宽带网络中。

频分多路复用的原理如图5-4所示。以语音信号为例，语音信号的能量主要集中在300~3400 Hz，也就是说，如果语音信号通过3000 Hz的带通滤波器，则不会有明显的失真。如图5-4所示，原始的三路语音信号均在300~3400 Hz频段上，采用FDM将每路语音信号调制到互不重叠的频带上后，就可以利用同一信道传输。国际电信联盟（International Telecommunication Union，ITU）的标准规定：每路语音信号占4 kHz带宽，其中3.1 kHz为语音频带，两侧各留0.45 kHz的保护频带，以免相邻频带之间互相干扰。经过调制后，三路语音信号分别被调制到不同的频带上以在同一信道上以进行传输。

频分多路复用的主要优点是分路方便，它是目前模拟通信中常采用的一种复用方式，特别是在有线和微波通信系统中应用十分广泛。但是，频分多路复用又存在一些问题，主要表现在各路信号之间的相互干扰，即串扰。引起串扰的主要原因是滤波器特性不够理想和信道中的非线性特性造成的已调信号频谱的展宽。调制非线性所造成的串扰可以部分地由发送带

⊖ MAC同时也是Medium Access Control的缩写。所以，多路访问控制协议与介质访问控制协议是等价的，简称都是MAC协议。

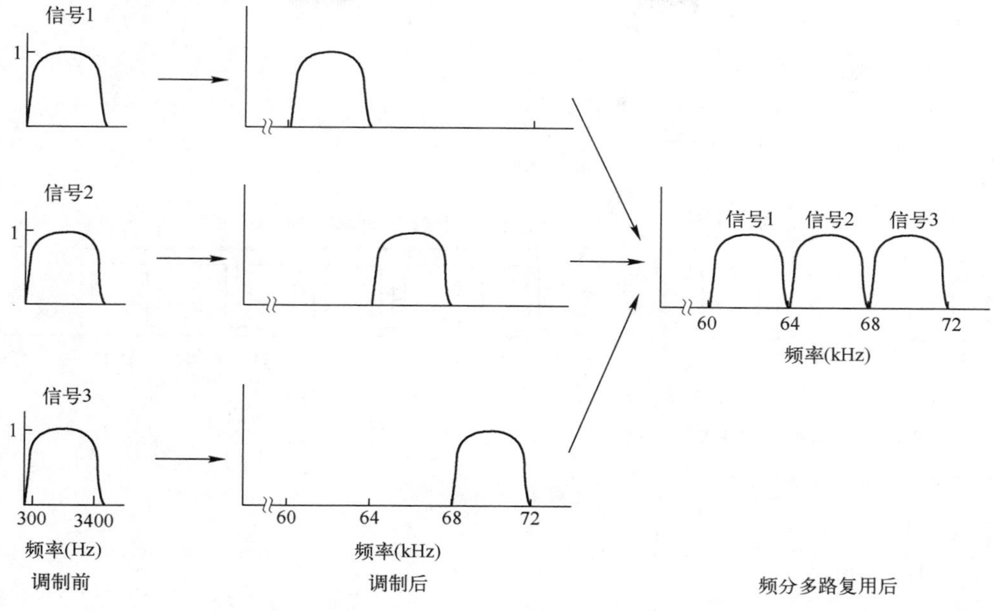

图 5-4　频分多路复用原理示意图

通滤波器消除，但信道传输中非线性所造成的串扰则无法消除，因此，频分多路复用对系统线性的要求很高。合理选择载波频率，并在各路已调信号频谱之间留有一定的保护间隔，也是频分多路复用减小串扰的有效措施。此外，频分多路复用系统所需设备随输入路数增加而增多，不易小型化，并且频分多路复用也不提供差错控制技术，不便于性能监测。

2. 时分多路复用

时分多路复用（TDM）简称时分复用，是一种时域划分，即将通信信道的传输信号在时域内划分为多个等长的时隙，每路信号占用不同的时隙，在时域上互不重叠，使多路信号合用单一的通信信道，从而实现信道共享。时分多路复用系统的接收端，根据各路信号在通信信道上所占用的时隙分离并还原信号。时分多路复用的原理如图 5-5 所示。

时分多路复用可以分为同步时分多路复用（Synchronism Time-Division Multiplexing，STDM）和异步时分多路复用（Asynchronism Time-Division Multiplexing，ATDM）两种。同步时分多路复用就是按照固定的顺序把时隙分配给各路信号。例如，假设一共有 n 路信号，将第 1 个时隙分配给第 1 路信号，第 2 个时隙分配给第 2 路信号……第 n 个时隙分配给第 n 路信号；然后，将第 $n+1$ 个时隙分配给第 1 路信号，第 $n+2$ 个时隙分配给第 2 路信号……如此循环。发送端以 n 个时隙为一个周期，分别将 n 路信号的采样构成一个时分复用帧，在接收端只需要采用严格同步的时隙分割方式以及完全相同的接收顺序，就可以将多路信号分离、还原。同步时分多路复用采用固定的时隙轮流分配机制，当某路信号没有数据发送时，对应的时隙就处于空闲状态，这可能会造成信道资源的浪费。为了克服这一缺点，可以采用异步时分多路复用方法。

为了提高设备的利用效率，可以为有大量数据要发送的用户分配较多的时隙，数据量小的用户分配相对较少的时隙，没有数据的用户就不再分配时隙。这种时分多路复用方法称为异步时分多路复用，也称为统计时分多路复用（Statistic Time-Division Multiplexing，STDM）。

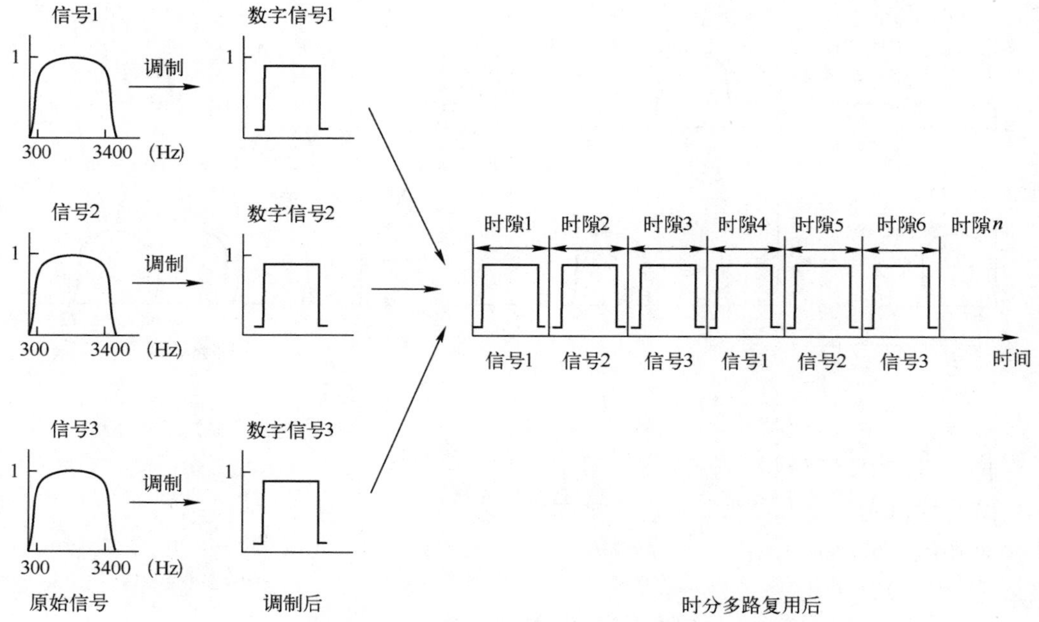

图 5-5 时分多路复用原理示意图

注意，统计时分多路复用也简称为 STDM，与同步时分多路复用相同，需要根据上下文正确区分。在异步时分多路复用系统中，由于时隙与用户（或各路信号）之间没有固定的对应关系，因此必须为每个时隙加上用户的标识，以标记该时隙传输的是哪个用户的数据。因为异步时分多路复用中用户的数据并不是按照固定的时间间隔发送的，所以称为“异步”。异步时分多路复用可以提高信道利用率，主要应用于高速远程通信，现代计算机网络的广域传输大多采用这种复用方式。但是异步时分多路复用也有其不足，例如，技术复杂性比较高、存在需要传输用户标识等额外数据的传输开销等。在异步时分多路复用方式中，每个用户的信息传输速率可以高于平均信息传输速率（即通过多占时隙），最高可达到信道的总信息传输速率。例如，信道数据传输速率为 9600 bit/s，4 个用户的平均数据传输速率为 2400 bit/s，当采用同步时分多路复用时，每个用户的最高数据传输速率为 2400 bit/s；而在统计时分多路复用方式下，每个用户的最高数据传输速率可以达到 9600 bit/s。异步时分多路复用也存在一定的问题，如果每个想使用信道的用户都有数据要传输，但是由于异步时分多路复用不保证每个用户都能得到固定的时隙，就有可能导致由于多个用户访问信道带来的信道共享冲突问题。

3. 波分多路复用

波分多路复用（WDM）简称波分复用，广泛应用于光纤通信中，其实质是一种频分多路复用，只是因为在光纤通信中，光载波频率很高，通常用光的波长代替频率来讨论，所以称为波分多路复用。另外，由于光波在光纤中的传播有其特殊性，因此，通常将波分多路复用从频分多路复用中分离出来讨论。

波分多路复用是指在一根光纤中，传输多路不同波长的光信号，因为波长不同，所以各路光信号互不干扰，最后用波长解复用器将各路波长的光载波分解出来。波分多路复用的原理如图 5-6 所示。

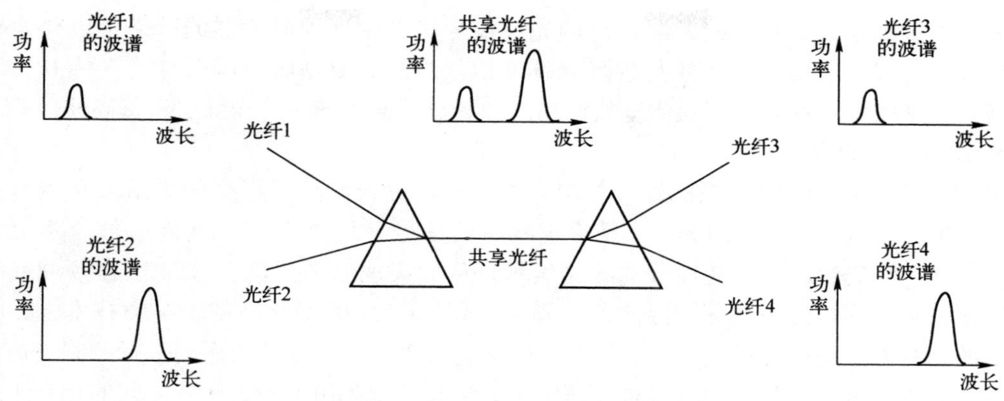

图 5-6　波分多路复用原理示意图

在光纤通信中，为了实现长距离的高速传输，通常采用波分多路复用技术和光纤放大器。目前的掺铒光纤放大器（Erbium Doped Fiber Amplifier，EDFA）不需要进行光电转换，可直接对光信号进行放大，并且在 1550 nm 波长附近有 35 nm 频带范围内可提供的均匀的、最高可达 40～50 dB 的增益。两个光纤放大器之间的线路长度可达 120 km，而光复用器和分用器之间的无光电转换的距离可达 600 km（只需要放入 4 个光纤放大器）。

一个 WDM 的例子如图 5-7 所示，设一根单模光纤传输一路信号的数据速率为 2. 5 Gbit/s，那么图中一共有 8 路信号，则总传输速率为 8×2. 5 Gbit/s = 20 Gbit/s。

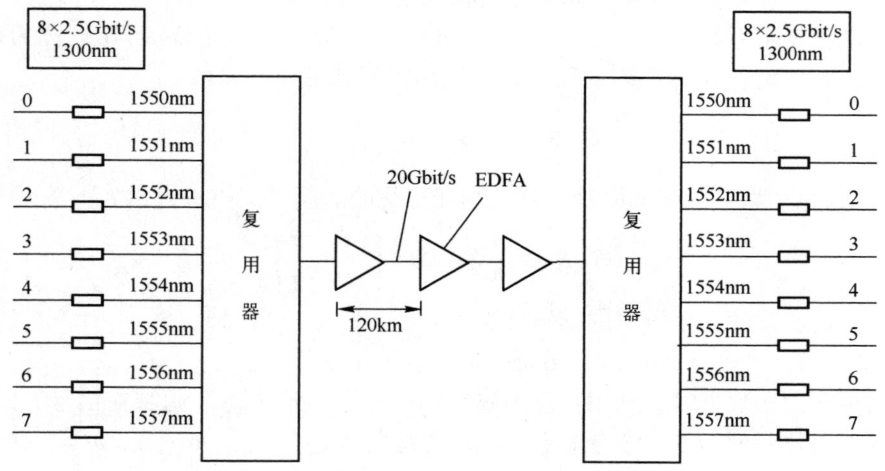

图 5-7　一根单模光纤利用 WDM 进行 8 路信号传输的例子

光纤通信中的波分多路复用技术还包括密集波分复用（Dense Wavelength Division Multiplexing，DWDM）技术。顾名思义，DWDM 的波长划分更密集，复用度更高，信道利用率更高，通信容量更大。在使用 DWDM 的情况下，可以在一根光纤上复用 80 路或更多路的光载波信号。例如，对于具有 100 根传输速率为 2. 5 Gbit/s 的光纤的光缆，采用 16 倍的密集波分复用技术，可以实现的总信息传输速率达 4 Tbit/s。DWDM 实现高速、高容量传输能力的关键技术就是光放大器。光放大器运行在特定光谱频带之上，并根据现有的光纤进行了优化，无须将光信号转换为电信号，直接放大光波信号。实践证明，超宽频带光纤放大器可以有效放大承载100个通道（或者波长）的光波信号，使用这种放大器的网络可以非常轻松地处理太比特级的信息。DWDM是现代光纤通信网络的重要基础，可以有效支持IP、ATM等承载的电子邮件、视频、多媒体、数据和语音等数据通过统一的光纤层进行高速传输。

4. 码分多路复用

码分多路复用（CDM）简称码分复用，通过利用更长的相互正交的码组分别编码各路原始信息的每个码元（比如1 bit），使得编码后的信号（已调信号）在同一信道中混合传输，接收端利用码组的正交特性分离各路信号，从而实现信道共享。CDM不在频域或时域划分，而是从编码域进行划分，因此称为码分复用。CDM的实质是基于扩频技术，即将需要传输的、具有一定信号带宽的信息用一个带宽远大于信号带宽的码序列进行调制，使原信号的带宽得到扩展，经载波调制后再发送出去，接收端则利用不同码序列之间的相互正交的特性，分离特定信号。

假设利用“+1”和“-1”表示二进制码元，码组由N位二进制码元组成。令$\boldsymbol{X}$和$\boldsymbol{Y}$为两个任意码组，$\boldsymbol{X}=(x_1,x_2,\cdots,x_N),\boldsymbol{Y}=(y_1,y_2,\cdots,y_N),x_i,y_i\in(+1,-1),1\leqslant i\leqslant N$。定义两个码组的相关系数为

$$\rho(\boldsymbol{X},\boldsymbol{Y})=\frac{1}{N}\boldsymbol{X}\cdot\boldsymbol{Y}=\frac{1}{N}\sum_{i=1}^{N}x_iy_i \tag{5-11}$$

称$\rho(\boldsymbol{X},\boldsymbol{Y})=0$是码组$\boldsymbol{X}$和$\boldsymbol{Y}$相互正交的充分必要条件。

例如，有4个码组：$\boldsymbol{S}_1=(1,1,1,1)$，$\boldsymbol{S}_2=(1,1,-1,-1)$，$\boldsymbol{S}_3=(1,-1,-1,1)$，$\boldsymbol{S}_4=(1,-1,1,-1)$，很容易验证这4个码组之间相互正交。

在码分多路复用系统中，每个通信站点分配一个唯一的N位码组$\boldsymbol{S}_i$，称为码片序列（Chip Sequence），$\overline{\boldsymbol{S}}_i$为码片序列的反码，且码片序列满足如下关系

$$\rho(\boldsymbol{S}_i,\boldsymbol{S}_j)=\frac{1}{N}\boldsymbol{S}_i\cdot\boldsymbol{S}_j=\begin{cases}1, & i=j\\0, & i\neq j\end{cases} \tag{5-12}$$

即CDM系统为每个站点分配的码片序列是相互正交的。同时，不难得出如下关系

$$\rho(\boldsymbol{S}_i,\overline{\boldsymbol{S}}_j)=\frac{1}{N}\boldsymbol{S}_i\cdot\overline{\boldsymbol{S}}_j=\begin{cases}-1, & i=j\\0, & i\neq j\end{cases} \tag{5-13}$$

例如，如前所述的4个码组的反码分别为$\overline{\boldsymbol{S}}_1=(-1,-1,-1,-1)$，$\overline{\boldsymbol{S}}_2=(-1,-1,1,1)$，$\overline{\boldsymbol{S}}_3=(-1,1,1,-1)$，$\overline{\boldsymbol{S}}_4=(-1,1,-1,1)$，不难验证式（5-13）的成立。

每个站点在发送数据时，利用自己的码片序列对原码元序列（调制前信号）进行编码。假设某站点的码片序列为$\boldsymbol{S}$，待传输原始码元序列为$\{b_i\}=(b_1,b_2,b_3\cdots)$，$b_i\in(+1,-1)$，$i=1,2,3\cdots$，编码后码元序列$\{a_i\}$为

$$\{a_i\}=\{b_i\boldsymbol{S}\},\quad i=1,2,3\cdots \tag{5-14}$$

显然，有

$$a_i=\begin{cases}\boldsymbol{S}, & \text{如果 } b_i=+1\\\overline{\boldsymbol{S}}, & \text{如果 } b_i=-1\end{cases}\quad i=1,2,3\cdots \tag{5-15}$$

可见，当站点发送原始二进制码元“+1”时，实际发送的是其码片序列；当发送“-1”时，实际发送的是其码片序列的反码。

在CDM编码方式中，如果每秒发送原始信息b位，则实际需要每秒发送的信息量为Nb位，因此，只有可用带宽也增加到原来的N倍，该方案才是可行的。因此CDM为一种扩频

的通信形式。

CDM 并不进行频率或时间的划分，因此每个站点都使用相同的载波调制发送信号。当多个站点同时发送信号时，这些信号在信道中相互叠加。假设某个时刻有 M 个站点发送信号，每个站点的码片序列为 $\boldsymbol{S}_i$，$i=1,2,3,\cdots,M$，各站点时间同步，则信道中的合成信号可以表示为

$$\boldsymbol{P}=\sum_{i=1}^{M}\overset{(-)}{\boldsymbol{S}_i} \tag{5-16}$$

即叠加信号是由这些站点的码片序列或者码片序列反码叠加而成的。

由于码片序列之间存在相互正交关系，因此，当接收端需要接收站点 i 的数据时，接收端首先需要获取该站点的码片序列 $\boldsymbol{S}_i$，然后在一个码片序列周期内执行如下运算，提取站点 i 发送的 1 bit 原始信息（或无信息）

$$\frac{1}{N}\boldsymbol{S}_i\cdot\boldsymbol{P}=\begin{cases}1 & \boldsymbol{S}_i\in\boldsymbol{P}\\-1 & \overline{\boldsymbol{S}}_i\in\boldsymbol{P}\\0 & \boldsymbol{S}_i,\overline{\boldsymbol{S}}_i\notin\boldsymbol{P}\end{cases} \tag{5-17}$$

即运算结果为 1，表明站点 i 发送了一位“1”；结果为-1，表明站点 i 发送了一位“-1”；结果为 0，表明站点 i 未发送任何信息。

采用多路复用技术实现多个用户共享物理链路的多路访问控制协议称为信道划分协议。根据采用的多路复用技术的不同，信道划分 MAC 协议主要包括 FDMA、TDMA、WDMA 和 CDMA 等。在命名上，它们与对应的多路复用技术有一些差异，多了一个“A”。信道划分 MAC 协议 FDMA、TDMA、WDMA 和 CDMA 与对应的多路复用技术 FDM、TDM、WDM 和 CDM 在本质上没有不同，只是命名角度不同而已。

二、随机访问 MAC 协议

随机访问 MAC 协议就是所有用户都可以根据自己的意愿随机地向信道上发送信息，如果一个用户在发送信息期间没有其他用户发送信息，则该用户信息发送成功，如果两个或两个以上的用户都在共享信道上发送信息，则产生冲突或碰撞（Collision），导致用户信息发送失败，每个用户随机退让一段时间后，再次尝试，直至成功。可见，随机访问实际上就是争用接入，竞争胜利者可以暂时占用共享信道来发送信息，竞争失败者随机等待一段时间，再次竞争，直至竞争成功。随机访问协议的特点是：站点可随时发送数据，争用信道，容易发生冲突，需要消解冲突的机制，但能够灵活适应站点数目及其通信量的变化。典型的随机访问 MAC 协议有 ALOHA、载波监听多路访问协议以及带冲突检测的载波监听多路访问协议等。

1. ALOHA 协议

ALOHA 协议是 20 世纪 70 年代在夏威夷大学由 Norman Abramson 及其同事发明的，也是最早、最基本的无线数据通信协议。ALOHA 系统的最初设计是实现分散在夏威夷群岛的通信站点（计算机）与中心计算机之间的一点对多点的数据通信。ALOHA 系统的通信站点随机接入共享信道（天空），利用相同载波频率，通过分组无线电系统广播数据帧，任何两个或两个以上的站点，以相同的频率同时广播帧，都将使信号遭到破坏，导致数据传输失败。ALOHA 协议就是在该系统中用于解决无线共享信道的共享接入问题的协议，是一种典

型的随机多路访问控制协议。ALOHA 系统的一般模型如图 5-8 所示，其中总线信道是对共享信道的抽象，各通信站点的通信，基于 ALOHA 协议随机竞争接入信道。

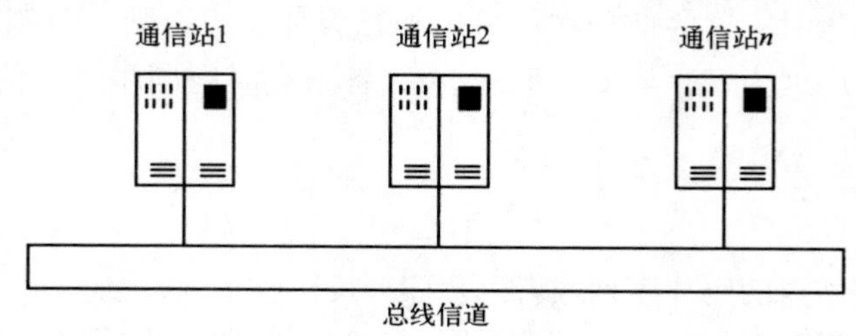

图 5-8　ALOHA 系统的一般模型

ALOHA 协议分为纯 ALOHA 和时隙 ALOHA 两种。

（1） 纯 ALOHA

纯 ALOHA 协议的工作原理非常简单：任何一个站点要发送数据，就可以直接发送至信道。发送站在发出数据后需要对信道侦听一段时间。通常，这个时间为电波传到最远端的站点后再返回本站所需的时间。如果在这段侦听时间里收到接收站发来的应答信号，就说明发送成功，否则说明数据帧遭到破坏（发生冲突），等待一个随机时间后再进行重发，如果再次冲突，则继续等待一个随机时间，直到重发成功为止。

下面分析一下 ALOHA 协议的性能。

假设帧长度固定，通信站数量不限，并按泊松分布产生新帧，当发生碰撞后重传时，新旧帧共传 k 次，也服从泊松分布。对于 ALOHA 协议，主要定义了以下两个参数来描述信道的效率。

1） 吞吐量㊀ S，又称为吞吐率，等于在一帧的发送时间 T_0（简称帧时（Frame Time））内成功发送的平均帧数。显然，$0<S<1$，而 $S=1$ 是极限情况。当 $S=1$ 时，帧会一个接一个地被发送出去，帧与帧之间没有间隔。当然，在多个通信站随机发送帧时，这种情况几乎是不可能发生的，但是，可以用 S 接近于 1 的程度来衡量信道的利用率。

2） 网络负载 G，表示在一帧的发送时间 T_0 内发送的平均帧数，包括发送成功的帧和因冲突未发送成功而重发的帧。显然，$G \geqslant SG$，因此，只有在不发生冲突时，才有 $G=S$。

Abramson 在 1970 年给出了纯 ALOHA 协议的吞吐量与网络负载的关系式

$$S=Ge^{-2G} \tag{5-18}$$

根据式（5-18），可以得到纯 ALOHA 的吞吐量与网络负载的关系曲线，如图 5-9 所示。

从图 5-9 中可以看出，当 $G=0.5$ 时，信道利用率 S 最高，约为 18.4%；当 $G>0.5$ 时，S 反而降低，也就是说，进入了不稳定区域，这主要是冲突增加造成的。可见，在纯 ALOHA 系统中，网络负载不能大于 0.5。

（2） 时隙 ALOHA

时隙 ALOHA 的基本思想是，把信道时间分成离散的时隙（Slot），每个时隙为发送一帧所需的发送时间，每个通信站只能在每个时隙开始时刻发送帧，如果在一个时隙内发送帧出

㊀ 注意：这里的“吞吐量”定义与第一章中提到的吞吐量定义不同。

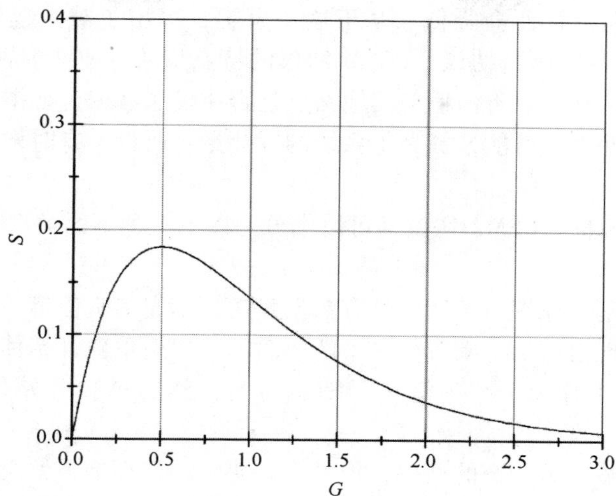

图 5-9　纯 ALOHA 的吞吐量与网络负载的关系曲线

现冲突，那么下一个时隙以概率 P 重发该帧，以概率 $1-P$ 不发送该帧（等待下一个时隙），直到帧发送成功为止。显然，P 不能为 1，否则协议会死锁。时隙 ALOHA 协议需要所有通信站在时间上同步。

类似于纯 ALOHA 协议，可以得到时隙 ALOHA 协议的吞吐量 S 与网络负载 G 的关系式

$$S=Ge^{-G} \tag{5-19}$$

当 $G=1$ 时，$S=S_{max}\approx 0.368$。可见，时隙 ALOHA 协议的冲突危险区约是纯 ALOHA 的一半，与纯 ALOHA 协议相比，降低了产生冲突的概率，最大信道利用率约为 36.8%。纯 ALOHA 协议和时隙 ALOHA 协议的吞吐量与网络负载的关系曲线如图 5-10 所示。

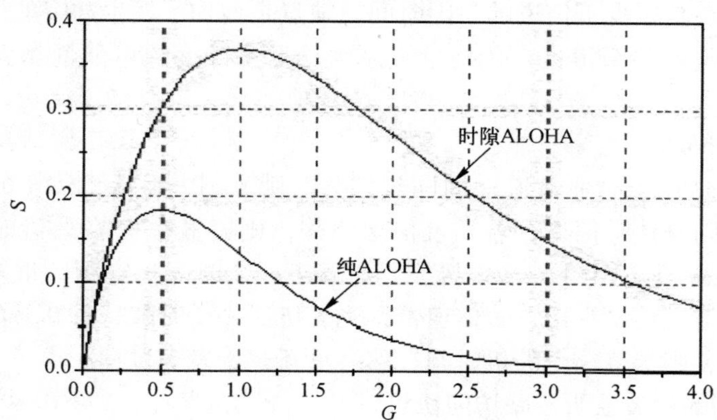

图 5-10　纯 ALOHA 协议和时隙 ALOHA 协议的吞吐量与网络负载的关系曲线

2. 载波监听多路访问协议

尽管时隙 ALOHA 协议，通过同步各个通信站发送时间的方式，相对纯 ALOHA 协议提高了信道的利用率，但是最高约 36.8%的利用率仍不能令人满意。在此基础上，人们分析总结了 ALOHA 协议的一个根本问题：无论信道是否空闲，都进行发送，这会大大增加冲突的可能性。在发送帧之前，若能先判断一下信道是否空闲，如果空闲，则发送帧，否则推迟

发送，那么，冲突的可能性便会降低。基于这一思想，提出了载波监听多路访问（Carrier Sense Multiple Access，CSMA）协议。CSMA 协议的特点是通过硬件装置，即载波监听装置，使通信站在发送数据之前，监听信道上其他站点是否在发送数据，如果在发送，则暂时不发送，从而减少了发生冲突的可能，提高了系统的吞吐量。所以，有时候又称 CSMA 的工作方式为“先听后说”。

根据监听策略的不同，CSMA 协议又可以细分为以下三种不同类型。

（1）非坚持 CSMA

非坚持 CSMA 的基本原理：若通信站有数据发送，则先侦听信道；若发现信道空闲，则立即发送数据；若发现信道忙，则等待一个随机时间，然后重新开始侦听信道，尝试发送数据；若发送数据时产生冲突，则等待一个随机时间，然后重新开始侦听信道，尝试发送数据。

该协议的优点是减少了冲突的概率；但是，该协议在发现信道忙时，需要延迟一个随机时间，当再次侦听之前，很有可能信道已经空闲，这增加了信道的空闲时间，数据发送延迟增大。同时，当某个通信站再次侦听时，也有可能其他站点“捷足先登”，抢先占用了空闲的信道，导致该通信站发送延迟增大，极端情况下甚至始终无法获得对信道的使用权。

（2）1-坚持 CSMA

1-坚持 CSMA 的基本原理：若通信站有数据发送，则先侦听信道；若发现信道空闲，则立即发送数据；若发现信道忙，则继续侦听信道，直至发现信道空闲，然后立即发送数据。

对于 1-坚持 CSMA，可能会出现两个或多个通信站同时侦听信道的情况，一旦这些通信站均发现信道空闲，则它们都会马上发出数据帧，这种情况就会产生冲突，发现冲突后，通信站会等待一个随机时间，然后重新开始发送过程。

这个协议的优点是减少了信道的空闲时间；缺点是增加了发生冲突的概率，而且，冲突的概率和信号传播延迟关系很大，传播延迟越大，发生冲突的可能性越大，协议性能就会越差。

（3）P-坚持 CSMA

P-坚持 CSMA 适用于时隙信道（即同步划分时隙）。P-坚持 CSMA 的基本原理：若通信站有数据发送，则先侦听信道；若发现信道空闲，则以概率 P 在最近时隙开始时刻发送数据，以概率 $Q=1-P$ 延迟至下一个时隙发送，若下一个时隙仍空闲，重复此过程，直至数据发出或时隙被其他通信站占用；若信道忙，则等待下一个时隙，重新开始发送过程；若发送数据时发生冲突，则等待一个随机时间，然后重新开始发送过程。

3. 带冲突检测的载波监听多路访问协议

由前面的分析可知，CSMA 即使在发送前进行监听，也会在发送数据时产生冲突。当两个帧发生冲突时，不仅导致两个数据帧都被破坏，也会使得信道无法被其他站点所使用，因此，在冲突发生时，继续传输数据帧是对信道的很大浪费。最好的办法就是，一旦发现冲突，所有通信站都立即停止继续发送数据。这就需要通信站在发送数据的同时，还要监听信道，这就是 CSMA/CD 协议，其中 CD 表示冲突检测（Collision Detection）。CSMA/CD 可以理解为“先听后说，边说边听”。

CSMA/CD 的基本原理是，通信站使用 CSMA 协议进行数据发送；在发送期间，如果检测到碰撞，立即终止发送，并发出一个冲突强化信号，使所有通信站都知道冲突的发生；在发出冲突强化信号后，等待一个随机时间，再重复上述过程。因此，CSMA/CD 的工作状态可以分为传输周期、竞争周期和空闲周期，如图 5-11 所示。

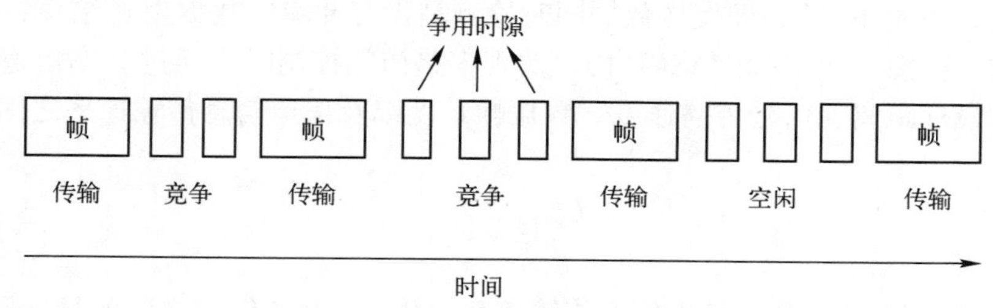

图 5-11　CSMA/CD 的概念模型图

信道有以下三种状态。

- 传输状态：一个通信站使用信道，其他站禁止使用。
- 竞争状态：所有通信站都有权竞争对信道的使用权。
- 空闲状态：没有通信站使用信道。

CSMA/CD 仍然会存在冲突，主要原因是信号传播时延。一个通信站发出的信号，需要经过一定的延迟才能到达其他站，而在信号到达其他站之前，如果某通信站此时也有数据发送，那么侦听信道的结果则依然为信道“空闲”，于是发送数据，冲突便发生了。这一过程的原理示意图如图 5-12 所示。

可以看出，在 t_0时刻，通信站 B 检测到信道空闲，发出信号，注意，信号是以广播形式向信道两侧同时传播的，在 t_1时刻，B 发出的信号还没有传播到通信站 D 所在的位置；因此，通信站 D 检测信道的结果为“空闲”，于是 D 发出信号。最终，B 和 D 的数据帧因发生冲突而被破坏，如果不及时停止发送数据，后续数据的发送则一直在浪费信道，导致信道利用率严重下降。CSMA/CD 的“冲突检测”实现了“边说边听”，即发送数据同时检测是否发生冲突，一旦冲突的信号被通信站检测到，双方都立即停止发送，并发出冲突强化信号，致使各通信站尽快停止后续数据的发送，减少信道的浪费，提高信道利用率。CSMA/CD 基本原理如图 5-13 所示。

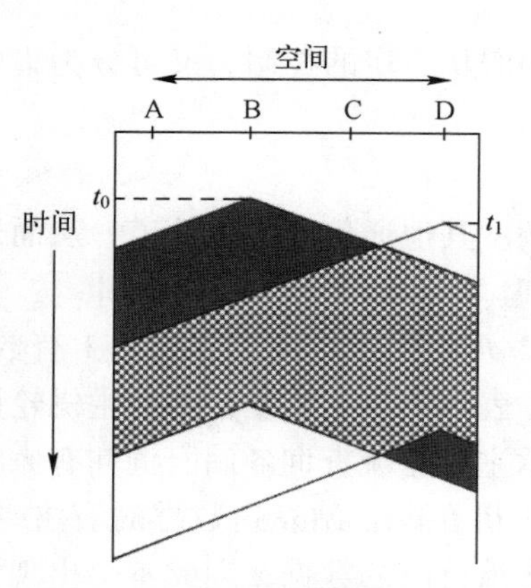

图 5-12　传播延迟导致冲突的原理示意图

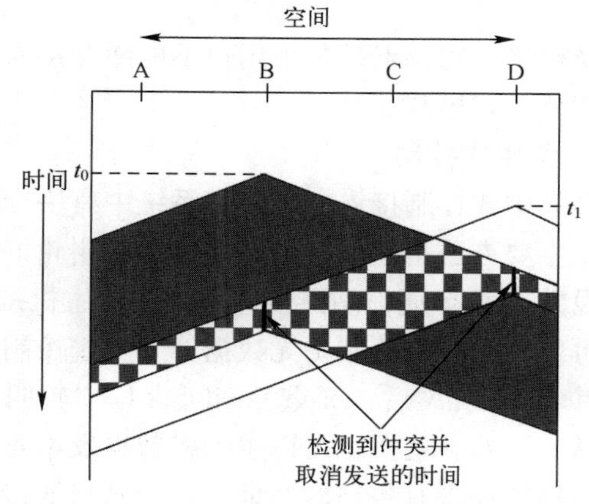

图 5-13　CSMA/CD 冲突检测与终止发送示意图

CSMA/CD 协议是通过检测信道中信号强度来判断是否发生冲突的，因此该协议适用于有线信道，不适用于无线信道。另外，为了能够准确检测是否存在冲突，CSMA/CD 协议需要在发送数据同时检测是否发生冲突，数据发送结束，冲突检测就结束。这一特性可以概括为“边发边听，不发不听”，即发送数据同时检测是否有冲突，数据发送结束，冲突检测结束。考虑到这一特性，使用 CSMA/CD 协议实现多路访问控制时，通过共享信道通信的两个通信站之间的最远距离、信号传播速度、数据帧长度以及信道信息传输速率之间要满足下列约束关系

$$\frac{L_{\min}}{R} \geqslant \frac{2D_{\max}}{v} \tag{5-20}$$

式中，$L_{\min}$为数据帧最小长度，R 为信息传输速率，$D_{\max}$为两通信站之间的最远距离，v 为信号传播速度。

为了理解式（5-20），可以考虑图 5-13 中通信站 A 与 D 之间通信的最坏情况。通信站 A 与 D 分别位于信道的最远两端，距离为 $D_{\max}$，信号传播速度为 v，则 $\tau=D_{\max}/v$ 为单向传播延迟。假设在 t_0时刻，A 发出数据帧，在数据帧即将到达 D 时，所花费的时间为 $\tau-\varepsilon$，ε 是一个极小值，此时通信站 D 检测信道为“空闲”而发出数据帧，产生冲突，在 $t_0+\tau$ 时刻，通信站 D 检测到这个冲突，并发出“冲突强化”信号，这个信号同样需要时间才能到达 A。也就是说，从 A 发出数据帧到冲突强化信号到达，总共的时间花费为 2τ，也就是通信站 A 必须在 2τ 时间内持续发出数据（信号）才能检测到这个冲突，所以，通信站 A 的最小数据帧发送时间需要不小于 2τ，于是有了式（5-20）。

【例 5-4】 在一个采用 CSMA/CD 协议的网络中，传输介质是一根完整的电缆，数据传输速率为 1 Gbit/s，电缆中的信号传播速度是 200000 km/s。若最小数据帧长度减少 800 bit，则最远的两个站点之间的距离至少需要减少多少？

【解】 题中 R = 1 Gbit/s，v = 200000 km/s，为不变量，根据 $L_{\min}/R=2d/v$，有 $d=(v/(2R))\times L_{\min}$，于是 $\Delta d=(v/(2R))\times\Delta L_{\min}$，令 $\Delta L_{\min}=-800\,\text{bit}$，则可得 $\Delta d=-80\,\text{m}$，故若最小数据帧长度减少 800 bit，则最远的两个站点之间的距离至少需要减少 80 m。

CSMA/CD 的性能要优于普通的 CSMA 协议，以太网的 MAC 协议就是 CSMA/CD。

三、受控接入 MAC 协议

受控接入的特点是各个用户不能随意接入信道而必须服从一定的控制，又可分为集中式控制和分散式控制。

1. 集中式控制

在集中式控制接入方式中，系统中有一个主机负责调度其他通信站接入信道，从而避免冲突。主要方法是轮询技术，又分为轮叫轮询和传递轮询。

设共有 N 个通信站连接共享线路。主机按顺序从站 1 开始逐个轮询，如果站 1 有数据，则即可发给主机，若站 1 无数据，则发送控制帧给主机，表示无数据可发；然后主机轮询站 2，在询问完站 N 后，又重复询问站 1。“轮叫轮询”表示主机轮流查询各站，询问有无数据要发送。当然，主机也可以主动将数据发给各站。由于主机在向各站发送数据时有主动权，且其数据帧均带有各站的地址，每个站只能接收主机发送给自己的数据，因此不会出现混乱现象。

这种轮叫轮询方法存在一个较大的缺点，即轮询帧在共享线路上不停地循环往返，形成了较大的开销，增加了帧发送的等待时延。为了克服这一缺点，可以采用传递轮询方法。图 5-14 所示为传递轮询工作原理示意图，主机先向站 N 发出轮询帧，站 N 在发送数据后或告诉主机没有数据发送时，即将其相邻站（站 $N-1$）的地址附上。从站 1 到站 $N-1$，都各有两条输入线，一条用来接收主机发来的数据，另一条则用来接收允许该站发送数据的控制信息。可以看出，当站 N 向主机发送数据时，站 1 至站 $N-1$ 都可以检测到线路上有数据在发送。因为这些数据的地址是指向主机的，所以站 1 至站 $N-1$ 都不接收这些数据。然而，当站 $N-1$ 检测到自己的地址时，知道站 N 把发送权转移到本站，于是站 $N-1$ 就开始向主机发送数据，如此下去，当站 1 发完数据时，将主机的地址附上，当发送权重新回到主机时，一个循环就会结束，即刻开始下一个循环。

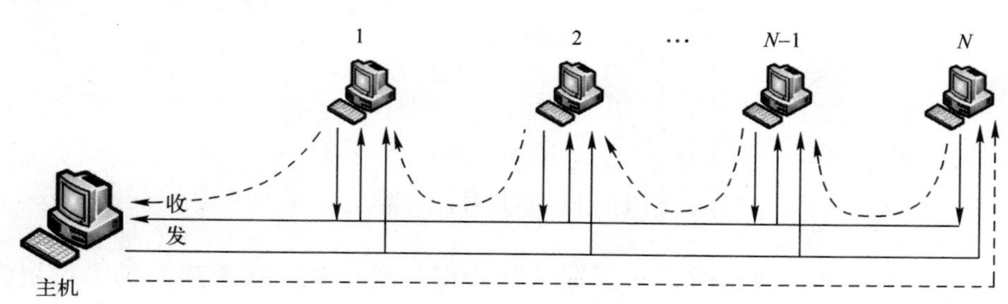

图 5-14　传递轮询工作原理示意图

集中式控制的好处是可以确保每个通信站最终都能获得对信道的使用权，但是缺点也是显而易见的，即一旦主机出现问题，那么整个网络就会陷入瘫痪，因此，在现代网络中，更倾向于采用随机接入或分散式控制方式。

2. 分散式控制

比较典型的分散式控制方法是令牌技术。令牌（Token）是一种特殊的帧，它代表了通信站使用信道的许可，在信道空闲时，一直在信道上传输，如果一个通信站想发送数据，就必须首先获得令牌，然后在一定时间内发送数据，在发送完数据后，重新产生令牌并发送到信道上，以便其他通信站使用信道。

最典型的使用令牌实现多路访问控制的是令牌环网（简称令牌环），其结构如图 5-15 所示。

虽然由点对点链路构成的环路不是真正意义上的广播媒介，但环上传输的数据帧仍能被所有的站点接收到，而且任何时刻仅允许一个站点发送数据，因此，同样存在发送权竞争问题。为了解决竞争问题，可以使用一个称为令牌的特殊比特模式，使其沿着环路循环，并且规定只有获得令牌的站点才有权发送数据帧，完成数据发送后立即释放令牌以供其他站点使用。由于环路中只有一个令牌，因此任何时刻最多只有一个站点发送数据，不会产生冲突，而且令牌环上各站点均有机会获取令牌。

令牌环的主要操作过程如下。

➢ 在网络空闲时，只有一个令牌在环路上绕行。令牌中包含一位“令牌/数据帧”标志位，标志位为“0”表示该令牌为可用的空令牌，标志位为“1”表示有站点正占用令牌来发送数据帧。

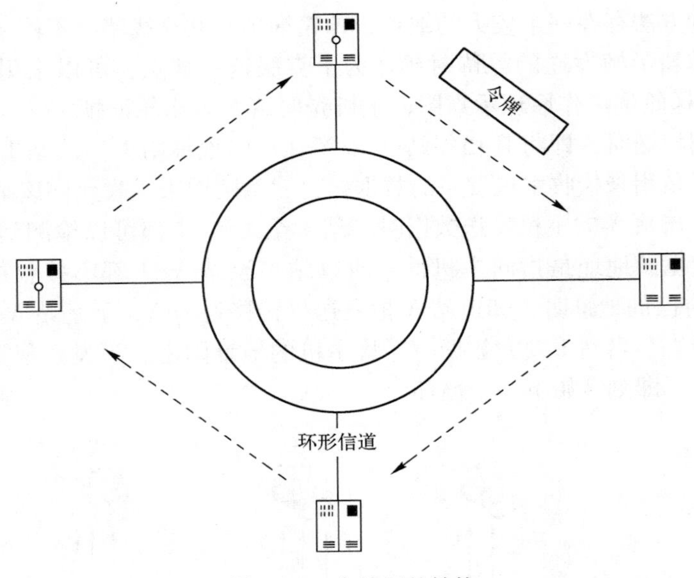

图 5-15　令牌环的结构

➢ 当一个站点要发送数据时，必须等待并获得一个令牌，将令牌的标志位置为“1”，随后便可发送数据。
➢ 环路中的每个站点边转发数据，边检查数据帧中的目的地址，若为本站点的地址，便读取其中所携带的数据。
➢ 当数据帧绕环一周后返回时，发送站将其从环路上撤销，即“自生自灭”。同时，根据返回的有关信息，确定所传数据有无出错。若有错，则重发存于缓冲区中的待确认帧，否则释放缓冲区中的待确认帧。
➢ 发送站点在完成数据发送后，会重新产生一个令牌并传至下一个站点，以使其他站点获得发送数据帧的许可权。

在采用令牌方式的分散式控制协议中，最重要的就是对令牌的维护。令牌本身就是位串，绕环传递过程中也可能受干扰而出错，造成环路上无令牌循环的错误；另外，当某站点发送数据帧后，由于故障而无法将所发的数据帧从网上撤销时，又会造成网上数据帧持续循环的错误。令牌丢失和数据帧无法撤销是环网上非常严重的两种错误，可以通过在环路上指定一个站点作为主动令牌管理站，解决这些问题。主动令牌管理站通过一种超时机制来检测令牌丢失情况，该超时值比最长帧完全遍历环路所需的时间还要长一些。如果在该时段内没有检测到令牌，便认为令牌已经丢失，管理站将清除环路上的数据碎片，并发出一个令牌。为了检测到一个持续循环的数据帧，管理站在经过的任何一个数据帧上置其监控位为“1”，如果管理站检测到一个经过的数据帧的监控位已经置为“1”，便知道有某个站未能清除自己发出的数据帧，管理站将清除环路的残余数据，并发出一个令牌。

三类 MAC 协议各有特点，在不同情形下也表现为不同性能特点。

信道划分 MAC 协议的特点是将信道资源分配给不同用户，每个用户独占分配给他的资源，不会与其他用户冲突。因此，如果网络负载重，则信道划分 MAC 协议的信道利用率最高，接近 100%。但是，如果网络负载比较轻，则信道划分 MAC 协议的信道利用率比较低。

由于随机访问 MAC 协议存在冲突的可能，因此，当网络负载重时，会有冲突开销，信道资源利用率较低，当网络负载轻时，较少或几乎不发生冲突，信道资源利用率高。另外，随机访问 MAC 协议通常都比较简单，易于实现。

受控接入 MAC 协议综合了信道划分 MAC 协议与随机访问 MAC 协议的优点，通过信道预约的方法，结点获得使用权之后才发送数据。一方面，不需要信道资源划分，每个结点在传输数据时可以使用全部信道资源，另一方面，通过信道预约机制，确保不会出现两个及两个以上结点同时发送数据的情况，也就不会发生冲突。受控接入 MAC 协议主要不足包括：信道预约开销，比如需要传递令牌、传递轮询帧等；等待时间问题，即当结点期望发送帧时，通常不能马上发送，需要在获得信道使用权后才能发送，比如捕获令牌成功等。

第四节　局　域　网

局域网（LAN）是局部区域网络，其特点是覆盖面积较小，网络传输速率高，传输误码率低。局域网拓扑类型主要包括星形拓扑、总线型拓扑、环形拓扑等（参见图 1-2），目前比较多见的局域网拓扑有星形拓扑以及以星形拓扑为基础的树形拓扑，例如，最常见的以太网在多数情况下都是这类网络拓扑结构。

为了使数据链路层更好地适应多种局域网标准，IEEE 802 委员会将局域网的数据链路层拆分为两个子层：逻辑链路控制（LLC）子层（即 IEEE 802.2 标准）和介质访问控制（MAC）子层。与介质访问控制有关的内容都放在 MAC 子层，而 LLC 子层则与传输媒介无关，它的工作是面向网络层，隐藏 802 系列协议之间的差异，即不管采用何种协议的局域网对 LLC 子层来说都是透明的。由于 TCP/IP 体系结构的网络（如 Internet）经常使用的局域网是以太网（Ethernet），因此现在 IEEE 802 委员会制定的 LLC 子层的作用已经不大了，基本上已名存实亡。事实上，很多厂商生产的网络适配器上就仅装有 MAC 协议而没有 LLC 协议。

一、数据链路层寻址与 ARP

数据链路层的帧，需要携带发送帧的结点的数据链路层地址，以及接收帧的结点的数据链路层地址，标识帧的发送方与接收方。尤其在广播链路中，帧中的这两个地址必不可少，结点需要根据帧中的地址判断该帧是否是发送给自己的。接下来，将介绍数据链路层寻址，以及实现网络层地址（IP 地址）与数据链路层地址映射的地址解析协议（ARP）。

1. MAC 地址

事实上，并不是主机或路由器具有数据链路层地址，而是它们的网络适配器（即网卡）具有数据链路层地址（或者称为 MAC 地址、物理地址或局域网地址等），该地址用来标识局域网中的结点或网络接口。因此，具有多个网络接口的主机或路由器将具有与之相关联的多个数据链路层地址，就像有与之相关联的多个 IP 地址一样，每个接口对应一个 MAC 地址。需要注意的是，数据链路层交换机[㊀]的接口没有相关联的数据链路层地址，因为数据链路层交换机的任务是在主机之间或主机与路由器之间，“透明”地实现数据链路层帧的选择性转发，也就是说，没有任何一个帧的目的是发送给交换机的某个端口的。事实上，交换机

㊀ 即第二层交换机。在本书中，如果不加以特殊说明，那么，在提到交换机时，指的就是第二层交换机。

的每个端口都工作在混杂模式下，即任何一个帧都会被端口接收，至于如何转发这个帧，则由交换机查找交换表后进行决策处理。大多数局域网，例如常见的以太网和 IEEE 802.11 无线局域网等，使用的 MAC 地址长度为 6 字节，共有 2^{48} 个可能的 MAC 地址。如图 5-16 所示，6 字节的 MAC 地址通常采用十六进制表示法，即每个字节表示为一个十六进制数，然后用“-”或“:”将 6 个十六进制数连接起来，例如 MAC 地址 00-2A-E1-76-8C-39 或 00:2A:E1:76:8C:39。MAC 地址的最初分配方案是每块网卡固化（在 ROM 中）一个固定不变的 MAC 地址，但是目前很多网卡支持用软件修改其 MAC 地址。当然，在一个局域网内，修改后的 MAC 地址必须确保唯一。为了讨论方便，在本书中，我们仍然假设网络适配器的 MAC 地址是固定不变的。

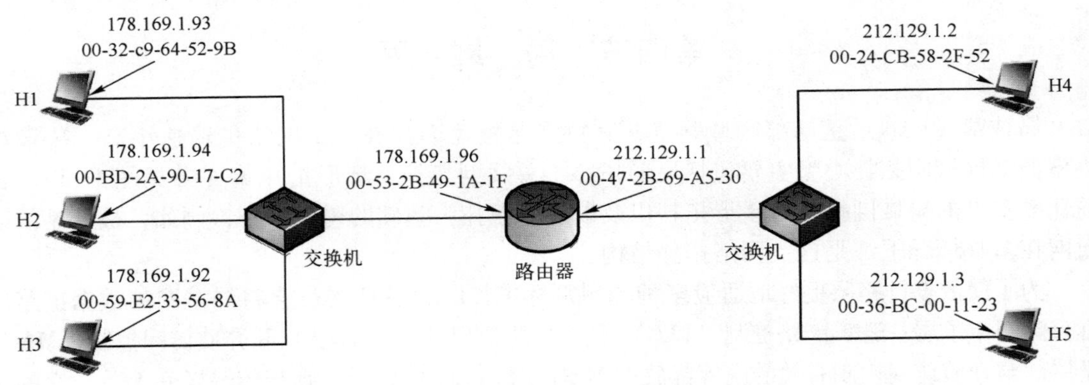

图 5-16　局域网中每个主机和路由器接口的 IP 地址与 MAC 地址

MAC 地址具有唯一性，即两块网络适配器必须具有不同的 MAC 地址。那么，如何确保全球不同公司生产的网络适配器的 MAC 地址是唯一的呢？解决方案就是，MAC 地址空间的分配由 IEEE 统一管理。当一个公司要生产网络适配器时，首先需要向 IEEE 象征性地支付少量费用，购买一个包含 2^{24} 个地址的 MAC 地址块。IEEE 分配 MAC 地址的方式是：为该公司分配一个前 24 bit 固定的 MAC 地址块，让该公司为其生产的每个网络适配器分配后 24 bit，这样就可以确保每块网络适配器的 MAC 地址的唯一性。考虑到可能有人不愿意购买 MAC 地址块，IEEE 还规定地址字段的第一个字节的倒数第二位为 G/L 位，表示 Global/Local，当 G/L 位为 1 时，表示本地管理，即用户可自行分配 MAC 地址；当 G/L 位为 0 时，表示全球管理，即保证了 MAC 地址的全球唯一性。但需要指出的是，以太网几乎不理会 G/L 位。

网络适配器的 MAC 地址具有“扁平”结构，无论到哪里，都不会发生改变，都是唯一有效的，类似于人的身份证号。与之形成对比的网络层 IP 地址，则具有层次结构，会随着主机的迁移而发生相应的变化，因为当主机连接到不同 IP 子网中时，主机的 IP 地址需要描述对于不同子网的归属关系，IP 地址类似于邮政地址。每台主机都具有一个网络层地址和一个 MAC 层地址，就像人的身份证号和邮政地址一样，在不同层次发挥作用。

当某网络适配器要向某目的网络适配器发送一个帧时，发送网络适配器将目的网络适配器的 MAC 地址设置为该帧的目的 MAC 地址，并将该帧发送到局域网上。当网络适配器接收到一个帧时，检查该帧中的目的 MAC 地址是否与它自己的 MAC 地址匹配，如果匹配，则提取出封装的数据报，并将该数据报沿协议栈向上层协议提交；如果不匹配，则丢弃该帧。这样，网络适配器只有收到该适配器需要接收的帧，才会向主机发送中断请求，主机才需要分配计算资源（如 CPU）来处理该帧承载的上层协议的数据报（如 IP 数据报）。网络适配器偶尔也会接收到目的 MAC 地址与自己的 MAC 地址不匹配的帧，因为交换机在没有学习到应该如何转发该帧的时候，会将这个帧广播到它的所有接口。

有时某网络适配器可以主动发送一个特殊的广播帧，让局域网上其他所有的适配器都来接收并处理该广播帧。广播帧的目的 MAC 地址字段为特殊的 MAC 广播地址。在使用 6 字节 MAC 地址的局域网（例如以太网和 IEEE 802.11 无线局域网）中，MAC 广播地址是 48 位全部为 1 的地址，即 FF-FF-FF-FF-FF-FF。所以，如果网络适配器接收到的帧的目的 MAC 地址与自己的 MAC 地址匹配，或者目的 MAC 地址为 FF-FF-FF-FF-FF-FF（广播地址），则接收并处理该帧，否则丢弃该帧。

2. 地址解析协议

地址解析协议（Address Resolution Protocol，ARP），用于根据本网内目的主机或默认网关的 IP 地址获取其 MAC 地址。ARP 的基本思想：在每台主机中设置专用内存区域，称为 ARP 高速缓存（也称为 ARP 表），存储该主机所在局域网中其他主机和路由器（即默认网关）的 IP 地址与 MAC 地址的映射关系，并且这个映射表要经常更新。ARP 通过广播 ARP 查询报文，询问某目的 IP 地址对应的 MAC 地址，即知道本网内某主机的 IP 地址，可以查询到其 MAC 地址。

下面以图 5-16 所示的简单网络为例，分析 ARP 的工作过程。每台主机和路由器（接口）都分别有一个 IP 地址与一个 MAC 地址。现在假设主机 H1 要向主机 H3 发送 IP 数据报，则该数据报的源 IP 地址为 178. 169. 1. 93，目的 IP 地址为 178. 169. 1. 95，均属于同一子网，所以主机 H1 知道可以将该 IP 数据报封装到数据链路层帧中，直接发送给 H3。为此，源主机 H1 需要将 IP 数据报交付给本机的网络适配器，并且向网络适配器提供目的主机 H3 的 MAC 地址 00-59-E2-33-56-8A，H1 的网络适配器构造一个以 00-59-E2-33-56-8A 为目的 MAC 地址的数据链路层帧，然后发送出去。那么，H1 在已知 H3 的 IP 地址为 178. 169. 1. 95 的前提下，如何确定其 MAC 地址呢？答案就是通过 ARP 查询获得。每个主机和路由器都有一个 ARP 模块（即实现 ARP 的软件实体），ARP 模块可以同一局域网内任何主机的 IP 地址作为输入，然后返回其对应的 MAC 地址。也就是说，H1 向它的 ARP 模块提供 H3 的 IP 地址 178. 169. 1. 95，H1 的 ARP 模块就可以返回 H3 的 MAC 地址 00-59-E2-33-56-8A。此时，ARP 将一个 IP 地址解析为一个对应的 MAC 地址。接下来，让我们看看 ARP 是如何工作的。

每台主机或路由器在其内存中都有一个 ARP 表，存储从 IP 地址到 MAC 地址的映射关系。表 5-4 为主机 H1（178. 169. 1. 93）某时刻可能的 ARP 表。ARP 表中还包含一个存活时间（TTL），指示从表中删除该映射的时间。注意，ARP 表不必包含子网上每台主机和路由器接口之间的映射；某些映射可能从未进入该主机的 ARP 表中，某些映射可能由于过期而被删除了。从一个表项（即映射）添加到 ARP 表中开始，通常过期时间是 20 分钟。

表 5-4 主机 H1（178. 169. 1. 93）某时刻可能的 ARP 表

IP 地址	MAC 地址	TTL
178. 169. 1. 96	00-53-2B-49-1A-1F	13:45:00
178. 169. 1. 94	00-BD-2A-90-17-C2	13:52:00

继续上面的例子，当主机H1要向H3发送一个IP数据报时，H1首先检索其ARP表。如果H1的ARP表中有关于H3的IP地址（178.169.1.95）的表项，则直接返回该表项的MAC地址，作为H3的MAC地址。如果H1的当前ARP表中，没有关于H3的IP地址（178.169.1.95）的表项，则H1利用ARP来解析H3的IP地址（178.169.1.95）对应的MAC地址。为此，H1首先构造一个ARP查询分组（ARP request packet），其中包括发送方MAC地址（即H1的MAC地址00-32-C9-64-52-9B）、发送方IP地址（即H1的IP地址178.169.1.93）、目的MAC地址（即H3的MAC地址，也就是被查询主机的MAC地址，在ARP查询分组中通常为00-00-00-00-00-00）和目的IP地址（即H3的IP地址178.169.1.95）等若干字段。ARP查询分组的目的是询问子网上其他所有的主机和路由器，以确定对应于要解析的IP地址的MAC地址。接下来，H1将ARP查询分组传递给它的网络适配器，并指示网络适配器应用MAC广播地址（即FF-FF-FF-FF-FF-FF）来发送该分组，即将ARP查询分组在局域网内进行广播。H1的网络适配器在数据链路层帧中封装ARP查询分组，用广播地址作为帧的目的MAC地址，并将该帧发送出去。封装ARP查询分组的数据链路层帧，被子网上的其他所有网络适配器收到，并且每个网络适配器都将该帧中封装的ARP查询分组向上传递给ARP模块（协议）来处理（由于目的MAC地址为广播地址）。每个主机的ARP模块都检查自己的IP地址是否与ARP查询分组中目的IP地址相匹配，与之匹配的主机（H3）则给查询主机（H1）发送一个带有所希望映射（即H3的IP地址与MAC地址的映射）的ARP响应分组（单播）。ARP响应分组和ARP查询分组都具有相同的分组格式。在上述例子中，H3发送给H1的响应分组中，发送方MAC地址为H3的MAC地址（即00-59-E2-33-56-8A，解析到的结果），发送方IP地址为H3的IP地址（即178.169.1.95），目的MAC地址为H1的MAC地址（即00-32-C9-64-52-9B），目的IP地址为H1的IP地址（即178.169.1.93）。H1收到ARP响应分组后，便可更新其ARP表（即在其中增加H3的IP地址与MAC地址之间的映射），并向H3发送IP数据报，该数据报封装在一个数据链路层帧中，该帧的目的MAC地址就是刚刚通过ARP解析到H3的MAC地址。

上述例子中，H1和H3位于同一个子网内，可以通过ARP直接解析目的主机的IP地址对应的MAC地址。如果目的主机与源主机不在同一个子网内，会怎么样呢？例如，图5-16中的H1要向H5（212.129.1.3）发送IP数据报。这时，H1并不需要通过ARP去解析H5的IP地址对应的MAC地址（事实上，解析到也没意义），而是H1通过路由可以判断H5不在H1所在的子网内，因此H1知道，如果要将IP数据报发送给H5，需要先将IP数据报发送给H1的默认网关（即178.169.1.96）。于是，H1需要检索自己的ARP表，或者通过ARP解析默认网关的MAC地址（即00-53-2B-49-1A-1F），然后将IP数据报封装到以默认网关MAC地址为目的MAC地址的数据链路层帧中，发送给默认网关，再由路由器转发给目的主机H5。路由器在向H5发送IP数据报时，也需要经过类似的ARP地址解析过程。

关于ARP，有两点需要注意：首先，ARP查询分组是通过一个广播帧发送的，而ARP响应分组是通过一个标准的单播帧发送的；其次，ARP是即插即用的，也就是说，一个ARP表是自动建立的，它不需要系统管理员来配置。如果某主机与子网断开连接，那么关于该主机的表项，最终会从子网中其他主机的ARP表中删除（由于过期）。另外，一个ARP分组封装在数据链路层帧中，因而在体系结构上位于数据链路层之上。然而，一个

ARP 分组具有包含数据链路层地址的字段，因而可认为是数据链路层协议，但它也包含网络层地址，因而也可认为是网络层协议。

从功能性方面来看，ARP 与 DNS 类似，但是，两者之间有明显的区别：首先，解析内容不同，DNS 将主机域名解析为对应的 IP 地址，而 ARP 将 IP 地址解析为对应的 MAC 地址；其次，解析范围不同，DNS 可以解析 Internet 内任何位置的主机域名，而 ARP 只为在同一个子网上的主机和路由器接口解析 IP 地址；最后，实现机制不同，DNS 是一个分布式数据库，DNS 的解析需要在层次结构的 DNS 服务器之间进行查询，而 ARP 通过在局域网内广播 ARP 查询，维护 ARP 表，获取同一子网内主机或路由器接口的 IP 地址与 MAC 地址之间的映射关系。

二、以太网

以太网（Ethernet）是美国施乐（Xerox）公司的 Palo Alto 研究中心（简称为 PARC）于 1975 年研制成功的一种基带总线型局域网。以太网的创始人 Bob Metcalfe 和 David Boggs 设计并实现了第一个以太网，并于 1976 年发表了以太网的里程碑论文。1980 年，DEC 公司、Intel 公司和施乐公司联合提出 10 Mbit/s 以太网规约的第一个版本 DIX V1（DIX 就是三家公司名称的首字母)。1982 年，又修改更新为 DIX Ethernet V2，成为世界上第一个局域网产品规约，即 DIX 以太网标准。在此基础上，IEEE 802 委员会的 802.3 工作组于 1983 年制定了第一个 IEEE 的以太网标准 IEEE 802.3，数据传输速率为 10 Mbit/s。相对 DIX Ethernet V2 标准，IEEE 802.3 局域网标准只对帧结构做了很小的改动，并允许基于两种标准的硬件互操作。正是由于以太网两种标准只存在微小差异，因而经常把 IEEE 802.3 局域网称为以太网，本书也沿袭这一习惯。如果不加以特别声明，我们将 IEEE 802.3 局域网与 DIX Ethernet V2 以太网视为等价的。

由于商业竞争等原因，IEEE 802 委员会未能形成统一的局域网标准，而是制定了几个不同的局域网标准，如 IEEE 802.4 令牌总线网、IEEE 802.5 令牌环网等。为了使数据链路层更好地适配多种局域网标准，IEEE 802 委员会把局域网的数据链路层拆分为两个子层：逻辑链路控制（LLC）子层和介质访问控制（MAC）子层。LLC 子层位于 MAC 子层之上，实现与物理层和传输介质无关的数据链路层功能，MAC 子层位于 LLC 子层之下、物理层之上，实现与物理层和传输介质相关的数据链路层功能。

然而，20 世纪 90 年代之后，以太网几乎垄断了有线局域网市场。曾经对以太网构成挑战的其他局域网技术，如令牌环网、FDDI（Fiber Distributed Data Interface）和 ATM 等，都逐渐退出了竞争行列。另外，市场上广泛使用的以太网产品几乎都采用 DIX Ethernet V2 标准，而不是 IEEE 802.3 以太网标准。IEEE 802 委员会提出的 LLC 子层也就失去了作用，已经名存实亡，因此后面不再考虑 LLC 子层。时至今日，以太网在有线局域网技术领域处于绝对支配地位。而且，在可预见的将来，它可能仍将保持这一地位。可以这么说，以太网对于局部区域联网的重要性就像因特网对于全球联网的重要性一样。

以太网的成功有很多原因。首先，以太网是第一个广泛部署的高速局域网。因为部署得早，网络管理员非常熟悉以太网，所以，当其他局域网技术问世时，他们不愿意转而用之。其次，令牌环网、FDDI 和 ATM 比以太网更加复杂、更加昂贵，这就进一步阻碍了网络管理员改用其他技术。第三，改用其他局域网技术（例如 FDDI 和 ATM）的关键通常是这些新技术具有更高数据传输速率，然而，以太网在这方面也毫不逊色，相继发布了运行在相同或更高数据传输速率下的版本。20 世纪 90 年代初期，还引入了交换以太网，这就进一步增加了以太网的有效数据传输速率。最后，由于以太网已经很流行，因此以太网硬件（尤其是网络适配器和交换机）价格极其便宜，网络造价成本低。

1. 以太网的 CSMA/CD 协议

经典的以太网是采用粗同轴电缆连接的总线型以太网（10Base-5），数据传输速率为 10 Mbit/s，一个冲突域内最多有 5 个网段，每段最长为 500 m，网段和网段之间用中继器连接，最多有 4 个中继器。MAC 协议采用 CSMA/CD 协议。网络适配器、物理线路和中继器均会产生信号传播延迟。在一个 10Base-5 总线型以太网的冲突域中，相距最远的主机间信号往返产生的总的传播时延约为 51.2 μs。根据 CSMA/CD 协议的工作原理（参见式（5-20）），可以求出以太网的最短帧长为 512 bit，即 64 B，这也是以太网帧中的数据字段最少要 46 B（如果不足 46 B，则需要填充）的原因。也就是说，在以太网中，一个主机在发送数据帧后，最多经过时间 2τ，就可知道发送的数据帧是否冲突，其中 2τ 称为争用期或碰撞窗口，为一个冲突域内相距最远的两个主机间的端到端传播时延的 2 倍。

经典以太网的争用期为 51.2 μs，在争用期内可发送 512 bit 数据。以太网在发送数据时，若前 64 B 没有发生冲突，则后续的数据就不会发生冲突；如果发生冲突，则立即停止发送，并推迟（退避）一个随机时间后才能再尝试重发。推迟的随机时间是由截断二进制指数退避算法确定的，退避时间取为争用期 2τ 的 r 倍，其中，r 是从整数集合 $\{0,1,\cdots,2^k-1\}$ 中随机取出的一个数。参数 k 按下面的公式计算：

$$k=\min\{\text{连续冲突次数},10\}$$

当 $k\leqslant 10$ 时，参数 k 等于连续冲突次数；当连续冲突次数达到 16 但仍不能成功发送帧时，即放弃该帧的传输，并向高层报告。

解释一下前面提到的冲突域。冲突域是指，在一个局域网内，如果任意两个结点同时向物理介质中发送信号（数据），这两路信号一定会在物理介质中相互叠加或干扰，从而导致数据发送的失败，那么，这两个结点位于同一个冲突域。显然，在以太网中，CSMA/CD 协议的冲突检测范围就是一个冲突域，即任一结点在发送以太网帧时，基于 CSMA/CD 协议的“边发边听，不发不听”的特性，检测的就是在同一冲突域范围内，有没有其他结点也在使用物理介质发送数据。如果局域网中的结点之间的连接，不跨越数据链路层及以上层设备，则两个结点属于同一个冲突域。也就是说，同一个冲突域内的任意两个结点的连接，或者是由物理链路直接相连，或者通过中继器（repeater）或集线器（hub）等物理层设备互连，不会存在诸如交换机等第二层设备，也不会存在诸如路由器等第三层设备。

类似地，还需要理解广播域的概念。广播域是指，如果任一结点发送数据链路层广播帧（即目的 MAC 地址为 FF-FF-FF-FF-FF-FF），则接收该广播帧的所有结点与发送结点同属于一个广播域。通常，路由器等第三层设备不转发数据链路层广播帧，因此，一个广播域内不会存在第三层设备，可能存在第二层设备，如交换机。例如，在图 5-16 所示网络中，路由器每个接口分别连接两个广播域。注意，路由器每个接口也分属于两个广播域。可见，一个局域网的广播域通常对应一个子网。

2. 以太网帧结构

以太网采用的是 CSMA/CD 协议，利用曼彻斯特编码数据，使用截断二进制指数后退算法来确定碰撞后重传的时机。其帧结构如图 5-17 所示。

8B	6B	6B	2B	46~1500B	4B
前导码	目的地址	源地址	类型	数据	CRC

图 5-17　以太网帧结构

以太网帧最前面有 8 B 的前导码，其中前 7 个字节都是“10101010”，第 8 个字节是“10101011”。而在 IEEE 802.3 标准中，将前 7 个字节称为前导码，第 8 个字节称为帧起始定界符（Start Of Frame，SOF）。这 8 个字节由硬件生成，前 7 个字节以及第 8 个字节的前 6 位用于接收端网络适配器与发送端的时钟同步，第 8 个字节的最后两位“11”编码用于通告接收端网络适配器接下来的内容是以太网帧的内容。总之，8 个字节的前导码的作用就是使接收端网络适配器实现与发送端的时钟同步，以及通告接收端一个以太网帧传输的开始。显然，前导码并不是以太网帧的一部分，也不是 CRC 差错编码保护的内容。因此，在计算以太网帧长时，在不加以说明的情况下，前导码是不计算在内的，也就是说，以太网的帧长范围是 64~1518 B。

以太网帧结构中包含两个地址字段：一个是目的地址，另一个是源地址，均为 48 位物理地址，即 MAC 地址。因为在网络适配器生产时 MAC 地址就固化在其 ROM 中，所以 MAC 地址也称为物理地址。如果一台计算机或路由器安装了多个网络适配器，则它就具有多个 MAC 地址（每个网络适配器对应一个 MAC 地址）。以太网适配器一定会接收两类帧，一类是目的 MAC 地址与自己的 MAC 地址相同的帧，即发送给该适配器的单播帧；另一类就是目的 MAC 地址全 1（即 FF-FF-FF-FF-FF-FF）的帧，也就是广播帧。

以太网适配器还可以设置为一种特殊的工作模式：混杂模式（promiscuous mode）。工作在混杂模式下的网络适配器，会接收所有可以接收到的帧，而不管帧的目的 MAC 地址是什么，这种技术也称为嗅探（sniffing）。这是一个“双刃剑”技术，一方面，网络黑客可以利用这一技术“窃听”他人在网络上传输的数据，尤其是未经加密的敏感信息，比如用户密码等，对于网络用户来说，构成了很大的安全威胁；另一方面，网络管理和维护人员可以利用嗅探器（sniffer）软件，监测和分析以太网流量，及时发现网络异常并加以处理。网络学习者也可以利用嗅探器进行网络抓包分析，有利于学习者认知实际网络协议，对协议的原理学习大有帮助。

类型字段为 2 字节，用于标识上层协议，即标识帧中封装的数据是上层什么协议的分组，如类型字段为 0x0800 时，表示该以太网帧封装的数据字段为一个 IP 数据报。类型字段使得以太网可以被多种网络层协议复用。显然，以太网帧中的类型字段和 IP 数据报中的上层协议字段、传输层报文段的端口号字段的作用类似，用于向上层实现复用与分解。需要说明的是，在 IEEE 802.3 以太网标准的帧结构中，对应 2 字节的类型字段的是长度字段，这也是 IEEE 802.3 以太网标准与 DIX Ethernet V2 标准的主要差异之一。解决这两个标准共存问题的规则是：如果这 2 字节的值小于或等于 0x600（1536），就将这个字段解释为 IEEE 802.3 标准的长度；如果大于 0x600，则解释为类型字段。事实上，现在市场上几乎所有的以太网适配器实现的都是 DIX Ethernet V2 标准的帧结构。

数据字段取值范围是 46~1500 B，封装的是上层协议的分组，如 IP 数据报，发送端网络适配器在一个以太网帧中封装一个 IP 数据报，并把该帧传递到物理层。接收端网络适配器从物理层收到这个帧，提取出 IP 数据报，并将该 IP 数据报传递给网络层的 IP 来处理。显然，以太网的 MTU=1500 B，如果封装 IP 数据报，则要求 IP 数据报总长度不能超过 1500 B。另外，以太网帧中的数据字段最少需要 46 B 的数据，如果在组帧时，数据字段不足 46 B，则需要填充，以确保满足数据字段最少 46 B 的要求。其原因已经在前面进行了说明。

CRC 字段为 4 字节，采用循环冗余校验来实现对整个帧的差错检测（不包括前导码）。该字段的目的是使得接收端网络适配器能够检测帧中是否出现差错。由于 CRC 差错编码的特点，因此以太网帧中 CRC 字段的编码和检验均在网络适配器上由硬件完成，速度快、效率高，检测能力强。

以太网向网络层提供的是无连接不可靠服务。当网络适配器 A 要向网络适配器 B 发送一个数据报时，由于网络适配器 A 在一个以太网帧中封装该数据报，并且把该帧发送到局域网上，没有先与网络适配器 B 握手，因此提供的是无连接服务。另外，接收端网络适配器只简单丢弃检测出的无效 MAC 帧，而不会利用确认重传等措施进行差错控制，所以以太网提供的是不可靠服务。无效以太网 MAC 帧主要包括：长度不是整数个字节的帧、CRC 检验差错的帧、数据字段的长度不在 46~1500 B 之间的帧等。虽然以太网不提供可靠服务，但是由于局域网数据传输距离有限，误码率通常并不高，因此无效帧出现的概率并不高，偶尔的差错也可以由上层协议（如 TCP）加以纠正。以太网省略了复杂的可靠传输控制，换来了网络的简单、成本低廉等优点。

3. 以太网技术

（1）10Base-T

10Base-T 以太网是替代同轴电缆以太网的产品，采用非屏蔽双绞线（UTP）作为以太网传输介质，数据传输速率为 10 Mbit/s，支持以太网结构化布线方式和集线器设备。10Base-T 以太网中的站点可以通过不超过 100 m 的非屏蔽双绞线连接到一个集线器上，多个集线器还可以通过级联方式连接到其他集线器上。10Base-T 以太网组网容易、方便，具有良好的故障隔离功能。具体的组网规则为：采用非屏蔽双绞线将站点连接到集线器上，一段双绞线的最大长度为 100 m，工作站、集线器与双绞线之间的物理接口采用标准的 RJ-45 接口，非屏蔽双绞线的最低标准是 3 类 UTP，特征阻抗为 100 Ω。

（2）快速以太网

IEEE 在 1995 年正式公布了 IEEE 802.3u，即快速以太网（100Base-T）标准。快速以太网是在传统以太网基础上发展起来的，保留了传统以太网的帧格式和 CSMA/CD 介质访问控制方式，但数据传输速率提高到 100 Mbit/s。100Base-T 标准定义了三种物理层规范以支持不同的物理介质：100Base-TX，采用两对 5 类 UTP 或者屏蔽双绞线（STP），网段最大长度为 100 m；100Base-T4，采用四对 3、4 或 5 类 UTP，网段最大长度为 100 m；100Base-FX，采用两根光纤，发送和接收各用一根，网段最大长度为 2000 m。100Base-TX 和 100Base-FX 在标准中合称为 100Base-X。

快速以太网不再支持传统的同轴电缆，连网设备主要是 100Base-T 的物理层设备（集线器）和数据链路层设备（以太网交换机）。在使用集线器连网时，所连接的网段属于一个冲突域，受 CSMA/CD 冲突检测范围的限制，在 10 Mbit/s 以太网中，一个冲突域内相距最远的两台主机间的距离可以达到 2.5 km（10Base-5）。但是在快速以太网中，在网络带宽提升 10 倍，物理介质仍然使用铜介质，最短帧长保持 64 B 的情况下，CSMA/CD 协议能够检测的冲突域范围会按比例缩减到原本的1/10。事实上，在快速以太网中使用集线器组网时，一个冲突域内只能用一个集线器，连接集线器与主机网络适配器的双绞线的线缆长度不超过100 m，即一个冲突域内，两台主机之间的最远距离是200 m。

当需要连网的主机间的距离超过这一距离限制时，就不能再利用集线器扩展网络，而只能使用以太网交换机进行网络扩展了。以太网交换机作为第二层设备，可以分割冲突域，还可以通过交换机的互连实现网络扩展。事实上，尽管快速以太网标准中支持使用集线器进行组网，但是随着交换机的普及，尤其是成本的降低，集线器曾经的价格优势已不复存在，加之交换机的技术优势日益显著，于是，在组网时开始使用交换机取代集线器。当以太网中不再使用集线器，而全部使用以太网交换机连网时，传统意义上的冲突域已不复存在，传统意义上的冲突也不再发生，CSMA/CD 协议的冲突检测也没有了意义，这类以太网也称为交换式以太网。现在我们生活中接触到的以太网，除了有特殊需求（比如嗅探局部网络流量），可能使用集线器组网以外，基本上都是使用交换机连网，即都是交换式以太网。

（3）千兆位以太网（Gigabit Ethernet）

IEEE 在1997年通过了千兆位以太网（也称为吉比特以太网）标准 IEEE 802.3z，该标准在1998年成为正式标准。千兆位以太网涉及数据传输速率、是否支持全双工传送方式，以及帧格式与以太网帧格式是否兼容等问题。千兆位以太网是建立在以太网标准之上的技术。千兆位以太网和大量使用的以太网与快速以太网完全兼容，并利用了原以太网标准所规定的全部技术规范，其中包括 CSMA/CD 协议、以太网帧、全双工、流量控制以及 IEEE 802.3 标准中所定义的管理对象。千兆位以太网是 IEEE 802.3 标准的扩展，在保持 100Base-T 快速以太网的帧格式和 CSMA/CD 协议的基础上，将数据传输速率提升到 1000 Mbit/s，并且与传统以太网完全兼容，可以支持各种已有的网络设备和应用。千兆位以太网标准也定义了多个物理层规范以支持不同的物理介质。1000Base-SX 采用多模光纤作为传输介质，网段最大长度为550 m；1000Base-LX 采用单模光纤作为传输介质，网段最大长度为5000 m；1000Base-T 使用普遍安装的5类 UTP，最长传输距离是100 m，使用户可以在原来 100Base-T 的基础上，平滑升级到 1000Base-T；1000Base-CX 采用的是150 Ω 平衡屏蔽双绞线，最大传输距离为25 m，使用9芯 D 形连接器连接电缆，适用于交换机之间的连接，尤其适用于主干交换机和主服务器之间的短距离连接。1000Base-SX、1000Base-LX 和 1000Base-CX 统称 1000Base-X，属于标准 IEEE 802.3z，而 1000Base-T 属于标准 IEEE 802.3ab。个人用户在桌面系统（如 PC）中通常使用的就是 1000Base-T。

千兆位以太网已经成为以太网主流产品，绝大多数以太网网络适配器都支持千兆位以太网。千兆位以太网支持在1 Gbit/s 传输速率下以半双工或全双工模式运行，在半双工模式下，需要使用 CSMA/CD 协议检测冲突，而在全双工模式下，不需要使用 CSMA/CD 协议。在半双工模式下利用 CSMA/CD 协议检测冲突时，仍然需要考虑最小帧长与网段线缆最大长度之间的约束。参考前文的分析，相比于快速以太网，千兆位以太网的网络带宽提高了10倍，在兼容标准以太网的最小帧长（64 B）的情况下，CSMA/CD 协议能检测冲突的线缆长度大约为10 m，这对于大多数组网需求来说是无意义的。因此，千兆位以太网主要采取了两类技术来突破这一约束，一方面，兼容标准以太网的最小帧长（64 B）；另一方面，仍然保持一个网段的最大长度为100 m。其中一类技术是载波扩展（carrier extension），即在发送 MAC 帧时，对于所有帧长小于512 B 的以太网帧，在帧数据发送结束后继续发送填充的特殊字符，以便发送的总数据量达到 512 B。例如，如果发送的是以太网最短帧（帧长为 64 B），则填充字符为 448 B。接收端只需要从接收到的数据中删除填充字符，就可接收正常的以太网帧。另一类技术是帧突发（frame bursting），即允许发送端将多个待发送的短帧级联在一起，连续发送。如果级联在一起的帧的总长度仍然不足 512 B，则仍然需要填充，以便不少于 512 B。

（4）万兆位以太网（10Gigabit Ethernet）

1999 年，IEEE 成立了 802. 3ae 工作组，开始研究万兆位以太网（10 Gbit/s），并于 2002 年正式发布了 IEEE 802. 3ae（10 Gigabit Ethernet），即万兆位以太网标准。万兆位以太网也称为 10 吉比特以太网。2002 年首次发布的是光纤标准的万兆位以太网，2004 年发布了屏蔽铜电缆标准（IEEE 802. 3ak），2006 年发布了双绞线标准（IEEE 802. 3an）。

万兆位以太网的帧格式与 10 Mbit/s、100 Mbit/s、1000 Mbit/s 以太网帧格式完全相同，保留了 IEEE 802. 3 以太网标准规定的以太网最小帧长和最大帧长的规范，能够与较低速以太网兼容。万兆位以太网所有版本只支持全双工方式，不再支持半双工方式，因此也不再需要 CSMA/CD 协议。万兆位以太网进一步扩展了以太网的数据传输速率和传输距离，还使得以太网技术突破局域网领域的限制，主要应用于数据中心网络、城域网和广域网领域。自此，以太网也从典型的局域网技术走向了城域网和广域网。

万兆位以太网标准主要包括：10GBase-SR，采用 0. 85 μm 波长的多模光纤，网段最大长度为 300 m；10GBase-LR，采用 1. 3 μm 波长的单模光纤，网段最大长度为 10 km；10GBase-ER，采用 1. 5 μm 波长的单模光纤，网段最大长度为 40 km；10GBase-CX4，采用 4 对双轴铜缆，网段最大长度为 15 m；10GBase-T，采用 6a 类 UTP，网段最大长度为 100 m。显然，10GBase-T 仍然可以支持个人用户的桌面应用（尽管大多数个人用户多数情况下并不需要这么快的传输速率）。虽然 10GBase-T 要求使用 6a 类 UTP，但也可以使用较低类别的已有布线（例如 5 类 UTP），只是通信距离更短。这非常有利于基于大部分已有布线进行网络升级。

（5）40/100 Gbit/s 以太网和更快以太网

IEEE 802. 3 委员会并没有停止追求更快以太网的脚步，继万兆位以太网之后，于 2010 年发布了 IEEE 802. 3ba，于 2011 年发布了 IEEE 802. 3bg，于 2014 年发布了 IEEE 802. 3bj，于 2015 年发布了 IEEE 802. 3bm，于 2018 年发布了 IEEE 802. 3cd，它们是一系列 40 Gbit/s 或 100 Gbit/s 以太网的标准。40 Gbit/s 和 100 Gbit/s 以太网分别简记为 40GbE 与 100GbE。40/100 Gbit/s 以太网提供多种物理层（PHY）规范，定义了许多端口类型，具有不同的光学和电气接口，以便在单模光纤、多模光纤、双芯铜缆、双绞线和网络设备背板上运行，联网设备可以通过可插拔模块支持不同的物理层类型。40 Gbit/s 和 100 Gbit/s 以太网只支持全双工传输方式，保留以太网帧格式以及 802. 3 标准的最小帧和最大帧帧长，保持了很好的兼容性。在采用单模光纤传输时，100 Gbit/s 以太网仍然可以达到 40 km 的传输距离，而 100GBase-ZR 可以达到 80 km。

出于大型数据中心对更高传输速率的迫切需求，2017 年 12 月，由 IEEE 802. 3bs 工作组使用与 100GbE 大致相似的技术开发的 400GbE 和 200GbE 标准获得批准。IEEE 802. 3bs 标准同样保留了以太网帧格式、以太网最小帧长和最大帧长，全部采用光纤传输，传输距离从 100 m 到 10 km 不等。

2020 年，以太网技术联盟（Ethernet Technology Consortium）宣布开发 800GbE 以太网规范，以满足数据中心网络不断增长的性能需求。以太网技术联盟提出的 2020 技术路线图中预计，在 2020~2030 年之间，800 Gbit/s 和 1.6 Tbit/s 的以太网将成为新的以太网标准。

随着以太网技术从 10 Mbit/s 到 400 Gbit/s 的演进，甚至更高传输速率以太网的预期，以太网也从局域网技术走向了城域网和广域网，充分展示了以太网的可扩展、灵活部署、健壮性好等特点，未来实现端到端全以太网连接是可能的。以太网主要连接设备包括数据链路层（第二层）的以太网交换机和物理层（第一层）的集线器，其中集线器现在几乎不再使用。以太网的典型网络拓扑是星形拓扑，或者由多台以太网交换机级联构成的树形拓扑。下面主要以以太网交换机为例，介绍一下交换机的工作原理。

三、交换机

在广泛使用交换机之前，网桥是常用于局域网互连的第二层设备。网桥工作在数据链路层，可以扩展局域网范围或连接多个局域网，扩大网络的物理范围，可互连不同物理层、不同 MAC 子层和不同传输速率以太网局域网。网桥根据 MAC 帧的目的地址对收到的帧进行转发。网桥具有过滤帧的功能，当收到一个帧时，并不是向所有的接口转发此帧，而是先检查此帧的目的 MAC 地址，然后确定将该帧转发到哪一个端口，所以网桥具有一定的隔离作用。网桥只适合于用户数不太多和通信量不太大的局域网，否则有时还会因传播过多的广播而产生网络拥塞（广播风暴）。

目前使用最多的网桥是透明网桥（transparent bridge）。“透明”是指局域网上的站点并不知道所发送的帧将经过哪几个网桥，因为网桥对各站来说是看不见的。透明网桥是一种即插即用设备。

从工作原理角度来看，交换机就是多端口的网桥，是目前应用最广泛的数据链路层设备。交换机的工作原理与网桥相同，可以依据接收到的数据链路层帧的目的 MAC 地址，选择性地转发到相应的端口，这就是交换机的转发与过滤功能。

1. 以太网交换机转发和过滤

交换机的基本工作原理是，当一帧到达时，交换机首先需要决策是将该帧丢弃还是转发，如果转发，那么还必须进一步决策应该将该帧转发到哪个（或哪些）端口。交换机的决策依据是，以帧的目的 MAC 地址为主键，查询其内部的交换表，如果交换表中有帧的目的 MAC 地址对应的交换表项，且对应的端口与接收到该帧的端口相同，则丢弃该帧（即无须转发），否则向表项中的端口转发帧（选择性转发）；如果交换表中没有帧的目的 MAC 地址对应的交换表项，则向除接收到该帧的端口以外的其他所有端口转发该帧（即泛洪）。交换机的交换表存储了当前已知站点的 MAC 地址与交换机端口的对应（连接）关系。初始时（比如刚一上电时），交换机的交换表是空的，交换机并不知道主机与交换机的端口之间是什么样的连接关系，当收到一个帧时，也无法根据帧的目的 MAC 地址以及交换表决策如何转发该帧，所以只能泛洪。交换机的交换表是在网络的运行过程中，通过自学习算法自动地逐渐建立起来的。

作为第二层设备的以太网交换机，可以实现帧的选择性转发，通过交换机互连的主机，不再属于一个冲突域，不会发生传统的冲突，交换机实现了冲突域的分割。如果以太网的主机全部通过交换机互连（即不使用集线器），则一个冲突域最多只有一台主机（如图 5-16

所示的局域网)，传统的冲突便不会发生，这类以太网就是交换以太网。因此，交换机的性能远远超过普通的集线器，而且交换机的价格也越来越便宜，这就使工作在物理层的集线器逐渐退出了市场。

对于传统的 10 Mbit/s 的共享式以太网，若共有 10 个用户同时使用网络，则每个用户占有的平均带宽只有 1 Mbit/s。若使用以太网交换机来连接这些主机，虽然每个接口的带宽还是 10 Mbit/s，但由于一个用户在通信时是独占而不是和其他网络用户共享传输媒介的带宽，因此拥有 10 个接口的交换机的总容量则相当于 100 Mbit/s。

以太网交换机的基本工作方式是存储-转发，因此交换机可以具有多种传输速率的端口，如 10 Mbit/s、100 Mbit/s、1 Gbit/s 和 10 Mbit/s/100 Mbit/s/1 Gbit/s（多种传输速率自适应）端口等，不同传输速率的端口可以用于连接不同标准的网段或使用不同传输速率网络适配器的主机，这就大大方便了各种不同情况的用户。

交换机的每个端口都工作在混杂模式（即无论帧的目的 MAC 地址是什么，都会接收该帧)，可以接收任何一个帧，至于是否需要转发处理，在查询交换表后进行决策。交换机的交换表是通过逆向学习法逐步构建的。交换机通过检查帧的源 MAC 地址，就可以识别端口与该 MAC 地址的对应关系。虽然许多以太网交换机工作在存储-转发交换方式下（本书中如不加以特别说明，默认交换机工作在该方式下)，但也有一些交换机采用直通交换方式。直通交换不必把整个数据帧先缓存后再进行处理，而是在接收数据帧的同时就立即按数据帧的目的 MAC 地址决定该帧的转发端口，并且边接收边转发，因而提高了帧的转发速度。例如，对于以太网帧，直通交换的交换机在接收到前 6 个字节的目的 MAC 地址后，就可以通过查询交换表，知道应该如何转发该帧，于是就可以边接收边转发，这样一个帧在交换机这里最理想的情况下，只产生 6 字节传输时延。如果在这种交换机的内部采用基于硬件的交叉矩阵，交换时延就非常小。直通交换的一个缺点是不检查差错就直接将帧转发出去，因此有可能也将一些无效帧转发给目的（或其他）主机。当然，即便是支持直通交换的交换机，在某些情况下，仍可能采用存储-转发方式进行交换，例如，线路速率匹配、协议转换、差错检测和多端口向同一端口交换帧等。

2. 以太网交换机的自学习

前面已经说过，交换机的交换表是通过自学习构建的，下面就通过一个简单的例子来说明以太网交换机是如何进行自学习的。

假定图 5-18 中的以太网交换机有 4 个端口，各连接一台计算机，其 MAC 地址分别是 A、B、C 和 D。一开始，以太网交换机里面的交换表是空的，如图 5-18a 所示。

A 先向 B 发送一个帧，从端口 1 进入交换机。交换机接收到该帧后，先查找交换表，没有查到应该从哪个端口转发该帧（即在 MAC 地址这一列没有找到目的地址为 B 的表项)。接着，交换机把这个帧的源 MAC 地址 A 和端口 1 写入交换表（完成一次学习)，并向除端口 1 以外的所有端口（即端口 2、3、4）泛洪（广播）这个帧。C 和 D 将丢弃这个帧，因为目的 MAC 地址与自己的 MAC 地址不匹配，只有 B 才收下这个目的 MAC 地址与自己的 MAC 地址匹配的帧。从新写入交换表的表项（A，1）可以看出，以后不管从哪一个端口收到帧，只要其目的地址是 A，就应当将该帧从接口 1 转发出去，而无须再进行泛洪，这就是过滤功能。这样做的依据是：既然 A 发出的帧是从端口 1 进入交换机的，那么从交换机的端口 1 转发出去的帧也应该是可以到达 A 的。

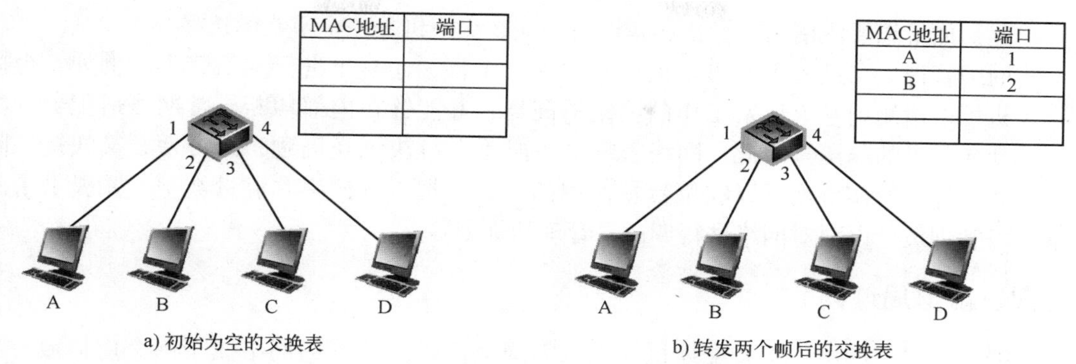

a) 初始为空的交换表

b) 转发两个帧后的交换表

图 5-18　以太网交换机自学习构建交换表

继续上面的例子，假定 B 通过端口 2 向 A 发送一个帧，交换机收到该帧后，首先在交换表中新增表项（B，2）（又完成一次学习），表示今后如果有发送到 B 的数据帧，则应该从端口 2 转发。接下来，交换机查找交换表，发现表中有 MAC 地址为 A 的项，表明要发送给 A 的帧应从端口 1 进行转发，于是交换机就把这个帧从端口 1 转发出去。显然，现在已经没有必要泛洪该帧了。类似地，经过一段时间，只要主机 C 和 D 也向其他主机发送帧，以太网交换机中的交换表就会把转发到 C 或 D 应当经过的端口号也写入交换表中。这样，交换表中的项目就全了，要转发给任何一台主机的帧都能够很快地根据交换表中的项来确定转发的接口。

当交换机的端口要更换主机时，或者主机要更换其他的网络适配器时，此时则需要更改交换表的内容。为此，交换表中的项都具有一定的有效时间。失效的项目会自动被删除，用这样的方法来保证交换表中的数据都符合当前网络的实际状况。另外，以太网交换机是一种即插即用设备，使用了专用的交换结构芯片，用硬件转发，其转发速率要比用软件转发的网桥快得多。

有时，为了增加网络的可靠性，在使用以太网交换机组网时，往往会增加一些冗余链路。在这种情况下，自学习过程就可能导致以太网帧在以太网的某个环路中无限“兜圈”。为解决兜圈问题，IEEE 802.1D 标准制定了生成树协议（Spanning Tree Protocol，STP）来避免产生回路。其要点是不改变网络的实际拓扑，但在逻辑上则切断某些链路，使得从一台主机到其他所有主机的路径构成了无环路的树状结构，从而消除了兜圈现象。

3. 数据链路层交换机的优点

在介绍数据链路层交换机的基本工作原理后，现在简单介绍一下交换机的优点。

- 消除冲突。因为交换机分割了冲突域，所以使用交换机的局域网和使用集线器的局域网不同，不会因为产生冲突而浪费带宽。交换机具有缓存机制，并且在某一时间点只会传输一个帧或者不传输。和路由器相似，交换机的最大聚合带宽是所有接口传输速率之和。因此，使用交换机互连的交换式局域网的性能优于使用集线器互连的广播链路局域网。
- 支持异质链路。在使用交换机的局域网中，不同的链路可以使用不同的传输速率运行并且能够在不同的媒介上运行。比如，某个交换机的接口 1 连接 10 Mbit/s 的 10Base-T 的双绞线链路，而接口 2 连接 1 Gbit/s 的 1000Base-LX 的光纤链路等。因此，如果想要混用当前设备和新设备，那么交换机是一个不错的选择。

➢ 网络管理。交换机不但可以提供强化的安全性，还易于进行网络管理。例如，交换机可以检测到一个异常工作的网络适配器，并能够在内部切断异常网络适配器，实现异常点的隔离。因此，网络管理员不必手动解决该类问题，既方便，又快捷。除此之外，交换机也可以收集带宽使用的统计数据、碰撞率和流量类型，并提供给网络管理员，以便对网络进行调试、管理与规划等。

四、虚拟局域网

数据链路层（即第二层）交换机（如以太网交换机）互连的网络属于一个广播域，当使用太多的交换机互连大量的主机时，就构建了一个大的广播域。如果网络广播域太大，那么广播域内任一主机发送广播帧（如 ARP 查询分组），广播域内的其他所有主机都会接收该帧，并且，如果交换机的互连存在环路，则广播帧就有可能被大量复制（交换机会向除接收端口以外的其他所有端口转发广播帧），从而发生广播风暴，大量消耗网络带宽，严重影响网络的正常运行。因此，在实际组网时，会尽可能地限定广播域的规模，基本手段就是利用路由器将一个大的广播域网络分割为多个广播域，即分割为多个子网。路由器作为网络层设备，可以隔离广播域，也可以提取帧中封装的网络层数据报（如 IP 数据报），并且根据数据报中的网络层地址（如 IP 地址），实现跨越子网的数据报转发。除了利用路由器实现广播域的分割以外，还有一种广泛使用的技术，就是虚拟局域网（Virtual Local Area Network，VLAN）技术。

虚拟局域网是一种基于交换机（必须支持 VLAN 功能）的逻辑分割（或限制）广播域的局域网应用形式。在传统局域网中，工作组通常都会被限定在同一个局域网网段中，不同工作组之间通过网桥或路由器交换数据，当一个工作组中的主机要转移到其他工作组时，需要重新调整物理位置。而采用 VLAN 的方式，可以不受物理位置的限制，以软件的方式划分和管理局域网中的工作组，可以限制接收广播信息的主机数，从而使局域网不会因为传播过多的广播信息而导致性能的恶化，即“抑制广播风暴”。VLAN 的设置是在以太网交换机上，通过软件方式实现的。划分 VLAN 的方法主要有基于交换机端口划分、基于 MAC 地址划分和基于上层协议类型或地址划分等。

➢ 基于交换机端口划分：局域网的网络管理员可以按照以太网交换机的端口定义 VLAN 成员，通常每个交换机端口属于一个 VLAN（也可以有同时属于所有 VLAN 的特殊端口，如 Trunk 端口）。

➢ 基于 MAC 地址划分：按每个连接到交换机的主机 MAC 地址定义 VLAN 成员。

➢ 基于上层协议类型或地址划分：根据数据链路层帧所携带数据中的上层协议类型（如 IP）或地址（如 IP 地址）定义 VLAN 成员。这种方法的优点是有利于组成基于应用的 VLAN。

第五节　点对点链路协议

本章第三节介绍的各种 MAC 协议都是用于共享链路的，而网络中还有一类链路是点对点链路，这类链路较多应用于广域网中。对于点对点链路，由于不存在介质共享问题，因此所有这类链路不需要 MAC 协议。下面简单介绍两个典型的点对点链路协议：PPP 和 HDLC 协议。

一、PPP

现在全世界使用最多的点对点链路的数据链路层协议是点对点协议（Point to Point Protocol，PPP）。PPP 处理错误检测、支持多种上层协议（即支持复用）、允许在连接时刻协商 IP 地址、允许身份认证等。PPP 主要提供以下 3 类功能。

- ➢ 成帧：确定一帧的开始和结束，帧格式支持错误检测，如图 5-19 所示。
- ➢ 链路控制协议（Link Control Protocol，LCP）：用于启动线路、检测线路、协商参数及关闭线路。
- ➢ 网络控制协议（Network Control Protocol，NCP）：用于协商网络层选项，并且协商方法与使用的网络层协议独立。

在实际情况中，PPP 的设计要困难得多，因此，有部分功能不要求其实现。

- ➢ 差错纠正。仅要求 PPP 能够进行比特差错检测，但不要求纠正它们。
- ➢ 流量控制。由较高层协议负责遏制分组交付给 PPP 的发送速率，即由较高层负责丢弃分组或者遏制位于较高层的发送方，而不是由 PPP 进行控制。
- ➢ 按序交付。PPP 不要求链路中发送方发送帧的顺序与接收方交付帧的顺序相同。但是工作于 PPP 之上的其他网络层协议的确需要有序地进行端到端分组交付。

图 5-19 所示为 PPP 数据帧结构。PPP 数据帧中的标志字段 F=0x7E（符号“0x”表示后面的字符是用十六进制表示的，7E 的二进制表示是 01111110）。地址字段 A 置为 0xFF（即 11111111），地址字段实际上并不起作用。控制字段 C 通常置为 0x03（即 00000011）。PPP 是面向字节的，所有的 PPP 数据帧的长度都是整数字节，当 PPP 用在同步传输链路时，协议规定采用硬件来完成比特填充（和 HDLC 协议的做法一样）；当 PPP 用在异步传输时，就使用一种特殊的字符填充法。协议字段告诉 PPP 接收方所接收的封装数据（即 PPP 数据帧信息字段的内容）所属的上层协议。当 PPP 接收方收到 PPP 数据帧时，需要检测该帧的正确性，如果检测到差错，则丢弃该帧；否则将帧中封装的数据传递给相应的上层协议。例如，在 Internet 中，PPP 通常封装的是 IP 数据报，此时，协议字段的值为 0x21。信息字段内容为上层协议分组（如 IP 数据报），该字段最大的默认长度是 1500 B，在链路配置时可以改变该字段的长度。“校验和”字段用于检测已传输帧中的比特差错，使用 2 B 或 4 B 的 CRC 编码。

1B	1B	1B	1B或2B	可变长度	2B或4B	1B
标志 01111110	地址 11111111	控制 00000011	协议	信息	校验和	标志 01111110

图 5-19　PPP 数据帧结构

PPP 数据帧中的地址字段和控制字段，在 PPP 链路建立之初，可以通过协商省略不用，即在帧中不包含这两个字段。另外，协议字段和校验和字段到底分别占 1 B 或 2 B 与 2 B 或 4 B，也是可以在 PPP 链路建立之初，通过协商来确定的。这些都是通过 LCP 协议来完成的，属于参数协商功能。

PPP 的一个典型应用场景是家庭用户拨号上网。当用户拨号接入 ISP 时，路由器的调制解调器对拨号做出确认，并建立一条物理连接。PC 向路由器发送一系列 LCP 分组（封装成多个 PPP 数据帧），并接收 LCP 响应，为 PPP 选择一些参数，完成 PPP 链路配置。进一步，利用 NCP 进行网络层配置，NCP 给新接入的 PC 分配一个临时的 IP 地址，使 PC 成为因特网上的一个主机，通信完毕时，NCP 释放网络层连接，收回原来分配出去的 IP 地址，接着 LCP 释放数据链路层连接，最后释放的是物理层的连接。

PPP 需要提供透明传输服务，即无论上层协议的分组中包含什么样的位串或字节，都应该能够通过 PPP 正确传输。为此，就需要考虑到，一旦上层协议分组中包含 PPP 数据帧中的标志字段的 01111110，就会导致 PPP 的接收方将上层协议分组中的 01111110 解释成 PPP 数据帧的定界符，从而导致错误。解决这个问题的方法就是让 PPP 能够将信息中的 01111110 与标志字段的 01111110 区分开来，不会产生二义性。PPP 的具体方法是，使用一种称为字节填充（byte stuffing）的技术。

PPP 定义了一个特殊的控制转义字节 01111101。在成帧时，对帧中除了标志字段以外的内容进行扫描，如果 01111110 出现在除标志字段以外的任何地方，PPP 就在 01111110 之前插入控制转义字节 01111101，即在 01111110 前“填充”（加）一个控制转义字节到传输的数据流中，以指示随后的 01111110 不是一个标志字段，而事实上是真正的数据。这样，当接收方发现 01111101 后面紧跟一个 01111110 时，就会去除填充的控制转义字节，将 01111110 作为数据来处理。类似地，如果控制转义字节的比特模式自身作为实际数据出现，那么它前面也必须填充一个控制转义字节。因此，当接收方在数据流中看到单个控制转义字节时，它知道该字节是被填充到数据流中的，相继出现的一对控制转义字节意味着在要发送的初始数据中出现了一个控制转义字节的实例。图 5-20 所示为 PPP 字节填充过程示意图。

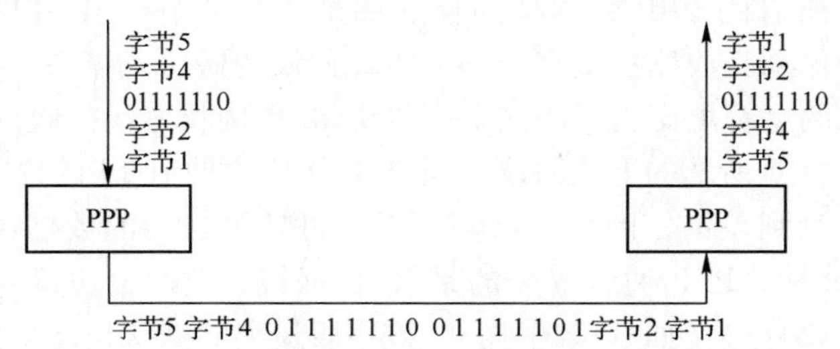

图 5-20　PPP 字节填充过程示意图

二、HDLC 协议

上文介绍的 PPP 只工作于具有单个发送方和单个接收方的点对点链路之上，而高级数据链路控制（High-level Data Link Control，HDLC）协议则可以应用于点对点链路和一点对多点链路上。HDLC 协议是面向位的协议，其帧格式如图 5-21 所示。

1B	1B	1B	≥0B	2B	1B
01111110	地址	控制	数据	校验和	01111110

图 5-21　HDLC 协议帧格式

其中，帧的定界符是01111110，地址字段用于标识一个终端，控制字段用作序列号、确认、查询与结束，数据字段是传送的内容，校验和字段采用CRC编码校验。

HDLC协议有3种类型的帧：信息帧（I格式）、管理帧（S格式）和无序号帧（U格式），3种帧的8位控制字段如图5-22所示。HDLC协议使用了一个滑动窗口，其中序列号Seq为3位，是当前帧的序列号，Next字段用于确认Next之前的帧（捎带确认），Next值表示期望接收的下一帧。P/F位中的P位表示主机询问终端，终端发送帧结束时置F位。

HDLC协议是面向位的协议，为确保数据的透明传输，HDLC协议使用位填充。首先，发送端扫描整个数据字段（多采用速度较快的硬件实现），只要发现5个连续的1，就立即插入一个0，经过此过程处理后，数据字段不会出现连续的6个1。接收端接收到一个帧后，先找到标志字段01111110来确定帧的边界，接着利用硬件扫描整个比特流，若发现5个连续的1，就删除其后的0，以还原成原来的信息。如图5-23所示为位填充过程示例。

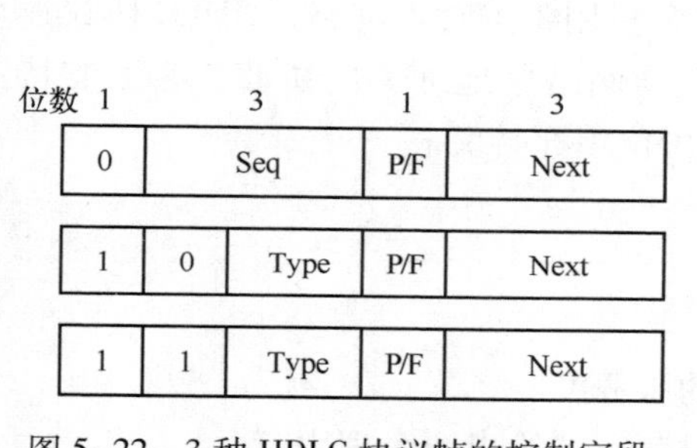

图5-22 3种HDLC协议帧的控制字段

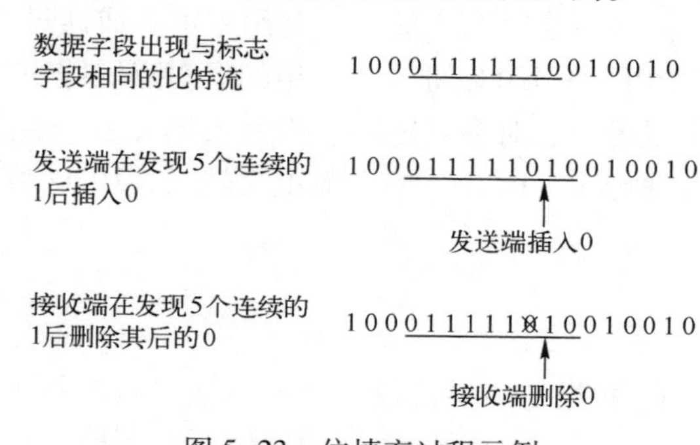

图5-23 位填充过程示例

采用位填充，可以传输任意组合的比特流，而不会对帧的边界产生错误的判断。

内容小结

数据链路层的基本服务是实现物理链路直接相连的相邻结点间的数据报传输。为此，数据链路层需要提供组帧、差错控制、数据链路层寻址、多路访问控制、可靠传输、流量控制等服务。

典型的差错控制方式包括检错重发、前向纠错、反馈校验和检错丢弃4种。差错编码的基本原理就是在待传输（或待保护）数据信息的基础上，附加一定的冗余信息，该冗余信息建立起数据信息的某种关联关系，将数据信息以及附加的冗余信息一同发送到接收端，接收端可以检测冗余信息表征的数据信息的关联关系是否还存在，如果存在，则没有错误，否则就有错误。对于检错编码，如果编码集的汉明距离 $d_s=r+1$，则该差错编码可以检测 r 位的差错；对于纠错编码，如果编码集的汉明距离 $d_s=2r+1$，则该差错编码可以纠正 r 位的差错。典型的差错编码有奇偶校验码、汉明码以及循环冗余码（CRC）。

多路访问控制协议用于协调广播信道的共享使用。主要包括3种类型的MAC协议：信道划分MAC协议、随机访问MAC协议及受控接入MAC协议。信道划分MAC协议不会发生冲突，在网络负载特别重时，信道利用率最高，相反，当网络负载特别轻时，信道利用率最低；随机访问MAC协议，可能会发生冲突，需要冲突检测机制，在网络负载特别轻时，信道利用率较高，在网络负载特别重时，冲突概率大大提高，造成信道资源浪费，信道有效利用率降低；受控接入 MAC 协议，融合了信道划分 MAC 协议与随机访问 MAC 协议的优点，采用集中或分布式协商机制，可避免冲突的发生，但有协商开销。

数据链路层地址也称为 MAC 地址、物理地址或局域网地址，典型的 MAC 地址是 48 位地址。MAC 地址是“平面”地址，可以确保接入任意局域网内都唯一。ARP 根据同一子网内另一主机的 IP 地址，解析其 MAC 地址。ARP 通过广播 ARP 查询分组，询问被查询主机的 MAC 地址，被查询主机通过向查询主机发送 ARP 响应分组，告知其 MAC 地址。以太网是目前最主流、应用最广泛的局域网。以太网的 MAC 协议是 CSMA/CD，当发生冲突时，采用二进制指数退避算法计算随机退避时间。以太网最短帧长为 64 字节，数据字段最少 46 字节。交换机是典型的数据链路层（第二层）设备，通过自学习构建交换表，当从一个端口收到帧时，依据帧的目的 MAC 地址，查询交换表，决策如何转发帧。交换机可以隔离冲突域，但是不能隔离广播域。利用路由器或通过 VLAN 划分，可以实现广播域的分割。

PPP 和 HDLC 协议是典型的点对点链路协议。PPP 只用于点对点链路，HDLC 协议还可以应用于一点对多点链路。PPP 支持数据链路层参数与网络层地址等的协商。为了支持透明数据传输，PPP 采用字节填充转义，HDLC 协议采用位填充转义。

习　题

1. 数据链路层协议能够向网络层提供哪些可能的服务？

2. 为什么有些网络用纠错码而不用检错和重传机制？请给出两个理由。

3. 差错编码的检错或纠错能力与什么有关？试举例说明。

4. 假设在一个使用 CSMA/CD 协议的局域网中，两个结点同时经一个传输速率为 R 的广播信道开始发送一个长度为 L 的帧，d_{prop} 为两个结点之间的单向传播延迟。如果 $d_{prop}<L/R$，是否会发生冲突？如果会发生冲突，两个结点能检测到冲突吗？为什么？

5. 在一个 CDMA 网络中，某站点正接收另一码序列为（-1,1,1,-1,-1,-1,1,-1）的站点发送的数据，若该站点收到（-1 1 1 -1 -1 -1 1 -1 1 -1 -1 1 1 1 -1 1 1 -1 -1 1 1 1 -1 1 -1 1 1 -1 -1 -1 1 1 -1)，则该站点收到的数据是什么？

6. 在低负载情况下，纯 ALOHA 与时隙 ALOHA 相比，哪个延迟更小？

7. ARP 查询为什么要在广播帧中发送呢？ARP 响应为什么要在一个特定目的 MAC 地址的帧中发送呢？

8. 简述 10BASE-T、100BASE-T 和吉比特以太网的共同点与区别。

9. 如果 10BASE-T 以太网中的某个主机在尝试发送帧，连续很多次发生冲突，试问该主机在放弃尝试发送帧之前，可能的等待（退避）时间最长是多少？为什么？

10. 一个通过以太网传送的 IP 数据报的总长度为 60 字节。是否需要在封装到以太网帧中时进行填充？如果需要，需要填充多少字节？

11. 什么是 VLAN？划分 VLAN 主要有几种方法？

12. 如下图所示网络，通过两台路由器互连 3 个 LAN（以太网），所有主机的 MAC 地址为 00-11-22-33-44-5*x*，其中 *x* 为图中主机名，如主机 A 的 MAC 地址是 00-11-22-33-44-5A；路由器接口的 MAC 地址为 00-11-22-33-44-*yz*，其中 *yz* 为接口名，如 E1 接口的 MAC 地址是 00-11-22-33-44-E1。请回答下列问题。

（1）请在图中增加必要的交换机（数量尽可能少），并重画网络图。

（2）为所有必要的接口分配 IP 地址，其中子网 1 为 111.111.111.0/25，子网 2 为 122.122.122.128/26，子网 3 为 133.133.133.64/27，并说明各主机的 IP 地址配置中的子网掩码和默认网关。

（3）假设所有主机的 ARP 表和新加入的交换机的交换表均为空。若主机 A 向主机 F 发送一个 IP 数据报，请描述此次发送主要通信过程。在 F 成功收到 A 发送的 IP 数据报时，在问题（1）中加入交换机的交换表分别是什么？

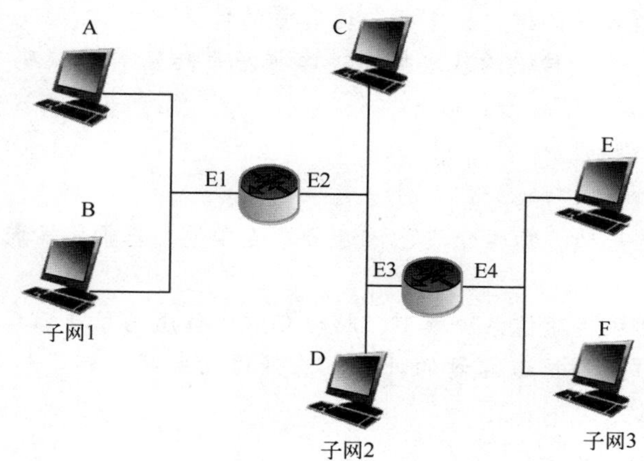

第六章 物 理 层

学习目标：

1. 了解数据通信相关概念与基本原理；

2. 掌握典型的物理传输介质特性；

3. 理解信道与信道容量的概念，掌握信道容量的计算方法；

4. 理解基带传输与频带传输的基本概念，掌握基带传输典型编码与频带传输的典型调制技术；

5. 掌握物理层接口特性。

教师导读：

本章介绍数据通信基础、物理介质、信道与信道容量、基带传输与频带传输、物理层接口规程等内容。

本章的重点是了解数据通信系统模型、物理介质、信道与信道容量、数据传输编码、物理层接口规程特性，难点是信道容量的计算、基带传输编码、频带传输的基本原理与调制技术。

建议学时：

6 学时。

物理层处于 OSI 参考模型的最底层，向数据链路层提供比特流传送服务，遵照相应的物理层协议，为传输数据所需的物理链路的创建、维持、拆除，提供机械的、电子的、功能的和规程的特性，从而确保原始数据可以在各种物理介质上进行传输。

物理层处在最低层，是整个计算机网络体系机构的基础，本章将介绍有关物理层的概念、特性等，了解物理介质、信道与信道容量、基带传输与频带传输、物理层接口等内容。

第一节 数据通信基础

从物理层角度来看，计算机网络通信的本质就是数据通信。下面简单介绍一下数据通信的基本概念和术语。

一、数据通信基本概念

1. 消息与信息

人们在日常生活中经常会遇到两个概念：消息与信息。有时候人们容易把两者混用，比如“手机发送短消息”和“手机发送短信息”的说法相同，但事实上两者是有差别的。通常，将人类能够感知的描述称为消息，比如眼睛能看到文字和图像，耳朵能听到声音，鼻子能闻到气味等，这些声音、文字、图像、气味等统称为消息；信息是一个抽象的概念，可以理解为消息中所包含的有意义的内容，而消息是信息的载体。比如，有人介绍自己的年龄是："我的年龄处于20岁到30岁之间，大于24岁，小于26岁，正好是25岁"。其中，真正有意义的内容就是"我的年龄是25岁"。因此，信息论学的奠基人香农在其论文《通信的数学原理》中给出了信息的数学定义：信息是对事物状态或存在方式的不确定性表述。信息是可以度量的，其大小与消息的不确定性，即概率，成反比，某件事情发生的概率越大，其产生的信息量越小；反之则越大。

但是，需要注意，在计算机网络中，有时这两个概念区分得并不是那么严格，可能会用信息泛泛地指代，所以需要根据上下文进行准确理解。

2. 通信

通信是人类社会中不可缺少的一种行为，从人类诞生的那一刻起，通信就已经出现了。香农对通信给出了这样的定义："通信的本质就是在一点精确或近似地再生另一点的信息"。最基本的通信方式就是人与人之间的对话，通过语言将信息从一个人转移到另一个人。通信的目标是尽可能远、准确、快速地传递信息。人们曾经使用过烽火、金鼓、旌旗、书信等形式的通信工具，但它们都会受到自然条件的影响，既不能很远、很快，又不够准确。直到电可以被使用后，人们以电磁或光信号作为通信载体，从而出现了电通信（简称电信），电信方式大大改变了人类通信的距离和效率，所以，现在讨论的通信，一般都是指电通信。能够实现通信功能的各种技术、设备和方法的总体，称为通信系统。

3. 信号

在通信系统，特别是电通信系统中，传递的信息需要通过适合的载体在传输通道中传播，这样的载体称为信号，通常以电磁或光的形式存在，并利用电压、电流、频率、相位等物理量的变化来表示信息。信号在数学上可以描述为以时间为自变量，以表示信息的某个参量（幅值、频率或相位）为因变量的函数。比如正弦波信号

$$y(t)=A\sin(\omega t+\theta) \tag{6-1}$$

信号有连续信号和离散信号之分，可以经过各种变换以提高传输的效率。

4. 数据

数据也是人们生活中经常遇到的概念。数据是对客观事物的性质状态以及相互关系等进行记载的符号及其组合，通常可以是数字、文字、图像等，也可以是其他抽象的符号。比如一个人的简历中就包含了各种数据：姓名、身份证号、考试成绩单、个人照片等。数据对于现代社会的发展有着重要的意义，因为数据体现了客观事物的性质、状态及其联系，大量的数据集合中往往蕴含着许多有价值的信息和规律，人们可以使用各种方法从中挖掘出这些信息和规律，为决策提供依据。特别是在计算机出现之后，由于计算机强大的处理、运算和存储功能，以及多媒体技术的支持，数据与计算机紧密地结合在了一起，那些记载客观事物的数字、文字、图像等各种符号都可以在计算机中保存、展示和加工。

5. 信道

信道是信号传输的介质，或者说，信道是以传输介质为基础的信号通道。根据信道的定义，如果信道仅是指信号的传输介质，这种信道称为狭义信道。如果信道不仅是传输介质，而且包括通信系统中的一些转化装置，这种信道成为广义信道。信道将会在本章第三节中详细介绍。

6. 码元

在数字通信系统中，通常用时间间隔相同的符号来表示一个离散值，这样的时间间隔内

的信号称为码元，而时间间隔称为码元长度。若码元的状态数 $M=2$，则为二进制码元；若码元的状态数 $M>2$，则为 M 进制（或称多进制）码元。例如，如果某数字通信系统传输的码元只有两种电平状态的脉冲，则该码元是二进制码元；若某数字通信系统传输的码元可以区分 4 种电平状态的脉冲，则该码元是四进制码元。

7. 波特率与比特率

码元速率就是每秒传送的码元数目，单位为波特（Baud），因此，码元速率也称为波特率。码元是承载信息的基本信号单位。信息速率（或称为数据传输速率）表示每秒传送的二进制比特（位）数，单位为比特/秒（bit/s），因此，信息速率也称为比特率。数字通信系统传输的基本信号单位是码元，不同进制的码元系统中，每个码元携带的信息量（比特数）不同。例如，一个二进制码元可以携带 1 bit 的信息量，一个四进制码元可以携带 2 bit 的信息量，一个 M 进制码元可以携带 $\log_2 M$ bit 的信息量。因此，比特率 R_b、波特率 R_B 和信号进制 M 之间有如下换算关系：

$$R_b = R_B \log_2 M \tag{6-2}$$

二、数据通信系统模型

1. 数据通信系统的构成

计算机网络是一种典型的数据通信系统。首先介绍通信系统的一般模型：通信系统的作用是将消息从信源传送到一个或多个目的地。我们把能够实现信息传输的一切技术设备和传输介质的集合称为通信系统。通信系统的组成根据通信业务、信道类型、信号种类、传输方式等可有多种形式，但不管其具体的应用和结构如何，任何一种通信系统的核心都应该包括信源、发送设备、信道、接收设备、信宿和噪声源等部分，如图 6-1 所示。

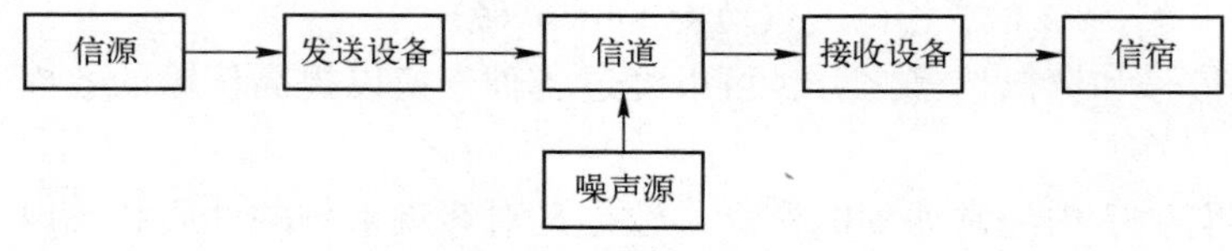

图 6-1　数据通信系统

其中各部分的功能介绍如下。

1）信源：将消息转换为信号的设备，如电话机、摄像机、计算机等。

2）发送设备：将信源产生的信号进行适当的变换的装置，使之适合于在信道中传输。变换的方式主要包括编码和调制。

3）信道：信号传输的媒介，总体上可以分为有线信道和无线信道两大类，具体的类型包括双绞线、同轴电缆、光纤、大气层、外层空间等。

4）接收设备：完成发送设备的反变换，即进行译码和解调，还原原始的发送信号。

5）信宿：信号的终点，并将信号转换为让人们能识别的消息。

6）噪声源：自然界和通信设备中所固有的，对通信信号产生干扰和影响的各种信号。噪声对通信系统是有害的，但又无法完全避免。

这是通信系统的一般模型，而数据通信系统的模型是其中的一种类型，其中的信源和信宿被限定为能够产生、存储和处理二进制数据的设备，如计算机、智能终端等，区别于传统的电话通信系统、广播电视通信系统。

2. 模拟通信和数字通信

通信系统根据信号种类可分为模拟通信系统和数字通信系统，其区别在于信道中传输的是模拟信号还是数字信号。模拟信号是指信号的因变量完全随连续消息的变化而变化的信号。模拟信号的自变量可以是连续的，也可以是离散的；但其因变量一定是连续的，如图 6-2a 所示。传统的电视图像信号、电话语音信号、各种传感器的输出信号以及许多遥感遥测信号都是模拟信号；数字信号是指表示消息的因变量是离散的，自变量时间的取值也是离散的信号，如图 6-2b 所示。数字信号的因变量的状态是有限的。计算机数据、数字电话和数字电视等都是数字信号。虽然模拟信号与数字信号有着明显的差别，但二者之间并没有存在不可逾越的鸿沟，它们在一定条件下是可以相互转化的。模拟信号可以通过采样、量化和编码等步骤变成数字信号，而数字信号也可以通过解码、平滑等步骤恢复为模拟信号。

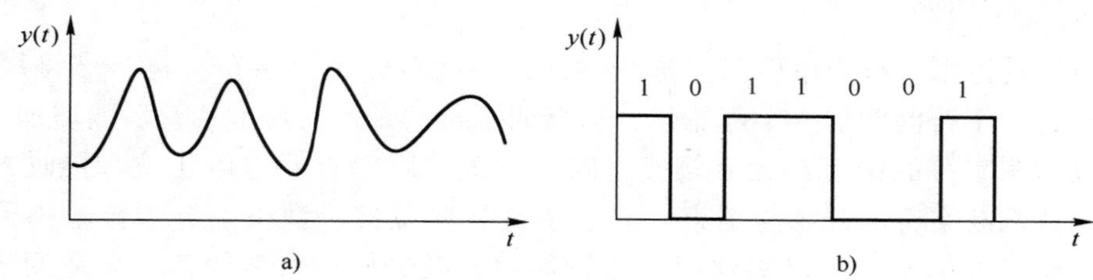

图 6-2　模拟信号与数字信号

需要指出的是，数据通信系统与数字通信系统的概念并不完全相同，数字通信系统是指信道中传输的信号是离散的数字信号，而数据通信系统是指在信源和信宿端处理的是二进制数据，在信道中传输的信号可以是模拟信号，也可以是数字信号。由于数字通信相比于模拟通信有着许多优势，因此目前的数据通信系统更多采用的是数字信号的传输技术。

3. 数据通信方式

为了适应不同的通信环境、通信要求和经济成本，数据在通信系统中的传输有着多种方式，按数据传输的方向，可分为单向通信、双向交替通信和双向同时通信；按二进制数据传输的时空顺序，可分为并行通信和串行通信；按发送方和接收方对数据保持步调一致的措施，可分为异步通信和同步通信。下面具体介绍这些数据传输方式。

（1）单向通信、双向交替通信和双向同时通信

单向通信又称单工通信，即任何时间都只能有一个方向的通信，而没有反方向的交互。无线电广播就属于这种类型；双向交替通信又称半双工通信，即通信的双方都可以发送信息，但不能双方同时发送（或同时接收），这种通信方式往往是一方发送、另一方接收，如无线对讲机系统；双向同时通信又称全双工通信，即通信双方可以同时发送和接收信息，电话网、计算机网络均属于全双工通信系统。

（2）并行通信和串行通信

在计算机内部各部件之间、计算机与各种外部设备之间、计算机与计算机之间，由于传输二进制数时的时空顺序不同，存在着并行通信和串行通信两种通信方式。

并行通信是为一个字节的每一个位（bit）都设置一个传输通道，全部位同时进行传送。并行通信模式传输速度快，但消耗材料多，造价高，所以不适用于长距离的传输。一般只在

计算机内部元器件之间采用并行传输方式，如计算机与存储器的总线传输。

串行通信只为信息传输设置一条通道，数据的一个字节中每一个位依次在这条通道上传输。串行通信节省设备线路开销，但速度相对并行通信慢，一般应用于长距离数据传输，如计算机与键盘、鼠标、移动存储介质等外围设备间数据传送，以及更远距离的通信过程。在计算机设备中常用的 RS-232 接口和 USB 接口就属于串行通信的接口方式。

（3）异步通信和同步通信

数据通信系统能否可靠且有效地工作，在很大程度上依赖于是否能很好地实现同步。同步技术是指通信系统中实现收发两端动作统一、保持收发步调一致的过程，就是接收方按照发送方发送信息的重复频率和起止时间来接收数据。

常用数据传输的同步方式有异步式同步（简称异步）和同步式同步（简称同步）。由此可见，通常所说的异步和同步本质上都属于同步技术，两者的区别在于发送端和接收端的时钟是独立的还是同步的。

异步通信是指以字符为单位独立进行发送，一次传输一个字符，每个字符用 5~8 bit 来表示，在每个字符前面加一个起始位，以指明字符的开始，每个字符后面增加 1 或 2 个停止位，以指明字符的结束；无字符发送时，发送方就一直发送停止位。接收方根据起始位和停止位判断字符的开始与结束，并以字符为单位接收数据。异步传输不需要在收发两端间传输时钟信号，所以实现起来比较简单；但是传输效率较低，只适用于低速数据传输系统。

同步通信是指以数据块为单位进行发送。每个数据块内包含多个字符，每个字符可用 5~8 bit 表示；在每个数据块的前面加一个起始标志，以指明数据块的开始，在其后面增加一个结束标志，以指明数据块的结束。接收方根据起始标志和结束标志以数据块为单位进行接收。同步通信方式的传输效率高，开销小，但收发双方需要建立同步时钟，实现和控制比较复杂。同步通信方式适合于高速数据传输系统。

4. 数据通信系统的功能

完整的数据通信系统必须具备的一些功能见表 6-1。

表 6-1 数据通信系统的必要功能

数据通信系统的功能	解　释
信道利用	信道通常会被多个通信设备共享，需要有某种技术或机制为多个用户合理分配传输系统的总传输能力，充分利用传输设施，如多路复用技术等
接口及信号产生	保证终端（信源和信宿）与传输系统间的信息交互，产生能在信道上传播，并能被接收器转换还原成数据的信号
同步	发送器和接收器之间达成约定，接收器能够正确判断信号开始到达和结束的时间点，同时知道每个信号单元的持续时间
差错检测与纠正	对通信系统中各种原因造成的信号失真能够发现，并纠正由此引起的数据差错
寻址与路由	当两个以上设备共享传输设施时，终端系统必须有独立的地址标识，传输系统能够保证终点系统能唯一地收到具有该标识信息的数据；如果传输系统本身是具有多条路径的网络，则某条特定的路径能够被选择出来进行数据传输
网络管理	数据通信设施作为非常复杂的系统，不能自动创建和运行，需要各种管理功能来规划、设置、监控、调度和维护
安全保证	数据能够在源点和终点间不被改变地传输，且不被其他非法用户获取

第二节 物理介质

计算机网络在进行数据通信的时候，必须将信号通过某种介质进行传输，这种介质即物理介质。物理介质是网络中传输信息的载体，常用的物理介质分为导引型传输介质和非导引型传输介质。

一、导引型传输介质

导引型传输介质，又可称为有线信道，以导线为传输介质，信号沿导线进行传输，信号的能量集中在导线附近，因此传输效率高，但是部署不够灵活。这一类信道使用的传输介质包括用电线传输电信号的架空明线、双绞线、同轴电缆、光纤等。

1. 架空明线

架空明线是指平行且相互分离或绝缘的架空裸线线路，通常采用铜线或铝线等金属导线。对于常用的铜线和铝线，长距离传输的最高允许频率在 150 kHz 左右，可以复用 16 路话音信号；短距离传输时，最高允许频率在 300 kHz 左右，可再增加复用 12 路话音信号。架空明线的优点是传输损耗较低，但是缺点是易受天气和外界电磁干扰，对外界噪声敏感，带宽有限。架空明线现已基本被淘汰。

2. 双绞线

将两根相互绝缘的铜线并排绞合在一起可以减少对相邻导线的电磁干扰，这样的一对线称为双绞线，多对双绞线封装到护套之内构成双绞线电缆，简称双绞线。双绞线既可以应用于模拟传输，又可以应用于数字传输，通信距离一般为几千米到十几千米。双绞线封装时会在护套与线对之间增加一层由金属丝编织的屏蔽层，可以提高双绞线的抗电磁干扰能力，这类双绞线称为屏蔽双绞线（STP），如图 6-3a 所示；相应地，没有这个屏蔽层的双绞线称为非屏蔽双绞线（UTP），如图 6-3b 所示。显然，屏蔽双绞线性能要优于非屏蔽双绞线，但前者价格高，且安装工艺要求高、复杂，因此，在现代数据通信网络（如局域网）中，更普遍使用的是非屏蔽双绞线。

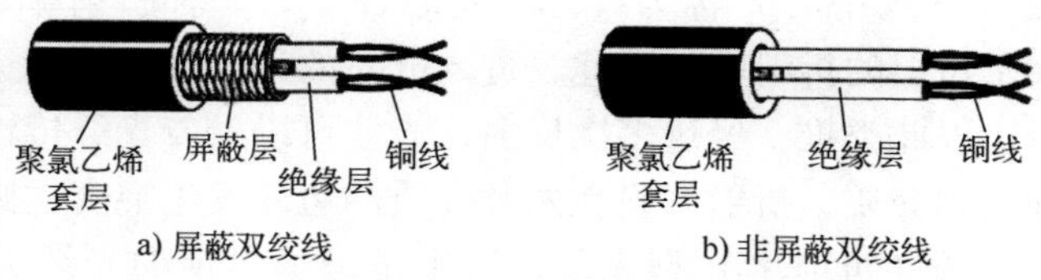

图 6-3 两类双绞线示意图

1995 年，美国电子工业协会（EIA）在更新的 EIA/TIA-568-A 中，规定了 5 个种类的 UTP 标准，其中 3 类 UTP 主要应用于电话网络，而 5 类 UTP 是目前局域网中最常用的之一。不同类别双绞线的主要差异之一是绞合长度不同，例如，3 类线绞合长度是 7.5~10 cm，而 5 类线绞合长度为 0.6~0.85 cm。另外，相比 3 类线，5 类线在线对间的绞合度和线对内两根导线的绞合度上都经过精心设计，并在生产过程中加以严格控制，使得干扰在一定程度上得以抵消，从而提高了传输速率。典型 UTP 类别、带宽及其典型应用见表 6-2。

表 6-2　典型 UTP 类别、带宽及其典型应用

UTP 类别	带　宽	典型应用
3	16 MHz	低速网络、电话网络
4	20 MHz	10Base-T 以太网
5	100 MHz	10Base-T 以太网、100Base-T 快速以太网
5E（超 5 类）	100 MHz	100Base-T 快速以太网、1000-Base-T 吉比特以太网
6	250 MHz	1000Base-T 吉比特以太网、ATM 网络

双绞线主要用于基带传输。无论哪类双绞线，信号衰减都会随频率的升高而增大。使用更粗的导线可以降低衰减，但会增加导线成本和重量。信号应当有足够大的振幅，以便在噪声干扰下能够在接收端被正确地检测出来。双绞线的最高传输速率还与数字信号的编码方法有很大的关系。

3. 同轴电缆

同轴电缆由同轴的两个导体构成，外导体是整体为空心圆柱形的网状编织金属导体，内导体是金属导线（通常为铜线），两者之间填充绝缘实心介质。网状编织金属导体同时起到屏蔽层的作用，可以有效抵抗电磁干扰。在实际应用中，同轴电缆的外导体是接地的，对外界干扰具有较好的屏蔽作用，所以同轴电缆具有较好的抗电磁干扰性能。为了增加容量，可以将多根同轴电缆封装到一个大的保护套内，构成多芯同轴电缆。

早期的局域网曾广泛使用同轴电缆作为传输信道，但随着技术的发展，同轴电缆在局域网中已不再使用，已被双绞线所取代，但是，同轴电缆在有线电视网络中应用很普遍。同轴电缆的带宽取决于电缆质量，同轴电缆的带宽接近 1 GHz。同轴电缆主要用于频带传输，如有线电视网络，图 6-4 为同轴电缆的示意图。

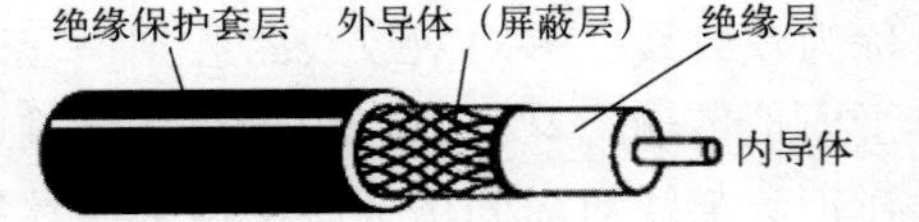

图 6-4　同轴电缆示意图

4. 光纤

光纤的基本传输原理是利用了光的全反射现象。光纤是由两种折射率不同的导光介质复合纤维制成的，内层（纤维中心）称为纤芯，纤芯外包另一种折射率的介质，称为包层。由于纤芯的折射率大于包层的折射率，因此，进入纤芯的光波会在两层边界产生全反射，反射的光会再次被反射，以此类推，经过多次反射，光波可以沿着光纤传输到很远的距离。如果纤芯和包层是两种均匀介质，折射率只在两种介质的边界发生突变，则光波只在边界发生折射，这种光纤称为阶跃（折射率）型光纤，这也是最早出现的光纤类型。如果光纤的折射率不是突变的，而是沿半径增大方向逐渐减小，则光波在其中的传输路径是随折射率的变化而逐渐弯曲的，这种光纤称为梯度（折射率）型光纤。当然，梯度型光纤的制造工艺要求高于阶跃型光纤，图 6-5 为光纤传输原理示意图。

按照光纤内光波传输模式的不同，光纤可以分为多模光纤和单模光纤两类。

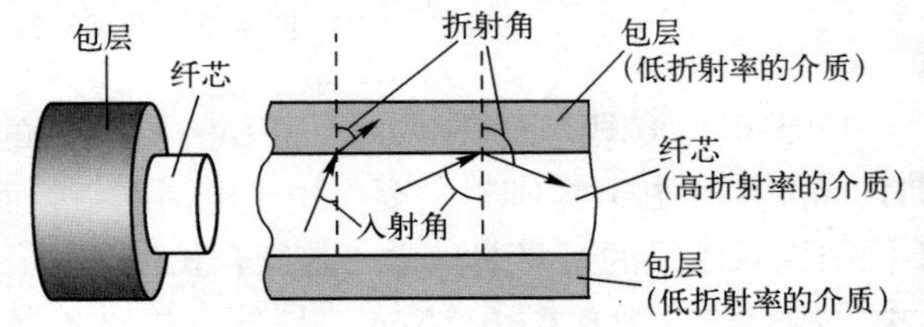

如果入射角足够大，则会全反射，即光线会折射入纤芯，如此反复，沿光纤传播下去。

图 6-5　光纤传输原理示意图

与其他传输介质相比，光纤拥有下列很多优点。

1）光纤通信容量非常大，最高可达 100 Gbit/s。

2）传输损耗小，中继距离长，对远距离传输来说特别经济。

3）抗雷电和电磁干扰性能好。

4）无串音干扰，保密性好，也不易被窃听或截取数据。

5）体积小，重量轻。这在现有电缆管道易拥塞的情况下特别有利。例如，1 km 长的 1000 对双绞线约重 8000 kg，而同样长度但容量大得多的一对两芯光纤仅重 100 kg。但要把两根光纤精确地连接起来，需要使用专用设备。

为了使光纤传输的衰减尽量小，以便传输更远的距离，在光纤通信中通常选择在光纤信道中传输损耗最小的波长光波。符合这一特性的光波波长主要有两个：1. 31 μm 和 1. 55 μm，这两个波长在目前光纤通信中应用广泛。除此之外，还有 850 nm 波长的光波也会被选择。虽然该波长的光波在光纤中传输时损耗较大，但其他特性均较好。这三个波长的光波都具有 25000~30000 GHz 的带宽，可见光纤通信的通信容量非常大。

使用光纤通信，需要将一般形式的电信号转换为光信号，然后在光纤上传输，在接收端还需要再将光信号还原为电信号。光纤信道简化框图如图 6-6 所示。光纤信道主要包括光源、光纤线路以及光检测器等。光源是光载波发生器，多模光纤主要采用发光二极管，单模光纤主要采用激光二极管；光纤线路为上述的多模或单模光纤；接收端利用直接检波式的光检测器，常用 PIN 光电二极管或雪崩二极管（APD 管）实现光强检测。根据应用以及传输距离等情况，还可能在光纤线路中使用中继器，实现信号放大或再生，补偿传输损耗。

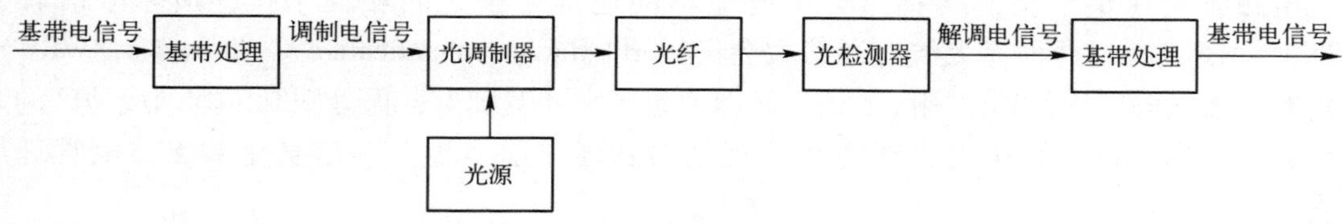

图 6-6　光纤信道简化框图

二、非导引型传输介质

前面介绍了多种导引型传输介质。但是，若通信线路要通过一些高山或岛屿，有时就很难施工。即使是在城市中，挖开马路铺设电缆也不是一件容易的事。当通信距离很远时，铺设电缆或光纤昂贵又费时。但利用无线电在自由空间的传播就可以较快地实现多种通信。由于这种通信方式不适用各种导引型传输介质，因此就将自由空间称为“非导引型传输介质”，又称为无线信道。

不同频率或波长的电磁波，其带宽与传输特性不同，因此，适用于不同的通信系统。在实际应用中，电磁波按频率划分为若干频段，用于不同目的或场合的无线通信，见表 6-3。

表 6-3　频段划分及其典型应用

频段（含上限，不含下限）	名　称	典型应用
3~30 Hz	极低频（ELF）	远程导航、水下通信
30~300 Hz	超低频（SLF）	水下通信

（续）

频段（含上限，不含下限）	名　　称	典型应用
300~3000 Hz	特低频（ULF）	远程导航
3~30 kHz	甚低频（VLF）	远程导航、水下通信、声呐
30~300 kHz	低频（LF）	导航、水下通信、无线电信标
300~3000 kHz	中频（MF）	广播、海事通信、测向、救险、海岸警卫
3~30 MHz	高频（HF）	远程广播、电报、电话、传真、搜救、飞机与舰船通信、船-岸通信、业余无线电
30~300 MHz	甚高频（VHF）	电视、调频广播、陆地交通、空中交通管制、出租汽车、警察、导航、飞机通信
0.3~3 GHz	特高频（UHF）	电视、蜂窝网、微波链路、无线电探空仪、导航、卫星通信、GPS、监视雷达、无线电高度计
3~30 GHz	超高频（SHF）	卫星通信、无线电高度计、微波链路、机载雷达、气象雷达、公用陆地移动通信
30~300 GHz	极高频（EHF）	雷达着陆系统、卫星通信、移动通信、铁路业务
300 GHz~3 THz	至高频（THF）	尚为划分，实验应用
3~430 THz	红外线（0.7~7 μm）	光通信系统
430~750 THz	可见光（0.4~0.7 μm）	光通信系统
750~3000 THz	紫外线（0.1~0.4 μm）	光通信系统

电磁波会在整个空间传播，为了避免不同通信系统之间相互干扰，国际电信联盟（ITU）负责定期召开世界无线电通信大会（World Radiocommunication Conferences，WRC），制定有关无线电频率使用的国际协议。各国或地区在此基础上，再分别制定本国或地区的无线电频率使用规则。我国的无线电频率规划与管理目前由工业和信息化部无线电管理局负责。

电磁波在外层空间的传播，如两艘飞船之间的通信，为自由空间传播，在近地空间的传播会受到地面和大气层的影响。根据电磁波频率、通信距离与位置的不同，电磁波的传播可以分为地波传播、天波（或称电离层反射波）传播、视线传播三种。

1. 地波传播

频率较低（大约 2 MHz 以下）的电磁波趋于沿地球表面传播，有一定的绕射能力，这种传播方式称为地波传播。在低频和甚低频段，地波传播距离可以达到数百米，甚至达到数千千米。

2. 天波传播

太阳的紫外线和宇宙射线辐射会使大气电离，从而在距离地表 60~400 km 的高度形成电离层。频率较高（在 2~30 MHz 之间）的电磁波会被电离层反射。这一频段的电磁波经过电离层的一次反射，最大传播距离可以达到约 4000 km，反射回地面的电磁波会被地面再次反射，并被电离层再次反射回地面，如此往复多次反射，电磁波可以传播 10000 km 以上。这种利用电离层反射的传播方式称为天波传播。

由于电离层的密度和厚度随时间随机变化，如白天与夜间有很大差异，反射电磁波的频率范围也随时间变化，即信道特征会随时间随机变化，因此，天波传播信道（或称电离层反射信道）是典型的随参信道。

3. 视线传播

频率高于 30 MHz 的电磁波将穿透电离层，不会被反射回来，并且沿地面绕射能力也很弱。因此，这类电磁波通常采用视线无障碍的点对点直线传播，称为视线传播或视距传播。由于地球曲率的影响，视线传播的距离有限，为了增大视线传播的距离，可以通过增加发射天线的高度来实现。

有限的天线高度限制了视线传播的距离，因此，为了实现远距离传输，可以设立地面中继站或卫星中继站来进行接力传输，这就是微波视距中继和卫星中继传输。例如，如果视距为 50 km，则每隔 50 km 架设一个天线，实现信号的中继与转发，即可实现远程通信。由于视线传播的传输距离与天线高度有关，因此，通常都会尽可能选择在地势高的位置架设天线，比如山顶等。当然，如果选择人造卫星作为转发站，则可以大大提高视距，实现更广域范围通信。在利用卫星进行转发中继时，最典型的是利用位于 35800 km 高度的地球同步轨道上的“静止”卫星，理论上只需要 3 颗静止轨道卫星作为转发站，通信范围就可以覆盖全球，实现全球通信，这就是目前国际上广泛使用的一种卫星通信。但是，静止轨道太高，需要天线发射功率很大，并且显著增加了信号传播时延。因此，近年来，提出了平流层通信，利用位于平流层的高空平台，如充氦飞艇、高空气球或飞机等，代替卫星作为转发站进行通信。平流层高空平台高度在 3~22 km 之间，对天线发射功率需求远小于静止轨道卫星，信号传播时延相对较小，并且可以满足一定的通信覆盖范围需求。例如，如果高空平台的高度为 20 km，则可以覆盖半径大约为 500 km 的地面范围。与卫星通信相比，平流层通信的主要优势在于成本低、时延小、容量大等，是一种具有很好发展前途的通信手段。

电磁波在不同介质中传播呈现较大的差异。由于电磁波在水体中传播的损耗很大，因此在水下进行无线通信时，通常采用声波的水声信道进行传输。

第三节　信道与信道容量

计算机网络传输的消息种类很多，如文本、声音、图像、视频等，任何类型消息的传输都需要先将其转换为某种特定类型的信号，然后通过信号在特定的传输介质的传播来完成。信道是信号在通信系统中传输的通道，由信号从发射端（信源）传播到接收端（信宿）所经过的传输介质构成。无线通信的信道就是电磁波传播所通过的空间，有线通信的信道就是导引型缆线。

一、信道分类与模型

信道是通信系统中连接发送端与接收端的通信设备，实现从发送端到接收端的信号传送。信道分为广义信道和狭义信道。狭义信道为信号传输介质；广义信道包括信号传输介质和通信系统的一些变换装置，如发送设备、接收设备、天线、调制器等。在讨论通信的一般原理时，通常采用广义信道；在研究信道的一般特性时，主要考虑狭义信道。一般情况下，将广义信道简称为信道。由于本章第二节中已经介绍了物理介质，即狭义信道，因此下面主要介绍广义信道及其对应的信道模型。

广义信道除了包括传输介质以外，还包括传输信号的相关设备。按照功能划分，可以将广义信道划分为调制信道和编码信道两类。广义信道的分类与组成如图 6-7 所示。

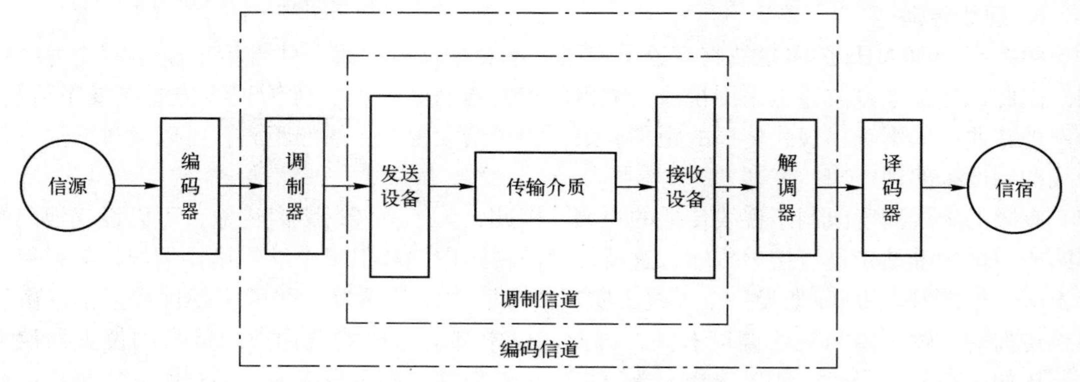

图 6-7　广义信道的分类与组成

1. 调制信道

调制信道是指信号从调制器的输出端传输到解调器的输入端所经过的部分。对于调制和解调的研究者来说，信号在调制信道上经过的传输介质和变换设备都对信号做出了某种形式的变换，研究者只关心这些变换的输入和输出的关系，并不关心实现这一系列变换的具体物理过程。调制信道、输入信号、输出信号存在以下特点：

- 信道总具有输入信号端和输出信号端；
- 信道一般是线性的，即输入信号和对应的输出信号之间满足线性叠加原理；
- 信道是因果的，即输入信号经过信道后，相应的输出信号响应具有延时；
- 信道使通过的信号发生畸变，即输入信号经过信道后，相应的输出信号会发生衰减；
- 信道中存在噪声，即使输入信号为零，输出信号仍然会具有一定的功率。

如果信号通过信道发生的畸变是时变的，则这种信道称为随机参数信道，简称为随参信道；如果畸变与时间无关，则这种信道称为恒定参数信道，简称为恒参信道。通常，比较常见的架空明线、电缆、波导、中长波地波传播、超短波及微波视距传播、卫星中继、光纤以及光波视距传播等传输介质构成的信道均属于恒参信道，其他介质构成的信道属于随参信道。

2. 编码信道

编码信道是指数字信号由编码器输出端传输到译码器输入端所经过的部分，包括其中的所有变换装置与传输介质。从编译码的角度来看，编码器输出的数字序列经过编码信道上的一系列变换之后，在译码器的输入端成为另一组数字序列，通常只关心这两组数字序列之间的变换关系，而并不关心这一系列变换发生的具体物理过程，甚至并不关心信号在调制信道上的具体变化。

编码信道是包括调制信道以及调制器、解调器在内的信道，与调制信道模型有明显的不同：调制信道对信号的影响是使调制信号发生“模拟”变化，而编码信道对信号的影响则是一种数字序列的变换，即把一种数字序列变换为另一种数字序列。因此，有时把调制信道看成一种“模拟”信道，而把编码信道看成一种数字信道。

编码信道可分为无记忆编码信道和有记忆编码信道。无记忆编码信道是指信道中码元的差错发生是相互独立的，即当前码元的差错与其前后码元的差错没有依赖关系；有记忆编码信道是指信道中码元差错的发生不是独立的，即当前码元的差错与其前后码元的差错是有联系的。通过信道编码，可以实现编码信道数据传输过程中的差错检测或纠正，具体的差错编码与差错控制可以参考本书第五章中的内容。

二、信道传输特性

不同类型信道对信号传输的影响差异较大，恒参信道的传输特性变化小、缓慢，可以视为恒定，不随时间变化；随参信道的传输特性是时变的。下面分别讨论恒参信道与随参信道的传输特性。

1. 恒参信道传输特性

各种有线信道和部分无线信道，如微波视距传播链路和卫星链路等，都属于恒参信道。理想的恒参信道是一个理想的无失真传输信道，其对信号传输的影响可以概括为：

1）对信号幅值产生固定的衰减；

2）对信号输出产生固定的时延。

满足上述特性的理想恒参信道的信号传输称为无失真传输。恒参信道也并非总是如此“理想”，当实际信道的传输特性偏离了理想信道特性时，就会产生失真（或称畸变）。

2. 随参信道传输特性

随参信道的传输特性随时间随机快速变化。许多无线信道都是随参信道，如依靠地波和天波传播的无线电信道、部分视距传播信道以及各种散射信道等。随参信道的共同特点有：

1）信号的传输衰减随时间随机变化；

2）信号的传输时延随时间随机变化；

3）存在多径传播现象。

多径传播是指由发射天线发出的电磁波可能经过多条路径到达接收端，每条路径对信号产生的衰减和时延都随时间随机变化，因此，接收端接收的信号是经多条路径到达的衰减与时延随时间变化的多路信号的合成。多径传播对信号传输质量影响很大，这种影响称为多径效应。

信道的传输特性在很大程度上决定了信道的传输性能，比如带宽、传输速率和信道容量等。信道的带宽是指能够有效通过该信道的信号的最大频带宽度，传输速率描述信道单位时间内传输码元（或符号）或信息的能力，前者用码元速率（或符号速率）描述，单位为Baud，后者用传信率（或称信息速率）描述，单位为bit/s（位/秒）。一般情况下，经常用信道容量来描述或衡量信道的传输能力。

三、信道容量

信道容量是指信道无差错传输信息的最大平均信息速率。如上文中的讨论，广义信道可以分为调制信道和编码信道，而信息论中将信道划分为连续信道和离散（或数字）信道。调制信道是一种连续信道，即输入和输出信号都是取值连续的；编码信道是一种离散信道，输入与输出信号都是取值离散的时间函数。

信道容量用于描述信道传输能力的理论上限，实际信道很难达到这一上限，但可以通过改进调试技术、编码方案等尽可能接近这一理论值。下面分别讨论连续信道与离散信道的信道容量。

1. 连续信道容量

根据奈奎斯特第一准则，对于理想无噪声的基带传输系统，最大频带利用率为 2 Baud/Hz。显然，如果传输 M 进制基带信号，则理想无噪声信道的信道容量为

$$C=2B\log_2 M \tag{6-3}$$

式中，C 为信道容量，单位为 bit/s；B 为信道带宽，单位为 Hz；M 为进制数，即信号状态数。式（6-3）就是著名的奈奎斯特公式，该式给出了理想无噪声信道的信道容量。

理想无噪声信道几乎是不存在，所以奈奎斯特公式给出的信道容量是不可能达到的。实际信道都会受到不同程度的噪声干扰，著名的香农（Shannon）公式给出了有噪声连续信道的信道容量计算公式。

假设带宽为 B（Hz）的连续信道，输入信号的功率为 S，信道加性高斯白噪声的功率为 N，则著名的香农公式给出了该连续信道的信道容量为

$$C=B\log_2\left(1+\frac{S}{N}\right) \tag{6-4}$$

式中，S/N 为信噪比，为信号功率与噪声功率之比。信噪比通常会以分贝（dB）为单位，换算关系为

$$\left(\frac{S}{N}\right)_{\text{dB}}=10\log_{10}\left(\frac{S}{N}\right)_{\text{功率}} \tag{6-5}$$

例如，若 $\left(\frac{S}{N}\right)_{\text{功率}}=10$，则 $\left(\frac{S}{N}\right)_{\text{dB}}=10\,\text{dB}$；若 $\left(\frac{S}{N}\right)_{\text{功率}}=100$，则 $\left(\frac{S}{N}\right)_{\text{dB}}=20\,\text{dB}$；若 $\left(\frac{S}{N}\right)_{\text{功率}}=1000$，则 $\left(\frac{S}{N}\right)_{\text{dB}}=30\,\text{dB}$。

香农公式表明，当信号与信道加性高斯白噪声的平均功率给定（即 S/N 确定）时，对于具有一定带宽的信道，理论上存在最大平均信息速率上限。

【**例 6-1**】已知某信道带宽为 8 kHz，信噪比为 30 dB，试求该信道的信道容量 C。

【**解**】信噪比 $\left(\frac{S}{N}\right)_{\text{功率}}=10^{\frac{\left(\frac{S}{N}\right)_{\text{dB}}}{10}}=1000$，因此

$$C=B\log_2\left(1+\frac{S}{N}\right)=8\times10^3\times\log_2(1+1000)\approx80\,\text{kbit/s}$$

。

2. 离散信道容量

离散信道容量可以用两种方式度量：一种是每个符号能够传输的最大平均信息量表示的信道容量 C；另一种是单位时间内能够传输的最大平均信息量表示的信道容量 C_t。当信道每秒能够传输的符号（或码元）数已知时，两种方式很容易转换，因此，两种方法实质上是一致的。

第四节　基 带 传 输

信源可以分为模拟信源和数字信源，模拟信源（如电话机）发出的原始电信号是模拟基带信号，数字信源（如计算机）发出的基带信号为数字基带信号，模拟基带信号可以通过信源编码转换为数字基带信号。模拟基带信号可以在模拟通信系统上直接传输，也可以通

过信源编码转换为数字基带信号在数字通信系统上传输。数字信号在数字通信系统中的传输主要有两种方式：基带传输和频带传输。

本节主要介绍数据通信系统中的数字信号传输基础——基带传输的基本概念、基带数据传输的常用码型及码型变换、基带传输系统以及基带传输性能等内容。

一、基带传输基本概念

直接在信道中传送基带信号，称为基带传输，实现基带传输的系统称为基带传输系统。在信道中直接传输数字基带信号，称为数字基带传输，相应的系统称为数字基带传输系统。数字基带传输系统基本结构如图 6-8 所示。数字基带传输系统主要由信号形成器、信道、接收滤波器、抽样判决器以及同步提取等部分组成。

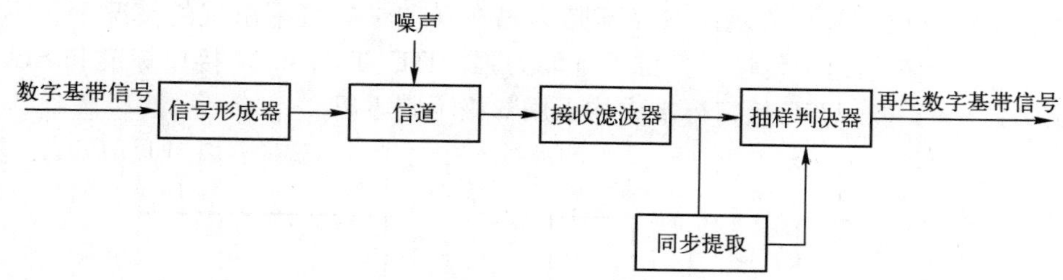

图 6-8　数字基带传输系统基本结构

数字基带传输系统的输入是由数字信源发出的数字基带信号或者模拟信源发出的模拟基带信号经过信源编码后得到的数字基带信号。这些数字基带信号有时不适合在信道中直接传输，往往需要进行码型变换和波形变换，以匹配信道传输特性，获得最佳传输性能。信号形成器的作用就是把原始的数字基带信号变换为适合信道传输特性的数字基带信号。

基带信号比较适合在具有低通特性的有线信道中传输，通常不适合在无线信道中传输。信道的传输特性会引起波形失真，并会受噪声的影响，因此，信道中的信号传播一定距离后，信号质量就会有所下降，甚至出现传输误码现象。

接收滤波器的作用就是要滤除噪声，得到有利于抽样判决的基带波形。抽样判决器则基于同步提取从信号中提取的定时脉冲，对接收滤波器输出的基带波形进行抽样判决，再生数字基带信号。

二、数字基带传输编码

下面介绍几种常见的信号码型以及传输码型。

1. 数字基带信号码型

数字基带信号码型有很多种，比较多见的是利用矩形脉冲信号的幅值编码二进制数字数据，包括单极不归零码（NRZ）、双极不归零码、单极归零码（RZ）、双极归零码、差分码等。

（1）单极不归零码（NRZ）

单极不归零码（Not Return to Zero，NRZ）的信号波形如图 6-9 所示，二进制数字符号 0 和 1 分别用零电平与正电平（当然，也可以用负电平）表示。脉冲幅值要么是正电平，要么是零电平，只有一个极性，因此称为“单极”；所谓“不归零”是指在整个脉冲持续时间内，电平保持不变，且脉冲持续期结束时也不要求必须回归零电平。这种码型易于产生，但不适合长距离传输。

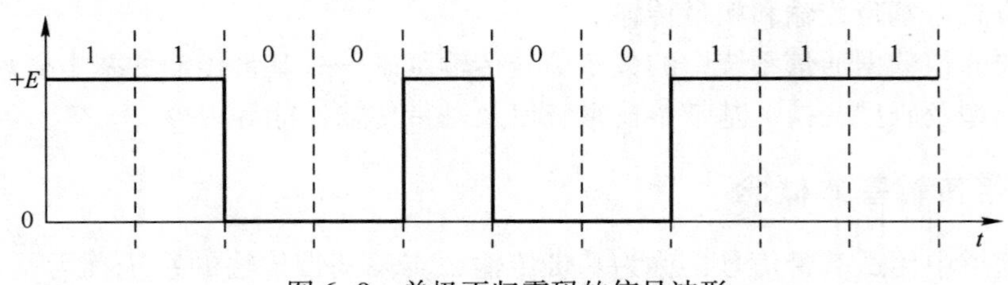

图 6-9　单极不归零码的信号波形

（2）双极不归零码

双极不归零码的信号波形如图 6-10 所示，二进制数字符号 0 和 1 分别用负电平与正电平（当然，也可以反过来）表示。双极不归零码在 0 和 1 等概率出现的情况下，不会产生直流分量，有利于在信道中传输，且抗干扰能力强。ITU-T 的 V. 24 接口标准和 EIA（美国电子工业协会）的 RS-232C 接口标准中均采用双极不归零码。

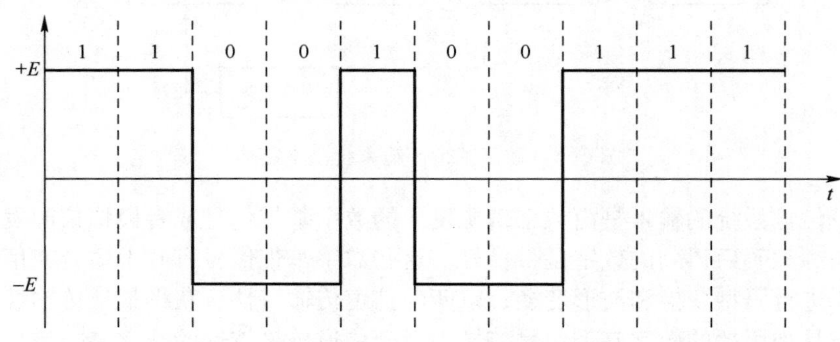

图 6-10　双极不归零码的信号波形

（3）单极归零码（RZ）

单极归零码（Return to Zero，RZ）的信号波形如图 6-11 所示，二进制数字符号 0 和 1 分别用零电平与正电平表示，但与单极非归零码不同的是，在每个正脉冲持续期的中间时刻，电平要由正电平回到零电平。假设脉冲持续期（即脉冲周期）为 T_b，则每个正脉冲在 $T_b/2$ 时刻，电平回到零电平。码元不为零的时间占一个码元周期的百分比称为占空比。在归零码中，若码元不为零时间为 $T_b/2$，码元周期为 T_b，则该单极归零码的占空比为 50%。

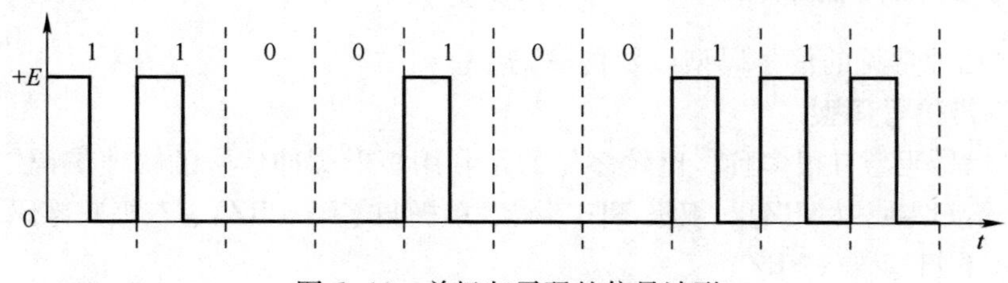

图 6-11　单极归零码的信号波形

（4）双极归零码

双极归零码的信号波形如图 6-12 所示，二进制数字符号 0 和 1 分别用负电平与正电平表示。如同单极归零码，每个正、负脉冲周期的中间时刻，电平都要回到零电平。双极归零码的占空比亦为50%。双极归零码如同双极不归零码，在0和1等概率出现的情况下，不会产生直流分量，有利于在信道中传输，且抗干扰能力强。另外，归零码（包括单极归零码和双极归零码）均有利于时钟信号提取，便于同步。

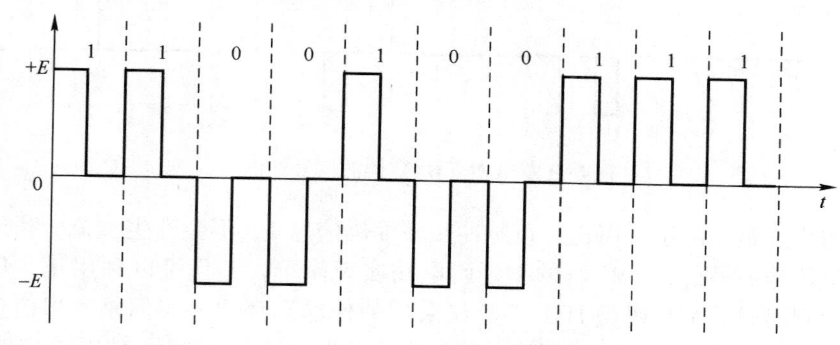

图6-12　双极归零码的信号波形

（5）差分码

差分码又称为相对码（与之对应的NRZ、RZ等称为绝对码），其信号波形如图6-13所示。差分码不是利用脉冲幅值的绝对电平来表示二进制数字符号0和1，而是利用电平的变化与否来表示信息。在图6-13中，相邻脉冲有电平跳变表示1，无跳变表示0。

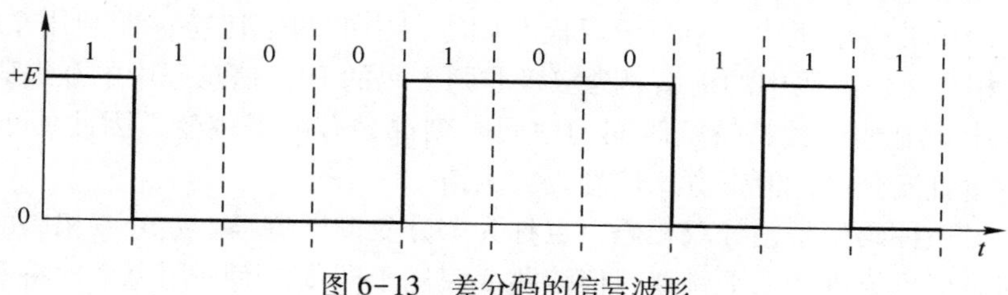

图6-13　差分码的信号波形

以上几类编码将二进制数字数据映射为脉冲信号，可以在信道中进行传输。但是，有些数字基带信号并不适合在信道中直接传输，比如含有直流分量的数字基带信号（如单极不归零码）可能造成信号畸变，并且当出现连续的0或者1的基带数字信号时，接收端难以提取同步信号等。因此，实际的基带传输系统需要对数字基带信号的基本码型进行变换，变换为适合传输的数字基带传输码型，下文会介绍几种常用的基带传输码型。

2. 基带传输码型

（1）AMI码

AMI（Alternative Mark Inversion）码的全称是信号交替反转码，用三种电平进行编码，零电平编码二进制信息0，二进制信息1（传号）则交替用正电平和负电平表示。

AMI码的编码规则是：信息码中的0编码为AMI传输码中的0（零电平）；信息码中的1交替编码为AMI传输码中的+1（正脉冲）和−1（负脉冲）。

参考例6-2，AMI码的信号波形如图6-14所示。

【例6-2】

信息码：	1	0	0	0	0	1	0	0	0	0	1	1	0	0	0	0	1	1
AMI码：	+1	0	0	0	0	−1	0	0	0	0	+1	−1	0	0	0	0	+1	−1

对应的 AMI（RZ）码的信号波形如图 6-14 所示。

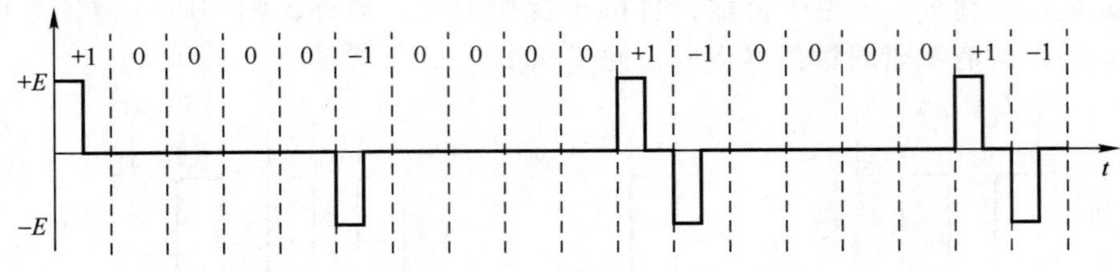

图 6-14　AMI（RZ）码的信号波形

AMI 码的优点是，由于采用正、负脉冲交替编码信息 1，不会产生直流分量的积累，有利于进行基带传输。另外，AMI 码的编译码电路实现简单，并且可以利用正、负脉冲交替变化的规律检测误码。AMI 码是 ITU-T 建议采用的传输码型之一。但是，当信息码中出现大量连续的 0 位串时，AMI 码的信号电平会长时间保持不变，这样会造成定时信息提取困难。

（2）双相码

双相码（Biphase Code）又称为曼彻斯特（Manchester）码。双相码只有正、负两种电平，每个比特持续时间的中间时刻要进行电平跳变。双相码就是利用该跳变编码信息，正（高）电平跳到负（低）电平表示 1，负电平跳到正电平表示 0。这样，双相码利用了两个脉冲编码信息码中的一个比特，相当于双极非归零码中的两个比特，即利用 2 bit 编码信息码中的 1 bit，相当于信息码中的 1 编码为双极非归零码的 10，信息码中的 0 编码为双极非归零码的 01。双相码在每个比特持续时间的中间时刻都会有电平跳变，因此便于提取定时信息，且不会产生直流分量，但带宽比信息码大 1 倍。

双相码的另一种码型是差分双相码，也称为差分曼彻斯特码。差分双相码的每个比特持续时间的中间时刻也要进行电平跳变，但该跳变仅用于同步，而利用每个比特开始处是否存在电平跳变编码信息。其中，开始处有跳变表示 1，无跳变表示 0。

双相码可以实现在传输数据同时提供准确的同步信号，但由于带宽开销大，因此适合近距离数据传输。例如，10 Mbit/s 的以太网采用双相码，IEEE 802.5 令牌环网采用差分双相码。

参考例 6-3，双相码和差分双相码的信号波形分别如图 6-15 与图 6-16 所示。

【例 6-3】

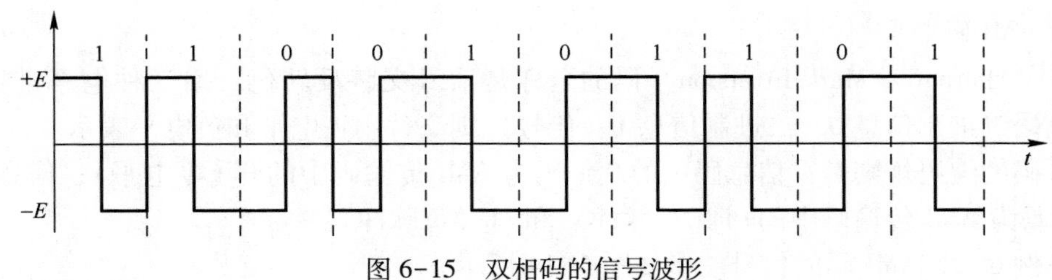

图 6-15　双相码的信号波形

（3）米勒码

米勒码（Miller Code）是双相码的一种变形，也称为延迟调制码。米勒码的编码规则为：

1）信息码中的 1 编码为双极非归零码的 01 或者 10；

2）在信息码连续为 1 时，后面的 1 要交替编码，即如果前面的 1 编码为 01，则后面的 1 就编码为 10，反之亦然；

3）信息码中的 0 编码为双极非归零码的 00 或者 11，即码元中间不跳变；

4）在信息码为单个 0 时，其前沿、中间时刻、后沿均不跳变；

5）在信息码连续为 0 时，两个 0 码元间隔跳变，即前一个 0 的后沿（后一个 0 的前沿）跳变。

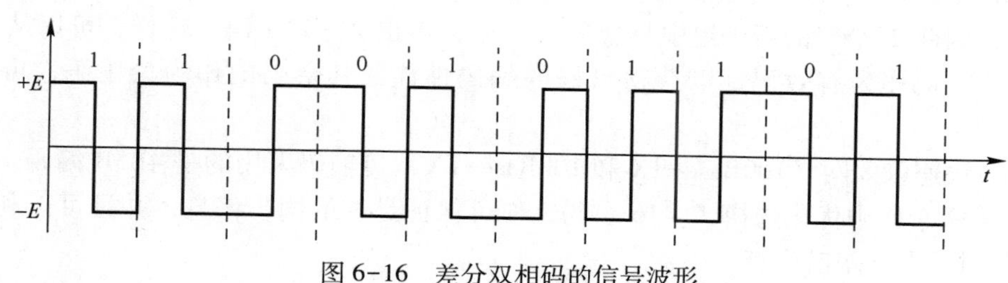

图 6-16　差分双相码的信号波形

参考例 6-4，米勒码的信号波形如图 6-17 所示。

【例 6-4】

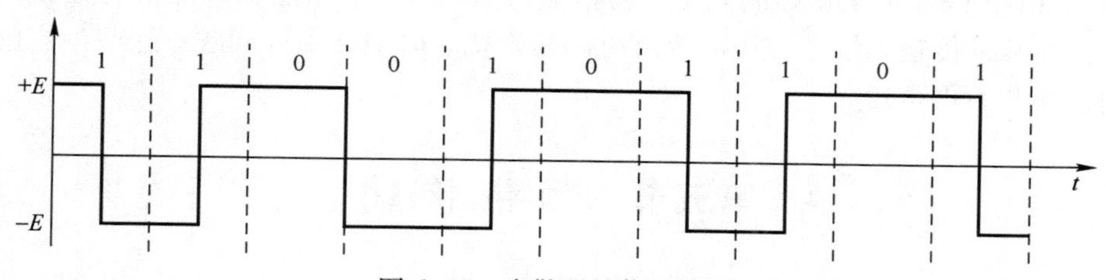

图 6-17　米勒码的信号波形

从米勒码的波形中可以看出，当信息码中出现单个 0 时，米勒码会对应出现两个码元周期的波形，这个性质可以用来对米勒码进行宏观检错。另外，对比米勒码和双相码可以发现，双相码的每个下降沿均对应米勒码的一个电平跳变。因此，利用双相码的下降沿触发双稳电路，就可以输出米勒码。米勒码最初主要用于气象卫星通信和磁记录。

（4）CMI 码

CMI（Coded Mark Inversion）码的全称是传号反转码，也是一种双极性二电平码，并且也是将信息码的 1 bit 映射为双极不归零码的 2 bit。CMI 码的编码规则是：信息码的 0 编码为双极不归零码的 01；信息码的 1 交替编码为双极不归零码的 11 和 00。

参考例 6-5，CMI 码的信号波形如图 6-18 所示。

【例 6-5】

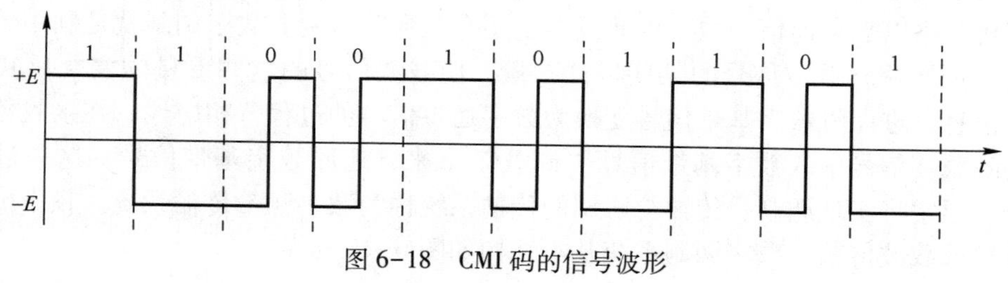

图 6-18　CMI 码的信号波形

CMI 码的信号波形具有较多的电平跳变，有利于定时信息的提取。另外，10 作为禁用码型，可以用于宏观检错。CMI 码已经被 ITU-T 推荐为 PCM 四次群的接口码型，并且在传输速率低于 8.448 Mbit/s 的光纤传输系统中有时也用 CMI 码作为传输码型。

不难看出，双相码、米勒码和 CMI 码均利用两位二进制码编码信息码中的一位二进制信息，这类码型也统称为 1B2B 码。

(5) nBmB 码

nBmB 码将 n 位二进制信息码作为一组，映射成 m 位二进制新码组，其中 $m>n$。显然，由于 $m>n$，因此 2^m 个码的新码组中只会用到 2^n 个，多出 2^m-2^n 个码。这样，可以从 2^m 个码中优选出 2^n 个码作为有效码，以获得良好的编码性能，其余码则作为禁用码，可以用于检错。

例如，快速以太网（100Base-TX 和 100Base-FX）传输码采用的是 4B5B 编码。这样只需要从 $2^5=32$ 个码中优化选择 $2^4=16$ 个码，便可保证足够的同步信息，并且可以利用剩余的 16 个禁用码进行差错检测。

事实上，在光纤数字传输系统中，通常选择 $m=n+1$ 来构造编码，如 1B2B 码、2B3B 码、3B4B 码、5B6B 码等。

当然，nBmB 码在带来良好的同步和检错能力的同时，也增加了对带宽的需求。

此外，在基带传输系统中，还需要解决码间串扰、时域均衡等问题，这些内容已超出本书的主题，在此不再赘述。

第五节　频带传输

基带信号具有低通特性，可以在具有低通特性的信道中进行传输。然而，由于许多信道（如无线信道）不具有低通特性，因此不能在这些信道中直接传输基带信号。相反，这些信道具备带通特性，因此只能利用基带信号去调制与对应信道传输特性相匹配的载波信号，通过在信道中传送经过调制的载波信号实现将基带信号所携带信息传送出去，于是需要引入频带传输这一信号传输方式。

本节主要介绍频带传输的基本概念，数字频带调制的基本原理，二进制数字调制原理及性能，多进制数字调制原理及性能，以及现代通信系统中广泛采用的调制方式，如 QAM 等。

一、频带传输基本概念

利用模拟基带信号调制载波，称为模拟调制；利用数字基带信号调制载波，称为数字调制。计算机网络以数字通信为主，因此以下主要介绍数字调制。数字调制就是利用数字基带信号控制（或影响）载波信号的某些特征参量，使载波信号的这些参量的变化反映数字基带信号的信息，进而将数字基带信号变换为数字通带信号的过程。相应地，在接收数据端需要将调制到载波信号中的数字基带信号“卸载”下来，还原数字基带信号，这一过程称为数字解调。通常将实现调制、传输与解调的传输系统称为数字频带传输系统。频带传输也称为通带传输或载波传输。数字调制系统基本结构如图 6-19 所示。

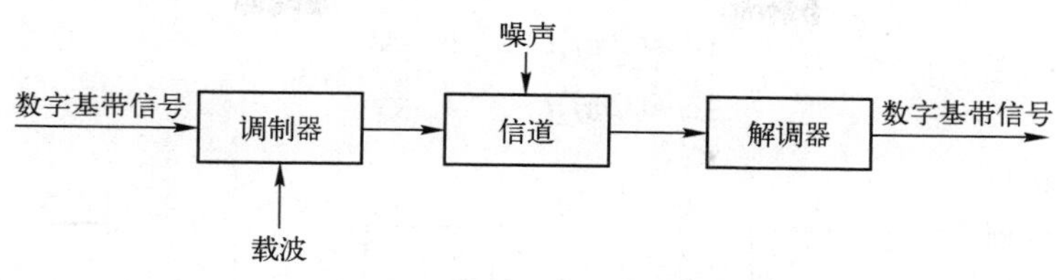

图 6-19　数字调制系统基本结构

频带传输系统通常选择正弦波信号作为载波，可以表示为

$$y(t)=a\cos(2\pi ft+\varphi) \tag{6-6}$$

载波信号的基本特征参数是幅值 a、频率 f 和相位 φ。因此，数字调制的基本方法就是利用数字基带信号调制或控制载波信号的某个（或某些）参数的变化，或者说，就是利用载波信号的某个（或某些）参数的不同状态来表示数字基带信号所携带的信息。二进制数字基带信号的基本信息是二进制的 0 和 1，因此，数字调制的基本方法就是利用 0 或 1 控制或者选择载波的不同幅值、频率或相位，即利用两种不同的幅值、频率或相位来分别表示基本信息 0 或 1，这种调制方法称为键控法。如果调制载波的幅值，则称为幅移键控（ASK）；如果调制载波的频率，则称为频移键控（FSK）；如果调制载波的相位，则称为相移键控（PSK）。

二进制数字键控是数字调制的基本方式，下面会首先介绍二进制数字调制的原理及其性能。

二、频带传输中的三种调制方式

1. 二进制数字调制

二进制数字调制包括三种基本调制：二进制幅移键控（2ASK）、二进制频移键控（2FSK）和二进制相移键控（2PSK）。

（1）二进制幅移键控

二进制幅移键控（2ASK）就是利用二进制基带信号控制载波信号的幅值变化，即根据二进制基带信号电平的高低，控制载波信号选择两种不同的幅值。比较典型的是选择 0 和 A 两个不同的幅值，这样，当基带信号编码信息为 0 时，调制后为一段幅值为 0（即无信号）、与码元持续时间等长的载波信号；当基带信号编码信息为 1 时，调制后为一段幅值为 A 的载波信号。若二进制基带信号 $s(t)$ 为单极不归零码信号波形，且不妨假设载波信号的 $A=1$、$\varphi=0$，则调制后的载波信号可以表示为

$$y'(t)=s(t)\cos(2\pi ft) \tag{6-7}$$

【例 6-6】 二进制比特序列 11001001 的非归零码信号波形、载波信号波形与二进制幅移键控调制信号波形如图 6-20 所示。

2ASK 最早应用于无线电报传输系统中，是最简单的数字调制方式之一。但是，由于 2ASK 调制的载波幅值很容易受噪声影响而改变，抗噪声能力比较差，因此在现代数字通信中比较少应用。

（2）二进制频移键控

二进制频移键控（2FSK）相当于选择两个不同频率的载波，即 f_1 和 f_2，在进行 2FSK 调制时，根据二进制基带数字信号控制或选择输出一段（与码元持续时间相同）频率为 f_1 或 f_2 载波信号。假设载波信号的幅值为 1，初始相位为 0，二进制基带信号编码的信息（比特）序列为 $\{b_n\}$，则 2FSK 数字调制可以表示为

$$y'(t)=\begin{cases}\cos(2\pi f_1 t), & b_n=0\\ \cos(2\pi f_2 t), & b_n=1\end{cases}\quad 0<t<T_b \tag{6-8}$$

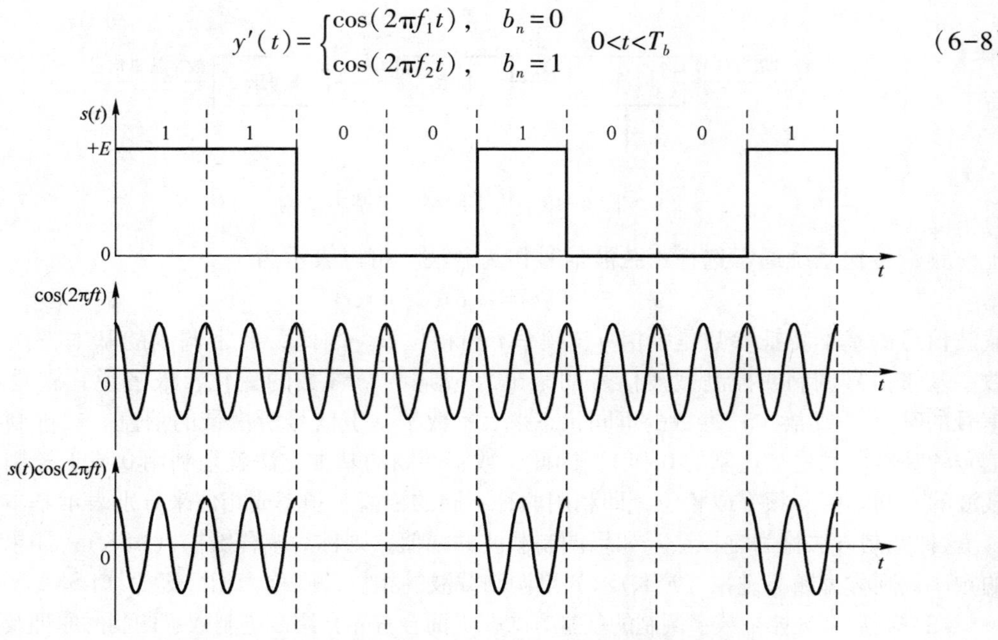

图 6-20　二进制比特序列 11001001 的非归零码信号波形、载波信号波形与二进制幅移键控调制信号波形

【例 6-7】 二进制比特序列 11001001 的非归零码信号波形、载波信号波形与二进制频移键控调制信号波形如图 6-21 所示。

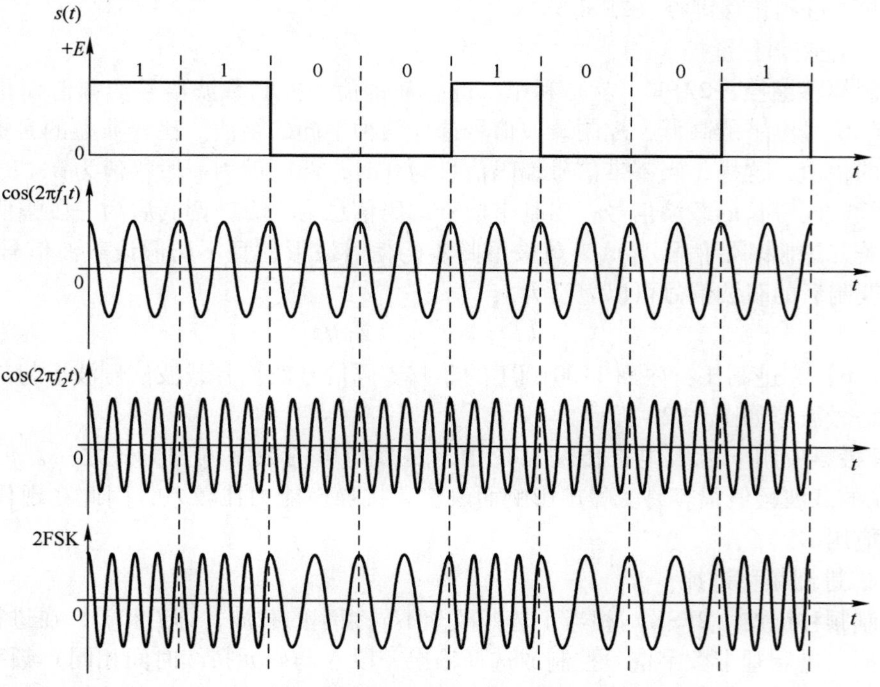

图 6-21　二进制比特序列 11001001 的非归零码信号波形、载波信号波形与二进制频移键控调制信号波形

2FSK 调制的抗噪能力要优于 2ASK，但传输带宽要求要比 2ASK 高（相当于两路载波）。2FSK 是在数据通信中应用较广的一种数字调制方式，ITU-T 推荐在话音频带内传输速率不高于 1200 bit/s 时采用 2FSK 调制方式。

（3）二进制相移键控

与 2ASK 和 2FSK 不同，二进制相移键控（2PSK）是利用二进制基带信号控制载波信号的相位变化，即根据二进制基带信号电平的高低，控制载波信号选择两种不同的相位。比较典型的 2PSK 是选择相反的两个载波相位，比如 0 和 π 或 π/2 和 −π/2。若二进制基带信号编码的信息（比特）序列为 $\{b_n\}$，且假设载波信号幅值 $a=1$，调制的两个相位为 0 和 π，则调制后的 2PSK 信号可以表示为

$$y'(t)=\cos(2\pi ft+\varphi(b_n)) \tag{6-9}$$

式中

$$\varphi(b_n)=\begin{cases}\varphi_0, & b_n=0\\ \varphi_0+\pi, & b_n=1\end{cases} \tag{6-10}$$

式中，φ_0为载波信号初始相位，也称为参考相位。这种利用载波的不同绝对相位表示二进制数字信号的相移键控调制方式称为绝对相移键控调制。

【例 6-8】 二进制比特序列 11001001 的双极不归零码信号波形、载波信号波形与二进制相移键控调制信号波形如图 6-22 所示（注：载波信号初始相位 $\varphi_0=-\pi/2$）。

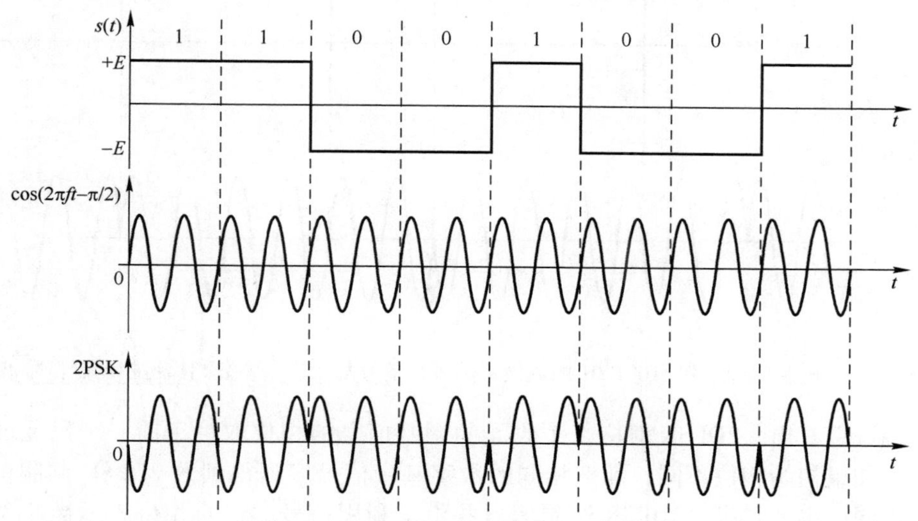

图 6-22　二进制比特序列 11001001 的双极不归零码信号波形、载波信号波形与二进制相移键控调制信号波形

通过上例可以看出，2PSK 调制信号对应信息码中的 0 和 1 的信号波形相位相反、极性相反，因此，如果二进制数字信号 $s(t)$ 为双极性不归零码（对应的信息序列 $b_n=\pm1$），则 2PSK 调制信号可以表示为

$$y'(t)=s(t)\cos(2\pi ft+\varphi_0) \tag{6-11}$$

2PSK 信号在解调过程中要求参考相位与 2PSK 信号相同，但是在实际通信系统中可能出现参考相位的随机跳变。这样，本地恢复的载波与所需载波可能同相，也可能反相，一旦

利用错误的（即与所需载波反相）载波去解调 2PSK 信号，则会得出完全相反的结果，即 0 解调结果为 1，1 解调结果为 0。这种现象是由于 2PSK 调制在载波恢复过程中存在 180°相位模糊，称为 2PSK 调制的“倒 π”现象，或称“反相工作”。因此，2PSK 在实际通信系统中很少使用，如果需要采用二进制相移键控调制，则会选择二进制差分相移键控（2DPSK）。

（4）二进制差分相移键控

二进制差分相移键控（2DPSK）利用相邻两个码元载波间的相对相位变化表示数字基带信号的数字信息，因此又称为相对相移键控。若二进制数字基带信号编码的数字信息（比特）序列为$\{b_n\}$，则 2DPSK 信号可以表示为

$$y_n'(t)=\cos(2\pi ft+\varphi_{n-1}+\Delta\varphi(b_n)) \tag{6-12}$$

式中

$$\Delta\varphi(b_n)=\begin{cases}0, & b_n=0\\ \pi, & b_n=1\end{cases} \tag{6-13}$$

式中，φ_{n-1}为相邻前一码元对应载波的相位。

【例 6-9】 二进制比特序列 11001001 的双极不归零码信号与二进制差分相移键控调制信号波形如图 6-23 所示（注：虚线为前一码元调制信号或初始参考载波信号）。

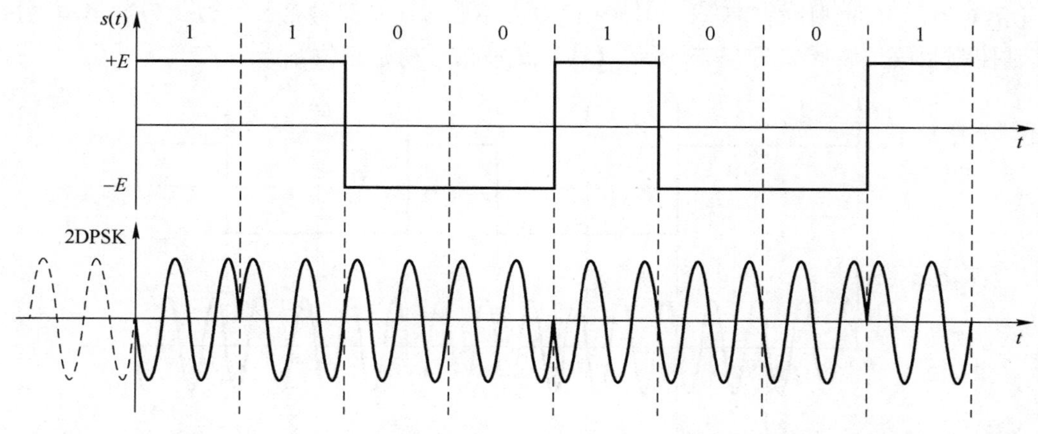

图 6-23　二进制比特序列 11001001 的双极不归零码信号与二进制差分相移键控调制信号波形

从上例可以看出，2DPSK 对应每个码元的调制信号的相位取决于前一个码元的相位或初始相位，如果初始相位不同，那么相同的数字基带信号序列得到的 2DPSK 调制信号的相位也完全不同。也就是说，2DPSK 调制信号并不是利用信号的绝对相位表示数字基带信号中的信息，而是利用相对相位变化表示信息，因此差分相移键控也称为相对相移键控。

2PSK 的抗噪声能力比 2ASK 和 2FSK 要强，同时带宽与 2ASK 相同，因此在数字通信中应用广泛。尤其是 2DPSK，它是 ITU-T 建议的话音带内传输数据时的数字调制方式。

（5）二进制数字调制性能

二进制数字调制性能主要体现在频带利用率、抗噪声性能（误码率）以及对信道特性的敏感性等几个方面。

1）频带利用率。在上述四种基本的二进制数字调制方式中，2ASK、2PSK 以及 2DPSK 的频带利用率相同，而 2FSK 的频带利用率最低。

2）误码率。数据通信系统的信号传输会受到各种噪声的干扰，从而影响信号的正确恢复。数据通信系统的抗噪声能力可以通过误码率来衡量。在相同信噪比情况下，2PSK 的误码率最低，而 2ASK 的误码率最高。总体来看，2PSK 抗噪声性能优于 2FSK，2FSK 优于 2ASK。

3）对信道特性的敏感性。上面讨论各类二进制数字调制方式的抗噪声性能时，假设信道是恒参信道。但是，实际通信系统中的很多信道是随参信道，信道特性参数会随时间变化。因此，当面向随参信道选择二进制数字调制方式时，还必须考虑其对信道特性变化的敏感性。在三类二进制数字键控方式中，2ASK 对信道特性变化比较敏感，性能最差；2FSK 与 2PSK 对信道特性变化不敏感。

综合上述几方面的性能分析，在恒参信道中，2ASK、2PSK 及 2DPSK 均可获得较高的频带利用率，而 2FSK 的频带利用率最低；2PSK 与 2DPSK 均可获得较好的抗噪声性能，2ASK 的抗噪声性能最差。对于随参信道，2FSK 与 2PSK 的适应性更好，2ASK 最差。目前在实际通信系统中应用比较多的是 2DPSK 和 2FSK，前者主要用于高速数据传输，后者主要用于的中、低速数据传输。

2. 多进制数字调制

二进制数字调制是数字通信系统频带传输的基本方式，具有良好的抗噪声能力。但是，由于二进制数字调制系统的每个码元只传输（或调制）1 bit 信息，因此数据（或信息）传输速率与码元传输速率等值。根据奈奎斯特准则，在频带利用率一定的情况下，如果二进制数字调制系统希望提高数据传输速率，则只能通过提高带宽来实现。在信道带宽有限的前提下，通过无限提高带宽来实现更高的数据传输速率显然不是最有效的，甚至是不可实现的。在确定带宽与频带利用率的情况下，提高数据传输速率的最有效的方法之一就是提高每个码元传输信息量，每个码元调制多个比特信息，即多进制数字调制。

数据传输速率 R_b（bit/s）与码元速率 R_B（Baud）以及进制数 M（通常为 2 的幂次）之间的关系满足式（6-2）。可见，当码元速率 R_B 确定时，可以通过增大 M，即进行较大进制数的多进制数字调制，提高数据传输速率 R_b。同样，如果数据传输速率 R_b 一定，则可以通过采用较大进制数的多进制数字调制来降低码元速率 R_B，从而降低对频带利用率或者带宽的要求。

多进制数字调制是二进制数字调制的扩展，是利用多进制数字基带信号去调制载波信号的特征参数（幅值、频率、相位），于是也可以分为多进制幅移键控（MASK）、多进制频移键控（MFSK）以及多进制相移键控（MPSK）。与二进制数字调制相比，多进制数字调制的每个码元需要传输更多的比特信息，接收信号需要更大的信噪比，因此在带宽一定的情况下，发送端需要增大发送信号的功率。

在性能方面，多进制数字调制由于需要区分多个幅值、频率或相位，因此从定性角度来看，更容易受噪声的干扰。

3. 正交幅值调制

随着现代数据通信系统的用户数量和业务种类不断增加，同时频带资源又十分有限，仅仅依靠增加频道数量无法彻底解决系统容量问题。现代数据通信系统在选择调制方式时，在考虑抗噪声性能的同时，还必须关注频带利用率和灵活性等性能。因此，在数据通信技术发展的过程中，人们在基本数字调制方式的基础上，不断探索、设计先进的数字调制方案，并应用于实际的数字通信系统中，以便在实现高数据传输速率的同时保持较高的功率效率和频带利用率。

正交幅值调制（QAM）便具有高频带利用率，此种调制方式已在实际通信系统得到广泛应用。QAM 也称为幅值相位联合键控（APK），是一种具有高频带利用率，且可以自适应调整调制速率的调制技术。QAM 系统设备比较简单，已广泛应用于大容量数字微波通信系统、有线电视网高速数据传输和卫星通信系统中，同时也是甚高速数字用户环路（VDSL）、4G 移动通信技术标准的推荐调制技术。

基本数字调制方式是单独利用载波的幅值、频率或相位携带信息，实现的是“一维”调制，频带利用率不高，不能充分利用信号平面。如果观察已调信号矢量端点的分布，就会发现：多进制幅值调制的已调信号的矢量端点分布在“一维”的一条轴上；多进制相位调制的已调信号的矢量端点分布在一个圆周上。随着进制数 M 的增大，相邻矢量端点间的距离随之变小，接收端进行接收判决时，将一个矢量端点错误地判决为其他端点的可能性变大，即误码率增大。如果将这种“一维”调制拓展为“二维”调制，即充分利用二维平面，将信号矢量端点合理地分布到整个平面上，则有望在不减小矢量端点间最小距离的前提下增加信号矢量数目，提高频带利用率和数据传输速率，或者在相同的信号矢量端点数目的情况下，增加信号矢量端点间的最小距离，降低误码率，提高功率效率。QAM 就是基于这一思想的“二维”调制技术，是对载波信号的幅值和相位同时进行调制的联合调制技术。

假设载波信号幅值 $A=1$，则 QAM 信号的一般表达式为

$$y'(t)=s_n\cos(2\pi ft+\varphi_n) \tag{6-14}$$

式中，s_n 为受基带信号调制的幅值，φ_n 为受基带信号调制的载波相位。s_n 和 φ_n 都受基带信号调制，即随基带信号变化。式（6-14）可以通过正、余弦变换，得到

$$y'(t)=A_n\cos(2\pi ft)+B_n\sin(2\pi ft) \tag{6-15}$$

式中

$$\begin{cases}A_n=s_n\cos(\varphi_n)\\B_n=-s_n\sin(\varphi_n)\end{cases} \tag{6-16}$$

为离散的幅值，$\cos(2\pi ft)$ 为同相信号（I 信号），$\sin(2\pi ft)$ 为正交信号（Q 信号）。可见，QAM 信号是由两路相互正交的载波经过调制后叠加而成的，两路载波信号的幅值分别被离散幅值序列 $\{A_n\}$ 和 $\{B_n\}$ 所调制。

基带信号通过决定不同的 A_n 和 B_n，从而使得基于式（6-15）叠加得到的已调信号的矢量端点分布到“二维”信号平面上，如同星座一样，因此称已调信号矢量端点分布图为星座图，QAM 通常利用星座图加以描述。通过基带信号调制不同的 A_n 和 B_n 组合，可以实现多进制调制。例如，16QAM，其具有代表性的两种星座图包括方形星座图和圆形（星形）星座图，分别如图 6-24a、b 所示。

作为比较，图 6-24c 给出了 16PSK 星座图。对比图 6-24a 与图 6-24c，可以直观地看出，16QAM 的信号矢量端点间的最小距离大于 16PSK，接收端出错的概率相对要小，即 16QAM 的抗噪声能力比 16PSK 强，功率效率高。

QAM 的另一个优点是调制解调过程简单。根据式（6-15）可知，QAM 信号可以通过两条正交载波的调幅后叠加获得，因此，QAM 比较常用的调制方法就是正交调幅法；在 QAM 的解调过程中，输入信号分别与相互正交的载波相乘，经过低通滤波器，滤除高频分量，得

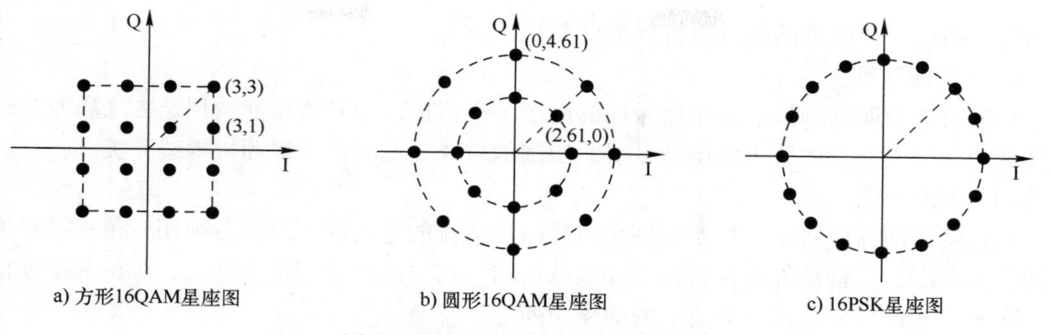

图 6-24　16QAM 与 16PSK 星座图

到 A_n 和 B_n，再经过抽样判决与 L 电平到二值电平的转化，最后将两路信号进行并/串转换以得到接收数据。

综合以上所述内容，QAM 调制技术具有频带利用率高、抗噪声能力强、调制解调系统简单等优点，在实际通信系统得到了广泛应用。

第六节　物理层接口规程

一、物理层接口概述

物理层在实现为数据终端设备提供数据传输通路、传送数据以及物理层管理等功能的过程中，定义了建立、维护和拆除物理链路的标准和接口规范，同时也定义了物理层接口通信的协议。物理层接口规范的定义主要包括四大特性：机械特性、电气特性、功能特性以及规程特性。物理层接口协议主要任务就是解决主机、工作站等数据终端设备与通信线路上通信设备之间的接口问题。按照 ISO 的术语，将这两种设备分别称为数据终端设备（Data Terminal Equipment，DTE），如计算机，以及数据电路端接设备（Data Circuit-terminating Equipment，DCE），如调制解调器。物理层接口规范主要是对 DTE 设备与 DCE 设备之间的接口的定义。典型的物理层接口协议有 IRDA 物理层、USB 物理层、RS-232、ERA-422、RS-449、RS-485、DSL、ISDN、IEEE 1394 interface 等。

二、物理层接口特性

物理层接口规范的定义包含 4 个特性，涉及对于信号、接口和传输介质等特性的规定，具体如下。

（1）机械特性

机械特性也叫物理特性，指明通信实体间硬件连接接口的机械特点，如接口所用接线器的形状和尺寸、引线数目和排列、固定和锁定装置等。这很像平时常见的各种规格的电源插头，其尺寸都有严格的规定。

（2）电气特性

电气特性规定了在物理连接上，导线的电气连接及有关电路的特性，一般包括接收器和发送器电路特性的说明、信号的电平、最大传输速率的说明、与互连电缆相关的规则、发送器的输出阻抗、接收器的输入阻抗等电气参数。

（3）功能特性

功能特性指明物理接口各条信号线的用途，包括接口信号线功能的规定方法以及接口信号线的功能分类，具体分为数据信号线、控制信号线、定时信号线和接地线 4 类。

（4）规程特性

规程特性即通信协议，指明利用接口传输比特流的全过程，以及各项用于传输的事件发生的合法顺序，包括事件的执行顺序和数据传输方式，即在物理连接建立、维持和交换信息时，DTE、DCE 双方在各自电路上的动作序列等。

内容小结

本章主要介绍了物理层功能、数据通信概念及系统模型、物理介质、信道与信道容量、基带传输、频带传输、物理接口规程等内容。

在通信的过程中，离不开信息的载体——信号，同时信号的传输需要信道。信道有广义信道和狭义信道两种。狭义信道仅指信号的物理传输介质；广义信道包括信号传输介质和通信系统的一些变换装置。广义信道又可以分为调制信道和编码信道。调制信道是指信号从调制器的输出端传输到解调器的输入端所经过的部分。调制信道又分为恒参信道和随参信道。编码信道是指数字信号由编码器输出端传输到译码器输入端所经过的部分。编码信道是包括调制信道及调制器、解调器在内的信道。狭义信道可以分为有线信道和无线信道两大类。有线信道包括架空明线、双绞线、同轴电缆、光纤等；无线信道利用电磁波在空间的传播来传输信号，包括视线传播、地波传播与天波传播等。

数字信号在数字通信系统中的传输主要有两种方式：基带传输和频带传输。在信道中直接传输数字基带信号，称为数字基带传输，相应的系统称为数字基带传输系统。数字基带传输系统主要由信号形成器、信道、接收滤波器、抽样判决器以及同步提取等部分组成。典型的数字基带信号码型有单极不归零码（NRZ）、双极不归零码、单极归零码（RZ）、双极归零码、差分码和多元码等。典型的数字基带传输码型包括 AMI 码、双相码、米勒码、CMI 码、nBmB 码等。

频带传输中的调制方式包括二进制数字调制、多进制数字调制及正交幅值调制（QAM）等。二进制数字调制包括 2ASK、2FSK、2PSK 以及 2DPSK；在多进制数字调制系统中，一个码元传输多个比特信息（2 的幂次），从而提高频带利用率，但需要增加信号功率；QAM 是一种幅值与相位联合键控调制方式，其信号矢量端点图称为星座图，星座点间最小距离越大，抗噪声性能越好。QAM 抗噪声性能更好，适用于频带资源有限的通信场合。

物理层接口规范主要定义 DTE 与 DCE 之间的接口特性，主要包括机械特性、电气特性、功能特性和规程特性。

习　　题

1. 数字通信和数据通信有何不同？
2. 简述单向通信、双向交替通信和双向同时通信的特点，并画出通信系统模型。

3. 常见的物理介质有哪些？列举不同的物理介质并说明其主要特性。

4. 在无噪声情况下，若某通信链路的带宽为 3 kHz，采用 4 个相位，每个相位具有 4 种振幅的 QAM 调制技术，则该通信链路的最大数据传输速率是多少？

5. 什么是信道？信道有哪几种主要分类？每一类信道的主要特点是什么？

6. 有一个用于发送二进制信号的 3 kHz 信道，其信噪比为 30 dB，其可以获得的最大数据传输速率是多少？

7. 数字基带传输系统主要有哪些部分组成？各部分的主要功能是什么？

8. 假设信息码为二进制符号序列 10110010，请分别画出对应的单极不归零码、双极归零码、差分码的信号波形。

9. 假设信息码为 100001000011000011，请给出对应的 AMI 码，并画出相应的信号波形（归零信号）。

10. 设某 2PSK 传输系统的码元速率为 1200Baud，载波频率为 2400 Hz。发送数字信息为 10011101，试画出 2PSK 信号调制器原理框图，并画出 2PSK 信号的时间波形。

11. 什么是 QAM 调制？QAM 调制的主要特点是什么？

12. 物理层接口特性有哪些？

第七章　无线网络与移动网络

学习目标：

1. 掌握无线网络基本结构，以及无线链路与无线网络主要特性；
2. 理解移动网络基本概念与基本原理，掌握间接路由与直接路由过程；
3. 理解 IEEE 802.11 无线局域网体系结构，掌握 CSMA/CA 协议；
4. 了解蜂窝网络体系结构，以及 2G 网络、3G 网络、4G/LTE 网络及 5G 网络特点；
5. 掌握移动 IP 基本原理及工作过程，了解移动通信网络的移动管理技术；
6. 了解 WiMax、蓝牙、ZigBee 等无线网络基本特性。

教师导读：

本章介绍无线网络基本结构、无线链路与无线网络特性、移动网络基本原理、移动网络间接路由与直接路由、IEEE 802.11 无线局域网、CSMA/CA 协议、蜂窝网络、移动 IP 网络、WiMax、蓝牙、ZigBee 等内容。

本章的重点是无线网络基本结构、无线网络特性、移动网络基本原理、间接路由与直接路由、IEEE 802.11、CSMA/CA 协议、移动 IP 网络；本章的难点是 CSMA/CA 协议及其退避机制、IEEE 802.11 帧的地址字段。

建议学时：

6 学时。

随着智能手机、平板电脑等移动终端设备的普及和发展，人们对无线通信和移动通信的需求变得越来越迫切。无线通信可以摆脱有线通信的线缆束缚，节省线缆布线与安装的时间和成本开销；移动通信可以使移动终端不受时间、地点的约束，随时随地接入通信网络，并且确保移动过程的持续通信。目前，无线网络在家庭、办公室以及公共场所的应用越来越广泛，全球使用移动电话的人数已经超过使用固定电话的人数，使用智能手机的人数已经超过十亿人。截至 2023 年 6 月，我国手机网民规模达 10.76 亿人，较 2022 年 12 月增长 1109 万人，网民使用手机上网的比例已经达到 99.8%。

本章首先介绍无线网络与移动网络基础，然后讨论 IEEE 802.11 无线局域网技术，包括 IEEE 802.11 体系结构、MAC 协议以及帧结构，接下来以 2G 蜂窝网络为例，介绍蜂窝网络体系结构和移动性管理，并对 3G、4G 和 5G 网络进行简单介绍，最后介绍移动 IP 网络，以及 WiMax、蓝牙和 ZigBee 无线网络等。

第一节　无线网络

一、无线网络基本结构

无线网络基本结构如图 7-1 所示，主要包括以下几个部分。

➢ 无线主机。如同在有线网络中，主机是运行应用程序的端系统设备。无线主机

(wireless host) 可以是便携机、掌上机、智能手机或者桌面计算机。主机本身可能移动，也可能不移动。

➢ 无线通信链路。主机通过无线通信链路 (wireless communication link) 连接到一个基站或者另一台无线主机，不同的无线通信链路技术具有不同的传输速率和传输距离。
➢ 基站。基站 (base station) 是无线网络基础设施的一个关键部分。基站在有线网络中没有明确的对应设备，负责向与之相关联的无线主机发送数据和接收主机发送的数据。基站通常负责协调与之相关联的多个无线主机的数据传输。所谓一台无线主机与某基站“相关联”，是指该主机位于该基站的无线通信覆盖范围内，并且使用该基站中继其与其他网络或主机之间的数据传输。蜂窝网络中的蜂窝塔 (cell tower) 和 IEEE 802.11 无线局域网中的接入点 (Access Point, AP) 都是基站的例子。
➢ 网络基础设施。通常是大规模有线网络，如 Internet、公司网络和电话网络等。

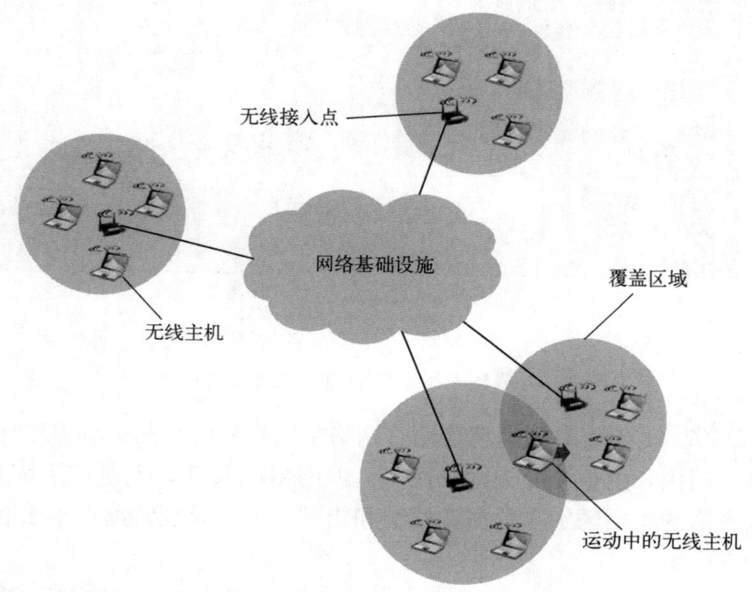

图 7-1 无线网络基本结构

无线通信链路将位于网络边缘的主机连接到基站，基站与更大的网络基础设施相连，因此基站在无线主机和网络基础设施之间起着数据链路层中继作用。

无线主机与基站关联，并通过基站实现通信中继的无线网络通常称为基础设施模式 (infrastructure mode)，因为所有传统的网络服务 (如地址分配和路由选择) 都由网络通过基站向关联的主机提供。无线主机不通过基站 (即没有基站)，而与另一个无线主机直接通信的无线网络模式称为自组织网络 (ad hoc network)，或称为特定网络，也称为 ad hoc 网络。自组织网络没有基站，无线主机也不与网络基础设施相连，因此，主机本身必须提供诸如路由选择、地址分配等服务。图 7-2，为 ad

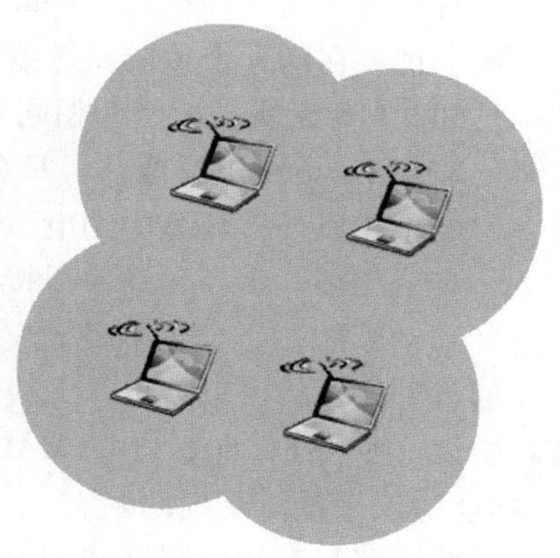

图 7-2 ad hoc 网络结构示意图

hoc 网络结构示意图。

在无线网络中，如果支持无线主机移动，则当一台移动主机移动超出一个基站的覆盖范围，而到达另一个基站的覆盖范围后，它将改变其接入到网络基础设施的基站，这一过程称作切换（hand off）。

二、无线链路与无线网络特性

无线网络与有线网络的最主要区别是使用了无线链路，而无线链路的独有特性，在很大程度上决定了无线网络的特性。图 7-3 展示了较为流行的无线通信标准的两种主要特性，即覆盖范围和数据传输速率。

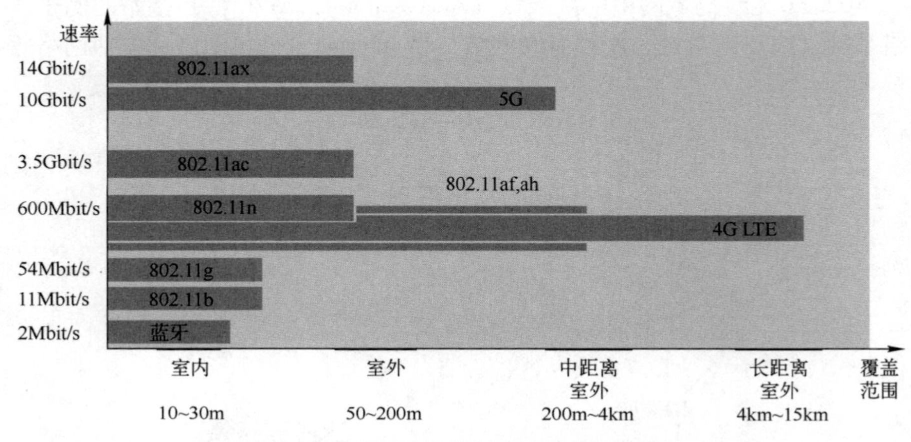

图 7-3　典型无线通信标准及传输距离特性

如果用 IEEE 802. 11 无线局域网替代原有网络中的有线以太网，则需要用无线网卡替代主机的有线网卡，用接入点替代以太网交换机，但网络层及其以上层次不需要有任何变化。有线网络与无线网络的主要区别在数据链路层和物理层上。无线链路有别于有线链路的主要表现有以下几个方面。

- 信号强度的衰减（fading）。电磁波在穿过物体（如墙壁）时强度将减弱。即使在自由空间中，信号也会衰减，这使得信号强度随着发送方和接收方距离的增加而减弱，有时称其为路径损耗（path loss）。
- 干扰。在同一个频段发送信号的电波源将相互干扰。例如，2. 4 GHz 无线电话和 IEEE 802. 11b 无线局域网在相同的频段中传输，IEEE 802. 11b 无线局域网用户若同时利用 2. 4 GHz 无线电话通信，将会导致网络和电话都不会工作得特别好。除了来自发送源的干扰以外，环境中的电磁噪声（如附近的电动机、微波）也能形成干扰。
- 多径传播。多径传播使得接收方收到的信号变得模糊。位于发送方和接收方之间的移动物体还会导致多径效应随时间而改变。

通过上述比较可以得出，无线链路中的比特差错将比有线链路中更为常见。因此，无线链路协议（如 IEEE 802. 11 的 MAC 协议）不仅采用有效的 CRC 错误检测码，还采用了链路层 ARQ 协议来重传受损的帧。

无线链路与有线链路之间的差异并非只有较高的、时变的误比特率这一项。在有线广播链路中，所有结点能够接收到其他所有结点在物理链路中传输的信号，而在无线链路中，情况并非如此简单。如图 7-4 所示，假设站点 A 正在向站点 B 发送数据，站点 C 也在向站点 B 发送数据。由于 A 和 C 之间的物理环境阻挡（例如，一座大山或者一座建筑），导致 A 和 C 互相检测不到对方发送的信号，导致 A 和 C 同时向 B 发送数据时，发生碰撞，B 无法正确接收任何一方的数据，这就是隐藏终端问题（hidden terminal problem）。

另外，无线信号的衰减也可能导致碰撞。如图 7-5 所示，站点 A 和 C 所处的位置使得它们的信号强度不足以使它们相互检测到对方的传输信号，然而它们的传输足以强到在站点 B 处相互干扰。隐藏终端问题和衰减，使得无线网络的多路访问控制协议的复杂性远高于有线网络。

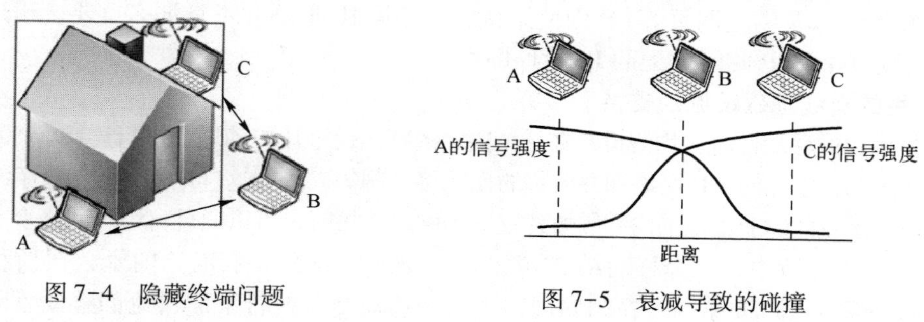

图 7-4　隐藏终端问题

图 7-5　衰减导致的碰撞

第二节　移 动 网 络

一、移动网络基本原理

无线网络不一定是移动网络，但移动网络一定是无线网络。移动网络中的移动结点是随时间改变其与网络连接位置的结点，并且一定采用无线通信技术。

1. 从网络层的角度分析用户的移动性

用户也许带着一台装有无线网卡的便携机在一座建筑物内走动，从网络层的角度来看，该用户并没有移动。而且，如果该用户无论在何处都与同一个接入点相关联，那么从数据链路层角度来看，该用户甚至也没有移动。

另一种情况，用户驾驶一辆轿车以 120 km/h 的速度在高速公路上行驶，会穿过多个无线接入网，但他希望在整个旅程中保持一个与远程应用的不间断的 TCP 连接。这个用户毫无疑问是移动的。

介于以上两种情况之间的是，一个用户带着一台便携机从一个地方（如办公室）到另一个地方（如住所），并且想在新地方接入网络。该用户也是移动的，只不过不需要在网络接入点之间移动时维持一个不间断的连接。

2. 移动结点的地址始终保持不变的重要性

对移动电话而言，在用户从一个电话网络移动到另一个电话网络的过程中，用户的电话号码（本质上是移动电话的网络层地址）始终保持不变。对便携机而言，在 IP 网络之间移动时，IP 地址是否必须保持不变，很大程度上取决于所运行的应用程序。

对于在高速公路上行驶，同时又希望维持对一个远程应用的不间断的 TCP 连接的用户而言，维持相同的 IP 地址将会带来便利。一个因特网应用程序需要知道与之通信的远端实体的 IP 地址和端口号。如果一个移动实体在移动过程中能够保持其 IP 地址不变，从应用的角度来看，移动性就变得不可见（透明）。这种透明性有非常重要的价值，即应用程序不必关心 IP 地址潜在的变化，并且同样的应用程序代码既可用于移动连接，又可用于非移动连接。在本章第五节将要介绍的移动 IP 网络提供了这种透明性，它允许移动结点在网络间移动的同时维持其永久的 IP 地址。

对于一个下班后只想关闭办公室便携机，将其带回家，然后使用便携机在家中工作的用户而言，如果该用户只是将便携机作为一个客户，使用客户-服务器方式的应用（如发送、阅读电子邮件，以及浏览网页等），则使用特定的相同 IP 地址并不是那么重要，用户得到一个由服务于家庭的 ISP 临时分配的 IP 地址即可。

3. 可用的有线基础设施的支持

在分析用户的移动性时，均假设存在一个固定的基础设施让移动用户进行连接，如沿高速公路的无线接入网、家庭的 ISP 网络和办公室的无线接入网等。如果这样的基础设施不存在，那么当两个用户位于彼此的通信范围内并需要建立一个网络连接时，可以通过自组织网络来实现。

在一个网络环境中，一个移动结点（如一台便携机或智能手机）的永久居所称为归属网络（home network）或家网，在归属网络中代表移动结点执行下面讨论的移动管理功能的实体叫归属代理（home agent）或家代理。移动结点当前所在的非归属网络称为外部网络（foreign network）或被访网络（visited network），在外部网络中帮助移动结点实现移动管理功能的实体称为外部代理（foreign agent），简称为外代理。对于移动用户而言，其归属网络可能就是其公司网络，而被访网络也许就是其正访问的某同行所在的网络。一个通信者（correspondent）就是希望与移动结点通信的实体。图 7-6 展示了上述这些概念，也说明了下面所述的编址策略。其中，代理被配置在路由器上（例如，路由器上运行的进程），但它也能在网络中其他主机或服务器上执行。

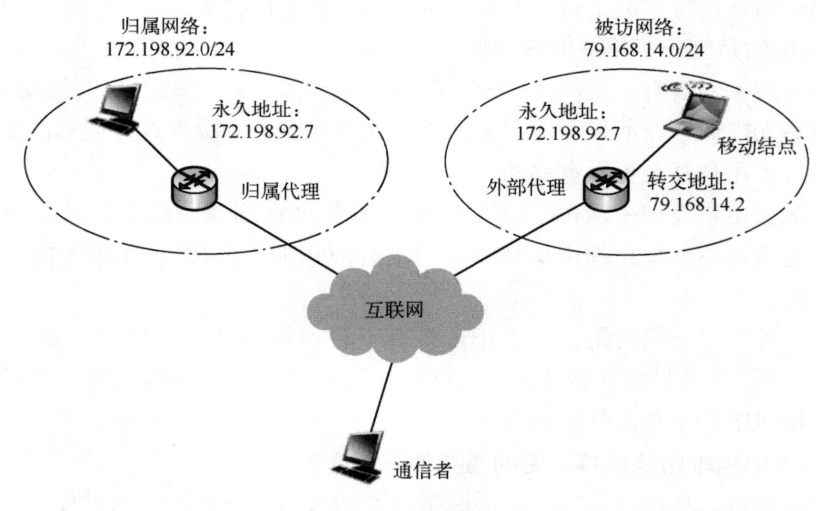

图 7-6　移动互联网体系结构

二、寻址

为了使用户移动性对网络应用透明，希望一个移动结点在从一个网络移动到另一个网络时保持其地址不变。当某移动结点位于一个外部网络时，所有指向此结点永久地址（parmanent address）的流量需要导向外部网络。下面讨论两种解决方案。

一种解决方案是，外部网络可以通过向其他所有网络发通告，告诉它们移动结点正在它的网络中。这通常可通过交换域内与域间路由选择信息来实现，而且只需要对现有路由选择基础设施做很少的改动。外部网络只需要通告其邻居它有一条非常特别的路由能到达移动结点的永久地址，即告诉其他网络它有一条正确的路径可将数据报导向移动结点的永久地址（即基本上是通知其他网络，它有一条可将数据报路由选择到移动结点的永久地址的正确路径）。这些邻居将在全网传播该路由选择信息，而且是当作更新路由选择信息和转发表的正常过程的一部分来做。当移动结点离开一个外部网络后，又加入另一个外部网络时，新的外部网络会通告一条新的通向该移动结点的特别路由，旧的外部网络将撤销其与该移动结点有关的路由选择信息。

这种方案解决了两个问题，且这样做不需要对网络层基础设施做重大改动。其他网络知道移动结点的位置，很容易将数据报路由到该移动结点，因为转发表将这些数据报导向外部网络。然而这种方案有一个很大的缺陷，即扩展性不好。如果移动性管理是网络路由器的责任，则路由器将必须维护可能多达数百万个移动结点的转发表表项。显然，这一方案不适用于大规模网络。

另一种解决方案是将移动性功能从网络核心搬到网络边缘，由移动结点的归属网络来实现。在移动结点的归属网络中的归属代理也能跟踪移动结点的外部网络。这当然需要一个移动结点（或一个代表移动结点的外部代理）与归属代理之间的协议来更新移动结点的位置。实际移动网络采取这种方式。

如图 7-6 所示，从概念上来说，最简单的方法是将外部代理放置在外部网络的边缘路由器上。外部代理的作用之一就是为移动结点创建一个所谓的转交地址（Care-Of Address，COA），该 COA 的网络部分与外部网络的网络部分相同，因此一个移动结点可与两个地址相关联，即永久地址和 COA，COA 有时又称为外部地址（foreign address）。在图 7-6 所示的例子中，移动结点的永久地址是 172. 198. 92. 7，当被访网络为 79. 168. 14. 0/24 时，该移动结点具有的 COA 为 79. 168. 14. 2。外部代理的第二个作用就是告诉归属代理，该移动结点在它的（外部代理的）网络中具有给定的 COA。该 COA 的作用是将数据报通过外部代理“重新路由选择”到移动结点。

移动结点也能承担外部代理的责任。例如，某移动结点可在外部网络中得到一个 COA（使用一个诸如 DHCP 的协议），而且自己把其 COA 通告给归属代理。

三、移动结点的路由选择

在寻址中描述了一个移动结点如何得到一个 COA，以及归属代理又是如何被告知该地址的。接下来讨论数据报应怎样寻址并转发给移动结点。目前有两种不同的方法：间接路由选择与直接路由选择。

1. 移动结点的间接路由选择

对于一个想给移动结点发送数据报的通信者，在间接路由选择（indirect routing）方法中，通信者只是将数据报寻址到移动结点的永久地址，并将数据报发送到网络中，完全不知道移动结点是在归属网络中，还是正在访问某个外部网络，因此移动性对于通信者来说是完全透明的。这些数据报首先被路由到移动结点的归属网络，如图 7-7 中的步骤 1。

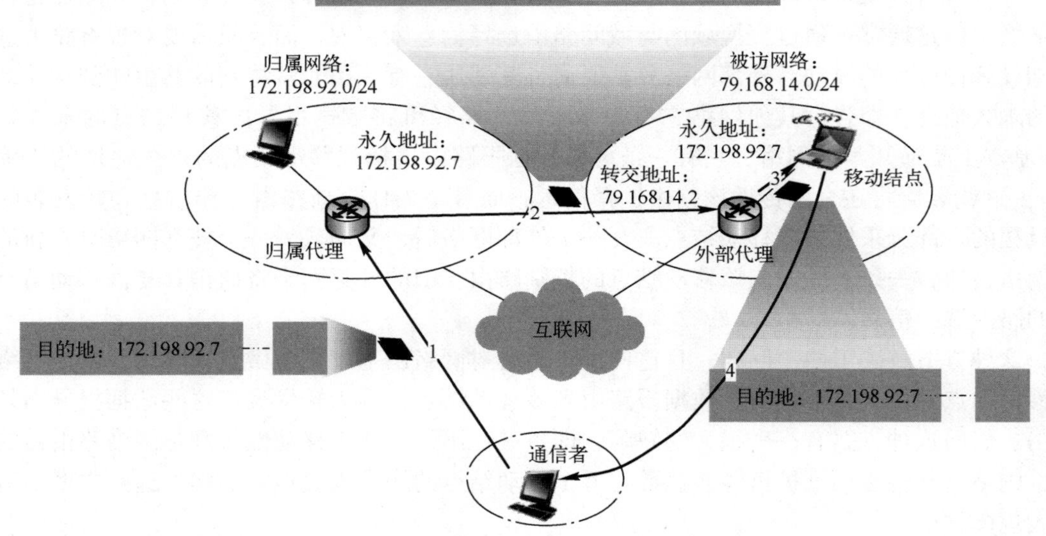

图 7-7　移动结点的路由选择及封装、拆封

归属代理除了负责与外部代理交互以跟踪移动结点的 COA 以外，还负责监视到达的数据报。这些数据报寻址的结点的归属网络与该归属代理所在的网络相同，但这些结点当前却在某个外部网络中。归属代理截获这些数据报，然后按步骤 2 对应的过程转发它们。通过使用移动结点的 COA，该数据报先转发给外部代理（图 7-7 中的步骤 2），再从外部代理转发给移动结点（图 7-7 中的步骤 3）。

归属代理需要用该移动结点的 COA 来设置数据报地址，以便网络层将数据报路由选择到外部网络。另外，需要保持通信者数据报的原样，因为接收该数据报的应用程序应该不知道该数据报是经由归属代理转发而来的。为此，归属代理将通信者的原始完整数据报封装在一个新的（较大的）数据报中，这个较大的数据报被路由并交付到移动结点的 COA。“拥有”该 COA 的外部代理将接收并拆封该数据报，即从较大的封装数据报中取出通信者的原始数据报，然后向移动结点转发该原始数据报（图 7-7 中的步骤 3）。

接下来考虑移动结点如何向一个通信者发送数据报。这相当简单，因为移动结点可直接将其数据报寻址到通信者（使用自己的永久地址作为源地址，通信者的地址作为目的地址）。因为移动结点知道通信者的地址，所以没有必要通过归属代理迂回传输数据报（图 7-7 中的步骤 4）。

下面列出支持移动性所需的网络层新功能，对间接路由选择进行小结。

- 移动结点到外部代理的协议。当移动结点连接到外部网络时，它向外部代理注册。类似地，当一个移动结点离开外部网络时，它将向外部代理取消注册。
- 外部代理到归属代理的注册协议。外部代理将向归属代理注册移动结点的 COA。当移动结点离开其网络时，外部代理不需要显式地向归属代理注销 COA，因为当移动结点移动到一个新网络时，随之而来就要注册一个新的 COA，这将完成源 COA 的注销。

- 归属代理数据报封装协议。将通信者的原始数据报封装在一个目的地址为 COA 的数据报内，并转发出去。
- 外部代理拆封协议。从封装好的数据报中取出通信者的原始数据报，然后将该原始数据报转发给移动结点。

上述讨论提供了一个移动结点在网络之间移动时，要维持一个不间断的连接所需的各部分：外部代理、归属代理和间接转发。举一个例子来说明这些部分是如何协同工作的。假设某移动结点连接到外部网络 A，向其归属代理注册了网络 A 中的一个 COA，并且正在接收通过归属代理间接路由而来的数据报。该移动结点现在移动到外部网络 B 中，并向网络 B 中的外部代理注册，外部代理将该移动结点的新 COA 告诉了其归属代理。此后，归属代理将数据报重路由到网络 B。对于一个通信者来说，移动性是透明的，即在移动前后，数据报都是由相同的归属代理进行路由选择；对于归属代理来说，数据报流没有中断，即到达的数据报先转发到外部网络 A；改变 COA 后，则数据报转发到外部网络 B。但当移动结点在网络之间移动时，只要移动结点与网络 A 断开连接（此时它不能再经 A 接收数据报）后再连接到网络 B（此时它将向归属代理注册一个新的 COA）用的时间少，就几乎没有丢失数据报。端到端连接可能会由于网络拥塞而丢失数据报。因而当一个结点在网络之间移动时，一条连接中的数据报偶尔丢失算不上什么灾难性问题。如果需要进行无丢失的通信，则上层机制将对数据报丢失进行恢复，不管这种丢失是因网络拥塞还是因用户移动而引发的。

2. 移动结点的直接路由选择

间接路由选择方法存在一个低效的问题，即三角路由选择问题（triangle routing problem）。该问题是指，即使在通信者与移动结点之间存在一条更有效的路由，发往移动结点的数据报也要先发送给归属代理，然后发送到外部网络。

直接路由选择（direct routing）解决了三角路由选择的低效问题，但是以增加复杂性为代价的。在直接路由选择方法中，通信者所在网络中的一个通信者代理（correspondent agent）先获取移动结点的 COA。这可以通过让通信者代理向归属代理询问得知，这里假设与间接路由选择情况类似，移动结点具有一个在归属代理注册过的最新的 COA。与移动结点可以执行外部代理的功能类似，通信者本身也可能执行通信者代理的功能，在图 7-8 中显示为步骤 1 和步骤 2。通信者代理然后将数据报直接通过隧道技术发往移动结点的 COA，这与归属代理使用的封装/拆封技术类似，参见图 7-8 中的步骤 3 和步骤 4。

直接路由选择虽然解决了三角路由选择的低效问题，但同时也引入了两个重要问题。

- 需要一个移动用户定位协议（mobile-user location protocol），以便通信者代理向归属代理查询获得移动结点的 COA（图 7-8 中的步骤 1 和步骤 2）。
- 当移动结点从一个外部网络移到另一个外部网络时，对于间接路由选择，将数据报转发到新的外部网络可以容易地通过更新由归属代理维持的 COA 来实现。然而，在使用直接路由选择时，归属代理仅在会话开始时被通信者代理询问一次 COA。因此，当必要时在归属代理中更新 COA，这并不足以解决将数据路由选择到移动结点新的外部网络的问题。一种解决方案是创建一个新的协议来告知通信者变化后的 COA。另一种方案是将首次发现移动结点的外部网络中的外部代理标识为锚外部代理（anchor foreign agent），当移动结点到达一个新的外部网络后，移动结点向新的外部

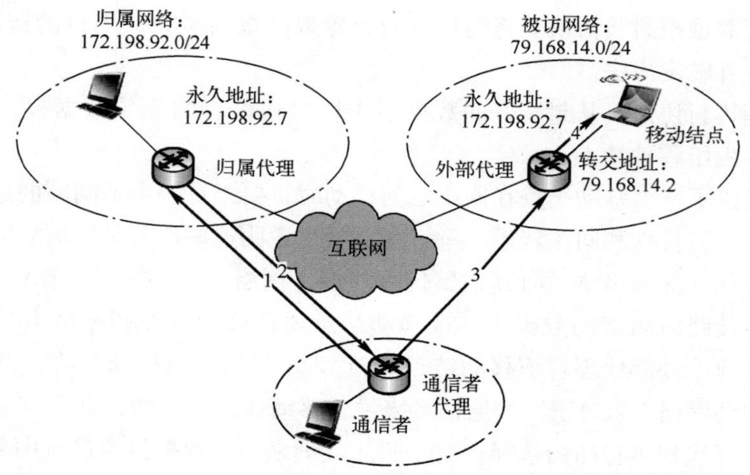

图 7-8 到某移动用户的直接路由选择

代理注册，并且新外部代理向锚外部代理提供移动结点的新 COA。当锚外部代理收到一个发往已离开的移动结点的封装数据报后，它可以使用新的 COA 重新封装数据报并将其转发给该移动结点。

第三节 无线局域网 IEEE 802.11 标准

IEEE 802 家族是由一系列局域网（Local Area Network，LAN）技术规范所组成的。IEEE 802.11 发布于 1997 年，是原始标准，支持传输速率为 2 Mbit/s，工作在 2.4 GHz 的 ISM（Industrial Scientific Medical）频段，当时只定义了以下物理层数据传输方式：DSSS（直接序列扩频，1 Mbit/s）、FHSS（跳频扩频，2 Mbit/s）和红外线传输，在 MAC 层采用了类似于有线以太网 CSMA/CD 协议的 CSMA/CA 协议。图 7-9 展示了 IEEE 802.11 发展过程中的技术转变。随着正交频分复用（OFDM）和多输入多输出（MIMO）等先进通信技术的应用，IEEE 802.11 的网络带宽逐渐从早期低速的窄带（Narrow Band）传输，发展成为支持

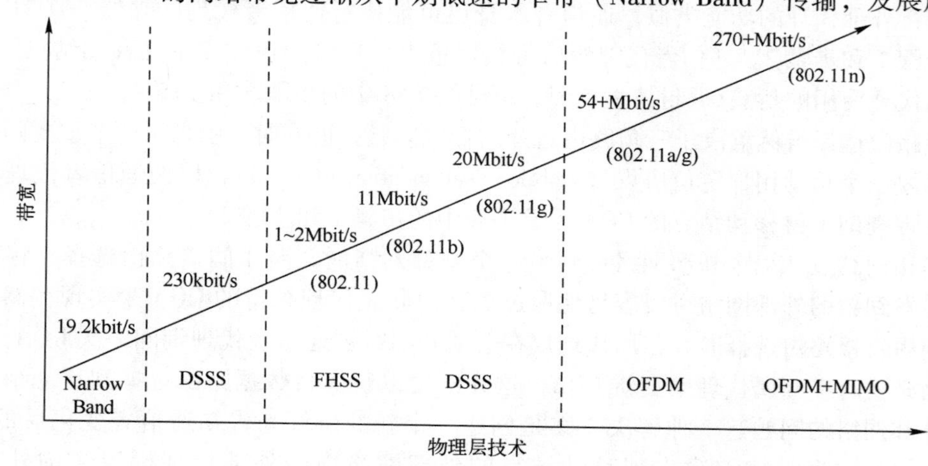

图 7-9 IEEE 802.11 发展过程中的技术转变

更高速率的无线局域网络，并得到了广泛应用。

表 7-1 总结了比较流行的无线局域网 IEEE 802.11 标准的主要特征，包括 802.11b、802.11g 和 802.11n 等。

表 7-1　IEEE 802.11 标准小结

标　准	发布时间	频率范围	数据传输速率	传输距离	物理层数据传输方式
802.11b	1999 年	2.4 GHz	11 Mbit/s	30 m	扩频
802.11g	2003 年	2.4 GHz	54 Mbit/s	30 m	OFDM
802.11n（WiFi 4）	2009 年	2.4 GHz 和 5 GHz	600 Mbit/s	70 m	MIMO/OFDM
802.11ac（WiFi 5）	2013 年	5 GHz	3.47 Gbit/s	70 m	MIMO/OFDM
802.11af	2014 年	未用 TV 频带（54～790 MHz）	35～560 Mbit/s	1 km	OFDM
802.11ah	2017 年	900 MHz	347 Mbit/s	1 km	OFDM
802.11ax（WiFi 6）	2019 年	2.4 GHz 和 5 GHz	14 Gbit/s	70 m	MIMO/OFDM

这些 IEEE 802.11 标准具有许多共同特征：

- 都使用相同的介质访问控制协议 CSMA/CA，该协议将在后面进行讨论；
- 数据链路层帧使用相同的帧格式；
- 都具有降低传输速率以传输更远距离的能力；
- 都支持“基础设施模式”和“自组网模式”两种模式。

当然，这些标准在物理层技术以及带宽上有一些重要的区别，见表 7-1。例如，IEEE 802.11b 无线局域网具有 11 Mbit/s 的数据传输速率，工作在无须许可的 2.4 GHz 的无线频段上，信号穿透能力较好，是较早得到广泛应用的标准；IEEE 802.11ax（也称为 WiFi 6）可以运行在 2.4 GHz 和 5 GHz 无线频段上，是目前应用比较广泛的主流标准，物理层采用了 OFDM 和 MIMO 等先进通信技术，最高数据传输速率可以达到 14 Gbit/s；IEEE 802.11af 利用电视空白频谱进行无线通信，信号可以覆盖更大的区域，通信距离可以达到 1 km，适合农村和偏远地区的互联网接入；IEEE 802.11ah 工作在 900 MHz 频段上，可以支持大量的连接设备，适合大规模物联网应用，如智能城市和农业监控等。

一、IEEE 802.11 体系结构

IEEE 802.11 体系结构的基本构件由以下两部分组成。

- 基站（base station），又称为接入点（Access Point，AP）。
- 基本服务集（Basic Service Set，BSS）。一个 BSS 包含一个或多个无线站点和一个接入点的中央基站。

图 7-10 显示了 IEEE 802.11 无线局域网体系结构。图中展示了 3 个 BSS 中的 AP，它们连接到一个互连设备（如集线器、交换机或者路由器）上，互连设备又连接到因特网中。在一个典型的家庭网络中，有一个 AP 和一台将 BSS 连接到因特网中的路由器（通常综合成为一个单元）。

每个 IEEE 802.11 无线站点都具有一个 6 字节的 MAC 地址，该地址存储在该站网络适配器（即 IEEE 802.11 网卡）的固件中。每个 AP 的无线接口也具有一个 MAC 地址。与以太网类似，这些 MAC 地址由 IEEE 管理，理论上是全球唯一的。

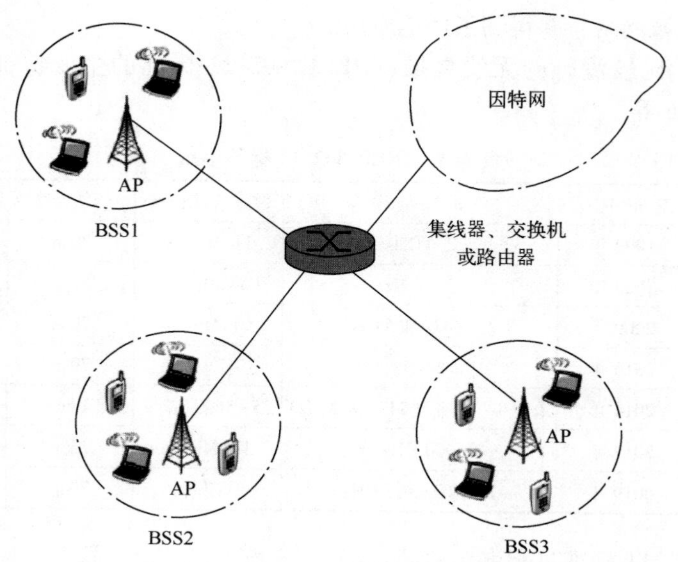

图 7-10　IEEE 802.11 无线局域网体系结构

配置 AP 的无线局域网经常被称作基础设施无线局域网（infrastructure wireless LAN），其中的“基础设施”是指 AP 连同互连 AP 和一台路由器的有线以太网。IEEE 802.11 站点也能将它们自己组合在一起形成一个自组织网络，图 7-11 展示了这个自组织网络，该自组织网络无中心控制并与“外部世界”无连接。它是由彼此已经发现相互接近且有通信需求的移动设备“动态”形成，并且在它们所处环境中没有预先存在的网络基础设施。若聚在一起的用户需要通过携带的便携机交换数据，那么在没有 AP 的情况下，一个自组织网络就可能形成了。

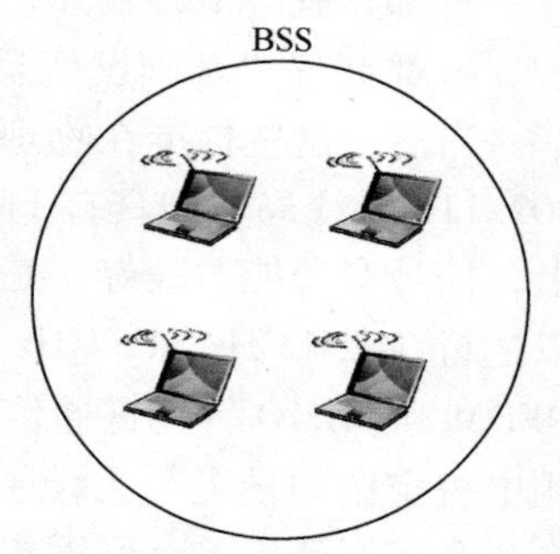

图 7-11　IEEE 802.11 自组织网络

在 IEEE 802.11 标准中，每个无线站点在能够发送或者接收网络层数据之前，必须与一个 AP 相关联。当网络管理员安装一个 AP 时，首先为该 AP 分配一个单字或双字的服务集标识符（Service Set Identifier，SSID），然后还必须为该 AP 分配一个信道号。以 IEEE 802.11b 为例，它将频谱划分为 11 个不同频率的信道。每个 AP 只能选择一个信道，因为相邻的 AP 可能选择相同的信道，所以会存在干扰的可能。为了避免干扰，可以从信道的特点进行分析，当且仅当两个信道由 4 个或更多信道隔开时，它们才无重叠，特别是信道 1、6 和 11 的集合是唯一的 3 个非重叠信道的集合。一种可行的方案是，网络管理员可以在同一个物理网络中安装 3 个 IEEE 802.11b 的 AP，为这些 AP 分配信道 1、6 和 11，然后将每个 AP 都连接到一台交换机上。当一个用户的无线站点能接收到 3 个 AP 的很强信号时，为了接入因特网，用户的无线站点需要与其中一个 AP 相关联，并加入其中一个子网。在建立关联后，无线站点自身会在其与 AP 之间创建一个虚拟链路，关联的 AP 会与用户的无线站点互相发送数据帧，用户通过关联的 AP 接入因特网。

无线主机如何发现 AP 呢？IEEE 802.11 标准规定，每个 AP 周期性地发送信标帧（beacon frame)，每个信标帧包括该 AP 的 SSID 和 MAC 地址。用户的无线站点可以通过扫描 11 个信道获得正在发送信标帧的 AP。在通过信标帧得到可用 AP 后，选择其中一个 AP 进行关联。发现 AP 的过程分为被动扫描（passive scanning）和主动扫描。被动扫描指的是无线主机扫描信道和监听信标帧的过程，其原理如图 7-12a 所示。无线主机也能够进行主动扫描（active scanning）。主动扫描是指无线主机向位于其范围内的所有 AP 广播探测帧的过程，其原理如图 7-12b 所示。在探测到多个可选 AP 后，可以选择其中一个 AP 与之关联，为此，无线主机向 AP 发送一个关联请求帧，该 AP 以一个关联响应帧进行响应。一旦与一个 AP 相关联，该主机便可以加入该 AP 所属的子网。该主机通常将通过关联的 AP，向该子网发送一个 DHCP 发现报文，并基于 DHCP 获取该 AP 所在子网中的一个 IP 地址、子网掩码、默认网关 IP 地址以及本地域名服务器 IP 地址，从而成功加入子网。

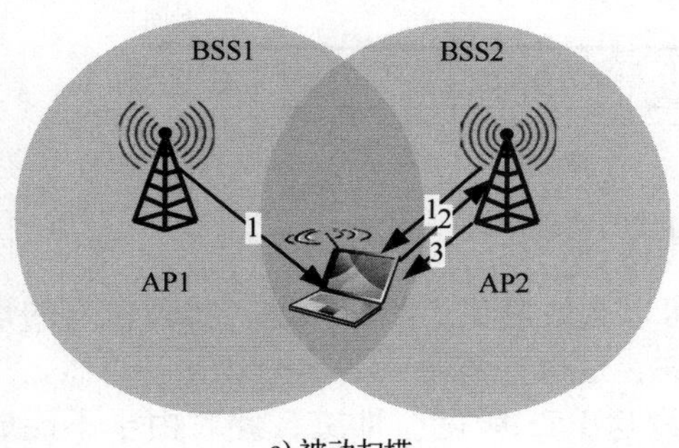

a) 被动扫描

1—— AP发送信标帧
2—— 无线主机向选择的AP发送关联请求帧
3—— 选择的AP向无线主机发送关联响应帧

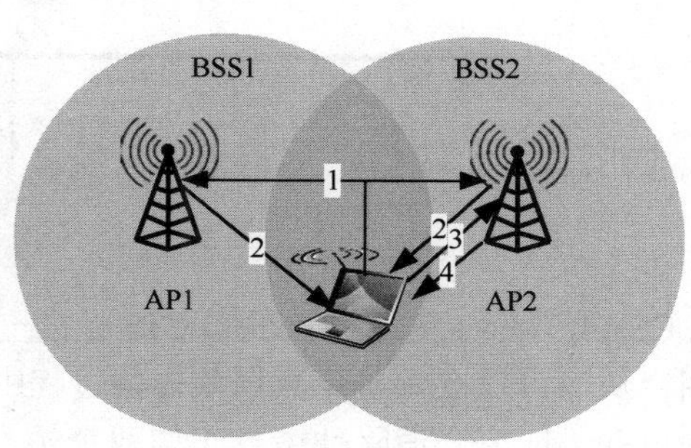

b) 主动扫描

1—— 无线主机广播探测请求帧
2—— AP发送探测响应帧
3—— 无线主机向选择的AP发送关联请求帧
4—— 选择的AP向无线主机发送关联响应帧

图 7-12　对接入点的主动扫描和被动扫描

二、IEEE 802.11 的 MAC 协议

多个站点（无线站点或 AP）可能同时经相同信道传输数据帧，因此需要一个多路访问控制协议来协调传输。IEEE 802.11 的 MAC 协议采用 CSMA/CA 协议，又称为带冲突避免的 CSMA（CSMA with collision avoidance）协议。尽管以太网和 IEEE 802.11 都使用载波侦听随机接入，但这两种 MAC 协议有着重要的区别。IEEE 802.11 使用冲突避免，而以太网使用冲突检测；由于无线信道相比有线信道具有较高的误比特率，因此 IEEE 802.11 使用数据链路层确认/重传（ARQ）方案。

支持信道预约的 CSMA/CA 协议的实现原理如图 7-13 所示。源站在发送数据之前，必须先监听信道，若信道空闲，则等待一个分布式帧间间隔（Distributed Inter-Frame Space，DIFS）的短时间后，发送一个很短的请求发送（Request To Send，RTS）控制帧。RTS 帧包括源地址、目的地址和本次通信所需的持续时间等信息。若目的站正确收到源站发来的 RTS 帧，且物理介质空闲，则等待一个短帧间间隔（Short Inter-Frame Spacing，SIFS）时间后，发送一个很短的允许发送（Clear To Send，CTS）控制帧作为响应，其中包括本次通信所需的持续时间等信息。这样，源站和目的站周围的其他站点可以监听到两者要通信，其他站点在其持续通信时间内不会发送数据，这个时间段称为 NAV（Network Access Vector）。NAV

向量是其他站根据监听到的 RTS 或 CTS 帧中的持续时间来确定的数据帧传输的时间。源站在收到 CTS 帧，并再等待一段 SIFS 时间后，即可发送数据帧，若目的站正确收到了源站发来的数据帧，在等待时间 SIFS 后，就会向源站发送确认帧（ACK）。

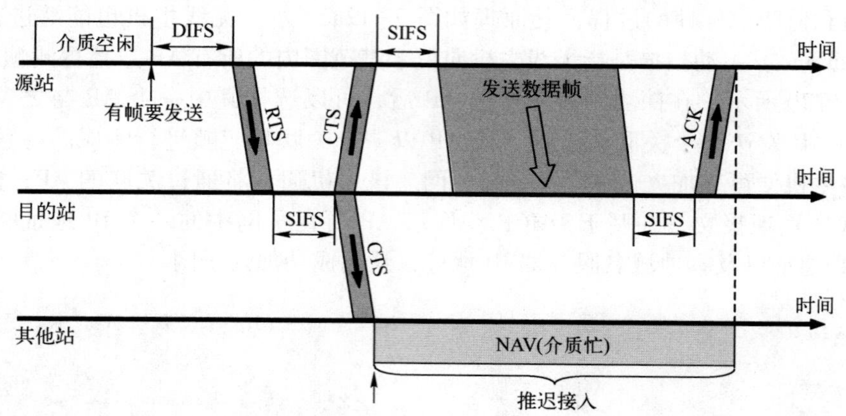

图 7-13　CSMA/CA 协议的实现原理

CSMA/CA 协议通过 RTS 和 CTS 帧的交换，可以有效避免隐藏站问题，实现信道的预约占用，从而可以有效避免数据帧传输过程中的冲突，这也是该协议名称的含义。当然，这种机制也并不能完全消除冲突，比如两个站点同时发送 RTS 帧就会冲突，此时由于不能成功收到 CTS 帧，每个尝试发送数据的站会随机避让一段时间后再尝试。由于 RTS 和 CTS 帧很短，因此这类帧的冲突与数据帧的冲突相比，造成的信道资源“浪费”要小很多。

三、IEEE 802.11 帧

IEEE 802.11 帧共有三种类型：控制帧、数据帧和管理帧。IEEE 802.11 数据帧结构如图 7-14 所示，其中，MAC 首部共 30 字节；帧主体，也就是帧的数据部分，不超过 2312 字节，不过 IEEE 802.11 帧的长度通常都是小于 1500 字节的；MAC 尾部是帧检验序列（FCS），共 4 字节。

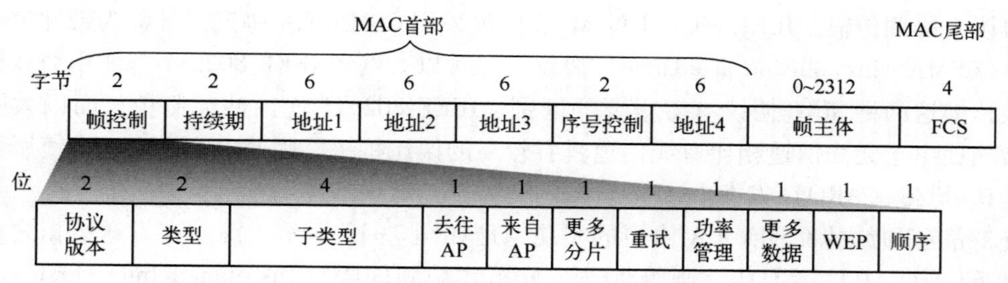

图 7-14　IEEE 802.11 数据帧结构

1. 地址字段

IEEE 802.11 数据帧最特殊的地方就是有 4 个地址字段，表 7-2 给出的是 IEEE 802.11 帧的地址字段最常用的两种情况（在有基础设施的网络中，只使用前 3 种地址，地址 4 多用于自组织网络）。

表 7-2 IEEE 802.11 数据帧的地址

去往 AP	来自 AP	地址 1	地址 2	地址 3	地址 4
0	1	目的地址	AP 地址	源地址	—
1	0	AP 地址	源地址	目的地址	—

结合图 7-15，无线主机 A 向无线主机 B 发送数据帧，但这个数据帧必须经过 AP 转发。首先 A 把数据帧发送到接入点 AP1，然后由 AP1 把数据帧发送给 B。当 A 把数据帧发送给 AP1 时，帧控制字段中的去往 AP=1、来自 AP=0。因此地址 1 是 AP1 的 MAC 地址（接收地址），地址 2 是 A 的 MAC 地址（源地址），地址 3 是 B 的 MAC 地址（目的地址）。接收地址和目的地址的区别在于接收这个帧的地址是 AP1 的 MAC 地址，但这个帧的最终目的地址是 B 的 MAC 地址。

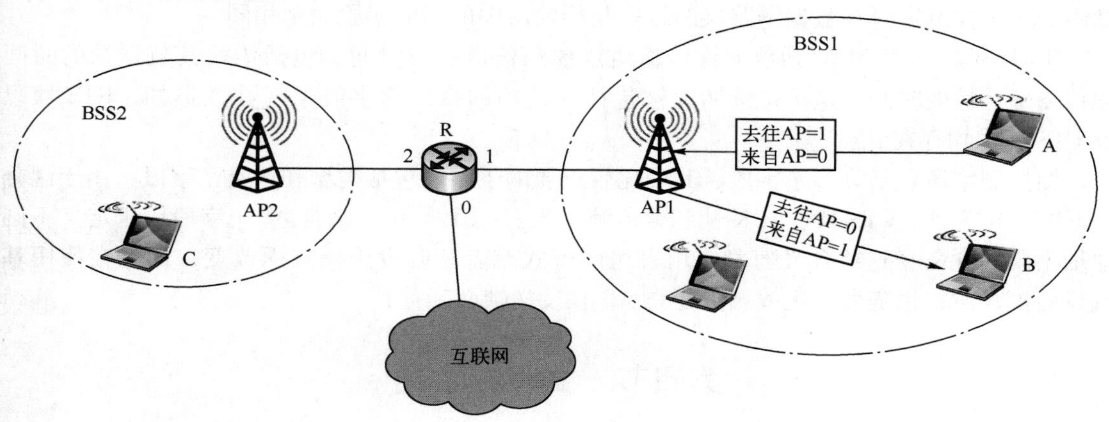

图 7-15　A 向 B 发送数据，或路由器 R 向 C 发送数据，都必须先发送到 AP

当 AP1 把数据帧转发给 B 时，帧控制字段中的去往 AP=0，而来自 AP=1。地址 1 是 B 的 MAC 地址（目的地址），地址 2 是 AP1 的 MAC 地址（发送地址），地址 3 是 A 的 MAC 地址（源地址），发送地址和源地址的区别在于发送地址是 AP1 的 MAC 地址，但这个帧的源地址是 A 的 MAC 地址。

现在考虑另一种情况，假定要把数据报从图 7-15 中路由器 R 的接口 2 转发到移动站 C。路由器 R 知道 C 的 IP 地址（要转发的数据报的目的 IP 地址）。路由器 R 使用 ARP 得到 C 的 MAC 地址。然后 R 把要转发的数据报封装成以太网帧（假设为以太网连接），其源 MAC 地址是 R 的接口 2 的 MAC 地址，而目的 MAC 地址是 C 的 MAC 地址。以太网帧到达 AP2 之后，AP2 先将以太网帧转换为无线局域网 IEEE 802.11 帧，其中的地址 1、地址 2 分别是 C 的 MAC 地址和 AP2 的 MAC 地址，地址 3 是路由器 R 的接口 2 的 MAC 地址。同理，C 在把数据报发往路由器 R 时，先封装成 IEEE 802.11 帧，再发送到接入点 AP2。这时，帧的地址 1 和地址 2 分别是 AP2 的 MAC 地址与 C 的 MAC 地址，而地址 3 是 R 的接口 2 的 MAC 地址。AP2 收到 IEEE 802.11 帧后，将其转换为以太网帧，其源地址是 C 的 MAC 地址，目的地址是 R 在接口 2 的 MAC 地址。事实上，R 的接口 2 就是 C 的默认网关。表 7-3 总结了这种情况下地址字段信息。

表 7-3 数据报在 R 和 C 之间的传输

数据报流向	去往 AP	来自 AP	地址 1	地址 2	地址 3	地址 4
R 接口 2→AP2	以太网帧（目的地址：C 的地址，源地址：R 接口 2 地址）					
AP2→C	0	1	C 的地址	AP2 地址	R 接口 2 地址	—
C→AP2	1	0	AP2 地址	C 的地址	R 接口 2 地址	—
AP2→R 接口 2	以太网帧（目的地址：R 接口 2 地址，源地址：C 的地址）					

2. 序号控制、持续期和帧控制字段

在 IEEE 802. 11 网络中，无论何时，一个站点正确地接收到一个来自于其他站点的帧，它就会发送一个确认帧。因为确认帧可能会丢失，所以发送站点可能会发送一个给定帧的多个副本。使用序号控制可以使接收方区分新传输的帧和以前帧的重传。因此，IEEE 802. 11 帧中的序号控制字段在数据链路层的目的与传输层中的类似字段完全相同。

IEEE 802. 11 的 MAC 协议允许传输结点预约信道一段时间，包括传输其数据帧的时间和传输确认帧的时间。这个持续期值被包括在该帧的持续期字段中（在数据帧、RTS 帧以及 CTS 帧中均存在）。

帧控制字段包括许多子字段，其中比较重要的子字段包括类型和子类型字段，用于区分关联帧、RTS 帧、CTS 帧、ACK 帧和数据帧。“去往 AP” 和 “来自 AP” 字段用于定义不同地址字段的含义（这些含义随着使用自组网模式或者基础设施模式而改变，而且在使用基础设施模式时，也随着是无线站点还是 AP 在发送帧而变化）。

第四节 蜂 窝 网 络

当一台无线主机位于一个 IEEE 802. 11 接入点附近时，可以通过接入 IEEE 802. 11 网络来与互联网进行交互，这是建立在无线主机附近有 IEEE 802. 11 网络的基础上的，然而大多数 IEEE 802. 11 网络只有一个小规模覆盖范围。因此想要在任何时间、任何地点都能接入互联网，仅靠 IEEE 802. 11 无线局域网是不行的。

近几年，蜂窝网络发展迅速，其信号覆盖范围已经相当广，人们常去的地方几乎都能进行无线通信。虽然在一些偏远的地方可能没有无线信号，但从覆盖面来说，蜂窝网络的覆盖面要比 WiFi 无线局域网大得多。因此，想要随时随地接入因特网，蜂窝网络是一个不错的选择。

一、蜂窝网络体系结构

蜂窝网络发展十分迅速，到目前为止，世界上已有超过 30 种不同的标准。

第一代移动通信技术（1G）是为语音通话设计的模拟 FDMA 系统。1G 网络历史悠久，现已经被淘汰。第二代移动通信技术（2G）的代表性系统标准就是 GSM（Global System for Mobile Communication）系统，该系统使用 200 kHz 的带宽，除了基本的语音通信以外，还能提供低速数字通信（短信）服务。为了提供接入互联网服务，2G 蜂窝系统增加了诸如 GPRS 和 EDGE 等技术，这些技术都是从 2G 到 3G 的过渡、衔接技术。

下面以 2G 蜂窝网络为例，对蜂窝网络体系结构进行描述。蜂窝是指由一个蜂窝网络覆盖的区域被分成许多称作小区（cell）的地理覆盖区域，小区如图 7-16 左侧的六边形所示。每个小区包含一个收发基站（Base Transceiver Station，BTS），负责向位于其小区内的移动站点发送或接收信号。一个小区的覆盖区域大小取决于许多因素，包括 BTS 的发射功率、用户设备的传输功率、小区中的障碍建筑物以及基站天线的高度等。

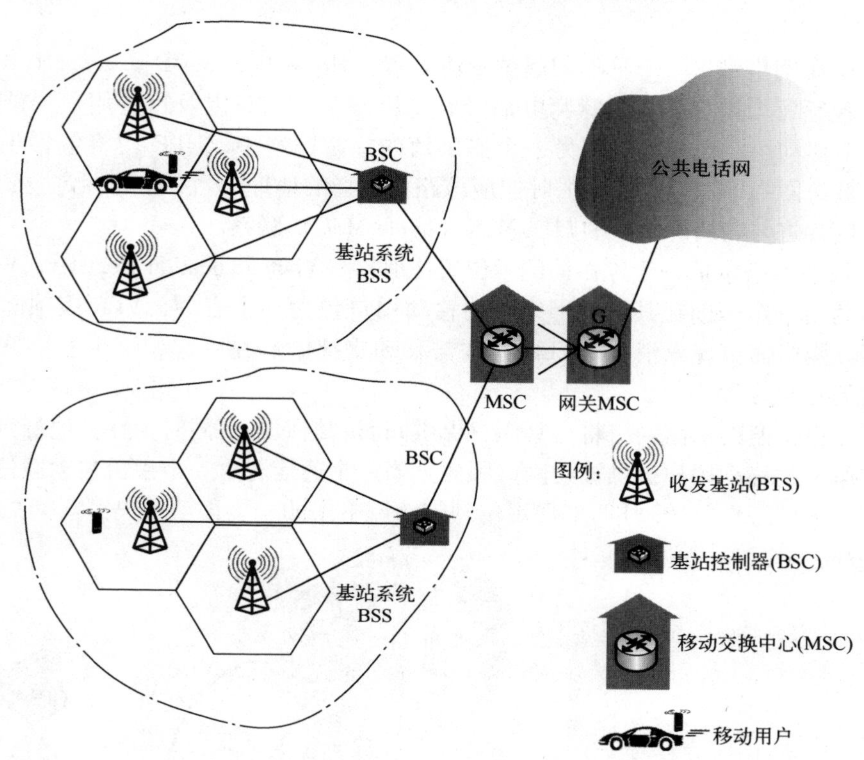

图 7-16　GSM（2G）蜂窝网络体系结构

2G 蜂窝系统的 GSM 标准的空中接口使用了 FDMA/TDMA 组合技术。使用纯 FDMA，信道被划分成许多频段，每个呼叫分配一个频段。使用纯 TDMA，时间被划分为帧，每个帧又被进一步划分为时隙，每个呼叫在循环的帧中被分配使用特定的时隙。在组合 FDMA/TDMA 系统中，信道被划分为若干子频带；对于每个子频带，时间又被划分为复用帧的时隙。因此，对于一个组合 FDMA/TDMA 系统，如果信道被划分为 F 个子频带，并且时间被划分为 T 个时隙，那么该信道将能够支持 $F\times T$ 个并发的呼叫。

一个 GSM 网络的基站控制器（Base Station Controller，BSC）通常服务于几十个收发基站，BSC 的责任是为移动用户分配 BTS 无线信道，执行寻呼（paging，即找出某移动用户所在的小区），进行移动用户的切换。基站控制器及其控制的收发基站共同构成了 GSM 基站系统（Base Station System，BSS）。

移动交换中心（Mobile Switching Center，MSC）在用户鉴别和账户管理（决定是否允许某个移动设备与蜂窝网络连接）以及呼叫建立和切换中都起着决定性的作用。单个 MSC 通常将包含多达 5 个 BSC。一个蜂窝网络服务提供商的网络将由若干个 MSC 构成，并使用称为网关 MSC 的特殊 MSC 将提供商的蜂窝网络与更大的公共电话网相连。

二、蜂窝网络中的移动性管理

GSM 标准采用了一种间接路由选择方法来进行移动性管理。移动用户向某个蜂窝网络服务提供商订购服务，该蜂窝网络就成为这些用户的归属网络。移动用户当前所在的网络称为被访网络。

GSM 的归属网络维护一个称作归属位置注册器（Home Location Register，HLR）的数据库，HLR 中包括每个用户的永久蜂窝电话号码、用户个人信息以及这些用户当前的位置信息。如果一个移动用户当前漫游到另一个提供商的蜂窝网络中，HLR 中将包含足够多的信息，以获取被访网络中对移动用户的呼叫应该路由选择的地址。当一个呼叫定位到一个移动用户后，通信者将与归属网络中的归属 MSC（home MSC）联系。

GSM 的被访网络维护一个称作访问者位置注册器（Visitor Location Register，VLR）的数据库。VLR 为每一个当前在其服务网络中的移动用户包含一个表项，VLR 表项随着移动用户进入或离开网络而出现或消失。VLR 通常与移动交换中心在一起，该中心协调到达或离开被访网络的呼叫建立。

一个服务提供商的蜂窝网络将为其用户提供归属网络服务，同时为在其他蜂窝网络服务提供商订购服务的移动用户提供被访网络服务。当一个通信者对一个手机移动通信用户进行呼叫时，图 7-17 描述了一个呼叫如何定位到被访网络中的一个移动用户。

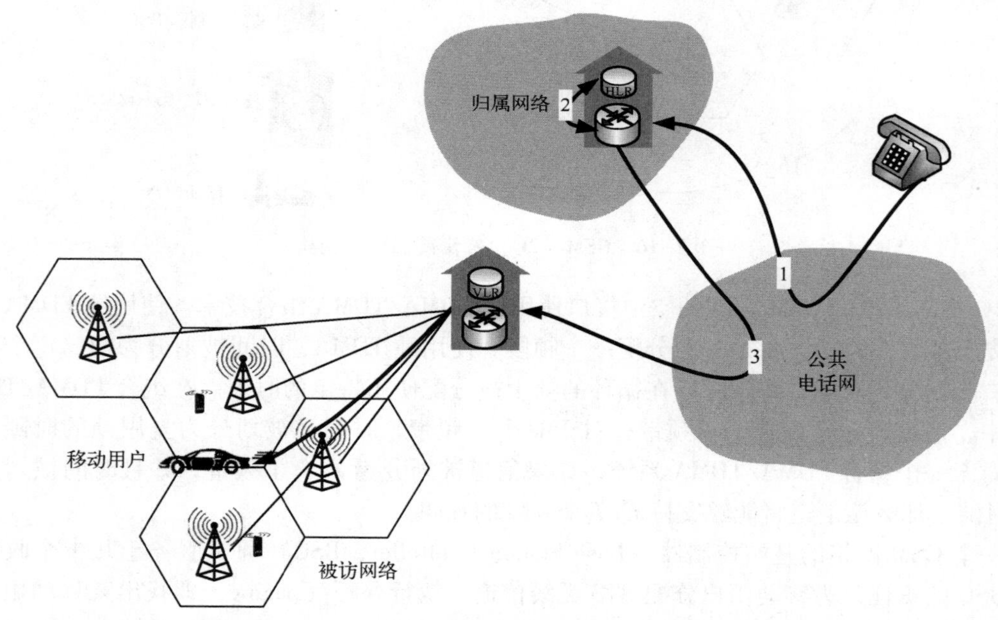

图 7-17　将呼叫定位到一个移动用户：间接路由选择

结合图 7-17，呼叫过程中一些关键步骤介绍如下。

1）通信者拨打移动用户的电话号码。通过号码中的前几位数字可以全局地判别移动用户的归属网络。呼叫通过公共电话网到达移动用户归属网络的归属 MSC。

2）归属 MSC 收到该呼叫，查询 HLR 来确定移动用户的位置。在最简单的情况下，HLR 返回移动站点漫游号码（Mobile Station Roaming Number，MSRN），这个号码与移动用户的永久电话号码不同，永久电话号码是与移动用户的归属网络相关联的，而漫游号码是临时的，当移动用户进入一个被访网络后，会给移动用户临时分配一个漫游号码。如果 HLR 不具有该漫游号码，则返回被访网络的 VLR 地址，归属 MSC 通过查询 VLR 以便获取移动站点的漫游号码。

3）漫游号码确定后，归属 MSC 通过网络向被访网络的 MSC 呼叫，最后被访网络的 MSC 呼叫移动用户。最终，从通信者到归属 MSC，从归属 MSC 到被访 MSC，再从被访 MSC 到为移动用户提供服务的基站，最后到移动用户，呼叫连接建立完成。

当移动用户进入地理上相邻的另一个小区时，将与该小区的基站相关联，这样就出现了切换（hand-off）。移动用户的呼叫初始时通过一个基站（旧基站）路由选择到移动用户，而在切换后它经过另一个基站（新基站）路由选择到移动用户。基站之间切换不仅导致移动用户向（从）一个新的基站传输（接收）信号，而且导致正在进行的呼叫重新路由选择。实际的蜂窝网络切换过程比较复杂，会涉及非常复杂的信令交换，在此不再详细解释。

三、移动通信 2G、3G、4G 和 5G 网络

1. 2G 网络

GSM 即全球移动通信系统，是由欧洲电信标准组织（ETSI）制定的一个数字移动通信标准。GSM 系统与第一代蜂窝系统相比，它的信令和语音信道都是数字式的，因此被看作 2G 移动电话系统的开端。GSM 系统自 20 世纪 90 年代中期投入商用以来，被全球超过 100 个国家或地区所采用。

GSM 系统的业务，即为用户提供的服务，可以分为承载业务、电信业务和附加业务三大类。其中，承载业务主要提供在确定用户界面间传递消息的服务，包括受限话音、异步双工数据、同步双工数据、分组的组合与分解、同步双工分组数据等；电信业务主要提供移动台与其他应用的通信服务，是 GSM 移动通信网提供的最重要的业务之一，可以给用户提供实时双向的通信，让用户可以随时随地与网内、网间用户通信，主要包括电话、紧急呼叫和语音信箱等语音业务，以及短消息、可视图文接入、传真等非话音业务；附加业务包括所有方便和完善基本业务应用的服务，必须和基本业务同时使用，包括号码识别、呼叫转移、移动接入跟踪、通用分组无线服务（GPRS）等。

GSM 系统采用的是 FDMA 和 TDMA 混合接入的方式。以 GSM900 系统为例，利用 FDMA 技术，将 GSM900 系统的上行 890～915 MHz 或下行 935～960 MHz 频带划分为 125 个载波频率，简称载频，载频间隔为 200 kHz，上行和下行的载频是成对的，双工间隔为 45 MHz；利用 TDMA 技术，在 GSM 的每个载频上分为 8 个时隙，每 8 个时隙为一个循环，每个时隙对应一个物理信道，即每个载频对应 8 个物理信道，共 1000 个物理信道。根据需要，物理信道被分配给不同的移动台使用，移动台则在对应的频率上和时隙内向基站发送信息，同时，基站也在相应的频率上和时隙内向各移动台发送信息。

随着数据传输业务需求的增加，很快出现了能够支持数据传输服务的从 2G 到 3G 过渡的衔接技术，典型的如 2.5G 的通用分组无线服务（General Packet Radio Service，GPRS）和 2.75G 的增强数据传输速率的 GSM 演进技术（Enhanced Data rate for GSM Evolution，EDGE）。这两种技术提供了有限的数据传输速率，理论上 GPRS 大约为 115 kbit/s，而 EDGE 则是 384 kbit/s，但实际使用时的数据传输速率远远达不到这些标准。

2. 3G 网络

第三代移动通信技术简称 3G，是将无线通信与互联网等多媒体通信结合的新一代移动通信系统，能够处理图像、音频和视频流等多种媒体，提供浏览网页、电话会议和电子商务等多种信息服务。ITU 在 2000 年确定了 WCDMA、CDMA2000、和 TD-SCDMA 三大技术标准。

3G 是由 ITU 率先提出并负责组织研究的、采用宽带 CDMA 技术的通信系统。其工作频段为 2000 MHz，最高业务速率第一阶段为 2000 kbit/s。1996 年，3G 正式更名为国际移动通信 2000（IMT-2000）。3G 系统框图如图 7-18 所示。

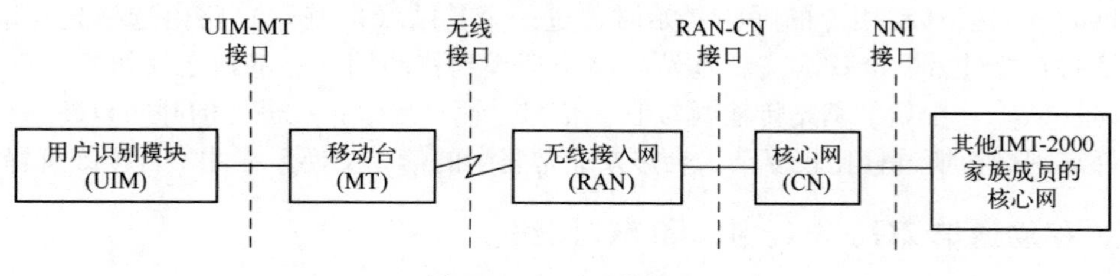

图 7-18　3G 系统框图

IMT-2000 系统由终端（UIM+MT）、无线接入网（RAN）与核心网（CN）三部分组成。终端部分完成移动终端功能，包括用户识别模块（UIM）和移动台（MT），其中 UIM 的作用相当于 GSM 的 SIM 卡；无线接入网完成用户接入业务的全部功能，包括所有与空中接口相关的功能，以使核心网受无线接口影响最小；核心网由交换网和业务网组成，交换网完成呼叫及承载控制等功能，业务网完成支撑业务所需功能，包括位置管理等。无线接口（UNI）为移动台与基站之间的接口；RAN-CN 接口为无线接入网与核心网之间的接口；NNI 接口为核心网与其他 IMT-2000 家族成员的核心网之间的接口。

3G 的主要目标如下：全球统一频谱、统一标准，全球无缝覆盖；更高的频谱效率和更大的系统容量；能够提供优良的服务质量和保密性能；适应多种环境。IMT-2000 系统数据传输速率最高为 2 Mbit/s，其中行驶环境为 144 kbit/s，步行环境为 384 kbit/s，室内环境为 2 Mbit/s。它能提供多种业务，支持多网络互连；能够与 2G 及因特网互连，并且在统一的通信系统中，提供多种业务服务，如高质量语音通信、可变速率的数据通信和多媒体业务等。

在 3G 标准的制定过程中，ITU 起了主要的领导和组织作用，具体规范的制定则依靠地区标准化组织完成，其中起主导作用的是以欧洲为主体的 3G 标准化合作组织 3GPP 以及以美国为主体的 3G 标准化合作组织 3GPP2。

3G 中最关键的技术之一是无线传输技术。除了卫星接口技术以外，被分为 CDMA 和 TDMA 两大类，其中 CDMA 占主导地位。在 CDMA 技术中，ITU 目前接受了 3 种标准，即欧洲和日本的宽带码分多路访问（Wideband Code Division Multiple Access，WCDMA）、美国的 CDMA2000 和我国的时分同步码分多路访问（Time Division-Synchronous Code Division Multiple Access，TD-SCDMA）。

3. 4G/LTE 网络

随着移动用户对高速率数据业务需求的提高，3G 系统逐渐暴露了一些问题，例如不能支持较高的通信速率，不能真正实现不同频段、不同业务环境间的无缝漫游等。针对这些不足，第四代移动通信技术（4G）开始出现。

3GPP 组织从 2004 年开始了 LTE（Long Term Evolution，长期演进）的标准化项目。相比传统的移动通信网络，LTE 系统在无线接入技术（空中接口）和网络结构方面都发生了巨大的变化。3GPP 选择了正交频分复用（OFDM）技术作为 LTE 下行空中接口的无线传输技术，而采用 SC-FDMA（Single Carrier Frequency Division Multiple Access，单载波频分多路访问）作为上行空中接口的无线传输技术。从网络结构上来看，整个网络只包括两层，即接入层和核心网。网络结构将原来的基站控制器功能实体取消，使网络结构朝扁平化方向发展。LTE 系统要求基站（evolved Node B，e-NodeB）和接入网关在用户平面直接互连以降低接入时延，将 3G 网中的无线网络控制器（Radio Network Controller，RNC）的底层功能在基站实现，也就是 e-NodeB 的高层功能在接入网关（Access Gateway，AGW）实现，同时在核心网层面取消传统的电路交换，而采用基于分组交换的核心网结构。LTE 系统架构如图 7-19 所示。

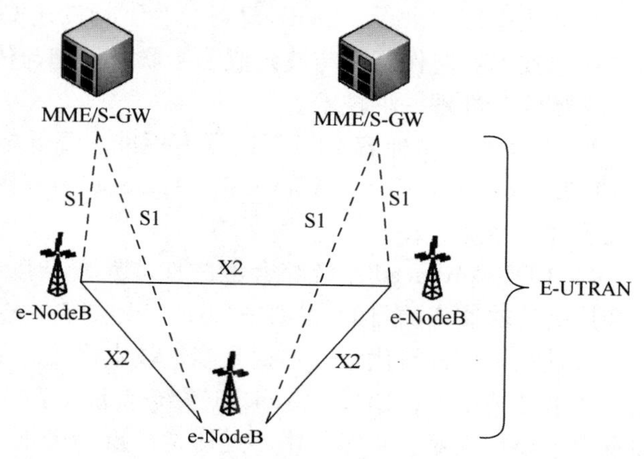

图 7-19　LTE 系统架构

与已有 3G 系统类似，LTE 系统架构仍然分为两部分，即演进后的核心网（Evolved Packet Core，EPC）和演进后的接入网（Evolved Universal Terrestrial Radio Access Network，E-UTRAN）。其中，EPC 又可分为两个部分：一是 MME（Mobile Management Entity，移动管理实体），负责移动性控制；二是 S-GW（Serving Gateway，服务网关），负责数据分组的路由与转发。e-NodeB 与 e-NodeB 之间采用被称为 X2 的接口进行连接，而 LTE 核心网与接入网之间的连接则是通过被称为 S1 的接口进行的，S1 接口支持多对多的连接方式。

LTE 系统支持频分双工（Frequency Division Duplex，FDD）、时分双工（Time Division Duplex，TDD）及半双工 FDD（Half-duplex FDD，H-FDD）方式。FDD 方式是指上行和下行信号分别在两个不同的频带上发送，且上、下行频带间必须留有一定的保护间隔，以避免上、下行信号间的干扰。TDD 方式与 FDD 方式不同，发送和接收信号在相同的频带内，依据不同时隙区分上、下行信号。相对而言，TDD 更适合在以 IP 分组业务为主要特征的移动蜂窝通信系统中使用。

在 LTE 系统中，OFDM 成为主要的多址技术。OFDM 频谱效率高，各载波部分重叠，且保持良好的正交性，避免了用户之间的干扰，实现了较大的小区容量；OFDM 带宽扩展性强，其带宽取决于使用的子载波数量；OFDM 具有很好的抗多径衰落能力。

从 2008 年 9 月开始，一个被称为 LTE-Advanced 的项目由 3GPP 启动，如果把 LTE 系统看作“准 4G”技术，则 LTE-Advanced 就是名正言顺的 4G 技术。LTE-Advanced 系统具有高速率传输（如可以 100 Mbit/s 以上的速度下载）、智能化、业务多样化、无缝接入、后向兼容、经济等特性。LTE-Advanced 系统在频率效率、覆盖范围、传输速率以及边缘用户体验方面采取了以下几项措施。

1）LTE-Advanced 系统采用 MIMO 技术，下行天线端口数由 LTE 的 4 个增加到 8 个，最大支持 8 发 8 收的空间复用；上行则支持 4 端口的空间复用。通过增强的 MIMO 技术，可使 LTE-Advanced 系统的频谱效率得到进一步的提高。

2）为了使小区边缘用户也能得到良好的用户体验并得到更丰富的业务类型，LTE-Advanced 采用 CoMP（Coordinated Multiple Point，协同多点）传输技术。CoMP 是 LTE-Advanced 系统扩大网络边缘覆盖、保证边缘用户 QoS 的重要技术之一，是 LTE-Advanced 系统独有的技术。在 LTE-Advanced 系统中，CoMP 包括两种场景：基站间协作和分布式天线系统。从数据流向来看，CoMP 又可分为下行发送 CoMP 和上行接收 CoMP。下行发送 CoMP 包含两类技术：协作调度与波束成形、联合处理与传输；而对于上行接收 CoMP 来说，则只有联合接收与处理一种技术。

3）为了更好地兼容 LTE 系统现有标准、降低标准化工作复杂度以及支持灵活的应用场景，LTE-Advanced 引入 CA（Carrier Aggregation，载波聚合）技术将多个载波聚合在一起来实现更大的带宽。

4）LTE-Advanced 系统综合考虑性能及复杂度来合理地选择中继，以达到扩大覆盖范围和提高传输速率的目的。LTE-Advanced 系统并未对 LTE 系统的物理层技术做大范围的修改，只是在局部进行优化，主要是多址技术优化、干扰抑制技术优化和调制解调编码技术优化。在多址技术上，LTE-Advanced 系统考虑在某些场景依然使用 OFDM 作为上行多址技术，如室内、热点覆盖、小区边缘不是非常严重等场景；而在室外、小区边缘严重等场景下，依然使用 SC-FDMA 技术。为了解决小区边缘和中心差异较大的问题，LTE-Advanced 系统对干扰抑制技术也做了进一步的优化，例如采取更有效的干扰协调和干扰消除技术，并通过 CDMA 和 OFDM 的结合，使得在小区边缘利用 CDMA 作为多址接入方式，可以极大地消除小区边缘的干扰。在调制方面，LTE 系统使用了 QPSK、16QAM、64QAM 三种调制方式。LTE-Advanced 系统则使用更高的调制阶数，如 256QAM。在编码方面，LTE-Advanced 使用了低密度奇偶校验（Low Density Parity Check，LDPC）作为高速率数据信息的信道编码方式。

4. 5G 网络

5G（第五代移动通信技术）是继 4G 之后的又一重大移动通信技术突破。其发展历程可以追溯到 2008 年左右，当时学术界和产业界开始讨论 5G 的概念和需求。随着移动互联网的快速普及和物联网（IoT）需求的增加，4G LTE 逐渐难以满足未来的高速率、低延迟、大连接等需求。2015 年，国际电信联盟开始制定 5G 标准，并将其正式命名为 IMT-2020。2018 年，3GPP（第三代合作伙伴计划）发布了第一版 5G NR（新无线电）标准。2019 年，全球多个国家或地区开始部署商用 5G 网络，标志着 5G 时代的正式到来。我国目前 5G 网络用户数量大约为 8 亿人，预计到 2024 年底，用户规模将达到 10 亿人。

5G 网络架构主要包括核心网（core network）、接入网（access network）和边缘计算（edge computing）等几个部分。5G 网络的核心网作为整个通信系统的中枢神经，承担着用户数据交换、控制信令传递，以及网络管理和安全等功能。5G 核心网采用了基于服务化架构（Service-Based Architecture，SBA）的设计理念，将网络功能模块化、服务化，使得网络功能更易于灵活部署、升级和扩展。这种架构提高了网络的灵活性，使得运营商能够根据不同的业务需求快速调整网络功能和服务。5G 核心网支持网络切片技术，通过虚拟化技术将物理网络资源划分为多个逻辑上独立的网络切片，每个切片可以根据不同的业务需求进行定制和优化。这种技术使得5G网络能够更好地满足工业互联网、自动驾驶、智慧城市等多样化业务的需求。5G核心网还具备高可靠性和低时延的特性。通过引入新的协议栈优化和传输机制，5G核心网能够实现更低的端到端时延和更高的可靠性，这对于一些对实时性和可靠性要求极高的应用场景来说至关重要。

接入网是5G网络的重要组成部分，它负责将用户终端接入到核心网中。5G接入网支持多种无线接入技术，包括毫米波通信、大规模MIMO等。毫米波通信可以提供极高的数据传输速率和容量，但覆盖范围有限；而大规模MIMO技术则通过增加天线数量和信号处理算法来提高频谱效率与信号质量。这些技术的结合使得5G网络能够在不同场景下提供高效、可靠的数据传输服务。5G接入网还引入了新型网络拓扑，这些拓扑可以根据不同的业务需求和网络环境进行优化与调整，以提高网络的整体性能和效率。5G接入网还注重与现有网络的融合和协同。通过与4G、WiFi等现有网络的无缝集成，5G接入网能够充分利用现有资源，降低建设成本，提高网络覆盖率和用户体验。

5G网络的边缘计算是5G网络中实现低延迟、高可靠性服务的重要技术。它将计算任务和数据存储从中心化的数据中心转移到网络边缘的设备或节点上，以减少数据传输延迟并提高响应速度。边缘计算技术可以应用于多种场景，如自动驾驶、智能制造、智慧城市等。在这些场景中，需要实时处理和分析大量的数据以支持决策与控制。通过将计算任务部署在边缘设备上，可以显著减少数据传输延迟，提高系统的实时性和响应速度。

5G网络相较于前几代移动通信技术具有显著的技术进步和优势，其主要特点包括如下几个。

（1）高速率

5G网络提供极高的数据传输速率，峰值速率可以达到10Gbit/s甚至更高。相比4G LTE网络的峰值速率，5G的下载速度提升了数十倍。这种高速率可以支持高质量的视频流、虚拟现实（VR）和增强现实（AR）等高带宽需求的应用。

（2）低延迟

5G网络的端到端延迟可以低至1ms。低延迟对于需要实时响应的应用至关重要，如自动驾驶、远程医疗和工业自动化。低延迟能够显著提高这些应用的反应速度和可靠性。

（3）高连接密度

5G网络能够支持大规模设备连接，每平方千米可以连接100万台设备。这对于物联网设备的大规模部署非常关键，如智能城市、智能家居和工业物联网。

（4）高可靠性

5G网络具有高可靠性，能够提供接近100%的可用性。这对于关键任务应用（如远程医疗手术、自动驾驶汽车和工业控制系统）非常重要，确保了网络的稳定和可靠运行。

（5）增强的移动性

5G网络支持高速移动环境下的稳定连接，如在高铁和飞机上。网络可以在500km/h的高速运动中保持连接和数据传输的稳定性。

（6）更广的频谱带宽

5G利用了更广泛的频谱资源，包括低频段（<1 GHz）、中频段（1~6 GHz）和高频段（24~86 GHz，毫米波）。这使得5G网络能够提供更大的带宽和更高的传输速率，同时也提高了频谱利用效率。

（7）网络切片

5G 网络支持网络切片技术，即在同一物理网络基础设施上创建多个虚拟网络，每个网络切片可以根据不同应用需求提供不同的服务质量（QoS）。例如，自动驾驶需要低延迟和高可靠性，而视频流可能需要高带宽，但可以容忍较高的延迟。

（8）高能效

5G 网络采用了更高效的能量使用技术，相比 4G 网络，更加节能。这对于大规模部署物联网设备和延长电池寿命非常重要。

（9）灵活的架构

5G 网络采用云原生架构和虚拟化技术，能够灵活地部署和管理网络资源。这种架构使得网络更具弹性，能够快速适应不同的应用需求和网络条件。

（10）支持多种服务模式

5G 网络支持下列三个主要服务模式。

➢ 增强移动宽带（eMBB）：提供高速和大容量的数据传输，满足 4K/8K 视频、AR/VR 等高带宽应用需求。
➢ 超可靠低延迟通信（URLLC）：提供高可靠性和低延迟的通信服务，适用于对时延和可靠性要求极高的应用场景，如自动驾驶、工业自动化、远程医疗等。
➢ 大规模机器类通信（mMTC）：支持大规模的物联网设备连接，广泛应用于智慧城市、智能家居、环境监测等领域。

5G 网络通过其高速率、低延迟、高连接密度和高可靠性等特点，为多个行业和应用场景提供了强大的技术支持，推动了通信技术的革新和社会的数字化转型。与 4G 网络相比，5G 网络的多项关键性能指标大幅提高。5G 网络与 4G 网络主要性能指标对比见表 7-4。

表 7-4　5G 网络与 4G 网络主要性能指标对比

主要性能指标	5G	4G
峰值速率	下行：10 Gbit/s，上行：1 Gbit/s	下行：1 Gbit/s，上行：100 Mbit/s
用户体验速率	下行：100 Mbit/s，上行：50 Mbit/s	下行：10 Mbit/s，上行：5 Mbit/s
时延	1 ms	30~50 ms
连接密度	100 万设备/km^2	10 万设备/km^2
频谱效率	相对于 4G，提升至其 4 倍	相对较低
最大移动速度	500 km/h	350 km/h
能效	更高	较低
网络切片	支持	不支持
可靠性	99.999%	较低
频谱范围	主要为 24~86 GHz（毫米波）	1~3 GHz
传输效率	更高	较低

5G 网络的性能提升源于 5G 网络多项关键技术的创新，这些关键技术的综合应用，使得 5G 网络能够满足未来多样化的应用需求，从而实现更快的速度、更低的延迟和更高的网络容量。

5G 网络一些关键技术介绍如下。

（1）毫米波技术

使用高频段（24 GHz 及以上）的毫米波频谱，提供更高的带宽和数据传输速率，但覆盖范围相对较小。毫米波技术适用于高密度用户和热点区域，提供千兆比特每秒（Gbit/s）级别的传输速率。

（2）大规模 MIMO（massive MIMO）

通过大量天线阵列，实现空间复用和波束成形，提高频谱效率和覆盖范围。大规模 MIMO 可以显著增加信道容量，适应高流量需求的场景。

（3）网络切片（network slicing）

将物理网络切分为多个虚拟网络，针对不同应用场景（如 eMBB、URLLC、mMTC）提供定制化服务。网络切片技术实现了资源的隔离和按需分配，提高了网络的灵活性和利用率。

（4）移动边缘计算（MEC）

在网络边缘部署计算和存储资源，降低延迟，提高应用响应速度。MEC 适用于自动驾驶、AR/VR 和工业互联网等需要低延迟的场景，通过将计算任务下沉到网络边缘，实现快速响应和处理。

（5）动态频谱共享

通过智能化的频谱管理，提高频谱利用率，满足不同频段的使用需求。动态频谱共享技术允许不同网络运营商和应用场景共享频谱资源，优化频谱分配和使用。

（6）波束成形（beamforming）

通过智能天线技术，将无线信号集中到特定方向，提高信号质量和覆盖范围，减少干扰，提高传输效率。随着技术的不断进步和市场需求的持续增长，5G 网络技术也在不断突破创新，包括频谱资源拓展、网络智能化、网络管理等，并进一步促进新一代移动通信技术的研究与应用。

第五节　移动 IP 网络

移动 IP（Mobile IP）又称为移动 IP，由 IETF 开发，允许计算机移动到外地时，仍然保留其原来的 IP 地址。移动 IP 是一个灵活的标准，支持许多不同的运行模式，代理与移动结点相互发现的多种方式，使用单个或多个 COA，以及多种形式的封装。

移动 IP 标准由三部分组成：代理发现、向归属代理注册及数据报传输的间接路由选择。

一、代理发现

移动 IP 定义了一个归属代理或外部代理用来向移动结点通告其服务的协议，以及移动结点请求一个外部代理或归属代理的服务所使用的协议。

代理发现（agent discovery）指的是，当某移动 IP 站点到达一个新网络时，不管是连接到一个外部网络还是返回其归属网络，它都必须知道相应的外部代理或归属代理的身份。当某移动结点接入一个新的外部网络时，需要进行新外部代理的发现，通过一个新的网络地址，才能使移动结点中的网络层知道它已进入一个新的外部网络。代理发现可以通过以下两种方式实现：经代理通告或者经代理请求。

1. 代理通告（agent advertisement）

外部代理或归属代理使用一种现有路由器发现协议的扩展协议来通告其服务。该代理周期性地在所有连接的链路上广播一个类型字段为 9（路由器发现）的 ICMP 报文。路由器发现报文也包含路由器（即该代理）的 IP 地址，因此允许一个移动结点知道该代理的 IP 地址。路由器发现报文还包括一个移动性代理通告扩展，其中包含该移动结点所需的附加信息。在这种扩展中，有如下一些较重要的字段。

- 归属代理位（H）。指出该代理是它所在网络的一个归属代理。
- 外部代理位（F）。指出该代理是它所在网络的一个外部代理。
- 注册要求位（R）。指出在该网络中的某个移动用户必须向某个外部代理注册。特别是，一个移动用户不能在外部网络（如使用 DHCP）中获得一个转交地址，并假定由它自己承担外部代理的工作，无须向外部代理注册。
- M、G 封装位。指出除了"IP 中的 IP"（IP-in-IP）封装形式以外，是否还要用其他的封装形式。
- 转变地址（COA）字段。由外部代理提供的一个或多个转交地址的列表。在下面的例子中，COA 将与外部代理关联，外部代理将接收发给该 COA 的数据报，然后转发到适当的移动结点。移动用户在向其归属代理注册时将选择这些地址中的一个作为其 COA。

移动 IP 网络的代理发现功能是通过扩展 ICMP 来实现的。提供移动代理服务的路由器，定期向网格广播 ICMP 代理通告报文，声明其可以提供移动代理服务。图 7-20 展示了具有移动性代理通告扩展的 ICMP 报文结构。

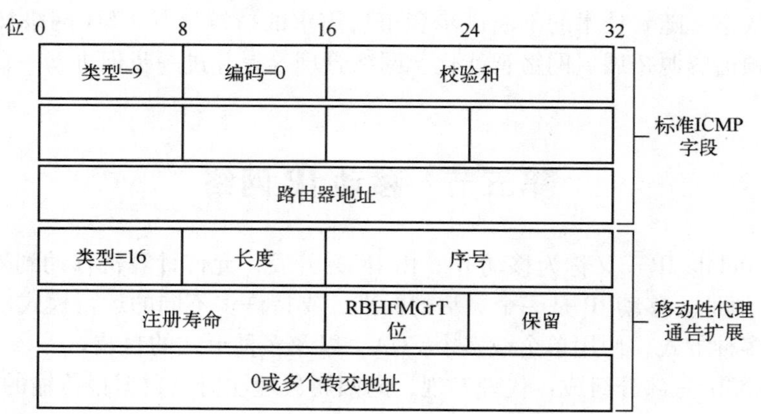

图 7-20　具有移动性代理通告扩展的 ICMP 报文结构

2. 代理请求（agent solicitation）

一个想知道代理的移动结点不必等待接收代理通告，就能广播一个代理请求报文，该报文是一个类型值为 10 的 ICMP 报文。收到该请求的代理将直接向该移动结点单播一个代理通告，于是该移动结点将继续处理，就像刚收到一个未经请求的通告一样。

二、向归属代理注册

移动 IP 定义了移动结点和/或外部代理向一个移动结点的归属代理注册或注销 COA 所

使用的协议。一旦某个移动 IP 结点收到一个 COA，该地址就必须向归属代理注册。这可通过外部代理（由它向归属代理注册该 COA）或直接通过移动 IP 结点自己来完成。下面考虑前一种情况，共涉及 4 个步骤，如图 7-21 所示。

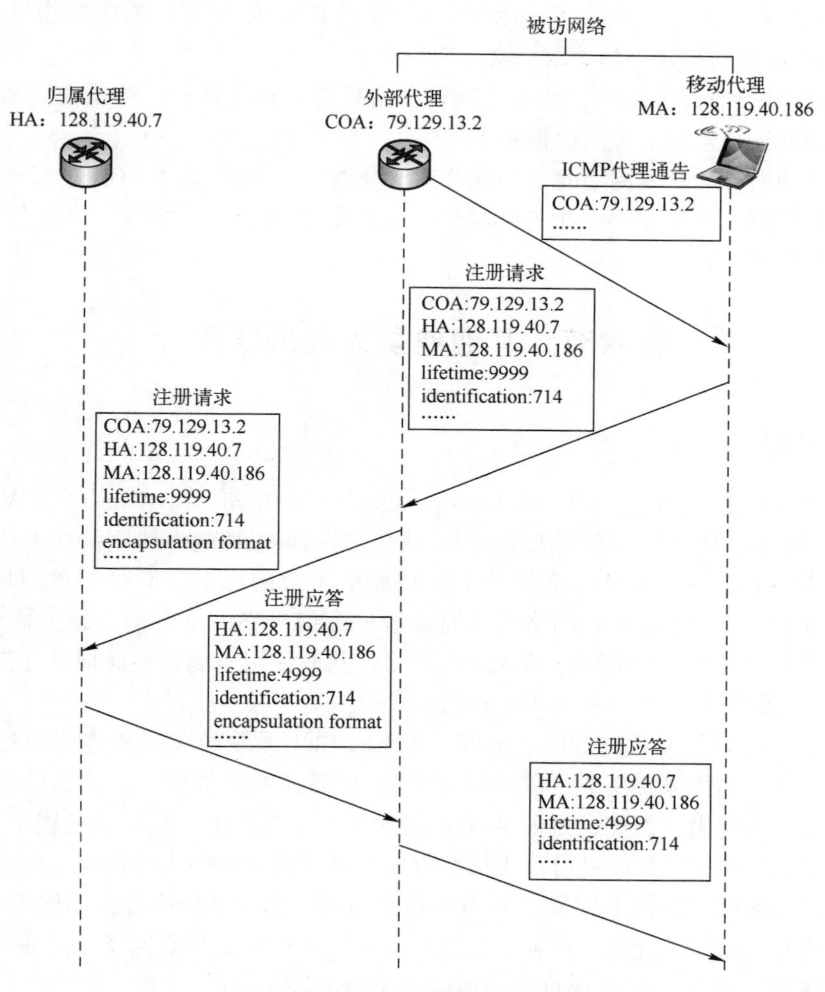

图 7-21　代理通告与移动 IP 注册

1）当收到一个外部代理通告后，移动结点立即向外部代理发送一个移动 IP 注册报文。注册报文承载在一个 UDP 数据报中，并通过端口 434 发送。注册报文携带以下内容：一个由外部代理通告的 COA、归属代理的地址（HA）、移动结点的永久地址（MA）、请求的注册寿命（lifetime）和一个 64 bit 的注册标识（identification）。请求的注册寿命指示了注册有效的秒数。如果注册没有在规定的时间内在归属代理上更新，则该注册将变得无效。注册标识就像一个序号，用于收到的注册应答与注册请求的匹配。

2）外部代理收到注册报文并记录移动结点的永久 IP 地址。外部代理知道现在它应该查收这样的数据报，即它封装的数据报的目的地址与该移动结点的永久地址相匹配。外部代理然后向归属代理的 434 端口发送一个移动 IP 注册请求报文（同样封装在 UDP 数据报中），其中包括 COA、HA、MA、封装格式（encapsulation format）要求、请求的注册寿命以及注册标识。

3）归属代理接收注册请求并检查其真实性和正确性。归属代理把移动结点的永久 IP 地址与 COA 绑定。自此以后，归属代理接收到发往移动结点的数据报时，会将数据报封装，并以隧道方式发送给 COA。归属代理发送一个移动 IP 注册应答，该应答报文中包含 HA、MA、实际注册寿命和被认可的请求报文注册标识。

4）外部代理接收注册应答，然后将其转发给移动结点。到此，注册便完成了，移动结点就能接收到发往其永久地址的数据报了。

当某个移动结点离开其网络时，外部代理无须显式地取消某个 COA 的注册。当移动结点移动到一个新网（不管是另一个外部网络还是其归属网络）并注册一个新 COA 时，上述情况将自动发生。

第六节　其他典型无线网络简介

一、WiMax

全球微波接入互操作性（World Interoperability for Microwave Access，WiMax）又称为 IEEE 802.16 标准，其目的是在更大范围内为用户提供可以媲美有线网络的无线通信解决方案。从严格意义上来讲，WiMax 不是一个移动通信系统的标准，而是一种城域网（MAN）技术。按照 IEEE 802.16 标准，网络运营商部署一个信号塔，可以覆盖超过数千米的区域，覆盖区域内任何地点的用户都可以接入蜂窝网络，从而使用户能够便捷地在任何地方连接到运营商的宽带无线网络，从而接入 Internet。

在“最后一公里”无线宽带接入方面，WiMax 相比无线局域网和传统的蜂窝网络具有鲜明的优势：更远的传输距离，可以达到 50 km；更高速的宽带接入，最高可达 300 Mbit/s。但是，其劣势也很突出，例如，目前 WiMax 技术是不能支持用户在移动过程中无缝切换的。虽然 IEEE 802.16 的设计目标是可以支持高带宽和高速移动时的无缝切换，但实际上尚有很多不确定因素。在技术指标上，虽然 WiMax 在带宽和峰值速率两个方面都优于 TD-SCDMA，但是服务质量差、组网性能低、产业基础薄弱，并且和传统的蜂窝网络无法完全兼容，这些先天的致命缺陷使 WiMax 注定很难成为通信行业的主流 3G/4G 标准。

二、蓝牙

IEEE 802.15.1 网络以小范围、低功率和低成本运行。它本质上是一个低功率、小范围、低速率的“电缆替代”技术，用于互连笔记本电脑、串行设备、蜂窝电话和智能手机，而 IEEE 802.11 是一个大功率、中等范围、高速率的“接入”技术。为此，IEEE 802.15.1 网络有时被称为无线个人区域网（Wireless Personal Area Network，WPAN）标准。IEEE 802.15.1 的数据链路层和物理层基于早期用于个人区域网的蓝牙（Bluetooth）规范，所以通常也将 IEEE 802.15.1 网络称为蓝牙网络。IEEE 802.15.1 网络以 TDM 方式工作于无须许可的 2.4 GHz 无线电波段，每个时隙长度为 625 μs。在每个时隙内，发送方利用 79 个信道中的一个进行传输，同时从时隙到时隙以一个已知的伪随机方式变更信道，这种被称作跳频扩频（FHSS）的信道跳动的形式，将传输扩展到整个频谱。IEEE 802.15.1 能够提供

4 Mbit/s 的数据传输速率。

IEEE 802. 15. 1 网络是自组织网络：不需要网络基础设施（如一个接入点）来互连 IEEE 802. 15. 1 设备。因此，IEEE 802. 15. 1 设备必须自己进行组织。IEEE 802. 15. 1 设备首先组织成一个多达 8 个活动设备的微微网（也称为皮可网，piconet），如图 7-22 所示。这些设备之一被指定为主设备，其余充当从设备。主设备真正控制微微网，即它的时钟确定了微微网中的时间，它可以在每个奇数时隙中发送数据，而从设备仅当主设备在前一时隙与其通信后才可以发送数据，并且只能发送给主设备。除了从设备以外，网络中还可以有多达 255 个寄放（parked）设备。这些设备仅当其状态被主设备从寄放状态转换为活动状态之后才可以进行通信。

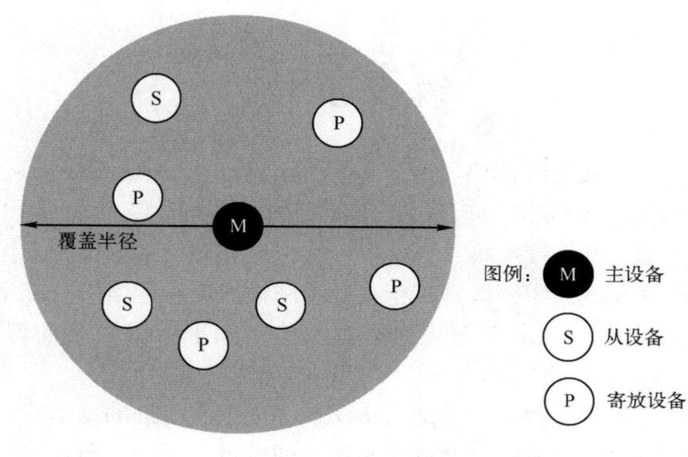

图 7-22　蓝牙微微网

三、ZigBee

IEEE 的第二个个人区域网标准是 802. 15. 4，被称为 ZigBee。虽然蓝牙网络提供了一种“电缆替代”方案，且数据传输速率达到几兆比特每秒，但 ZigBee 较之蓝牙仍有其独特目标，即 ZigBee 主要以低功率、低数据传输速率、低工作周期应用为目标。高带宽网络通常意味着高功耗、高成本，但是并非所有的网络应用都需要高带宽，例如，室内温度与湿度监测应用都是使用简单、低功率、低工作周期、低成本的智能传感器设备，并不需要高带宽，ZigBee 是非常适合于这类设备的。ZigBee 定义了 20 kbit/s、40 kbit/s、100 kbit/s 和 250 kbit/s 4 种不同数据传输速率，至于使用哪种速率，取决于信道的频率。

ZigBee 网络结点可以分两类：“简化功能设备”和“全功能设备”。多个“简化功能设备”通常在单个“全功能设备”控制下，作为从设备运行，与蓝牙网络的从设备非常相似。一个全功能设备能够作为一个主设备运行，就像在蓝牙中控制多个从设备那样，并且多个全功能设备还能够配置为一个网状（mesh）网络，其中全功能设备在它们之间发送帧。

ZigBee 网络能够配置为许多不同的方式。考虑一种简单的场合，其中单一的全功能设备使用信标帧以一种时隙方式控制多个简化功能设备。图 7-23 显示了这种情况，其中 ZigBee 网络将时间划分为反复出现的超帧，每个超帧以一个信标帧开始。每个信标帧将超帧划分为一个活跃周期（在这个周期内，设备可以传输）和一个非活跃周期（在这个周期内，所有设备，包括控制器，能够睡眠，进而保存能量)。活跃周期由16个时隙组成，其中一些由采用CSMA/CA随机接入方式的设备使用，其中一些由控制器分配给特定的设备，因而为那些设备提供了保障信道。

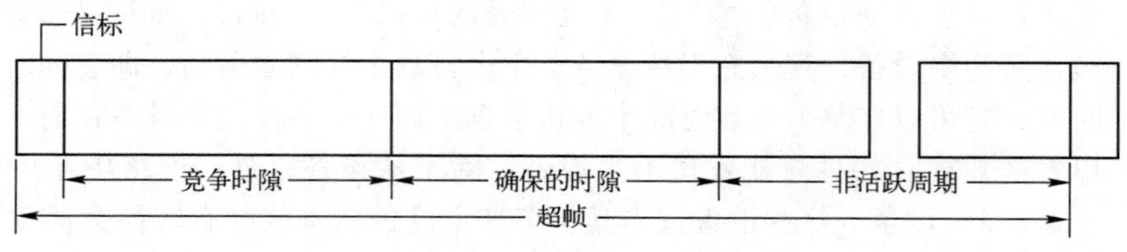

图7-23　ZigBee超帧结构

内 容 小 结

本章介绍了无线链路和无线网络特性、移动网络基本原理、无线局域网IEEE 802.11、蜂窝网络、移动IP网络、WiMax、蓝牙、ZigBee等内容。

无线网络基本组成包括无线主机、基站、无线链路和网络基础设施。无线网络模式包括基础设施模式和自组网模式，主要区别在于基础设施模式无线网络中有基站，而自组网没有基站。无线链路的特殊性，决定了无线网络有一些不同于有线网络的特性，比如隐藏站问题。

移动网络首先一定是无线网络。移动网络实现移动结点寻址的基本策略包括间接路由选择和直接路由选择。间接路由选择对通信方来说，通信过程透明，但存在三角路由问题，现今很多移动网络采用间接路由选择策略。直接路由选择可以避免三角路由问题，但对通信方不透明。移动结点在移动过程中会用到两个地址，一个为永久地址，另一个为转交地址。归属代理和外部代理实现移动结点的移动跟踪与管理。

IEEE 802.11是目前应用最广泛的无线局域网技术。一个IEEE 802.11无线局域网，包括移动主机、AP、无线链路和网络基础设施。一个AP以及与之关联的无线主机构成一个基本服务集（BSS）。无线主机可以通过主动扫描或被动扫描方式与AP进行关联。IEEE 802.11的MAC协议是CSMA/CA。CSMA/CA通过RTS和CTS帧的交换，可以有效避免隐藏站问题，实现信道的预约，从而有效避免数据帧传输过程中的冲突。另外，CSMA/CA采用确认帧对成功接收的数据帧进行确认。IEEE 802.11帧比较特殊的一点是帧中有4个地址字段，其中地址1、地址2和地址3在不同情形下取值不同，地址4多用于自组网模式。

蜂窝网络是典型的移动通信网络，其基本组成包括移动台（移动终端）、基站、无线链路（空中接口）、基站控制器、移动交换中心和基础设施网络等。蜂窝网络移动性管理采用的是间接路由选择。实现移动管理的实体包括HLR和VLR，移动台主要涉及两个号码，即永久电话号码和漫游号码。

移动IP包括三部分：代理发现、向归属代理注册以及数据报的间接路由选择。代理发现通过捕获归属代理或外部代理定期发送的代理通告ICMP报文，发现归属代理或外部代理。向归属代理注册是完成向外部代理注册移动结点的永久地址，并向归属代理注册COA。移动IP采用间接路由选择实现移动性。

习　题

1. 简述 CSMA/CA 的基本工作原理。

2. 移动网络的间接路由选择的基本工作原理是什么?

3. 为什么在无线局域网中不使用 CSMA/CD 协议而使用 CSMA/CA 协议?

4. 随着移动结点远离基站，为了保证不增加传送的帧的丢失概率，基站可以采取的两种策略是什么?

5. 如果某主机通过无线网络连接因特网，那么该主机必须是移动的吗? 假设一个用户带着便携式计算机在室内散步，并且总是通过相同的接入点接入因特网，那么，从网络的角度来看，该用户是移动的吗? 为什么?

6. 永久地址与转交地址之间有什么区别? 谁为移动主机指派转交地址?

7. IEEE 802.11 无线局域网中的信标帧的主要作用是什么?

8. 为什么 IEEE 802.11 的 MAC 协议 CSMA/CA 使用确认帧，而以太网的 MAC 协议 CSMA/CD 却不使用?

9. 假设 IEEE 802.11 的 RTS 帧和 CTS 帧与标准的 DATA 帧和 ACK 帧一样长，使用 RTS 帧和 CTS 帧还会有好处吗? 为什么?

10. 考虑 IEEE 802.11 的移动性，其中一个无线站点从一个 BSS 移动到同一个子网中的另一个 BSS。当 AP 通过交换机互连时，为了让交换机能正确转发帧，AP 可以怎么做?

11. 蓝牙中的主设备和 IEEE 802.11 网络中的基站之间有什么区别?

12. 简单比较 IEEE 802.11a、b、g、n 四个标准的优劣?

13. 目前国际上确定的 3G 标准有哪四种?

14. 为什么 CSMA/CA 协议可以消除隐藏站问题? 如何消除?

15. 简述 IEEE 802.11 中无线主机与 AP 的关联过程。

16. 试举例说明 IEEE 802.11 帧中地址字段的取值与意义。

17. 简述移动 IP 的代理发现与注册过程。

第八章　密码学基础

学习目标：

1. 理解密码学基本概念，掌握加密通信模型，理解密码分析攻击基本形式；

2. 掌握传统加密方法基本原理与加解密过程，包括简单替代密码、多表替代密码和换位（置换）密码；

3. 理解现代密码原理及其分类，理解 Feistel 分组密码结构及其加解密过程特点，掌握对称密钥加解密过程模型，掌握 DES 密码原理与加解密过程；

4. 理解 CBC 原理及其加解密过程，理解三重 DES 加解密过程及特点，了解 RC5、AES、IDEA 等分组密码的特点与性能，理解简单流密码的原理与加解密过程；

5. 理解公开密钥密码原理及其加解密模型，理解 Diffie-Hellman 密钥交换基本原理，掌握 RSA 密码加解密原理及过程，了解 Rabin、ElGamal、ECDLP、ECC 等公开密钥密码的特点；

6. 理解散列函数对于信息安全的意义，理解散列函数的健壮性需求，掌握 MD5、SHA-1 算法过程及其性能；

7. 了解密码学新进展与发展趋势。

教师导读：

本章介绍密码学基本概念、传统加密算法、对称密钥密码、Feistel 分组密码结构、DES 密码原理与加解密过程、简单流密码加解密原理与过程、公开密钥密码原理、RSA 密码原理与加解密过程、散列函数对信息安全的意义、MD5 与 SHA-1 算法过程等内容。

本章的重点是密码学基本原理、传统加密算法、对称密钥加密算法、Feistel 分组密码结构、DES 密码原理与加解密过程、简单流密码加解密原理与过程、公开密钥密码原理、RSA 密码原理与加解密过程、MD5 与 SHA-1 算法过程等内容；本章的难点是公开密钥密码原理、DES 密码算法、RSA 加解密算法等。

本章学习的关键是理解密码学对于信息安全的重要性，掌握典型密码的加解密算法及其性能。

建议学时：

8 学时。

第一节　密码学概述

密码技术是保证信息安全的核心基础，解决数据的机密性、完整性、不可否认性以及身份识别等问题均需要以密码为基础。简单来说，密码学（Cryptography）包括密码编码学和密码分析学两部分。密码编码学是指将密码变化的客观规律应用于编制密码以保守通信秘密；研究密码变化客观规律中的固有缺陷，并应用于破译密码以获取通信情报，称为密码分析学。

图 8-1 所示是加密通信模型。一般来说，未加密消息在密码学中称为明文，用某种方法伪装消息以隐藏其内容的过程称为加密，而被加密的消息称为密文，把密文转变为明文的过程称为解密。加密和解密可以看成一组含有参数的变换或函数，而明文和密文则是加密和解密变换的输入与输出。

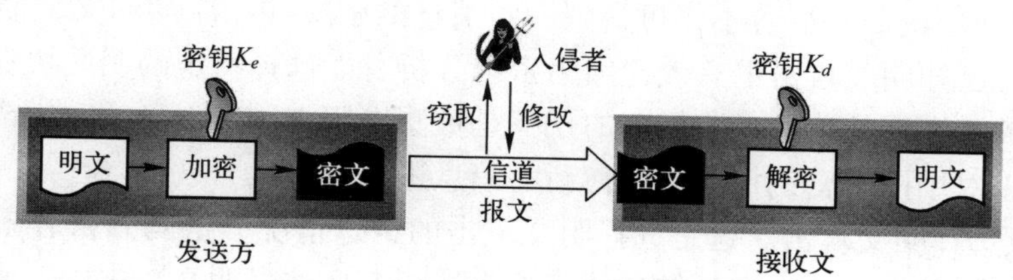

图 8-1　加密通信模型

从图 8-1 可以看出，发送方意图将信息传递给接收方，为了保证安全，使用加密密钥将明文加密成密文，以密文的形式通过公共信道传输给接收方，接收方接收到密文后需要使用解密密钥将密文解密成为明文，才能正确理解。虽然入侵者可以在公共信道上得到密文，但不能理解其内容，即无法解密密文。加密过程和解密过程中的两个密钥可以相同，也可以不同。通常一套完整的密码体系包括 M、C、K、E、D 共 5 个要素：

- M 是可能明文的有限集，称为明文空间；
- C 是可能密文的有限集，称为密文空间；
- K 是一切可能密钥构成的有限集，称为密钥空间；
- E 为加密算法，对于密钥空间的任一密钥，都能够有效地计算；
- D 为解密算法，对于密钥空间的任一密钥，都能够有效地计算。

一套实际可用的密码体系必须满足如下特性。

加密算法 $E_k(M \to C)$、解密算法 $D_k(C \to M)$ 和 $x \in M$ 满足下列关系

$$D_k(E_k(x))=x \tag{8-1}$$

需要保证入侵者不能在有效的时间内破解出密钥 k 或明文 x。

密码学的目的就是发送者和接收者在不安全的信道上进行通信，而入侵者不能理解它们通信的内容。一个密码体系安全的必要条件是穷举密钥搜索是不可行的，即密钥空间非常大。

根据密码体系的特点以及出现的先后时间，可以将密码方式分类为传统加密算法、对称密钥加密算法、公开密钥加密算法。同时，依据处理数据的类型，可以划分为分组密码和流密码。分组密码是将明文消息编码表示后的数字（简称明文数字）序列，划分成长度为 n 的组（可看成长度为 n 的矢量），每组分别在密钥的控制下变换成等长的输出数字（简称密文数字）序列。流密码又称序列密码，是利用密钥产生一个密钥流，然后对明文串分别加密的过程。

密码学的另一部分是密码分析学，其目的是在不知道密钥的情况下，恢复出明文或密钥。密码分析也可以发现密码体系的弱点。密码分析也称为密码攻击，常见的密码分析攻击有以下六种形式。

1）唯密文攻击。密码分析者有一些消息的密文，这些消息都用同一加密算法加密。密码分析者的任务是恢复尽可能多的明文，或者最好是能推算出加密消息的密钥，以便可以采

用相同的密钥解出其他被加密的消息。

2）已知明文攻击。密码分析者不仅可得到一些消息的密文，而且知道这些消息的明文。分析者的任务就是用加密信息推测出用来加密的密钥或推导出一个算法，此算法可以对用同一密钥加密的任何新的消息进行解密。

3）选择明文攻击。分析者不仅可得到一些消息的密文和相应的明文，而且可选择被加密的明文。这比已知明文攻击更有效，因为密码分析者能选择特定的明文块去加密，那些块可能产生更多关于密钥的信息，分析者的任务是推测出用来加密消息的密钥或推导出一个算法，此算法可以对用同一密钥加密的任何新的消息进行解密。

4）自适应选择明文攻击。这是选择明文攻击的特殊情况。密码分析者不仅能选择被加密的明文，而且能基于以前加密的结果修正这个选择。在选择明文攻击中，密码分析者可以选择一大块被加密的明文，而在自适应选择明文攻击中，他可选取较小的明文块，然后基于第一块的结果选择另一明文块，以此类推。

5）选择密文攻击。密码分析者能选择不同的被加密的密文，并可得到对应的解密的明文，如密码分析者得到了一个防窜改的自动解密盒，密码分析者的任务是推测出密钥。

6）选择密钥攻击。这种攻击并不表示密码分析者能够选择密钥，它只表示密码分析者具有不同密钥之间的关系的有关知识。这种方法有点奇特和晦涩，不是很实际，但有时却可以进行有效的密码攻击。

密码分析对密码系统的安全性评估具有重要的理论意义。针对一个密码系统，具体采用什么密码分析方法进行衡量，取决于多种因素，包括计算复杂度、存储量、时间复杂度等。

第二节　传统加密算法

在历史上，加密方法被分为替代密码和换位密码两大类。两种技术的核心都是将明文通过一些算法加密，保证明文的安全性。替代密码是将明文字母替换为其他字母、数字或符号的方法，而换位密码是通过置换而形成新的排列。

一、简单替代密码

简单替代密码是将明文字母表 M 中的每个字母用密文字母表 C 中的相应字母来代替，常见的加密模型有移位密码、乘数密码、仿射密码等。

1. 移位密码

移位密码是将字母表的字母右移 k 个位置，并对字母表长度作模运算，每一个字母具有两个属性：本身代表的含义和可计算的位置序列值。

加密函数：

$$E_k(m)=(m+k) \bmod q \tag{8-2}$$

解密函数：

$$D_k(c)=(c-k) \bmod q \tag{8-3}$$

式中，对于英文字母表，$q=26$。

凯撒密码是移位密码的一个典型应用。凯撒密码据传是古罗马凯撒大帝用来保护重要军情的加密系统，通过将字母按顺序推后 3 位起到加密作用。改进版的凯撒密码可以将一个字母利用字母表中该字母后面的第 k 个字母替代，k 有 25 种可能的密钥。

【例 8-1】 如果对明文“bob. i love you. alice”，利用 $k=3$ 的凯撒密码加密，那么得到的密文是什么？

【解】 对于 $k=3$ 的凯撒密码，其字母替换关系是：明文的“abcdef…xyz”，替换为“defghi…abc”。于是，明文“bob. i love you. alice”加密后得到的密文是“ere. l oryh brx. dolfh”。

凯撒密码是单字母密码，仅仅采用了简单的替代技术，优点是算法简单，便于记忆，缺点是结构过于简单，密码分析者只要通过很少的信息就可以破译密文。

2. 乘数密码

乘数密码也是一种替代密码，其加密变换是将明文字母串逐位乘以密钥 k 并进行模运算，数学表达式如下：

$$E_k(m)=k\times m \bmod q,\quad \gcd(k,q)=1 \tag{8-4}$$

式中，$\gcd(k,q)=1$ 表示 k 与 q 的最大公约数为 1，即二者互素。当 k 与 q 互素时，明文字母加密成密文字母的关系为一一映射；若 k 和 q 不为互素，则会有一些明文字母被加密成相同的密文字母，而且，不是所有的字母都会出现在密文字母表中。

当对英文字母进行加密时，乘数密码体系可以描述如下：

- $M=C=Z/(26)$，明文空间和密文空间同为英文字母表空间，包含 26 个元素；
- $q=26$，模为 26；
- $K=\{k\in$ 整数集，$0<k<26$，$\gcd(k, 26)=1\}$，密钥为大于 0 且小于 26、与 26 互素的正整数；
- $E_k(m)=k\times m \bmod q$，加密算法；
- $D_k^{-1}(c)=k^{-1}c \bmod q$，解密算法，其中，$k^{-1}$ 为 k 在模 q 下的乘法逆元。

对于乘数密码，当且仅当 k 与 26 互素时，加密变换才是一一映射的，因此，k 的选择有 11 种：3、5、7、9、11、15、17、19、21、23、25，而 k 取 1 是没有意义的。

k^{-1} 定义为 $k^{-1}\cdot k \bmod q=1$，称为 k 在模 q 下的乘法逆元。k^{-1} 的求法可采用扩展的欧几里得算法。欧几里得算法又称辗转相除法，用于计算两个整数 a 和 b 的最大公约数。其计算原理依赖于定理：$\gcd(a,b)=\gcd(a \bmod b,b)$。扩展的欧几里得算法不但能计算 a 和 b 的最大公约数，而且能计算 a 模 b 的乘法逆元。

扩展的欧几里得算法求乘法逆元的 C 语言程序如下：

```
#include<stdio. h>
#include<stdlib. h>
# include<math. h>
void euclid(long int a,long int b);
int mod(long int x,long int y);
void main()
{
    long int i, j;
    printf ("输入两个正整数 i 和 j(要求 i>j):\n");
    scanf ("%ld%ld", &i, &j);
    euclid (i, j);
```

```
}
void euclid(long int a, long int b)                    //假定 a>b>0, 求 a 模 b 的乘法逆元
{
    long int a0, b0, t0;
    long int t, q, r;
    long int temp, temp1;
    a0=a;
    b0=b;
    t0=0;
    t=1;
    q=a0/b0;
    r=a0=q * b0;
    while(r>0)
    {
        temp1=t0-q * t;
        temp=mod(templ, a);
        t0=t;
        t=temp;
        a0=b0;
        b0=r;
        q==a0/b0;
        r=a0-q * b0;
    }
 if(b0!=1)
     printf("乘法逆元不存在。\n");
 else
     printf("乘法逆元是:%ld\n", t);
 }
 int mod(long int x, long int y)                        //求 x 模 y 的值
 {
     long int m, n;
     m=x/y;
     n=x-m * y;
     return n;
 }
```

3. 仿射密码

仿射密码是替代密码的另一个特例，可以将其看作移位密码和乘数密码的结合。其加密变换如下：

$$E_k(m)=(k_1m+k_2)\bmod q \tag{8-5}$$

仿射密码的密钥为(k_1,k_2)，其中，$k_1,k_2\in\{0,q\}$；且k_1和q是互素的。当对英文字母进行加密时，其密码体系描述如下：

$$M=C=Z/(26);q=26;k=\{k_1,k_2\in Z\mid 0<k_1,k_2<26,\gcd(k_1,26)=1)$$
$$E_k(m)=(k_1m+k_2)\bmod q;$$
$$D_k(c)=k_1^{-1}(c-k_2)\bmod q$$

其中，k_1^{-1} 为 k_1 在模 q 下的乘法逆元。$k_1\in\{1,3,5,7,9,11,15,17,19,21,23,25\}$，$k_2$可以取0~25 的整数，故可能的密钥是 26×12-1=311 个。当 $k_1=1$ 时，相当于移位密码；而 $k_2=0$ 时，相当于乘数密码；当 $k_1=1$ 且 $k_2=0$ 时无效。

【例 8-2】 设 $k=(5,3)$，注意到 $5^{-1}\bmod 26=21$，加密函数是 $E_k(x)=(5x+3)\bmod 26$，相应的解密函数是 $D_k(y)=21(y-3)\bmod 26=(21y-63)\bmod 26=(21y-11)\bmod 26$。易见下式：

$$D_k(E_k(x))=(21(5x+3)-11)\bmod 26=(x+63-11)\bmod 26=x(\bmod 26)$$

注意，63 mod 26=11，于是可以得出该密码算法的有效性。

若加密明文为 net，首先字母 net 转换成为数字 13、4、19（各字母在字母表中的序号，注意，从 0 号开始），加密过程与解密过程分别如式（8-6）与式（8-7）所示。

$$E_k\begin{Bmatrix}n\\e\\t\end{Bmatrix}=\left(5\times\begin{Bmatrix}13\\4\\19\end{Bmatrix}+\begin{Bmatrix}3\\3\\3\end{Bmatrix}\right)\bmod 26=\begin{Bmatrix}16\\23\\20\end{Bmatrix}=\begin{Bmatrix}q\\x\\u\end{Bmatrix} \tag{8-6}$$

$$D_k\begin{Bmatrix}q\\x\\u\end{Bmatrix}=\left(21\times\begin{Bmatrix}16\\23\\20\end{Bmatrix}-\begin{Bmatrix}11\\11\\11\end{Bmatrix}\right)\bmod 26=\begin{Bmatrix}13\\4\\19\end{Bmatrix}=\begin{Bmatrix}n\\e\\t\end{Bmatrix} \tag{8-7}$$

简单替代密码也称为单表替代密码，其加密变换实际上是从明文字母到密文字母的一一映射，这就给了密码分析者一个机会，如果密码分析者知道明文的特点和规律，就可以利用这些对密文实施攻击。攻击者可以首先将密文中字母的相对使用频度统计出来，与英文字母的相对使用频度相比较，进行匹配分析。如果密文信息足够长，则采用字母相对使用频度统计分析法，很容易对单表替代密码进行破译。

分析被破译的原因，主要是明文信息的统计特征体现在加密后的密文信息中。为了使密码不易被破解，密码体系必须对明文的统计特征进行处理，使这些特征在密文中消失或很好地隐藏。

二、多表替代密码

与单表替代密码相对应的是多表替代密码，多表替代密码是以一系列（两个以上）替代表依次对明文消息的字母进行替代的加密方法。多表替代密码使用从明文字母到密文字母的多个映射来隐藏单字母出现的频度分布，每个映射是简单替代密码中的一对一映射，若映射系列是非周期的无限序列，则相应的密码称为非周期多表替代密码。这类密码，对每个明文字母都采用不同的替代表（或密钥）进行加密，称作一次一密密码。这是一种理论上唯一不可破译的密码。这种密码完全可以隐蔽明文的特点，但由于需要的密钥量和明文消息长度相同而难以广泛使用。为了减少密钥量，在实际应用中多采用周期多表替代密码，即替代表个数有限，重复使用。经典的多表替代密码有维吉尼亚（Vigenère）密码、Beaufort、Running Key、Vernam 和轮转机等。

Vigenère 密码是一种以移位替代为基础的周期多表替代密码。加密时每一个密钥都被用来加密明文字母，第一个密钥加密明文的第一个字母，第二个密钥加密明文的第二个字母，等所有密钥使用完后，密钥又重新循环使用。

Vigenère 密码算法：设密钥明文加密变换 $E_k(m)=C_1,C_2,\cdots,C_n$，其中，$C_i=(m_i+k_i)$ mod 26；密钥 k 可以通过周期性反复使用以致无穷。

【例 8-3】 采用两个凯撒密码 $C_1(k=5)$ 和 $C_2(k=19)$ 的多表替代加密算法，密钥为：$C_1,C_2,C_2,C_1,C_2;C_1,C_2,C_2,C_1,C_2;\cdots\cdots$若对明文“bob, i love you.”进行加密，则加密得到的密文是什么?

【解】 采用两个凯撒密码 $C_1(k=5)$ 和 $C_2(k=19)$ 的多表替代加密算法的字母替代表如下。

明文字母： a b c d e f g h i j k l m n o p q r s t u v w x y z

$C_1(k=5)$： f g h i j k l m n o p q r s t u v w x y z a b c d e

$C_2(k=19)$：t u v w x y z a b c d e f g h i j k l m n o p q r s

于是，对明文“bob, i love you.”加密过程如下所示：

明文：b o b, i l o v e y o u.

密钥：C_1, C_2, C_2, C_1, C_2; C_1, C_2, C_2, C_1, C_2; C_1

密文：g h u, n e t o x d h z

三、换位密码

换位密码，又称置换密码，它会根据一定的规则重新排列明文，以便打破明文的结构特性。换位密码的特点是保持明文的所有字符不变，只是利用置换打乱了明文字符的位置和次序，也就是说，改变了明文的结构，不改变明文的内容。比较有代表性的换位密码包括周期置换密码和列置换密码等。

1. 周期置换密码

周期置换密码将明文 P 划分为固定长度为 d 的组，分组时，若最后一组的长度不足 d，则可以利用规定的字符补足，如利用 * 号补足，每个组内的字母按换位规则 f 变换位置，从而得到密文 C。周期置换密码的密钥可以表示为 $k=(d,f)$，其中，d 为分组长度，f 为换位规则。例如，密钥 $k=(4,(1\to3,2\to1,3\to4,4\to2))$ 表示分组长度为 4，换位规则是：对于每组明文，明文的第 1 位（字母）输出到密文对应组的第 3 位，明文的第 2 位输出到密文对应组的第 1 位，明文的第 3 位输出到密文对应组的第 4 位，明文的第 4 位输出到密文对应组的第 2 位。该密钥也可以简写为 $k=(1,3,4,2)$，密钥的位置（数字）个数就是分组长度 (d)，密钥中位置次序表示位置变换规则：$1\to3,3\to4,4\to2,2\to1$。周期置换密码的解密过程就是一个逆置换过程，只需要根据加密密钥获得逆换位规则，记为密钥 k'，然后将密文分组，并按照 k' 的换位规则将密文进行置换，便得到明文 P，即完成解密。例如，如果周期置换密码加密密钥为 $k=(1,3,4,2)$，则解密密钥 $k'=(1,2,4,3)$。

【例 8-4】 若采用密钥 $k=(1,4,2,3)$ 的周期置换密码对明文“i love you”进行加密，则加密得到的密文是什么?

【解】 将明文按 $d=4$ 进行分组，得到：ilov eyou，每组明文按换位规则：$1\to4,4\to2,2\to3,3\to1$，进行换位输出，得到密文为：ovli ouye。

如果要对例 8-4 的密文进行解密，那么，首先根据加密密钥 $k=(1,4,2,3)$，得到解密密钥 $k'=(1,3,2,4)$，然后基于密钥 k' 对分组后的密文 ovli ouye 进行换位输出，即可得到明文：ilov eyou。

2. 列置换密码

列置换密码是指明文按照密钥的规定，按列换位，并且按列读出新的序列得到密文的方法。列置换密码将明文按行组成一个矩阵，然后按给定列顺序输出得到密文，因此，列置换密码的密钥 k 包括列数和输出顺序，通常可以用一个没有重复字母的英文单词来表示，单词长度表示列数，单词中的各字母在字母表中的相对次序表示输出顺序。列置换密码的加密过程如下：首先，将明文 p 按密钥 k 的长度 n 进行分组，每组一行，按行排列，即每行有 n 个字符。若明文长度不是 n 的整数倍，则不足部分用双方约定的方式填充，如双方约定用字母“x”替代空缺处字符。设最后得到的字符矩阵为 $\boldsymbol{M}_{m\times n}$，$m$ 为明文划分的行数。然后，按照密钥规定的次序将 $\boldsymbol{M}_{m\times n}$ 对应的列输出，便可得到密文序列 C。

【例 8-5】 假设采用密钥 k=nice 的列置换密码，对明文“bob,i love you”进行加密，加密得到的密文是什么？

【解】 密钥 k=nice，则密钥长度 $n=4$，密钥的字母顺序为(4,3,1,2)，即密钥规定的列输出顺序为第 3 列→第 4 列→第 2 列→第 1 列。因此将明文排列成 $\boldsymbol{M}_{3\times 4}$ 矩阵，每行分别为 bobi、love、youx，其中最后的“x”为填充字母。依据密钥规定的列输出顺序输出各列，便得到密文为：bvu iex ooo bly。本例的加密与解密过程如图 8-2 所示。

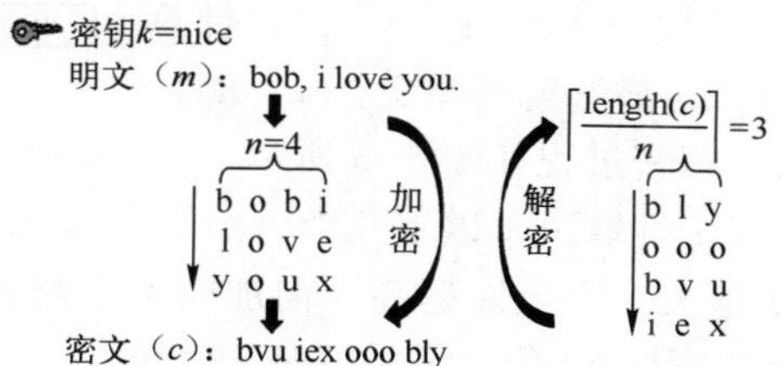

图 8-2 列置换密码的加密与解密过程举例

第三节 对称密钥加密算法

无论是简单的替代密码还是置换密码，安全性都很低，很容易被攻破。现代密码学将替代操作和置换操作相结合，并利用复杂的加密过程，提高密码的安全性。现代密码又可以分为对称密钥密码和非对称密钥密码两大类，其中对称密钥密码的加密密钥和解密密钥是相同的，非对称密钥密码的加密密钥与解密密钥不同。本小节先介绍对称密钥密码。

对称密钥密码又可以分为分组密码和流密码。流密码又称序列密码，通过伪随机数发生器产生性能优良的伪随机序列（密钥流），用该密钥流加密明文消息流，得到密文消息序列。解密时使用相同的密钥流，按加密的逆过程进行解密。分组密码，又称块密码，将明文消息分成若干固定长度的消息组，每组消息进行单独加密/解密。计算机网络常用的对称密钥密码为分组密码，比较常见的分组密码有 DES、AES 和 IDEA 等。

一、分组密码

分组密码的基本思想是将明文序列划分成长为 m 的明文组，各明文组在长为 i 的密钥组的控制下变换成长度为 n 的密文组。通常情况下，分组密码取 $n=m$，当 $n>m$ 时，称为扩展分组密码，当 $n<m$ 时，称为压缩分组密码。

1. Feistel 分组密码结构

分组密码可以设计不同的结构，典型的分组密码结构当属 Feistel 分组密码结构。在设计密码体系的过程中，1949 年，香农提出了能够破坏对密码系统进行各种统计分析攻击的两个基本操作：扩散（diffusion）和混淆（confusion），并且提出通过交替使用替代和置换方式构造密码体系，可以达到扩散与混淆的目的。基于此，Feistel 提出通过替代和置换交替操作方式构造密码。Feistel 是一种设计原则，并非一个特殊的密码。

Feistel 分组密码的加密过程：将明文分成左、右两部分，明文 $P=(L_0,R_0)$，轮次 $i=1,2,\cdots,n$，计算 $L_i=R_{i-1}$ 和 $R_i=L_{i-1}\oplus F(R_{i-1},K_i)$，其中 F 是轮函数；K_i 是第 i 轮使用的子密钥，输出 n 轮加密结果为密文，即密文 $C=(L_n,R_n)$。

Feistel 分组密码的解密过程是针对加密过程的逆过程。输入为密文 $=(L_n,R_n)$，轮次 $i=n,n-1,\cdots,2,1$，计算 $R_{i-1}=L_i$ 和 $L_{i-1}=R_i\oplus F(R_{i-1},K_i)$，最终得到明文 $=(L_0,R_0)$。Feistel 分组密码结构的加密、解密过程如图 8-3 所示。

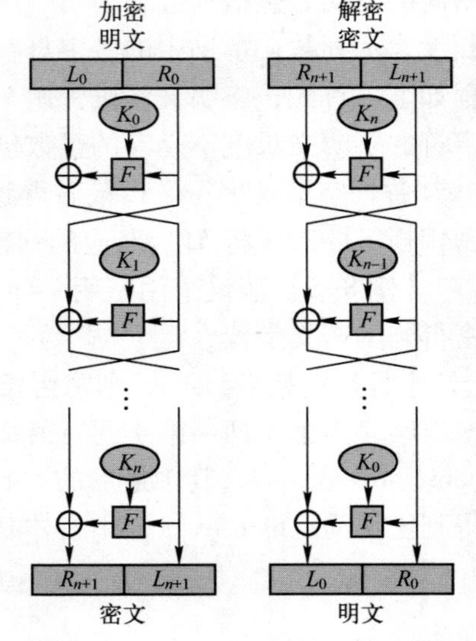

图 8-3　Feistel 分组密码结构的加密、解密过程示意图

Feistel 结构的分组密码安全性取决于以下几个方面。

- 分组长度。分组长度越大，安全性越高，但加密速度越慢，效率越低，目前常用的分组加密算法的分组长度取 64 位，但最好是 128 位。
- 子密钥的大小。子密钥长度增加，安全性提高，加密速度降低，设计分组密码时需要在安全性和加密效率之间进行平衡。现在 64 位密钥已不够安全，128 位密钥是一个合适的选择。
- 循环轮数。循环轮数越多，安全性越高，但加密效率越低。
- 子密钥产生算法。在初始密钥给定的情况下，产生子密钥的算法越复杂，安全性越高。
- 轮函数。一般情况下，轮函数越复杂，加密算法的安全性越高。

在上述 Feistel 结构密码中，L_i 和 R_i 的长度是相等的。如果 L_i 和 R_i 长度不相等，则称为非平衡 Feistel 结构密码。在非平衡 Feistel 结构密码中，每一轮中的 F 函数都是相同的，只是密钥不同，如果每一轮中的 F 函数也是变化的，则称为非齐次非平衡 Feistel 结构密码。

2. DES 加密算法

1972 年，美国国家标准局（National Bureau of Standards，NBS）开始实施计算机数据保护标准的开发计划。1973 年，NBS 征集在传输和存储数据中保护计算机数据的密码算法以及国家密码标准方案：首先，算法必须提供高度的安全性，这是数据加密的基础保障；其次，算法必须有详细的说明，并易于理解，能够适应于不同的场合以及所有用户，这样能保证算法普遍应用；第三，算法的安全性要取决于密钥，而不依赖于算法，保证算法必须高效和经济；最后，还需要证实算法实际有效，并保证可出口，这也是算法能够广泛应用的基础。1974 年，NBS 开始第二次征集时，IBM 公司提交了算法 LUCIFER，1975 年 3 月 17 日，首次公布 DES 算法描述。1977 年 1 月 15 日，LUCIFER 被美国国家标准局正式批准为加密标准，作为“数据加密标准 FIPS PUB 46”发布，简称为 DES，当年 7 月 1 日正式生效。在经过 1994 年 1 月的评估后，决定 1998 年 12 月以后不再将 DES 作为数据加密标准。

DES 是 16 轮的 Feistel 结构密码，是典型的分组密码。分组长度为 64 bit，密钥长度也是 64 bit，其中每 8 bit 有一位奇偶校验位，因此有效密钥长度为 56 bit。每个 64 bit 明文分组，共进行 16 轮的加密，每轮加密都会进行复杂的替代和置换操作，并且每轮加密都会使用一个由 56 bit 密钥导出的 48 bit 子密钥，最终输出与明文等长的 64 bit 密文。DES 算法结构如图 8-4 所示。

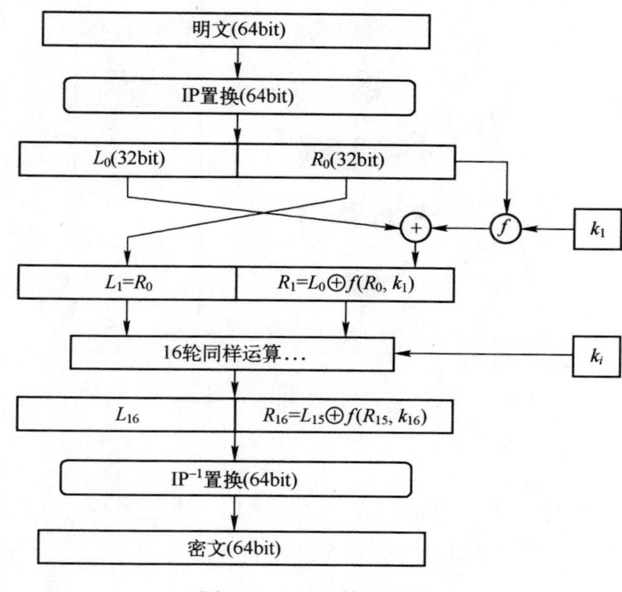

图 8-4　DES 算法结构

（1）初始置换 IP（Initial Permutation）

初始置换 IP 的作用是将输入的 64 bit 数据的排列顺序打乱，每位数据按照表 8-1 所示规则重新组合，分成左、右等长的 32 bit，分别记为 L_0 和 R_0，然后在密钥控制下进行 16 轮类似的迭代加密运算。

表 8-1　初始置换 IP 置换表

58	50	42	34	26	18	10	2
60	52	44	36	28	20	12	4
62	54	46	38	30	22	14	6
64	56	48	40	32	24	16	8
57	49	41	33	25	17	9	1
59	51	43	35	27	19	11	3
61	53	45	37	29	21	13	5
63	55	47	39	31	23	15	7

（2）DES 一轮加密过程

DES 的每一轮迭代加密过程是算法的核心部分，如图 8-5 所示。每轮开始时将输入的 64 bit 数据分成左、右长度相等的两部分，右半部分原封不动地作为本轮输出的 64 bit 数据的左半部分，同时对右半部分进行一系列变换，即用轮函数 F 作用右半部分，然后将所得结果（32 bit 数据）与输入数据的左半部分进行逐位异或，最后将所得数据作为本轮输出的 64 bit 数据的右半部分。

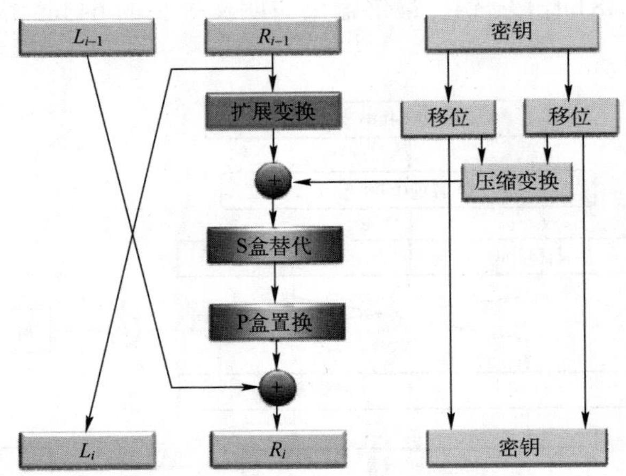

图 8-5　DES 一轮加密过程

（3）DES 的轮函数

DES 的轮函数实现黑盒变换，包括多个函数/操作（E、异或、S、P）的组合函数，分别完成扩展、异或、替代、置换操作，如图 8-6 所示。

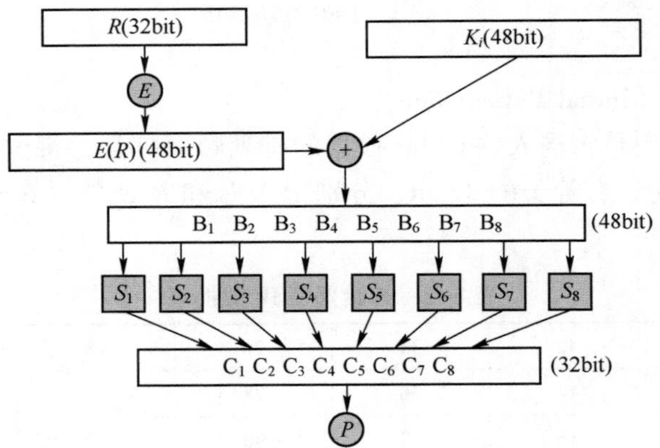

图 8-6　DES 的轮函数结构

DES 的轮函数主要完成以下基本操作。

1）扩展变换。

扩展变换（Expansion Permutation，也称为 E 盒）将 64 位输入序列的右半部分从 32 位扩展到 48 位。扩展变换方法见表 8-2。

表 8-2　扩展变换（E 盒）

32	1	2	3	4	5	4	5	6	7	8	9
8	9	10	11	12	13	12	13	14	15	16	17
16	17	18	19	20	21	20	21	22	23	24	25
24	25	26	27	28	29	28	29	30	31	32	1

扩展的主要目的是确保最终的密文与所有的明文位都有关。扩展变换输出的 48 bit 数据再与子密钥 K_i(48 bit)进行“异或”运算，得到 48 bit 的输出。

2）S 盒替代（S-boxes Substitution）。

S 盒将 48 位输入替代为 32 位输出，DES 的 S 盒替代关系如图 8-7 所示。

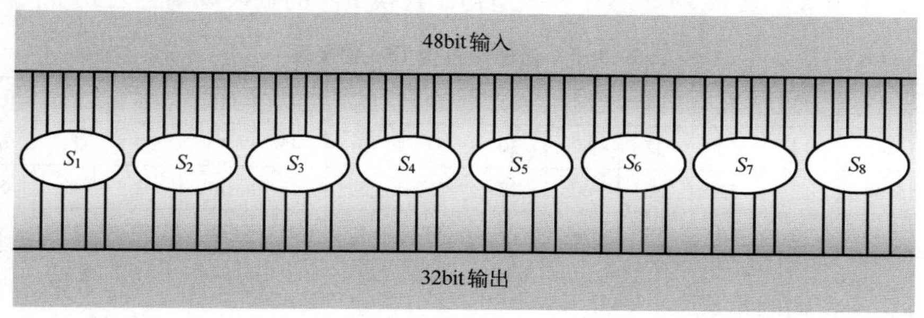

图 8-7　DES 的 S 盒替代关系

S 盒函数见表 8-3（表中仅给出了 S_1 和 S_2 盒，其他盒函数类似）。S 盒将输入的 48 bit 数据从左至右分成 8 组，每组 6 bit。然后输入 8 个 S 盒，每个 S 盒为一非线性替换，产生 4 bit 输出。对于每个盒 S_i，6 bit 输入为二进制数 $b_1b_2b_3b_4b_5b_6$，其中的第 1 位和第 6 位组成的二进制数 b_1b_6 确定 S_i的行，中间 4 位二进制数 $b_2b_3b_4b_5$ 用来确定 S_i的列。S_i中相应行、列位置的十进制数的 4 位二进制数表示作为 S_i 的输出。

表 8-3　S 盒函数（仅列出了 S_1 和 S_2）

盒	列 行	0	1	2	3	4	5	6	7	8	9	10	11	12	13	14	15
S_1	0	14	4	13	1	2	15	11	8	3	10	6	12	5	9	0	7
	1	0	15	7	4	14	2	13	1	10	6	12	11	9	5	3	8
	2	4	1	14	8	13	6	2	11	15	12	9	7	3	10	5	0
	3	15	12	8	2	4	9	1	7	5	11	3	14	10	0	6	13
S_2	0	15	1	8	14	6	11	3	4	9	7	2	13	12	0	5	10
	1	3	13	4	7	15	2	8	14	12	0	1	10	6	9	11	5
	2	0	14	7	11	10	4	13	1	5	8	12	6	9	3	2	15
	3	13	8	10	1	3	15	4	2	11	6	7	12	0	5	14	9
…	…	…	…	…	…	…	…	…	…	…	…	…	…	…	…	…	…

例如，S_2的输入为 101100，则行数和列数的二进制表示分别是 10 与 0110，即第 2 行和第 6 列，S_2的第 2 行、第 6 列的十进制数为 13，用 4 位二进制数表示为 1101，所以 S_2的输出为 1101。

3）P 盒置换（P-boxes Permutation）。

S 盒的输出（32 位）在进行 P 盒的置换运算，P 盒置换规则见表 8-4。

表 8-4　P 盒置换表

16	7	20	21	29	12	28	17	1	15	23	26	5	18	31	10
2	8	24	14	32	27	3	9	19	13	30	6	22	11	4	25

（4）逆初始置换 IP^{-1}（Inverse Initial Permutation）

逆初始置换 IP^{-1}将最后一轮加密输出结果进行位置置换，得到最终的 64 位密文。初始置换和对应的逆初始置换操作并不会增强 DES 算法的安全性，主要是为了更容易地将明文和密文数据以字节大小放入 DES 芯片中。逆初始置换 IP^{-1}的置换规则见表 8-5。

表 8-5　逆初始置换 IP^{-1}置换表

40	8	18	16	56	24	64	32	39	7	47	15	55	23	63	31
38	6	46	14	54	22	62	30	37	5	45	13	53	21	61	29
36	4	44	12	52	20	60	28	35	3	43	11	51	19	59	27
34	2	42	10	50	18	58	26	33	1	41	9	49	17	57	25

（5）每轮子密钥的生成

下面介绍利用密钥 K 来产生 16 个 48 bit 的子密钥 K_i（$1 \leqslant i \leqslant 16$）的方法。子密钥的产生过程：给定 64 bit 的密钥 K，通过置换选择 1（PC-1）的置换，去掉输入初始密钥的第 8、16、24、32、40、48、56、64 位的奇偶校验位，并重排后得到实际的 56 bit 初始密钥；然后将 56 bit 初始密钥分成左、右等长的 28 bit，分别记为 C_0和 D_0。对于 $1 \leqslant i \leqslant 16$，计算：

$$C_i = LS_i C_{i-1}, D_i = LS_i D_{i-1}$$

其中，LS_i表示循环左移 1 位（当 $i=1,2,9,16$ 时）或 2 位（当 $i \neq 1,2,9,16$ 时）。将每轮 56 bit 的数据 C_iD_i，用置换选择 2（PC-2）作用，去掉第 9、18、22、25、35、38、43、54 位，同时重新排列剩下的 48 bit，输出作为子密钥 K_i。子密钥的产生过程如图 8-8 所示。置换选择 1（PC-1）和置换选择 2（PC-2）见表 8-6。

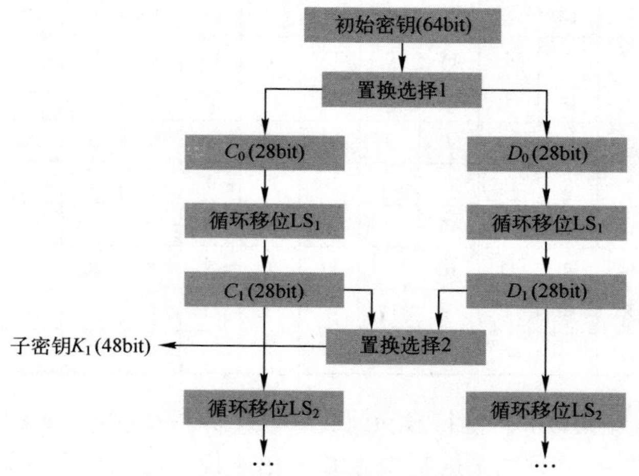

图 8-8　DES 子密钥的产生过程

表 8-6　置换选择 1（PC-1）和置换选择 2（PC-2）

PC-1							PC-2					
57	49	41	33	25	17	9	14	17	11	24	1	5
1	58	50	42	34	26	18	3	28	15	6	21	10
10	2	59	51	43	35	27	23	19	12	4	26	8
19	11	3	60	52	44	36	16	7	27	20	13	2
63	55	47	39	31	23	15	41	52	31	37	47	55
7	62	54	46	38	30	22	30	40	51	45	33	48
14	6	61	53	45	37	29	44	49	39	56	34	53
21	13	5	28	20	12	4	46	42	50	36	29	32

因为 DES 算法是在 Feistel 结构密码的输入和输出阶段分别添加初始置换 IP 与初始逆置换 IP^{-1}构成，所以其解密算法与加密算法相同，只是子密钥的使用次序相反。

目前，DES 已经被证实不是很安全。1977 年，某组织耗资两千万美元建成一个专用计算机，用于破译 DES，需要 12 个小时的破解才能得到结果；1994 年，在世界密码大会上，M. Matsui 提出线性分析方法，利用 243 个已知明文，成功破译 DES；1997 年，在首届“向 DES 挑战”的竞技赛上，罗克·维瑟用了 96 天时间破解了用 DES 加密的一段信息；2000 年 1 月 19 日，电子边疆基金会租借一台价值不到 25 万美元的 DES 解密机，用 22.5 小时成功破解 DES 加密算法；DES 的最近一次评估是在 1994 年，同时决定 1998 年 12 月以后，DES 将不再作为美国联邦加密标准。

3. 密码分组链接（Cipher Block Chaining，CBC）

在 CBC 模式下，每个明文组在加密前先与前一组密文按位“异或”运算，再进行加密变换，首个明文组与一个初始向量 IV 进行异或运算。采用 CBC 方式加密，要求收发双方共享加密密钥 Key 和初始向量 IV。解密时每组密文先进行解密，再与前组密文进行异或运算，还原出明文分组。由于 CBC 模式加密算法的输入是当前明文分组和前一次密文分组的“异或”结果，因此使得重复的明文分组不会在密文中暴露出重复关系。CBC 加密、解密过程如图 8-9 所示。

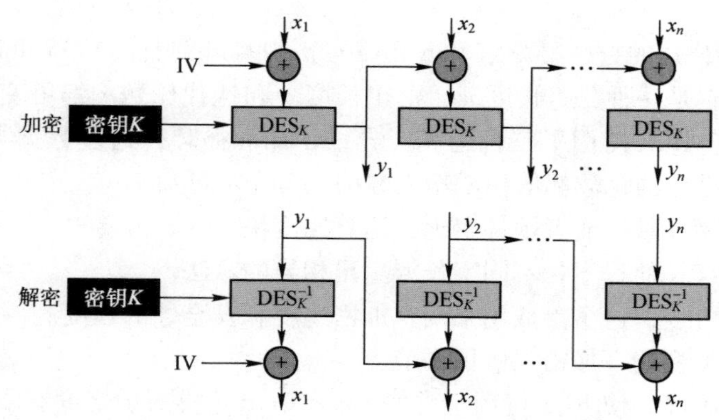

图 8-9　CBC 加密、解密过程

CBC 模式的特点如下。

➤ 没有已知的并行实现算法。

➤ 能隐藏明文的模式信息，相同明文对应不同密文。

➤ 对明文的主动攻击是不容易的，即信息块不容易被替换、重排、删除、重放。

➤ 误差传递较大，一个密文块损坏会涉及两个明文块无法解密还原。

➤ 安全性较好。

4. 三重 DES

由于 DES 密钥过短，只有 56 bit，因此容易遭受穷举式攻击。为了增加密钥的长度，人们建议将一种分组密码进行级联，在不同的密钥作用下，连续多次对一组明文进行加密，通常把这种技术称为多重加密技术。作为一种替代加密方案，Tuchman 提出三重 DES 加密方法，该方法在 1985 年成为美国的一个商用加密标准。三重 DES 算法是扩展 DES 密钥长度的一种方法，可使加密密钥长度扩展到 128 bit（112 bit 有效）或 192 bit（168 bit 有效）。这种方式使用三个或两个不同的密钥对数据块进行三次或两次加密，三重 DES 的强度和 112 bit 的密钥强度相当。三重 DES 有下列四种模型。

➤ DES-EEE3，使用三个不同密钥依次进行三次加密变换。

➤ DES-EDE3，使用三个不同密钥依次进行加密-解密-加密变换。

➤ DES-EEE2，其中，密钥 $K_1=K_3$，依次进行三次加密变换。

➤ DES-EDE2，其中，密钥 $K_1=K_3$，依次进行加密-解密-加密变换。

DES-EDE2 模型应用比较广泛。具体步骤如下：首先按照常规方法用密钥 K_1 执行 DES 加密，然后按照 DES 解密方式，使用 K_2 作为密钥进行解密，最后，再次用 K_1（$K_1=K_3$）执行 DES 加密。采用两个密钥进行三重加密的好处是两个密钥合起来后的有效密钥长度达到 112 bit，可以满足商业应用的需要，若采用总长为 168 bit 的三个密钥，则会产生不必要的开销。另外，加密时采用加密-解密-加密，而不是加密-加密-加密的形式，这样有效地解决了与现有 DES 系统的向后兼容问题，因为当 $K_1=K_2$ 时，三重 DES 的效果就和原来的 DES 一样，有助于逐渐推广三重 DES。三重 DES 具有足够的安全性，到目前为止，还没有人给出攻击三重 DES 的有效方法，若对其密钥空间中密钥进行蛮力搜索，那么由于空间太大，实际上是不可行的。

5. RC5

RC5 是由 RSA 公司的首席科学家 Ron Rivest 于 1994 年设计、1995 年正式公开的一个很实用的加密算法。它是一种分组长度 w、密钥长度 b 和迭代轮数 r 都可变的分组迭代密码，简记为 RC5-$w/r/b$。RC5 使用了三种运算：异或、加和循环，通过数据循环，实现数据的扩散和混淆，每次循环的轮数都依赖于输入数据，事先不可预测。

➤ 形式简单，易于软件或者硬件实现，运算速度快。

➤ 适用于不同字长的程序，不同字长派生出相异的算法。

➤ 加密的轮数可变，这个参数用来调整加密速度和安全性的程度。

➤ 密钥长度是可变的，加密强度可调节。

➤ 对存储要求不高，使 RC5 可用于类似 Smart Card 这类对记忆度有限定的器件。

➤ 具有高保密性（适当选择参数）。

➤ 数据实行位的循环移位，增强了抗攻击能力。

自 1995 年公布以来，尽管至今还没有发现实际攻击的有效手段，然而，有一些论文对 RC5 的抵抗差分分析和线性分析的能力进行了分析，虽然分析出 RC5 的一些理论弱点，但分析结果也表明，$r=12$ 的 RC5 可抵抗差分分析和线性分析。

6. AES 加密算法

随着 DES 逐渐不能适应现代密码安全性需求，就连三重 DES 也无法适应，于是，1997 年，美国国家标准与技术研究院（National Institute of Standards and Technology，NIST）宣布征集高级加密标准（Advanced Encryption Standard，AES）算法，要求：可公开加密方法，采用分组加密，且分组长度为 128 位，能够至少像 3DES 一样安全，保证更加高效、快速，还需要满足算法可支持 128/192/256 位密钥。

最终，比利时学者 Joan Daemen 和 Vincent Rijmen 提出的 Rijndael 加密算法被选为 AES 算法。如同 DES，Rijndael 算法也是使用置换和替代操作，同时也使用了多轮加密策略，具体的轮数取决于密钥和序列的长度，对于 128 位密钥和 128 位序列长度，轮数为 10。

AES 加密过程涉及 4 种操作：字节替代（SubBytes）、行移位（ShiftRows）、列混淆（MixColumns）和轮密钥加（AddRoundKey）。解密过程分别为对应的逆操作。由于每一步操作都是可逆的，因此按照相反的顺序进行解密即可恢复明文。加、解密中每轮的密钥分别由初始密钥扩展得到。

AES 加密算法的特点如下。

- 分组长度和密钥长度均可变。
- 循环次数允许在一定范围内根据安全要求进行修正。
- 汇聚了安全、效率高、易用、灵活等优点。
- 抗线性攻击和抗差分攻击的能力大大增强。

7. IDEA 加密算法

国际数据加密算法（International Data Encryption Algorithm，IDEA）是 1992 年由 Lai 和 Massey 提出的一个非常成功的分组密码，并且广泛应用在安全电子邮件 PGP 中。

IDEA 加密算法是一个分组长度为 64 位的分组密码算法，密钥长度为 128 位，同一个算法既可用于加密，也可用于解密。算法运用硬件与软件实现都很容易，而且比 DES 算法在实现上快得多。IDEA 自问世以来，已经经历了大量的详细审查，对密码分析具有很强的抵抗能力，在多种商业产品中使用。

二、流密码

1. 流密码基本原理

流密码也称为序列密码，也是常用的对称密码体系。典型的流密码每次加密一个字节的明文，当然也可以被设计成每次操作一位或者大于一个字节的单元。

简单流密码的加密与解密过程如图 8-10 所示。

流密码的加密过程是利用密钥 K，通过伪随机数发生器（密钥流产生器）产生性能优良的伪随机序列，即密钥流：$z=z_0z_1z_2\cdots$，使用该序列加密明文消息流：$x=x_0x_1x_2\cdots$，得到密文序列：$y=y_0y_1y_2\cdots$，运算过程如式（8-8）所示。

$$y=y_0y_1y_2\cdots=Ez_0(x_0)Ez_1(x_1)Ez_2(x_2)\cdots=(z_0\oplus x_0)(z_1\oplus x_1)(z_2\oplus x_2)\cdots \tag{8-8}$$

对于解密过程，使用相同的密钥 K，通过相同的密钥流产生器，得到相同的密钥流 z，

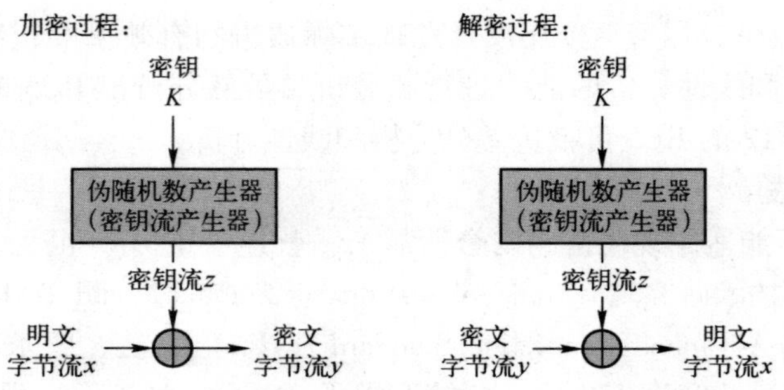

图 8-10　简单流密码的加密与解密过程

利用与加密过程相同的运算，将输入的密文流解密为明文。

例如，如果伪随机数发生器产生的一个密钥字节是 $z_i = 10101100$，对应明文的字节 $x_i = 10011011$，则加密得到的密文字节是 $y_i = 10101100 \oplus 10011011 = 00110111$。在解密时，伪随机数发生器产生相同的密钥字节 $z_i = 10101100$，解密密文字节 $y_i = 00110111$，得到对应的明文字节 $x_i = 10101100 \oplus 00110111 = 10011011$。

流密码类似于"一次一密"，只不过流密码的密钥流不是真正的随机数流，而是伪随机数流。显然，对于流密码而言，伪随机数流的特性会影响流密码的安全性。设计流密码时需要考虑以下主要因素。

加密序列的周期要长。伪随机数发生器产生的位流最终将出现重复，即呈现周期性。重复周期越长，密码分析难度越大，安全性越高。

密钥流应尽可能接近真正随机数流的特征。若为位流，则 0 和 1 的个数应近似相等；若为字节流，则所有 256 种可能的字节出现的频率应近似相等。密钥流的随机性越好，密码分析越困难，安全性越高。

伪随机数发生器的输出受输入密钥 K 的调节。为防止穷举攻击，密钥 K 应足够长。通常，密钥 K 的长度应不小于 128 位。

设计合适的伪随机数发生器，且选择合理的密钥长度，便可以使流密码与分组密码具有同样的安全性。但是，也要注意流密码本身的一些特点。分组密码的优点是可以重复使用密钥，而流密码重复使用密钥则可能存在安全问题。如果用流密码对两个明文加密且使用相同的密钥，则密码分析就会相当容易。此时，如果对两个密文流进行异或运算，那么得出的结果就是两个原始明文的异或结果。再进一步，如果还已知明文是文本、信用卡号或其他内容特征，则密码分析就极易成功。

流密码适用于需要对数据流进行加密或解密的应用，如数据通信信道和音视频流数据等，在军事、外交等场合，流密码是经常使用的密码技术之一。对于成组数据处理的应用，如文件传输、电子邮件、数据库应用等，分组密码则更适合。

2. RC4 算法

RC4 是 Ron Rivest 在 1987 年为 RSA 公司设计的一种流密码。RC4 是一个以随机置换为基础、密钥长度可变、面向字节流操作的流密码。相关文献分析显示，该密码的周期很可能大于 10^{100}。RC4 算法每输出一个字节的结果仅需要 8~16 条机器操作指令，因此软件实现该密码的速度很快。RC4 密码应用广泛，如用于安全套接字层/传输层安全（SSL/TLS）标准，以及 IEEE 802.11 无线局域网标准的 WEP（Wired Equivalent Privacy，有线等效保密）协议和受保护访问协议（WAP）中。最初 RC4 作为公司的商业机密没有公开，直到 1994 年 9 月，RC4 算法才通过 Cypherpunks 匿名邮件列表匿名公布到 Internet 上。

RC4 算法很简单，也易于描述。用 1~256 字节（8~2048 位）的可变长度密钥初始化一个 256 字节的状态向量 S，S 的元素记为 S[0],S[1],…,S[255]，从始至终置换后的 S 包含从 0 到 255 的所有 8 位数。对于加密和解密，字节 k 是从 S 的 255 个元素中按一种系统化方式选出的一个元素生成的。每生成一个 k 的值，S 中的元素个体就被重新置换一次。

（1）初始化 S

开始时，S 中元素的值按升序被置为 0~255，即 S[0]=0,S[1]=1,…,S[255]=255。同时建立一个临时向量 T。如果密钥 K 的长度为 256 字节，则将 K 赋给 T；否则，若密钥长度为 keylen 个字节（keylen<256），则将 K 的值赋给 T 的前 keylen 个元素，并循环重复用 K 的值赋给 T 剩余的元素，直到 T 的所有元素都被赋值为止。这些操作可概括为：

```
/* 初始化 */
for i=0 to 255 do
    S[i]=i;
    T[i]=K[i mod keylen];
```

然后用 T 产生 S 的初始置换，从 S[0]到 S[255]，对每个 S[i]，根据由 T[i]确定的方案，将 S[i]置换为 S 的另一字节：

```
/* S 的初始置换 */
j=0;
for i=0 to 255 do
    j=(j+S[i]+T[i]) mod 256;
swap (S[i],S[j]);
```

因为对 S 的操作仅是交换，所以唯一的改变就是置换。S 仍然包含所有值为 0~255 的元素。

（2）密钥流的生成

一旦向量 S 完成初始化，输入密钥就不再被使用。密钥流的生成过程就是从 S[0]到 S[255]，对每个 S[i]，根据 S 的当前配置，将 S[i]与 S 中的另一个字节置换。当 S[255]完成置换后，操作继续从 S[0]开始。

```
/* 密钥流的生成 */
i, j=0;
while (true)
i=(i+1) mod 256;
j=(j+S[i]) mod 256;
swap(S[i],S[j]);
t=(S[i]+S[j]) mod 256;
k=S[t];
```

加密时，将 k 的值与明文的下一个字节进行异或；解密时，将 k 的值与密文的下一个字节进行异或。RC4 算法逻辑结构如图 8-11 所示。

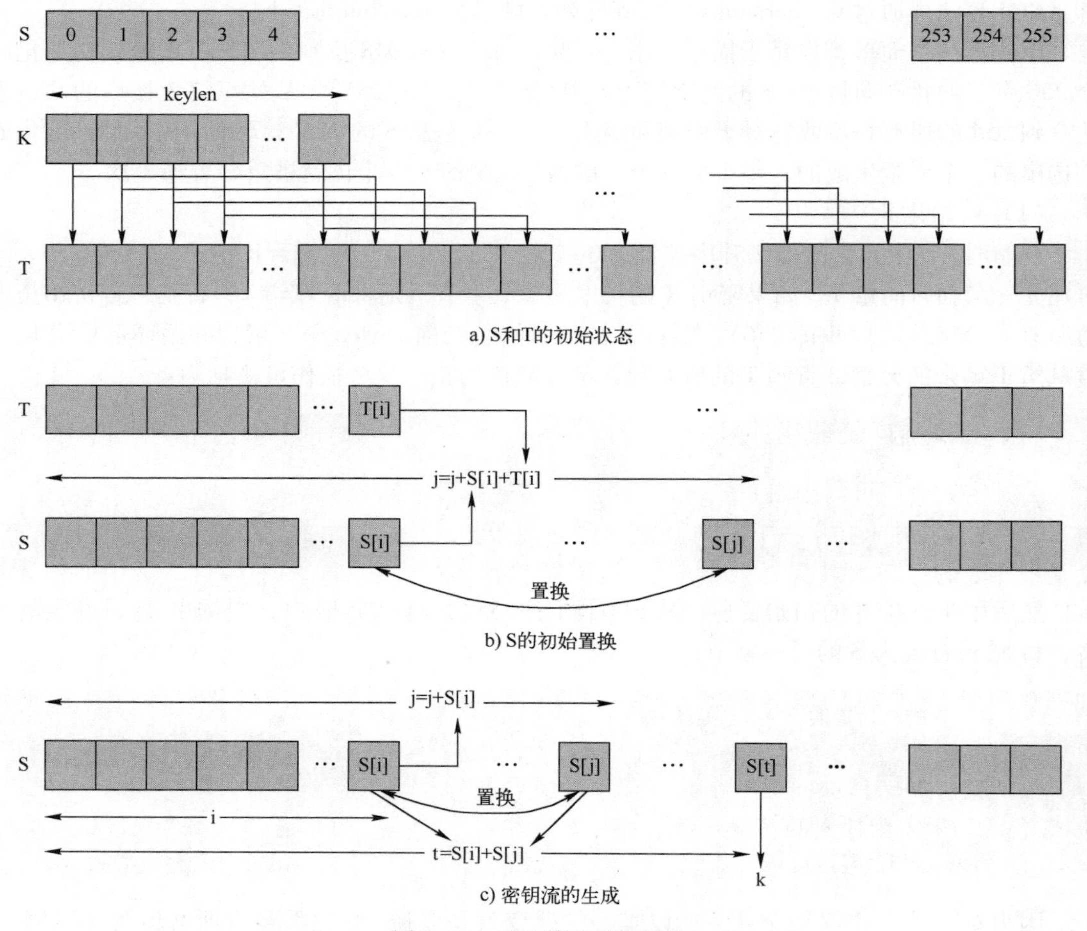

图 8-11　RC4 算法逻辑结构

(3) RC4 的强度

许多公开发表的文献对 RC4 的攻击方法进行了分析。当密钥长度很大时，比如 128 位，没有哪种攻击方法有效。值得注意的是，有作者报告指出，用于 IEEE 802.11 无线局域网的提供机密性的 WEP 协议，易于受到一种特殊的攻击方法攻击。但是从本质上讲，这个问题并不在于 RC4 算法本身，而是作为 RC4 输入的密钥的产生途径有漏洞。这种特殊的攻击方法不适用于其他使用 RC4 的应用，通过修改 WEP 密钥产生途径也可以抵抗这种攻击。这个问题恰恰说明设计一个安全系统的困难之处不仅包括密码函数，还包括协议如何正确地使用这些函数。

第四节　公开密钥加密算法

对称密钥加密算法经过多年的发展与改进，在防止暴力破解上已经非常出色了，但是仍然面临着一个非常大的问题，就是密钥分发问题。无论使用的密码系统有多强，如果密码分析者能直接盗取到密钥，则整个系统将变得毫无价值。因此，想要解决这个问题，需要对密钥进行保护，以防被盗，但是密钥需要发送给用户（需要解密密文的一方），因此，如何既方便密钥的分发，又确保密码体系的安全，是密码体系面临的一个重要问题。非对称密钥密码，或称公开密钥密码（简称公钥密码），则便于解决密钥分发问题。

公开密钥密码体系是现代密码学最重要的发明之一，也可以说是密码学发展史上最伟大的革命之一。一方面，公开密钥密码与之前的所有密码都不同，其算法不是基于替代和置换，而是基于数学函数；另一方面，与使用一个密钥的传统的对称密钥密码不同，公开密钥密码是非对称的，使用两个独立的密钥。一般认为，密码学就是保护信息传递的机密性，其实这仅仅是现代密码学要解决的一类问题，对信息发送人与接收人的真实身份的认证、事后对所发出或接收信息的不可抵赖性以及保证数据的完整性等均是现代密码学要解决的问题。公开密钥密码体系对这些问题都给出了解决方案。

一、非对称/公开密钥密码理论基础

公开密钥密码可以用图 8-12 所示的加密模型进行说明。假设 Alice 要和 Bob 通信，这时 Alice 和 Bob 并未共享一个密钥（如同在对称密钥系统情况下），而 Bob 有两个密钥，一个是世界上的任何人（包括入侵者 Trudy）都可得到的公钥（public key），另一个是只有 Bob 自己知道的私钥（private key），分别使用符号 K_B^+ 和 K_B^- 表示。为了与 Bob 通信，Alice 首先取得 Bob 的公钥 K_B^+，然后用这个公钥和一个众所周知的（即已标准化的）加密算法，加密她要发送给 Bob 的报文 m，即 Alice 计算 $K_B^+(m)$，并发送给 Bob。Bob 接收到 Alice 的加密报文后，用其私钥 K_B^- 和一个众所周知的解密算法解密 Alice 的加密报文，即 Bob 计算 $K_B^-(K_B^+(m))$，还原明文 m。也就是说，先用 Bob 的公钥 K_B^+ 加密报文（得到 $K_B^+(m)$），再用 Bob 的私钥 K_B^- 解密报文的密文形式（即计算 $K_B^-(K_B^+(m))$），就能得到最初的明文 m。

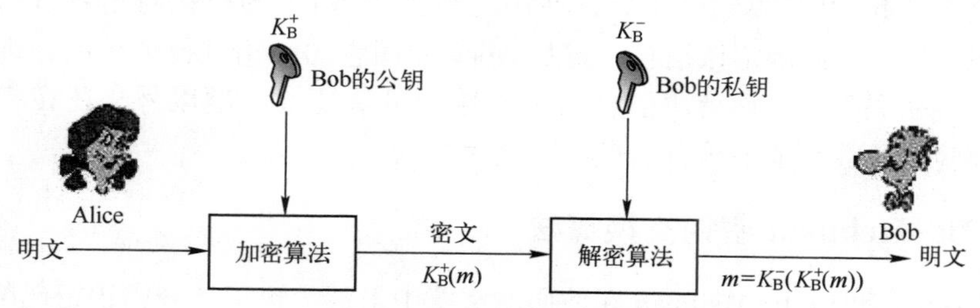

图 8-12　公开密钥加密模型

由此可见，使用公开密钥加密算法，Alice 和 Bob 双方都不需要分发密钥，Alice 可以使用 Bob 公开的密钥直接给 Bob 发送机密消息，既能够保证密文的安全性和正确性，也能够保证密钥的安全性和可用性。在公开密钥密码体系中，使用者的公、私密钥成对产生，对外发布公钥，私钥则严格保密，只允许使用者一个人管理使用。另外，通信的安全性与算法本身无关，因为算法是公开的。

公开密钥密码是 1976 年由 Whitfield Diffie 和 Martin Hellman 在其《密码学新方向》一文中提出的。虽然文章中没有给出一个真正的公开密钥密码，但首次提出了单向陷门函数的概念，并给出了一个 Diffie-Hellman 密钥交换算法，并以此为公开密钥密码的研究打开了基本思路，同时也奠定了他们在密码学发展过程中举足轻重的地位。

如果函数 $f(x)$ 被称为单向陷门函数，则必须满足以下三个条件：

1）给定 x，计算 $y=f(x)$ 是容易的；

2）给定 y，计算 x 使 $y=f(x)$ 是困难的（所谓计算 $x=f^{-1}(y)$ 困难是指计算上相当复杂，已无实际意义）；

3）存在 δ，在已知 δ 的情况下，对于给定的任何 y，若相应的 x 存在，则计算 x 使 $y=f(x)$ 是容易的。

需要注意以下几点。

① 仅满足 1)、2）两条的称为单向函数；第 3）条称为陷门性，δ 称为陷门信息。

② 当用陷门函数 f 作为加密函数时，可将 f 公开，这相当于公开加密密钥 P_k（即公钥)。f 函数的设计者将 δ 保密，用作解密密钥，此时 δ 称为私有密钥 S_k（即私钥），由于加密函数是公开的，任何人都可以将信息 x 加密成 $y=f(x)$，然后发送给函数的设计者。由于设计者拥有 S_k，他自然可以利用 S_k，求解 $x=f(y)$。

③ 单向陷门函数的第 2）个条件表明窃听者由截获的密文 $y=f(x)$ 推测 x 是不可行的。

对于信息安全来说，机密性是一个十分重要的方面，而可认证性是另一个不可忽视的方面。特别在今天，信息网络渗透到金融、商业，以及社会生活的各个领域，信息的可认证性已经变得越来越重要。公开密钥密码可以有效地解决机密性和可认证性这两个问题。如图 8-12 所示，采用公开密钥密码实现信息的机密性，主要依靠公开密钥加密算法的单向性和私钥的机密性。发送方 Alice 使用 Bob 的公钥加密信息，以密文形式在公共信道上传输，密码分析者即使捕获了密文，由于公开密钥加密算法的单向性，因此无法解密。而接收方 Bob 使用私钥可以对密文进行解密，还原出明文。

采用公开密钥密码解决信息的可认证性问题是依靠公、私密钥使用的可逆性和私钥的机密性。事实上，发送方 Alice 可以使用自己的私钥对明文信息进行加密，将密文在公共信道上发送给接收方 Bob，Bob 收到密文后，使用已得到的 Alice 的公钥对信息进行解密，如果成功还原成明文，则可以确定该信息一定是 Alice 使用它的私钥进行加密的，即信息源必为 Alice。公开密钥密码除了可以解决信息的机密性和可认证性问题以外，还在密钥交换、信息的完整性校验以及数字证书等方面做出了重大贡献。

二、Diffie-Hellman 密钥交换算法

Whitfield Diffie 和 Martin Hellman 在他们的文章中虽然给出了公开密钥密码的思想，但是没有给出真正意义上的公开密钥密码实例，即没能找出一个真正带陷门的单向函数。然而，他们给出了单向函数的实例，并且基于此提出了 Diffie-Hellman 密钥交换算法。

为了方便理解 Diffie-Hellman 密钥交换算法，这里先简单介绍两个数学概念，分别是原根和离散对数。

(1) 原根

素数 p 的原根（Primitive Root）的定义：如果 a 是素数 p 的原根，则数 $a \bmod p, a^2 \bmod p, \cdots, a^{p-1} \bmod p$ 是不同的并且包含从 1 到 $p-1$ 的所有整数的某种排列。对任意的整数 b，可以找到唯一的幂 i，满足 $b \equiv a^i \bmod p$，且 $1 \leqslant i \leqslant p-1$。

注意，“$b=a \bmod p$” 等价于 “$b \bmod p=a \bmod p$”，称为 “b 与 a 模 p 同余”。

（2）离散对数

若 a 是素数 p 的一个原根，则相对于任意整数 $b(b \bmod p \neq 0)$，必然存在唯一的整数 $i(1 \leqslant i \leqslant p-1)$，使得 $b \equiv a^i \bmod p$，i 称为 b 的以 a 为基数且模 p 的幂指数，即离散对数。

对于函数 $y \equiv g^x \bmod p$，其中，g 为素数 p 的原根，y 与 x 均为正整数，已知 g、x、p，计算 y 是容易的；而已知 y、g、p，计算 x 是困难的，即求解 y 的离散对数 x。

Diffie-Hellman 密钥交换算法是基于有限域中计算离散对数的困难性问题设计出来的，对 Diffie-Hellman 密钥交换算法的描述如下：Alice 和 Bob 协商好一个大素数 p 和大的整数 g，$1<g<p$，g 是 p 的原根。p 和 g 无须保密，可为网络上的所有用户共享。当 Alice 和 Bob 要进行保密通信时，他们可以按如下步骤来做。

1）Alice 选取大的随机数 $x<p$，并计算 $Y=g^x(\bmod P)$。

2）Bob 选取大的随机数 $x'<p$，并计算 $Y'=g^{x'}(\bmod P)$。

3）Alice 将 Y 传送给 Bob，Bob 将 Y' 传送给 Alice。

4）Alice 计算 $K=(Y')^x(\bmod P)$，Bob 计算 $K'=(Y)^{x'}(\bmod P)$。

显而易见，$K=K'=g^{xx'}(\bmod P)$，即 Alice 和 Bob 已获得相同的密钥 K，双方以 K 作为加解密钥，以传统对称密钥算法进行保密通信。

三、RSA 公开密钥加密算法

RSA 密码是目前应用最广泛的公开密钥密码之一。该算法由美国的 Rivest、Shamir、Adleman 三人于 1978 年提出。该算法的数学基础是初等数论中的欧拉（Euler）定理以及大整数因子分解问题。为了方便理解 RSA 公开密钥加密算法，这里首先简单介绍一下欧拉定理和大整数因子分解问题。

（1）欧拉定理

欧拉函数是欧拉定理的核心概念，其表述为：对于一个正整数 n，由小于 n 且和 n 互素的正整数构成的集合为 Z_n，这个集合称为 n 的完全余数集合。Z_n 包含的元素个数记作 $f(n)$，称为欧拉函数，其中，$f(1)$ 被定义为 1，但是并没有任何实质的意义。

如果两个素数 p 和 q，且 $n=pq$，则 $f(n)=(p-1)(q-1)$；欧拉定理的具体表述为：正整数 a 与 n 互素，则 $a^{f(n)}=l \bmod n$。一个基于欧拉定理的推论的具体表述为：给定两个素数 p 和 q，以及两个整数 m、n，使得 $n=pq$，且 $0<m<n$，对于任意整数 k，下列关系成立，即 $m^{kf(n)+1}=m^{k(p-1)(q-1)+1} \equiv m \bmod n$。

（2）大整数因子分解问题

大整数因子分解问题可以表述为：已知 p、q 为两个大素数，则求 $N=pq$ 是容易的，只需要一次乘法运算；但已知 N 是两个大素数的乘积，要求将 N 分解，则在计算上是困难的，其运行时间复杂程度接近于不可行。实际上，如果一个大的有 n 个二进制数位长度的数是两个大小差不多相等的素数的乘积，现在还没有很好的算法能在多项式时间内分解它，就意味着没有已知算法可以在 $O(n^k)$（k 为某个常数）的时间内分解它。如果输入规模为 n 时，一个算法的运行时间复杂度为 $O(n)$，则称此算法为线性的；若运行时间复杂度为 $O(n^k)$，其中，k 为某个常数，则称此算法为多项式的；若有某个常数 t 和多项式 $h(n)$，使算法的运行时间复杂度为 $O(t^{h(n)})$，则称此算法为指数的。一般来说，在线性时间和多项式时间内可以解决的问题被认为是可行的，而任何比多项式时间更坏的，尤其是在指数时间内可解决的问题被认为是不可行的。当然，如果输入规模太小，那么，即使很复杂的算法，也会变得可行。

RSA 密码体系是一种分组密码，明文和密文均是 $0\sim n$ 的整数，n 的大小通常为 1024 位二进制数或 309 位十进制数，因此，明文空间 P = 密文空间 $C=\{x\in \mathbf{Z}\mid 0<x<n$，$\mathbf{Z}$ 为整数集合$\}$。

RSA 密码的密钥生成的具体步骤如下。

1）选择两个互异的素数 p 和 q，计算 $n=pq$，$\varphi(n)=(p-1)(q-1)$。

2）选择整数 e，使 $\gcd(\varphi(n),e)=1$，且 $1<e<\varphi(n)$。

3）计算 d，使 $d\equiv e^{-1} \bmod \varphi(n)$，即 d 为模 $\varphi(n)$ 下 e 的乘法逆元。

于是，公开密钥 $P_k=\{e,n\}$，私有密钥 $S_k=\{d,n,p,q\}$。当明文为 m，密文为 c 时，加密时使用公开密钥 P_k，加密算法 $c=m^e \bmod n$；解密时使用私有密钥 S_k，$m=c^d \bmod n$。故 e 也被称为加密指数，d 被称为解密指数。

RSA 算法的有效性证明如下：当 $0<m<n$ 时，$ed\equiv 1 \bmod \varphi(n)$，等价于 $ed=k\varphi(n)+1$，对于任意整数 k，根据基于欧拉定理的推论，自然有下式成立

$$(m^e)^d=m^{ed}=m^{k\varphi(n)+1}\equiv m \bmod n \tag{8-9}$$

故 RSA 算法成立。

RSA 算法的加密和解密是一对逆运算，也就是说，$S_k(P_k(m))=m=P_k(S_k(m))$成立。

例如，若 Bob 选择了 $p=101$ 和 $q=113$，那么 $n=11413$，$\varphi(n)=100\times112=11200$。11200 可分解为 $2^6\times5^2\times7$，当且仅当一个正整数 e 不能被 2、5、7 所整除时，e 能用作加密指数。Bob 无须分解 $\varphi(n)$，而是用辗转相除法（扩展的欧几里得算法）来求得 e，使 $\gcd(e, \varphi(n))=1$。假设 Bob 选择了 $e=3533$，那么用辗转相除法将求得 $d\equiv e^{-1} \bmod 11200 \equiv 6597 \bmod 11200$，于是 Bob 的解密密钥 $d=6597$。

Bob 可以在个人主页中公开其个人公钥：$n=11413$ 和 $e=3533$。现假设 Alice 想发送明文 9726 给 Bob，她计算 $9726^{3533} \bmod 11413=5761$，然后在一个信道上发送密文 5761 给 Bob。当 Bob 接收到密文 5761 时，他用他的解密指数 $d=6597$ 进行解密，计算 $5761^{6597} \bmod 11413=9726$。

RSA 密码体系的安全性基于加密函数 $e_k(x)=x^e(\bmod n)$是一个单向陷门函数，对于其他人来说，求逆计算是不可行的。而 Bob 能解密的关键是了解陷门信息，即能够分解 $n=pq$，知道 $\varphi(n)=(p-1)(q-1)$，从而用欧几里得算法解出解密私钥 d。

密码分析者攻击 RSA 密码体系的关键点在于如何分解 n，若分解成功，使 $n=pq$，则可以算出 $\varphi(n)=(p-1)(q-1)$，然后由公开的加密指数 e 计算出解密指数 d。

如果要求 RSA 是安全的，那么 p 与 q 必须是足够大的素数，使分析者没有办法在多项式时间内将 n 分解出来。RSA 开发人员建议，p 和 q 是大约 100 位的十进制素数，模 n 的长度至少是 512 bit。EDI（Electronic Data Interchange，电子数据交换）国际标准使用的 RSA 算法中规定 n 的长度为 512~1024 bit，且必须是 128 的倍数。国际数字签名标准 ISO/IEC 9796 中规定 n 的长度为 512 bit。

为了抵抗现有的整数分解算法的攻击，对 RSA 模 n 的素因子 p 和 q 还有如下要求：

➢ $|p-q|$很大，通常 p 和 q 的长度相同；

➢ $p-1$ 和 $q-1$ 分别含有大素因子 p_1 与 q_1；
➢ p_1-1 和 q_1-1 分别含有大素因子 p_2 与 q_2；
➢ $p+1$ 和 $q+1$ 分别含有大素因子 p_3 与 q_3。

为了提高加密速度，通常取 e 为特定的整数，如 EDI 国际标准中规定 $e=2^{16}+1$，ISO/IEC 9796 中甚至允许取 $e=3$。这时，加密速度一般比解密速度快 10 倍以上。

RSA 计算中的另一个问题是模 n 的求幂运算，著名的“平方-和-乘法”方法将计算 $x^c \bmod n$ 的模乘法的次数缩小到至多为 $2l$，这里的 l 是指数 c 二进制表示的位数。若设 n 以二进制形式表示时有 k 位，$l \leqslant k$，则 $x^c \bmod n$ 能在 $O(k^3)$ 时间内完成。

四、其他公开密钥密码简介

在国际上已经出现的多种公开密钥密码中，比较流行的有基于大整数因子分解问题的 RSA 密码和 Rabin 密码、基于有限域上的离散对数问题的 Diffie-Hellman 密钥交换算法和 ElGamal 密码、基于椭圆曲线上的离散对数问题的 Diffie-Hellman 密钥交换算法和 ElGamal 密码。这些密码体系中，有些只适合于密钥交换，有些只适合于加密/解密。

Rabin 密码算法是由 M. Rabin 设计的，是 RSA 密码的一种改进。RSA 是基于大整数因子分解问题，Rabin 则是基于求合数的模平方根的难题。Rabin 系统的复杂性和把一个大数分解为两个素因子 p 和 q 在同一级上，也就是说，Rabin 密码和 RSA 密码一样安全。

除 RSA 和 Rabin 以外，另一个常见的公钥算法就是 ElGamal，这个名称是以发明者 Taher ElGamal 的名字命名的。ElGamal 算法既能用于数据加密，也能用于数字签名，其安全性依赖于计算有限域上离散对数这一难题。ElGamal 的一个不足之处是它的密文成倍扩张。一般情况下，只要能够使用 RSA，就可以使用 ElGamal。

随着分解大整数方法的进步及完善、计算机速度的提高，以及计算机网络的发展，为了保证数据的安全，RSA 的密钥长度需要不断增加，但是，密钥长度的增加导致了其加、解密的速度大幅降低，硬件实现也变得更加令人难以忍受，这给 RSA 的应用带来了很大的负担，因此需要一种新的算法来代替 RSA。

1985 年，N. Koblitz 和 Miller 提出将椭圆曲线用于密码算法，其依据是有限域上的椭圆曲线上的点群中的离散对数问题（Elliptic Curve Discrete Logarithm Problem，ECDLP）。ECDLP 是比因子分解问题更难的问题，它是指数级别的难度。

ECDLP 定义如下：给定素数 p 和椭圆曲线 E，对 $Q=kP$，在已知 P 和 Q 的情况下求出小于 p 的正整数 k。可以证明由 k 和 P 计算 Q 比较容易，而由 Q 和 P 计算 k 则比较困难。将椭圆曲线中的加法运算与离散对数中的模乘运算相对应，将椭圆曲线中的乘法运算与离散对数中的模幂运算相对应，就可以建立基于椭圆曲线的密码体系。因此，对于原来基于有限域上离散对数问题的 Diffie-Hellman 密钥交换算法和 ElGamal 公钥算法，都可以在椭圆曲线上予以实现。

椭圆曲线密码体系（Elliptic Curve Cryptosystems，ECC）和 RSA 密码体系相比，在许多方面都有绝对的优势，主要体现在以下方面。

➢ 抗攻击性强。相同的密钥长度，其抗攻击性比 RSA 强很多倍。
➢ 计算量小，处理速度快。ECC 总体速度要比 RSA 快得多。
➢ 存储空间占用小。ECC 的密钥尺寸和系统参数与 RSA 相比要小得多。

➢ 带宽要求低。对于短消息加密，ECC 带宽要求比 RSA 低得多。带宽要求低使得 ECC 在无线网络领域具有广泛的应用前景。

ECC 的这些特点使它必将取代 RSA，成为通用的公开密钥加密算法。目前，SET 协议的制定者已把它作为下一代 SET 协议中默认的公开密钥加密算法。

第五节　散列函数

信息完整性是信息安全的三个基本目标之一，其目的是确保信息在存储、使用、传输过程中不会被非授权用户篡改或防止授权用户对信息进行不恰当的修改。确保信息完整性的任务主要由认证技术来完成。认证是用于防止对手对信息进行攻击的主动防御行为，主要包括消息认证、数字签名、实体认证以及摘要函数等内容，这些机制及算法为保证信息安全提供了强有力的支撑。消息认证是保证信息完整性的重要措施，其目的主要包括：证明消息的信源和信宿的真实性，消息内容是否曾受到偶然或有意的篡改，消息的序号和时间性是否正确。

实现消息认证通常会用到一类满足特定需求的散列函数（hash function）。使用散列函数的目的是将任意长的消息映射成一个固定长度的散列值（hash 值），也称为消息摘要。消息摘要可以作为认证符，完成消息认证。

如果使用消息摘要作为认证符，则必须要求散列函数具有健壮性，可以抵抗各种攻击，使消息摘要可以代表消息原文。当消息原文发生改变时，使用散列函数求得的消息摘要必须进行相应的变化，这就要求散列函数具有无碰撞特性和单向性。

一、散列函数的健壮性

用来认证的散列函数，如何保证认证方案的安全性？首先需要对可能的攻击行为进行分析。在将完整消息变成消息摘要并通过摘要进行认证的整个过程中，可能出现何种伪造行为？是否会无法正确判断消息的完整性？

伪造行为一：攻击者得到一个有效签名(x,y)，此处 x 表示消息原文，y 表示经过私钥签名的消息摘要，$y=E_{\mathrm{kr}}(Z)$，kr 为私钥，Z 为 x 的消息摘要，即 $Z=h(x)$，$h(x)$为散列函数。首先，攻击者可以通过计算得到 $Z=h(x)$，也可以找到公钥，还原出 Z，然后企图找到一个 x'，满足 $h(x')=h(x)$。若他做到了这一点，则(x',y)也可以通过认证，即有效的伪造行为。为了防止这一点，要求散列函数 h 必须具有无碰撞特性。

【定义 1】 弱无碰撞特性。散列函数 h 被称为是弱无碰撞的，是指在消息特定的明文空间 X 中，给定消息 $x\in X$，在计算上几乎找不到与 x 不同的 x'，$x'\in X$，使得 $h(x)=h(x')$。

伪造行为二：攻击者首先找到两个消息 x 和 x'，满足 $h(x)=h(x')$，然后，攻击者把 x 给 Bob，并且使他对 x 的摘要 $h(x)$进行签名，从而得到 y，那么(x',y)也是一个有效的伪造行为。为了避免这类伪造行为，散列函数需要具有强无碰撞特性。

【定义 2】 强无碰撞特性。散列函数 h 被称为是强无碰撞的，是指在计算上难以找到与 x 不同的 x'，满足 $h(x)=h(x')$，x'可以不属于 X。

注意，强无碰撞自然包含弱无碰撞。

伪造行为三：在某种签名方案中可伪造一个随机消息摘要 Z 的签名 y，$y=E_{\mathrm{kr}}(Z)$。若

散列函数 h 的逆函数 h^{-1} 是易求的，可算出 $x=h^{-1}(Z)$，满足 $Z=h(x)$，则 (x,y) 为合法签名。为了避免此类伪造行为，散列函数需要具有单向性。

【定义 3】 单向性。散列函数 h 被称为单向的，是指通过 h 的逆函数 h^{-1} 来求得散列值 $h(x)$ 的消息原文 x，在计算上是不可行的。

二、散列值的安全长度

散列值的长度为多少位时，散列函数才具有较好的无碰撞特性呢？为此，需要分析一下“生日攻击”问题。

首先，让我们了解一下“生日悖论”，如果一个房间里有 23 或 23 个以上的人，那么至少有两个人的生日相同的概率要大于 50%。对于 60 或者更多个的人，这种概率要大于 99%。这个数学事实与一般直觉相抵触，称为悖论。计算与此相关的概率称为生日问题，这个问题背后的数学理论已被用于设计著名的密码攻击方法：生日攻击。

不计特殊的闰年，计算房间里所有人的生日都不相同的概率，第一个人不发生生日冲突的概率是 365/365，第二个人不发生生日冲突的概率是 1-1/365……，第 n 个人不发生生日冲突的概率是 $1-(n-1)/365$，所以，所有人生日都不冲突的概率为 $E=1\times(1-1/365)\times\cdots\times(1-(n-2)/365)\times(1-(n-1)/365)$，而发生冲突的概率 $P=1-E$。当 $n=23$ 时，$P\approx0.507$；当 $n=100$ 时，$P\approx0.9999996$。

生日悖论对于散列函数的意义在于 n 位长度的散列值，可能发生一次碰撞的测试次数不是 2^n 次，而是大约 $2^{n/2}$ 次。生日攻击给出消息摘要长度下界，一个 40 位的散列值将是不安全的，因为在大约 100 万个随机散列值中找到一个碰撞的概率为 50%，通常建议消息摘要的长度为 128 位。

三、MD 算法

在 20 世纪 90 年代初，RSA Data Security 公司先后研究发明了 MD2、MD3 和 MD4，1991 年 Rivest 对 MD4 进行改进升级，提出了 MD5（Message Digest Algorithm 5）。MD5 具有更高的安全性，目前被广泛使用，其算法如图 8-13 所示。

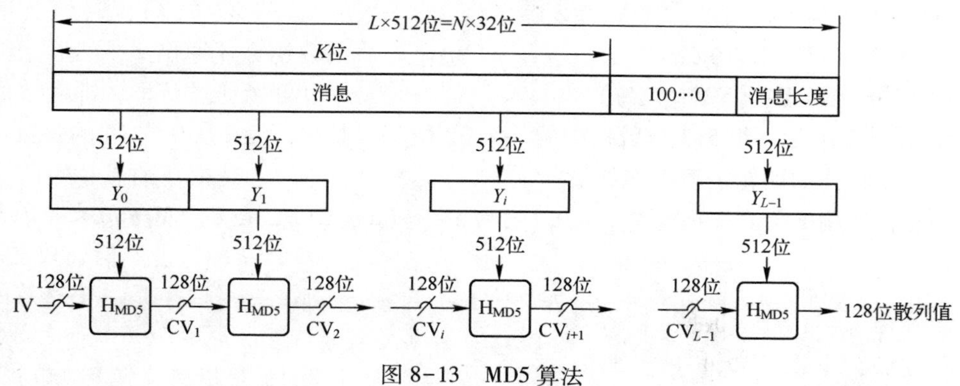

图 8-13　MD5 算法

MD5 算法的操作对象是长度不限的二进制位串，如图 8-13 所示，在计算消息摘要之前，首先调整消息长度，在消息后面附一个“1”，再填入若干个“0”，使其长度恰好为一个比 512 位的整数倍数仅小 64 位的比特数；然后在其后附上 64 位的实际消息二进制长度（如果实际长度超过 2^{64} 位，则进行模 2^{64} 运算）。这两步的作用是使消息长度恰好是 512 位的整数倍，MD5 以 512 位分组来处理输入文本，每一分组又划分为 16 个 32 位字。算法的输出由 4 个 32 位字组成，将它们级联形成一个 128 位散列值，即该消息的消息摘要。

图 8-14 为 MD5 算法的程序流程图，4 个 32 位变量 A、B、C、D 称为链接变量（chaining variable）。进入主循环，循环的次数是消息中 512 位消息分组的数目，循环体内包含四轮运算，各轮运算很相似。第一轮进行 16 次操作，每次操作对 A、B、C、D 中的三个变量进行一次非线性函数运算，然后将所得结果加上三个数值（分别是第四个变量、消息的一个字和一个常数），再将所得结果循环左移一个不定的数，并加上 A、B、C、D 中之一，最后用所得结果取代 A、B、C、D 中之一。

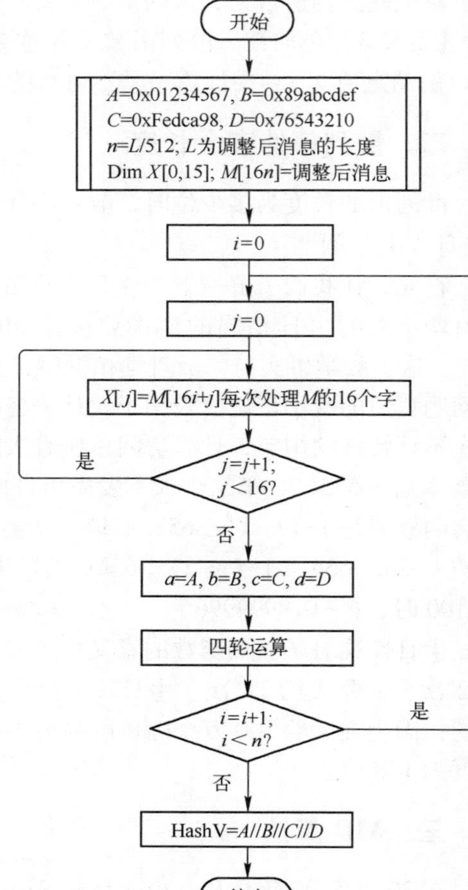

图 8-14　MD5 算法的程序流程图

在四轮运算中，涉及的具体逻辑运算如下。

➢ $X \wedge Y$：X 和 Y 的按位“与”。

➢ $X \vee Y$：X 和 Y 的按位“或”。

➢ $X \oplus Y$：X 和 Y 的按位“异或”。

➢ $X+Y$：模 2^{32} 的整数加法。

➢ $X \ll S$：X 循环左移 $S(0 \leqslant S \leqslant 31)$ 位。

每轮运算涉及以下四个函数之一：

① $E(X,Y,Z)=(X \wedge Y) \vee ((\neg X) \wedge Z)$；

② $F(X,Y,Z)=(X \wedge Z) \vee (Y \wedge (\neg Z))$；

③ $G(X,Y,Z)=X \oplus Y \oplus Z$；

④ $H(X,Y,Z)=Y \oplus (X \vee (\neg Z))$。

假设 $X[j]$ 表示某一组 512 位数据中的一个 32 位字，其中，$j \in \{$从 0 到 15 的整数$\}$，t_i 为特定常数，则具体的四轮运算操作如下。

第一轮：使用 $EE(a,b,c,d,M_j,s,t_i)$ 表示 $a=b+(a+(E(b,c,d)+M_j+t_i) \ll s)$。具体操作如下。

```
EE(a,b,c,d,M0,7,0xd76aa478)
EE(d,a,b,c,M1,12,0xe8c7b756)
EE(c,d,a,b,M2,17,0x242070db)
EE(b,c,d,a,M3,22,0xclbdceee)
EE(a,b,c,d,M4,7,0xf57c0faf)
```

EE(d,a,b,c,M_5,12,0x4787c62a)
EE(c,d,a,b,M_6,17,0xa8304613)
EE(b,c,d,a,M_7,22,0xfd469501)
EE(a,b,c,d,M_8,7,0x698098d8)
EE(d,a,b,c,M_9,12,0x8b44f7af)
EE(c,d,a,b,M_{10},17,0xffff5bb1)
EE(b,c,d,a,M_{11},22,0x895cd7be)
EE(a,b,c,d,M_{12},7,0x6b901122)
EE(d,a,b,c,M_{13},12,0xfd987193)
EE(c,d,a,b,M_{14},17,0xa679438e)
EE(b,c,d,a,M_{15},22,0x49b40821)

第二轮：使用 FF(a,b,c,d,M_j,s,t_i)表示 $a=b+(a+(F(b,c,d)+M_j+t_i)\ll s)$。具体操作如下。

FF(a,b,c,d,M_1,5,0xf6le2562)
FF(d,a,b,c,M_6,9,0xc040b340)
FF(c,d,a,b,M_{11},14,0x265e5a51)
FF(b,c,d,a,M_0,20,0xe9b6c7aa)
FF(a,b,c,d,M_5,5,0xd62f105d)
FF(d,a,b,c,M_{10},9,0x02441453)
FF(c,d,a,b,M_{15},14,0xd8ale681)
FF(b,c,d,a,M_4,20,0xe7d3fbc8)
FF(a,b,c,d,M_9,5,0x2lelcde6)
FF(d,a,b,c,M_{14},9,0xc33707d6)
FF(c,d,a,b,M_3,14,0xf4d50d87)
FF(b,c,d,a,M_8,20,0x455al4ed)
FF(a,b,c,d,M_{13},5,0xa9e3e905)
FF(d,a,b,c,M_2,9,0xfcefa3f8)
FF(c,d,a,b,M_7,14,0x676f02d9)
FF(b,c,d,a,M_{12},20,0x8d2a4c8a)

第三轮：使用 GG(a,b,c,d,M_j,s,t_i)表示 $a=b+(a+(G(b,c,d)+M_j+t_i)\ll s)$。具体操作如下。

GG(a,b,c,d,M_5,4,0xeefa3942)
GG(d,a,b,c,M_8,11,0x8771f681)
GG(c,d,a,b,M_{11},16,0x6d9d6122)
GG(b,c,d,a,M_{14},23,0xfde5380c)
GG(a,b,c,d,M_1,4,0xa4beea44)

```
GG(d,a,b,c,M4,11,0x4bdecfa9)
GG(c,d,a,b,M7,16,0xf6bb4b60)
GG(b,c,d,a,M10,23,0xbebfbc70)
GG(a,b,c,d,M13,4,0x289b7ec6)
GG(d,a,b,c,M0,11,0xeaal27fa)
GG(c,d,a,b,M3,16,0xd4ef3085)
GG(b,c,d,a,M6,23,0x04881d05)
GG(a,b,c,d,M9,4,0xd9d4d039)
GG(d,a,b,c,M12,11,0xe6db99e5)
GG(c,d,a,b,M15,16,0xlfa27cf8)
GG(b,c,d,a,M2,23,0xc4ac5665)
```

第四轮：使用 $HH(a,b,c,d,M_j,s,t_i)$表示 $a=b+(a+(H(b,c,d)+M_j+t_i)\ll s)$。具体操作如下。

```
HH(a,b,c,d,M0,6,0xf4292244)
HH(d,a,b,c,M7,10,0x432aee97)
HH(c,d,a,b,M14,15,0xab9423a7)
HH(b,c,d,a,M5,21,0xfc93a039)
HH(a,b,c,d,M12,6,0x655b59c3)
HH(d,a,b,c,M3,10,0x8f0ccc92)
HH(c,d,a,b,M10,15,0xeeeee47d)
HH(b,e,d,a,M1,21,0x85845dd1)
HH(a,b,c,d,M8,6,0x6fa87e4f)
HH(d,a,b,c,M15,10,0xfe2ce6e0)
HH(c,d,a,b,M6,15,0xa3014314)
HH(b,c,d,a,M13,21,0x4e0811al)
HH(a,b,c,d,M4,6,0xf7537e82)
HH(d,a,b,c,M11,10,0xbd3af235)
HH(c,d,a,b,M2,15,0x2ad7d2bb)
HH(b,c,d,a,M9,21,0xeb86d391)
```

得到某个常数 t_i的计算方法是：整个四轮操作总共分为 64 步，在第 i 步中，t_i是 $2^{32}\times abs(\sin(i))$的整数部分，$i$ 的单位是弧度。如图 8-14 所示，四轮运算操作完成之后，首先将 A、B、C、D 分别加上 a、b、c、d，然后用下一分组数据继续运行算法，最后，将 A、B、C 和 D 四个 32 位变量值级联形成一个 128 位散列值，即 MD5 的散列值。

四、SHA-1 算法

SHA 是美国 NIST 和 NSA 共同设计的安全散列算法（Secure Hash Algorithm），用于数字签名标准 DSS（Digital Signature Standard）。SHA 的修改版 SHA-1 于 1995 年作为美国联邦信

息处理标准公告（FIPS PUB180-1）发布。目前，SHA-1 与 MD5 是应用非常广泛的两个算法。

SHA-1 产生消息摘要的过程类似 MD5，如图 8-15 所示。

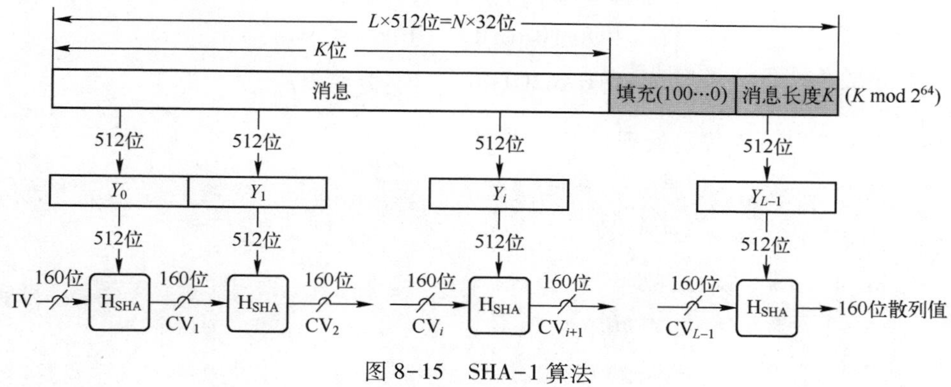

图 8-15　SHA-1 算法

SHA-1 的输入为长度小于 2^{64} 位的消息，输出为 160 bit（20 B）的消息摘要，具体过程如下。

1. 填充消息

首先将消息填充为 512 bit 的整数倍，填充方法和 MD5 完全相同：先填充一个 1，然后填充一定数量的 0，使其长度比 512 的倍数少 64 bit；接下来用原消息长度的 64 bit 表示填充。这样，消息长度就成为 512 的整数倍。以 M_0，M_1，…，M_n 表示填充后消息的各个字块（每字块为 16 个 32 bit 字）。

2. 初始化缓冲区

在运算过程中，SHA-1 要用到两个缓冲区，两个缓冲区均有 5 个 32 bit 的寄存器。第一个缓冲区标记为 A，B，C，D，E；第二个缓冲区标记为 H_0，H_1，H_2，H_3，H_4。此外，运算过程中还会用到一个标记为 W_0，W_1，…，W_{79} 的 80 个 32 bit 字序列和一个单字的缓冲区 TEMP。在运算之前，初始化 $\{H_j\}$：

$$
\begin{cases}
H_0 = \text{0x67452301} \\
H_1 = \text{0xEFCDAB89} \\
H_2 = \text{0x98BADCFE} \\
H_3 = \text{0x10325476} \\
H_4 = \text{0xC3D2E1F0}
\end{cases}
$$

3. 按 512 bit 的分组处理输入消息

SHA-1 运算主循环包括 4 轮，每轮 20 次操作。SHA-1 用到一个逻辑函数序列 $f_0, f_1, \cdots, f_{79}$。每个逻辑函数的输入为 3 个 32 bit 字，输出为一个 32 bit 字。定义如下（B、C、D 均为 32 bit 字）。

$$f_t(B,C,D) = (B \wedge C) \vee (\neg B \wedge D) \qquad (0 \leqslant t \leqslant 19)$$

$$f_t(B,C,D) = (B \oplus C \oplus D) \qquad (20 \leqslant t \leqslant 39)$$

$$f_t(B,C,D) = (B \wedge C) \vee (B \wedge D) \vee (C \wedge D) \qquad (40 \leqslant t \leqslant 59)$$

$$f_t(B,C,D) = (B \oplus C \oplus D) \qquad (60 \leqslant t \leqslant 79)$$

SHA-1 运算中还用到了常数字序列 $K_0, K_1, \cdots, K_{79}$，其值为

$$
\begin{cases}
K_t = \text{0x5A827999} & (0 \leqslant t \leqslant 19) \\
K_t = \text{0x6ED9EBA1} & (20 \leqslant t \leqslant 39) \\
K_t = \text{0x8F1BBCDC} & (40 \leqslant t \leqslant 59) \\
K_t = \text{0xCA62C1D6} & (60 \leqslant t \leqslant 79)
\end{cases}
$$

SHA-1 算法按以下伪代码处理每个字块 M_j。

```
把 Mj分为 16 个字 W0, W1,…, W15, 其中, W0为最左边的字
for t=16 to 79 do
    let Wt= (Wt-3,Wt-8, Wt-14, Wt-16)<<<1
let A=H0, B=H1, C=H2, D=H3, E=H4
for t=0 to 79 do
    TEMP=(A<<<5)+ft(B, C, D)+E+Wt+Kt
    E=D; D=C; C=(B<<<30); B=A; A=TEMP
let H0=H0+A;H1= H1+B;H2= H2+C;H3= H3+D;H4= H4+E
```

4. 输出

在处理完 M_n后，将 H_0、H_1、H_2、H_3、H_4级联得到的结果就是 160 bit 的消息摘要。

5. SHA-1 与 MD5 的比较

SHA-1 与 MD5 的比较见表 8-7。

表 8-7　SHA-1 与 MD5 的比较

特　征　项	SHA-1	MD5
散列值长度	160 bit	128 bit
分组处理长度	512 bit	512 bit
步数	80（4×20）	64（4×16）
最大消息长度	≤2^{64} bit	不限
非线性函数个数	3（第 2、4 轮相同）	4
常数个数	4	64

根据各项特征，下面简要地说明它们之间的不同。

1）安全性。SHA-1 所产生的摘要较 MD5 长 32 bit。若两种散列函数在结构上没有任何问题，则 SHA-1 比 MD5 更安全。

2）速度。两种方法都考虑了以 32 bit 处理器为基础的系统结构，但 SHA-1 的运算步骤较 MD5 多了 16 步，而且 SHA-1 记录单元的长度比 MD5 多了 32 bit。因此，若以硬件来实现 SHA-1，其速度大约比 MD5 慢 25%。

3）简易性。两种方法都相当简单，在实现上不需要很复杂的程序或大量的存储空间。然而，从总体上来讲，SHA-1 的每一步操作都比 MD5 简单。

第六节　密码学新进展

密码技术是信息安全的核心技术，网络环境下信息的保密性、完整性、可用性和抗抵赖性都需要采用密码技术来解决。进入 21 世纪之后，密码学领域研究取得了很大的进展，新理论、新技术不断涌现，在混沌密码学、量子密码、DNA 密码等方面都取得了长足的进步。

自 1989 年英国数学家 Matthews 提出基于混沌的加密技术以来，混沌密码学作为一种新技术正受到各国学者越来越多的重视。现有的研究成果表明，混沌和密码学之间有着密切的联系，混沌系统具有良好的伪随机特性、轨道的不可预测性、对初始状态及控制参数的敏感性等一系列特性，这些特性与密码学的很多要求是吻合的。例如，传统的加密算法敏感性依赖于密钥，而混沌映射依赖于初始条件和映射中的参数；传统的加密算法通过加密轮次来达到混淆和扩散，混沌映射则通过迭代，将初始域扩散到整个相空间；传统的加密算法定义在有限集上，而混沌映射定义在实数域内。当前，混沌理论方面的研究正在不断深入，已有不少学者提出了基于混沌的加密算法。

量子密码是密码学与量子力学结合的产物，首先想到将量子物理用于密码学的是美国哥伦比亚大学的科学家威斯纳。1970 年，威斯纳提出利用单量子态制造不可伪造的“电子钞票”，这个构想由于量子态的寿命太短而无法实现，但研究人员受到启发，1984 年，IBM 公司的贝内特和加拿大学者布拉萨德提出了第一个量子密码方案，由此迎来了量子密码学的新时期。量子密码体系采用量子态作为信息载体，经由量子通道在合法的用户之间传送密钥。量子密码的安全性由量子力学原理所保证，被称为是绝对安全的。所谓绝对安全是指，即使窃听者可能拥有极高的智商、可能采用极高明的窃听措施、可能使用极先进的测量手段，密钥的传送仍然是安全的，可见量子密码研究具有极其重大的意义。量子密码已进入实用化阶段，解决量子密码应用中的技术难题和进行深入的安全性探讨将是今后量子密码发展的趋势。

近年来，人们在研究生物遗传时发现 DNA 可以用于遗传学以外的其他领域，如信息科学领域。1994 年，Adleman 等科学家进行了世界上首次 DNA 计算，解决了一个 7 节点有向汉密尔顿回路问题，此后有关 DNA 计算的研究不断深入，获得的计算能力也不断增强。DNA 计算具有的信息处理的高并行性、超高容量的存储密度和超低的能量消耗等特点，非常适合用于攻击密码计算系统的不同部分，这就对传统的基于计算安全的密码体制提出了挑战。DNA 密码就是近年来伴随着 DNA 计算而产生、发展的信息安全新领域。

内容小结

密码学是信息安全的重要理论和技术。传统密码学主要包括替代密码和换位密码，包括简单替代密码、多表替代密码、周期置换密码、列置换密码等。现代密码可以分为对称密钥密码和非对称密钥密码（或称公开密钥密码），对称密钥密码的加密和解密使用相同的密钥；公开密钥密码的加密密钥和解密密钥不同。

对称密钥密码又分为分组密码和流密码。Feistel 是一种典型的分组密码结构，将明文分组划分为左、右两部分，经过多轮置换、替代等操作得到等长的密文输出。Feistel 分组密码结构的优点之一就是加密、解密过程是互逆的，可以利用一个算法实现加密和解密。DES 是 16 轮的 Feistel 结构分组密码，分组长度为 64 bit，初始密钥长度也是 64 bit，其中有效密钥长度为 56 bit。DES 密码对每个 64 位明文分组，共进行 16 轮的加密，每轮加密都会进行复杂的替代和置换操作，并且每轮加密都会使用一个由 56 位密钥导出的 48 位子密钥，最终输出与明文等长的 64 位密文。基于 DES 可以设计安全性更好的 CBC、三重 DES 等密码模式。除此之外，还有 RC5、AES、IDEA 等典型的分组密码，它们在性能上更优于简单的 DES 密码。

对称密钥面临着一个典型的问题就是密钥分发。公开密钥密码可以有效地解决这一问题。公开密钥密码的理论基础是有限域中计算离散对数的困难性，基于此设计出 Diffie-Hellman 密钥交换算法。RSA 算法是典型的公开密钥密码，其原理是基于大整数因子分解的计算困难性。除此之外，Rabin、ElGamal、ECDLP、ECC 等也是典型的公开密钥密码。虽然公开密钥密码安全性很好，但计算量一般很大，因此通常与对称密钥密码联合使用。

信息安全涉及的消息完整性和数字签名等都需要使用满足健壮性要求的散列函数，散列函数常用于验证报文的源以及报文自身的完整性，或者生成报文摘要，进一步支持数字签名。为此，散列函数需要满足弱无碰撞特性、强无碰撞特性以及单向性等健壮性要求。MD5 和 SHA-1 是使用比较广泛的散列函数。

习　题

一、单项选择题

1. 下列加密算法中，属于公开密钥密码算法的是（　　）。

A. AES　　B. RSA　　C. DES　　D. 三重 DES

2. 下列操作中，DES 加密算法不执行的是（　　）。

A. CRC 校验　　B. 异或　　C. 移位　　D. 置换

3. 在进行消息认证时，经常利用散列函数产生消息摘要。下列特性中，散列函数不具有的是（　　）。

A. 相同输入产生相同输出　　B. 提供随机性或者伪随机性

C. 易于实现　　D. 根据输出可以确定输入消息

4. 在 MD5 算法对输入文本分组时，每个分组的长度是（　　）。

A. 64 bit　　B. 128 bit　　C. 256 bit　　D. 512 bit

5. SHA-1 算法接收任意长度的输入消息，散列后输出的消息摘要的位长是（　　）。

A. 64　　B. 128　　C. 160　　D. 512

6. 下列选项中，不是散列函数的主要应用的是（　　）。

A. 文件校验　　B. 数字签名　　C. 数据加密　　D. 认证协议

二、简答题

1. 典型的对称密钥密码有哪些？它们的安全性如何？
2. 请绘制公开密钥密码的加密和解密过程，并说明公钥和私钥对需要满足的基本特性。
3. 简述 DES 密码算法过程。
4. 散列函数应该满足哪些性质？

5. 比较 MD5 和 SHA-1 算法的相同点和不同点。

三、计算题

1. 已知 DES 密码加密算法 S_2盒函数如下表所示。

盒	行＼列	0	1	2	3	4	5	6	7	8	9	10	11	12	13	14	15
S_2	0	15	1	8	14	6	11	3	4	9	7	2	13	12	0	5	10
	1	3	13	4	7	15	2	8	14	12	0	1	10	6	9	11	5
	2	0	14	7	11	10	4	13	1	5	8	12	6	9	3	2	15
	3	13	8	10	1	3	15	4	2	11	6	7	12	0	5	14	9
…	…	…	…	…	…	…	…	…	…	…	…	…	…	…	…	…	…

若本轮 S_2的输入为 100110，则 S_2的输出是什么？

2. 如果攻击者截获了 Alice 发给 Bob 的消息 C 为 10，并得知加密密码是 RSA（公钥：$e=5$，$n=35$），那么明文 M 是什么？

四、应用题

1. 若单字母替代密码的替代关系（密钥）如下：

明文：abcdefghijklmnopqrstuvwxyz

密文：mnbvcxzasdfghjklpoiuytrewq

1）请加密报文“This is an easy problem”；

2）解密报文“rmiju uamu xyj”。

2. 利用 $n=4$ 的凯撒密码加密明文“bob, i love you. alice”，得到的密文是什么？

3. 如果采用密钥为 cake 的列置换密码加密明文“alice, i love you. bob”，则得到的密文是什么？

第九章　信息安全防护基本原理

学习目标：

1. 理解消息完整性的概念和意义，掌握报文认证和数字签名的基本原理与过程；
2. 掌握身份认证的基本原理与过程；
3. 掌握访问控制的概念、方法、技术、功能及应用；
4. 理解内容安全的概念与意义，掌握内容保护与内容监管策略、技术与方法；
5. 理解物理安全的概念与意义，掌握物理安全主要内容与安全防护措施；
6. 理解密钥分发与证书认证的意义，掌握密钥分发与证书认证的基本原理与过程。

教师导读：

本章介绍消息完整性、消息认证、数字签名、身份认证、访问控制、内容安全、物理安全、密钥分发中心（KDC）与证书认证机构（CA）等内容。

本章的重点是消息完整性验证、报文认证、数字签名、身份认证方法、访问控制概念与方法、访问控制应用、内容保护与监管方法、物理安全主要内容、密钥分发方法、KDC 与 CA 等；本章的难点是消息完整性验证原理、报文认证的应用、数字签名原理、身份认证过程、访问控制策略与应用、内容安全的数字水印算法、密钥分发原理等。

本章学习的关键是理解消息完整性、数字签名、身份认证、访问控制、内容保护以及密钥分发的基本原理。

建议学时：

8 学时。

第一节　消息完整性与数字签名

报文/消息完整性（message integrity），也称为报文/消息认证（或报文鉴别），其主要目标是：证明报文确实来自声称的发送方；验证报文在传输过程中没有被篡改；预防报文的时间、顺序被篡改；预防报文持有期被篡改；预防抵赖（如发送方否认已发送的消息或接收方否认已接收的消息）。

一、消息完整性检测方法

为了实现消息完整性检测，需要用到密码散列函数（cryptographic hash function）$H(m)$，表示对报文 m 进行散列化。密码散列函数应具备的主要特性：

- ➢ 一般的散列函数算法公开；
- ➢ 能够快速计算；
- ➢ 对任意长度报文进行多对一映射均能产生定长输出；
- ➢ 对于任意报文，无法预知其散列值；

➢ 不同报文不能产生相同的散列值。

同时，密码散列函数还应该具有单向性、抗弱碰撞性和抗强碰撞性的特性。单向性保证了散列值持有者无法根据散列值逆推出报文，即对于给定散列值 h，无法计算找到满足 $h=H(m)$ 的报文 m。抗弱碰撞性（Weak Collision Resistance，WCR），即对于给定报文 x，计算上不可能找到 y 且 $y\neq x$，使得 $H(x)=H(y)$。抗强碰撞性（Strong Collision Resistance，SCR）表明了在计算上不可能找到任意两个不同报文 x 和 $y(x\neq y)$，使得 $H(x)=H(y)$。

满足上述特性的典型散列函数有 MD5 和 SHA-1。

二、报文认证

消息完整性检测的一个重要目的就是要完成报文认证的任务。如图 9-1 所示，对报文 m 应用散列函数 H，得到一个固定长度的散列码，称为报文摘要（message digest），记为 $H(m)$。报文摘要可以作为报文 m 的数字指纹（finger print）。

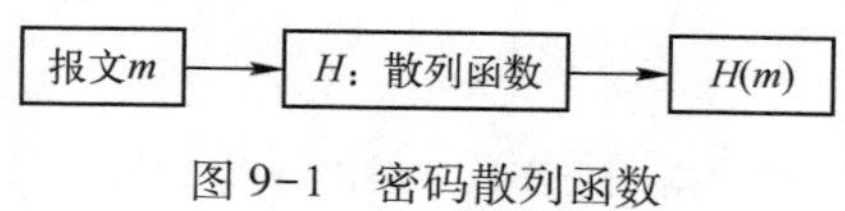

图 9-1　密码散列函数

报文认证是使消息的接收者能够检验收到的消息是否真实的认证方法。报文（消息）认证的目的有两个：其一是消息源的认证，即验证消息的来源是真实的；其二是消息的认证，即验证消息在传送过程中未被篡改。

1. 简单报文验证

图 9-2 展示了简单报文验证的过程，发送方对报文 m 应用散列函数 H，得到一个固定长度的散列码，获得报文摘要 $h=H(m)$，将扩展报文 $(m,H(m))$ 发送给接收方。接收方收到扩展报文 (m,h) 后，提取出报文 m 和报文摘要 h，同样对报文 m 应用散列函数 H，获得新的报文摘要 $H(m)$，将 $H(m)$ 与 h 做比较，若 $H(m)$ 与 h 相等，则认为报文认证成功，否则报文认证失败。

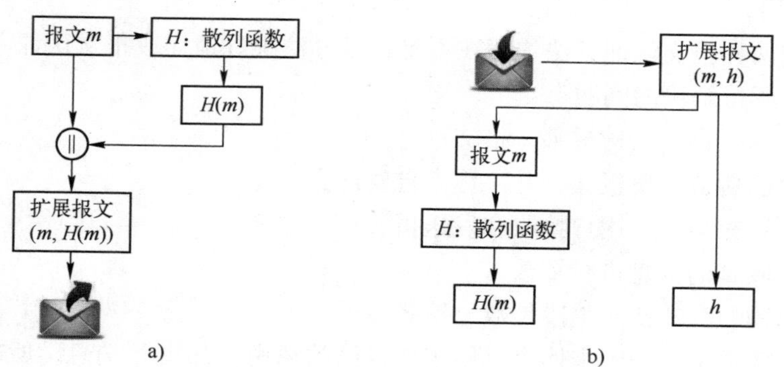

图 9-2　简单报文验证过程

但是该方案有一个明显的缺陷，我们知道密码散列函数是公开的，攻击者可以通过截获报文，同样用散列函数 H 获得报文摘要，然后组成扩展报文进行发送，接收方接收后能成功完成报文认证。虽然同样完成了报文认证，但是第二次认证显然是不安全的，因为它没有达到对消息来源认证的目的。

2. 报文认证码（Message Authentication Code，MAC）

图 9-3 展示了应用报文认证码进行报文认证的过程。

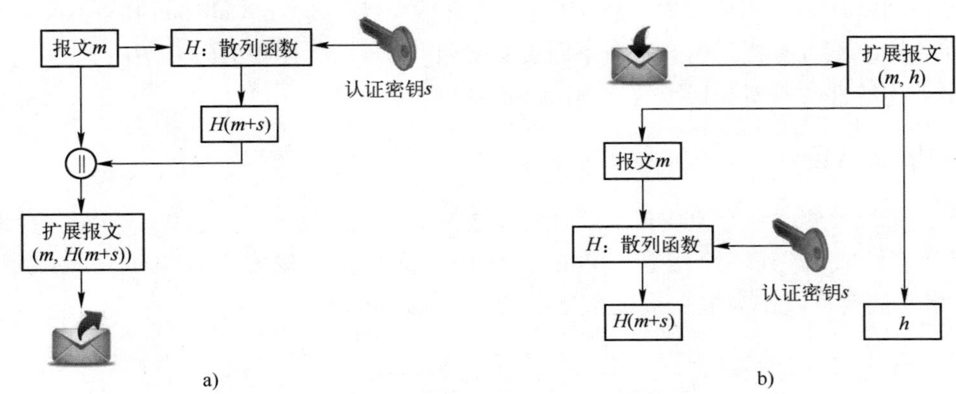

图 9-3　应用报文认证码进行报文认证过程

发送方和接收方共享一个认证密钥，发送方对报文 m 和认证密钥 s 应用散列函数 H，得到报文认证码 $H(m+s)$，将扩展报文 $(m,H(m+s))$ 发送给接收方。接收方收到扩展报文 (m,h) 后，提取出报文 m 和报文认证码 h，对报文 m 和认证密钥 s 应用散列函数 H，获得新的报文认证码 $H(m+s)$，将 $H(m+s)$ 与 h 做比较，若 $H(m+s)$ 与 h 相等，则认为报文认证成功，否则报文认证失败。

同样，该方法也存在缺陷，比如接收方自己写一份报文并用同样的步骤生成一份扩展报文，并且说这份扩展报文就是发送方发来的，这时发送方就百口莫辩了。这说明该方法没有达到对消息认证的目的，即无法保证消息在接收方没有被篡改。

三、数字签名

上文介绍的两种报文认证方法均存在不足，没办法很好地完成报文认证。在报文完整性认证的过程中，亟待解决的问题有：

- 发送方不承认自己发送过某一报文；
- 接收方自己伪造一份报文，并声称来自发送方；
- 某个用户冒充另一个用户接收和发送报文；
- 接收方对收到的信息进行篡改。

解决这些问题的有效技术手段是数字签名。

在公钥密码体系中，一个主体可以使用他自己的私钥“加密”消息，所得到的“密文”可以用该主体的公钥“解密”以恢复成原来的消息，如此生成的“密文”对该“消息”提供认证服务。公钥密码提供的这种消息认证服务可以看成对消息原作者的签名，即数字签名。

数字签名在信息安全，包括身份认证、数据完整性、不可否认性以及匿名性等方面，有重要应用，特别是在大型安全通信的密钥分配、认证以及电子商务系统中都具有重要作用。数字签名是实现认证的重要工具。

数字签名与消息认证的区别：消息认证使接收方能验证发送方以及所发消息内容是否被篡改过。当收、发者之间没有利害冲突时，这对于防止第三者的破坏来说是足够的。但当接收方和发送方之间有利害冲突时，就无法解决他们之间的纠纷，此时必须借助满足前述要求的数字签名技术。

数字签名应满足以下要求：

- 接收方能够确认或证实发送方的签名，但不能伪造；
- 发送方向接收方发出签名消息后，就不能再否认他所签发的消息；
- 接收方对已收到的签名消息不能否认，即有收报认证；
- 第三者可以确认收、发双方之间的消息传送，但不能伪造这一过程。

1. 简单数字签名

事实上，数字签名就是用私钥进行加密，而认证就是利用公钥进行正确的解密，所以报文加密技术是数字签名的基础。图 9-4 展示了简单数字签名的实现过程，Bob 通过利用其私钥 K_B^- 对报文 m 进行加密，创建签名报文 $K_B^-(m)$，将扩展报文$(m,K_B^-(m))$发送给 Alice。假设 Alice 收到报文 m 以及签名 $K_B^-(m)$。Alice 利用 Bob 的公钥 K_B^+ 解密 $K_B^-(m)$，并检验 $K_B^+(K_B^-(m))=m$ 来证实报文 m 是否是 Bob 签名的。如果 $K_B^+(K_B^-(m))=m$ 成立，则签名 m 的一定是 Bob 的私钥。

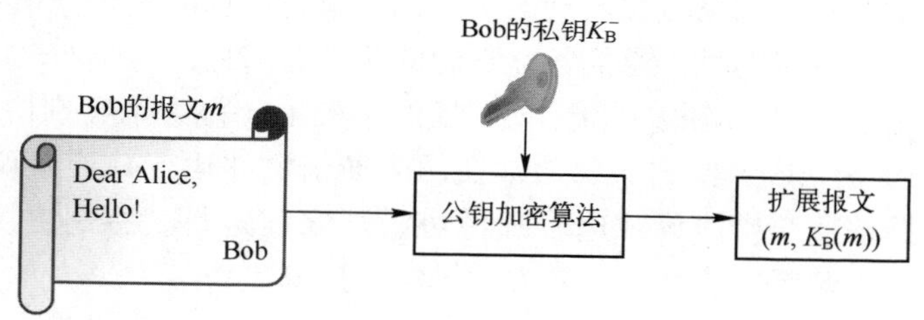

图 9-4　简单数字签名实现过程

通过数字签名进行消息认证，Alice 可以证实确实是 Bob 签名了 m 而不是其他人，并且确定 Bob 签名的是报文 m 而不是其他报文 m'。

2. 签名报文摘要

简单数字签名确实可以很好地完成信息验证，但是由于数字签名利用私钥对整个报文 m 进行加密，造成加密算法在报文很大时计算量很大，运行效率很慢，同时生成的扩展报文数据量是原始报文的两倍多，这样就造成了接收方流量的极大浪费。

图 9-5 展示了签名报文摘要的工作流程，Bob 对报文 m 应用散列函数 H 以生成报文摘要 $H(m)$，然后 Bob 通过其私钥 K_B^- 对报文摘要进行加密以生成加密的报文摘要 $K_B^-(H(m))$，将扩展报文$(m,K_B^-(H(m)))$ 发送给 Alice。假设 Alice 收到报文 m 以及加密的报文摘要 $K_B^-(H(m))$，Alice 利用 Bob 的公钥 K_B^+ 解密 $K_B^-(H(m))$，并检验 $K_B^+(K_B^-(H(m)))$来证实报文 m 是否是 Bob 签名的。如果 $K_B^+(K_B^-(H(m)))=H(m)$成立，则签名报文 m 的一定是 Bob 的私钥。

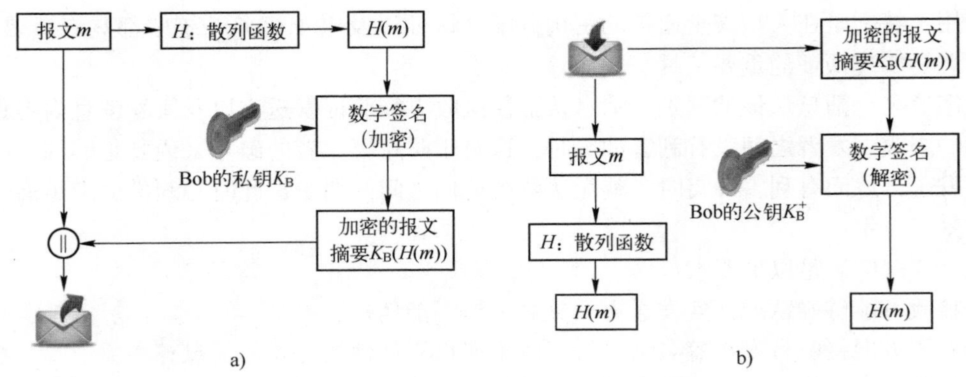

图 9-5　签名报文摘要工作流程

第二节　身 份 认 证

身份认证又称身份鉴别，是一个实体经过计算机网络向另一个实体证明其身份的过程，例如一个人向某个电子邮件服务器证明其身份。人可以通过多种方式互相鉴别：见面时通过识别对方的容貌进行身份认证，打电话时通过对方的声音进行身份认证，等等。在本节中，主要讨论经由网络通信的双方如何能够鉴别彼此，尤其关注当通信实际发生时鉴别“活动的”实体。这与证明在过去的某点接收到的报文确实来自声称的发送方稍有不同。

当通过网络进行身份鉴别时，通信各方不能依靠生物信息，比如外表、声音等，进行身份鉴别。鉴别应当在通信双方的报文和数据交换的基础上，作为某鉴别协议（authentication protocol）的一部分独立完成。鉴别协议通常在两个通信实体运行其他协议（例如可靠数据传输协议、路由选择信息交换协议或电子邮件协议）之前运行。鉴别协议首先建立相互信任的各方的标识；仅当鉴别完成之后，各方才继续之后的工作。

假设 Alice 要向 Bob 鉴别她自己的身份，如果 Alice 直接发送给 Bob 一条消息“我是 Alice”，Bob 收到消息后不能确定消息是 Alice 发来的，因为在网络中 Bob“看”不到 Alice，Trudy（入侵者）也可以发送这样的报文。

如果 Alice 在自己发送的报文中加入个人标识呢？比如 Alice 将自己常用的 IP 地址加入报文中并发送给 Bob，Bob 收到消息后，通过验证 Alice 携带鉴别报文的 IP 数据报的源地址是否与 Alice 的常用 IP 地址相匹配来进行鉴别。显然，这仍然不可靠，因为 Trudy 可以通过 IP 欺骗，生成一个 IP 数据报，在数据报中填入 Alice 的 IP 地址，再发送给 Bob。

自然地，我们会想到使用秘密口令的方式进行身份认证。事实上，很多网络应用都会用口令鉴别用户身份，例如 Gmail、Telnet、FTP 等。如果 Alice 在之前报文的基础上先添加一条秘密口令，再发送给 Bob，是否就能成功完成身份认证呢？很遗憾，这种身份认证方式的安全性缺陷相当明显：如果 Trudy 窃听 Alice 的通信，则可得到 Alice 的口令。Trudy 通过嗅探在局域网上传输的所有数据分组，就有可能窃取到口令。如果对口令进行加密，是否可以防止攻击呢？事实证明还是不行！虽然口令加密确实可以防止 Trudy 通过嗅探获得 Alice 的口令，但是，这种方法并不能解决身份认证问题，因为 Bob 依然可能遭受一种攻击，即回放攻击（playback attack）。Trudy 只需要窃听 Alice 的通信，并记录加密口令（可能并不知道口令内容)，然后向 Bob 回放该加密的口令，她就可以假冒成 Alice。

之所以使用加密口令方式失败，是因为 Bob 不能区分 Alice 的初始鉴别报文和后来入侵者回放的 Alice 的初始鉴别报文。也就是说，Bob 无法判断 Alice 是否还活跃（即当前是否还在连接的另一端)，或他接收到的报文是否就是前面鉴别 Alice 时录制的回放。回顾 TCP 连接建立的三次握手过程，也需要处理类似的问题。如果服务器端的 TCP 接收到的 SYN 报文段是较早连接的一个 SYN 报文段的旧副本（重传的结果)，那么服务器端的 TCP 不会接受该连接请求。服务器端的 TCP 如何“判断客户是否真正还活跃”呢？TCP 的解决方案是，首先选择一个很长时间内都不会再次使用的初始序号，然后把这个序号发给客户，最后等待客户以包含这个序号的 ACK 报文段来响应。类似地，为了预防重放攻击，比较有效地解决方式是引入一次性随机数（nonce)，该随机数在一个生命周期内只使用一次。图 9-6 展示了使用一次性随机数的基本过程。

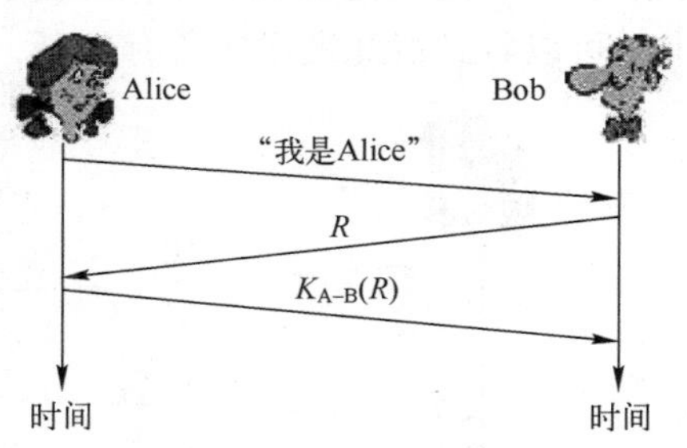

图 9-6　利用一次性随机数 R 进行身份认证

（1） Alice 向 Bob 发送报文“我是 Alice”。

（2） Bob 选择一个一次性随机数 R，然后把这个值发送给 Alice。

（3） Alice 使用她与 Bob 共享的对称加密密钥 K_{A-B} 来加密这个一次性随机数，然后把加密的一次性随机数 $K_{A-B}(R)$ 发回给 Bob。由于 Alice 知道 K_{A-B} 并用它加密了 R，就使得 Bob 知道收到的报文是由 Alice 产生的，因此，这个一次性随机数便可用于确定 Alice 是活跃的。

（4） Bob 解密接收到的报文。如果解密得到的一次性随机数等于他发送给 Alice 的那个一次性随机数，则可确认 Alice 的身份。

一次性随机数的使用，可以避免被重放攻击，但是该方法的最大不足是需要通信双方共享密钥。那么能否使用一次性随机数和公开密钥密码体系而不是对称密钥密码体系来解决身份认证问题呢？答案是肯定的。一个改进的方法是在使用一次性随机数的基础上，再利用公钥加密技术，如图 9-7 所示。

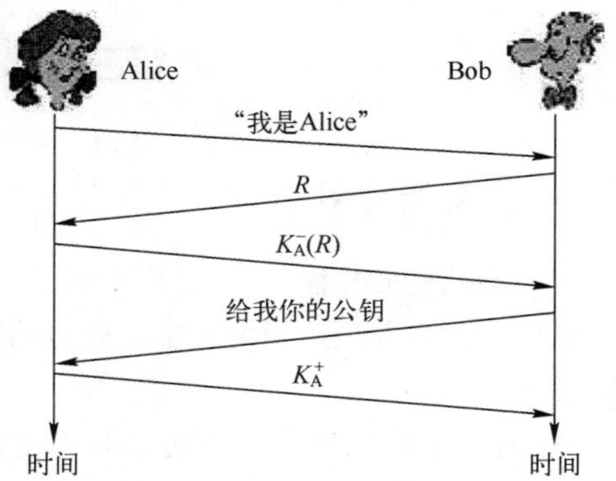

图 9-7　利用一次性随机数和公钥加密技术进行身份认证

1） Alice 向 Bob 发送报文“我是 Alice”。

2） Bob 选择一个一次性随机数 R，然后把这个值发送给 Alice。

3） Alice 使用她的私钥 K_A^- 来加密 R，然后把加密结果 $K_A^-(R)$ 发回给 Bob。

4） Bob 向 Alice 索要她的公钥。

5） Alice 向 Bob 发送自己的公钥。

6） Bob 用 Alice 的公钥 K_A^+ 解密收到的报文。如果解密得到的一次性随机数 $K_A^+(K_A^-(R))$ 等于他发送给 Alice 的那个一次性随机数 R，则可确认 Alice 的身份。

该方法依然存在比较明显的安全漏洞，如图 9-8 所示。Alice 向 Bob 发送消息，但是发送的消息被中间人 Trudy 劫持；Trudy 劫持消息后将其转发给 Bob；Bob 收到消息后向他认为的“Alice”发送一次性随机数 R，同样被 Trudy 劫持；Trudy 将一次性随机数 R 转发给 Alice；Alice 收到后，向她认为的“Bob”发送用自己私钥加密的一次性随机数 $K_A^-(R)$；与此同时，Trudy 也向 Bob 发送用自己私钥加密的一次性随机数 $K_T^-(R)$，并向 Alice 索要 Alice 的公钥；Bob 收到 $K_T^-(R)$ 后，向“Alice”索要公钥；然后，Trudy 成功获取了 Alice 发来的公钥 K_A^+，并将自己的公钥 K_T^+ 发送给 Bob。至此，Trudy 已经完全成为“中间人”，Bob 与 Alice 可以收到彼此发送的所有信息，但同时 Trudy 也收到了所有信息。

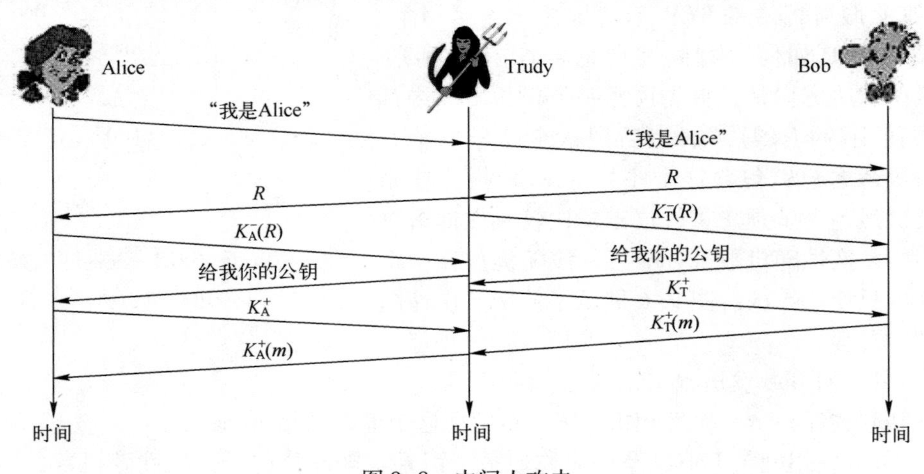

图 9-8　中间人攻击

之所以会存在中间人攻击的安全隐患，是因为与密钥的可信性有很大关系，Trudy 将自己的公钥发给 Bob，并声称是 Alice 的公钥，Bob 没有验证公钥的真实性，于是中间人攻击就成功了。解决这一问题的关键是要解决（对称）密钥分发和（公开）密钥本身的认证问题。

第三节　密钥管理与分发

一、密钥分发中心

在身份认证过程中，为了证明是“真实的”Alice，Bob 向 Alice 发送一个随机数 R，Alice 必须返回 R，并利用共享密钥进行加密，那么 Alice 和 Bob 之间如何实现对称密钥的共享呢？

在对大量信息进行加密时，对称密钥密码因为其加/解密效率高、速度快等特点，而比非对称密钥密码更为有效。然而，对称密钥密码的应用，需要在通信双方之间建立一个共享密钥。如果一方需要和 N 方进行保密通信，则需要建立 N 个共享密钥。显然，实现对称密钥的安全、可靠分发，是成功利用对称密钥密码的关键。

对称密钥分发问题的典型解决方案是，通信各方建立一个大家都信赖的密钥分发中心（Key Distribution Center，KDC），并且每一方都和 KDC 之间保持一个长期的共享密钥。通信双方借助 KDC，在通信双方之间创建一个临时的会话密钥（Session Key）。在会话密钥建立之前，通信双方与 KDC 之间的长期共享密钥，用于 KDC 对通信方进行验证以及通信双方之间的验证。

基于 KDC 的密钥生成和分发方法可以有很多种。例如，会话密钥可以由通信的发起方生成，也可以由 KDC 生成。假设通信方 Alice 与 KDC 之间长期共享密钥为 $K_{A\text{-}KDC}$，通信方 Bob 与 KDC 之间长期共享密钥为 $K_{B\text{-}KDC}$。

方式一：通信发起方生成会话密钥，如图 9-9 所示。

1）假设 Alice 要与 Bob 进行保密通信，Alice 随机选择一个会话密钥 K_s；用 $K_{A\text{-}KDC}$ 加密会话密钥，即得到 $K_{A\text{-}KDC}(K_s,B)$，并发送给 KDC。

2）KDC 收到后，用 $K_{A\text{-}KDC}$ 解密获得 Alice 所选择的会话密钥 K_s，以及所希望的通信方 Bob。KDC 将（K_s,A）用其和 Bob 共享的密钥 $K_{B\text{-}KDC}$ 加密，并将 $K_{B\text{-}KDC}(K_s,A)$ 发送给 Bob。

3）通信方 Bob 收到后，用自己和 KDC 的共享密钥解密，从而得到希望和自己通信的是 Alice，并获得会话密钥 K_s。

这样 Alice 和 Bob 就可以利用会话密钥 K_s 进行双方之间的保密通信了，因为他们都信任 KDC。

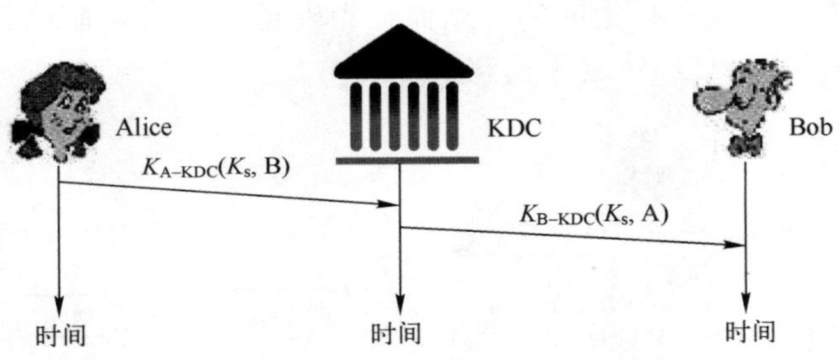

图 9-9　通过 KDC 进行通信方式一

方式二：由 KDC 为 Alice、Bob 生成通信的会话密钥，如图 9-10 所示。

1）通信方 Alice 在希望与 Bob 通信时，首先向 KDC 发送请求消息。

2）KDC 收到来自 Alice 的消息后，随机选择一个会话密钥 K_s，并将 $K_{B\text{-}KDC}(K_s,A)$ 发送给 Bob，将 $K_{A\text{-}KDC}(K_s,B)$ 发送给 Alice。

3）Alice、Bob 收到来自 KDC 的密文消息后，分别用自己与 KDC 的共享密钥解密，获得会话密钥 K_s。

显然，通过方式二也可以在 Alice、Bob 之间建立其会话密钥，以支持双方的保密通信。

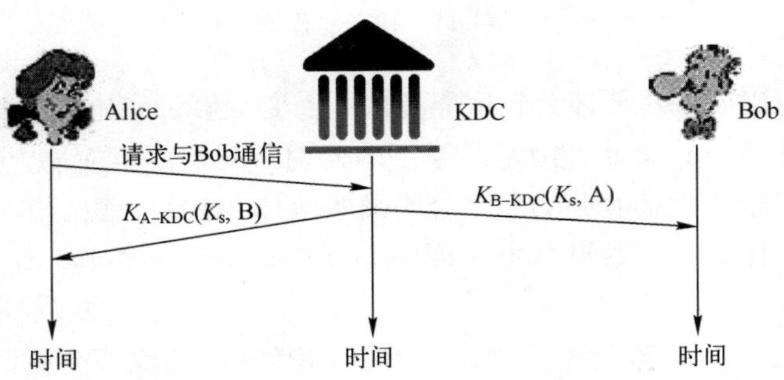

图 9-10　通过 KDC 进行通信方式二

二、证书认证机构

考虑一个因特网版的“比萨恶作剧”。假定 Alice 正在从事比萨派送业务，从因特网上接受订单。Bob 是一个爱吃比萨的人，他向 Alice 发送了一份包含其家庭地址和他希望的比萨类型的明文报文。Bob 在这个报文中也包含一个数字签名（即对原始明文报文的签名的散列），以向 Alice 证实他是该报文的真正来源。为了验证这个数字签名，Alice 获得了 Bob 的公钥（也许从公钥服务器或通过电子邮件报文）并核对该数字签名。通过这种方式，Alice 确信是 Bob 而不是某些喜欢恶作剧的青少年下的比萨订单。

在“聪明”的 Trudy 出现之前，这一切看起来相当顺利。如图 9-11 所示，Trudy 向 Alice 发送一个报文，在这个报文中她声称自己是 Bob，给出了 Bob 家的地址并订购了一个比萨。在这个报文中，她也包括了自己（Trudy）的公钥，Alice 自然地假定它就是 Bob 的公钥。Trudy 也附加了一个签名，但是这是用她自己（Trudy）的私钥生成的。在收到该报文后，Alice 就会用 Trudy 的公钥（Alice 认为它是 Bob 的公钥）来解密该数字签名，并得到结论：这个明文报文确实是由 Bob 生成的。然而，当外送人员带着腊肠比萨到达 Bob 家时，Bob 会感到非常惊讶，因为他根本就不喜欢腊肠。

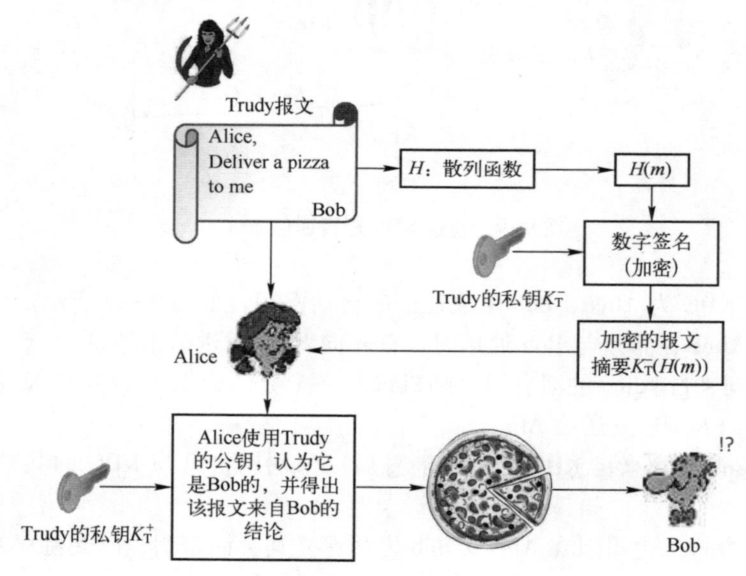

图 9-11　比萨恶作剧

从这个例子中可以看到，要使公钥密码有效，需要能够证实你拥有的公钥实际上就是要与你通信的实体（人员、路由器、浏览器等）的公钥。例如，当 Alice 与 Bob 使用公钥密码通信时，她需要证实她认为是 Bob 的那个公钥确实就是 Bob 的公钥。

将公钥与特定实体绑定，通常是由认证中心（Certification Authority，CA）完成的。CA 具有下列作用。

1）CA 可以证实一个实体（一个人、一台路由器等）的真实身份。当通信方与 CA 打交道时，需要信任这个 CA 能够执行严格的身份验证。例如，如果 Trudy 可以进入某证书权威机构，并宣称“我是 Alice”，就可以得到该机构颁发的与 Alice 的身份相关联证书，则人们不会对该证书权威机构所签发的公钥证书有太多的信任。

2）一旦 CA 验证了某个实体的身份，CA 就会生成一个把其身份和实体的公钥绑定起来的证书（certificate），其中包含该实体的公钥及其全局唯一的身份识别信息（例如人的姓名或 IP 地址）等，并由 CA 对证书进行数字签名。图 9-12 展示了 Bob 获取个人公钥证书的过程。Bob 向 CA 提供自己的身份证明，CA 创建绑定 Bob 及其公钥的证书，证书包含由 CA 签名的 Bob 的公钥并且声明："这是 Bob 的公钥"。

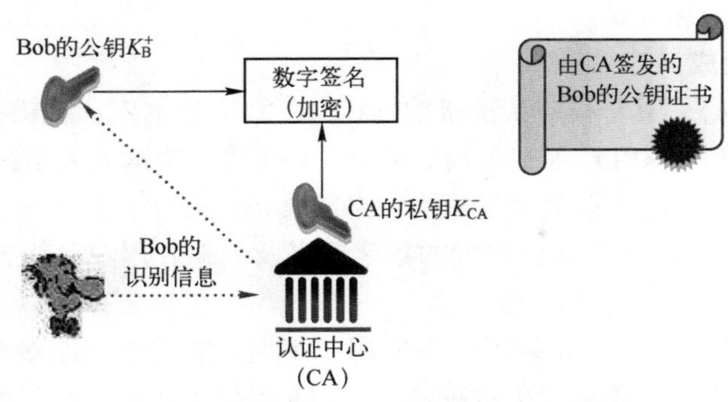

图 9-12　Bob 获取个人公钥证书的过程

此时，当 Alice 想要 Bob 的公钥时，首先获取 Bob 的公钥证书，然后应用 CA 的公钥解密证书中签名的公钥，从而获得 Bob 的公钥。有了 CA，便可以对抗比萨恶作剧，也可以解决图 9-8 所示中间人攻击问题。

三、公钥基础设施

PKI（Public Key Infrastructure，公钥基础设施）是一种遵循标准的利用公钥加密技术为电子商务的开展提供一套安全基础平台的技术和规范。它能够为所有网络应用提供加密和数字签名等密码服务及所必需的密钥和证书管理体系。简单来说，PKI 就是利用公钥理论和技术建立的提供安全服务的基础设施。用户可利用 PKI 平台提供的服务进行安全的电子交易、通信和互联网上的各种活动。

为解决 Internet 的安全问题，人们对其进行了多年的研究，初步形成了一套完整的 Internet 安全解决方案，即目前被广泛采用的 PKI。PKI 技术采用证书管理公钥，通过第三方的可信任机构——CA，把用户的公钥和用户的其他标识信息捆绑在一起，在 Internet 上验证用户的身份。目前，通用的办法是采用建立在 PKI 基础之上的数字证书，通过把要传输的数字信息进行加密和签名，保证信息传输的机密性、真实性、完整性和不可否认性，从而保证信息的安全传输。PKI 是基于公钥算法和技术，为网络通信提供安全服务的基础设施，是创建、颁发、管理、注销公钥证书所涉及的所有软件、硬件的集合体。其核心元素是数字证书，核心执行者是 CA。

PKI 技术是信息安全技术的核心，也是电子商务的关键和基础技术。PKI 的基础技术包括加密、数字签名、数据完整性机制、数字信封、双重数字签名等。

由于 PKI 体系结构是目前比较成熟、完善的 Internet 网络安全解决方案，因此一些大型网络安全公司纷纷推出一系列基于 PKI 的网络安全产品，如 Verisign、IBM、Entrust 等安全产品供应商为用户提供了一系列客户端和服务器端的安全产品，为电子商务的发展提供了安全保障，为电子商务、政府办公网、EDI 等提供了完整的网络安全解决方案。

随着 Internet 应用的不断普及和深入，政府部门需要 PKI 支持管理；商业企业内部、企业与企业之间、区域性服务网络、电子商务网站都需要 PKI 的技术和解决方案；大型企业需要建立自己的 PKI 平台；小型企业需要社会提供的商业性 PKI 服务。从发展趋势来看，PKI 的市场需求非常巨大，基于 PKI 的应用包括许多内容，如 WWW 服务器和浏览器之间的通信、安全的电子邮件、电子数据交换、Internet 上的信用卡交易以及 VPN 等。因此，PKI 具有非常广阔的市场应用前景。

1. PKI 的基本组成

完整的 PKI 系统必须具有权威认证机构（CA）、数字证书库、密钥备份及恢复系统、证书作废系统、应用接口（API）等基本构成部分，PKI 将围绕这五大系统来着手构建。

1）CA，即数字证书的申请及签发机构，必须具备权威性。

2）数字证书库。它用于存储已签发的数字证书及公钥，用户可由此获得所需的其他用户的证书及公钥。

3）密钥备份及恢复系统。如果用户丢失用于解密数据的密钥，则数据将无法被解密，这将造成合法数据丢失。为避免发生这种情况，PKI 提供了备份与恢复密钥的机制。但要注意，密钥的备份与恢复必须由可信的机构来完成。并且，密钥备份与恢复只能针对解密密钥，签名私钥为确保其唯一性而不能够做备份。

4）证书作废系统。此系统是 PKI 的一个必备组件。与日常生活中的各种身份证件一样，证书有效期内也可能需要作废，原因可能包括密钥介质丢失、用户身份变更等。为实现这一点，PKI 必须提供作废证书的一系列机制。

5）应用接口。PKI 的价值在于使用户能够方便地使用加密、数字签名等安全服务，因此一个完整的 PKI 必须提供良好的应用接口系统，使得各种各样的应用能够以安全、一致、可信的方式与 PKI 交互，确保安全网络环境的完整性和易用性。

通常来说，CA 是证书的签发机构，也是 PKI 的核心。众所周知，构建密码服务系统的核心内容是如何实现密钥管理。公钥体系涉及一对密钥（即私钥和公钥），私钥只由用户独立掌握，无须在网上传输，而公钥则是公开的，需要在网上传送，故公钥体系的密钥管理主要是针对公钥的管理问题，目前较好的解决方案是数字证书机制。

2. PKI 核心——CA

（1）CA

下面以电子商务为例介绍 CA。为保证网上数字信息的传输安全，除了在通信传输中采用更强的加密算法等措施以外，还必须建立一种信任及信任验证机制，即参加电子商务的各方必须有一个可以被验证的标识，这就是数字证书。数字证书是各实体（持卡人/个人、商户/企业、网关/银行等）在网上信息交流及商务交易活动中的身份证明。该数字证书具有唯一性。它将实体的公开密钥同实体本身联系在一起，为实现这一目的，必须使数字证书符合 X. 509 国际标准，同时数字证书的来源必须是可靠的。这就意味着应有一个各方都信任的机构，专门负责数字证书的发放和管理，确保网上信息的安全，这个机构就是 CA。各级 CA 组成了整个电子商务的信任链。如果 CA 不安全或发放的数字证书不具有权威性、公正性和可信赖性，电子商务根本就无从谈起。

CA 是整个网上电子交易安全的关键环节，它主要负责产生、分配并管理所有参与网上交易的实体所需的身份认证数字证书。每一份数字证书都与上一级的数字签名证书相关联，最终通过安全链追溯到一个已知的并被广泛认为是安全、权威、足以信赖的机构——根认证中心（根 CA）。

电子交易的各方都必须拥有合法的身份，即由数字证书认证中心（CA）签发的数字证书，在交易的各个环节，交易的各方都需要检验对方数字证书的有效性，从而解决用户信任问题。CA 涉及电子交易中各交易方的身份信息、严格的加密技术和认证程序。基于其牢固的安全机制，CA 应用可扩大到一切有安全要求的网络数据传输服务。

数字证书认证解决了网上交易和结算中的安全问题，其中包括建立电子商务各主体之间的信任关系；选择安全标准（如 SET、SSL）；采用高强度的加、解密技术。其中安全认证体系的建立是关键，它决定了网上交易和结算能否安全进行，因此，数字证书认证中心的建立对电子商务的开展具有非常重要的意义。

CA 是电子商务体系中的核心环节，是电子交易中信赖的基础。它通过自身的注册审核体系，检查核实进行证书申请的用户身份和各项相关信息，使网上交易的用户属性与证书一致。CA 作为权威的、可信赖的、公正的第三方机构，专门负责发放并管理所有参与网上交易的实体所需的数字证书。

（2）CA 及 RA

开放网络上的电子商务要求为信息安全提供有效的、可靠的保护机制。这些机制必须提供机密性、身份验证特性（使交易的每一方都可以确认其他各方的身份）、不可否认性（交易的各方不可否认他们的参与）。这就需要依靠一个可靠的第三方机构验证，而 CA 专门提供这种服务。

证书机制是目前被广泛采用的一种安全机制，使用证书机制的前提是建立 CA 以及配套的 RA（Registration Authority，注册审批机构）系统。

CA 又称为数字证书认证中心，作为电子商务交易中受信任的第三方，专门解决公钥体系中公钥的合法性问题。CA 为每个使用公开密钥的用户发放一个数字证书，数字证书的作用是证明证书中列出的用户名称与证书中列出的公开密钥相对应。CA 的数字签名使得攻击者不能伪造和篡改数字证书。

在数字证书认证过程中，CA 作为权威的、公正的、可信赖的第三方，其作用是至关重要的。CA 就是一个负责发放和管理数字证书的权威机构，允许管理员撤销发放的数字证书，在证书废止列表（CRL）中添加新项并周期性地发布这一数字签名的 CRL。

RA 系统是 CA 的证书发放、管理的延伸，它负责证书申请者的信息录入、审核以及证书发放等工作；同时，对发放的证书完成相应的管理功能。发放的数字证书可以存放于 IC 卡、硬盘或 U 盘等介质中。RA 系统是整个 CA 得以正常运营的保障，是不可缺少的一部分。

（3）CA 的功能

概括地说，CA 的功能有证书发放、证书更新、证书撤销和证书验证，具体描述如下。

1）接受验证最终用户数字证书的申请。

2）确定是否接受最终用户数字证书的申请，即证书的审批。

3）向申请者颁发或拒绝颁发数字证书，即证书的发放或拒绝发放。

4）接受、处理最终用户的数字证书更新请求，即证书的更新。

5）接受最终用户数字证书的查询、撤销。

6）产生和发布证书废止列表。

7）数字证书的归档。

8）密钥归档。

9）历史数据归档。

CA 为了实现其功能，主要包含以下 3 部分。

1）注册服务器。通过 Web Server 建立的站点，可为客户提供全天候服务。因此，客户可在自己方便的时候在网上提出证书申请和填写相应的证书申请表，免去了排队等候等麻烦。

2）证书申请受理和审核机构。它负责证书的申请和审核，主要功能是接受客户证书申请并进行审核。

3）认证中心服务器。它是数字证书生成、发放的运行实体，同时提供发放证书的管理、证书废止列表的生成和处理等服务。

第四节　访 问 控 制

访问控制（Access Control，AC）是指系统对用户身份及其所属的预先定义的策略组限制其使用数据资源能力的手段，通常用于系统管理员控制用户对服务器、目录、文件等网络资源的访问，防止对任何资源进行未授权的访问，从而使计算机系统在合法的范围内使用。

访问控制的目标是防止对任何计算机资源、通信资源或信息资源进行未授权的访问。未授权访问包括未经授权地使用、泄露、修改、销毁以及颁发指令等。访问控制直接支持保密性、完整性、可用性以及合法使用的安全目标，其中对可用性所起的作用取决于对访问者的有效控制。

访问控制是在保证授权用户能获取所需资源的同时拒绝非授权用户的安全机制，是信息安全理论基础的重要组成部分。访问控制既是通信安全的问题，又是计算机操作系统安全的问题。然而，由于必须在系统之间传输访问控制信息，因此它对通信协议具有很高的要求。访问控制的实质是对资源使用的限制，它用于限定主体在网络内对客体所允许执行的动作，即用户在通过认证后，还要通过访问控制才能执行特定的操作。

访问控制的目的是限制访问主体对访问客体的访问权限，从而使计算机系统在合法范围内使用；它决定用户能做什么，也决定代表一定用户身份的进程能做什么。其中主体可以是某个用户，也可以是用户启动的进程和服务。为达到此目的，访问控制应具有以下 3 个功能。

1）识别和确认访问系统的用户。

2）资源访问权限控制功能，决定用户对系统资源的访问权限。

3）审计功能，记录系统资源被访问的时间和访问者信息。

一、访问控制和身份认证的区别

在用户身份已得到认证的前提下，访问控制限制主体对访问客体的访问权限，目的是控制用户能做什么、有什么权限。不同权限的合法访问者对于资源的访问和使用是不同的。因此，访问控制是在身份认证的基础上，根据用户的身份对提出的资源访问请求加以控制。访问控制是为了保证网络资源受控、合法地被使用。合法用户只能根据自身权限来访问系统资源，不能越权访问。

所以，访问控制是身份认证之后的第二道关卡。访问控制是系统保密性、完整性、可用性和合法使用性的重要基础，是网络安全防范和资源保护的关键策略。为了达到上述目的，访问控制需要完成两个任务：首先识别和确认访问系统的用户；然后决定该用户可以对某一系统资源进行何种类型的访问。

总之，访问控制与身份认证的区别为：身份认证是防止非法用户进入系统，而访问控制是防止合法用户对系统资源进行非法使用。

二、访问控制的三要素

访问控制包括 3 个要素：主体、客体和访问控制策略，如图 9-13 所示。主体是访问动作的发起者，即对客体实施动作的实体，如用户、用户进程和设备等。客体即被访问对象，计算机系统中所有可控制的资源均可抽象为客体，如文件、设备和内存区数据等。访问控制策略可以限制用户对系统关键资源的访问，防止非法用户进入系统及合法用户对系统资源的非法使用。

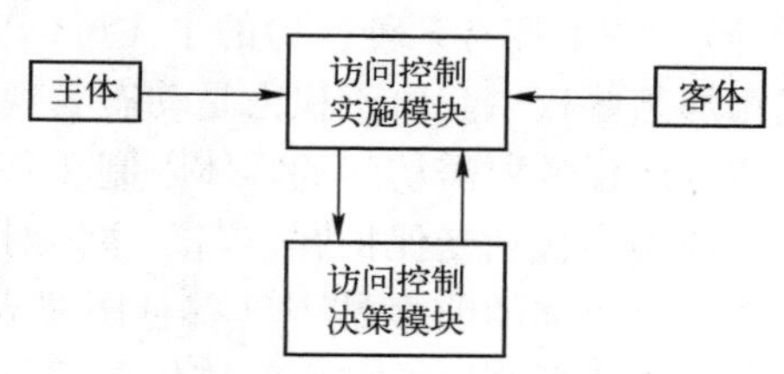

图 9-13　访问控制模型

访问控制实施模块执行访问控制策略，访问控制决策模块表示一组访问控制规则和策略。决策功能控制着主体在何种条件下、为了什么目的、可以访问哪些客体。这些决策以某一访问控制策略的形式反映出来。访问请求通过某个访问控制策略而得到过滤。在访问控制策略中，通常由主体提出访问客体的请求，系统根据决策规则由实施模块对访问请求进行分析、处理，在授权的范围内，允许主体对客体进行有限的访问。

访问控制的主要过程包括以下内容。

1）规定需要保护的资源，即确定客体。

2）规定可以访问该资源的主体。

3）规定可以对该资源执行的操作。

4）通过确定每个实体可对哪些资源执行哪些动作来确定安全方案。

三、访问控制策略

访问控制策略是指实施访问控制所采用的基本思路和方法。其任务是保证计算机信息不被非法使用和非法访问，为保证信息基础的安全性提供一个框架，提供管理和访问计算机资源的安全方法，规定各部门要遵守的规范及应负的责任。

目前，主流的访问控制策略包括自主访问控制、强制访问控制和基于角色的访问控制等。

1. 自主访问控制

自主访问控制（Discretionary Access Control，DAC）是一种最普遍的访问控制方式，它基于对主体或主体所属的主体组的识别来限制对客体的访问，这种控制是自主的。自主是指主体能够自主地按自己的意愿对系统的参数做适当的修改，以决定哪些用户可以访问它的文件。将访问权或访问权的一个子集授予其他主体，这样可以做到一个用户有选择地与其他用户共享它的文件。

为了实现完备的自主访问控制系统，由访问控制矩阵提供的信息必须以某种形式保存在系统中。访问控制矩阵中的每行表示一个主体，每列则表示一个受保护的客体，矩阵中的元素表示主体可以对客体进行的访问模式。为了提高系统的性能，在实际应用中通常是建立基于矩阵行（主体）或列（客体）的访问控制方法。

（1）基于行的自主访问控制

基于行的自主访问控制方法是在每个主体上都附加一个该主体可访问的客体的明细表。根据表中信息的不同，可分为 3 种形式，即权力表（capabilities list）、前缀表（profiles）和口令（password）。

权力表决定用户是否可以对客体进行访问，以及进行何种形式的访问（如读、写、运行等）。一个拥有某种权力的主体可以按一定方式访问客体。在进程运行期间，它可以删除或添加某些权力。由于权力是动态实现的，因此，对一个程序来讲，比较理想的结果是把完成该程序任务所需访问的客体限制在一个尽可能小的范围内。

前缀表包括受保护客体名及主体对它的访问权。当主体要访问客体时，自主访问控制系统将检查主体的前缀是否具有它所要求的访问权。这种机制存在 3 个问题：前缀的大小受限；当生成新客体或改变客体的访问权时，如何对主体分配访问权；如何决定可访问某客体的所有主体。

在基于口令机制的自主访问控制系统中，每个客体都被分配一个口令，主体访问客体时必须提供该客体的密码。在确认用户身份时，口令机制是一种比较有效的方法，但对于客体访问控制，它并不是一种合适的方法。利用口令机制实施客体访问控制是比较脆弱的。在利用口令机制时，每个用户必须记住许多不同的口令，以便访问不同的客体。当客体很多时，用户可能不得不将这些口令以一定的形式记录下来，这样才不至于混淆或忘记，这就增加了口令意外泄露的风险。在一个较大的组织内，用户的更换很频繁，并且组织内用户和客体的数量也很大，这时利用口令机制无法管理对客体的访问控制。

（2）基于列的自主访问控制

基于列的自主访问控制是对每个客体附加一份可访问它的主体的明细表，它有两种形式，即保护位（protection bits）和访问控制表（access control list）。

保护位机制不能完备地表达访问控制矩阵。UNIX 系统就是利用这种机制，保护位对所有主体、主体组（具有相似特点的主体集合），以及客体的拥有者（生成客体的主体）指明了一个访问模式集合。主体组名和拥有者名都体现在保护位中。

访问控制表可以决定任何一个特定的主体是否可对某一客体进行访问。它是利用在客体上附加一个主体明细表的方法来表示访问控制矩阵的。表中的每一项都包括主体的身份及对某一客体的访问权。在目前的访问控制技术中，访问控制表是实现自主访问控制系统的最好方法之一。

所以，自主访问控制根据用户的身份及允许访问权限决定其访问操作，即只有用户身份被确认后，才可根据访问控制表上赋予该用户的权限进行限制性用户访问。这种访问的灵活性高，被大量采用，然而正是由于这种灵活性，信息系统的安全性降低了。

自主访问控制的缺点是访问权的授予是可以传递的，一旦访问权被传递出去，将难以控制，也就是说，访问权的管理是很困难的，可能带来严重的安全问题。另外，自主访问控制不保护受保护的客体产生的副本，即一个用户不能访问某一客体，但能够访问该客体的备份，这更增加了管理的难度。并且，在大型系统中，主、客体的数量巨大，无论是哪一种形式的自主访问控制，其带来的系统的开销都是很大的，效率较低，难以满足大型应用系统的需求。

2. 强制访问控制

自主访问控制的最大特点就是自主，即资源的拥有者对资源的访问策略具有决策权，是一种限制比较弱的访问控制策略。这种自主性为用户提供了灵活性，同时也带来了严重的安全问题。在一些系统中，需要采取更强硬的访问控制手段，强制访问控制（Mandatory Access Control，MAC）就是其中的一种机制。

MAC 通过无法回避的访问限制来阻止直接或间接的非法入侵。系统中的主、客体都被分配一个固定的安全属性，利用安全属性决定一个主体是否可以访问某个客体。安全属性由安全管理员强制性分配，用户或用户进程不能改变自身或其他主、客体的安全属性。

MAC 系统为所有的主体和客体制定安全级别，比如从高到低分为绝密级、机密级、秘密级和无密级。不同级别标记了不同重要程度和能力的实体，不同级别的主体对不同级别的客体的访问是在强制的安全策略下实现的。

在强制访问控制机制中，将安全级别进行排序。例如，从高到低排列，规定高级别可以单向访问低级别，也可以规定低级别可以单向访问高级别。这种访问可以是读，也可以是写或修改。在 Bell Lapadula 模型中，信息的完整性和保密性是分别考虑的，因而对读、写的方向进行了反向规定，如图 9-14 所示。

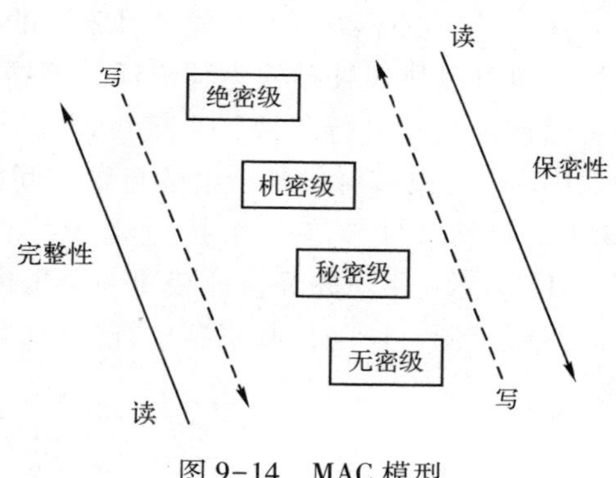

图 9-14　MAC 模型

保证信息完整性策略。为了保证信息的完整性，低级别的主体可以读高级别客体的信息（不保密），但低级别的主体不能写高级别的客体（保证信息完整），因此采用的是上读/下写策略。属于某一个安全级的主体可以读本级和本级以上的客体，可以写本级和本级以下的客体。比如，秘密级主体可以读绝密级、机密级和秘密级的客体，可以写秘密级、无密级的客体。这样，低密级的用户可以看到高密级的信息，使得信息内容可以无限扩散，从而导致信息的保密性无法保障；而低密级的用户永远无法修改高密级的信息，从而保证了信息的完整性。

保证信息保密性策略。与保证完整性策略相反，为了保证信息的保密性，低级别的主体不可以读高级别的信息（保密），但低级别的主体可以写高级别的客体（完整性可能破坏），因此采用的是下读/上写策略。属于某一个安全级的主体可以写本级和本级以上的客体，可以读本级和本级以下的客体。这样，低密级的用户可以修改高密级的信息，导致信息完整性得不到保障；但低密级的用户永远无法看到高密级的信息，从而保证了信息的保密性。

实体的安全级别是由敏感标记（简称标记）来表示的，是表示实体安全级别的一组信息，在安全机制中把标记作为强制访问控制决策的依据。当输入未加安全级别的数据时，系统应该向授权用户要求这些数据的安全级别，并对收到的安全级别进行审计。

自主访问控制较弱，而强制访问控制又太强，会给用户带来许多不便。因此，实际应用中，往往将自主访问控制和强制访问控制结合在一起使用。以自主访问控制作为基础的、常用的控制手段，以强制访问控制作为增强的、更加严格的控制手段。某些客体可以通过自主访问控制保护，但重要客体必须通过强制访问控制保护。

3. 基于角色的访问控制

在传统的访问控制中，主体始终是和特定的实体捆绑对应的。例如，用户以固定的用户名注册，系统分配一定的权限，该用户将始终以该用户名访问系统，直至销户。其间，用户的权限可以变更，但必须在系统管理员的授权下才能进行。然而在现实社会中，这种访问控制方式表现出很多问题，如随着用户大量增加，出现系统管理复杂、不易实现层次化管理、用户权限修改不方便等问题。基于角色的访问控制（Role Based Access Control，RBAC）解决了这些问题。

RBAC 以角色为中介对用户进行授权和访问控制，主体对客体的访问控制权限通过角色实施，即访问权限是针对角色而不是直接针对用户的。其核心思想是将访问权限与角色相联系，通过给用户分配合适的角色，让用户与访问权限相关联，不同的角色被赋予不同的访问权限，系统的访问控制机制只看到角色，而看不到用户。用户在访问系统前，经过角色认证而充当相应的角色。在用户获得特定角色后，系统依然可以按照 DAC 或 MAC 控制角色的访问能力。

角色是根据系统内为完成各种不同的任务需要而设置的，可以表示用户承担特定工作的资格，也可以体现某种权力与责任。根据用户在系统中的职权和责任来设定它们的角色，用户可以在角色间进行转换，系统可以添加、删除角色，还可以对角色的权限进行添加、删除。RBAC 可以被看作基于组的自主访问控制的一种变体，一个角色对应一个组。通过应用 RBAC，将安全性放在一个接近组织结构的自然层面上进行管理。RBAC 的一般模型如图 9-15 所示。用户先经认证获得一个角色，该角色被分派了一定的权限，用户以特定角色访问系统资源，访问控制机制检查角色的权限，并决定是否允许访问。

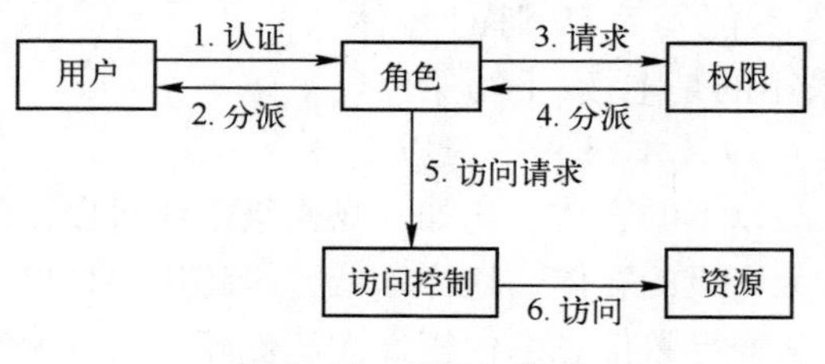

图 9-15　RBAC 模型

RBAC 的特点表现在以下几个方面。

1）提供 3 种授权管理的控制途径，包括改变客体的访问权限、改变角色的访问权限、改变主体所担任的角色。

2）系统中所有角色的关系结构可以是层次化的，以便于管理。角色的定义是从现实出发的，所以可以用面向对象的方法来实现，运用类和继承等概念表示角色之间的层次关系非常自然且实用。

3）具有较好的提供最小权力的能力，从而提高了安全性。由于对主体的授权是通过角色定义的，因此调整角色的权限粒度可以做到更有针对性，不容易出现多余权限。

4）具有责任分离的能力。定义角色的人不一定是担任角色的人，这样，不同角色的访问权限可以相互制约，因而具有更高的安全性。

四、访问控制的应用

访问控制策略是网络安全防范和保护的主要策略，其任务是保证网络资源不被非法使用和非法访问。各种网络安全策略只有相互配合才能真正起到保护作用，而访问控制是保证网络安全最重要的策略之一。访问控制策略包括入网访问控制策略、操作权限控制策略、目录安全控制策略、属性安全控制策略、网络服务器安全控制策略、网络监测与锁定控制策略和防火墙控制策略 7 个方面的内容。

（1）入网访问控制策略

入网访问控制是网络访问的第一层安全机制。它控制哪些用户能够登录到服务器并获准使用网络资源，控制准许用户入网的时间和位置。用户的入网访问控制通常分为 3 步执行：用户名的识别与验证、用户密码的识别与验证、用户账户的默认权限检查。

用户登录时首先输入用户名和密码，服务器将验证所输入的用户名是否合法。用户的密码是用户入网的关键。网络管理员可以对用户账户的使用、用户访问网络的时间和方式进行控制与限制。用户名或用户账户是所有计算机系统中最基本的安全形式。用户账户应该只有网络管理员才能建立。用户密码是用户访问网络时必须提交的准入证。用户名和密码通过验证之后，系统需要进一步对用户账户的默认权限进行检查。网络应能控制用户登录入网的位置、限制用户登录入网的时间及限制用户入网的主机数量。当交费网络的用户登录时，如果系统发现“资费”用尽，应还能对用户的操作进行限制。

（2）操作权限控制策略

操作权限控制是针对可能出现的网络非法操作而采取安全保护措施。用户和用户组被赋予一定的操作权限。网络管理员能够通过设置，指定用户和用户组可以访问网络中的哪些服务器和计算机，在服务器或计算机上操控哪些程序，以及访问哪些目录、子目录、文件和其他资源。网络管理员还应该可以根据访问权限将用户分为特殊用户、普通用户和审计用户，可以设定用户对可以访问的文件、目录、设备能够执行何种操作。特殊用户是指包括网络管理员在内的对网络、系统和应用软件服务有特权操作许可的用户；普通用户是指那些由网络管理员根据实际需要为其分配操作权限的用户；审计用户负责网络的安全控制与资源使用情况的审计。系统通常将操作权限控制策略通过访问控制表来描述为用户对网络资源的操作权限。

（3）目录安全控制策略

访问控制策略应该允许网络管理员控制用户对目录、文件、设备的操作。目录安全控制允许用户在目录一级的操作对目录中的所有文件和子目录都有效。用户还可进一步自行设置对目录下的子目录和文件的控制权限。对目录和文件的常规操作有读取、写入、创建、删除、修改等。网络管理员应当为用户设置适当的操作权限，操作权限的有效组合可以让用户有效地完成工作，同时又能有效地控制用户对网络资源的访问。

（4）属性安全控制策略

访问控制策略还应该允许网络管理员在系统一级对文件、目录等指定访问属性。属性安全控制策略允许将设定的访问属性与网络服务器的文件、目录和网络设备联系起来。属性安全控制策略在操作权限控制策略的基础上，提供进一步的网络安全保障。网络上的资源都应预先标出一组安全属性，用户对网络资源的操作权限对应一张访问控制表，属性安全控制级别高于用户操作权限设置级别。属性设置经常控制的权限包括向文件或目录写入、文件复制、目录或文件删除、查看目录或文件、执行文件、隐含文件、共享文件或目录等。允许网络管理员在系统一级控制文件或目录等的访问属性，可以保护网络系统中重要的目录和文件，维持系统对普通用户的控制权，防止用户对目录和文件的误删除等操作。

（5）网络服务器安全控制策略

网络系统允许在服务器控制台上执行一系列操作。用户通过控制台可以加载和卸载系统模块，可以安装和删除软件。网络服务器的安全控制包括设置密码来锁定服务器控制台，以防止非法用户修改系统、删除重要信息或破坏数据。系统应该提供服务器登录限制、非法访问者检测等功能。

（6）网络监测与锁定控制策略

网络管理员应能够对网络实时监控，网络服务器应对用户访问网络资源的情况进行记录。对于非法的网络访问，服务器应以图形、文字或声音等形式告警，以便引起网络管理员的注意。对于不法分子试图进入网络的活动，网络服务器应能够自动记录这种活动的次数，当次数达到设定数值时，该用户账户将被自动锁定。

（7）防火墙控制策略

防火墙是一种保护计算机网络安全的技术性措施，是用来阻止网络黑客进入企业内部网的屏障。防火墙分为专门设备构成的硬件防火墙和运行在服务器或计算机上的软件防火墙。无论哪一种，通常防火墙都会安置在网络边界上，通过网络通信监控系统隔离内部网络和外部网络，以阻挡来自外部网络的入侵。

五、访问控制与其他安全服务的关系

在计算机系统中，身份认证、访问控制和审计共同建立了保护系统安全的基础，如图 9-16 所示。其中，身份认证是用户进入系统的第一道防线，访问控制是在鉴别用户的合法身份后，控制用户对客体信息的访问，它通过访问控制器实施这种访问控制，访问控制器通过进一步查询授权数据库中的控制策略来判定用户是否可以合法操作相应的目标或客体。

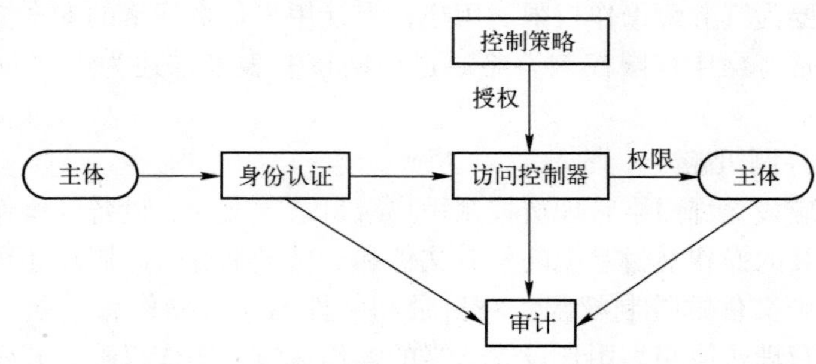

图 9-16　访问控制与其他安全服务的关系

用户的所有请求必须结合审计进行。审计是指产生、记录并检查按时间顺序排列的系统事件记录的过程。审计是其他安全机制的有力补充，它贯穿计算机安全机制实现的整个过程，从身份认证到访问控制，都离不开审计。审计控制主要关注系统所有用户的请求和活动的事后分析。通过审计，一方面，有助于分析系统中用户的行为、活动，以便及时发现可能的安全隐患；另一方面，可以跟踪记录用户的请求，在一定程度上起到了震慑作用，使用户不敢进行非法尝试。

第五节　内 容 安 全

一、内容安全概述

随着网络及信息化技术的发展与普及，各种信息化服务及网络应用越来越多，在为广大使用者提供便利及良好服务的同时，也存在着大量的非法信息服务及网络应用，如盗版的音像制品及软件、非法的电子出版物、信用卡欺骗网站，以及传播反动、暴力、色情等非法内容的网站等。这些非法的信息严重地阻碍了影视、出版、软件、金融以及电子商务等行业的发展，甚至危害到了社会稳定及国家安全。

信息内容安全主要包含两方面内容：一方面，针对合法的信息内容，应加以安全保护，如对合法的音像制品及软件的版权保护；另一方面，针对非法的信息内容，应实施监管，如对网络色情信息的过滤等。

1. 内容保护

互联网的发展与普及使电子出版物的传播和交易变得越来越便捷，但随之而来的侵权盗版活动日益猖獗。近年来，数字产品的版权纠纷案件越来越多，主要原因是数字产品被无差别地大量复制成为轻而易举的事情，如果没有有效的技术措施及法律来阻止，这个势头势必更加严重。为了打击盗版犯罪，一方面要通过立法来加强对知识产权的保护，另一方面必须要有先进的技术手段来保证法律的实施。信息隐藏技术以其特有的优势，引起了人们的好奇和关注。人们首先想到的就是在数字产品中藏入版权信息和产品序列号，每件数字产品中的版权信息均表明了版权的所有者，它可以作为侵权诉讼中的证据，而为每件产品编配的唯一产品序列号也可以用来识别购买者，从而为追查盗版者提供线索。

目前信息隐藏还没有一个准确和公认的定义。一般认为，信息隐藏是信息安全研究领域中与密码技术紧密相关的一大分支。信息隐藏和信息加密都是为了保护秘密信息的存储和传输，使之免遭敌手的破坏和攻击，但两者之间有着显著的区别。信息加密是利用对称密钥密码或公开密钥密码把明文变换成密文，信息加密所保护的是信息的内容。信息隐藏则不同，秘密信息被嵌入表面上看起来无害的宿主信息中，攻击者无法直观地判断他所监视的信息中是否含有秘密信息，换句话说，含有隐匿信息的宿主信息不会引起别人的注意和怀疑，同时隐匿信息又能够为版权者提供一定的版权保护。

现代信息隐藏技术是由古老的隐写术（Steganography）发展而来的，17 世纪英国的威尔肯斯是资料记载中最早使用隐写墨水进行秘密通信的人，在 20 世纪的两次世界大战中德国间谍都使用过隐写墨水。早期的隐写墨水是由易于获得的有机物（如牛奶、果汁等）制成的，加热后颜色就会变暗从而显现出来。后来随着化学工业的发展，在第一次世界大战中，人们制造出了复杂的化合物并把其做成隐写墨水和显影剂。在中国古代，人们曾经使用挖有若干小孔的纸模板盖在信件上，从中取出秘密传递的消息，而信件的全文则是“打掩护”用的。今天，针对内容保护的大多数技术都是基于密码学和隐写术发展起来的，如数据锁定、隐匿标记、数字水印和数字版权管理（Digital Rights Management，DRM）等技术，其中具有发展前景和实用价值的有数字水印和数字版权管理。

数据锁定是指出版商把多个软件或电子出版物集成到一张光盘上出售，盘上所有的内容均被分别进行加密锁定，不同的用户买到的均是相同的光盘，每个用户只需要付款购买他所需内容的相应密钥，即可利用该密钥对所需内容解除锁定，而其余不需要的内容仍处于锁定状态，用户是无法使用的。在 Internet 上，数据锁定技术可以应用于 FTP 服务器或 Web 站点上的数据保护，付费用户可以利用特定的密钥对所需要的内容解除锁定。

隐匿标记是指利用文字或图像的格式（如间距、颜色等）特征隐藏特定信息。例如，在文本文件中，字与字间、行与行间均有一定的空白间隔，把这些空白间隔精心改变后可以隐藏某种编码的标记信息，以便识别版权所有者，而文件中的文字内容不需要任何改动。

数字水印是镶嵌在数据中，并且不影响合法使用的具有可鉴别性的数据。它应当具有不可察觉性、抗擦除性、稳健性和可解码性。为了保护版权，可以在数字视频内容中嵌入水印信号。如果制定某种标准，可以使数字视频播放机能够鉴别到水印，一旦发现在可写光盘上有“不许复制”的水印，就表明这是一张经非法复制的光盘，因而拒绝播放。还可以使数字视频拷贝机检测水印信息，如果发现“不许复制”的水印，就不去复制相应内容。

DRM 技术专门用来保护数字化版权。DRM 的核心是数据加密和权限管理，同时也包含了上述提到的几种技术。DRM 特别适合基于互联网应用的数字版权保护，目前已经成为数字媒体的主要版权保护手段。

2. 内容监管

在对合法信息进行有效内容保护的同时，针对充斥暴力、色情等非法内容的媒体信息（特别是网络媒体信息）的内容监管也是十分必要的。互联网的发展与普及使其成为当今社会的主要信息传播媒介，一些人基于某种目的利用互联网进行非法的有害信息传播，如制造垃圾邮件、利用“钓鱼”网站实施支付卡欺骗、利用色情网站传播违法信息以谋取利益，更有甚者，利用网络传播虚假的信息，对社会安定造成严重影响。可见，对信息（特别是传播广、速度快的互联网信息）的内容实施有效监管是十分必要的。

当前互联网已经成为违法信息传播的主要渠道，针对网络信息进行有效的内容监管已经成为打击犯罪、稳定社会的首要任务。网络内容监管主要涉及两类信息，一类是静态信息，主要是存在于各个网站中的数据信息，如“挂马”网站的有关网页、色情网站上的有害内容以及“钓鱼”网站上的虚假信息等；另一类是动态信息，主要是在网络中流动的数据信息，如网络中传输的垃圾邮件、色情及虚假网页信息等。无论是有害的网站静态信息，还是正在网络上传输的动态有害信息，都会对社会造成极大危害，因此，必须对它们进行有效监管。

针对静态信息的内容监管技术主要包括网站数据获取技术、内容分析技术、控管技术等，其中网站数据获取技术是指通过访问网站采集网站中的各种数据；内容分析技术是指对采集到的网站数据进行整理分析，判断其危害性，主要涉及协议分析还原、内容析取、模式匹配、多媒体信息分析以及有害程度判定等技术；控管技术是指对违法的网站实施有效的控制管理，将其危害性减少到最低程度，主要涉及阻断对有害网站的访问以及报警等技术。

对动态信息进行内容监管所采用的技术主要包括网络数据获取技术、内容分析技术、控管技术等，其中网络数据获取技术是指通过在网络关键路径上设置数据采集点，以监听捕获通过该路径的所有网络报文数据；有关内容分析技术和控管技术部分基本上与对静态信息采取的处理技术相同。

二、版权保护

版权（又称著作权）保护是内容保护的重要部分，其最终目的不是“如何防止使用”，而是“如何控制使用”。版权保护的实质是控制版权作品的使用。互联网版权保护的关键是在促进网络发展和保护著作权人利益间寻求平衡，除了完善有关法规以外，还需要进一步提高版权保护技术水平。

DRM 技术就是以一定的安全算法实现对数字内容的保护，包括电子书（eBook）、视频、音频、图片等数字内容。DRM 技术的目的是从技术上防止数字内容的非法复制，或者在一定程度上使非法复制变得很困难，最终，用户必须在得到授权后才能使用数字内容。DRM 涉及的主要技术包括数字标识技术、安全和加密技术以及安全存储技术等。DRM 技术使用方法主要有两类，一类是采用数字水印技术，另一类是以数据加密和防复制为核心的 DRM 技术。

1. DRM 概述

DRM 技术自产生以来，得到了工业界和学术界的普遍关注，被视为数字内容交易和传播的关键技术。国际上许多著名的计算机公司和研究机构纷纷推出了各自的产品和系统，如 Microsoft WMRM、IBM EMMS、Real Networks Helix DRM 以及 Adobe Content Server 等。国内的 DRM 技术发展同样很快，特别是在电子书以及电子图书馆方面，如北大方正 Apabi 数字版权保护技术、书生的 SEP 技术、超星的 PDG 等。另外，微软公司的 Windows XP 操作系统和 Office XP 等系列软件中也使用了 DRM 技术。

如图 9-17 所示，DRM 系统结构分为服务器和客户端两部分。DRM 服务器的主要功能是管理版权文件的分发和授权。首先，原始文件经过版权处理生成被加密的受保护文件，同时生成针对该受版权保护文件的授权许可，并且在受保护文件头部存放着密钥识别码和授权中心的 URL 等内容，另外 DRM 服务器还负责提供受版权保护的文件给用户，支持授权许可证的申请和颁发。DRM 客户端的主要功能是依据受版权保护文件提供的信息申请授权许可证，并依据授权许可信息解密受保护文件，提供给用户使用。用户可以从网络中下载得到受版权保护的文件，但如果没有得到 DRM 授权中心的验证授权，则将无法使用这些文件。

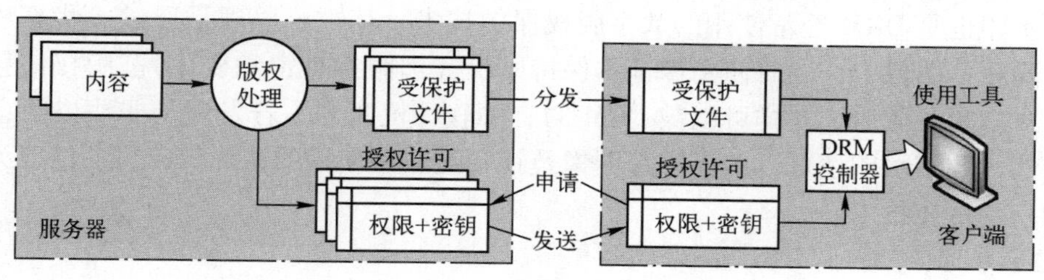

图 9-17　DRM 工作原理

目前 DRM 所保护的内容主要分为三类，包括电子书、音视频文件和电子文档。电子书是指利用计算机技术将文字、图片、声音、影像等内容合成的数字化信息文件，可以借助于特定的软、硬件设备进行阅读。音视频是指用于计算机等设备播放的数字化的视听媒体文件。电子文档是指人们在社会活动中形成的、以存储介质为载体的文字材料。上述三种信息内容的共同特点是便于复制及网络传播，同时也容易受到非法盗版的影响。

Adobe 对传统印刷、出版领域一直有很大的影响，其可移植文档格式（PDF）早已成为电子版文档分发的公开实用标准。Adobe 公司的用于保护 PDF 格式电子图书的版权方案的核心是 ACS（Adobe Content Server）软件，出版商可以利用 ACS 的打包服务功能对可移植文档格式的电子书进行权限设置（如打印次数、阅读时限等），从而建立数字版权管理。ACS 是一种保证 eBook 销售安全的 DRM 系统。

方正的 Apabi 数字版权保护技术也是具有很高市场占有率的版权保护软件，主要由 Maker、Rights Server、Retail Server 和 Reader 四部分组成。Apabi Maker 是将多种格式的电子文档转换成 eBook 的格式，这是一种“文字+图像”的格式，可以完全保留原文件中字符和图像的所有信息，不受操作系统、网络环境的限制；Apabi Rights Server 主要用于出版社端服务器，提供数据版权管理和保护、电子图书加密和交易的安全鉴定；Apabi Retail Server 主要用于书店端服务器，提供的功能与 Apabi Rights Server 类似；Apabi Reader 是用来阅读电子图书的工具，通过浏览器，用户可以在网上买书、读书和下载，建立自己的电子图书馆。

微软公司于 1999 年 8 月发布了 Windows Media DRM。最新版本的 Windows Media DRM 10 系列包括服务器和软件开发包（SDK），它将更好地保护媒体文件的版权。软件开发者可以使用 Windows Media 版权管理 SDK，开发用于加密和分发许可证的程序与获取许可证并解密播放媒体文件的播放器程序。加密后的媒体文件可以用于流媒体播放或被直接下载到本地，消费者可以通过 DRM 兼容播放器和兼容的播放设备来播放经过加密的数字媒体文件。

RMS（Rights Management Services）也是微软公司开发的，适用于电子文档保护的数字内容管理系统。在企业内部有各种各样的数字内容文档，常见的是与项目相关的文案、市场计划、产品资料等，这些内容通常仅允许在企业内部使用。RMS 的结构与图 9-17 所示的结构相类似，主要包括服务器和客户端两部分。客户端按角色不同又分为权限许可授予者和权限许可接受者。RMS 服务器主要存放在由企业确定的信任实体数据库内，信任实体包括可信任的计算机、个人、用户组和应用程序，对数字内容的授权包括读、复制、打印、存储、传送、编辑等，授权还可附加一些约束条件，如权限的作用时间和持续时间等。例如，一份财务报表可限定仅能在某一时刻由某人在某台计算机上打开，且只能读，不能打印，不能屏幕复制，不能存储，不能修改，不能转发，到另一时刻自动销毁。

数字水印也是 DRM 经常使用的数字版权保护技术，其主要原理是通过一些算法，把重要的信息隐藏在图像中，同时使图像基本保持原状（肉眼很难察觉变化）。版权信息以数字水印的形式加入图像后，同样可以被 DRM 的有关软件检测到，若发现是非法盗版，则拒绝播放。当然，数字水印还可以用于跟踪图像及视频被非法使用的情况等，目前已成为数字版权保护的一项重要技术。

2. 数字水印

原始的水印（watermark）是指在制作纸张过程中通过改变纸浆纤维密度的方法而形成的，“夹”在纸中而不是在纸的表面，迎光透视时可以清晰地看到的有明暗纹理的图像或文字。由于制作水印需要很高的技术，因此纸币、购物券以及有价证券等都采用此方式制作，以防止造假。与传统水印用来证明纸币或纸张上内容的合法性一样，数字水印（digital watermark）也是用来证明一个数字产品的拥有权、真实性。数字水印是通过一些算法嵌入在数字产品中的数字信息，如产品的序列号、公司图像标志以及有特殊意义的文本等。

数字水印分为可见数字水印和不可见数字水印。可见数字水印主要用于声明对产品的所有权、著作权和来源，起到广告宣传或使用约束的作用，如电视台播放节目时的台标既起到广告宣传作用，又可声明所有权。不可见数字水印应用的层次更高，制作难度也更大，应用面也更广。

(1) 数字水印原理

一个数字水印（简称水印）方案一般包括三个基本方面：水印的形成、水印的嵌入和水印的检测。水印的形成主要是指选择有意义的数据，以特定形式生成水印信息，如有意义的文字、序列号、数字图像（商标、印鉴等）或者数字音频片段的编码。一般水印信息可以根据需要制作成可直接阅读的明文信息，也可以是加密处理后的密文。

如图 9-18 所示，水印的嵌入与密码体系的加密环节类似，一般分为输入、嵌入处理和输出三部分。输入包括原始宿主文件、水印信息和密码。嵌入处理完成的主要任务是对输入原始文件进行分析以选择嵌入点，将水印信息以特定的方式嵌入到一个或多个嵌入点，在整个过程中可能需要密码参与。输出则是将处理过的数据整理为带有水印信息的文件。

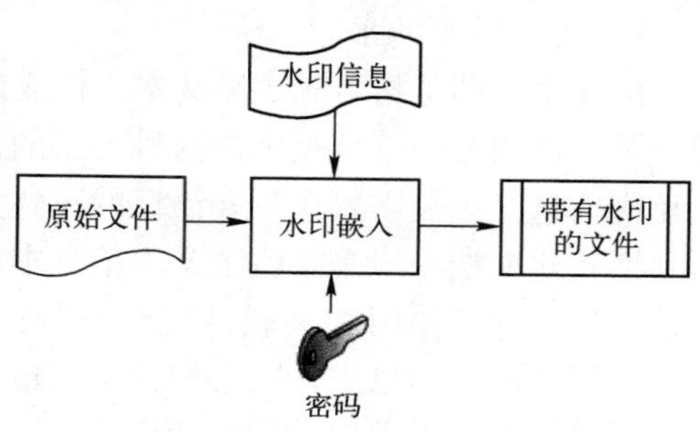

图 9-18　水印嵌入模型

如图 9-19 所示，水印的检测一般分为两部分工作，分别是检测水印是否存在和提取水印信息。水印的检测方式主要分为盲水印检测和非盲水印检测，盲水印检测主要是指不需要原始数据（原始宿主文件和水印信息）参与，直接检测水印信号是否存在；非盲水印检测是在原始数据参与下进行水印检测。在图 9-19 中，水印提取及比较主要针对不可见水印，一般可见水印可以直接由视觉识别。

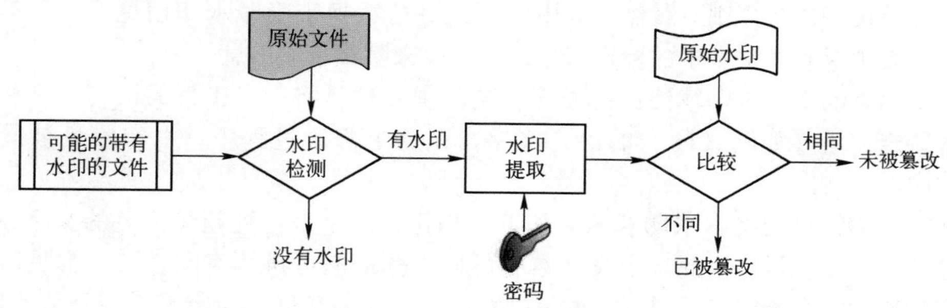

图 9-19　水印检测模型

数字水印的使用一般要以不破坏原始作品的欣赏价值和使用价值为原则，因此数字水印应具有以下基本特征。

- 隐蔽性：指水印与原始数据紧密结合并隐藏其中，不影响原始数据正常使用的特性。
- 鲁棒性：指嵌入的水印信息能够抵抗针对数字作品的各种恶意或非恶意的操作，即经过各种攻击后是否还能提取水印信息。
- 安全性：未授权者不能伪造水印或检测出水印。密码技术对水印的嵌入过程进行置乱以加强安全性，从而避免没有密钥的使用者恢复和修改水印。
- 易用性：指水印的嵌入和提取算法是否简单易用，主要是指水印嵌入算法和水印提取算法的实用性与执行效率等。

数字水印技术虽然与传统的密码技术存在相似之处，但也有其固有的特点和研究方法，特别是在使用上与传统的加密技术存在着较明显的不同。例如，从传统的密码体系角度而言，如果加密的信息被破坏掉，仍可视为信息是安全的，因为信息并未泄露；但是在数字水印中，隐藏信息的丢失意味着版权信息的丢失，从而失去了版权保护的功能。因此，数字水印技术通常要求较高的鲁棒性、安全性和隐蔽性。

（2）数字水印算法

近年来，数字水印技术研究取得了很大的进步，出现了许多优秀的数字水印算法，特别是针对图像数据以及音视频数据。面向文本数据的数字水印技术虽然受到其特征的局限，但目前也有了很大的进展。

1）面向文本的水印算法。

纯文本文档是指 ASCII 码文本文档或计算机源代码文档。这样的文档没有格式信息，编辑简单，使用方便，但是因为这种类型的文档不存在可插入标记的可辨认空间，所以很难嵌入秘密信息，一般需要保护和认证的正式文档很少采用纯文本格式存储。

格式化文档一般是指除了文本信息本身以外，还有很多用来标记文字格式和版面布局的冗余信息，并可使用相关软件进行处理的文件，如 Word 文件、PDF 文件等。对于这类文档，可以把水印信息嵌入到它们的文字格式化编排中，如行、字间距、字体、文字大小和颜色等不足以被人眼发现的微小变化都可以用来进行信息的隐藏。常见的方法如下。

- 基于文档结构微调的文本水印算法：主要是指通过对文本文档空间域的变换来嵌入数据。文档的空间域不仅包括文本的字符、行、段落的结构布局，还包括字符的形状和颜色。
- 基于语法的文本水印算法：这类算法是在语法规则基础上建立起来的，主要有两类，一类是按照语法规则对载体文本中的词汇进行替换来隐藏水印信息，另一类是按照语法规则对载体文本中的标点符号进行修改来隐藏水印信息。
- 基于语义的文本水印算法：这类算法的基本原理是将一段正常的语言文字修改为包含特定词语（如同义词）的语言文字，在这个修改过程中，水印信息被嵌入到文本内。
- 基于汉字特点的文本水印算法：和英文相比，汉字是一种颇具特色的文字，其结构独特、字体多样，因此，中文文本中可插入标记的可辨认空间较大。常见的基于汉字特点的文本水印有针对汉字的笔画特征（如倾斜角度）进行修改以嵌入水印信息，还有针对汉字的结构组合特征进行修改以嵌入水印信息，如将汉字看作二值图像，利用汉字结构中各部分的连通性嵌入水印信息。由于汉字结构的特殊性，因此汉字文本的水印信息嵌入具有比拼音文字更大的空间。

2）面向图像的水印算法。

相对于文本文档，图像的信息冗余性较大，人的感官对这些信息的掩蔽效应明显，可隐藏的信息量也就相对较大，因此水印更适合于图像应用。目前针对图像的水印算法主要分为两类，即空域数字图像水印算法和变换域数字图像水印算法。

空域数字图像水印算法主要是在图像的像素上直接进行的，通过修改图像的像素值来嵌入数字水印。空域数字图像水印算法嵌入的水印容量较大、实现简单、计算效率高。经典的最低有效位（Least Significant Bit，LSB）空域数字图像水印算法是以人类视觉系统不易感知为准则，在原始载体数据的最不重要的位置上嵌入数字水印信息。该算法的优势是可嵌入的水印容量大，不足是嵌入的水印信息很容易被移除。

变换域数字图像水印算法与空域数字图像水印算法不同，变换域数字图像水印算法是在图像的变换域进行水印嵌入的，也就是将原始图像经过给定的正交变换，将水印嵌入到图像的变换系数中。常用的变换有离散傅里叶变换（Discrete Fourier Transform，DFT）、离散余弦变换（Discrete Cosine Transform，DCT）、离散小波变换（Discrete Wavelet Transform，DWT）等。在变换域中嵌入的数字水印能量可以扩展到空间域的所有像素上，有利于实现水印的不可感知性，还可以增强水印的鲁棒性。

3）面向音视频的水印算法。

与图像相似，音视频存在着可用于水印信息嵌入的区域。目前的音视频水印嵌入方法主要集中于时间域和空间域两个方面。

根据音频水印载体类型，音频水印技术可以分为基于原始音频方法和基于压缩音频方法两种。基于原始音频方法是在未经编码压缩的音频信号中直接嵌入水印。基于压缩音频方法是指音频信号在压缩编码过程中嵌入水印信息，输出的是含水印的压缩编码的音频信号，其优点在于无须进行输入比特流的解码和再编码过程，对音频信号的影响较小。

视频可以认为是由一系列连续的静止图像在时间域上构成的序列，因此视频水印技术与图像水印技术在应用模式和设计方案上具有相似之处。数字视频水印主要包括基于原始视频的水印、基于视频编码的水印和基于压缩视频的水印。

4）NEC 算法。

NEC 算法是由 NEC 实验室的 Cox 等人提出的，在数字水印算法中占有重要地位。Cox 认为水印信号应该嵌入到人最敏感的源数据部分，在频谱空间中，这个重要部分就是低频分量。这样，攻击者在破坏水印的过程中，不可避免地会引起图像质量的严重下降。水印信号应该由具有高斯分布的独立同分布随机实数序列构成。这使得水印抵抗多副本联合攻击的能力大大增强。具体的实现方法是首先以密钥为种子来产生伪随机序列，该序列具有高斯分布 $N(0,1)$，密钥可以由作者的标识码和图像的哈希值组成，对整幅图像做 DCT 变换，用伪随机高斯序列来叠加该图像的 1000 个最大的 DCT 系数（除直流分量以外）。NEC 算法具有较强的鲁棒性、安全性、透明性等。

5）生理模型算法。

人的生理模型包括人类视觉系统（Human Visual System，HVS）和人类听觉系统（Human Auditory System，HAS）等。生理模型算法的基本思想是，利用人类视觉的掩蔽现象，从 HVS 模型导出可觉察差异（Just Noticeable Difference，JND），利用 JND 描述来确定图像的各个部分所能容忍的数字水印信号的最大强度。人类视觉对物体的亮度和纹理具有不同程度的感知性，利用这一特点可以调节嵌入水印信号的强度。一般来说，背景越亮，所嵌入水印的可见性越低，即所谓的亮度掩蔽特性；背景的纹理越复杂，嵌入的水印可见性越低，即所谓的纹理掩蔽特性。考虑这些因素，在水印嵌入前应该利用视觉模型来确定与图像相关的调制掩模，然后利用其来嵌入水印。

数字水印除了在版权保护方面具有卓越表现以外，在认证方面也得到了广泛的应用，如在 ID 卡、信用卡、ATM 卡等认证方面。

三、内容监管

内容监管是内容安全的另一重要方面，如果监管不善，则会对社会造成极大的影响，其重要性不言而喻。内容监管涉及很多领域，其中基于网络的信息已经成为内容监管的首要目标。一般来说，病毒、木马、色情、反动、严重的虚假欺骗以及垃圾邮件等有害的网络信息都需要进行监管。

1. 网络信息内容监管

内容监管首先需要解决的问题就是如何制定监管的总体策略，总体策略主要包括监管的对象、监管的内容、对违规内容如何处理等。面对浩瀚的互联网信息，在不影响用户正常网络应用的条件下，进行有效监管是一个非常复杂的问题。首先，如何界定违规内容（那些需要禁止的信息），既能够禁止违规内容，又不会殃及合法应用。其次，对可能存在一些违规信息的网站如何处理，一种方法是通过防火墙禁止对该网站的全部访问，这样比较安全，但也会禁止其他有用内容；另一种方法是允许网站部分访问，只是对那些有害网页信息进行拦截，但此种方法存在拦截失败的可能性。可见，制定有效的监管策略是内容监管的首要任务，这部分涉及很多更深层次的问题。

如图 9-20 所示，内容监管系统模型可以分为监管策略和监管处理两部分。监管策略主要是指依据监管需求制定的规则及规范，具体体现在内容监管系统的设计中，一般包括数据获取策略、敏感特征定义、违规定义以及处理策略等；监管处理主要是指依据监管需求设计的对相关数据进行检查及联动处理的程序模块，一般包括数据获取、数据调整、敏感特征搜索、违规判定以及违规处理等。

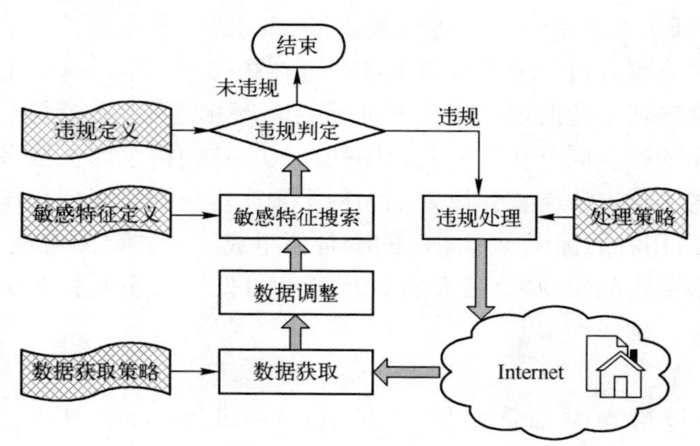

图 9-20　内容监管系统模型

（1）内容监管策略

内容监管需求是制定内容监管策略的依据，事实上，可以认为内容监管策略是内容监管需求的形式化表示，并具体指导内容监管系统各个模块的设计及实现，可见详尽合理的内容监管需求分析是内容监管系统成功研发的关键。在内容监管策略中，数据获取策略主要确定监管对象的范围、采用何种方式获取需要检测的数据；敏感特征定义是指定义用于判断网络信息内容是否违规的特征值，如敏感字符串、图片等；违规定义是指定义依据网络信息内容中包含敏感特征值的情况判断是否违规的规则；违规处理策略是指对违规载体（网站或网络连接）的处理方法，如禁止对该网站的访问、拦截有关网络连接等。

（2）数据获取

针对网络上存在的静态数据和动态数据，数据获取技术主要分为主动式和被动式两种形式。主动式数据获取是指通过访问有关网络连接而获得其数据内容；被动式数据获取是指在网络的特定位置设置探针（用于采集网络数据报文的计算机），获取流经该位置的所有数据。

网络爬虫是典型的主动式数据获取技术，如图 9-21 所示。网络爬虫实际上就是一个网页自动提取的程序。传统爬虫的工作原理是从一个或若干初始网页的 URL 开始，根据一定的网页分析算法，过滤与主题无关的链接，并将所需的链接保存在等待抓取的 URL 队列中。然后，根据一定的搜索策略从队列中选择下一步要抓取的网页 URL，被爬虫抓取的网页将被系统保存，并重复上述过程，直到满足某一条件时停止。一般来说，网络爬虫直接调用 Socket API 函数就可以完成网页数据的抓取，而其抓取的网页数据可以直接或间接提供给上层应用程序进行分析处理。

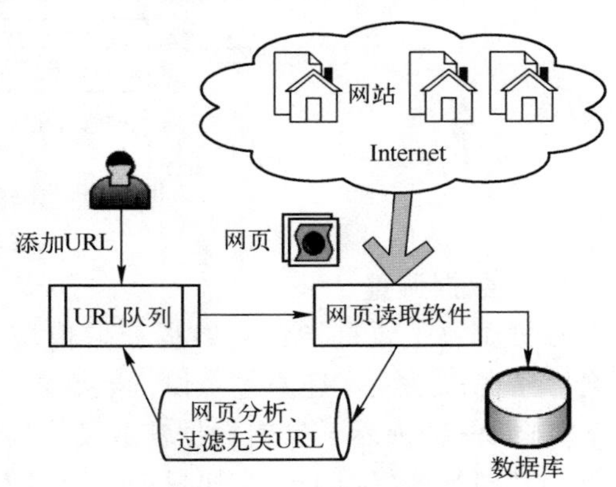

图 9-21　网络爬虫示意图

被动式数据获取主要解决下列两个方面的问题。

一是探针位置的选择，如果获取的网络报文不具有全面性和代表性，那么随后的所有工作均没有意义，因此必须分析、研究整个网络的拓扑结构，将探针（一个或多个）设置在可以获取所有需要监管网络数据报文的关键点上。如图 9-22 所示，位置#1 和位置#2 处于内网与外网之间的连接处，可以获取所有出入内网的数据报文，在位置#3 设置探针可以获取出入子网 A 的数据报文。另外，所选择的关键点必须支持探针对出入数据报文的采集，如可以通过配置将流经特定网络设备（如路由器、交换机、防火墙等）的所有数据报文复制并发送到探针的网络适配器（网卡）中，以便探针能够接收这些网络数据报文。

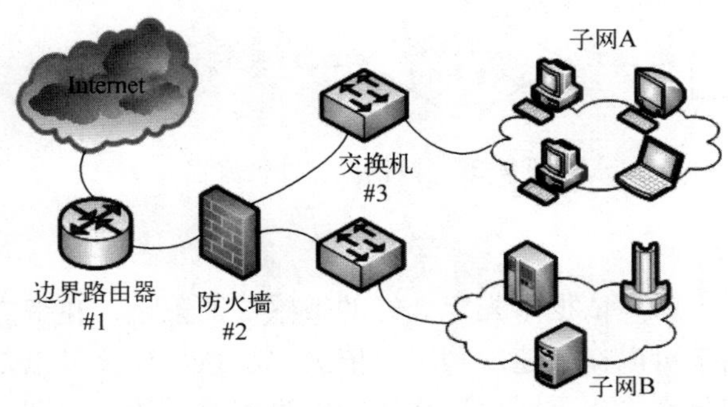

图 9-22　探针位置的选择

二是探针的报文采集，这部分主要解决网络适配器以及 TCP/IP 栈如何处理接收到的数据报文。如图 9-23 所示，网络适配器必须工作在混杂模式下，这样才能保证所有接收到的数据报文被提交给协议栈。协议栈也要做适当的配置，在对提交的数据报文进行 IP 数据分片重组、传输层协议还原等工作后，再提交给上一层数据调整处理模块进行相关处理。实际上，协议栈提供了丰富的接口函数，程序员可以根据需要直接获取不同层次的数据报文，也可以针对协议栈做相应的修改，以满足具体的需要。

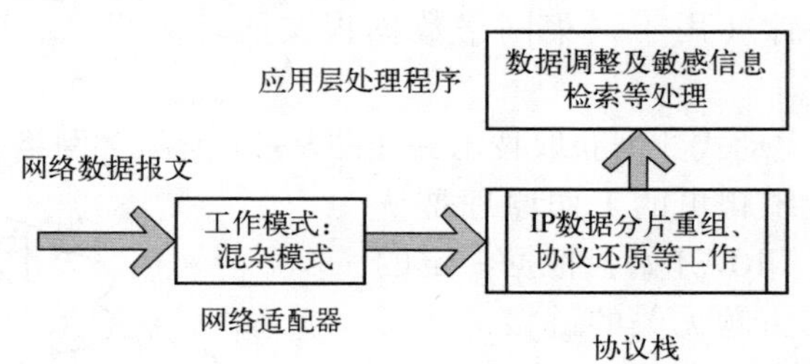

图 9-23　网络数据报文处理流程

（3）数据调整

数据调整主要是指针对数据获取模块（主要是协议栈）提交的应用层数据进行筛选、组合、解码以及文本还原等工作，数据调整的输出结果用于敏感特征搜索等。

如图 9-24 所示，针对数据获取模块提交的数据，首先需要进行筛选，得到符合条件的数据，其他数据将被丢弃，如只选择 HTTP 数据。如果该数据分别存在于不同的 TCP 包内，这时就需要将这些数据进行整合，如果数据经过特殊编码，还需要进行相应的解码，以便得到所需数据。对于包含那些特殊格式的数据，还需要去掉格式信息，提取具体的原始内容（去掉格式的、可理解的数据内容），这些内容就可以提交上层模块去处理。需要处理的格式可能是应用层协议格式或文件格式，如 HTTP 格式或 Word 格式等。下面的工作就是对提交的内容进行敏感特征搜索和违规判别，敏感特征搜索就是搜索违规证据。

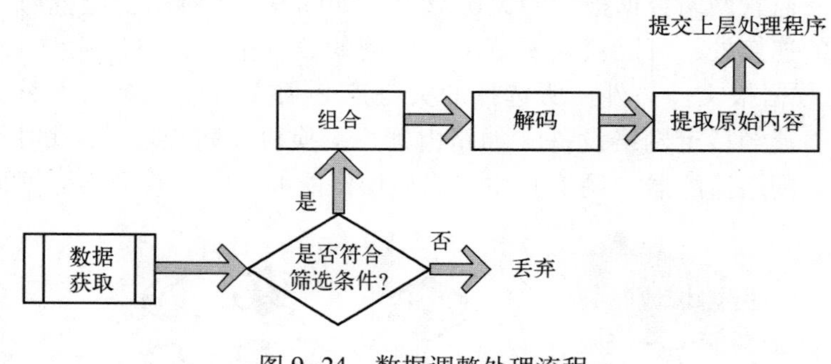

图 9-24　数据调整处理流程

（4）敏感特征搜索

敏感特征搜索实际上就是依据事先定义好的敏感特征策略，在待查内容中识别所包含的敏感特征值，搜索的结果可以作为违规判定的依据。敏感特征值可以是文本字符串、图像特征、音频特征等，它们分别用于不同信息载体的内容的敏感特征识别。目前，基于文本内容的识别已经比较成熟并可实用化，而图像、音频特征的识别还存在一些问题，如识别率较低、误报率较高等，难以实现全面有效的程序自动监管，更多时候需要人的介入。

基于文本内容的敏感特征又分为敏感字符串和敏感表达式两种形式，但无论哪种形式，均以串匹配为核心技术。串匹配也称为模式匹配，是指在一个字符串（母串）中查找是否包含某特定子串，子串被称为模式（pattern）或关键字。模式匹配可分为单模式匹配和多模式匹配。单模式匹配操作可定义为在一个文本串中查找某个特定的子串，如果在文本串中找到该子串，则称匹配成功，并返回该子串在文本串中出现的位置；否则，匹配失败。BF（Brute-Force）算法、KMP（Knuth Morris Pratt）、BM（Boyer-Moore）及BMH（Boyer Moore Horspool）算法等均为经典的单模式匹配算法。多模式匹配操作可定义为在一个文本串中查找某些特定的子串，如果找到，则称匹配成功，函数返回这些子串在文本串中出现的位置；否则，匹配失败。目前比较常见的多模式匹配算法有AC（Aho-Corasick）算法、ACBM（Aho-Corasick Boyer-Moore）算法、Wu-Manber算法等。这些多模式匹配算法的主要特点是通过一次扫描母串就可以寻找到其包含的所有子串，其搜索速度与子串的数目无关，主要取决于对母串的扫描速度。

由于敏感特征一般包含多个关键字，因此多模式匹配算法以其高效性更多见于内容监管系统。敏感特征搜索的结果作为是否违规的主要依据，提供给违规判定及处理程序。

（5）违规判定及处理

违规判定程序的设计思想是将敏感特征搜索结果与违规定义相比较，判断该网络信息内容是否违规。违规定义实际上就是说明违规内容应具有的特征，即敏感特征。而每个敏感特征由敏感特征值和特征值敏感度（某特征值对违规的影响程度，也可以看作权重）两个属性来描述。敏感特征的搜索结果具有敏感特征值的广度（包含相异敏感特征值的数量）和敏感特征值的深度（包含同一个特征值的数量）两个指标。违规判定算法就是针对上述内容进行有效计算，根据计算结果是否符合某个事先制定的标准来判定是否违规。有时违规判定程序很简单，如包含了某特征值即可判定为违规。

违规处理目前主要采用的方法与入侵检测相似，有报警、封锁IP、拦截连接等。报警就是通知有关人员违规事件的具体情况；封锁IP一般是指利用防火墙等网络设备阻断对有关IP地址的访问；而拦截连接则是针对某个特定访问连接实施阻断，向通信双方发送RST数据包阻断TCP连接就是常用的拦截方法。

2. 垃圾邮件处理

垃圾邮件可以说是互联网带给人类最具争议性的副产品之一，它的泛滥已经使整个因特网不堪重负。垃圾邮件（spam）现在还没有一个非常严格的定义，一般来说，任何未经用户许可就强行发送到用户邮箱中的电子邮件都属于垃圾邮件。垃圾邮件也可以根据其特点分为良性和恶性两种，良性垃圾邮件是各种宣传广告等对收件人影响不大的信息邮件，恶性垃圾邮件是指具有破坏性的电子邮件。随着垃圾邮件的问题日趋严重，多家软件商也各自推出了反垃圾邮件的软件，如微软、诺顿、瑞星等公司均推出了反垃圾邮件软件。

对于垃圾邮件的处理，目前主要采用的技术有过滤、验证查询和挑战等。过滤（filter）技术是相对来说最简单又最直接的垃圾邮件处理技术，主要用于邮件接收系统来辨别和处理垃圾邮件。目前大多数邮件服务器上的反垃圾邮件插件、反垃圾邮件网关、客户端上的反垃圾邮件功能等，都是采用的过滤技术。验证查询技术主要是指通过密码验证及查询等方法来判断邮件是否为垃圾邮件，常见的技术包括反向查询、雅虎的DKIM（Domain Keys Identified Mail）技术、微软的SenderID技术、IBM的FairUCE（Fair use of Unsolicited Commercial Email）技术以及邮件指纹技术等。基于挑战的反垃圾邮件技术是指通过延缓邮件处理过程来阻碍发送大量邮件。

图 9-25 为一个典型的基于过滤技术的反垃圾邮件系统。系统的数据来源常见的有三种形式，如果该系统配置在邮件服务器端，则数据采集点就是邮件服务器的邮件接收模块，也可以直接读取各用户信箱中的电子邮件；如果该系统配置在邮件服务器的客户端，则数据采集应该是邮件客户端软件的接收模块；如果该系统配置连接网络设备（如提供网络流量拷贝的防火墙），则数据源就是经过该网络设备的网络流量拷贝。前两种数据采集相对简单，只需要接收到的电子邮件在被正常处理之前，先放到过滤系统中处理；而最后一种则是需要对数据包进行处理。上述三种形式在获得数据后，均将接收到的邮件放入待处理邮件队列中，接下来需要经过黑、白名单过滤及内容过滤三个步骤。

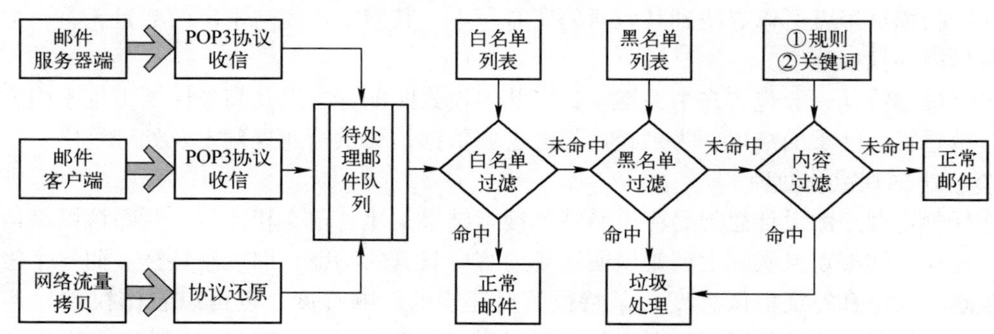

图 9-25　典型基于过滤技术的反垃圾邮件系统

1）黑、白名单过滤。

黑名单（Black List）是已知的垃圾邮件发送者的 IP 地址或邮件地址列表。现在有很多组织都在做垃圾邮件黑名单，即将那些经常发送垃圾邮件的 IP 地址（甚至 IP 地址范围）收集在一起，如目前影响较大的反垃圾邮件组织 Spamhaus 的 SBL（Spamhaus Block List），许多 ISP 正在采用一些组织的黑名单来阻止接收垃圾邮件。与黑名单相反，白名单是可信任的发送者的 IP 地址或者邮件地址列表，对于从白名单上的地址发送来的邮件，可以完全接收。

黑、白名单过滤相对简单，就是在黑名单或白名单中搜索邮件的发件人地址或 IP 地址，如果搜索到，即为命中，否则为未命中。

2）内容过滤。

内容过滤主要是指针对邮件的发件人地址、标题、正文及附件文件的内容进行搜索，查看是否包含垃圾邮件特征信息，常见的有关键词过滤、基于规则的过滤以及基于贝叶斯算法的过滤等。

关键词过滤技术首先需要创建一些与垃圾邮件关联的单词表，在邮件内容中搜索是否包含单词表中的关键词，以此来判断是否为垃圾邮件。这是最简单的垃圾邮件内容过滤方式之一，其基础是必须创建一个可以准确标识垃圾邮件特征的关键词列表。

基于规则的过滤技术首先需要建立一个过滤规则库，可以使用单词、词组、位置、大小、附件等特征信息形成过滤规则。像 IDS 一样，要使得过滤器有效，就需要很好地维护一个有效的过滤规则库。

基于贝叶斯（Bayes）算法的过滤技术实际上就是基于评分（score）的过滤器，它的原理就是首先通过对大量的垃圾邮件样本进行机器学习，得到垃圾邮件的特征元素（最简单的元素就是单词，复杂点的元素就是短语）；同理，通过对大量正常邮件样本的机器学习，得到正常邮件的特征元素。一方面检查邮件中的垃圾邮件特征元素，针对每个特征元素给出一个正分数；另一方面就是检查正常邮件的特征元素，给出负分数。最后每个邮件整体就得到一个垃圾邮件总分，通过这个分数来判断是否为垃圾邮件。

3）邮件处理。

一般来说，配置在邮件服务器端或邮件客户端的垃圾邮件系统对垃圾邮件可以直接丢弃或存进垃圾邮件文件夹，同时填写日志及黑名单列表等；正常邮件则直接传递给相关软件（如 Outlook 等）处理。如果垃圾邮件过滤系统配置以网络设备的网络流量拷贝为数据源，则垃圾邮件处理还需要实施进一步的措施，如拦截该邮件传输连接、填写日志及黑名单列表等；对正常邮件则停止相关处理。

第六节　物理安全

信息安全首先要保证信息的物理安全。物理安全是指在物理介质层次上对存储和传输的信息的安全保护，具体地讲，就是保护计算机设备、设施（含网络）免遭地震、水灾、火灾、有害气体和其他环境事故（如电磁污染等）破坏的措施和过程。物理安全主要考虑的问题是环境、场地和设备的安全，以及实体访问控制和应急处置计划等。

物理安全中应该考虑的是：在安全方案上所付出的代价不应当高于值得保护的价值。

一、物理安全概述

物理安全是信息安全的最基本保障，是不可缺少和忽略的部分。一方面，研制、生产计算机和通信系统厂商应该在各种软件和硬件系统中充分考虑到系统所受的安全威胁和相应的防护措施；另一方面，也应该通过安全意识的提高、安全制度的完善、安全操作的提倡等方式使用户和管理维护人员在系统与物理层次上实现信息的保护。

保证计算机及网络系统机房的安全，以及所有设备及其场地的物理安全，是整个计算机网络系统安全的前提。如果物理安全得不到保证，整个计算机网络系统的安全也就无法实现。

物理安全的目的是保护计算机、网络服务器、交换机、路由器、打印机等硬件实体和通信设施免受自然灾害、人为失误、犯罪行为的破坏，确保系统有一个良好的电磁兼容的工作环境并能隔离有害的攻击。

物理安全包括环境安全、电磁保护、物理隔离及安全管理。

1）环境安全。计算机网络通信系统的运行环境应按照国家有关标准设计实施，具备消防报警、安全照明、不断供电、温湿度控制系统和防盗报警，以保护系统免受水、火、有害气体、地震、静电等危害。

2）电磁保护。计算机网络系统和其他电子设备一样，工作时要产生电磁辐射，电磁辐射可被高灵敏度的接收设备接收并进行分析、还原，造成系统信息泄露。另外，计算机及网络系统又处在复杂的电磁干扰的环境中，外界的电磁干扰也能使计算机网络系统工作不正常，甚至瘫痪。电磁保护的主要目的是通过屏蔽、隔离、滤波、吸波、接地等措施，提高计算机网络系统以及其他电子设备的抗干扰能力，使之能抵抗强电磁干扰，同时将计算机的电磁泄漏发射降到最低。

3）物理隔离。物理隔离技术就是把有害的攻击隔离，在可信网络之外和保证可信网络内部信息不外泄的前提下，完成网络间数据的安全交换。

4）安全管理。安全管理包含两方面内容：一是对计算机网络系统的管理；二是涉及法规建设，以及建立、健全各项管理制度等内容的安全管理。

二、环境安全

为了保证物理安全，应对计算机及其未来系统的实体访问进行控制，即对内部或外部人员出入工作场所（主机房、数据处理区和辅助区等）进行限制。根据工作需要，每个工作人员可以进入的区域应予以规定，而各个区域应有明显的标记或专人值守。

计算机机房的设计应考虑减少无关人员进入机房的机会。同时，计算机机房应避免靠近公共区域，避免窗户直接临街，应安排机房在内（室内靠中央的位置），辅助工作区域在外（室内周边位置）。在一个高大的建筑内，计算机机房最好不要建在潮湿的底层，同时也尽量避免建在顶层，因为顶层有漏雨和雷电穿窗而入的危险。在有多个办公室的楼层内，计算机机房应至少占据半层或靠近一边。这样既便于防护，又有利于发生火警时的撤离。所有进出计算机机房的人都必须通过管理人员控制的地点。应有一个对外的接待室，访问人员一般不进入数据区或机房，而在接待室接待。有特殊需要而进入控制区时，应办理手续。每个访问者和带入、带出的物品都应接受检查。

从安全的角度，对于机房建筑和结构，还应考虑以下几点。

1）电梯和楼梯不能直接进入机房。

2）建筑物周围应有足够亮度的照明设施和防止非法进入的设施。

3）外部容易接近的进、出口，如风道口、排风口、窗户、应急门等，应有栅栏或监控措施，而周边应有物理屏障（隔墙、带刺铁丝网等）和监视报警系统，窗口应采取防范措施，必要时安装自动报警设备。

4）机房进、出口须设置应急电话。

5）机房供电系统应将动力照明用电线路与计算机系统供电线路分开，机房及疏散通道应配备应急照明设施。

6）计算机中心周围 100 m 内不能有危险建筑物。危险建筑物是指易燃、易爆、有害气体等存放场所，如加油站、煤气站、天然气煤气管道和散发强烈腐蚀性气体的设施、工厂等。

7）进出机房时要更衣、换鞋，机房的门窗在建造时应考虑封闭性能。

8）照明应达到规定标准。

物理的安全性非常重要，但这个问题中的大部分内容与网络安全无关，如服务器被盗窃，那么硬盘就可能被窃贼使用物理读取的方式进行分析读取，这是一种非常极端的例子，更一般的情况可能是非法使用者接触了系统的控制台，重新启动计算机并获得控制权，或者通过物理连接的方式窃听网络信息。

三、电磁防护

电磁防护的主要目的是通过屏蔽、隔离、滤波、吸波接地等措施提高计算机及网络系统、其他电子设备的抗干扰能力，使之能抵抗强电磁干扰，同时将计算机的电磁泄漏发射降到最低，从而在未来的电子战、信息战、商战中立于不败之地。

在一个系统内，两个或两个以上的电子元器件处于同一环境时，就会产生电磁干扰。电磁干扰是电子设备或通信设备中最主要的干扰。按干扰的耦合方式不同，可将电磁干扰分为传导干扰和辐射干扰两类。传导干扰是通过干扰源和被干扰电路之间存在一个公共阻抗而产生的干扰。传导发射是通过电源线或信号线向外发射，在此过程中，电路中存在的公共阻抗可以将发射干扰转换为传导干扰，电磁场以感性、容性耦合方式也可以将发射干扰转换为传导干扰。辐射干扰是通过介质以电磁场的形式传播的干扰。辐射电磁场从辐射源通过天线效应向空间辐射电磁波，按照波的规律向空间传播，被干扰电路经耦合将干扰引入到电路中。辐射干扰源可以是载流导线，如信号线、电源线等，也可为电路、芯片等。

外界的电磁干扰能使计算机网络系统工作不正常。电磁干扰的危害主要有两个方面。一方面是计算机电磁辐射的危害。计算机作为一台电子设备，它自身的电磁辐射可造成电磁干扰和信息泄露两大危害。计算机主要是由数字电路组成的，所产生的数字信号多为低电压、大电流的脉冲信号，这些信号对外的辐射强度很大，它们会通过电源线、信号线对其他设备形成传导干扰，又向空间发射很强的电磁波，其频率范围从几千赫兹直至几十吉赫兹，不仅对其他电子设备产生电磁干扰，而且对信息安全造成威胁。因为这些电磁波是带有信息的发射频谱，被敌方窃听并还原后，可导致信息泄露。另一方面是外部电磁场对计算机正常工作的影响。除了计算机对外的电磁辐射造成信息泄露的危害以外，外部强电磁场通过辐射、传导、耦合等方式也对计算机的正常工作产生很多危害。在高科技条件下进行的电子战所采取的强电磁干扰和核爆炸产生的瞬态强电磁脉冲辐射值高，上升时间快，频谱很宽，可以从很低的频率一直扩展到超高频。强电磁脉冲产生的电磁场可直接摧毁计算机，也可在外部导体上感应出一个强浪涌电压，直接或通过变压器将浪涌电压耦合到室内的电气装置上，造成设备损坏。因此，若不采取防护措施，在强电磁干扰和核打击面前，计算机系统一定会被摧毁。

目前，主要的电磁防护措施有两类：一类是对传导发射的防护，主要采取对电源线和信号线加装性能良好的滤波器的方式，减小传输阻抗和导线间的交叉耦合；另一类是对辐射的防护，这类防护措施又可分为以下两种：第一种是采用各种电磁屏蔽措施，如对设备的金属屏蔽和各种接插件的屏蔽，同时对机房的下水管、暖气管和金属门窗进行屏蔽和隔离；第二种是干扰的防护措施，即在计算机系统工作的同时，利用干扰装置产生一种与计算机系统辐射相关的伪噪声并向空间辐射来掩盖计算机系统的工作频率和信息特征。

四、物理隔离技术

物理隔离技术的目标是确保把有害的攻击隔离，在可信网络之外和保证可信网络内部信息不外泄的前提下，完成网间数据的安全交换。物理隔离技术是在原有安全技术的基础上发展起来的一种全新的安全防护技术。

隔离的概念从产生至今一直处于不断发展之中。隔离就是实实在在的物理隔离，各个专用网络自成体系，它们之间完全隔开，互不相连。这一点至今仍适用于一些专用网络，在没有解决安全问题或没有了解解决问题的技术手段之前先断开再说。此时的隔离，处于彻底的物理隔离阶段，网络处于信息孤岛状态，是最原始、最简单的。此方法的最大缺点是信息交流、维护和使用极不方便，成本提高。于是，出现了将同一台计算机连入两个完全物理隔离的网络，同时又保证两个网络不会因此而产生任何连接的技术物理隔离卡、安全隔离计算机和隔离集线器等。利用以上技术所产生的网络隔离，是彻底的物理隔离，两个网络之间没有信息交流，所以可以抵御所有的网络攻击，适用于一台终端（或一个用户）需要分时访问两个不同的物理隔离的网络的应用环境。

物理隔离技术经历了彻底的物理隔离、协议隔离、物理隔离网闸 3 个阶段，物理隔离技术的发展历程是网络应用对安全需求变化的真实写照。

1）彻底的物理隔离。它阻断了两个网络间的信息交流，但其实大多数的专用网络，仍然需要与外部网络（特别是 Internet）进行信息交流或获取信息。既要保证安全（隔离），又要进行数据交换，这对隔离提出了更高的要求，变成了满足适度信息交换要求的隔离，在某种程度上可以理解为更高安全要求的网络连接，即同一台计算机需要连入两个物理上完全隔离的网络。例如，银行、证券、税务、海关、民航等行业部门，就要求在物理隔离的条件下实现安全的数据库数据交换。协议隔离就是在这样的要求下产生的。

2）协议隔离。协议隔离通常是指两个网络之间存在着直接的物理连接，但通过专用（或私有）协议来连接两个网络。基于协议隔离的安全隔离系统实际上是两台主机的结合体，在网络中起到网关的作用。协议隔离的好处是阻断了直接通过常规协议的攻击方式。协议隔离是采用专用协议来对两个网络进行隔离，并在此基础上实现两个网络之间的信息交换。由于协议隔离技术存在直接的物理和逻辑连接，因此仍然是数据包的转发，一些攻击依然会出现。

3）物理隔离网闸。既要在物理上断开，又能够进行适度的信息交换，这样的应用需求越来越迫切。物理隔离网闸技术就是在这样的条件下产生的。它能够实现高速的网络隔离，高效的内、外网数据交换，且应用支持做到完全透明。它创建了一个这样的环境：内、外网络在物理上断开，但在逻辑上相连，通过分时操作来实现两个网络之间更安全的信息交换。物理隔离网闸技术使用带有多种控制功能的固态开关读写介质，连接两个独立主机系统的信息安全设备。由于物理隔离网闸所连接的两个独立主机系统之间，不存在通信的物理连接、信息传输命令和信息传输协议，不存在依据协议的数据包转发，只有数据文件的无协议“摆渡”，且对固态介质只有“读”和“写”两个命令。纯数据交换是该技术的特点。数据必须是可存储的数据文件，这才能保证在网络断开的情况下数据不丢失，才可以通过非网络方式来进行适度交换。内网与外网永不连接，在同一时刻只有一个网络同物理隔离网闸建立无协议的数据连接。

在任何最坏的情况下，物理隔离网闸能够保证网络是断开的，因为其基本思路是：如果不安全，就隔离。在自身安全上，也确保了任何外部人员都不能访问和改变其安全策略，因为安全策略被放在可信网络端的计算机上。物理隔离网闸技术为信息网络提供了更高层次的安全防护能力，不仅使得信息网络的抗攻击能力大大增强，而且有效地防范了信息外泄事件的发生。

物理隔离在安全上的要求主要有以下 3 点。

1）在物理传导上使内、外网络隔断。确保外部网不能通过网络连接而入侵内部网，同时防止内部网信息通过网络连接泄露到外部网。

2）在物理辐射上隔断内部网与外部网。确保内部网信息不会通过电磁辐射或耦合方式泄露到外部网。

3）在物理存储上隔断两个网络环境。对于断电后会遗失信息的部件，如内存、处理器等暂存部件，要在网络转换时做清除处理，防止残留信息出网；对于断电非遗失性设备，如磁带机、硬盘等存储设备，内部网与外部网信息要分开存储。

五、安全管理技术

安全管理是指计算机网络的系统管理，包括应用管理、可用性管理、性能管理、服务管理、系统管理、存储/数据管理等内容。所以安全管理功能可概括为 OAM&P，即计算机网络的运行（Operation）、管理（Administration）、维护（Maintenance）、服务提供（Provisioning）等所需的各种活动。有时也考虑前 3 种，即把安全管理功能归结为 OAM。国际标准化组织（ISO）在 ISO/IEC 7498-4 文档中定义了开放系统的计算机网络管理的五大功能，即故障管理功能、配置管理功能、性能管理功能、安全管理功能和计费管理功能。

内容小结

消息完整性的主要目标是证明报文确实来自声称的发送方，验证报文在传输过程中没有被篡改，预防报文持有期被篡改，预防抵赖。主要利用两种方法：报文认证码（MAC）和数字签名。两者都需要使用散列函数，并且都能够验证报文的源以及报文自身的完整性，但 MAC 不依赖加密，而数字签名依赖公钥基础设施。比较有效的数字签名是对报文摘要进行数字签名。

身份认证又称为身份鉴别，是一个实体经过计算机网络向另一个实体证明其身份的过程。身份认证可以通过彼此共享的对称密钥进行认证，也可以利用公钥进行身份认证。身份认证过程中通过引入一次性随机数可以预防重放攻击。

访问控制是指系统对用户身份及其所属的预先定义的策略组限制其使用数据资源能力的手段。访问控制的目标是防止对任何计算机资源、通信资源或信息资源进行未授权的访问。访问控制直接支持信息安全的保密性、完整性、可用性以及合法使用等安全目标。访问控制既是通信安全的问题，又是计算机操作系统安全的问题。访问控制的 3 个要素包括主体、客体和访问控制策略。主流访问控制策略包括自主访问控制、强制访问控制和基于角色的访问控制等。访问控制策略包括入网访问控制策略、操作权限控制策略、目录安全控制策略、属性安全控制策略、网络服务器安全控制策略、网络监测与锁定控制策略和防火墙控制策略 7 个方面的内容。

信息内容安全主要包含两方面内容，一方面是指针对合法的信息内容加以安全保护，另一方面是指针对非法的信息内容实施监管。大多数内容保护技术都是基于密码学和隐写术的，如数据锁定、隐写标记、数字水印和数字版权管理（DRM）等技术，其中最具有发展前景和实用价值的是数字水印与数字版权管理。内容监管系统分为监管策略和监管处理两部分。监管策略主要是指依据监管需求制定的规则及规范，包括数据获取策略、敏感内容定义、违规定义以及处理策略等；监管处理主要是指依据监管需求设计的对相关数据进行检查及联动处理的程序模块，包括数据获取、数据调整、敏感特征搜索、违规判定以及违规处理等。

物理安全是信息安全的最基本保障，是不可缺少和忽略的部分。如果物理安全得不到保证，整个计算机网络系统的安全也就无法实施。物理安全的目的是保护计算机、网络服务器、交换机、路由器、打印机等硬件实体和通信设施免受自然灾害、人为失误、犯罪行为的破坏，确保系统有一个良好的电磁兼容的工作环境并能隔离有害的攻击。物理安全包括环境安全、电磁保护、物理隔离及安全管理等内容。

解决对称密钥的安全、可靠分发问题，是成功利用对称密钥密码的关键。对称密钥分发的典型解决方案是，建立一个大家都信赖的密钥分发中心（KDC），通过 KDC 实现对称密钥的安全分发。公钥基础设施（PKI）是一种遵循标准的利用公钥加密技术为电子商务的开展提供一套安全基础平台的技术和规范。PKI 是基于公钥算法和技术，为网络通信提供安全服务的基础设施，是创建、颁发、管理、注销公钥证书所涉及的所有软件、硬件的集合体，其核心元素是数字证书，核心执行者是认证中心（CA）。

习　　题

1. 什么是消息完整性？如何检验消息的完整性？检验消息完整性的意义是什么？
2. 说明数字签名的原理，分析简单数字签名、签名报文摘要技术的相同点和不同点。
3. 说明数字签名和信息鉴别的区别与联系，分析不同消息鉴别方法的优缺点。
4. 请设计一个协议，使得 A、B 双方之间相互发送消息，协议能够保证消息的机密性、不可否认性、消息的完整性和身份认证，并画出示意图。
5. KDC 和 CA 的作用分别是什么？
6. 什么是消息认证码？说明其在信息安全中的作用和局限性。
7. 什么是身份认证？在身份认证中如何对抗防重放攻击？
8. 什么是访问控制？访问控制与身份认证之间有什么区别和联系？
9. 访问控制三要素是什么？
10. 访问控制主要应用有哪些？
11. 什么是自主访问控制？自主访问控制的方法有哪些？什么是强制访问控制方式？
12. 简述基于角色的访问控制的主要特点。
13. 数字水印的作用是什么？简述两个典型的数字水印算法思想。
14. 物理安全主要包括哪些内容？
15. 利用 PKI 进行对称密钥分发的主要流程是什么？

第十章　网络安全协议与技术措施

学习目标：

1. 理解安全电子邮件基本原理，掌握 PGP 发送和接收安全邮件的原理与过程；

2. 理解 SSL 功能与特点，掌握 SSL 协议栈、SSL 基本原理、SSL 握手过程等；

3. 理解 VPN 基本概念，掌握 IPSec 体系、安全关联（SA）、AH 协议、ESP 协议、IPSec 密钥交换（IKE）基本原理与过程；

4. 理解防火墙概念、功能、分类、体系结构，掌握防火墙工作原理、部署与应用，了解分布式防火墙概念、组成与特点；

5. 理解入侵检测基本概念、功能、特点、检测过程与检测方法，掌握入侵检测系统组成、分类与部署应用。

教师导读：

本章主要介绍安全电子邮件基本原理、安全电子邮件协议 PGP、安全电子邮件标准、SSL 协议栈、SSL 握手过程、SSL 安全数据传输过程、VPN 基本概念、IPSec 体系、安全关联 SA、AH 协议、ESP 协议、IPSec 密钥交换、防火墙基本概念、防火墙分类、防火墙实现原理、防火墙体系结构、防火墙部署与应用、入侵检测概念与功能、入侵检测过程与方法、入侵检测系统组成与分类等内容。

本章的重点是 PGP、SSL 和 IPSec 等网络安全协议，防火墙原理与部署应用，IDS 原理；本章的难点网络安全协议（PGP、SSL、IPSec）与防火墙的部署应用。

本章学习的关键是理解网络安全不同层的网络安全协议如何在特定层实现安全功能，防火墙和 IDS 等网络安全技术措施如何保证网络安全。特别要体会并理解如何综合利用加密、身份认证、密钥分发、一次性随机数等技术设计网络安全协议。

建议学时：

8 学时。

上一章介绍了信息安全防护的基本原理，包括信息完整性验证、数字签名、身份认证、密钥分发、访问控制、内容安全以及物理安全等的原理。现在考虑在互联网中如何使用这些工具提供安全性保障。在实际的安全实现方案中，在因特网物理层之上四个层次中的任意一层，提供安全性服务都是可能的，比如通过加密网络层数据报中的所有数据，即传输层所有报文段，以及鉴别源和目的 IP 地址，在网络层能够提供“全覆盖”的安全性保障。接下来面向网络安全介绍相关的安全协议及网络安全技术措施，包括安全电子邮件、安全套接字层（SSL）、IPSec 与 VPN、防火墙以及入侵检测系统等。

第一节　安全电子邮件

一、安全电子邮件基本原理

电子邮件是使用非常广泛的应用，在现代通信中的地位十分重要，它的出现在很大程度上已经取代了传统的邮件通信。但是电子邮件系统在最初设计时，本身存在一些安全性问题。例如常见的垃圾邮件，会增加网络负担，邮件到达接收的服务器并存储在邮箱或者存储在用户客户端中都会占用不必要的空间。此外，不法分子会利用诈骗邮件让一些用户上当受骗，或者利用邮件进行欺骗、钓鱼式攻击，非法获取受害者密码、个人隐私等敏感信息。有些攻击者会使用邮件“炸弹”，类似拒绝服务（DoS）攻击，冒充的邮件发送者短时间内向一个邮箱发送大量的电子邮件，接收方邮箱被填满，存储空间被消耗掉，导致用户无法接收邮件。另外，早期的很多网络蠕虫都是通过电子邮件传播的，电子邮件中的网络蠕虫和病毒会对用户系统安全造成很大的威胁。

作为一个网络应用，电子邮件对网络安全的需求主要有以下几个方面。

1）机密性：传输过程中不被第三方阅读到邮件内容，只有真正的接收方才可以阅读邮件。

2）完整性：支持在邮件传输过程中不被篡改，若发生篡改，则通过完整性验证可以判断该邮件是否被篡改过。

3）身份认证性：电子邮件的发送方不能被假冒，接收方能够确认发送方的身份。

4）抗抵赖性：发送方无法对发送的邮件进行抵赖。接收方能够预防发送方抵赖自己发送过的事实。

此外，电子邮件系统具有单向性和非实时性，只能从发送方到接收方，发送方利用用户代理编写邮件，发送到所注册的邮件服务器，邮件服务器将邮件放到外出队列中，在合适时间发送到接收方注册的服务器，最后由接收方服务器将邮件放到接收方邮箱中，接收用户在邮箱中读取信件。因此，电子邮件不适合采用诸如虚拟专用网（VPN）等技术建立安全隧道，进行邮件加密传输，只能对邮件本身进行加密。

二、安全电子邮件标准

目前事实上的安全电子邮件标准是 1991 年提出的 PGP（Pretty Good Privacy）标准。PGP 可以免费运行在各种操作系统平台之上，可用于普通文件加密等，所使用的算法，如公钥加密算法 RSA、对称加密算法 3DES（三重 DES）、散列算法 SHA-1 等，都已被证明是安全、可靠的。

PGP 能够提供诸如邮件加密、报文完整性等安全服务，满足电子邮件对网络安全的需求。PGP 标准会对邮件内容进行数字签名，保证信件内容不被篡改。同时会使用公钥和对称密钥加密，保证邮件内容机密且不可否认，公钥的权威性由收、发双方所信任的第三方签名认证，并且事先不需要任何保密信道来传递对称的会话密钥。

以 Alice 向 Bob 发送保密邮件为例，PGP 的加密阶段如图 10-1 所示。Alice 先对报文 m 使用 SHA-1 等散列函数进行散列，采用 Alice 的私钥 K_A^-，通过公钥加密算法（如 RSA）对摘要进行数字签名，得到 $K_A^-(H(m))$；邮件报文 m 和数字签名在 PGP 中会进行压缩；再使用对称加密算法（如 3DES）进行对称加密，对称密钥为 K_S；为了将对称密钥 K_S 安全分发到 Bob 手中，使用 Bob 的公开密钥 K_B^+ 对 K_S 进行加密；加密的密钥和加密的压缩报文会进行 Base64 的编码，把非 7 位 ASCII 码内容编码为 7 位 ASCII 码，以便利用 SMTP 进行传输。同时可能要进行分段，因为 PGP 报文有大小限制。

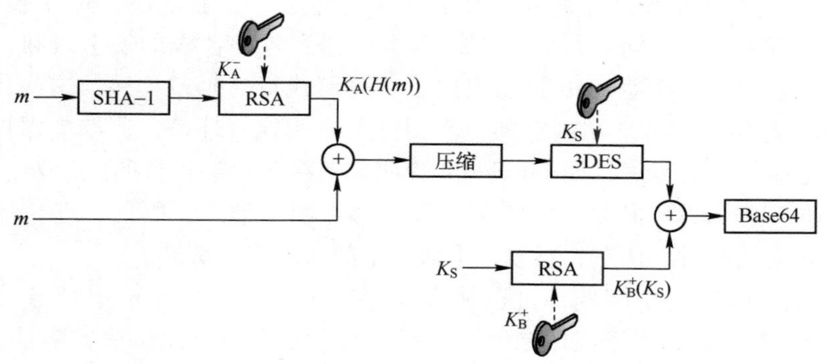

图 10-1　PGP 加密过程示意图

PGP 的解密阶段，如图 10-2 所示。Bob 接收邮件后先利用 Base64 进行还原，再进行分离；然后先利用 Bob 的私钥 K_B^- 解密得到对称密钥 K_S；利用 K_S 进行 3DES 解密，解压缩后进一步分离；对数字签名 $K_A^-(H(m))$ 使用 Alice 的公钥 K_A^+ 进行解密得到 $H(m)$；对原报文 m 利用相同的散列函数 H 进行散列，比较两个 $H(m)$ 即可对报文完整性进行验证。

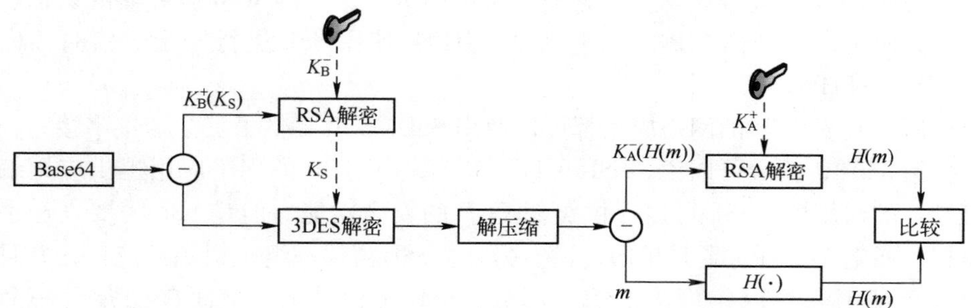

图 10-2　PGP 解密过程示意图

PGP 允许用户选择功能内容，如选择保密或身份认证等。在安装 PGP 时，PGP 会为用户生成公用密钥对，公钥放置在用户网站或者某公共服务器中。用户为随机生成的 RSA 私钥生成一个口令，只有给出口令，才能将私钥释放出来并使用。PGP 公钥认证机制与传统认证中心差异比较大，可以通过可信的 Web 认证，或者用户可以自己认证任何其信任的“公钥/用户名”对。同时用户还可以为其他公钥认证提供担保。Alice 可以直接从 Bob 手中得到公钥，或者通过电话认证公钥，或者从双方信任的第三方获取 Bob 的公钥，或者通过认证中心获得公钥，防止公钥被篡改。

第二节 SSL/TLS

一、SSL 简介

Web 应用的安全性问题一直是网络安全关注的热点。一般来说，Web 服务器越强大，包含安全漏洞的概率越高，同时，Web 浏览器也会遇到各种各样的安全威胁，如活动 Web 页面可能隐藏恶意程序。活动 Web 页面内嵌了一些可执行代码或程序，这些代码或程序会随着 Web 页面一起传输到客户端浏览器，由浏览器调用执行环境，比如虚拟机或者一些程序，解释执行这些代码或程序，如 JavaScript 程序都是在客户端执行的。此外，普通 Web 应用的应用层数据（即 HTTP 报文）在传输过程中都是明文形式，因此，在传输过程中也可能受到攻击，如受到监听、伪造、篡改、重放或中间人攻击等威胁。

为了解决 Web 应用安全问题，可以从多个层次入手，比如在电子商务背景下提出的 HTTP 安全电子交易协议，属于应用层解决方案。另一种 Web 安全解决方案是，在传输层之上构建一个安全层，最典型的就是安全套接字层（Secure Socket Layer，SSL）协议或传输层安全（Transport Layer Security，TLS）协议。SSL/TLS 介于应用层和传输层之间，类似于会话层，可作为基础协议栈的一部分，也可直接嵌入到浏览器中使用。TLS 是 SSL 的变体，差异不大，下面首先对 SSL 进行简单介绍。

SSL 是由网景（Netscape）最先实现，并广泛部署的安全协议，几乎所有的浏览器和 Web 服务器都支持它。SSL 可以提供机密性、完整性、身份认证等安全服务。SSL 最初提出的目标是面向 Web 电子商务交易，尤其是加密信用卡号，提供 Web 服务器的认证、可选的客户认证，方便用户和新商户进行商务活动。HTTP 使用 SSL 进行安全通信时，称为安全 HTTP，简记为 HTTPS。

目前，所有基于 TCP 的网络应用都可以使用 SSL，SSL 提供了安全套接字接口，数据处理后再交付给 TCP 传输。可以说，SSL 可以为所有基于 TCP 的网络应用提供应用编程的接口，具有较好的通用性。SSL 可以提供类似 PGP 的安全功能，但是 SSL 需要发送字节流以及交互数据，而电子邮件主要是单向传输。另外，SSL 需要一组密钥用于连接，并且需要在握手阶段进行证书交换以作为协议的一部分。SSL 比较复杂，下面首先介绍一个简化的 SSL，展示 SSL 的核心功能。

简化的 SSL 主要包含下列 4 个部分。

1）发送方和接收方利用他们的证书、私钥认证、鉴别彼此，并交换共享密钥。

2）密钥派生或密钥导出，发送方和接收方利用共享密钥派生出一组密钥。

3）数据传输，将传输数据分割成一系列记录，加密后传输。

4）连接关闭，通过发送特殊消息，安全关闭连接，不能留有漏洞被攻击方利用。

简化的 SSL 握手过程如图 10-3 所示。Bob 接收 Alice 给出的 hello 信息后，向 Alice 提供（发送）公钥证书，Alice 会对该证书

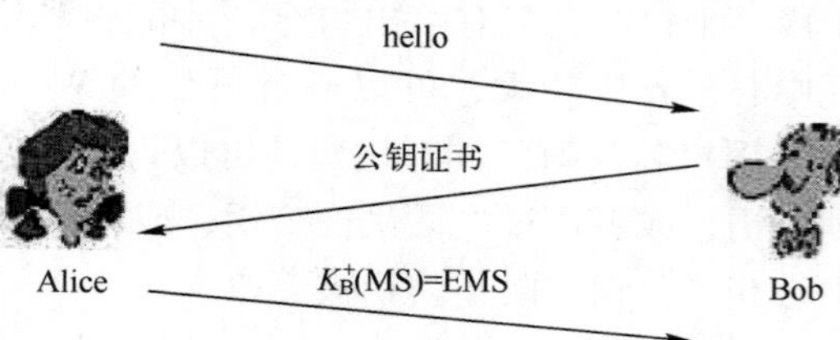

图 10-3 简化的 SSL 握手过程

进行鉴别，再利用 Bob 的公钥 K_B^+ 对主密钥 MS 进行加密，得到 EMS 后发送给 Bob。

发送方和接收方利用不同密钥完成不同操作会更加安全，如 MAC 和数据加密密钥通常是不一样的。因此，SSL 在密钥派生阶段，通过密钥派生函数（Key Derivation Function，KDF）可以实现密钥派生，提取主密钥和一些额外随机数，生成密钥。在 SSL 密钥派生过程中，会派生出以下 4 个密钥。

1）K_C：用于加密客户向服务器发送数据的密钥（对称密钥）。

2）M_C：用于客户向服务器发送数据的 MAC 密钥。

3）K_S：用于加密服务器向客户发送数据的密钥。

4）M_S：用于服务器向客户发送数据的 MAC 密钥。

SSL 在数据传输过程中，会将待传输数据分割为一系列记录，因为如果直接加密待发送的 TCP 字节流，则没有合适的位置放置 MAC。一般来说，MAC 会放在数据最后，这样，只有接收方接收了所有数据，才能进行完整性验证。例如，在基于 TCP 的即时消息系统中，在显示一段消息之前，无法针对发送的所有字节进行完整性校验，而必须等待整个会话结束，才能进行完整性校验，显然这是不可行的。因此，SSL 的解决方案是将字节流分割为一系列记录，每个记录携带一个 MAC。

为了防止攻击者捕获和重放记录或者重新排序记录，SSL 会在 MAC 中增加序列号以及使用一次性随机数 nonce。在 SSL 记录前增加序列号，使用 MAC 密钥进行散列得到 MAC，但在 SSL 记录中没有序列号字段，序列号信息由接收方和发送方按照一定的规律自己生成。

为了防止截断攻击，即攻击者伪造 TCP 的断连过程，使得通信的一方或者双方认为对方没有数据发送，连接被恶意断开。SSL 会将一个类型的记录专门用于断连，比如 type = 0 的记录用于发送数据，type = 1 的记录用于断连，只有接收到 type = 1 的记录，SSL 才进行断连。

上述 SSL 是简化版本，虽然可以看作 SSL 的基本原理介绍，但很多方面并不完整，比如使用哪种加密协议和加密算法、4 个密钥的协商细节等。

二、SSL 协议栈

图 10-4 展示的是 SSL 协议栈，可以看到 SSL 是介于 TCP 和 HTTP 等应用层协议之间的一个可选层，绝大多数应用层协议可以直接建立在 SSL 协议之上，SSL 不是单独的协议，而是两层协议。

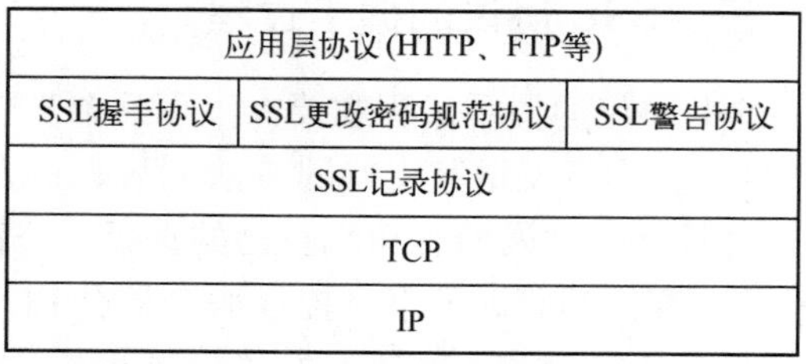

应用层协议(HTTP、FTP等)		
SSL握手协议	SSL更改密码规范协议	SSL警告协议
SSL记录协议		
TCP		
IP		

图 10-4　SSL 协议栈

在介绍 SSL 各个具体协议之前，先介绍一下 SSL 密钥组。SSL 在安全加密/解密过程中，涉及多种密钥，比如上文介绍的密钥派生过程中的 4 种密钥。同时 SSL 也会使用多种加密算法。

1）公开密钥加密算法：SSL 主要使用 RSA，其他多种公钥加密算法也支持。

2）对称密钥加密算法：SSL 支持 DES 分组密码、3DES 分组密钥等。

3）MAC 算法：MD5 或 SHA-1。

密钥组由客户端和服务器协商确定，客户端提供支持的可选加密算法，服务器从中挑选构成密码组。

SSL 更改密码规范协议用于在通信过程中，通信双方修改密钥组，标志着加密策略的改变。从图 10-4 中可以看出，SSL 更改密码规范协议运行在 SSL 记录协议之上，最后报文内容会封装到记录协议报文之中。

SSL 警告协议同样位于记录协议之上，用于当握手过程或者数据加密等出错或者发生异常时，为对等实体传递 SSL 警告或者终止当前连接。该协议包含两个字节：警告级别和警告代码。

SSL 握手协议在 SSL 协议栈中的地位十分重要，因为 SSL 需要握手协议交换许多重要信息。SSL 握手协议主要是协商密钥组和建立密钥，在协商确认后，才能进行派生密钥的导出等操作，协商结果是 SSL 记录协议的基础。握手协议也会进行服务器认证与鉴别，以及客户认证与鉴别。在 SSL 3.0 版本中，握手过程用到了三个协议：SSL 握手协议、SSL 更改密码规范协议、SSL 警告协议。

SSL 记录协议描述了 SSL 信息交换过程中的消息格式，前面介绍的三个协议都需要记录协议进行封装与传输。SSL 记录协议会将数据分段成可操作的数据块，如图 10-5 所示，将分块数据进行数据压缩，并为了实现对每一个记录进行完整性认证，需要对每个记录计算 MAC 值，和压缩后数据进行连接后，再进行加密，加入 SSL 记录头（recorder header）构成记录，放入 TCP 报文段中传输。SSL 记录头由三个部分组成：1 字节的内容类型（content type）、2 字节的 SSL 版本号、3 字节的数据长度。MAC 中包括序列号以及 MAC 的密钥 M_x，其中 x 为 SSL 记录序列号。

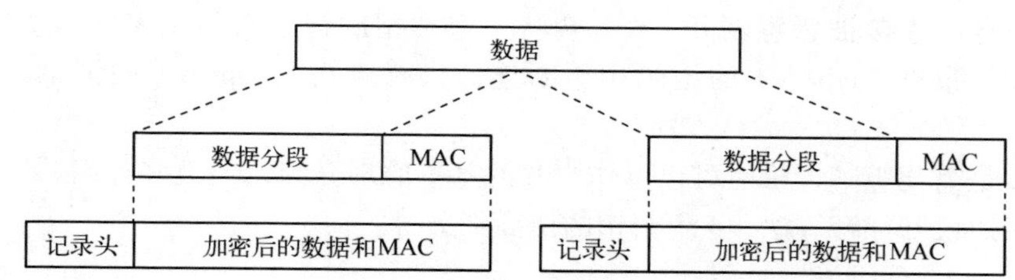

图 10-5　SSL 记录协议数据分段示意图

三、SSL 协议的握手过程

SSL 协议的握手过程主要有以下几个步骤。

1）客户端发送其支持的算法列表，以及客户端一次随机数 nonce，服务器从算法列表中选择算法，并发给客户端自己的选择、公钥证书和服务器端一次随机数 nonce。

2）客户端验证证书，提取服务器公钥，生成预主密钥（pre_master_secret），并利用服务器的公钥加密预主密钥，发送给服务器，实现密钥的分发。

3）客户端与服务器基于预主密钥和一次性随机数，分别独立计算加密密钥和 MAC 密钥，包括前面提到的派生出的 4 个密钥。

4）客户端发送一个针对所有握手消息的 MAC，并将此 MAC 发送给服务器。

5）服务器发送一个针对所有握手消息的 MAC，并将此 MAC 发送给客户端。

最后两步是为了保护握手过程免遭篡改，因为在密钥分发和派生之前，所有的握手过程都是明文。例如，客户端提供的算法安全性有强有弱，明文传输中可能会被中间人攻击截获，把安全性强的算法删除，为后期的攻击埋下伏笔，而针对所有消息的 MAC 能够预防这类攻击事件的发生。

客户端和服务器各自都选择了一个一次性随机数，是为了确保在一定时间内加密密钥的不同，避免被重放攻击。例如，攻击者嗅探了 Alice 和 Bob 之间的所有报文，第二天，攻击者同 Bob 建立了 TCP 连接，发送完全相同的报文序列，如果 Bob 是电子商城卖家，他可能会认为 Alice 对同一产品下发两个分离的订单。如果 Bob 每次连接时发送完全不同的随机数，则 Alice 与 Bob 通信过程的加密密钥和攻击者与 Bob 通信过程的加密密钥就会不同，如此，攻击者的报文将无法通过 Bob 一方的完整性检验。

SSL 密钥派生时，客户端的一次性随机数、服务器的一次性随机数和预主密钥作为随机数发生器的输入，产生主密钥（MS）。主密钥和新一次性随机数输入到另一个随机数发生器，就会按照密钥派生函数，生成密钥块，之后的 4 个基本密钥都是由密钥块切片后得到，分别是客户端 MAC 密钥、服务器 MAC 密钥、客户加密密钥、服务器加密密钥。同时，密钥块切分后也会得到客户端初始向量和服务器初始向量，用于各自的 MAC 生成。

四、传输层安全（TLS）协议

1995 年，网景公司把 SSL 协议转交给因特网工程任务组（IETF）进行标准化。1999 年，IETF 在 SSL 3.0 的基础上设计了 TLS 1.0，虽然改动很小，但使得 TLS 与 SSL 3.0 无法互操作，不再兼容。正是由于这种不兼容，大多数浏览器都实现了这两个协议，在协商过程可以选择 SSL 或者 TLS，这也是经常将这两个协议写成 SSL/TLS 的原因。在 TLS 1.0 之后，IETF 持续对 TLS 的版本进行升级，2006 年发布了 TLS 1.1，2008 年发布了 TLS 1.2，2018 年 8 月发布了最新版本 TLS 1.3。2020 年，旧版本的 TLS 1.0/1.1 均被废弃，但 TLS 1.2 还在使用，而诸如谷歌浏览器 Chrome 和火狐浏览器 Firefox 等都已经开始使用更加安全的 TLS 1.3。

类似 SSL，TLS 也是用于在两个网络应用程序之间提供身份认证、机密性、数据完整性服务。该协议由两层组成：TLS 记录协议（TLS Record）和 TLS 握手协议（TLS Handshake）。TLS 记录协议位于可靠的传输层协议 TCP 之上，TLS 握手协议之下。TLS 记录协议提供的连接安全性具有以下两个基本特性。

1）私有。采用对称密钥对数据加密，可以协商选择更安全的对称密钥加密算法，如 AES 等。

2）可靠。信息传输过程使用 MAC 进行信息完整性检查，利用安全散列函数（如 SHA、MD5 等）计算 MAC。

TLS 记录协议用于封装各种高层协议数据包，包括 TLS 握手协议。TLS 握手协议允许客户端与服务器在传输应用层协议消息之前彼此相互认证，协商加密算法和加密密钥。TLS 握手协议提供的连接安全具有以下 3 个基本属性。

1）可以使用非对称的，或公共密钥的密码来认证对等方的身份。

2）共享加密密钥的协商是安全的。

3）协商是可靠的。

TLS 握手协议协商过程基本与 SSL 相似，在此不再赘述。

TLS 的优势之一在于 TLS 是独立于应用层协议的，任何基于 TCP 的应用层协议都可以透明地运行在 TLS 协议之上。然而，TLS 最典型的应用仍然是安全 Web 应用，即用于实现安全 HTTP。当 HTTP 运行在 TLS 之上时，可以简记为 HTTP/TLS，或记为 HTTPS（与使用 SSL 相同）。由于需要使用传输层安全协议的应用场景越来越多，如网络购物等，因此现在越来越多的网站已全站使用安全协议 HTTPS。当用户利用浏览器访问这类网站时，在地址栏输入网址后，浏览器会自动选择安全协议 HTTPS，在网址前自动加上“https：//”。提供安全服务的 Web 服务器（即 HTTPS 的服务器）的默认端口号是 443，而不是 HTTP 服务器的默认端口号 80，以便区分 HTTPS 和 HTTP。

第三节　虚拟专用网络（VPN）和 IP 安全协议（IPSec）

网络层解决安全问题可以认为是一个“全覆盖”的解决方案，因为在网络层之上的所有传输层协议，包括一些应用，都可以基于网络层的安全机制实现可靠通信。最典型的网络层安全协议，就是使用最广泛和最有代表性的 IP 安全协议，一般称为 IPSec（IP Security），它为网络层的信息传输提供了安全性。IPSec 能够为任意两个网络层实体之间 IP 数据报的传输提供安全保障，可以提供机密性、身份鉴别、数据完整性验证和防重放攻击保护等安全服务。因此，许多机构和组织会使用 IPSec 创建运行在公共网络之上的虚拟专用网络（Virtual Private Network，VPN）。

一、VPN 简介

在叙述 VPN 之前，先介绍一下专用网络（Private Network，PN）。PN 是基于专属的网络设备、链路或协议等建设的专门服务于特定组织机构的网络，比如民航网络、银行网络等，是不与公共网络互连，只在组织内部使用的网络。

若要实现 PN，则可以自己建设专用的物理链路，连接专用的网络设备和终端，与公共网络实现物理隔离。但是，考虑到技术、经济等因素，这种方案并不普遍，更多的情况下，组织、机构会向通信链路提供商租用链路，利用租用链路实现专用网络连接。可以看到，PN 可以提供非常安全的服务，但是构建以及管理维护成本都非常高。

VPN 通过建立在公共网络，如 Internet 上的安全通道，实现远程用户、分支机构、合作伙伴等与总部网络的安全连接，从而构建针对特定组织、机构的专用网络，如图 10-6 所示。VPN 通过隧道技术、加密技术、密钥管理、身份认证和访问控制等，实现与 PN 类似的功能，可以达到实现 PN 安全性的目的，同时成本相对而言要低很多。VPN 最重要的特点就是虚拟，连接总部网络和分支机构的安全通道实际上并不会独占网络资源，是一条逻辑上穿过公共网络的安全、稳定的隧道。

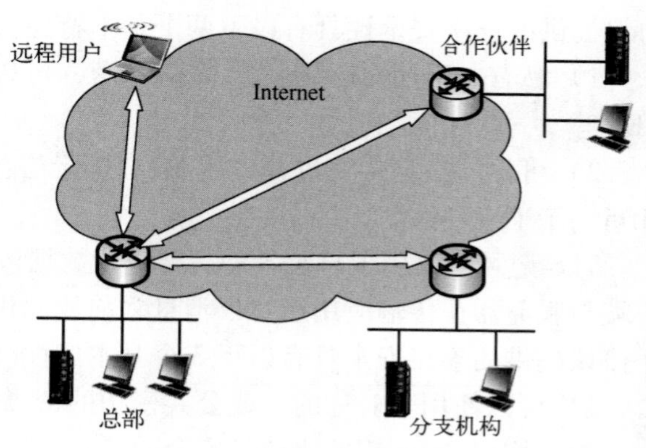

图 10-6　VPN 结构示意图

VPN 的实现涉及的技术有很多，关键技术有隧道技术、数据加密、身份认证、密钥管理、访问控制和网络管理等，其中核心技术是隧道技术。隧道即通过 Internet 提供的点对点的数据传输安全通道，实际是逻辑连接。隧道技术通过数据加密保证安全，数据分组进入隧道时，由 VPN 封装成 IP 数据报，通过隧道在 Internet 上传输，离开隧道后，进行解封装，数据便不再受 VPN 保护。

隧道技术包括以下三种协议。

1）乘客协议，确定封装的对象属于哪个协议。

2）封装协议，确定遵循哪一种协议进行封装，以及需要加什么字段等。

3）承载协议，确定最后的对象会放入哪类公共网络中，如在 Internet 网络中传输。

常见的隧道技术协议分为两个层次：首先是第二层协议，如 PPTP、L2TP，主要用于远程客户端访问局域网方案；其次是第三层协议，如下文要介绍的 IPSec，主要用于网关到网关，或者网关到主机的方案，但不支持远程拨号访问。

VPN 的实现技术有很多，如 IPSec，它是最安全、使用最广泛的技术之一；同时 VPN 也可以利用 SSL 协议，因为 SSL 具有高层安全协议的优势，使用常见的浏览器就可以部署；此外还有 L2TP 等。在实现中，会将多种技术相结合，如 IPSec 和 SSL，以及 IPSec 和 L2TP 等。

二、IPSec 体系简介

IPSec 是网络层使用最广泛的安全协议之一，但 IPSec 不是一个单一的协议，而是一个安全体系。IPSec 安全体系结构如图 10-7 所示。IPSec 体系结构对 IPSec 给出了一个整体性描述，主要包括封装安全载荷协议（Encapsulation Security Protocol，ESP）、认证头（Authentication Header，AH）协议、安全关联（Security Association，SA）、互联网密钥交换（Internet Key Exchange，IKE），将会在后面分别介绍。IPSec 提供的安全服务包括机密性、数据完整性、源认证和防重放攻击等。提供不同服务模型的两个协议分别是 ESP 和 AH。

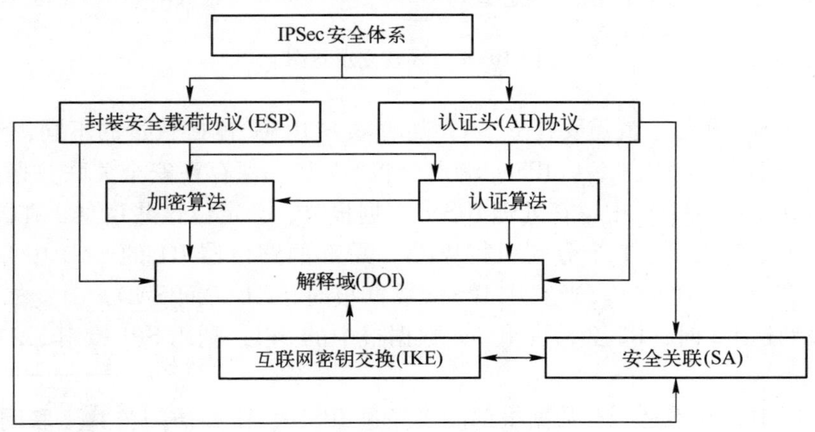

图 10-7　IPSec 安全体系结构

IPSec 有两种典型的运行模式：传输模式和隧道模式。传输模式又称作主机模式，IPSec 数据报的发送和接收都是由端系统完成的，主机是 IPSec 感知的；隧道模式类似于 VPN，将

IPSec 的功能部署在网络边缘的路由器上，边缘路由器是 IPSec 感知的，路由器和路由器之间构建安全隧道，数据报在隧道中进行安全封装，主机和边缘路由器之间的数据传输还是传统的 IP 数据报传输。

三、安全关联（SA）

IPSec 的通信实体可以是主机或者路由器，在发送数据之前，需要在发送实体和接收实体之间进行安全关联（SA）。SA 是单工的，双向需要两个 SA。发送实体和接收实体都需要维护 SA 的状态信息，类似 TCP 连接中端点也需要维护状态信息。因此，传统的 IP 是无连接的，但是 IPSec 是面向连接的。

在 SA 建立时，需要维护很多参数，主要有：

1）安全参数索引（Security Parameter Index，SPI），是 32 位 SA 唯一标识；

2）序列号，用于抗重放攻击；

3）抗重放窗口，接收方利用滑动窗口检测恶意主机重放数据报；

4）生存周期，每个 SA 都有使用周期；

5）运行模式，分为传输模式和隧道模式；

6）IPSec 隧道源和目的地址，只有隧道模式下才会有这两个参数。

例如，利用 IPSec 构建总部和分支机构的连接，网络结构如图 10-8 所示，路由器 R1 在创建 SA 时，首先需要存储 32 位 SA 标识 ID：安全参数索引（SPI），还需要记录隧道源地址 200.168.1.100 和目的地址 193.68.2.23，此外还需要维护各种加密参数信息，如加密类型、加密密钥、完整性检验类型、认证/鉴别密钥等。

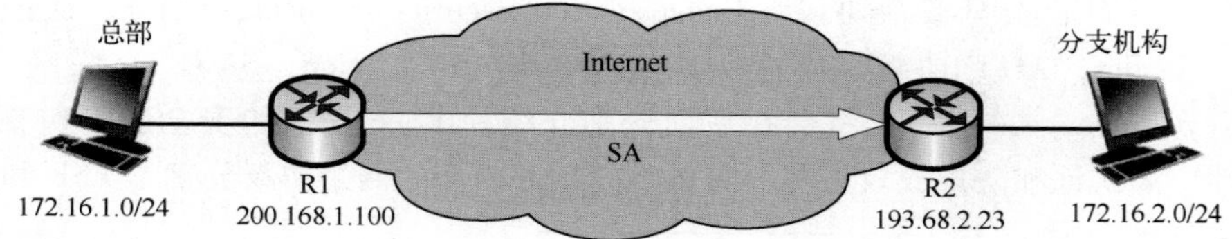

图 10-8　SA 建立示意图

只要建立 IPSec 通信，就需要建立 SA，随着双方 IPSec 连接数量的不同，SA 信息需要存储的信息就会很多。一般来说，IPSec 端点会将 SA 状态保存在安全关联数据库（Security Association Database，SAD）中，在处理 IPSec 数据报时，会定位这些信息。在图 10-8 的例子中，对于 n 个销售人员、1 个分支机构 VPN，总部的路由器 R1 的 SAD 中存储 $2+2n$ 条 SA，因为需要建立双向的 SA。当发送 IPSec 数据报时，R1 访问 SAD，确定如何处理数据报。当数据报到达 R2 时，R2 会检验 IPSec 数据报中的 SPI，利用 SPI 检索 SAD，对数据报进行处理。

但实际应用中，并不是所有数据报都需要经过 IPSec，比如访问公共互联网服务。哪些应该经过 IPSec？哪些应该做其他处理和传输？安全策略数据库（Security Policy Database，SPD）定义了针对数据流实施怎样的安全处理。主要分为三类：应用 IPSec、普通 IP 数据报绕过 IPSec、丢弃违背安全策略的数据报。安全策略组成了 SPD，每个记录就是一条 SP。在接收到新的数据报后，端点会提取关键信息并填充到一个称为“选择符”的结构中，其中包括源和目的 IP 地址、传输层协议、源和目的端口号等。利用“选择符”搜索 SPD，检索匹配 SP，如果匹配不成功，则会按照默认方式处理，如果匹配成功，则会进行安全处理。安全处理需要的参数，存储在 SP 指向的 SA 结构中。

四、AH 协议和 ESP

AH 协议和 ESP 是 IPSec 的两个关键部分。AH 协议在 IP 数据报中，报头对应协议号为 51，提供源认证和鉴别、数据完整性检验。ESP 在 IP 数据报中的协议号是 50，提供源认证和鉴别、数据完整性检验以及机密性，比 AH 协议应用更加广泛。两种不同协议和传输模式、隧道模式两种模式结合起来共有 4 种组合：传输模式 AH、隧道模式 AH、传输模式 ESP、隧道模式 ESP。

（1）传输模式 AH

传输模式 AH 数据报结构是在原 IP 头和原 IP 数据报载荷之间加入 AH 头而形成的，如图 10-9 所示。AH 头前 32 位包括 8 位的下一个头字段、8 位的载荷长度字段和 16 位保留字段。如果原 IP 数据报载荷字段是 TCP 段，则下一个头字段指向的就是 TCP 的头部。保留字段后面是 SPI 和序列号。认证数据由于认证算法不同，长度也不一样，如 MD5 是 128 位。传输模式 AH 是对原 IP 头不变字段、AH 头、原 IP 数据报载荷所有内容进行认证，认证不包括原 IP 头中可变字段，如选项字段。

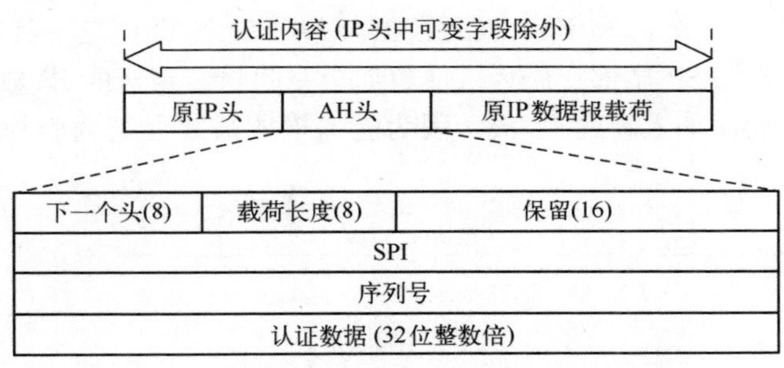

图 10-9　传输模式 AH 数据报结构

（2）隧道模式 AH

隧道模式 AH 数据报结构如图 10-10 所示。可以看到，与传输模式 AH 主要不同是构建了新的 IP 头，认证时也包括新的 IP 头。因为数据报被边缘路由器进行封装后，会放入公共网络（如 Internet）中传送，因此需要增加一个新的 IP 头。

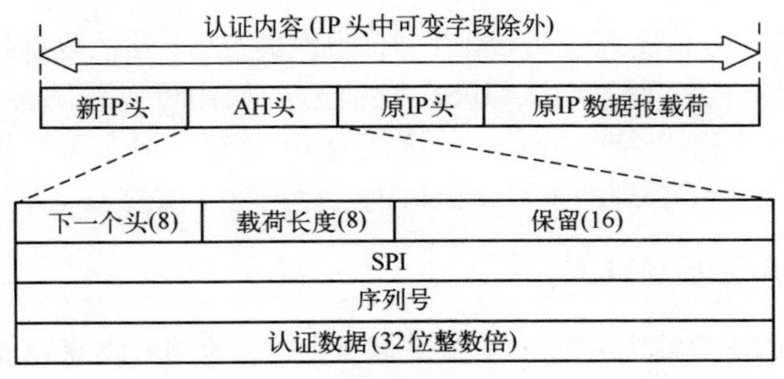

图 10-10　隧道模式 AH 数据报结构

（3）传输模式 ESP

传输模式 ESP 数据报结构如图 10-11 所示。可以看出，首先在原 IP 数据报载荷后面添加 ESP 尾部，尾部中会进行 0~255 B 的填充，填充是为了提供机密性，加密过程中一般使用分组密码，且需要满足分组密码要求，如长度限定为 64 bit 等。ESP 头中包括 SPI 和序列号。ESP 头加上原 IP 数据报载荷以及 ESP 尾部，会进行认证计算 MAC，认证的结果加入尾部，为 ESP 认证数据。上述这四个部分构成新的 IP 数据报载荷，原 IP 头信息依然保持不变。

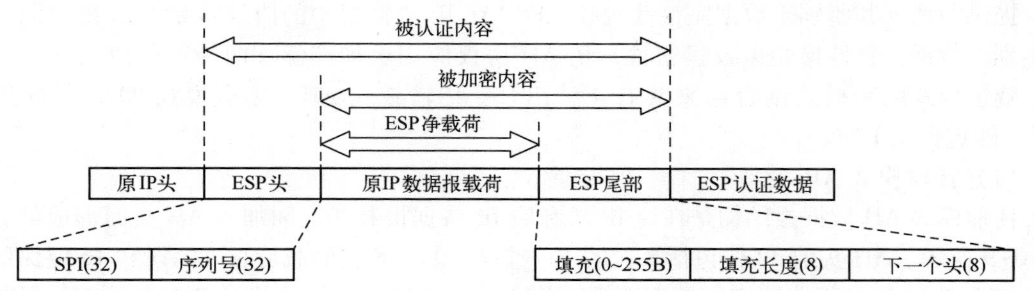

图 10-11　传输模式 ESP 数据报结构

（4）隧道模式 ESP

隧道模式 ESP 是使用最广泛的、最重要的 IPSec 形式。隧道模式 ESP 数据报结构如图 10-12 所示。ESP 头、尾部和 ESP 认证数据与传输模式 ESP 是一样的。ESP 头、原 IP 头、原 IP 数据报载荷、ESP 尾部、ESP 认证数据会一起封装到新的 IP 数据报载荷中。与隧道模式 AH 一样，在前面加入新的 IP 头，因为隧道模式最终会把内容封装成普通的数据报内容进行传输。

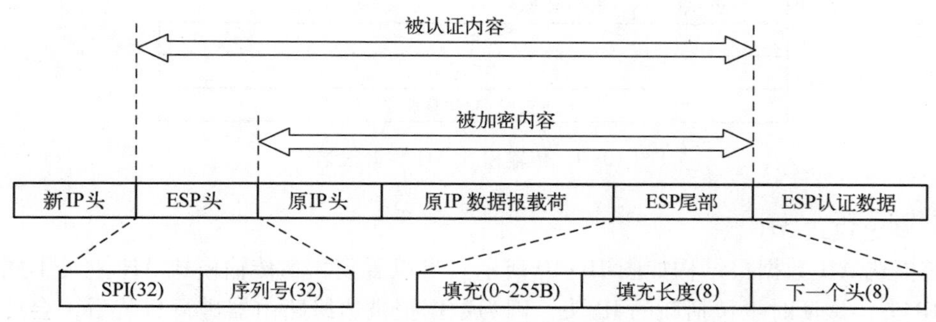

图 10-12　隧道模式 ESP 数据报结构

对于新的 SA，发送方将序列号初始化为 0，每次通过 SA 发送数据报，发送方会增加序列号计数，将序列号置于序列号字段，IPSec 序列号的使用可以预防分组嗅探和回放攻击，接收方能够依据序列号识别出接收重复、已认证的 IP 分组。但实际接收方无须记录所有已接收的分组，而是设置一个合理的窗口，窗口内的序列号不重复，实际也就会不重复了。

五、IPSec 密钥交换（IKE）

上文说到 IPSec 通信之前需要进行安全关联（SA），在 SA 协商建立过程中，需要彼此确认加密算法和认证密钥等一些信息。IPSec 支持手动建立和自动建立两种 SA 的建立和密钥管理方式。在手动建立中，所有信息需要手动配置，SA 永远存在，但只适用于结构简单的网络。在自动建立中，SA 可以通过协商方式产生，SA 过期之后可以重新协商，提高了安全性，适用于复杂拓扑和有较高安全性要求的网络。IPSec 里进行自动协商建立 SA 和交换密钥的方式就是 IKE。

IKE 会自动管理 SA 的建立、协商、修改和删除，是 IPSec 唯一的密钥管理协议。IKE 包括以下三个主要部分。

1）互联网安全关联与密钥管理协议（Internet Security Association and Key Management Protocol，ISAKMP），定义了协商、建立、修改、删除 SA 过程的通用框架。

2）密钥交换协议 OAKELY，允许认证过的双方通过不安全网络交换密钥草书。

3）共享和密钥更新技术 SKEME，提供了 IKE 交换密钥的算法。

可以看到，IKE 是 IPSec 运行必不可少的基础设施，它为 IPSec 提供了密钥交换管理、身份认证，以及 SA 的协商与管理。IKE 在支持通信实体认证的过程中，有两种方式可供选择：预共享密钥（PSK）和公钥基础设施（PKI）。PSK 是基于共享的密钥，运行 IKE 认证彼此，并建立一个 IPSec SA（每个方向一个），包括数据加密和数据认证的密钥。PKI 是基于公开/私有密钥对以及公钥证书，运行 IKE 认证彼此，并建立 IPSec SA，类似于 SSL 握手过程。

IKE 进行密钥交换和 SA 协商建立是一个比较复杂的过程。首先，建立双向 IKE SA，也称为 ISAKMP 安全关联，为双方进一步的 IKE 通信提供机密性、数据完整性以及数据源认证服务，后期的 IPSec SA 就可以通过这个通道建立。IKE 提供两种模式：野蛮模式，或称积极主动模式，只需要交换 3 个消息，使用较少信息；主模式，需要 6 个消息的交互，更加灵活，并且提供身份保护。注意，这里的 IKE SA 不同于 IPSec，之后基于 ISAKMP 协议，进行 IPSec 协商。

第四节　防　火　墙

当企业网络或个人设备接入 Internet 时，Internet 中的各种网络攻击就会对企业内部网络或者个人信息等构成威胁。为了解决这些问题，出现了很多网络安全控制技术和方法，防火墙就是其中应用广泛且比较有效的网络安全控制技术措施。

一、防火墙概述

1. 防火墙的概念

当一个内部网接入互联网时，内部网的用户就可以访问互联网上的资源，同时外部用户也可以访问内部网内的主机资源。但是，在许多情况下，内部网中的一些资源是不允许外网用户来访问的。为此，需要在内部网与外部网之间设置一道安全和审计的关卡，在内部网与外部网之间构建一道安全屏障，其作用是阻断来自外部网络对内部网的威胁和入侵，为内部网提供过滤。防火墙一般是指在两个网络间执行访问控制策略的一个或一组系统。防火墙是能够隔离组织内部网络与公共网络，允许某些分组通过，而阻止其他分组进入或离开内部网络的软件、硬件或者软件硬件结合的一种设施，如图 10-13 所示。

防火墙是架设在内部网络和外部公共网络之间的屏障，为内部网络提供安全保护服务。

从功能上来说，防火墙是不同网络或网络安全域之间信息的唯一出入口，能够根据内部网络的安全策略控制出入网络的信息流，尽可能对外部屏蔽内部网络的信息、结构和运行状况，以防止发生不可预测的、潜在的、有破坏性的入侵；从逻辑上来说，防火墙是一个分离器、限制器或分析器，能够有效地监控内部网和外部网之间的所有活动，从而保证内部网络的安全；从物理上来说，防火墙是位于网络特殊位置的一系列安全部件的组合，它可以是专用的防火墙硬件设备，也可以是路由器或交换机上的安全组件，还可以是在主机上运行的安全软件。防火墙发挥作用的基本前提是，需要保证从外部到内部和从内部到外部的所有流量都经过防火墙，并且仅允许被授权的流量通过，防火墙能够限制对授权流量的访问。

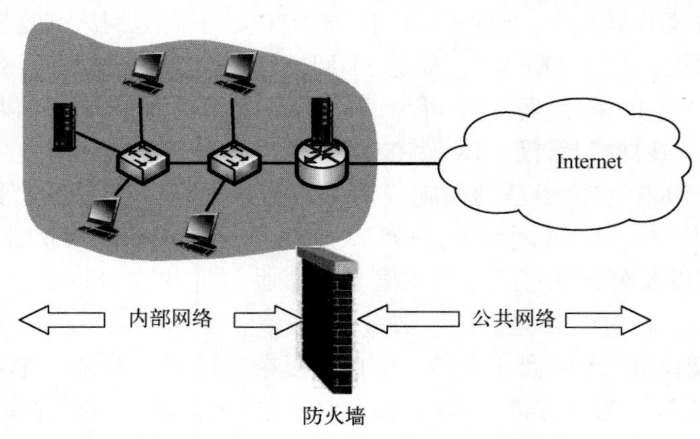

图 10-13　防火墙示意图

防火墙本身应具有较强的抗攻击能力，能够提供信息安全服务，是实现网络和信息安全的重要基础设施。一个高效、可靠的防火墙应具备以下基本属性。

1）防火墙是不同网络或网络安全域之间信息流通过的唯一出入口，所有双向数据流都必须经过防火墙。

2）只有被授权的合法数据，即防火墙系统中安全策略允许的数据，才可以通过。

3）防火墙系统本身是免疫的，即防火墙本身具有较强的抗攻击能力。

2. 防火墙分类

防火墙可以按照不同的分类标准进行分类。

（1）从软、硬件形式上分类

1）软件防火墙。软件防火墙运行于一般的计算机上，需要操作系统的支持，运行防火墙软件的计算机承担整个网络的网关和防火墙功能。

2）硬件防火墙。硬件防火墙由防火墙软件和运行该软件的特定计算机构成。硬件防火墙与芯片级防火墙的最大差别在于，是否基于专用的硬件平台。目前，大多数硬件防火墙都基于 PC 架构，其本质和普通 PC 没有太大区别，只不过这些 PC 架构计算机上运行的是一些经过裁剪和简化的操作系统。硬件防火墙的处理能力比软件防火墙高。

3）芯片级防火墙。芯片级防火墙基于专门的硬件平台设计，使用专用的嵌入式实时操作系统。芯片级防火墙比其他种类的防火墙速度更快、处理能力更强、性能更高。另外，由于使用专用操作系统，因此芯片级防火墙的漏洞较少，抗攻击能力更强，不过价格相对较高。

（2）按照防火墙在网络协议栈进行过滤的层次分类

1）包过滤防火墙。包过滤防火墙主要工作在 OSI 参考模型的网络层和传输层，可以获取 IP 和 TCP 信息，当然也可以获取应用层信息。可以根据数据包的源 IP 地址、目的 IP 地址、源端口号、目的端口号、协议类型等字段，确定是否允许数据包通过。包过滤方式是一种简单、有效的安全手段，能够满足绝大多数企业的安全需求。

2）电路级网关防火墙。电路级网关防火墙用来监控内部网络服务器与不受信任的外部主机间的 TCP 握手信息，以此来决策会话的合法性。电路级网关防火墙是在 OSI 参考模型的会话层上过滤数据包，其层次比包过滤防火墙高。

3）应用层网关防火墙。应用层网关防火墙工作在 OSI 参考模型的最高层，即应用层。应用层网关防火墙通过对每一种应用服务编制专门的代理程序，实现监视和控制应用层通信流的功能。由于应用层网关能够理解应用层协议，因此能够做一些复杂的访问控制，可执行比较精细的日志和审核功能，并且能够对数据包进行分析并形成相关的安全报告。不过，因为每一种协议需要相应的代理软件，所以应用层网关防火墙工作量大，效率不如其他两种防火墙高。

（3）按照防火墙在网络中的应用部署位置分类

1）边界防火墙。边界防火墙位于内部网络和外部网络的边界，对内部网络和外部网络实施隔离，保护内部网络。边界防火墙一般至少是硬件防火墙类型，吞吐量大，性能较好。

2）个人防火墙。个人防火墙安装在单台主机上，只对单台主机提供安全保护。个人防火墙应用于个人用户和企业内部的主机，通常为软件防火墙。

3）混合式防火墙。混合式防火墙是一整套防火墙系统，由若干软件和硬件组件组成，分布于内部网络和外部网络的边界、内部网络各主机之间，既对内部网络和外部网络之间的通信进行过滤，又对网络内部各主机间的通信进行过滤。混合式防火墙性能较好，但部署较为复杂。

3. 防火墙的功能

防火墙通过以下 4 种技术来控制访问和执行站点安全策略。

1）服务控制。确定可以访问的网络服务类型。防火墙可以基于 IP 地址和端口号过滤数据流。

2）方向控制。确定特定的服务请求通过防火墙流动的方向。

3）用户控制。根据用户特征控制其对于一个服务的访问。

4）行为控制。控制怎样使用特定的服务。例如，防火墙可以过滤电子邮件来消除垃圾邮件，或者可以使得外部只能访问一个本地 WWW 服务器的一部分信息等。

归纳起来，防火墙具有以下一些功能。

1）防火墙可以防止非法用户进入内部网络，禁止存在安全脆弱性的服务进出网络，抗击网络攻击，简化安全管理。

2）防火墙可以方便网络安全性监视与报警。

3）防火墙可以作为部署网络地址转换（NAT）的逻辑地址。在防火墙上实现网络地址转换，可以在缓解 IP 地址空间短缺问题的同时，屏蔽内部网络的结构和信息，保证内部网络的稳定性。

4）防火墙可以审计和记录 Internet 使用量。

5）防火墙可以成为向客户端发布信息的理想地点，如防火墙可以作为部署 WWW 服务器、FTP 服务器的理想地点。通过防火墙的配置，可以允许 Internet 用户访问上述服务，而禁止外部网络对受保护的内部网络上其他系统的访问。

4. 防火墙的局限性

防火墙不是万能的，也有其自身的缺陷，具体来说，包括以下几个方面。

1）防火墙会限制有用的网络服务。防火墙为了提高被保护网络的安全性，可能限制或关闭很多有用但存在安全缺陷的网络服务。由于绝大多数网络服务在设计之初，根本没有考虑安全性，只考虑使用的方便性和资源共享，因此都存在安全问题。一旦防火墙限制这些网络服务，就等于从一个极端走到了另一个极端。

2）防火墙无法防护内部网络用户的攻击。目前，防火墙只提供对外部网络用户攻击的防护，而对来自内部网络用户的攻击只能依靠内部网络主机系统的安全性。防火墙无法禁止公司内部存在的商业间谍将敏感数据复制，并将其带出公司。

3）防火墙无法防范绕过防火墙的其他途径的攻击。例如，在一个被保护的网络上有一个没有限制的接入连接存在，内部网络上的用户就可以直接通过 SLIP 或 PPP 连接进入 Internet。

4）防火墙不能防止传送已感染病毒的软件或文件。虽然目前主流的防火墙可以对通过的所有数据包进行深度的安全检查，以决定是否允许其通过，但一般只会检查源 IP 地址、目的 IP 地址、TCP/UDP 端口及网络服务类型等。较新的防火墙技术也可以通过应用层协议决定某些应用类型是否可以通过，但对于这些协议所封装的具体内容，防火墙并不检查。因此，在进行网络的安全设计和部署时，除防火墙等安全技术和产品以外，还需要使用防病毒系统卡。

5）防火墙无法防范数据驱动型攻击。数据驱动型攻击从表面上看是无害的数据被传送或复制到 Internet 主机上，但一旦执行，就开始攻击。在堡垒主机上部署代理服务器是禁止从外部直接建立网络连接的绝佳方式，并能减少数据驱动型攻击的威胁。

6）防火墙不能防备新的网络安全问题。防火墙是一种被动式防护手段，只能对现在已知的网络威胁起作用。随着网络攻击手段的不断更新和一些新的网络应用的出现，不可能靠一次性的防火墙设置来解决永远的网络安全问题。

5. 防火墙的设计原则

在设计防火墙时，网络管理员必须做出几个决定：防火墙的安全策略、机构的安全策略、防火墙的经济费用、防火墙系统的组件或构件。

（1）防火墙的安全策略

1）拒绝没有特别允许的任何事情（No 规则）。这种策略假定防火墙应该阻塞所有的信息，只允许符合开放规则的信息进出。这种方法可以形成一种比较安全的网络环境，但以牺牲用户使用的方便性为代价，用户需要的新服务必须通过防火墙管理员逐步添加。

2）允许没有特别拒绝的任何事情（Yes 规则）。这种策略假定防火墙只禁止符合屏蔽规则的信息，而转发其他所有的信息。这种方法提供了一种更为灵活的应用环境，但很难提供可靠的安全防护。

具体选择哪种策略，要根据实际情况决定，如果出于安全考虑，就选择第一种策略，如果出于应用的便捷性考虑，就选用第二种策略。

（2）机构的安全策略

➢ Internet 防火墙并不是独立的，它只是机构总体安全策略的一部分。

➢ 安全策略必须建立在精心的安全分析、风险评估以及商业需求分析基础之上。

➢ 考虑机构能够负担起什么样的防火墙。简单的包过滤防火墙的费用最低，商业的防火墙系统能提供附加的安全功能，但费用较高。

6. 正确评估防火墙的失效状态

评价防火墙性能如何，不仅要看其工作是否正常，即是否能够阻挡或捕捉到恶意攻击和非法访问，而且要看防火墙被攻破时的状态如何。按级别来分，它应有以下 4 种状态。

1）未受伤害，能够继续正常工作。

2）关闭并重新启动，同时恢复到正常工作状态。

3）关闭并禁止所有的数据通行。

4）关闭并允许所有的数据通行。

前两种状态比较理想，而第四种状态最不安全。

二、防火墙实现原理

1. 防火墙的基本原理

所有防火墙功能的实现都依赖于对通过防火墙的数据包的相关信息进行检查，而且检查的项目越多、层次越深，防火墙越安全。由于现代计算机网络结构采用自顶向下的分层模型，而分层的主要依据是各层的功能划分，不同层次的功能又是通过相关的协议来实现的，因此，防火墙检查的重点是网络协议及其封装的数据。

对于防火墙来说，如果知道了其运行在 OSI 参考模型的哪一层，就可以知道它的体系结构和主要功能。例如，当防火墙主要工作在 OSI 参考模型的网络层时，由于网络层的数据是 IP 分组，因此防火墙主要针对 IP 分组进行安全检查，这时需要结合 IP 分组的结构（如源 IP 地址、目的 IP 地址等）来掌握防火墙的功能，进而有针对性地在网络中部署防火墙产品。又如，当防火墙主要工作在应用层时，就需要根据应用层的不同协议（如 HTTP、DNS、SMTP、FTP 和 Telnet 等）来了解防火墙的主要功能。

一般来说，防火墙在 OSI 参考模型中的位置越高，防火墙需要检查的内容就越多，对 CPU 和内存的要求就越高，也就越安全。但是，防火墙的安全不是绝对的，需要寻求一种在可信赖和性能之间的平衡。在防火墙的体系结构中，在 CPU 和内存等硬件配置基本相同的情况下，高安全性防火墙的效率和速度较低，而高速度和高效率的防火墙的安全性则比较差。为此，对防火墙应用的共识是：性能和安全之间成反比。近年来，随着计算机性能的提升，以及操作系统对对称多处理器系统及多核 CPU 的支持，防火墙的处理能力得到了加强，防火墙对数据包的处理速度和效率得到了提升，防火墙在 OSI 参考模型中的不同工作位置对其速度和效率的影响逐渐缩小。

2. 防火墙的基本技术

大多数防火墙采用两种基本的技术：数据包过滤和代理服务。

（1）数据包过滤

数据包过滤是在网络的适当位置，根据系统设置的过滤规则，对数据包实施过滤，只允许满足过滤规则的数据包通过并被转发到目的地，而其他不满足规则的数据包被丢弃。大多数路由器都具备一定的数据包过滤功能，路由器除了完成路由选择和转发的功能以外，还可以进行数据包过滤。

数据包过滤器通过检查数据包的报头信息，根据数据包的源 IP 地址、目的 IP 地址和以上的其他信息的组合，按照过滤规则来决定是否允许数据包通过。数据包过滤器通过在规则中禁止或允许特定的端口号，可以实现对某服务访问的禁止或允许。例如，禁止所有目的端口为 80 的 TCP 报文段，即禁止了对 Web 服务的访问。

（2）代理服务

代理服务是在防火墙上运行的专门的应用程序或服务器程序，称为代理服务器（Proxy Server），这些程序根据安全策略处理用户对网络服务的请求。代理服务位于内部网络和外部网络之间，处理其间的通信以替代客户端与服务器直接通信。

代理服务有两种形态：服务器端代理和客户端代理。服务器端代理是部署在服务器一侧的代理服务器，是代表服务器处理客户发起的服务器连接请求的程序。当服务器端代理得到一个客户的连接请求时，它将核实客户请求，并经过特定的安全化的代理应用程序处理连接请求，将处理后的请求传递到真实的服务器，然后接收服务器应答，并做进一步处理，最后将应答传给发出请求的最终客户。客户端代理是部署在客户一侧的代理服务器，是代表客户访问服务器的程序。当客户端代理接收到客户访问服务器的连接请求时，将进行客户身份认证、客户权限审核等安全检查，对于合法的安全访问，客户端代理继续代表客户向服务器发起请求，并接收服务器返回的响应，对响应进行安全审查后转发给客户。

代理服务器在外部网络向内部网络申请服务时发挥中间转接作用。服务器端代理可以是一个运行代理服务程序的网络主机，客户端代理可以是经过配置的普通客户程序。客户和客户端代理通信、服务器和服务器端代理通信，这两个代理相互之间直接通信，服务器端代理检查来自客户端代理的请求，根据安全策略认可或否认这个请求。客户端代理与服务器端代理可能同时部署，也可能只在一侧部署。代理服务工作原理如图 10-14 所示。

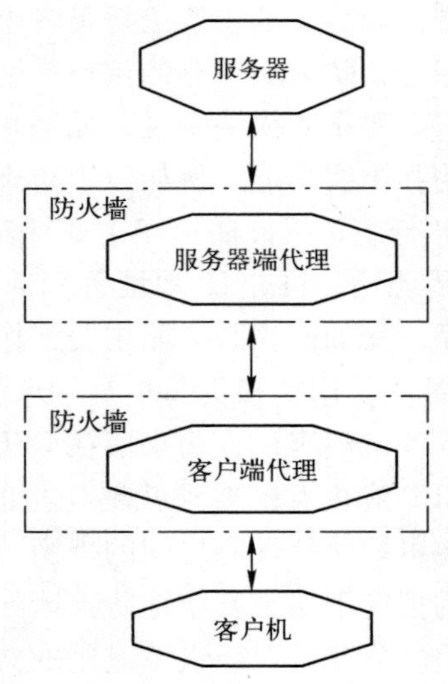

图 10-14　代理服务工作原理

3. 包过滤防火墙

（1）静态包过滤防火墙

静态包过滤防火墙也称为无状态分组过滤防火墙，一般工作在网络层。一个静态包过滤防火墙通常是一台有能力过滤数据包某些内容的路由器。当执行包过滤时，包过滤规则被定义在防火墙上，这些规则用来匹配数据包内容以决定哪些包被允许、哪些包被拒绝。当拒绝数据包时，可以采用两个操作：通知数据的发送者，其数据将被丢弃，或者在没有任何通知的情况下直接丢弃这些数据。在使用第一个操作时，用户将知道数据包被防火墙过滤掉了，如果这是一个试图访问内部资源的内部用户，则该用户可以与管理员联系。如果防火墙不返回一个消息，那么用户将由于不知道为何不能建立连接而花费更多的时间和精力来解决这个问题。

无状态分组过滤器是典型的部署在内部网络和网络边缘路由器上的防火墙。一个机构网络通常都会有至少一个将其内部网络与外部 Internet 相连的网关路由器。所有进入和离开内部网络的流量都会经过网关路由器。分组过滤是网关路由器的重要功能，路由器逐个检查数据报，然后基于特定的规则对分组是通过还是丢弃进行决策。

在静态包过滤防火墙上做一个包过滤决策时，要依据包过滤规则。包过滤规则通常基于以下参数描述。

1）接口和方向。包是流入还是离开网络？这些包通过哪种接口？

2）IP 数据报的源 IP 地址和目的 IP 地址字段。

3）IP 数据报的选项字段。检查所有选项字段，特别是要阻止源路由（source routing）选项。

4）IP 数据报的上层协议字段。使用 IP 数据包的上层协议类型，如 TCP 或者 UDP 等。

5）TCP 报文段的 ACK、SYN 等标志位检查字段。这一字段可以帮助确定是否有连接，以及在何种方向上建立连接。

6）ICMP 的报文类型。此信息可以帮助阻止某些刺探网络信息的企图。

7）TCP 和 UDP 报文段的源端口号与目的端口号。帮助确定正在使用的是哪些服务。

例如，如果分组过滤器设置阻止上层协议字段等于 17 的 IP 数据报，以及源或目的端口号等于 23 的 TCP 报文段的进入与离开，结果是所有进入或者离开的 UDP 流量以及 Telnet 连接均会被阻止；如果分组过滤器设置阻止进入的 ACK 等于 0 的 TCP 报文段，结果是阻止外部客户与内部主机主动建立 TCP 连接，但是允许内部客户与外部主机进行主动连接的建立。表 10-1 展示了更多无状态分组过滤的例子。

表 10-1　对于 IP 地址为 172.212.244.13/16 的某机构 Web 服务器的网络分组过滤策略

策　略	防火墙设置
不允许访问外部 Web 站点	丢弃所有目的端口号=80 的外出分组
禁止进入的 TCP 连接，连接组织公共 Web 服务器除外	丢弃所有 TCP SYN 段，目的 IP 地址为 172.212.244.13、端口号为 80 的 IP 数据报除外
阻止 Web 电台应用，以防消耗可用带宽	丢弃所有进入的 UDP 分组，DNS 分组和路由器广播分组除外
阻止网络被用于蓝精灵 DoS 攻击	丢弃所有发往广播地址（如 172.212.255.255）的 ICMP 分组
阻止网络被路由跟踪	丢弃所有外出的 TTL 失效 ICMP 流量

在路由器中通常使用访问控制列表（Access Control List，ACL）实现防火墙规则，每个路由器接口都有自己的规则列表，自顶向下应用于到达的分组。例如，表 10-2 展示的是对于某机构网络（使用 182.202.0.0/16 地址）的访问控制列表的例子。该访问控制列表适用于连接外部 ISP 的路由器接口。前两条规则结合在一起以允许用户访问 Web，第一条允许目的端口号为 80，即封装 HTTP 报文的 TCP 报文段离开该机构网络，第二条允许外部返回的源端口号为 80 且 ACK 置位的 TCP 报文段进入网络。

表 10-2　某路由器连接外部 ISP 接口的访问控制列表

动作	源地址	目的地址	协议	源端口	目的端口	目标比特
允许	182.202.0.0/16	182.202.0.0/16 外部	TCP	>1023	80	任意
允许	182.202.0.0/16 外部	182.202.0.0/16	TCP	80	>1023	ACK
拒绝	全部	全部	全部	全部	全部	全部

表 10-3 中列出了某路由器的分组过滤规则。当通信流量进入该接口时，这些规则在连接到 Internet 的 WAN 接口上被激活。

表 10-3　某路由器的分组过滤规则

规则	源　地　址	目的地址	协议	目 的 端 口	操作
1	任意	201. 10. 10. 1	TCP	80	允许
2	任意	201. 10. 10. 2	UDP	53	允许
3	任意	201. 10. 10. 3	TCP	25	允许
4	任意	其他任意地址	任意	任意	拒绝

表 10-3 中分组过滤规则表示，所有用户可以访问 IP 地址为 201. 10. 10. 1 的 Web 服务，可以访问 IP 地址为 201. 10. 10. 2 的 DNS 服务，可以访问 IP 地址为 201. 10. 10. 3 的 SMTP 服务，其他通信则被禁止。

注意，一条好的分组过滤规则应该同时指定源端口和目的端口，如表 10-4 给出的 SMTP 过滤规则表。

表 10-4　SMTP 过滤规则表

规则	方向	协议	源地址	目的地址	源端口	目的端口	操作
1	流入	TCP	外部	内部	>1023	25	允许
2	流出	TCP	内部	外部	25	>1023	允许
3	流出	TCP	内部	外部	>1023	25	允许
4	流入	TCP	外部	内部	25	>1023	允许
5	*	*	*	*	*	*	禁止

注：* 表示其他值。

这些规则不允许两端端口号都大于 1023 的连接。相反，在连接的一端，这些连接被绑定到 SMTP 端口 25 上。

静态包过滤防火墙的主要优点如下。

1）由于静态包过滤防火墙只是简单地根据网络地址、协议和端口进行访问控制，所需的处理较少，因此对网络性能的影响比较小，处理速度快，硬件和软件都容易实现。

2）成本较低，配置和使用方法简单，客户端不需要进行特别配置。

3）可以提供附加的网络地址转换（NAT）功能，可以隐藏内部网络结构。

静态包过滤防火墙的主要缺点如下。

1）不能理解应用层协议，不能对数据分组中更高层的信息进行分析过滤，因而安全性差。

2）不能跟踪连接状态和与应用有关的信息。

3）在支持网络服务，或者使用动态分配端口服务的情况下，很难测试用户指定的访问控制规则的有效性。

4）如果过滤规则较多、较复杂，则会引起网络性能的下降。

（2）状态检测防火墙

状态检测防火墙，又称为动态包过滤防火墙，是在静态包过滤防火墙的基础上进化而来的。与静态包过滤防火墙的不同之处在于，它具有状态检测能力。

1）静态包过滤防火墙存在的问题。

假设静态包过滤防火墙在 Internet 向内的接口上设置了一个规则，规定任何发送到主机的外部数据包均被拒绝。显然，当一台外部主机 B 试图访问内部主机 A 时，静态包过滤防火墙会丢弃这些数据包。然而，当主机 A 想要访问外部主机 B，并使用 TCP 建立连接时，它会选择一个大于 1023 的整数作为源端口号，目的端口为 80（表明这是一个想使用 Web 服务的 HTTP 请求），向 B 发送 TCP SYN 段。由于包过滤允许此连接请求通过，因此 B 正常接收到此连接请求，之后 B 会向 A 返回一个 TCP SYNACK 段，根据静态包过滤防火墙的过滤规则，它将阻止该包的通过，这样内网用户无法建立与外部主机的正常连接。

以上问题有以下两个解决途径。

开放端口。在这个解决方案中，主机 A 最初打开了一个端口号大于 1023 的源端口（假设为 5000），为了允许从 B 返回的数据包通过，静态包过滤防火墙允许一个端口号为 5000 的规则。但是由于 A 在选择源端口时的任意性，因此过滤规则需要设置为允许所有端口号大于 1023 的端口以使得 A 可以收到 B 返回的数据包，这样做将在防火墙中产生一个严重的安全漏洞。

检查 TCP 标志字段。此方案是检查相关连接的传输层信息，以确定这是不是一个已存在连接的一部分。在此方案中，静态包过滤防火墙不只检查源和目的地址与端口号，而且对于 TCP 连接还需要检查标志位，以确定这是从一个外部设备发起连接的数据包还是被动响应请求的数据包。所以，如果知道 TCP 使用何种类型的响应控制标记，就能配置静态包过滤防火墙来允许这些数据包。

但是，检测传输层的标志字段存在两个问题。首先，不是所有传输层协议都有控制标志字段，所以对于一个 UDP 会话，不能通过这个方法检测数据包是处于一个连接的开始、中间还是结束状态。另一个问题是标志字段能被手动操作，从而允许黑客有机会使得数据包绕过静态包过滤防火墙，因为防火墙无法识别这是一个有效的响应还是一个伪造的响应。

2）状态检测防火墙解决问题的方法。

与静态包过滤防火墙不同的是，状态检测防火墙使用一种机制来保持跟踪连接的状态。假设在上面的例子中，用状态检测防火墙代替静态包过滤防火墙，过滤规则依然是任何发送到主机 A 的数据包都被丢弃。此时，当主机 A 打开一个到外部主机 B 的 Web 连接时，它使用一个源端口为 5000、目的端口为 80 的 TCP 报文段，并在控制标志字段中使用了 SYN 标记。当状态检测防火墙收到这样的数据包并且没有过滤规则阻止此数据包时，它不像静态包过滤防火墙那样只简单地允许其通过，而是在配置中增加一个连接状态表，这个状态表用来保持跟踪连接的状态。

在 B 接收到连接请求后，它使用 SYNACK 段来响应主机 A。当这个报文段到达状态检测防火墙时，该防火墙首先访问连接状态表以查看该连接是否已经存在。防火墙通过查看连接状态表得知从 B 的 TCP 端口 80 到 A 的 TCP 端口 5000 的响应是已存在连接的一部分，所以允许此数据包通过。

3）状态检测防火墙的工作过程。

在状态检测防火墙中有一个状态检测表，由过滤规则表和连接状态表两部分构成。状态检测防火墙的工作过程是：首先利用过滤规则表进行数据包的过滤，此过程与静态包过滤防火墙基本相同。如果某个数据包（如“IP 分组 B_1”）在进入防火墙时过滤规则表拒绝它通过，则防火墙将直接丢弃该数据包，与该数据包相关的后续数据包（如“IP 分组 B_2”“IP 分组 B_3”）同样会被拒绝通过。如果某个数据包（如“IP 分组 A_1”）在进入防火墙时，与该规则表中的某一条规则（如“规则 3”）相匹配，则允许其通过。此时，状态检测防火墙会分析已通过的数据包（“IP 分组 A_1”）的相关信息，并在连接状态表中为这次通信过程建立一个连接（如“连接 1”）。之后，当同一通信过程中的后续数据包（如“IP 分组 A_2”“IP 分组 A_3”……）进入防火墙时，状态检测防火墙不再进行过滤规则表的匹配，而是直接与连接状态表进行匹配。由于后续的数据包与已经允许通过防火墙的数据包“IP 分组 A_1”具有相同的连接信息，因此会直接允许其通过。

4）状态检测防火墙的应用特点。

状态检测防火墙综合应用了静态包过滤防火墙的成熟技术，并对其功能进行了扩展，可在 OSI 参考模型的多个层次对数据包进行跟踪检查，实用性得到了加强。它主要具有以下优点。

与静态包过滤防火墙相比，采用动态包过滤技术的状态检测防火墙通过对数据包的跟踪监测技术，预防了静态包过滤防火墙中某些应用需要使用动态端口时存在的安全隐患，弥补了静态包过滤防火墙中存在的一些缺陷。

状态检测防火墙不需要中断直接参与通信的两台主机之间的连接，对网络速度的影响较小。

状态检测防火墙具有新型分布式防火墙的特征。它可以使用分布式探测器对外部网络的攻击进行检测，同时对内部网络的恶意破坏进行防范。

状态检测防火墙的不足主要表现为：对防火墙 CPU、内存等硬件要求较高，主要依赖于防火墙操作系统的安全性，安全性不如代理防火墙。其实，状态检测防火墙提供了比代理防火墙更强的网络吞吐能力和比静态包过滤防火墙更高的安全性，在网络的安全性能和数据处理效率这两个相互矛盾的因素之间进行了较好的平衡。

4. 代理型防火墙

代理型防火墙可以分为应用层网关（Application Level Gateway）防火墙、电路级网关（Circuit Level Gateway）防火墙两大类。

（1）应用层网关防火墙

在包过滤防火墙出现不久，许多安全专家开始寻找更好的防火墙安全机制。他们认为真正可靠的安全防火墙应该禁止所有通过防火墙的直接连接——在协议栈的最高层检验所有的输入数据。为了测试这一理论，DARPA（Defense Advanced Research Projects Agency，美国国防部高级研究计划局）同在华盛顿享有较高声望的以可信信息系统著称的高级安全研究机构合作开发安全的“应用层网关”防火墙。最终成果是造就了 Gauntlet，它是第一代以 DARPA 和美国国防部的最高标准设计的商业化应用层网关防火墙。

1）应用层网关防火墙的工作原理。

应用层网关防火墙通常也称为应用代理服务器，它通过在协议栈的最高层（应用层）检查进出的数据包，通过网关复制传递数据，因而代理服务器提供了客户端和服务器之间的通路，防止在受信任外部服务器和内部客户端或不受信任的主机间直接建立连接。其工作原理如图 10-15 所示。

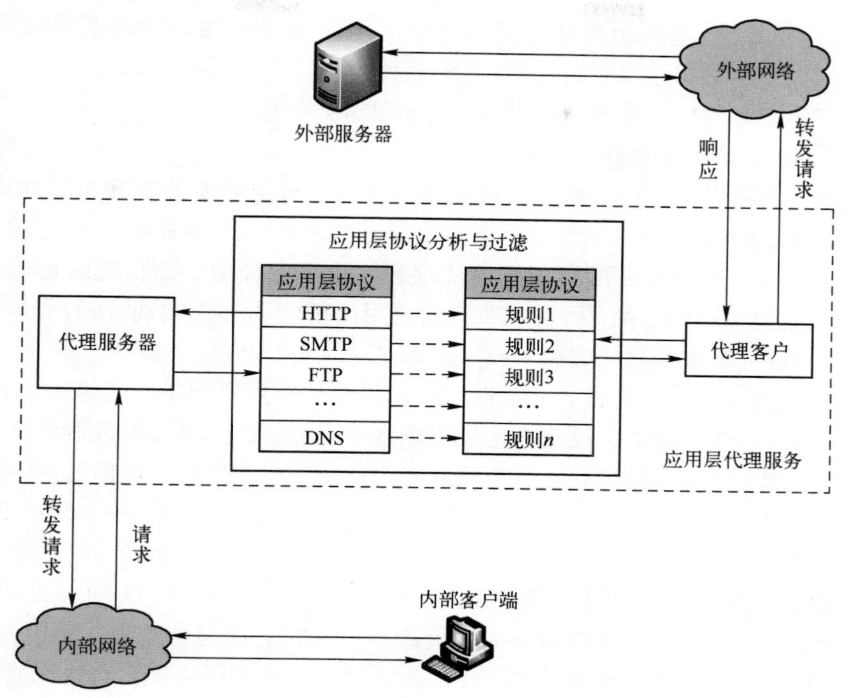

图 10-15　应用层网关防火墙工作原理示意图

应用层网关防火墙必须为特定的应用编写特定的程序，这些程序的集合称为代理服务器（proxy server），它们在网关内部分别以客户和服务器的形式存在。可见，代理服务器是负责处理通过防火墙的某一类特定服务数据流的专用程序。应用层网关防火墙将客户-服务器模型打破，并用两个连接来代替：一个从客户到防火墙，另一个从防火墙到服务器。代理服务器与包过滤器的主要区别之一就是代理服务器能够理解各种高层应用。包过滤器只能基于包头部中的有限信息，通过编程来决定通过或者丢弃网络包；代理服务器是与特定的应用服务相关的，它根据用户想要执行的功能，编程决定是允许还是拒绝对一个服务器的访问。

应用层网关防火墙可以验证用户口令和服务请求只在应用层才出现的信息。这种机制可以提供增强的访问控制，以实现对有效数据的检查和对传输信息的审计功能，并可以实现一些增值服务（如服务调用审计和用户认证等）。所有调用服务的通信都必须经过网关中的客户和服务器代理程序过滤。应用层网关防火墙中的代理仅接收、传递和过滤由特定服务生成的数据包，如 HTTP 代理只能复制、传递和过滤 HTTP 业务流。如果应用层网关防火墙上运行了 FTP 和 HTTP 代理，那么只有这两种服务生成的数据包能够通过防火墙，其他所有服务均被阻挡。

多数应用层网关防火墙包括专门化的应用软件和代理服务器。这些内部的代理程序利用包过滤机制实现对访问的限制。不过，对于每一种特定的应用程序，都需要开发相应的代理程序。这种适应性方面的限制使应用层网关防火墙为用户定制应用的支持变得相对困难。

2）应用层网关防火墙的应用特点。

应用层网关防火墙的主要优点如下。

① 可以保存关于连接及应用有关的详细信息，在应用层实现复杂的访问控制。

② 不允许内部网络主机和外部网络服务器之间的直接连接，可隐藏内部地址，安全性高。

③ 可以产生丰富的审计记录，便于系统管理员进行分析。

应用层网关防火墙的主要缺点如下。

① 代理服务可能引入不可忽略的处理延时，进入的分组需要被处理两次（应用程序和其代理），这样可能会成为网络的瓶颈。

② 对不同的应用服务需要编写不同的代理程序，适应性差，而且无法提供基于 UDP、RPC 或其他协议簇的代理程序，每当一种新的应用出现时，必须实现一种新的代理服务才行，这不适应目前网络多样化的应用。

③ 用户配置较为复杂，增加了系统管理的工作量。应用层网关防火墙中包括了很多不同的代理服务，各种代理服务的配置方法显然也是不同的，因此对于不是很精通计算机应用的用户而言，增加了管理的难度。尤其当网络规模达到一定程度时，这种工作量的增加将令人难以接受。

（2）电路级网关防火墙

1）电路级网关防火墙的工作原理。

电路级网关防火墙又称为线路级网关防火墙，工作在会话层，是一个通用代理服务器。它适用于多个协议，但不需要识别在同一个协议栈上运行的不同应用，当然也就不需要对不同的应用设置不同的代理模块。它在两个主机首次建立 TCP 连接时创立一个电子屏障；作为服务器接收外来请求，转发请求；在与被保护的主机连接时，担当客户角色，起代理服务器的作用。它监视两个主机建立连接时的握手信息，如 SYN、ACK 和序列数据等是否符合逻辑，判定会话请求是否合法。一个会话建立后，此会话的信息被写入防火墙维护的有效连接表中。数据包只有在它所含的会话信息符合该有效连接表中的某一入口时，才被允许通过。会话结束时，该会话在表中的入口被删掉。电路级网关防火墙只对连接在会话层上进行验证。一旦验证通过，在该连接上可以运行任何一个应用程序，如图 10-16 所示。

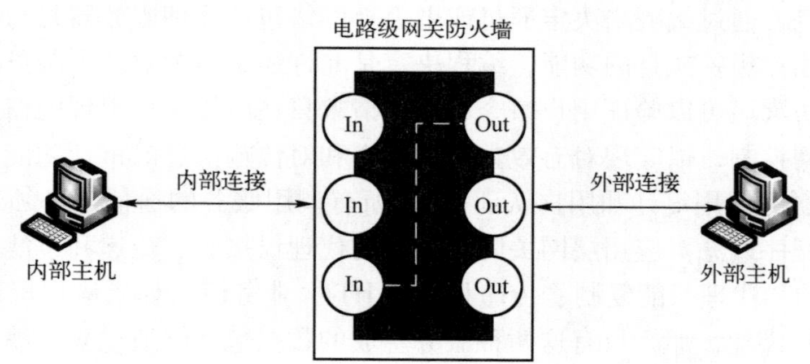

图 10-16　电路级网关防火墙示意图

电路级网关防火墙不允许进行端点到端点的 TCP 连接，而是建立两个 TCP 连接：一个在网关和内部主机上的 TCP 用户程序之间，另一个在网关和外部主机的 TCP 用户程序之间。一旦建立两个连接，网关通常就只是把 TCP 数据包从一个连接传送到另一个连接中，而不检验其中的内容。其安全功能就是确定哪些连接是允许的。实际上，电路级网关防火墙并非作为一个独立的产品存在，它通常与其他的应用层网关防火墙结合在一起。另外，电路级网关防火墙还提供了一个重要的安全功能，即代理服务器。在代理服务器上运行“地址转换”功能，将所有内部的 IP 地址映射到一个“安全”的 IP 地址，这个地址是由防火墙使用的。所以，对于外部网络，代理服务器相当于内部网络的一台服务器，实际上，它只是内部网络的一台过滤设备。代理服务器的安全性除了表现在它可以隔断内部网络和外部网络的直接连接以外，还可以防止外部网络发现内部网络的地址。

2）电路级网关防火墙的工作过程。

① 假定有一用户正在试图和目的 URL 进行连接。

② 此时，该用户所使用的客户应用程序不是为这个 URL 发出的 DNS 请求，而是将请求发送到地址已经被解析的电路级网关防火墙的接口上。

③ 若有需要，电路级网关防火墙提示用户进行身份认证。

④ 在用户通过身份认证后，电路级网关防火墙为目的 URL 发出一个 DNS 请求，然后用自己的 IP 地址和目的 IP 地址建立一个连接。

⑤ 最后，电路级网关防火墙把目的 URL 服务器的应答转发给用户。

3）电路级网关防火墙的应用特点。

电路级网关防火墙的主要优点如下。

① 在 OSI 参考模型上实现的层次较高，可以对更多的元素进行过滤，同时还提供认证功能，安全性比静态包过滤防火墙高。

② 不需要对不同的应用设置不同的代理模块，比应用层网关防火墙更有优势。

③ 切断了外部网络到防火墙后面服务器的直接连接，使数据包不能在服务器与客户之间直接流动，从而保护了内部网络主机。

④ 可以提供网络地址转换功能。

电路级网关防火墙的主要缺点如下。

① 无法进行高层协议的严格安全检查，如无法对数据内容进行检测，以预防应用层攻击。

② 对访问限制规则的测试较为困难。

4）电路级网关防火墙的实例。

电路级网关防火墙的典型实现是 Socks 协议，第五版的 Socks 是 IETF 认可的、标准的、基于 TCP/IP 的网络代理协议。Socks 包括两个部件，即 Socks 服务器和 Socks 客户端。Socks 服务器在应用层实现，而 Socks 客户端的实现位于应用层和传输层之间。Socks 协议的基本目的就是让 Socks 服务器两边的主机能够互相访问，而不需要直接的 IP 互连，如图 10-17 所示。

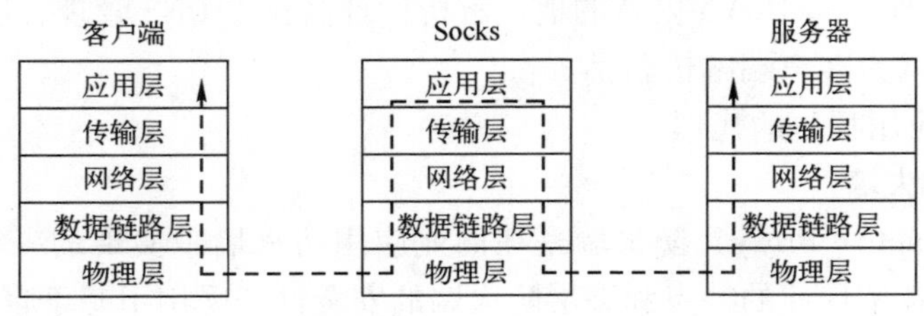

图 10-17　Socks 协议层次

当一个应用程序客户需要连接到一个应用服务器时，客户先连接到 Socks 代理服务器，代理服务器代表客户连接到应用服务器，并在客户和应用服务器之间中继数据。对于应用服务器来说，代理服务器就是客户。

目前使用的 Socks 协议有两个版本，即 Socks V4 和 Socks V5。Socks V4 协议主要完成 3 个功能：发起连接请求、建立代理电路和中继应用数据。Socks V5 协议在第 4 版的基础上增加了认证功能。图 10-18 给出了 Socks V5 协议的控制流模型，点画线范围内表示的是 Socks V4 的功能。

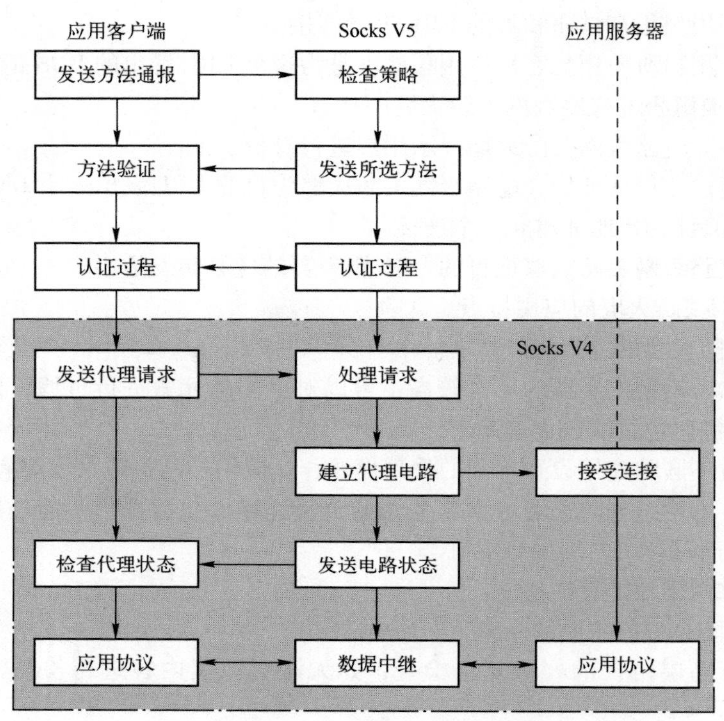

图 10-18 Socks V5 协议的控制流模型

Socks V5 对第 4 版增强的功能主要包括以下 4 项。

① 强认证。另定义了两种协议用于支持 Socks V5 的认证方法，分别是用户名/口令认证（RFC 1929）和 GSS-API（通用安全服务应用程序接口）认证（RFC 1961）。

② 认证方法协商。应用客户端和 Socks V5 服务器可以就使用的认证方法进行协商。

③ 地址解析代理。Socks V5 内置的地址解析代理简化了 DNS 管理，以及 IP 地址隐藏和转换。Socks V5 可以为客户端解析名字。

④ 基于 UDP 应用程序的代理。

5. 自治代理防火墙

自治代理（Adaptive Proxy）防火墙是在商业应用防火墙中实现的一种革命性技术，它继承了低层防火墙技术快速的特点和高层防火墙的安全性，采用了基于自治代理的结构，代理之间通过标准接口进行交互。这种结构提供较高的可扩展性和各代理之间的相对独立性，也使整个产品更加可靠、更容易扩展。它可以结合代理型防火墙的安全性和包过滤防火墙的高速度等优点，在不损失安全性的基础上将代理型防火墙的性能提高 10 倍以上。

自治代理防火墙是由自适应代理服务器与动态包过滤器组合而成的，在自适应代理与动态包过滤器之间存在一个控制通道。在对防火墙进行配置时，用户将所需的服务类型、安全级别等信息通过相应的管理界面进行设置。然后，自适应代理就可以根据用户的配置信息，决定是使用代理服务从应用层代理请求还是从网络层转发包。如果是后者，那么它将动态地通知包过滤器增加或减少过滤规则，以满足用户对速度和安全性的双重要求。

采用新的自适应代理机制，速度和安全的“粒度”可以由防火墙管理员设置，以使得防火墙能确切地知道在各种环境中什么级别的风险是可以接受的。一旦做出这样的决定，自治代理防火墙就会管理所有处于这一规则下的连接企图，自动地“适应”传输流以获得与所选择的安全级别相适应的尽可能高的性能。

三、防火墙体系结构

防火墙可以被设置成许多不同的结构，并提供不同级别的安全标准，而运行、维护的费用也不同。各种组织机构应该根据不同的风险评估来确定不同的防火墙类型。这里讨论一些典型的防火墙的体系结构，对于在实践中根据自身的网络环境和安全需求建立一个合适的防火墙结构将会有所帮助。目前，防火墙的体系结构一般有双宿/多宿主机体系结构、屏蔽主机体系结构、屏蔽子网体系结构 3 种类型。

1. 双宿/多宿主机体系结构

双宿/多宿主机（dual-homed/multi-homed host）体系结构又称为双宿/多宿网关结构，它是一种拥有两个或多个连接到不同网络的网络接口的防火墙，通常是一台装有两块或多块网卡的堡垒主机，每个网卡分别连接不同的子网，不同子网之间的相互访问实施不同访问控制策略，其配置结构如图 10-19 所示。

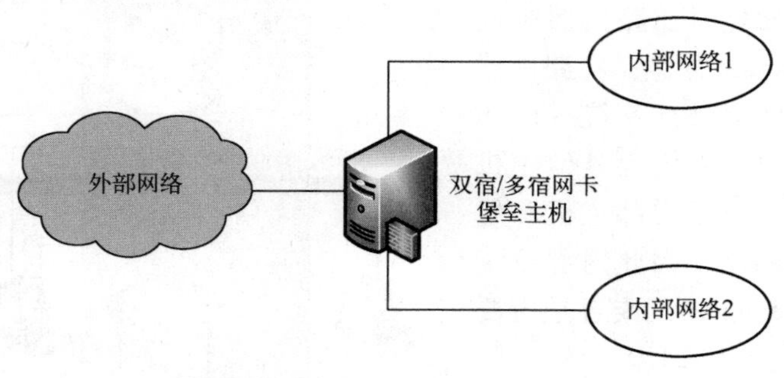

图 10-19　双宿/多宿主机体系结构

双宿/多宿主机体系结构防火墙的最大特点是网络层的通信是被禁止的，两个网络之间的通信可以通过应用层数据共享或应用层代理服务来完成。首先，数据包过滤技术可直接用于双宿/多宿网关防火墙，对此不展开介绍。一般情况下，人们采用代理服务的方法，因为这种方法为用户提供了更为方便的访问手段。

双宿/多宿主机用两种方式来提供服务：一种是用户直接登录到双宿/多宿主机上来提供服务，另一种是在双宿/多宿主机上运行代理服务器。

第一种方式是先接受用户的登录，再去访问其他主机。这种方式要求在双宿/多宿主机上开设一些用户账号，这样会非常危险，因为用户账号相对来说容易被破解，同时也提供了一条黑客入侵的通道。

第二种方式通过提供代理服务来实现，代理服务相对来说比较安全。在双宿/多宿主机上，运行各种各样的代理服务器，当要访问外部站点时，必须先经过代理服务器认证，然后才可以通过代理服务器访问 Internet。需要注意的是，在使用代理服务技术的双宿/多宿主机中，主机的路由功能通常是被禁止的，两个网络之间的通信通过应用层代理服务来完成。如果黑客侵入堡垒主机并使其具有路由功能，则防火墙将失去作用。

双宿/多宿主机是隔开内部网络和外部网络的唯一屏障，如果入侵者得到了双宿/多宿主机的访问权，内部网络就会被入侵，所以为了保证内部网络的安全，双宿/多宿主机防火墙应具有强大的身份认证系统，这样才可以阻挡来自外部不可信网络的非法登录。

2. 屏蔽主机体系结构

屏蔽主机（screened host）体系结构由包过滤路由器和堡垒主机组成。堡垒主机通常是指那些在安全方面能够达到普通工作站所不能达到程度的计算机系统。这样的计算机系统会最大限度地利用底层操作系统所提供的资源保护、审计和认证机制等功能，并且将完成既定任务所不需要的应用和服务从计算机系统中删除，这样就可以减少成为受害目标的机会。同时，堡垒主机不保留用户账号，软件运行所必需的或主机管理员所需的服务都以最小特权原则运行。

屏蔽主机防火墙系统提供的安全等级比包过滤防火墙要高，因为它实现了网络层安全（包过滤）和应用层安全（代理服务），其配置如图 10-20 所示。所以入侵者在破坏内部网络的安全性之前，必须首先渗透两种不同的安全系统。堡垒主机配置在内部网络上，而包过滤路由器则放置在内部网络和 Internet 之间。在路由器上进行规则配置，使得外部系统只能访问堡垒主机，去往内部系统上其他主机的信息全部被阻塞。由于内部主机和堡垒主机处于同一个网络，因此内部系统是否允许直接访问 Internet，或者是否要求使用堡垒主机上的代理服务来访问 Internet，由机构的安全策略来决定。对路由器的过滤规则进行配置，使得其只接受来自堡垒主机上的内部数据包，就可以强制内部用户使用代理服务。

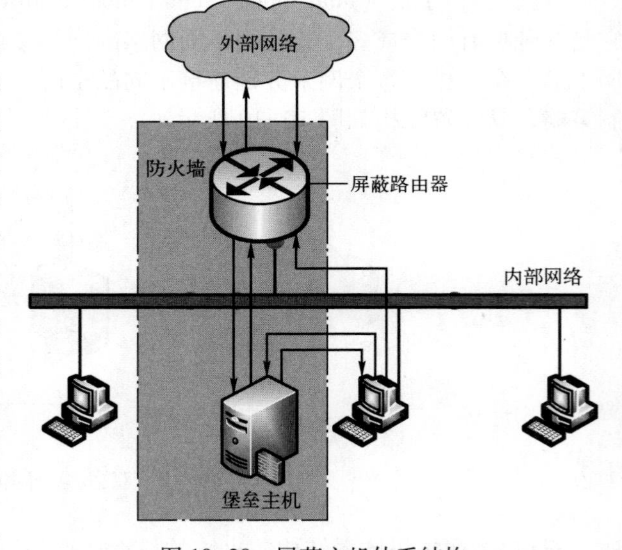

图 10-20 屏蔽主机体系结构

在采用屏蔽主机防火墙情况下，包过滤路由器是否正确配置是这种防火墙安全与否的关键，包过滤路由器的路由表应当受到严格的保护；如果路由表遭到破坏，数据包就不会被路由到堡垒主机上，而使堡垒主机被绕过。

3. 屏蔽子网体系结构

屏蔽子网（screened subnet）体系结构使用两个包过滤路由器和一个堡垒主机。它在本质上和屏蔽主机是一样的，但是增加了一层保护体系周边网络，堡垒主机位于周边网络上，周边网络和内部网络被内部屏蔽路由器分开，如图 10-21 所示。

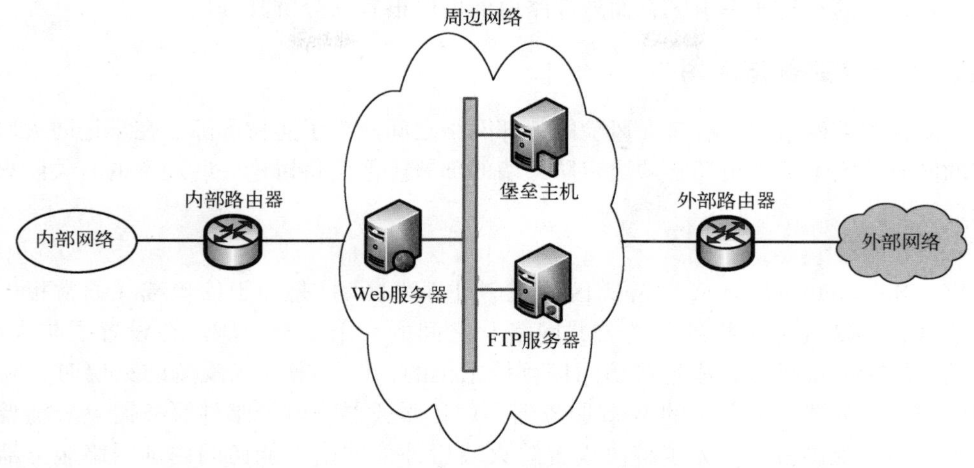

图 10-21　屏蔽子网体系结构

（1）周边网络

屏蔽子网体系结构是最安全的防火墙系统之一，因为在定义了周边网络后，它支持网络层和应用层安全功能。网络管理员将堡垒主机、信息服务器（Web 服务器、FTP 服务器）、调制解调器组以及其他公用服务器放在周边网络中。

周边网络是一个防护层，它就像秘密基地的层层铁门一样，即使攻破了一道铁门，还有其他多道铁门。在周边网络上，可以放置一些服务器，如 Web 和 FTP 服务器，以便于公众的访问。这些服务器可能会受到攻击，因为它们是牺牲主机，所以内部网络还是被保护的。

（2）堡垒主机

在屏蔽子网体系结构中，堡垒主机设置在周边网络上，它可以被认为是应用层网关，是这种防御体系的核心。在堡垒主机上，可以运行各种各样的代理服务器。

对于出站服务，不一定要求所有的服务都经过堡垒主机代理，一些服务可以通过过滤路由器和 Internet 直接对话，但对于入站服务，应要求所有的服务都通过堡垒主机。

（3）内部路由器

内部路由器（又称为阻塞路由器）位于内部网络和周边网络之间，用于保护内部网络不受周边网络和 Internet 的侵害，它执行了大部分的过滤工作。

对于一些服务，如出站的 Telnet，可以允许它不经过堡垒主机而只经过内部过滤路由器。在这种情况下，内部过滤路由器用来过滤数据包。内部过滤路由器也用来过滤内部网络和堡垒主机之间的数据包，这样做是为了防止堡垒主机被攻占。若不对内部网络和堡垒主机之间的数据包加以控制，当入侵者控制了堡垒主机后，就可以不受限制地访问内部网络上的任何主机，周边网络就失去了意义，在实质上就与屏蔽主机结构一样了。

（4）外部路由器

外部路由器的一个主要功能是保护周边网络上的主机，但这种保护不是很有必要，因为这主要是通过堡垒主机来进行安全保护，但多一层保护也并无害处。外部路由器还可以把入站的数据包路由到堡垒主机，外部路由器一般与内部路由器应用相同的规则。

外部路由器还可以防止部分 IP 欺骗，因为内部路由器分辨不出一个声称从非军事区来的数据包是否真的来自非军事区，而外部路由器可以很容易分辨其真伪。

四、防火墙部署与应用

防火墙在内部网络与具有潜在风险的外部网络之间建立了防护屏障。在牢记防火墙的一般原则的同时，安全管理员还必须决定防火墙的部署。下面将讨论一些通常的有关防火墙部署的选择。

1. DMZ 网络

DMZ（DeMilitarized Zone，“隔离区”或“非军事区”）是介于信赖域（通常指内部局域网）和非信赖域（通常指外部的公共网络）之间的一个安全区域。在设置了防火墙后，位于非信赖域中的主机是无法直接访问信赖域主机的，但原来（未设置防火墙时）位于局域网中的部分服务器（如单位的 Web 服务器、FTP 服务器和电子邮件服务器等）需要同时向内、外部用户提供服务。为了解决设置防火墙后外部网络不能访问内部网络服务器的问题，便采用了一个信赖域与非信赖域之间的缓冲区 DMZ。那些可以从外部访问但是需要一定保护措施的系统被设置在 DMZ 网络中，如图 10-22 所示。

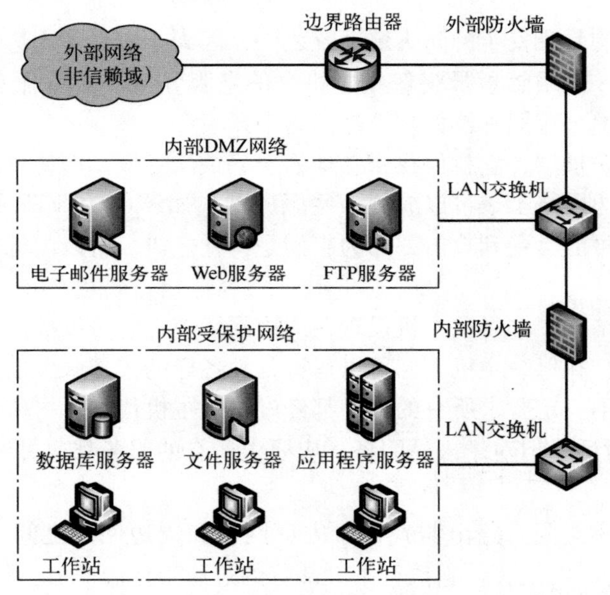

图 10-22　DMZ 配置示例

由图 10-22 可以看出，外部防火墙为 DMZ 系统提供符合其需要并同时保证其外部连通性的访问控制和保护措施，同时也为内部网络的其他部分提供基本的安全保护。在这种布局中，内部防火墙有以下 3 个服务目的。

1）与外部防火墙相比，内部防火墙增加了更严格的过滤能力，以保护内部网络服务器和工作站免遭外部攻击。

2）对于 DMZ 网络，内部防火墙提供了双重保护功能。首先，内部防火墙保护网络的其他部分免遭由 DMZ 发起的攻击，这样的攻击可能来自蠕虫、Rootkits、Bots 或者其他寄宿在

DMZ 系统中的恶意软件。其次，内部防火墙可以保护 DMZ 系统不受来自内部保护网络的攻击。

3）大型企业可能具有多个站点，每个站点有一个或多个局域网与所有网络互相连接。图 10-23 给出了大型企业防火墙的典型配置。所有 Internet 流量都要经过保护整个机构的外部防火墙，多重内部防火墙可以分别用来保护内部网络的每个部分不受其他部分的攻击。内部服务器可以免受来自内部工作站的攻击；反过来，内部工作站也可免受来自内部服务器的攻击。图 10-23 也说明了将 DMZ 设置在外部防火墙的不同网络接口处并以此来访问内部网络的通常实现方法。

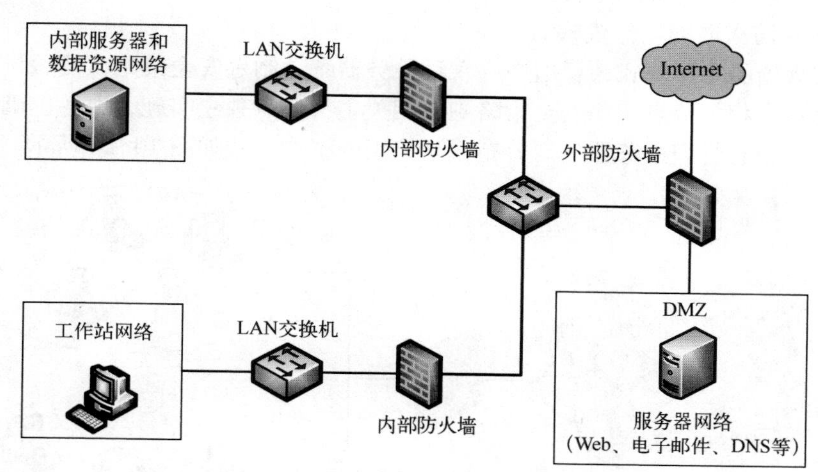

图 10-23　多重内部防火墙 DMZ 配置示例

2. 分布式防火墙

（1）传统防火墙的不足

包过滤防火墙和代理型防火墙是现代网络安全防范的主要支柱，但在安全要求较高的大型网络中仍存在一些不足，主要表现如下。

1）结构性限制。传统防火墙的工作原理依赖于网络的物理拓扑。如今，越来越多的跨地区企业利用 Internet 架构自己的网络，致使企业内部网络已基本上成为一个逻辑概念，所以用传统的方式来区别内外网络是非常困难的。

2）防外不防内。虽然有些传统防火墙可以防止内部用户的恶意破坏，但在大多数情况下，用户使用和配置防火墙还是主要防止来自外部网络的入侵。

3）效率问题。传统防火墙把检查机制集中在网络边界处的单一节点上，所以防火墙容易形成网络的瓶颈。

4）故障问题。传统防火墙本身存在着单点故障问题。一旦处于安全节点上的防火墙出现故障或被入侵，整个内部网络就将完全暴露在外部攻击者的前面。

（2）分布式防火墙的概念

为了解决传统防火墙面临的问题，美国 AT&T 实验室研究员 Steven M. Bellovin 于 1999 年首次提出了分布式防火墙的概念。分布式防火墙系统由以下 3 个部分组成。

1）网络防火墙。它承担着与传统防火墙相同的职能，负责内、外网络之间不同安全域的划分。同时，它还用于对内部网各子网之间的防护。与传统防火墙相比，分布式防火墙中的网络防火墙增加了一种用于内部子网之间的安全防护，这使分布式防火墙实现了对内部网络的安全管理功能。

2）主机防火墙。为了扩大防火墙的应用范围，在分布式防火墙系统中设置了主机防火墙，主机防火墙驻留在主机中，并根据相应的安全策略对网络中的服务器及客户端计算机进行安全保护。

3）中心管理服务器。它是整个分布式防火墙的管理核心，负责安全策略的制定、分发，以及日志收集和分析等操作。

（3）分布式防火墙的工作模式

分布式防火墙的工作模式为：由中心管理服务器统一制定安全策略，然后将这些定义好的策略分发到各个相关节点；而安全策略则由相关主机节点独立实施，由各主机产生的安全日志集中保存在中心管理服务器上。分布式防火墙的工作模式如图 10-24 所示。

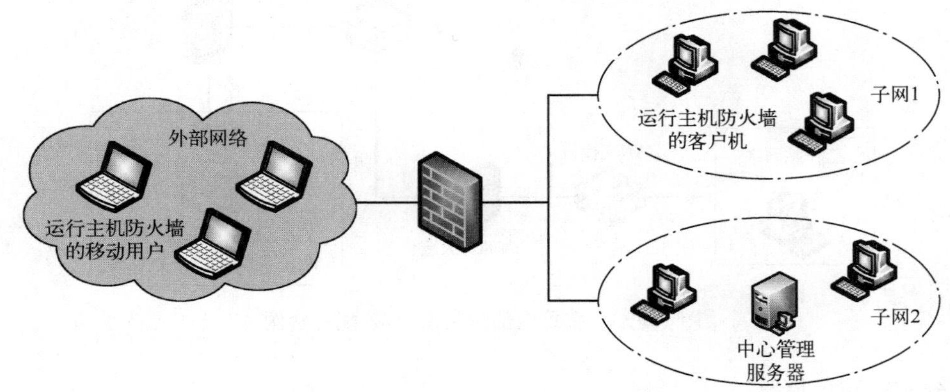

图 10-24　分布式防火墙的工作模式

从图 10-24 中可以看出，分布式防火墙不再完全依赖网络的拓扑来定义不同的安全域，可信赖的内部网络发生了概念上的变化，它已经成为一个逻辑上的网络，从而打破了传统防火墙对网络拓扑的依赖。但是，各主机节点在处理数据包时，必须根据中心管理服务器所分发的安全策略来决定是否允许某一数据包通过防火墙。

（4）分布式防火墙的应用特点

由于在分布式防火墙中采用了中心管理服务器对整个防火墙系统进行集中管理的方式，其中安全策略在统一制定后被强行分发到各个节点，因此分布式防火墙不仅保留了传统防火墙的优点，还解决了传统防火墙在应用中存在的对网络物理拓扑的依赖、VPN 和移动计算等问题，增加了针对主机的入侵检测和防护功能，加强了对来自内部网络的攻击防范，并且提高了系统性能，克服了结构性瓶颈问题。

（5）分布式防火墙的配置

分布式防火墙的配置涉及一个在中心管理服务器控制下协同工作的独立防火墙设备和基于主机的防火墙。图 10-25 是一个分布式防火墙配置示例。管理员可以在数百个服务器和工作站上配置驻留主机的防火墙，同时在本地用户系统和远程用户系统上配置个人防火墙。这些防火墙提供针对内部攻击的保护，也为特定的机器和应用程序提供特别定制的保护。独立的防火墙提供全局性的保护，包括内部防火墙和外部防火墙。

有了分布式防火墙，就使得同时建立内部 DMZ 和外部 DMZ 成为可能。那些由于没有多少重要信息而不需要太多保护的网络服务器可以被设置在外部 DMZ，即位于外部防火墙外侧，而所需的保护由这些服务器上设置的基于主机的防火墙提供。

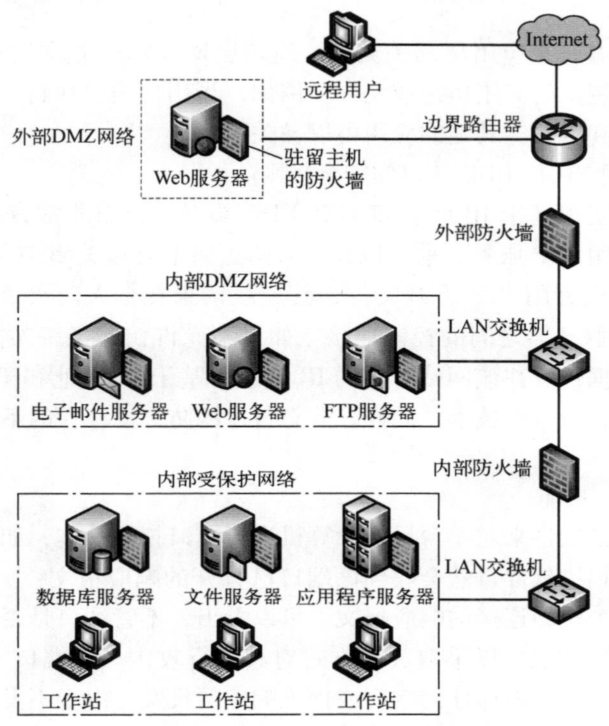

图 10-25　分布式防火墙配置示例

安全监控是分布式防火墙配置的重要方面。典型的监控包括日志统计和分析、防火墙统计以及细粒度的单个主机的远程监控。

3. 个人防火墙

上文介绍的防火墙部署一般都是针对单位用户的，所以也将那些防火墙统称为企业级防火墙。虽然企业级防火墙功能强大，但价格昂贵、配置困难、维护复杂，需要具有一定安全知识的专业人员来配置和管理。近年来，随着以家庭用户为代表的个人计算机的不断普及，个人防火墙技术开始出现并得到广泛的重视。

(1) 个人防火墙的概念

个人防火墙是一套安装在个人计算机上的软件系统，它能够监视计算机中的通信状况，一旦发现对计算机产生危险的通信，就会报警通知管理员或立即中断网络连接，以此实现对个人计算机上重要数据的安全保护。

Windows 操作系统是目前应用最广泛的个人计算机操作系统之一。为了实现对 Windows 操作系统的安全保护，Windows 本身提供了防火墙功能。目前市面上推出了大量的基于 Windows 操作系统的个人防火墙产品。其中，国外知名品牌主要有 Norton（诺顿）、McAfee（迈克菲）和 Kaspersky（卡巴斯基）等，国内品牌主要有 360 安全卫士、腾讯电脑管家

(Tencent PC Manager)、火绒安全软件和金山毒霸个人防火墙等。

(2) 个人防火墙的主要技术

由于个人防火墙是在企业防火墙的基础上发展起来的，因此个人防火墙所采用的技术与企业级防火墙基本相同，但各自也存在一些应用特点。

1) 基于应用层网关。

典型的个人防火墙属于应用层网关类型。应用层网关随时监测用户应用程序的执行情况，可以根据需要对特定的应用拒绝或允许。例如，当用户需要执行一个 FTP 应用程序时，可以允许文件的上传和下载，其他的应用可以被关闭。

2) 基于 IP 地址和 TCP/UDP 端口的安全规则。

在个人防火墙上实现基于 IP 地址和 TCP/UDP 端口的控制非常容易。例如，如果不允许某台个人计算机使用 FTP 服务，就可以在个人防火墙上直接关闭 TCP 21 端口，这样即使有人想通过这台计算机利用 FTP 下载文件，其连接请求在个人防火墙上也将被直接拒绝，根本无法建立与 FTP 服务器之间的控制连接。如果不允许访问某一站点，则可以直接在个人防火墙上拒绝将数据包发往该网站对应的 IP 地址。基于 IP 地址和 TCP/UDP 端口的安全规则其实就是一种静态包过滤技术。同样，静态包过滤防火墙存在的不安全因素在个人防火墙上也同样存在。

3) 端口“隐蔽”功能。

假设通过端口扫描软件来对一台远程计算机进行端口扫描操作，如果远程计算机上的某一端口是开放的，则扫描软件自然会收到该端口已打开的响应报文；如果该端口是关闭的，则远程主机会返回一个拒绝连接的响应报文。可以看出，不管端口是否关闭，扫描软件都知道远程主机的存在，这样就可以采取其他方式对其进行攻击。而端口“隐蔽”会将主机上的端口完全隐藏起来，而不返回任何响应或拒绝响应的报文。由于不发送响应报文，因此它是一个非标准的连接行为。在个人防火墙上启用了端口“隐蔽”功能，则会隐蔽该计算机。

4) 邮件过滤功能。

个人防火墙的邮件过滤功能可以对接收到的电子邮件的主要特征（收发人邮箱名、收发人邮箱服务器的 IP 地址或域名、主题及信件内容等相关字段）进行提取和分析，确定是否需要接收邮件或者给用户相应的提示信息。

(3) 个人防火墙的主要功能

为了防止安全威胁对个人计算机产生的破坏，个人防火墙产品提供以下主要功能。

1) 防止 Internet 上用户的攻击。目前，长期接入 Internet 的个人计算机越来越多，这些计算机不仅可作为浏览 Web 网页及下载文件使用，还可以作为 Web、FTP 等服务器为用户提供服务。随着动态 DNS 技术的广泛使用，一般一台能够与 Internet 连接的个人计算机就可以称为一台 Web、FTP 或电子邮件服务器。个人防火墙可以在很大程度上保护这些个人服务器系统。

2) 阻断木马及其他恶意软件的攻击。现在较新的个人防火墙针对个人计算机用户存在的安全风险，提供反钓鱼、反流氓软件、防 ARP 欺骗和防 DHCP 欺骗等功能，最大限度地保护了个人计算机的安全。

3) 为移动计算机提供安全保护。随着家庭办公等移动办公方式的兴起，单位员工可以在家里或外出时利用 VPN 方式连接到单位内部的网络，实现与单位内部计算机用户相同的资源访问功能。如果移动计算机没有个人防火墙的保护，当其以 VPN 方式接入单位内部网络时，单位内部的网络将暴露在 Internet 上，攻击者将把这台 VPN 终端作为进入单位内部网络的桥梁。

4）与其他安全产品进行集成。个人防火墙除能够满足个人用户的一些需求以外，还可以与其他网络安全产品进行集成，在安全防范上产生联动效应，最大范围地提供安全性。目前主流的方法是将个人防火墙与防病毒软件进行集成，将两者的功能结合起来，如 Norton、瑞星和金山等防病毒软件一般都集成了个人防火墙功能。

随着技术的不断发展，个人防火墙的功能也在不断发展和完善，如自动检测个人计算机操作系统存在的安全漏洞、为操作系统提供补丁安全服务、提供对个人计算机上资源的授权访问及提供入侵检测功能等。

第五节　入侵检测系统

防火墙在决定让哪个分组经过防火墙时，分组过滤器检查 IP、TCP、UDP、ICMP 首部字段。为了检测多种攻击类型，则需要执行深度分组检查，查看首部字段之外的部分，深入查看分组携带的实际数据。

入侵检测系统（Intrusion Detection System，IDS）是当观察到潜在的恶意流量时，能够产生警告的设备或系统。IDS 不仅针对 TCP/IP 首部进行操作，而且会进行深度包检测，并检测多数据之间的相关性。IDS 能够检测多种攻击，比如网络映射、端口扫描、DoS（拒绝服务）攻击等。

一、入侵检测概述

入侵检测（Intrusion Detection，ID）是继防火墙、信息加密等传统安全保护方法之后出现的新一代安全保障技术。它监视计算机系统或网络中发生的事件，并对它们进行分析，以寻找危及信息机密性、完整性、可用性或绕过安全机制的入侵行为。

传统的安全技术有很多，如密码技术、防火墙技术及访问控制技术等。但是这些技术都是被动的防御技术，不能主动发现入侵。为了确保计算机系统和计算机网络的安全，必须建立一整套的安全防护体系，进行多层次、多手段的检测和防护。入侵检测就是安全防护体系中重要的一环，它能够及时识别系统和网络中发生的入侵行为并实时报警，起到主动防御的作用。

入侵检测是对防火墙等技术的有益补充。入侵检测系统能在入侵攻击对系统产生危害前检测到入侵攻击，并利用报警与防护系统驱逐入侵攻击。在入侵攻击过程中，它能减少入侵攻击所造成的损失。在入侵攻击之后，它能收集入侵攻击的相关信息，作为防范系统的知识添加到知识库中，增强系统的防范能力，避免系统再次受到入侵。入侵检测系统被认为是防火墙之后的第二道安全闸门，在不影响网络性能的情况下能对网络进行监听，从而提供对内部攻击、外部攻击和误操作的实时防护，大大提高了系统和网络的安全性。

入侵检测的优点：

1）保证信息安全构造的其他部分的完整性。

2）提高系统的监控能力。

3）从入口点到出口点跟踪用户的活动。

4）识别和汇报数据文件的变化。

5）侦测系统配置错误并纠正。

6）识别特殊攻击类型，并向管理人员发出警报，进行防御。

当然，入侵检测也有其不足。入侵检测的主要缺点：

1）不能弥补差的认证机制。

2）如果没有人的干预，则不能管理攻击调查。

3）不能知道安全策略的内容。

4）不能弥补网络协议上的缺陷。

5）不能解决系统提供质量或完整性的问题。

6）不能分析一个堵塞的网络。

入侵检测是指通过从计算机系统或计算机网络中若干关键点收集信息并对其进行分析，从中发现系统或网络中是否有违反安全策略的行为和遭到攻击的迹象，同时做出响应的安全技术。进行入侵检测的软件或硬件系统就是入侵检测系统。

1. 入侵的方法和手段

入侵是指有人（通常称为“黑客”或攻击者）试图进入或者滥用用户的系统，如偷窃机密数据、滥用用户的电子邮件系统发送垃圾邮件等。针对信息系统的入侵（或攻击）的方法和手段有很多，而且呈越来越多的趋势。下面介绍几种主要的网络入侵的方法和手段。

（1）端口扫描与漏洞攻击

许多网络入侵是从扫描开始的。利用扫描工具能找出目标主机上各种各样的漏洞，有些漏洞尽管早已公之于众，但在一些系统中仍然存在，于是给了外部入侵可乘之机。

常用的短小而实用的端口扫描工具是一种获取主机信息的好方法。端口扫描是一种用来查找网络主机开放端口的方法，正确地使用端口扫描，能够起到防止端口攻击的作用。管理员可用端口扫描软件来执行端口扫描测试。对一台主机进行端口扫描也就意味着在目标主机上扫描各种各样的监听端口。同样，端口扫描也是“黑客”常用的方法，端口扫描结果可以为攻击者进行下一步攻击做好准备。漏洞攻击是利用网络设备和操作系统的漏洞进行攻击的方法。

（2）密码攻击

密码攻击是最古老的网络攻击方式之一，它先通过工具获取用户的账户和密码，再利用用户的弱密码或者空密码对计算机实施攻击。密码的安全和多种因素有关，如密码的强度、密码文件的安全、密码的存储格式等。常用密码破解方法有 3 种，即字典攻击、暴力攻击和混合攻击。

增强密码的强度、保护密码存储文件和合理利用密码管理工具都是有效避免网络入侵者利用密码破解渗透实施攻击的必不可少的措施。

（3）网络监听

网络监听是指在计算机网络接口处截获网上计算机之间通信的数据。它常能轻易地获得用其他方法很难获得的信息，如用户口令、金融账号、敏感数据、低级协议信息（IP 地址、路由信息、TCP 套接字号等）。

网络监听一般是利用工具软件，如 Wireshark 等，监视网络的状态、数据流动情况及网络上传输的信息。当信息以明文的形式在网络上传输时，攻击者就可以使用网络监听的方式来进行攻击。将网络接口设置在监听模式，便可以将网上源源不断传输的信息截获。黑客常常用它来截获用户的口令。

（4）拒绝服务攻击

拒绝服务（Denial of Service，DoS）攻击是一种简单的破坏性攻击，通常是利用 TCP/IP 的某个弱点，或者系统存在的某些漏洞，通过一系列动作来消耗目标主机或者网络的资源，达到干扰目标主机或网络，甚至导致被攻击目标瘫痪，无法为合法用户提供正常网络服务的目的。典型的拒绝服务攻击有 SYN 风暴、Smurf 攻击、Ping of Death 等。

分布式拒绝服务（Distributed DoS，DDoS）攻击是在传统的 DoS 攻击基础上产生的一类攻击方法。单一的 DoS 攻击一般是采用一对一的方式，当攻击目标 CPU 速度低、内存小或者网络带宽窄时，它的效果非常明显。随着计算机与网络技术的发展，计算机的处理能力迅速提升，内存大大增加，同时也出现了千兆级别的网络，这使得 DoS 攻击的困难程度加大，这时 DDoS 就出现了。DDoS 的特点是先使用一些典型的黑客入侵手段控制一些高性能的服务器，然后在这些服务器上安装攻击程序，集数十台、数百台甚至上千台机器的力量对单一攻击目标实施攻击。在悬殊的带宽力量对比下，被攻击的主机会很快因为不堪重负而瘫痪。实践证明，这种攻击方式是非常有效的，而且难以抵挡。DDoS 技术发展十分迅速，这是由于其隐蔽性和分布性很难被识别与防御。

（5）缓冲区溢出攻击

缓冲区溢出又称为堆栈溢出。缓冲区是计算机内存中临时存储数据的区域，通常由需要使用缓冲区的程序按照指定的大小来创建。在某些情况下，如果用户输入的数据长度超过应用程序给定的缓冲区，就会覆盖其他数据区，这种现象称为缓冲区溢出。源代码中容易产生漏洞的部分是对库的调用，如 C 语言程序对 strcpy( ) 和 sprintf( ) 函数的调用，这两个函数都不检查输入参数的长度。

一般情况下，覆盖其他数据区的数据是没有意义的，最多造成应用程序错误，但是，如果输入的数据是经过攻击者精心设计的，如覆盖缓冲区的数据是攻击者的入侵程序代码，那么入侵者就获得了计算机完全的访问控制权。

（6）欺骗攻击

欺骗包括社会工程学的欺骗和技术欺骗。

社会工程学是使用计谋和假情报去获得密码与其他敏感信息的科学。研究一个站点的策略，就是尽可能多地了解这个组织的个体，因此黑客不断试图寻找更加精妙的方法从他们希望渗透的组织那里获得有价值的信息。目前社会工程学的欺骗主要包括打电话请求密码和伪造 E-Mail 两种方式。

技术欺骗攻击就是将一台计算机假冒为另一台被信任的计算机而进行信息欺骗。欺骗可发生在 TCP/IP 网络的所有层次上，几乎所有的欺骗都破坏网络中计算机之间的信任关系。欺骗作为一种主动的攻击，不是进攻的结果，而是进攻的手段，进攻的结果实际上使信任关系被破坏。通过欺骗建立虚假的信任关系后，可破坏通信链路中正常的数据流，或者插入假数据，或者骗取对方的敏感数据。欺骗攻击的方法主要有 IP 欺骗、DNS 欺骗和 Web 欺骗 3 种。

2. 入侵检测的过程

从计算机安全的目标来看，入侵的定义是：企图破坏资源的完整性、保密性、可用性的任何行为，也指违背系统安全策略的任何事件。入侵行为不仅是指来自外部的攻击，同时内部用户的未授权行为也是一个重要的方面，内部人员滥用特权的攻击会对系统造成重大安全隐患。从入侵策略的角度来看，入侵可分为企图进入、冒充其他合法用户、成功闯入、合法用户的泄露、拒绝服务及恶意使用等几个方面。

入侵检测的一般过程是信息收集、数据分析、响应（主动响应和被动响应），如图 10-26 所示。

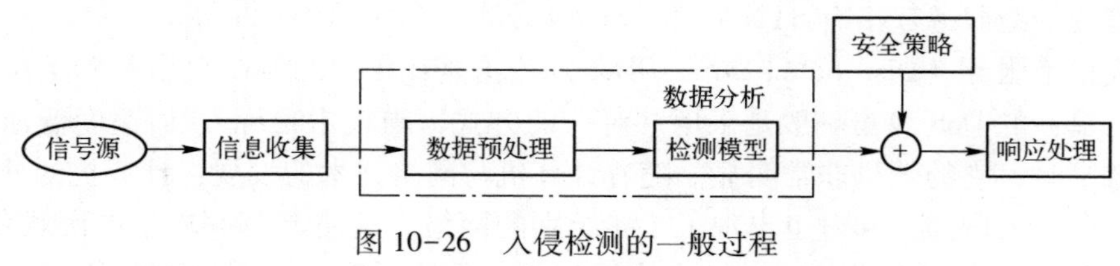

图 10-26　入侵检测的一般过程

（1）信息收集

信息收集的内容包括系统、网络、数据用户活动的状态和行为。入侵检测使用的数据，即信息源，是指包含最原始的入侵行为信息的数据，主要是系统、网络的审计数据或原始的网络数据包。IDS 收集的检测数据主要有以下几类。

1）系统和网络日志文件。

黑客经常在系统日志文件中留下踪迹，因此充分利用系统和网络日志文件是检测入侵的必要条件。日志中包含发生在系统和网络上的不寻常与不期望的活动的证据，这些证据可以指出有人正在入侵或已经成功入侵了系统。通过查看日志文件，能够发现成功的入侵或入侵企图，并很快地启动相应的应急响应程序。日志文件中记录了各种行为类型，每种类型又包括不同的信息。例如，记录“用户活动”类型的日志，就包含登录、用户 ID 改变、用户对文件的访问、授权和认证信息等内容。当然，对于用户活动来讲，不正常或不期望的行为包括重复登录失败、登录到不期望的位置以及企图访问非授权的重要文件等。

2）目录和文件的异常改变。

网络环境中的文件系统包含很多软件和数据文件，其中包含重要信息和私有数据的文件都是黑客经常修改与破坏的目标。目录和文件中的异常改变（包括修改、创建和删除），特别是那些正常情况下的限制访问，很可能就是一种入侵产生的指示和信号。黑客经常替换、修改和破坏他们获得访问权的系统上的文件，同时为了隐藏系统中他们的活动痕迹，通常都会尽力替换系统程序或修改系统日志文件。

3）程序执行中的异常行为。

网络数据库上的程序执行一般包括操作系统、网络服务、用户启动的程序和特定目的的应用，如数据库服务器。每个在系统上执行的程序由一个或多个进程来实现。每个进程在具有不同权限的环境中执行，这种环境控制着进程可访问的系统资源、程序和数据文件等。一个进程的执行行为由它运行时执行的操作来表现，操作执行的方式不同，它利用的系统资源也就不同。操作主要包括计算、文件传输、设备和其他进程通信，以及一个进程与网络间其他进程通信等。若一个进程出现了异常行为，则可能表明黑客正在入侵用户的系统。黑客可能会将程序或服务的运行分解，从而导致它失败，或者是以非法用户或管理员希望的方式操作。

4）物理形式的入侵信息。

这包括两个方面的内容：一是对网络硬件的未授权连接；二是对物理资源的未授权访问。黑客会想方设法地突破网络的周边防卫，如果他们能够在物理上访问内部网络，他们就能安装自己的设备和软件，然后利用这些设备和软件去访问网络。

5）其他 IDS 的报警信息。

一个 IDS 可以与其他网段或主机的 IDS 进行联动，其他 IDS 的报警信息也能作为该 IDS 的数据源使用。

（2）数据分析

数据预处理是指对收集到的数据进行预处理，将其转化为检测模型所接受的数据格式，包括对冗余信息的去除，即数据简约，这是入侵检测研究领域的关键，也是难点之一。检测模型是指根据各种检测算法建立起来的检测分析模型，它的输入一般是经过数据预处理后的数据，输出是对数据属性的判断结果，数据属性一般是针对数据中包含的入侵信息的断言。

检测结果即检测模型输出的结果，由于单一的检测模型的检测率不理想，因此往往需要利用多个检测模型进行并行分析处理，然后对这些检测结果进行数据融合处理，以达到满意的效果。安全策略是指根据安全需求设置的策略。

对于收集到的有关系统、网络、数据及用户活动的状态和行为等信息，一般通过 3 种技术手段进行分析，即模式匹配、统计分析和完整性分析。其中，模式匹配和统计分析用于实时的入侵检测，而完整性分析则用于事后分析。

1）模式匹配。

模式匹配就是将收集到的信息与已知网络入侵和系统误用模式数据库进行比较，从而发现违背安全策略的行为。该过程可以很简单（如通过字符串匹配以寻找一个简单的条目或指令），也可以很复杂（如利用正规的数学表达式来表示安全状态的变化）。通常，一种攻击模式可以用一个过程（如执行一条指令）或者一个输出（如获得权限）来表示。该方法的优点是只需要收集相关的数据集合，从而减少了系统负担，与病毒防火墙采用的方法一样，检测准确率和效率都相当高。但是，该方法存在的弱点是不能检测出从未出现过的黑客攻击手段，它需要不断地进行升级以应对不断出现的黑客攻击手段。

2）统计分析。

统计分析方法首先给系统对象（如用户、文件、目录和设备等）创建一个统计描述，统计正常使用时的一些测量属性（如访问次数、操作失败次数和延时等）。测量属性的平均值将被用来与网络、系统的行为进行比较，任何观察值在正常值范围之外时，就认为有入侵行为发生。例如，统计分析可能标记一个不正常行为，因为它发现一个在早八点至晚六点不登录的账户却在深夜两点试图登录。其优点是可检测到未知的和更为复杂的入侵，缺点是误报、漏报率高，且不适应用户正常行为的突然改变。目前，基于专家系统的统计分析、基于模型推理的统计分析和基于神经网络的统计分析方法都正处于火热研究与迅速发展中。

3）完整性分析。

完整性分析主要关注某个文件或对象是否被更改，包括文件和目录的内容及属性，尤其在发现是否应用程序被更改、被特洛伊化这方面特别有效。完整性分析利用强有力的加密机制，如单向散列函数，就能识别哪怕是 1 bit 的变化。其优点是不管模式匹配方法和统计分析方法能否发现入侵，只要是攻击导致了文件或其他对象的改变，它就能够发现。其缺点是一般以批处理方式实现，不用于实时响应。

（3）响应

响应处理主要是指综合安全策略和检测结果所做出的响应过程，包括产生检测报告、通知管理员、断开网络连接和更改防火墙的配置等积极的防御措施。

3. 入侵检测系统功能

入侵检测作为动态安全技术的核心，是一种增强系统安全的有效方法，也是安全防御体系的一个重要组成部分。它弥补了以前的静态安全防御技术的诸多不足，是对防火墙的合理补充。通过入侵检测系统的部署，可以扩展系统管理员的安全管理能力（包括安全审计、监视、攻击识别和响应），帮助系统检测和防范网络攻击，提高信息安全基础结构的完整性。入侵检测系统的作用与功能如下。

1）监控、分析用户和系统的活动。

2）审计系统的配置和弱点。

3）评估关键系统和数据文件的完整性。

4）识别攻击的活动模式。

5）对异常活动进行统计分析。

6）对操作系统进行审计跟踪管理，识别违反策略的用户活动。

为了实现上述目标，入侵检测系统至少应包括以下几个功能部件。

1）提供事件记录的信息源。

2）发现入侵迹象的分析引擎。

3）基于分析引擎的结果产生反应的响应部件。

入侵检测系统就其最基本的形式来讲，就是一个分类器，它会根据系统的安全策略来对收集到的事件或状态信息进行分类处理，从而判断出入侵和非入侵的行为。

一般来说，入侵检测系统在功能结构上是基本一致的，都是由数据收集、数据分析和响应等几个功能模块组成的，只是具体的入侵检测系统在采集数据、采集数据的类型及分析数据的方法等方面有所不同而已。

针对目前计算机系统和网络存在的安全问题，一个实用的方法是建立比较容易实现的安全系统，同时按照一定的安全策略建立相应的安全辅助系统。入侵检测系统就是这样一类系统。就目前系统安全状况而言，系统存在被攻击的可能性。如果系统遭到攻击，那么只有尽可能地检测到，甚至是实时地检测到，才能采取适当的处理措施。入侵检测系统会采取预防措施以防止入侵事件的发生，它作为安全技术的主要目的如下。

1）识别入侵者。

2）识别入侵行为。

3）检测和监视已成功的安全突破。

4）为对抗入侵及时提供重要信息，阻止事件的发生和事态的扩大。

同样，入侵检测系统作为系统和网络安全发展史上一个具有划时代意义的研究成果，要想真正成为一种成功的产品，至少要满足实时性、可扩展性、适应性、安全性、可用性和有效性等性能要求。

二、入侵检测技术原理

1. 入侵检测的工作模式

无论什么类型的入侵检测系统，其基本工作模式都可以描述为 4 个步骤，如图 10-27 所示。

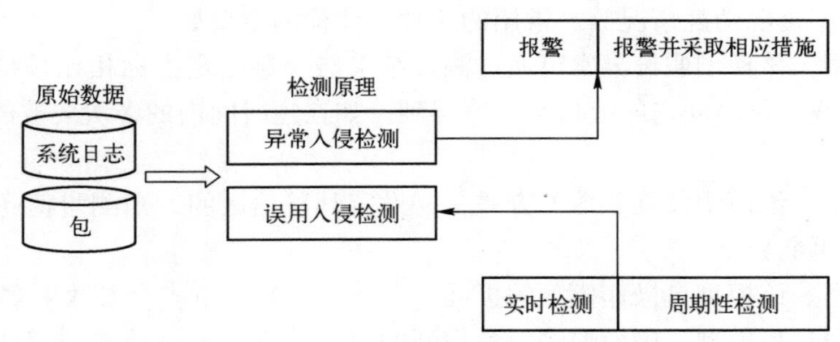

图 10-27　入侵检测系统的基本工作模式

1）从系统的不同环节收集信息。

2）分析该信息，试图寻找入侵活动的特征。

3）自动对检测到的行为做出响应。

4）记录并报告检测过程的结果。

一个典型的入侵检测系统从功能上可以分为 3 个组成部分，即感应器（Sensor）、分析器（Analyzer）和管理器（Manager），如图 10-28 所示。

管理器		
分析器		
感应器		
网络	主机	应用程序

图 10-28　入侵检测系统的功能结构

感应器负责收集信息。其信息源可以是系统中可能包含入侵细节的任何部分，比较典型的信息源有网络数据包、Log 文件和系统调用的记录等。感应器收集这些信息并将其发送给分析器。

分析器从许多感应器接收信息，并对这些信息进行分析以决定是否有入侵行为发生。如果有入侵行为发生，则分析器将提供关于入侵的具体细节，并提供可能采取的对策。一个入侵检测系统通常也可以对所检测到的入侵行为采取相应的措施来进行反击。例如，在防火墙处丢弃可疑的数据包，当用户表现出不正常行为时，拒绝其进行访问，以及向其他同时受到攻击的主机发出警报等。

管理器通常也称为用户控制台，它以一种可视的方式向用户提供收集到的各种数据及相应的分析结果，用户可以通过管理器对入侵检测系统进行配置，设定各种系统的参数，从而对入侵行为进行检测以及对相应措施进行管理。

2. 入侵检测方法

入侵检测系统常用的检测方法有特征检测、统计检测和专家系统等。目前入侵检测系统中绝大多数属于使用入侵模板进行模式匹配的特征检测系统，少数属于采用概率统计的统计检测系统和基于日志的专家知识库系统。

（1）特征检测

特征检测对已知的攻击或入侵的方式做出确定性的描述，形成相应的事件模式。当被审计的事件与已知的入侵事件相匹配时，立即报警。特征检测在原理上与专家系统相仿，在检测方法上与计算机病毒的检测方法类似。目前基于对包特征描述的模式匹配应用较为广泛。该方法预报检测的准确率较高，但对于无经验知识的入侵与攻击行为无能为力。

（2）统计检测

统计检测模型常用于异常入侵检测。在统计检测模型中常用的测量参数包括审计事件的数量、间隔时间、资源消耗情况等。常用的 5 种统计检测模型如下。

1）操作模型。该模型假设异常可通过测量结果与一些固定指标相比较得到，固定指标可以根据经验值或一段时间内的统计平均值得到，如在短时间内的多次失败的登录有可能是口令尝试攻击。

2）方差模型。该模型计算参数的方差，并设定其置信区间，当测量值超过置信区间的范围时，表明有可能异常。

3）多元模型。该模型是操作模型的扩展，它通过同时分析多个参数来实现入侵检测。

4）马尔科夫过程模型。该模型将每种类型的事件定义为系统状态，用状态转移矩阵来表示状态的变化，当一个事件发生，或状态矩阵转移的概率较小时，则可能是异常事件。

5）时间序列分析模型。该模型将事件计数与资源耗用按时间排成序列。如果一个新事件发生的概率较低，则该事件可能是入侵事件。

统计检测方法的最大优点是它可以“学习”用户的使用习惯，从而具有较高检出率与可用率。但是它的“学习”能力也给入侵者以可乘之机，通过逐步“训练”，使入侵事件符合正常操作的统计规律，从而骗过入侵检测系统。

（3）专家系统

专家系统使用规则对入侵进行检测，通常是针对有特征的入侵行为。规则就是知识，不同的系统与设置具有不同的规则，且规则之间往往无通用性。专家系统的建立依赖于知识库的完备性，知识库的完备性又取决于审计记录的完备性和实时性。入侵的特征抽取与表达是入侵检测专家系统的关键。在系统实现中，将有关入侵的知识转换为 if-then 结构（也可以是复合结构），其中 if 部分为入侵特征，then 部分是系统防范措施。运用专家系统防范有特征的入侵行为的完全有效性取决于专家系统知识库的完备性。

该方法根据安全专家对可疑行为的分析经验来形成一套推理规则，然后在此基础上建立相应的专家系统，由此专家系统自动进行对所涉及的入侵行为的分析工作。该系统应当能够随着经验的积累而利用其自学习能力进行有规则的扩充和修正。

三、入侵检测系统的分类

根据入侵检测系统的特点，可以有多种方法对其进行分类。下面分别按系统分析的数据源、分析方法和响应方式对入侵检测系统进行分类。

1. 按系统分析的数据源分类

根据入侵检测系统分析的数据源的不同，可以将入侵检测系统分为基于主机的入侵检测系统、基于网络的入侵检测系统及分布式入侵检测系统等。

（1）基于主机的入侵检测系统

基于主机的入侵检测系统（Host-based Intrusion Detection System，HIDS）通过将监视与分析主机的审计记录作为数据源来检测入侵。它通常是安装在被保护的主机上，主要是对该主机的网络实时连接及系统审计日志进行分析和检查，当发现可疑行为和安全违规事件时，系统就会向管理员报警，以便采取措施，其结构如图 10-29 所示。

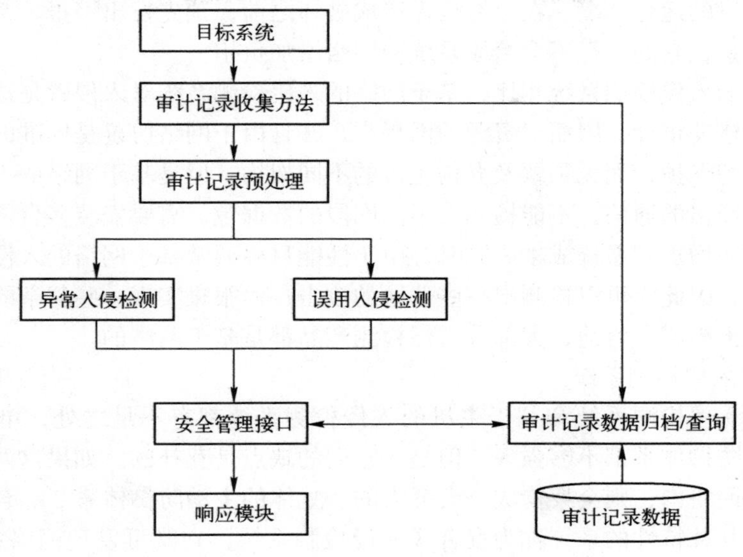

图 10-29　HIDS 结构框图

基于主机的入侵检测系统具有检测效率高、分析代价小、分析速度快的特点，能够迅速、准确地定位入侵者，并可以结合操作系统和应用程序的行为特征对入侵做进一步分析。但是，它也存在一些问题，如难以检测网络攻击、可移植性差、难以配置和管理等。在数据提取的实时性、充分性、可靠性方面，基于主机的入侵检测系统不如基于网络的入侵检测系统。

(2) 基于网络的入侵检测系统

基于网络的入侵检测系统（Network-based Intrusion Detection System，NIDS）通过侦听网络中的所有报文、分析报文的内容、统计报文的数量特征来检测各种攻击行为。它一般安装在需要保护的网络上，实时监视网段中传输的各种数据包，并对这些数据包进行分析和检测，其结构如图 10-30 所示。

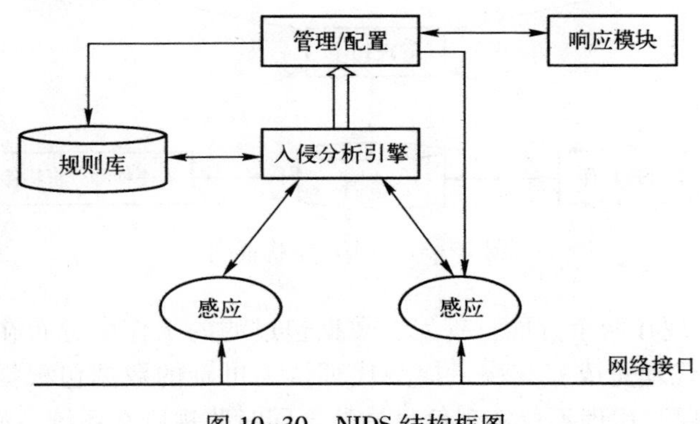

图 10-30　NIDS 结构框图

如果发现入侵行为或可疑事件，入侵检测系统就会报警，甚至切断网络连接。基于网络的入侵检测系统如同网络中的摄像机，只要在一个网络中安放一台或多台入侵检测引擎，就可以监视整个网络的运行情况，在黑客攻击造成破坏之前，预先发出警报。基于网络的入侵检测系统自成体系，它的运行不会给原系统和网络增加负担。

与基于主机的入侵检测系统相比，基于网络的入侵检测系统对入侵者是透明的，而且不需要主机提供严格的审计，因而对资源的消耗小，并且由于网络协议是标准的，因此它可以提供对网络通用的保护，而无须顾及异构主机的不同架构。但是基于网络的入侵检测系统只检查它直接连接网络的通信，不能检测在不同网段的数据包，需要安装多台网络入侵检测系统的传感器，从而增加了系统成本。同时，由于性能目标通常基于网络的入侵检测系统采用特征检测的方法，因此它可以检测出一些普通的攻击，而很难实现一些复杂的需要大量计算与分析时间的攻击检测。目前，大部分入侵检测产品都是基于网络的。

（3）分布式入侵检测系统

基于网络的入侵检测系统和基于主机的入侵检测系统都有不足之处，单纯使用其中一种，系统的主动防御体系都不够强大。但是，它们的缺点是互补的。如果这两种系统能够无缝结合并部署在网络内，则会架构成一套强大的、立体的主动防御体系。综合利用两种类型的数据源以获得互补特性的系统称为混合式入侵检测系统，它既可发现网络中的攻击信息，又可从系统日志中发现异常情况。

分布式入侵检测系统（Distributed Intrusion Detection System，DIDS）是能够同时分析来自主机系统和网络数据流的入侵检测系统。DIDS 综合了基于主机和基于网络的 IDS 功能。它通过收集、合并来自多个主机的审计数据和检查网络通信，能够检测出多个主机发起的协同攻击，从而对数据进行分布式监视、集中式分析。

DIDS 一般为分布式结构，由多个部件构成，部件分布于不同的主机系统上，这些部件能够分别完成某一 NIDS 或 HIDS 的功能，并且是分布式入侵检测系统的一部分。部件之间通过统一的网络接口进行信息共享和协作检测，这样既简化了部件之间数据交换的复杂性，使得部件容易分布在不同主机上，又给系统提供了一个扩展的接口，其结构如图 10-31 所示。

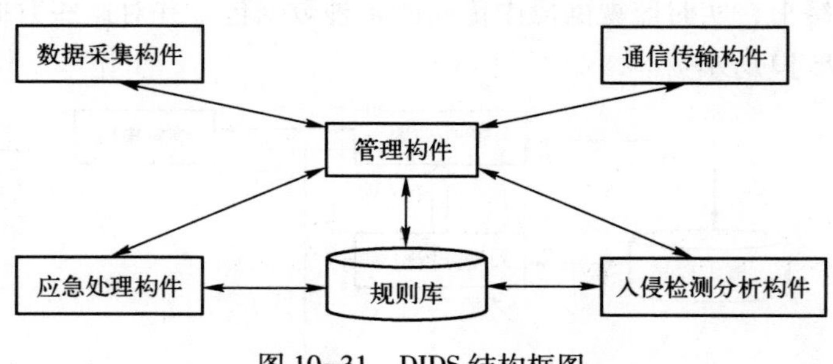

图 10-31　DIDS 结构框图

DIDS 的分布性表现在两个方面：首先，数据包过滤的工作由分布在各网络设备（包括联网主机）上的探测代理完成；其次，探测代理认为可疑的数据包根据其类型交给专用的分析层设备处理。各探测代理不仅实现信息过滤，同时监视所在系统，而分析层和管理层则可对全局的信息进行关联性分析，从而对网络信息进行分流，提高了检测速度，解决了检测效率低的问题，使 DIDS 本身抗击拒绝服务攻击的能力也得到增强。

DIDS 的伸缩性、安全性都得到了显著提高，并且与集中式入侵检测系统相比，它对基于网络的 DIDS 共享数据量的要求较低。但维护成本较高，设计和实现较复杂，并且增加了所监控主机的工作负荷，如通信机制、审计开销、踪迹分析等。它是一种相对完善的体系结构，为日趋复杂的网络环境下安全策略的实现提供了较好的解决方案，将是今后入侵检测系统的研究重点。

2. 按分析方法分类

根据入侵检测系统所采用分析方法的不同，可以将入侵检测系统分为异常入侵检测系统和误用入侵检测系统。

（1）异常入侵检测系统

异常入侵检测系统将被监控系统正常行为的信息作为检测系统中入侵行为和异常活动的依据。在异常入侵检测中，假定所有入侵行为都是与正常行为不同的，这样，如果建立系统正常行为的轨迹，那么理论上可以把所有与正常轨迹不同的系统状态视为可疑企图。对于异常阈值与特征的选择是异常入侵检测的关键。比如，通过流量统计分析将异常时间的异常网络流量视为可疑。但是，异常入侵检测的局限是并非所有的入侵都表现为异常，而且系统的轨迹难以计算和更新。异常入侵检测方法还结合其他新技术以实现有效的入侵检测，如基于统计方法的异常检测方法、基于数据挖掘技术的异常检测方法、基于神经网络的异常检测方法等。

（2）误用入侵检测系统

误用入侵检测系统根据已知入侵攻击的信息（知识、模式等）来检测系统中的入侵和攻击。在误用入侵检测中，假定所有入侵行为和手段（及其变种）都能够表达为一种模式或特征，那么所有已知的入侵方法都可以用匹配的方法发现。误用入侵检测的关键是如何表达入侵的模式，把真正的入侵与正常行为区分开来。其优点是误报少；其局限性是它只能发现已知的攻击，对未来的攻击无能为力。

异常入侵检测系统与误用入侵检测系统的区别：前者试图发现一些未知的入侵行为，它根据使用者的行为或资源使用状况来判断是否入侵；而后者则是标记一些已知的入侵行为，通过将一些具体的行为与已知行为进行比较，从而检测出入侵。前者的主要缺陷在于误检率很高，尤其在用户数目众多或工作行为经常改变的环境中；而后者由于依据具体特征库进行判断，准确率较高，但是漏报率也较高，而且需要经常更新特征库，可移植性不好。

3. 按响应方式分类

根据检测系统对入侵攻击的响应方式的不同，可以将入侵检测系统分为主动入侵检测系统和被动入侵检测系统。

（1）主动入侵检测系统

主动入侵检测系统在检测出对系统的入侵攻击后，可自动对目标系统中的漏洞采取修补、强制可疑用户（可能的入侵者）退出系统，以及关闭相关服务等对策和响应措施。

（2）被动入侵检测系统

被动入侵检测系统在检测出对系统的入侵攻击后，只是产生报警信息来通知系统安全管理员，至于之后的处理工作，则由系统管理员来完成。

内容小结

安全电子邮件使用的 PGP 协议是典型的应用层安全协议，提供邮件加密、报文完整性、数字签名等服务。SSL 是传输层（准确来说是传输层之上，应用层之下）安全协议，是面向 TCP 的安全套接字接口，提供机密性、完整性、身份认证等安全服务。IPSec 是网络层安全协议，关键协议是 AH 协议和 ESP 协议。AH 协议可以提供源认证和鉴别、数据完整性检验；ESP 协议可以提供源认证和鉴别、数据完整性检验以及机密性。两种不同协议和传输模式、隧道模式两种模式结合起来共有 4 种组合：传输模式 AH、隧道模式 AH、传输模式 ESP、隧道模式 ESP。

防火墙是能够隔离组织内部网络与公共网络，允许某些分组通过，而阻止其他分组进入或离开内部网络的软件、硬件或者软硬件结合的一种设施。按照防火墙在网络协议栈进行包过滤的层次分类，可分为过滤型防火墙、应用层网关防火墙和电路级网关防火墙。大多数防火墙采用数据包过滤和代理服务两种基本技术。防火墙的体系结构一般有双宿/多宿主机体系结构、屏蔽主机体系结构、屏蔽子网体系结构 3 种类型。DMZ 是介于信赖域和非信赖域之间的一个安全缓冲区域。分布式防火墙由网络防火墙、主机防火墙和中心管理服务器组成，中心管理服务器统一制定安全策略，然后分发到各个防火墙节点执行。个人防火墙是安装在个人计算机上的软件防火墙，监视个人计算机的通信状况，对个人计算机中的重要数据进行安全保护。

入侵检测是安全防护体系中重要的一环，能够及时识别系统和网络中发生的入侵行为并实时报警，起到主动防御的作用。入侵检测作为动态安全技术的关键技术之一，是一种增强系统安全的有效方法，也是安全防御体系的一个重要组成部分。一个典型的入侵检测系统从功能上可以分为感应器、分析器和管理器 3 个组成部分。IDS 可以进行深度包检测，并检测多数据之间的相关性，能够检测网络映射、端口扫描、TCP 连接状态跟踪、DoS（拒绝服务）等多种攻击。

习　　题

一、单项选择题

1. 下列关于防火墙的说法错误的是（　　）。
   A. 防火墙是不同网络或网络安全域之间信息的唯一出入口
   B. 防火墙能够有效地监控内部网络和外部网络之间的所有活动
   C. 防火墙是位于网络特殊位置的一系列安全部件的组合
   D. 防火墙必须是专用的硬件设备
2. 下列有关防火墙的功能描述错误的是（　　）。
   A. 防火墙不能防范不经过防火墙的攻击
   B. 防火墙不能解决来自内部网络的攻击和安全问题
   C. 防火墙可以传送已感染病毒的软件或文件
   D. 防火墙可以作为部署网络地址转换的逻辑地址

3. 应用层网关防火墙工作在 OSI 参考模型的层次是（　　）。

A. 应用层　　B. 网络层　　C. 传输层　　D. 会话层

4. Socks V5 的优点是定义了非常详细的访问控制，其实现控制数据流功能所在的 OSI 参考模型层是（　　）。

A. 应用层　　B. 网络层　　C. 传输层　　D. 会话层

5. 李明是某公司的业务代表，经常需要在外地访问公司的财务信息系统，他应该采用的安全、廉价的通信方式是（　　）。

A. 电子邮件

B. 远程访问 VPN

C. 通过互联网直接访问财务服务器

D. 通过 PPP 连接到公司的服务器上

二、简答题

1. 请画图解释安全电子邮件系统工作流程。
2. SSL 握手协议、更改密码规范协议、警告协议各自完成什么功能？
3. 简述 SSL 的握手过程。
4. IPSec 有哪些传输模式？不同传输模式数据报结构有什么区别？
5. IPSec 的关键协议有哪些？它们分别提供什么安全服务？
6. IPSec 在建立安全关联过程中一般会使用哪两个安全数据库？它们的作用分别是什么？
7. 试分析防火墙的“拒绝没有特别允许的任何事情”和“允许没有特别拒绝的任何事情”两条策略的特点。
8. 应用层网关防火墙是如何工作的？
9. 状态检测防火墙是如何工作的？与静态包过滤防火墙相比，它有何应用特点？
10. 防火墙的部署方式有哪些？
11. 简述入侵检测系统的组成。
12. 简述入侵检测的基本过程。
13. 基于网络的入侵检测系统和基于主机的入侵检测系统的区别是什么？
14. 简述异常入侵检测系统和误用入侵检测系统的设计原理。
15. 入侵检测系统有哪些分类？

第十一章　信息安全管理与法律法规

学习目标：

1. 理解信息安全管理的意义、网络风险分析与评估基本概念、影响互联网安全的因素、网络安全的主要风险；

2. 掌握网络风险评估要素的组成关系，理解网络风险评估的模式与意义；

3. 理解等级保护与测评基本概念，掌握确定信息系统安全保护等级的一般流程，了解信息安全等级测评过程；

4. 了解信息安全的国际、国内标准；

5. 理解信息安全法律法规的基本原则，了解信息安全相关的国际法律法规，理解我国信息安全相关法律法规分类以及主要法律法规。

教师导读：

本章介绍网络风险分析与评估基本概念、影响互联网安全的因素、网络安全的风险、网络风险评估要素及其组成关系、网络风险评估的模式及意义、信息安全等级保护与测评方法、国内外信息安全相关标准、信息安全法律法规的基本原则与地位、国内外信息安全相关法律法规等内容。

本章的重点是网络风险评估要素及其组成关系、信息安全等级保护与测评方法、信息安全法律法规的基本原则等；本章的难点是对国内外信息安全相关法律法规的理解。

本章学习的关键是理解信息安全管理的意义、概念、方法与过程，理解信息安全相关法律法规的原则及其意义。

建议学时：

4 学时。

人的因素是信息安全的一个重要方面，随着网络信息技术的发展与广泛应用，网络信息系统的安全管理也显得非常重要。网络安全管理是指对所有计算机网络应用体系中各个方面的安全技术和产品进行统一管理与协调，进而从整体上提高整个信息系统防御入侵、抵抗攻击的能力的体系。通常，建立一个安全管理系统包括多个方面，如技术上实现的计算机安全管理系统、为系统定制的安全管理方针、相应的安全管理制度和人员等。实现性能良好的网络信息安全管理需要对网络风险做全面的评估。保障信息安全是一项复杂的系统工程，需要多管齐下、综合治理。目前，信息安全技术、信息安全标准和信息安全法律法规已成为保障信息安全的三大支柱。

本章重点介绍信息安全管理，包括网络风险分析与评估、等级保护与等级测评、国内外的信息安全相关标准等，信息安全相关法律法规，包括基本概念、基本原则以及法律地位，概述美国、欧洲和日本等国外信息安全法律法规情况以及我国信息安全法律法规情况等。

第一节　网络风险分析与评估

在信息化时代，网络信息系统已在政治、军事、金融、商业、交通、电信、文教等方面发挥越来越大的作用。社会对网络信息系统的依赖也日益增强。这些网络信息系统都依靠计算机网络接收和处理信息，实现相互间的联系和对目标的管理、控制。以网络方式获得信息和交流信息已成为现代信息社会的一个重要特征。网络正在逐步改变人们的工作方式和生活方式，成为当今人类生存的第五空间。伴随着信息产业发展而产生的互联网和网络信息的安全问题，也已成为各国政府有关部门、各大行业、企事业组织机构乃至个人都非常关注的热点问题。

一、影响互联网安全的因素

1. 影响互联网安全的 4 个方面

互联网安全问题为什么这么严重？这些安全问题是怎么产生的呢？综合技术和管理等多方面的因素，可以归纳为 4 个方面：互联网的开放性、互联网自身的脆弱性、安全威胁与攻击的普遍性和安全管理的困难性。

（1）互联网的开放性

互联网是一个开放的网络，并且 TCP/IP 栈也是通用的，因此，各种硬件和软件平台的计算机系统可以通过各种媒体接入，如果不加限制，世界各地均可以访问。于是各种安全威胁可以不受地理限制、不受平台约束，迅速通过互联网影响到世界的每一个角落。

（2）互联网自身的脆弱性

互联网自身的安全缺陷是导致互联网脆弱性的根本原因。互联网的脆弱性体现在设计、实现、维护的各个环节。设计阶段，由于最初的互联网只是用于少数可信的用户群体，因此设计时没有充分考虑安全威胁，互联网和所连接的计算机系统在实现阶段也留下了大量的安全漏洞。一般认为，软件中的错误数量和软件的规模成正比，由于网络和相关软件越来越复杂，其中所包含的安全漏洞也越来越多。互联网和软件系统维护阶段的安全漏洞也是安全攻击的重要目标。尽管系统提供了某些安全机制，但是由于管理员或者用户的技术水平限制、维护管理工作量大等因素，这些安全机制并没有发挥有效作用，如系统的默认安装和弱口令是大量攻击成功的原因之一。

（3）安全威胁与攻击的普遍性

互联网安全威胁的普遍性是产生安全问题的另一个方面。随着互联网的发展，攻击互联网的手段越来越简单、越来越普遍。目前，攻击工具的功能越来越强，而对攻击者的知识水平要求却越来越低，因此攻击也更为普遍。

（4）安全管理的困难性

安全管理的困难性也是产生互联网安全问题的重要原因。具体到一个企业内部的安全管理，受业务发展迅速、人员流动频繁、技术更新快等因素的影响，安全管理也非常复杂，经常出现人力投入不足、安全政策不明等现象。扩大到不同国家之间，虽然安全事件通常是不分国界的，但是安全管理却受国家、地理、政治、文化、语言等多种因素的限制。跨国界的安全事件的追踪非常困难。

2. 网络风险评估的意义

风险评估是对信息及信息处理设施的威胁、影响、脆弱性及三者发生的可能性的评估。它是确认安全风险及其大小的过程，即利用定性或定量的方法，借助风险评估工具，确定信息资产的风险等级和优先风险控制。

风险评估是风险管理的根本依据，是对现有网络的安全性进行分析的第一手资料，也是网络安全领域内最重要的内容之一。若企业在进行网络安全设备选型、网络安全需求分析、网络建设、网络改造、应用系统试运行、内网与外网互连、与第三方业务伙伴进行网上业务数据传输、电子政务等业务之前进行风险评估，则会帮助组织在一个安全的框架下进行组织活动。企业可通过风险评估来识别风险大小，通过制定信息安全方针，采取适当的控制目标与控制方式对风险进行控制，使风险被避免、转移或降至一个可接受的水平。

信息安全风险评估经历了很长一段发展时期。风险评估的重点也从操作系统、网络环境发展到整个管理体系。风险评估作为保障信息安全的重要基石发挥着关键的作用。在信息安全、安全技术的相关标准中，风险评估均作为关键步骤进行阐述，如 ISO/IEC 27000 系列标准、NIST SP 800-30 等。风险评估模型也从借鉴其他领域的模型发展到开发出适用于信息安全风险评估的模型。风险评估方法的定性分析和定量分析不断被学者和安全分析人员完善与扩充。

更重要的是，风险评估的过程逐渐转向自动化和标准化。应用于风险评估的工具层出不穷，越来越多的科研人员发现，自动化的风险评估工具不仅可以将分析人员从繁重的手工劳动中解脱出来，而且能够将专家知识进行集中，使专家的经验知识被广泛应用。

综上所述，信息安全风险评估的主要意义在于以下几点。

1）明确企业信息系统的安全现状。在进行信息安全风险评估后，企业可以准确地了解自身的网络、各种应用系统以及管理制度规范的安全现状，从而明晰自己的安全需求。

2）确定企业信息系统的主要安全风险。在对网络和应用系统进行信息安全评估并进行风险分级后，可以确定企业信息系统的主要安全风险，并让企业选择避免、降低、接受风险等处置措施。

3）指导企业信息系统安全技术体系与管理体系的建设。在对企业进行信息安全评估后，可以制定企业网络和信息系统的安全策略及安全解决方案，指导企业构建信息系统安全技术体系，如部署防火墙、入侵检测与漏洞扫描系统、防病毒系统、数据备份系统、公钥基础设施（PKI）等，健全信息安全管理体系，包括安全组织保障、安全管理制度及安全培训机制等。

二、网络安全的风险

互联网上存在着各种各样的危险，这些危险可能是恶意的，也可能是非恶意的，如因失误而造成的事故；恶意的危险又分为理智型的（如故意偷取企业机密）和非理智型的（如毁坏企业的数据）。比较典型的危险主要包括以下几个方面。

1. 软、硬件设计故障导致网络瘫痪

例如，防火墙意外瘫痪而导致失效，以致安全设置形同虚设；内、外部人员同时访问导致服务器负载过大以致死机，甚至导致数据丢失等。

2. 黑客入侵

一些不怀好意的人强行闯入企业网实施破坏；冒充合法的用户进入企业网内部，偷盗企业机密信息和破坏企业形象等。

3. 敏感信息泄露

企业内部的敏感信息被入侵者偷看，导致这种状况有几种原因，如寻径错误的电子邮件、配置错误的访问控制列表、没有严格设置不同用户的访问权限等。

4. 信息删除

有时网络管理员对安全权限设置不当，导致某些怀有恶意的人故意破坏企业商业机密的完整性以及向竞争对手故意泄露商业机密等。

也就是说，互联网上的危险不仅来自于外部，而且有时来自于内部。虽然在互联网上存在不同程度的危险，但为了企业的业务发展，很多企业不得不把企业的内部网接入互联网，向雇员提供互联网的访问功能。

三、网络风险评估要素的组成关系

网络信息是一种资产，资产所有者应对信息资产进行保护，通过分析信息资产的脆弱性来确定威胁可能利用哪些弱点来破坏其安全性。风险评估就要识别资产相关要素的关系，从而判断资产面临的风险大小。风险评估中各要素的关系如图 11-1 所示。

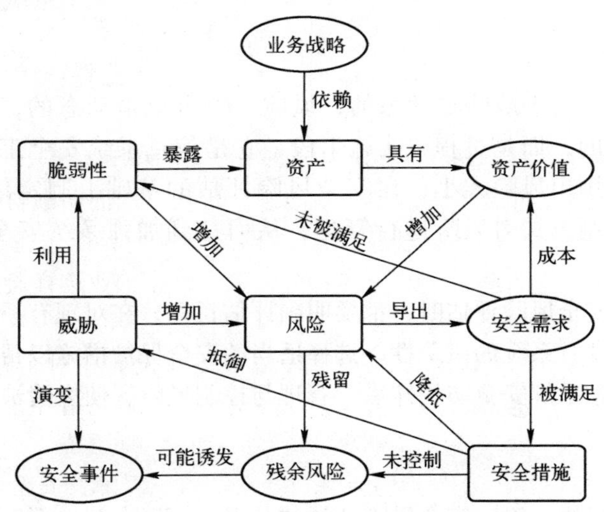

图 11-1　风险评估中各要素的关系

在图 11-1 中，圆角矩形框部分的内容为风险评估的基本要素，椭圆部分的内容是与这些要素相关的属性。风险评估围绕其基本要素展开，在对这些要素的评估过程中，需要充分考虑业务战略、资产价值、安全需求、安全事件、残余风险等与这些基本要素相关的各类属性。

图 11-1 中的风险要素及属性之间存在着以下关系。

- 业务战略依赖资产实现。
- 资产是有价值的，组织的业务战略对资产的依赖度越高，资产价值就越大。

- 资产价值越大，其面临的风险越大。
- 风险是由威胁引发的，资产面临的威胁越多，风险越大，并可能演变成安全事件。
- 弱点越多，威胁利用脆弱性导致安全事件的可能性越大。
- 脆弱性是未被满足的安全需求，威胁要通过利用脆弱性来危害资产，从而形成风险。
- 风险的存在及对风险的认识导出安全需求。
- 安全需求可通过安全措施得以满足，需要结合资产价值考虑实施成本。
- 安全措施可抵御威胁，降低安全事件发生的可能性，并减少影响。
- 风险不可能也没有必要降为零，在实施了安全措施后还会有残留下来的风险。
- 残余风险应受到密切监视，它可能会在将来诱发新的安全事件。

四、网络风险评估的模式

网络风险评估是一个综合的过程。网络风险评估的内容不仅涉及信息系统本身，还有机构的组织系统、管理制度、人员基本素质等问题。同时，风险评估工作又是一个非常个性化的工作，针对不同的客户，有不同的客户运营目标、运作环境、组织机构等，所以必须构建一个通用的、全面的、系统的、受环境驱动的信息安全风险评估运作模式。为了实现该目标，需要考虑以下问题，即评估目标、评估范围、评估原则、评估实施过程以及安全加固实施建议。

1. 评估目标

对信息系统而言，由于威胁是动态的，风险、安全也是动态的，因此需要明确的是，安全风险评估不是目的，而是过程或实施手段，它是信息系统安全工程的一个重要环节。通过安全风险评估识别出风险大小，在安全风险评估的基础上制定信息安全策略，采取适当的控制目标与控制方式对风险进行管理，从而达到加强系统安全性、降低系统风险性的目的。

在进行任何一次安全风险评估时，都要明确评估目标，在对现有系统做出准确、客观安全评价的同时，量化现有系统的风险性，选择适当的安全保护措施以帮助组织机构建立起一个完善的、动态的信息系统安全防护体系，管理与控制风险，使风险被避免、转移或降至一个可被接受的水平。

2. 评估范围

针对具体的组织机构，确定安全风险评估的范围，可以有效地帮助评估目标的实现。一般情况下，应该从 3 个方面进行评估，即组织层次、管理层次以及信息技术层次。

- 组织层次。包括各组织机构的安全重视情况、信息技术机构的安全意识、关键资产理解情况、当前组织策略和执行的缺陷、组织脆弱点等。
- 管理层次。包括人员安全管理、安全环境管理、软件安全管理、运行安全管理、设备安全管理、介质安全管理及文档安全管理。
- 信息技术层次。硬件设备包括主机、网络设备、线路、电源等，系统软件包括操作系统、数据库、应用系统、备份系统等，网络结构包括远程接入安全、网络带宽评估、网络监控措施等，数据备份/恢复包括主机操作系统、数据库、应用程序等的数据备份/恢复机制。

3. 评估原则

- 标准性原则。风险评估理论模型的设计和具体实施应该依据相关标准进行。
- 规范性原则。风险评估的过程以及过程中涉及的文档应该具有很好的规范性，以便于项目的跟踪和控制。
- 可控性原则。在风险评估项目实施过程中，应该按照标准的项目管理方法对人员、组织、项目进行风险控制管理，以保证风险评估在实施过程中的可控性。
- 全面性原则。从管理（组织）和技术两个角度对系统进行评估，保证评估的全面性。
- 最小影响原则。评估工作应尽可能小地影响组织机构信息系统和网络的正常运行。
- 保密性原则。评估过程应该与组织机构签订相关的保密协议，以承诺对组织机构内部信息的保密。

4. 评估实施过程

风险评估主要包括 4 个实施阶段。

- 前期准备阶段。本阶段的主要工作是明确风险评估的目标、确定项目的范围、具体的成果表现形式以及最终制定的项目计划，同时明确个人职责与任务分工，以及进行项目实施的相关工作。
- 现场调查阶段。本阶段主要进行现场的调查工作，包括人员访谈与调查。调查由两部分组成，分别对组织机构的信息系统、安全管理策略、关键资产的安全状况进行收集与整理，形成调查报告，为下一阶段的工作打好基础。
- 风险分析阶段。本阶段的主要工作是根据现场收集的资料，结合专业安全的知识，对被调查组织机构的信息系统所面临的威胁、系统存在的脆弱性、威胁事件对信息系统以及组织的影响进行系统的分析，以最终评估信息系统的风险。
- 安全规划阶段。本阶段的主要工作是根据第三阶段的成果选择适当的安全策略，并结合组织机构具体的应用特点形成策略体系，为最终的决策提供参考。

5. 安全加固实施建议

安全加固实施建议提供具体的措施和行动，以降低识别出的风险。安全加固实施建议主要包括如下几项。

- 技术措施。技术措施主要包括安装和配置防火墙、入侵检测系统（IDS）和防病毒软件；实施加密和身份验证机制；定期更新和修补软件漏洞等。
- 管理措施。管理措施主要包括制定和实施安全政策与程序；提供安全培训；进行定期的安全审计和评估等。
- 物理措施。物理措施主要包括加强物理访问控制；保护关键硬件设施；实施灾难恢复和业务连续性计划等。
- 持续监控和改进。持续监控和改进主要包括实施持续的监控和日志分析；定期进行安全测试和演练；根据新出现的威胁和技术，不断更新安全措施等。

第二节 等级保护与测评

一、信息安全等级保护

1. 概述

信息安全等级保护是国家信息安全保障的基本制度、基本策略、基本方法。开展信息安全等级保护工作是保护信息化发展、维护国家信息安全的根本保障，是信息安全保障工作中国家意志的体现。

2. 相关法律法规

- 1994 年，《中华人民共和国计算机信息系统安全保护条例》规定，“计算机信息系统实行安全等级保护。安全等级的划分标准和安全等级保护的具体办法，由公安部会同有关部门制定”。
- 1999 年，强制性国家标准《计算机信息系统安全保护等级划分准则》（GB 17859—1999）。
- 2003 年，中办、国办转发的《国家信息化领导小组关于加强信息安全保障工作的意见》（中办发〔2003〕 27 号）明确指出，“实行信息安全等级保护”，“要重点保护基础信息网络和关系国家安全、经济命脉、社会稳定等方面的重要信息系统，抓紧建立信息安全等级保护制度，制定信息安全等级保护的管理办法和技术指南”。
- 2004 年，公安部、国家保密局、国家密码管理委员会办公室、国信办联合印发了《关于信息安全等级保护工作的实施意见》（公通字〔2004〕 66 号）。
- 2007 年 6 月，公安部、国家保密局、国家密码管理局、国信办联合发布了《信息安全等级保护管理办法》（公通字〔2007〕 43 号）。
- 2011 年 9 月，国家电监会印发《关于组织开展电力行业重要管理信息系统安全等级保护测评试点工作的通知》，要求统一组织开展重要管理信息系统试点测评。
- 2017 年 6 月 1 日，《中华人民共和国网络安全法》正式生效。《中华人民共和国网络安全法》强调了金融、能源、交通、电子政务等行业在网络安全等级保护制度的建设，是我国第一部网络空间管理方面的基础性法律。
- 2019 年 12 月，网络安全等级保护技术 2.0 版本提出了对云计算安全、移动互联网安全、物联网安全和工业控制系统安全扩展要求，为落实信息安全工作提出了新的要求。

3. 定级原则

国家信息安全等级保护坚持“自主定级、自主保护”与国家监管相结合的原则。信息系统的安全保护等级应当根据信息系统在国家安全、经济建设、社会生活中的重要程度，信息系统遭到破坏后对国家安全、社会秩序、公共利益以及公民、法人和其他组织的合法权益的危害程度等因素确定。

4. 定级原理

（1）信息系统安全保护等级

根据等级保护相关管理文件，信息系统的安全保护分为以下 5 级。

第一级，信息系统受到破坏后，会对公民、法人和其他组织的合法权益造成损害，但不损害国家安全、社会秩序和公共利益。

第二级，信息系统受到破坏后，会对公民、法人和其他组织的合法权益产生严重损害，或者对社会秩序和公共利益造成损害，但不损害国家安全。

第三级，信息系统受到破坏后，会对社会秩序和公共利益造成严重损害，或者对国家安全造成损害。

第四级，信息系统受到破坏后，会对社会秩序和公共利益造成特别严重损害，或者对国家安全造成严重损害。

第五级，信息系统受到破坏后，会对国家安全造成特别严重损害。

(2) 信息系统安全保护等级的定级要素

信息系统的安全保护等级由两个定级要素决定，即等级保护对象受到破坏时所侵害的客体和对客体造成侵害的程度。

1) 受侵害的客体。等级保护对象受到破坏时所侵害的客体包括以下 3 个方面。

① 公民、法人和其他组织的合法权益。

② 社会秩序、公共利益。

③ 国家安全。

2) 对客体的侵害程度。对客体的侵害程度由客观方面的不同外在表现综合决定。由于对客体的侵害是通过对等级保护对象的破坏实现的，因此，对客体的侵害外在表现为对等级保护对象的破坏，通过危害方式、危害后果和危害程度加以描述。

等级保护对象受到破坏后对客体造成侵害的程度归结为以下 3 种。

① 造成一般损害。

② 造成严重损害。

③ 造成特别严重损害。

(3) 定级要素与等级的关系

定级要素与信息系统安全保护等级的关系见表 11-1。

表 11-1 定级要素与信息系统安全保护等级的关系

受侵害的客体	对客体的侵害程度		
	一般损害	严重损害	特别严重损害
公民、法人和其他组织的合法权益	第一级	第二级	第三级
社会秩序、公共利益	第二级	第三级	第四级
国家安全	第三级	第四级	第五级

5. 定级方法

(1) 定级的一般流程

信息系统安全包括业务信息安全和系统服务安全，与之相关的受侵害客体和对客体的侵害程度可能不同，因此，信息系统定级也应由业务信息安全和系统服务安全两方面确定。从业务信息安全角度反映的信息系统安全保护等级，称为业务信息安全保护等级。从系统服务安全角度反映的信息系统安全保护等级，称为系统服务安全保护等级。确定信息系统安全保护等级的一般流程如下。

1）确定作为定级对象的信息系统。

2）确定业务信息安全受到破坏时所侵害的客体。

3）根据不同的受侵害客体，从多个方面综合评定业务信息安全被破坏对客体的侵害程度。

4）依据表 11-2，得到业务信息安全保护等级。

表 11-2　业务信息安全保护等级矩阵表

业务信息安全被破坏时所侵害的客体	对相应客体的侵害程度		
	一般损害	严重损害	特别严重损害
公民、法人和其他组织的合法权益	第一级	第二级	第三级
社会秩序、公共利益	第二级	第三级	第四级
国家安全	第三级	第四级	第五级

5）确定系统服务安全受到破坏时所侵害的客体。

6）根据不同的受侵害客体，从多个方面综合评定系统服务安全被破坏对客体的侵害程度。

7）依据表 11-3，得到系统服务安全保护等级。

表 11-3　系统服务安全保护等级矩阵表

系统服务安全被破坏时所侵害的客体	对相应客体的侵害程度		
	一般损害	严重损害	特别严重损害
公民、法人和其他组织的合法权益	第一级	第二级	第三级
社会秩序、公共利益	第二级	第三级	第四级
国家安全	第三级	第四级	第五级

8）将业务信息安全保护等级和系统服务安全保护等级的较高者确定为定级对象的安全保护等级。

上述步骤的一般流程如图 11-2 所示。

（2）确定定级对象

一个单位内运行的信息系统可能比较庞大，为了体现重要部分重点保护、有效控制信息安全建设成本、优化信息安全资源配置的等级保护原则，可将较大的信息系统划分为若干个较小的、可能具有不同安全保护等级的定级对象。

作为定级对象的信息系统，应具有以下基本特征。

1）具有唯一确定的安全责任单位。作为定级对象的信息系统应能够唯一地确定其安全责任单位。如果一个单位的某个下级单位承担信息系统安全建设、运行维护等过程的全部安全责任，则这个下级单位可以称为信息系统的安全责任单位；如果一个单位中的不同下级单位分别承担信息系统不同方面的安全责任，则该信息系统的安全责任单位应是这些下级单位共同所属的单位。

2）具有信息系统的基本要素。作为定级对象的信息系统应该是由相关的和配套的设备、设施按照一定的应用目标与规则组合而成的有形实体。应避免将某个单一的系统组件，如服务器、终端、网络设备等，作为定级对象。

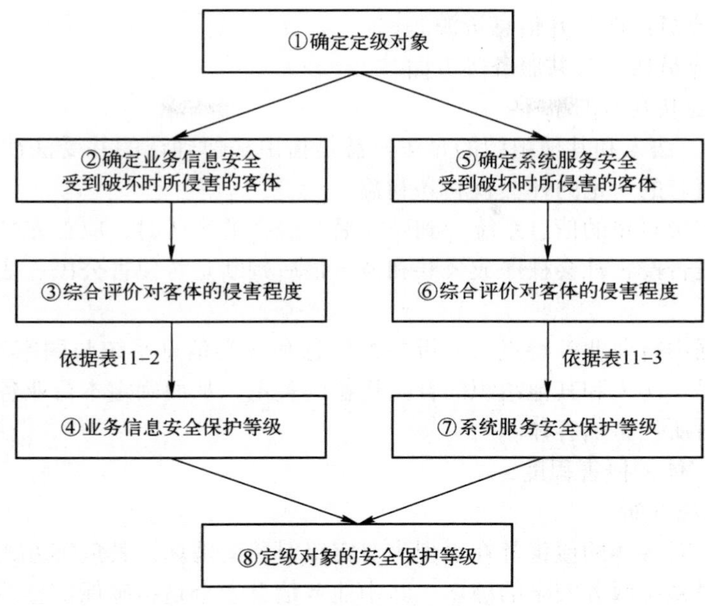

图 11-2　确定等级一般流程

3）承载单一或相对独立的业务应用。定级对象承载“单一”的业务应用是指该业务应用的业务流程独立，与其他业务应用没有数据交换，且独享所有信息处理设备。定级对象承载“相对独立”的业务应用是指其业务应用的主要业务流程独立，同时与其他业务应用有少量的数据交换，定级对象可能会与其他业务应用共享一些设备，尤其是网络传输设备。

（3）确定受侵害的客体

定级对象受到破坏时所侵害的客体包括国家安全、社会秩序、公共利益以及公民、法人和其他组织的合法权益。

1）侵害国家安全的事项包括以下几个方面。

① 影响国家政权稳固和国防实力。

② 影响国家统一、民族团结和社会安定。

③ 影响国家对外活动中的政治、经济利益。

④ 影响国家重要的安全保卫工作。

⑤ 影响国家经济竞争力和科技实力。

⑥ 其他影响国家安全的事项。

2）侵害社会秩序的事项包括以下几个方面。

① 影响国家机关社会管理和公共服务的工作秩序。

② 影响各种类型的经济活动秩序。

③ 影响各行业的科研、生产秩序。

④ 影响公众在法律约束和道德规范下的正常生活秩序等。

⑤ 其他影响社会秩序的事项。

3）影响公共利益的事项包括以下几个方面。

① 影响社会成员使用公共设施。

② 影响社会成员获取公开信息资源。

③ 影响社会成员接受公共服务等方面。

④ 其他影响公共利益的事项。

4）影响公民、法人和其他组织的合法权益是指由法律确认的并受法律保护的公民、法人和其他组织所享有的一定的社会权利和利益。

在确定作为定级对象的信息系统受到破坏后所侵害的客体时，应首先判断是否侵害国家安全，然后判断是否侵害社会秩序或公共利益，最后判断是否侵害公民、法人和其他组织的合法权益。

各行业可根据本行业业务特点，分析各类信息和各类信息系统与国家安全、社会秩序、公共利益以及公民、法人和其他组织的合法权益的关系，从而确定本行业各类信息和各类信息系统受到破坏时所侵害的客体。

（4）确定对客体的侵害程度

1）侵害的客观方面。

在客观方面，对客体的侵害外在表现为对定级对象的破坏，其危害方式表现为对业务信息安全的破坏和对系统服务安全的破坏，其中业务信息安全是指确保信息系统内信息的保密性、完整性和可用性等，系统服务安全是指确保信息系统可以及时、有效地提供服务，以完成预定的业务目标。由于业务信息安全和系统服务安全受到破坏时所侵害的客体和对客体的侵害程度可能会有所不同，因此在定级过程中，需要分别处理这两种危害方式。

业务信息安全和系统服务安全受到破坏后，可能产生以下危害后果。

① 影响行使工作职能。

② 导致业务能力下降。

③ 引起法律纠纷。

④ 导致财产损失。

⑤ 造成社会不良影响。

⑥ 对其他组织和个人造成损失。

⑦ 其他影响。

2）综合判定侵害程度。

侵害程度是客观方面的不同外在表现的综合体现，因此，应首先根据不同的受侵害客体、不同危害后果分别确定其危害程度。对不同危害后果确定其危害程度所采取的方法和所考虑的角度可能不同。例如，系统服务安全被破坏而导致业务能力下降的程度可以从信息系统服务覆盖的区域范围、用户人数或业务量等不同方面确定，业务信息安全被破坏而导致的财物损失可以从直接的资金损失大小、间接的信息费用等方面进行确定。

在针对不同的受侵害客体进行侵害程度的判断时，应参照以下不同的判别基准。

① 如果受侵害客体是公民、法人或其他组织的合法权益，则以本人或本单位的总体利益作为判断侵害程度的基准。

② 如果受侵害客体是社会秩序、公共利益或国家安全，则应以整个行业或国家的总体利益作为判断侵害程度的基准。

不同危害后果的 3 种危害程度描述如下。

① 一般损害。工作职能受到局部影响，业务能力有所降低但不影响主要功能的执行，

出现较轻的法律问题，较低的财产损失，有限的社会不良影响，对其他组织和个人造成较低损害。

② 严重损害。工作职能受到严重影响，业务能力显著下降且严重影响主要功能的执行，出现较严重的法律问题，较高的财产损失，较大范围的社会不良影响，对其他组织和个人造成较严重损害。

③ 特别严重损害。工作职能受到特别严重影响或丧失行使能力，业务能力严重下降或功能无法执行，出现极其严重的法律问题，极高的财产损失，大范围的社会不良影响，对其他组织和个人造成非常严重的损害。

业务信息安全和系统服务安全被破坏后对客体的侵害程度，由对不同危害结果的危害程度进行综合评定得出。由于各行业信息系统所处理的信息种类和系统服务特点各不相同，业务信息安全和系统服务安全受到破坏后关注的危害结果、危害程度的计算方式均可能不同，各行业可根据本行业信息特点和系统服务特点，制定危害程度的综合评定方法，并给出对不同客体造成一般损害、严重损害、特别严重损害的具体定义。

（5）确定定级对象的安全保护等级

根据业务信息安全被破坏时所侵害的客体以及对相应客体的侵害程度，依据表 11-2 所示的业务信息安全保护等级矩阵表，即可得到业务信息安全保护等级。根据系统服务安全被破坏时所侵害的客体以及对相应客体的侵害程度，依据表 11-3 所示的系统服务安全保护等级矩阵表，即可得到系统服务安全保护等级。

作为定级对象的信息系统的安全保护等级，由业务信息安全保护等级和系统服务安全保护等级的较高者决定。

二、信息安全等级测评

1. 概述

等级测评是指，测评机构依据国家信息安全等级保护制度规定，按照有关管理规范和技术标准，对非涉及国家秘密信息系统安全等级保护状况进行检测评估的活动。

（1）等级测评的作用

依据《信息安全等级保护管理办法》，信息系统运营、使用单位在进行信息系统备案后，都应当选择测评机构进行等级测评。等级测评是测评机构依据《信息系统安全等级保护测评要求》等管理规范和技术标准，检测评估信息系统安全等级保护状况是否达到相应等级基本要求的过程，是落实信息安全等级保护制度的重要环节。在信息系统建设、整改时，信息系统运营、使用单位通过等级测评进行现状分析，确定系统的安全保护现状和存在的安全问题，并在此基础上确定系统的整改安全需求。

在信息系统运维过程中，信息系统运营、使用单位定期委托测评机构开展等级测评，对信息系统安全等级保护状况进行安全测试，对信息安全管控能力进行考察和评价，从而判定信息系统是否具备《信息安全技术 网络安全等级保护基本要求》（GB/T 22239—2019）中相应等级安全保护能力。而且，等级测评报告是信息系统开展整改加固的重要指导性文件，也是信息系统备案的重要附件材料。等级测评结论为信息系统未达到相应等级的基本安全保护能力的，运营、使用单位应当根据等级测评报告，制定方案进行整改，尽快达到相应等级的安全保护能力。

（2）等级测评执行主体

可以对第三级及以上等级信息系统实施等级测评的等级测评执行主体应具备以下条件：在中华人民共和国境内注册成立（港澳台地区除外）；由中国公民投资、中国法人投资或者国家投资的企事业单位（港澳台地区除外）；从事相关检测评估工作两年以上，无违法记录；工作人员仅限于中国公民；法人及主要业务、技术人员无犯罪记录；使用的技术装备、设施应当符合《信息安全等级保护管理办法》对信息安全产品的要求；具有完备的保密管理、项目管理、质量管理、人员管理和培训教育等安全管理制度；对国家安全、社会秩序、公共利益不构成威胁。（摘自《信息安全等级保护管理办法》）

等级测评执行主体应履行以下义务：遵守国家有关法律法规和技术标准，提供安全、客观、公正的检测评估服务，保证测评的质量和效果；保守在测评活动中知悉的国家秘密、商业秘密和个人隐私，防范测评风险；对测评人员进行安全保密教育，与其签订安全保密责任书，规定应当履行的安全保密义务和承担的法律责任，并负责检查落实。

（3）等级测评风险

在等级测评实施过程中，被测系统可能面临以下风险。

1）验证测试影响系统正常运行。在现场测评时，需要对设备和系统进行一定的验证测试工作，部分测试内容需要上机查看一些信息，这就可能对系统的运行造成一定的影响，甚至存在误操作的可能。

2）工具测试影响系统正常运行。在现场测评时，会使用一些技术测试工具进行漏洞扫描测试、性能测试甚至抗渗透能力测试。测试可能会对系统的负载造成一定的影响，漏洞扫描测试和抗渗透能力测试可能会对服务器和网络通信造成一定影响甚至伤害。

3）敏感信息泄露。泄露被测系统状态信息，如网络拓扑、IP 地址、业务流程、安全机制、安全隐患和有关文档信息。

2. 等级测评过程

等级测评过程分为 4 个基本测评活动，即测评准备活动、方案编制活动、现场测评活动、分析及报告编制活动。

1）测评准备活动。本活动是开展等级测评工作的前提和基础，是整个等级测评过程有效性的保证。测评准备工作是否充分直接关系到后续工作能否顺利开展。本活动的主要任务是掌握被测系统的详细情况，准备测试工具，为编制测评方案做好准备。

2）方案编制活动。本活动是开展等级测评工作的关键活动，为现场测评提供基本的文档和指导方案。本活动的主要任务是确定与被测信息系统相适应的测评对象、测评指标及测评内容等，并根据需要重用或开发测评指导书，形成测评方案。

3）现场测评活动。本活动是开展等级测评工作的核心活动。本活动的主要任务是按照测评方案的总体要求，严格依据测评指导书，分步实施所有测评项目，包括单元测评和整体测评两个方面，以了解系统的真实保护情况，获取足够证据，发现系统存在的安全问题。

4）分析及报告编制活动。本活动是给出等级测评工作结果的活动，是总结被测系统整体安全保护能力的综合评价活动。本活动的主要任务是根据现场测评结果和《信息系统安全等级保护实施指南》（GB/T 25058—2010）的有关要求，通过单项测评结果判定、单元测评结果判定、整体测评和风险分析等方法，找出整个系统的安全保护现状与相应等级的保护要求之间的差距，并分析这些差距导致被测系统面临的风险，从而给出等级测评结论，形成测评报告文本。

第三节　信息安全相关标准

一、重要的国际信息安全标准

本节主要介绍在信息安全管理领域研究与使用较多的国际性标准，这些标准在国际信息安全领域占有很重要的地位，涵盖多个方面，包括管理体系、技术要求、风险评估和控制措施等。

1. 信息技术安全性评估通用准则

《信息技术安全性评估通用准则》(Common Criteria，CC）是一个国际标准（ISO/IEC 15408）。用于评估信息技术产品和系统的安全性。该标准为开发人员、用户和评估人员提供了一套统一的安全性需求和评估方法，以确保信息技术产品和系统的安全性达到预期的标准。ISO/IEC 15408 实际上是 CC 标准在国际标准化组织里的称呼，最新版本是 ISO/IEC 18045：2022。CC 作为一个国际标准，为信息技术产品和系统的安全性评估提供了一套完整的方法与框架，通过保护概要、安全目标和评价保证等级等组成部分，确保产品和系统的安全性达到预期标准。CC 的实施不仅促进了全球信息技术安全评估的标准化，而且为用户提供了可靠的安全性保证，并推动了市场的良性竞争。CC 标准是第一个信息技术安全评价国际标准，是信息技术安全评价标准以及信息安全技术发展的一个重要里程碑。

2.《信息技术系统风险管理指南》(NIST SP 800-30)

《信息技术系统风险管理指南》(NIST SP 800-30）是由美国国家标准与技术研究院(NIST）发布的指导文档，旨在帮助组织识别、评估和管理信息技术系统中的风险。本指南为制定有效的风险管理项目提供了基础信息，包括评估和削减 IT 系统风险所需的定义与实务指导。NIST SP 800-30 提出了风险评估的方法论和一般原则，并在信息安全风险评估领域得到了较好的应用。该指南适用于所有类型和规模的组织，可以帮助它们更有效地保护信息系统和数据安全。

3. 系统安全工程能力成熟度模型

SSE-CMM（Systems Security Engineering Capability Maturity Model，系统安全工程能力成熟度模型）是一种用于评估和改进组织系统安全工程实践的框架。它基于成熟度模型的概念，通过评估一个组织在系统安全工程方面的过程和能力，帮助识别改进的领域。SSE-CMM 与其他安全标准（如 ISO/IEC 15408、NIST SP 800-30）相辅相成，提供全面的安全工程和风险管理指导。

4. ISO/IEC 27000 系列标准

ISO/IEC 27000 系列标准是信息安全管理体系（ISMS）的国际标准，旨在帮助组织保护信息资产。该系列标准提供了从建立、实施、维护到持续改进信息安全管理系统的全面框架，适用于所有类型和规模的组织。ISO/IEC 27000 系列标准是目前国际标准化组织、大部分欧洲国家，以及日本、韩国、新加坡等亚洲国家或地区在信息安全管理标准领域的重点研究对象。我国的许多信息安全部门和企业、安全管理和服务咨询企业、管理体系认证机构等也在密切关注该系列标准的进展。

该系列标准以一个组织（或机构）面临的业务安全风险为起点，通过持续改进的 PDCA 过程模型，为一个组织建立、实施、运行、监视、评审、维护和改进一个与其规模、安全需求与目标等相适应的 ISMS 提供了指南。该系列标准适用于具有信息安全管理需求的任何类型、规模和业务特性的组织，包括政府部门和企业等。

ISO/IEC 27000 系列共包括 10 个标准，该系列标准在国际上也处于研究与制定过程中。《信息安全管理体系概述和术语》（ISO/IEC 27000）主要以《信息技术 安全技术 信息和通信技术安全管理 第 1 部分：信息和通信技术安全管理的概念和模型》（ISO/IEC 13335-1：2004）为基础进行研究，该标准将规定 ISO/IEC 27000 系列标准所共用的基本原则、概念和词汇。

《信息安全管理体系要求》（ISO/IEC 27001）定义了建立、实施、维护和持续改进 ISMS 的要求。ISO/IEC 27001 认证有助于组织建立和维护有效的信息安全管理体系，增强客户和合作伙伴的信任，降低信息安全风险。该标准的最新版本是 ISO/IEC 27001：2022。

《信息安全管理体系实用规则》（ISO/IEC 27002）提供了信息安全控制的具体实施指南，旨在帮助企业选择和实施适当的控制措施。该标准的最新版本是 ISO/IEC 27002：2022。

《信息安全管理体系实施指南》（ISO/IEC 27003）旨在帮助组织建立、实施和维护符合 ISO/IEC 27001 标准的 ISMS。该指南提供了详细的步骤和实践，支持组织从规划阶段到持续改进阶段的整个过程。这个指南帮助组织有效地管理信息安全风险，确保信息资产的机密性、完整性和可用性，提升整体信息安全管理水平。该标准最新版本是 ISO/IEC 27003：2017。

《信息安全管理度量》（ISO/IEC 27004）的最新版本是 ISO/IEC 27004：2016。这一标准为组织的信息安全管理、监测、分析和评价提供指南，帮助其根据要求，评估 ISMS 的有效性。

《信息安全风险管理》（ISO/IEC 27005）的最新版本是 ISO/IEC 27005：2022，主要描述了信息安全风险管理和一般过程及每个过程的详细内容，包括风险分析、风险评价、风险处理、监视和评审风险、保持和改进风险等内容。ISO/IEC 27005：2022 适用于所有类型和规模的组织，帮助其有效管理信息安全风险，支持 ISO/IEC 27001 的实施和维护。

5. OCTAVE

OCTAVE（Operationally Critical Threat，Asset，and Vulnerability Evaluation，可操作的关键威胁、资产和薄弱点评估）是一种信息安全风险评估方法论，旨在帮助组织识别和管理其关键操作中的信息安全风险。它于 1999 年由美国卡内基梅隆大学软件工程研究所开发，是一种结构化方法，特别适用于大型组织和政府机构。OCTAVE 是一种帮助组织全面理解和管理信息安全风险的方法论，其重点在于整合管理和技术措施，以确保组织的关键操作能够持续、安全地运行。OCTAVE 使组织通过技术和组织两方面的手段理清关键的资产、威胁和薄弱点。该方法分为 3 个阶段、8 个过程。3 个阶段分别是建立企业范围内的安全需要、识别基础设施薄弱点、决定安全风险管理策略。建立企业范围内的安全需求包括识别企业知识、识别操作层的知识、识别员工知识、建立安全需求 4 个过程。识别基础设施的薄弱点包括标识关键组件、评估选定的组件两个过程。决定安全风险管理策略包括实施多维的风险分析、开发保护战略。OCTAVE 要求从与系统相关的各方面进行调查，包括领导、中层、一般员工，从而获得对资产与威胁的认识程度。

二、我国信息安全标准

1. 我国信息安全标准的发展现状

虽然我国的信息安全标准化工作起步较晚，但随着我国信息化程度越来越高，信息安全需求越来越迫切，我国的信息安全标准化进程正在迅速赶上，而且我国信息安全标准制定在不同层次展开。我国信息安全标准的发展现状如下。

1）国家标准：我国在信息安全领域制定了一系列国家标准（GB），这些标准涵盖了网络安全、数据安全、信息系统安全管理等多个方面。例如，《信息安全技术 网络安全等级保护基本要求》（GB/T 22239—2019）、《信息安全技术 个人信息安全规范》（GB/T 35273—2020）等。

2）行业标准：除了国家标准以外，各行业也根据自身特点和需求制定了相关的信息安全标准。这些行业标准通常由相关行业协会或组织牵头制定，如金融行业、电信行业、互联网行业等。

3）政府监管和指导文件：我国政府积极推动信息安全标准的制定和实施，通过行业监管部门发布的政策文件和指导性文件，对信息安全提出具体要求，并鼓励企业和组织采纳相关标准。

4）与国际标准接轨：我国信息安全标准也在积极与国际接轨，对接国际标准组织（如ISO）的相关标准，促进我国标准的国际化和通用化。例如《信息安全管理体系要求》（ISO/IEC 27001）、《信息技术安全性评估通用准则》（ISO/IEC 15408）、《系统安全工程能力成熟度模型》等信息安全管理标准。

5）技术创新和需求驱动：信息安全技术的快速发展和新兴技术的应用，推动了信息安全标准的不断更新和完善，以适应新形势下的安全需求。

我国信息安全标准体系在国家和行业层面上都有较为完善的建设和发展，为保障国家信息安全、促进经济社会发展提供了重要支撑。未来随着技术的进步和安全挑战的变化，标准体系将继续完善和更新，以应对新的安全威胁和挑战。

2. 我国重要的信息安全标准

我国重要的信息安全标准涵盖多个领域，包括网络安全等级保护、数据安全、信息系统安全管理等。以下是一些关键的国家标准和行业标准。

（1）网络安全等级保护

- 《信息安全技术 网络安全等级保护基本要求》（GB/T 22239—2019），规定了不同等级的信息系统需要满足的安全要求，是我国网络安全等级保护工作的基础。
- 《信息安全技术 网络安全等级保护实施指南》（GB/T 25058—2019），规定了等级保护对象实施网络安全等级保护工作的过程。

（2）数据安全

- 《信息安全技术 个人信息安全规范》（GB/T 35273—2020），规定了个人信息处理活动中的安全要求，包括个人信息的收集、存储、使用、传输、披露等环节。
- 《信息安全技术 数据安全能力成熟度模型》（GB/T 37988—2019），为数据安全管理能力的评价提供了一个模型，帮助组织评估和改进其数据安全管理能力。

（3）信息系统安全管理

➢《信息技术 安全技术 信息安全管理体系 要求》（GB/T 22080—2016，等同于ISO/IEC 27001：2013），为建立、实施、维护和持续改进ISMS提供了要求。

➢《信息安全技术 信息安全风险评估规范》（GB/T 20984—2007），规定了信息系统安全评估的通用指标和方法，适用于信息系统的安全评估工作。

（4）密码技术与应用

➢《信息安全技术 SM2椭圆曲线公钥密码算法》（GB/T 32918系列），规定了SM2椭圆曲线公钥密码算法的技术规范。

➢《信息安全技术 SM3密码杂凑算法》（GB/T 32905—2016），规定了SM3密码杂凑算法的技术规范。

（5）行业标准

《金融数据安全 数据安全分级指南》（JR/T 0197—2020），由中国人民银行发布，针对金融行业的数据安全分类和分级提出具体要求。

（6）云计算安全

《信息安全技术 云计算服务安全能力要求》（GB/T 31168—2014），提供了云计算服务安全的基本要求和实施指南。

（7）物联网安全

《信息安全技术　物联网数据传输安全技术要求》（GB/T 37025—2018），规定了物联网系统的安全技术要求，涵盖设备安全、通信安全、平台安全等方面。

（8）智能设备安全

《信息安全技术 智能家居通用安全规范》（GB/T 41387—2022），针对智能家居系统的安全技术要求，涵盖系统架构、设备互连、数据传输等方面。

这些标准构成了我国信息安全标准体系的核心，涵盖了广泛的信息安全领域，从网络安全、数据安全到密码技术、云计算和物联网安全等。随着技术的发展和安全需求的变化，标准体系也在不断更新和完善，为保障我国信息安全提供了坚实的基础。

第四节　信息安全法律法规概述

为尽快制定适应和保障我国信息化发展的计算机信息系统安全总体策略，全面提高安全水平，规范安全管理，国务院、公安部等有关单位从1994年起制定发布了一系列信息系统安全方面的法规，这些法规是指导信息安全工作的依据。

一、信息安全法律法规的基本原则

1. 谁主管谁负责的原则

《互联网上网服务营业场所管理条例》第四条规定："县级以上人民政府文化行政部门负责互联网上网服务营业场所经营单位的设立审批，并负责对依法设立的互联网上网服务营业场所经营单位经营活动的监督管理；公安机关负责对互联网上网服务营业场所经营单位的信息网络安全、治安及消防安全的监督管理；工商行政管理部门负责对互联网上网服务营业场所经营单位登记注册和营业执照的管理，并依法查处无照经营活动；电信管理等其他有关部门在各自职责范围内，依照本条例和有关法律、行政法规的规定，对互联网上网服务营业场所经营单位分别实施有关监督管理。”

2. 突出重点的原则

《中华人民共和国计算机信息系统安全保护条例》第四条规定：计算机信息系统的安全保护工作，重点维护国家事务、经济建设、国防建设、尖端科学技术等重要领域的计算机信息系统的安全。

3. 预防为主的原则

如对病毒的预防、对非法入侵的防范等。

4. 安全审计的原则

计算机信息系统可信计算机能够维护受保护的客体的访问审计跟踪记录，并能够阻止非授权用户对它的访问或破坏。

计算机信息系统可信计算机能够记录下述事件：使用身份鉴别机制；将客体引入用户地址空间（如打开文件、程序初始化）；删除客体；由操作员、系统管理员或系统安全管理员实施的动作，以及其他与系统安全有关的事件。对于每一件事，其审计记录包括：事件的日期和时间、用户、事件类型、事件是否成功。对于身份鉴别事件，审计记录包含请求的来源；对于客体引入用户地址空间的事件及客体删除事件，审计记录包含客体及客体的安全级别。此外，计算机信息系统可信计算机具有审计更改可读输出记号的能力。对不能由计算机信息系统可信计算机独立分辨的审计事件，审计机制提供审计记录接口，可由授权主体调用。这些审计记录区别于计算机信息系统可信计算机独立分辨的审计记录。

5. 风险管理的原则

事物的运动发展过程中存在着风险，它是一种潜在的危险或损害。风险具有客观可能性、偶然性、可测性和可规避性。

信息安全工作的风险主要来自信息系统中存在的脆弱点，如漏洞和缺陷等，这种脆弱点可能存在于计算机系统和网络，或者管理过程中。脆弱点可以利用它的技术难度和级别来表征。脆弱点也很容易受到威胁或攻击。解决此类问题的推荐办法是进行风险管理。风险管理又名危机管理，是指如何在一个肯定有风险的环境里把风险降至最低的管理过程。

对于信息系统的安全，风险管理主要做的工作如下。

1）主动寻找系统的脆弱点，识别出威胁，采取有效的防范措施，化解风险于萌芽状态。

2）当威胁出现或攻击成功时，对系统所遭受的损失及时进行评估，制定防范措施，避免风险的再次出现。

3）研究制定风险应变策略，从容应对各种可能的风险。

二、信息安全法律法规的法律地位

信息安全的法律保护不是靠一部法律所能实现的，而是要依靠涉及信息安全技术各分支的信息安全法律法规体系来实现。因此，信息安全法律在我国法律体系中具有特殊地位，兼具安全法、网络法的双重地位，必须与网络技术和网络立法同步建设，因此，具有优先发展的地位。

1. 信息安全立法的必要性和紧迫性

1）没有信息安全就没有完全意义上的国家安全。

2）国家对信息资源的支配和控制能力，将决定国家的主权和命运。

3）对信息的强有力的控制是打赢未来信息战的保证。

4）信息安全保障能力是 21 世纪综合国力、经济竞争力和生存发展能力的重要组成部分。

2. 信息安全法律规范的作用

1）指引作用，是指法律作为一种行为规范，为人们提供了某种行为模式，指引人们可以这样行为、必须这样行为或不得这样行为。

2）评价作用，是指法律具有判断、衡量他人行为是否合法或违法以及违法性质和程度的作用。

3）预测作用，是指当事人可以根据法律预先估计到他们相互将如何行为以及某行为在法律上的后果。

4）教育作用，是指通过法律的实施对一般人今后的行为所产生的影响。

5）强制作用，是指法律对违法行为具有制裁、惩罚的作用。

第五节　国外信息安全相关法律法规

目前，世界上已有多个国家先后从不同侧面制定了有关计算机及网络犯罪的法律法规，主要用来保证和保护互联网与各种网络系统、网站、信息的保密和信息安全运行，惩治利用互联网进行犯罪的行为。这些法律法规为预防、打击计算机及网络犯罪提供了必要的法律依据和法律保证。瑞典于 1973 年颁布了涉及计算机犯罪问题的《数据法》，是世界上第一部保护计算机数据的法律。

一、美国信息安全法律法规

美国作为当今世界信息大国，不仅信息技术具有国际领先水平，而且有关信息安全的立法活动也开展得较早。美国在信息安全方面的法案最多，且体系较为完善。美国的国家信息安全机关，除人们熟知的国家安全局（NSA）、中央情报局（CIA）、联邦调查局（FBI）以外，还有 1996 年成立的总统关键设施保护委员会，1998 年成立的国家设施保护中心，以及国家计算机安全中心、设施威胁评估中心。美国信息安全法律制度调整的对象涉及的范围比较广泛，大致可以分为 3 个方面：一是政府的信息安全；二是商业组织的信息安全；三是个人隐私的信息安全。下面将从以上 3 个方面分别对美国的信息安全法律法规进行简单的介绍。

1. 政府信息安全法律法规

《信息自由法》：该法于 1967 年 7 月生效，主要是保障公民的个人自由，并列举了 9 种需要保护的信息。《信息自由法》是美国最重要的信息法律之一，构成了其他信息安全保护法律的基础。

《爱国者法》：这是“9·11”事件以后美国为保障国家安全而颁布的最为重要的一部法律，也是目前争议最大的一部法律。其目的主要是从法律上授予美国国内执法机构和国际情报机构非常广泛的权力与相应的设施，以防止、侦破和打击恐怖主义活动。

《联邦信息安全管理法案》：该法案将“信息安全”定义为“保护信息和信息系统以避免未授权的访问、使用、泄露、破坏、修改或者销毁，以确保信息的完整性、保密性和可用性”。同时，对“国家安全系统”的概念进行了界定。该法还授权各管理部门行使国家信息安全管理职责。

《美国企业改革法案》：该法又名《公众公司会计改革与投资者保护法》。该法案要求，为保证某些公司内部金融控制的准确性，证券交易委员会（SEC）有权制定标准并执行相关规则，并与其他对金融组织拥有管辖权的机构共同负责对金融组织计算机系统上的有关个人金融信息隐私的规则的执行。该法是在包括安然、世界通信等一系列公司财务丑闻爆发之后由国会制定的，主要目的是加强对上市公司内部金融信息的监管，以维护金融市场的秩序和安全。

2. 商业组织信息安全法律法规

美国是一个高度发达的工商业社会，市场化程度非常高，甚至部分军工生产都由私营企业来承担。随着网络在工商业中的广泛应用，信息安全问题凸显。想要解决信息安全问题，需要依靠技术、管理，更需要依靠法律的约束。美国对商业组织信息，特别是商业秘密的保护，主要依据的是美国各州的法律，主要是普通法。

（1）商业秘密的保护

商业秘密是一种信息或过程，它能使商业组织比没有掌握这种信息或过程的竞争者更具有竞争优势。在美国，保护商业秘密的法律有普通法、成文法，另外还有相关方签订劳动合同或保密协议的方式。

根据《侵权法重述》第 757 节，“某人未经授权泄露或使用他人的商业秘密，在下列条件下要承担法律责任：①用不适当方式泄露秘密，或②泄露或使用是违背告诉者与其之间的保密信用关系的。”工业间谍进入竞争者的计算机盗取商业机密的行为，也属于商业秘密盗窃。

（2）对版权作品的保护

《数字千年版权法》：该法涉及网上作品的临时复制（Temporary Copies）、网络上文件的传输（Digital Transmissions）、数字出版发行（Digital Publication）、作品合理使用范围的重新定义、数据库的保护等。该法规定未经允许在网上下载音乐、电影、游戏、软件等为非法行为，要承担相应的民事或刑事责任。在刑事责任方面：根据该法第 1204 条的规定，对初犯者，惩罚为高达 50 万美元的罚款和 5 年监禁，对再犯者，罚款可达 100 万美元和 10 年监禁。在民事责任方面：恢复原状；没收违法利润；法定赔偿金最高可达 2500 美元（每次违法行为）。任意赔偿金可包括：最近 3 年来受损害方可以证明的利益损失的 3 倍、受害方申请禁令和聘请律师的费用等。

3. 个人隐私信息安全法律法规

美国公众对个人隐私的保护非常重视。美国的法律体系明确承认隐私权是在 19 世纪末，此前，主要是依据宪法第一修正案、第三修正案、第四修正案和第五修正案中的原则来保护个人隐私，同时普通法中也有一些间接的保护隐私的例子。公认的对隐私权的真正确立始于 1890 年学者山姆利·沃伦（Samul Warren）和路易斯·布伦迪斯（Louis Brandeis）在《哈佛法律评论》上发表的一篇文章《论隐私权》。到今天，隐私权已成为一项可以抗辩的法律主张。作为一项法律权利，隐私权在美国整个法律体系的权利序列中，处于较高地位。假如政府或个人的行为对大众有利却侵犯了隐私权，则这些行为仍然是违法的。

美国对个人隐私保护的联邦成文法非常多，主要包括1980年颁布的《隐私保护法》、1986年颁布的《电子通信隐私法》、1996年颁布的《电讯法》、1999年颁布的《儿童网上隐私保护法》、2018年颁布的《加州消费者隐私法案》和2020年颁布的《加州隐私权法案》等。

二、英国信息安全法律法规

英国制定了一系列信息安全法律法规，旨在保护数据隐私、确保信息安全，并规范数据处理和存储。这些法律法规涉及个人信息保护、网络安全、数据泄露处理等多个方面。以下介绍一些关键的法律和法规。

（1）数据保护法

《数据保护法2018》（DPA 2018）：该法是英国实施欧盟《通用数据保护条例》（GDPR）的法律框架，提供了对个人数据的保护，并规定了数据处理的基本原则和义务；涵盖个人数据的收集、存储、使用和披露，规定了数据主体的权利，如访问权、纠正权、删除权和数据可携带权；引入了严格的合规要求和高额罚款，以确保组织遵守数据保护规定。

（2）网络与信息系统安全

《网络与信息系统法规2018》（NIS Regulations 2018）：该法规旨在提高关键基础设施（如能源、运输、银行业和医疗保健）和数字服务提供商的网络安全水平；规定了运营者和服务提供商的安全义务，包括采取适当的技术和组织措施，以及报告重大网络安全事件。

（3）计算机滥用

《计算机滥用法1990》（Computer Misuse Act 1990）：该法对未经授权的计算机访问、数据修改和破坏行为进行了规定；列出了相关犯罪及其处罚，如黑客行为、病毒传播和拒绝服务攻击。

（4）电子通信与隐私

《隐私与电子通信条例2003》（PECR 2003）：该条例对电子通信中的隐私保护进行了规定，特别是关于垃圾邮件、电话营销和Cookie使用等方面；与DPA 2018和GDPR相辅相成，提供了关于电子通信的具体隐私保护规定。

（5）数据泄露和网络安全事件处理

《网络与信息系统法规2018》（NIS Regulations 2018）：包含关于数据泄露和网络安全事件的报告要求，规定了运营者必须在发现重大安全事件后及时向主管部门报告。

（6）监管机构

信息专员办公室（ICO）：ICO是负责监督与执行DPA 2018和PECR 2003的独立机构，拥有调查和处罚权；提供关于数据保护和隐私的指导与建议，处理公众和组织的投诉。

（7）其他相关法规

《调查权力法2000》（RIPA 2000）：该法规范了政府机构的调查权利，包括电子通信的拦截和监控，以确保在进行调查时保护公民的隐私权。

英国的信息安全法律法规体系较为完善，涵盖了数据保护、网络安全、计算机滥用、电子通信隐私等多个方面。这些法律法规共同作用，旨在保障信息安全、保护个人隐私、规范

(数)据处理行为，并确保在数字化和网络化环境中的安全与合规。

三、日本信息安全法律法规

日本的信息安全法律法规主要涵盖数据保护、网络安全、个人信息保护等多个方面。以下介绍一些主要的法律和法规。

（1）个人信息保护

《个人信息保护法》（APPI）：该法是日本的基本个人信息保护法，于 2005 年颁布，2015 年进行了修订；APPI 规定了个人信息的处理、收集、使用、提供和管理的基本原则，强调个人信息主体的权利保护；该法还设立了个人信息保护委员会（PPC），负责监督和管理个人信息保护事务。

（2）网络安全

《网络安全基本法》：该法于 2014 年 11 月 6 日由日本国会通过，并于 2014 年 12 月施行。其目的是促进国家层面的网络安全措施，保护关键基础设施，并在网络安全方面协调政府、企业和其他相关方。

（3）电子商务与政务服务

《电子签名及认证服务法》：该法于 2000 年 5 月 31 日通过，并于 2001 年 4 月 1 日生效。其目的是规范电子签名和认证服务，为电子交易的合法性和安全性提供保障，为电子商务和电子政务的发展提供了法律基础，促进了电子交易的普及和应用。

（4）监管机构

个人信息保护委员会（PPC）：负责监督和管理个人信息的保护事务，包括审查和制定相关法规、处理投诉和指导组织如何遵守 APPI 等。

（5）行业标准与指导

日本还有针对各个行业和领域的特定信息安全标准与指导方针，如金融、医疗、电子商务等行业或领域会根据自身具体需要制定相应的信息安全措施和指导意见。

日本的信息安全法律法规体系相对完善，覆盖个人信息保护、网络安全、电子政务服务等多个方面。这些法律法规旨在保护个人隐私，促进信息安全，确保网络和数据处理活动的合法性与安全性。

第六节　我国信息安全相关法律法规

随着经济全球化和信息化的快速推进，信息安全威胁日益严重。恶意计算机病毒的严重危害、黑客攻击的日益猖獗、垃圾邮件的侵扰以及不良信息内容的肆意传播，使得全球信息安全形势愈发严峻。美国、俄罗斯、日本和韩国等国家均把信息安全摆到与国家安全同等高度，进行了相应的机构整合，制定了指导整个国家信息安全发展的战略和规划。我国对信息安全工作也给予了高度重视，进一步明确了国家信息安全领导体制，组织研究国家信息安全发展战略，实行积极防御、综合防范的方针，全面、系统地规划我国的信息安全保障体系建设。

在我国信息安全保障体系的建设中，法律环境的建设是必不可少的一环，也可以说是至关重要的一环，信息安全的基本原则和基本制度、信息安全保障体系的建设、信息安全相关行为的规范、信息安全中各方权利和义务的明确、违反信息安全行为的处罚等，都是通过相关法律法规予以明确的。有了一个完善的信息安全法律体系，有了相应的严格司法、执法的保障环境，有了广大机关、企事业单位及个人对法律规定的遵守及应尽义务的履行，才可能创造信息安全的环境，保障国家、经济建设和信息化事业的安全。经过多年的发展，目前我国现行法律法规及规章中，与信息安全有关的已有近百部，它们涉及网络与信息系统安全、信息内容安全、信息安全系统与产品、保密及密码管理、计算机病毒与危害性程序防治、金融等特定领域的信息安全、信息安全犯罪制裁等多个方面，在文件形式上，有法律、有关法律问题的决定、司法解释及相关文件、行政法规、法规性文件、部门规章及相关文件、地方性法规与地方政府规章及相关文件多个层次，初步形成了我国信息安全的法律体系，列举如下。

1. 法律类

1）《中华人民共和国电子签名法》是中国专门为电子签名领域制定的法律，为电子签名的合法性和效力提供了明确的法律框架与规定。该法于 2005 年 4 月 1 日起施行，是我国首部真正意义上的信息化法律。

2）《中华人民共和国网络安全法》于 2017 年 6 月 1 日起施行。该法旨在加强网络安全管理，保护网络空间安全，维护国家安全和社会公共利益，是我国第一部网络空间管理方面的基础性法律。

3）《中华人民共和国密码法》于 2020 年 1 月 1 日起施行。该法是我国专门为密码及其应用领域制定的法律，将规范密码应用和管理，促进密码事业发展，保障网络与信息安全，提出了国家对密码实行分类管理。

4）《中华人民共和国数据安全法》于 2021 年 9 月 1 日起施行。该法是我国为加强数据安全管理，保障数据安全，规范数据处理活动，促进数据开发利用，保护个人、组织和国家利益而制定的重要法律。作为我国关于数据安全的首部律法，该法的颁布与实施标志着我国在数据安全领域有法可依，可以为各行业数据安全提供监管依据。

5）《中华人民共和国个人信息保护法》于 2021 年 11 月 1 日起施行。该法涵盖总则、个人信息处理规则、个人信息跨境提供的规则、个人在个人信息处理活动中的权利、个人信息处理者的义务、履行个人信息保护职责的部门、法律责任等方面，旨在保护个人信息权益，规范个人信息处理活动，促进个人信息合理利用，标志着我国个人信息保护立法体系进入新的阶段。

2. 行政法规及其他类

1）《中华人民共和国计算机信息系统安全保护条例》于 1994 年 2 月 18 日发布并施行。

2）《中华人民共和国计算机信息网络国际联网管理暂行规定》于 1996 年 2 月 1 日发布并施行，后根据 1997 年 5 月 20 日《国务院关于修改〈中华人民共和国计算机信息网络国际联网管理暂行规定〉的决定》修正公布。

3）《互联网信息服务管理办法》于 2000 年 9 月 25 日发布并施行，后根据 2011 年 1 月 8 日《国务院关于废止和修改部分行政法规的决定》修订。

4）《中华人民共和国电信条例》，2000 年 9 月 25 日发布并施行，后根据 2014 年 7 月 29 日《国务院关于修改部分行政法规的决定》第一次修订，又根据 2016 年 2 月 6 日《国务院关于修改部分行政法规的决定》第二次修订。

5）《关于维护互联网安全的决定》于 2000 年 12 月 28 日第九届全国人民代表大会常务委员会第十九次会议通过，对网络安全及信息安全提出具体要求，为早期的经济信息化、数字化提供法律依据。

6）《计算机软件保护条例》于 2001 年 12 月 20 日发布并施行，后根据 2011 年 1 月 8 日《国务院关于废止和修改部分行政法规的决定》第一次修订，又根据 2013 年 1 月 30 日《国务院关于修改〈计算机软件保护条例〉的决定》第二次修订。

7）《信息网络传播权保护条例》于 2006 年 5 月 8 日发布并施行，后根据 2013 年 1 月 30 日《国务院关于修改〈信息网络传播权保护条例〉的决定》修订。

8）《关于加强国家网络安全标准化工作的若干意见》于 2016 年 8 月 12 日发布，作为十三五期间的纲领性文件，文件从工作机制、标准体系、标准质量、标准宣贯、国际标准化、人才建设、资金保障等方面详细提出了当前及今后一段时期我国网络安全标准化工作的重点任务。

9）《关于促进移动互联网健康有序发展的意见》于 2017 年 1 月发布，该意见要求加快完善市场准入制度、提升网络安全保障水平、维护用户合法权益、打击网络违法犯罪、增强网络管理能力、防范移动互联网安全风险。

10）《关于推动资本市场服务网络强国建设的指导意见》于 2018 年 3 月发布，该意见重点强调要推动网信事业和资本市场协调发展，保障国家网络安全和金融安全，促进网信和证券监督工作联动。

11）《公安机关互联网安全监督检查规定》于 2018 年 9 月 15 日发布，2018 年 11 月 1 日施行。该规定明确了公安机关依法对互联网服务提供者和联网使用单位履行法律、行政法规规定的网络安全义务情况进行的安全监督检查的对象、内容和程序，以及互联网服务提供者和联网使用单位的法律责任。

12）《信息安全技术 大数据安全管理指南》于 2019 年 8 月发布，2020 年 3 月 1 日实施。该指南提出了大数据安全管理基本原则，规定了大数据安全需求、数据分类分级、大数据活动的安全要求、评估大数据安全风险，适用于各类组织进行数据安全管理。

13）“网络安全等级保护 2.0 版本”提出了对云计算安全、移动互联网安全、物联网安全和工业控制系统安全扩展要求，为落实信息安全工作提出了新的要求。

14）《关于促进网络安全产业发展的指导意见（征求意见稿）》于 2019 年 9 月 27 日发布，提出到 2025 年，培育形成一批年营收超过 20 亿元的网络安全企业，形成若干具有国际竞争力的网络安全骨干企业，网络安全产业规模超过 2000 亿元；加强 5G、下一代互联网、工业互联网、物联网、车联网等新兴领域网络安全威胁和风险分析，大力推动相关场景下的网络安全技术产品研发。

15）《网络安全审查办法》于 2022 年 2 月 15 日起施行。该办法规范了关键信息基础设施运营者采购网络产品和服务的安全审查制度；明确了网络产品和服务供应商、运营者的责任，包括提交审查材料、配合审查工作等；强化了对影响或可能影响国家安全的网络产品和服务的安全评估。

总体来看，我国与信息安全相关的司法和行政管理体系正在迅速完善，这些信息安全法律法规或多或少所体现的我国信息安全的基本原则可以简单归纳为国家安全、单位安全和个人安全相结合的原则，等级保护的原则，保障信息权利的原则，救济原则，依法监管的原则，技术中立原则，权利与义务统一的原则；而基本制度可以简单归纳为统一领导与分工负责制度，等级保护制度，技术检测与风险评估制度，安全产品认证制度，生产销售许可制度，信息安全通报制度，备份制度等。

我国在 2021 年相继颁布了一系列网络安全法律法规，包括《中华人民共和国数据安全法》《中华人民共和国个人信息保护法》《关键信息基础设施安全保护条例》《网络产品安全漏洞管理规定》等，将数据安全上升至国家安全层面，也使企业与组织在数据处理与网络安全方面，进入了有法可依、有法必依的新时代。

内容小结

风险评估是信息安全建设的基础性工作，是信息安全建设的指南。本章首先介绍了风险和风险评估的基本概念、风险评估的原则、风险评估的目的、评估要素及其关系、风险评估的流程等；然后，对等级保护与等级测评进行了阐述，给出了等级保护与等级测评的基本概念，概述了等级保护相关的法律法规，给出了信息系统的定级原则以及为信息系统定级的一般流程与方法；最后介绍了信息安全国际标准，分析了目前我国信息安全标准的现状，并对国内重要的信息安全标准进行了介绍。

信息安全法规是我国现行法律法规的重要组成部分，我国现有的法律法规体系分为 3 个层次，一是法律层次，二是行政法规层次，三是部门规章层次。信息安全法规为知识产权保护以及电子商务的安全提供了法律上的保障。我国具有代表性的信息安全相关法律法规包括《中华人民共和国电子签名法》《中华人民共和国网络安全法》、《中华人民共和国数据安全法》和《中华人民共和国个人信息保护法》等，这些法律法规的制定与实施标志着我国信息安全法律法规体系基本形成，为我国信息安全的管理，尤其是对人的行为管理提供了法律依据以及操作指南。信息安全法律法规为预防、打击计算机及网络犯罪提供了必要的法律依据和法律保证。

习　题

1. 影响互联网安全的主要因素有哪些？
2. 网络风险评估要素有哪些？它们之间有什么样的关系？
3. 风险评估要解决的问题有哪些？
4. 信息安全等级定级的一般流程是什么？
5. 风险评估的原则有哪些？
6. 国内有哪些重要的信息安全标准？
7. 信息安全法律法规的基本原则是什么？
8. 我国信息安全法律法规有哪些不同层次？
9. 我国目前已出台的信息安全相关的法律主要有哪些？各法律的主要目的是什么？
10. 试分析信息安全法律法规在构建信息安全保障体系中的作用。

参 考 文 献

1］库罗斯，罗斯．计算机网络：自顶向下方法（原书第 8 版）［M］．陈鸣，译．北京：机械工业出版社，2022.

2］谢希仁．计算机网络［M］．8 版．北京：电子工业出版社，2021.

3］特南鲍姆，费姆斯特尔，韦瑟罗尔．计算机网络［M］．6 版．北京：清华大学出版社，2022.

4］翟健宏．信息安全导论［M］．北京：科学出版社，2011.

5］安葳鹏，汤永利，等．网络与信息安全［M］．北京：清华大学出版社，2017.

6］福尔，史蒂文斯．TCP/IP 详解 卷 1：协议（原书第 2 版）［M］．吴英，张玉，许昱玮，译．北京：机械工业出版社，2016.

7］GOURLEY D，TOTTY B，SAYER M，等．HTTP 权威指南［M］．陈娟，赵振平，译．北京：人民邮电出版社，2012.

8］STEVENS W R，FENNER B，RUDOFF A M. UNIX 网络编程 卷Ⅰ：套接字联网 API（英文第 3 版）［M］．北京：机械工业出版社，2004.

9］吕林涛．网络信息安全技术概论［M］．2 版．北京：科学出版社，2010.

10］闫大顺，石玉强．网络安全原理与应用［M］．北京：中国电力出版社，2010.

11］王雷，冯湘．高等计算机网络与安全［M］．北京：清华大学出版社，2010.

12］程光，张艳丽，江洁欣．信息与网络安全［M］．北京：清华大学出版社，2008.

后　　记

经全国高等教育自学考试指导委员会同意，由电子、电工与信息类专业委员会负责高等教育自学考试《计算机网络与信息安全》教材的审定工作。

本教材由哈尔滨工业大学李全龙副教授担任主编和统稿。

本教材由西安电子科技大学杨超教授担任主审，上海第二工业大学张博锋教授参审，两位教授为本教材提出了许多非常有价值的修改意见，谨向他们表示诚挚的谢意。

电子、电工与信息类专业委员会最后审定通过了本教材。

全国高等教育自学考试指导委员会

电子、电工与信息类专业委员会

2024 年 1 月